MATHEMATIKWERK FÜR GYMNASIEN

Mathematikwerk für Gymnasien

Unter Mitarbeit von

Studiendirektor Albert Bister
Studiendirektor Klaus Bischops
Studiendirektor Dr. Arno Brüning
Oberstudienrat Walter Corbach †
Oberstudiendirektor Dr. Klaus Dormanns
Oberstudiendirektor Dr. Rainer Draaf
Studiendirektor Hans-Joachim Fock
Studiendirektor Heinz-Georg Funke
Oberstudienrat Ernst Heinrichs
Oberstudienrat Dr. Ernst Herrmann
Oberstudiendirektor Karl Heinz Hürten
Studiendirektor Klaus Jochum
Oberstudienrat Manfred Lange
Professor Dr. Josef Lauter
Oberstudiendirektor Dr. Karl Püllen
Professor Dr. Josef Saxler
Oberstudiendirektor Werner Schafhaus
Studiendirektor Dr. Karl Souvignier
Studiendirektor Rolf Weidenfeld
Studiendirektor Hans Wuttke

herausgegeben von

Oberstudiendirektor Wilhelm Kuypers

PÄDAGOGISCHER VERLAG SCHWANN DÜSSELDORF

Mathematikwerk für Gymnasien

Oberstufe · Analysis I

Bearbeitet von

Walter Corbach †
Hans-Joachim Fock
Wilhelm Kuypers
Manfred Lange
Dr. Josef Lauter
Rolf Weidenfeld

PÄDAGOGISCHER VERLAG SCHWANN DÜSSELDORF

Zugelassen für den Gebrauch an Schulen

Auflage 16 15 14 13 12 / 82 81 80 79 78
ISBN 3-590-12318-4

INHALT

7. Abschnitt: Einführung in die Integralrechnung

1. ABSCHNITT | Ergänzungen zur Logik

§ 1 Die Negation

I. Grundbegriffe der Aussagenlogik

1. Schon in Band 4 haben wir den Begriff der **„Aussage"** eingeführt. Unter einer **„Aussage"** verstehen wir einen Satz, dem eindeutig entweder der Wahrheitswert w (wahr)[1]) oder der Wahrheitswerts f (falsch) zukommt. Im allgemeinen beschäftigen wir uns nur mit solchen Aussagen, von denen grundsätzlich entschieden werden kann, ob sie wahr oder falsch sind.
Beachte, daß Frage- und Befehlssätze keine Aussagen sind!

2. In der Mathematik sind besonders wichtig diejenigen Aussagen, die die Form einer **Gleichung** (G) oder einer **Ungleichung** (U) haben.

Beispiele: **a)** $3 \cdot 4 = 12$ (w) **b)** $6 + 7 > 6 \cdot 7$ (f)

3. Von grundlegender Bedeutung ist ferner der Begriff der **„Aussageform"**. Eine Aussageform [A (x); A (x | y); ...] unterscheidet sich von einer Aussage dadurch, daß in ihr eine freie Variable vorkommt (oder mehrere freie Variable vorkommen). Eine Aussageform geht in eine Aussage über, wenn man in jede Variable Namen für geeignete Objekte einsetzt (oder „die Variablen mit Namen belegt").

4. Spezielle Aussageformen sind
a) Gleichungen (G: $T_1 = T_2$) und **b) Ungleichungen** (U: $T_1 > T_2$ oder $T_1 < T_2$), in denen freie Variable vorkommen.

Beispiele: **a)** G (x): $x^2 + 3 = 4x$ **b)** U (x | y): $2x - 5y > 7$

Das Zeichen „T" steht für einen **Term;** zum Termbegriff vgl. Band 4!

5. Die Elemente einer **Grundmenge** V, die eine Aussageform in eine wahre Aussage überführen, bilden die Lösungsmenge L (A) der Aussageform; es gilt $L \subseteq V$.

Beispiel: Die Gleichung G (x): $x^2 + 3 = 4x$ hat in der Grundmenge $V[x] = \mathbb{R}$ die Lösungsmenge $L(G) = \{1; 3\}$.

6. Aussagen und Aussageformen können **„konjunktiv"** und **„disjunktiv"** miteinander verknüpft werden. Diese aussagelogischen Verknüpfungen (Konjunktion und Disjunktion) sind durch die folgenden Wahrheitswerttafeln festgelegt:

D 1.1

A	B	A ∧ B	A ∨ B
w	w	w	w
w	f	f	w
f	w	f	w
f	f	f	f

„A ∧ B" wird gelesen „A **und** B";
„A ∨ B" wird gelesen „A **oder** B".
Eine konjunktive Aussage ist also nur wahr, wenn beide Bestandteile wahr sind.
Eine disjunktive Aussage ist also nur falsch, wenn beide Bestandteile falsch sind. Das „Oder" ist also im **nicht**ausschließenden Sinne zu verstehen (lateinisch „vel").

[1]) In den früheren Bänden haben wir statt „wahr" (w) die Bezeichnung „richtig" (r) verwendet. Wir wollen uns jetzt mit der Bezeichnung „wahr" dem allgemeinen Sprachgebrauch anschließen.

7. Werden Aussageformen $\left\{\begin{matrix}\text{konjunktiv}\\ \text{disjunktiv}\end{matrix}\right\}$ miteinander verknüpft, so ist die Lösungsmenge die $\left\{\begin{matrix}\text{Schnittmenge}\\ \text{Vereinigungsmenge}\end{matrix}\right\}$ **der Lösungsmengen der einzelnen Aussageformen.**

1.1 Es gilt der Satz

$$L(A_1 \wedge A_2) = L(A_1) \cap L(A_2) \quad \text{und} \quad L(A_1 \vee A_2) = L(A_1) \cup L(A_2).$$

II. Die Definition der Negation

1. Im täglichen Leben kommt es nicht selten vor, daß von verschiedenen Menschen über dieselbe Sache widersprüchliche Aussagen gemacht werden. So kann es z. B. vor Gericht vorkommen, daß ein Zeuge behauptet:

„Herr Meier hat das Auto gestohlen",

während ein zweiter Zeuge versichert:

„Herr Meier hat das Auto **nicht** gestohlen".

Die zweite Aussage stellt die „Verneinung" oder **„Negation"** (lat. „negare", verneinen) der ersten Aussage dar.

Bezeichnet man die erste Aussage mit „A", so nennt man die Negation der Aussage A „nicht-A" oder „non-A" und schreibt „$\neg$ A".

Nun ist offensichtlich: wenn der erste Zeuge die Wahrheit gesagt hat, dann hat der zweite Zeuge nicht die Wahrheit gesagt; und umgekehrt: wenn der zweite Zeuge die Wahrheit gesagt hat, dann hat der erste nicht die Wahrheit gesagt. Wenn also eine Aussage A wahr ist, dann ist die Aussage $\neg$ A falsch; wenn die Aussage $\neg$ A wahr ist, dann ist die Aussage A falsch.

Diesen Sachverhalt erfassen wir wiederum in übersichtlicher Weise durch eine Wahrheitswerttafel und definieren:

D 1.2

A	$\neg$ A
w	f
f	w

2. Man nennt häufig „$\neg$ A" auch das **„kontradiktorische Gegenteil"** von „A" und umgekehrt. Hiervon ist wohl zu unterscheiden der Begriff des „konträren Gegenteils" einer Aussage A. Lautet die Aussage A z. B. „Peters Federhalter ist blau", so ist „konträr" hierzu z. B. die Aussage „Peters Federhalter ist grün". Kontradiktorisch zu A ist dagegen die Aussage „Peters Federhalter ist **nicht** blau". Wenn die Aussage A („Peters Federhalter ist blau") falsch ist, dann braucht eine dazu konträre Aussage („Peters Federhalter ist grün") keineswegs wahr zu sein und umgekehrt. Der Federhalter kann ja z. B. auch schwarz sein. Dagegen ist die zu A kontradiktorische Aussage $\neg$ A („Peters Federhalter ist nicht blau") sicher wahr, wenn die Aussage A falsch ist.

3. Wird eine Aussageform A (x) negiert, so gilt für die Lösungsmenge von $\neg$ A (x) in der Grundmenge V:

S 1.2

$$L(\neg A) = V \setminus L(A).$$

Beispiel: A (x): x ist Teiler von 12 in $V[x] = \mathbb{N}$.
$\neg$ A (x): $\neg$ (x ist Teiler von 12), d. h. x ist **nicht** Teiler von 12.

Es ist $L(A) = \{1, 2, 3, 4, 6, 12\}$ und $L(\neg A) = \mathbb{N} \setminus \{1, 2, 3, 4, 6, 12\}$.

III. Die Negation von Gleichungen und Ungleichungen

1. Häufig müssen Gleichungen und Ungleichungen negiert werden. Für die Negation von Gleichungen vereinbart man, daß man statt „$\neg (a = b)$" schreibt: „$a \neq b$" und liest „a ungleich b".

D 1.3

$$a \neq b \Leftrightarrow_{Df} \neg (a = b)$$

2. Für zwei beliebige Zahlen $a, b \in \mathbb{R}$ gilt genau eine der drei Beziehungen

$a < b$, $a = b$ oder $a > b$ (Trichotomiegesetz).

Daher ist $\neg (a = b)$ bzw. $a \neq b$ äquivalent zu $a < b \vee a > b$.

S 1.3

$$a \neq b \Leftrightarrow a < b \vee a > b$$

Beispiel: $A (x)$: $x^2 = 1$; $\neg A (x)$: $x^2 \neq 1 \Leftrightarrow x^2 < 1 \vee x^2 > 1$.
In $V [x] = \mathbb{R}$ gilt: $L (A) = \{1; -1\}$ und $L (\neg A) = \mathbb{R} \setminus \{1; -1\}$.

3. Aus dem Trichotomiegesetz ergibt sich auch, wie Ungleichungen negiert werden müssen. Es gelten die folgenden Äquivalenzbeziehungen:

S 1.4

1) $\neg (a > b) \Leftrightarrow a = b \vee a < b \Leftrightarrow_{Df} a \leq b$
2) $\neg (a < b) \Leftrightarrow a = b \vee a > b \Leftrightarrow_{Df} a \geq b$
3) $\neg (a \geq b) \Leftrightarrow a < b$
4) $\neg (a \leq b) \Leftrightarrow a > b$.

Beispiel: $U (x)$: $x^2 > 4$ mit $L (U) = \{x \mid x > 2 \vee x < -2\}$.
$\neg U (x)$: $x^2 \leq 4$ mit $L (\neg U) = \mathbb{R} \setminus L (U) = \{x \mid -2 \leq x \leq 2\} = [-2; 2]$.

IV. Grundlegende Eigenschaften der Negation

1. Die doppelte Negation einer Aussage A, also $\neg (\neg A)$, ist mit der ursprünglichen Aussage A gleichwertig; dies können wir mit Hilfe einer Wahrheitswerttafel beweisen:

A	$\neg A$	$\neg (\neg A)$
w	f	w
f	w	f

Man sagt: $\neg (\neg A)$ und A haben **„denselben Werteverlauf"**; man nennt sie daher **„äquivalent"** und schreibt:

$$\neg (\neg A) \Leftrightarrow A.$$

$\neg (\neg A)$ kann also stets durch A ersetzt werden.

2. In Band 4 haben wir den Äquivalenzbegriff nur für Aussage**formen** definiert. Steht A nicht für eine Aussage, sondern für eine **Aussageform,** so ergibt sich aus obiger Wahrheitswerttafel:

immer, wenn $\neg (\neg A)$ erfüllt ist, ist auch A erfüllt und
immer, wenn $\neg (\neg A)$ nicht erfüllt ist, ist auch A nicht erfüllt.

In beliebigen Grundmengen haben also die Aussageformen $\neg (\neg A)$ und A stets dieselbe Lösungsmenge, sind also äquivalent.

3. Bei Ausdrücken wie A ∧ B, A ∨ B, ¬ A, (¬ A) ∨ B, usw. spricht man von **„aussagenlogischen Verknüpfungen"**. Dabei sind A, B usw. **Variable** für Aussagen oder für Aussageformen.
Haben zwei aussagenlogische Verknüpfungen denselben Werteverlauf, so nennt man sie „äquivalent". Wir definieren:

D 1.4 **Zwei aussagenlogische Verknüpfungen heißen „äquivalent" genau dann, wenn sie denselben Werteverlauf haben; man schreibt „A ⇔ B" und liest „A ist äquivalent B" oder „A ist äquivalent zu B".**

Beispiele: **a)** A ∧ B ⇔ B ∧ A **b)** A ∨ B ⇔ B ∨ A

Beachte:

1) Bei diesem Äquivalenzbegriff für aussagenlogische Verknüpfungen handelt es sich – wie wir am Beispiel ¬ (¬ A) und A oben erörtert haben – um eine **Verallgemeinerung** des Äquivalenzbegriffes für Aussageformen, mit dem wir bisher gearbeitet haben. Sind zwei Aussageformen im Sinne von D 1.4 äquivalent, so haben sie in jeder beliebigen Grundmenge dieselbe Lösungsmenge, sind also auch im bisherigen Sinne äquivalent und umgekehrt.

2) Gilt A ⇔ B, so kann A in jedem Zusammenhang durch B ersetzt werden und selbstverständlich auch umgekehrt.

4. Beim Aufbau der Aussagenlogik haben wir für eine Aussage von vornherein nur zwei Wahrheitswerte, nämlich w und f, zugelassen; man spricht daher von einer **„zweiwertigen Logik"**.

In der zweiwertigen Logik gelten zwei grundlegende Gesetze, die wir mit Hilfe der Negation ausdrücken können dadurch, daß wir die beiden Aussagen A und ¬ A einmal konjunktiv, einmal disjunktiv miteinander verknüpfen.

A	¬ A	A ∧ (¬ A)	A ∨ (¬ A)
w	f	f	w
f	w	f	w

Man erkennt die Gültigkeit des Satzes

S 1.5

[1] **Eine Aussage der Form A ∧ (¬ A) ist immer falsch.**

[2] **Eine Aussage der Form A ∨ (¬ A) ist immer wahr.**

Das unter [1] formulierte Gesetz nennt man das **„Gesetz vom Widerspruch"**: Zwei Aussagen der Form A und ¬ A „widersprechen" sich, d. h., sie können nicht beide wahr sein.

Bemerkung: Aus [1] ergibt sich, daß eine Aussage der Form ¬ [A ∧ (¬ A)] immer wahr ist.

Das unter [2] formulierte Gesetz nennt man das **„Gesetz vom ausgeschlossenen Dritten"** („tertium non datur"): von zwei Aussagen A und ¬ A ist stets die eine wahr, die andere falsch; ein „Drittes" gibt es nicht.
Es liegt auf der Hand, daß auf der Gültigkeit dieser beiden Gesetze das Beweisverfahren des indirekten Beweises beruht.

V. Die Negation von konjunktiven Aussagen und Aussageformen

1. Im Familienkreis berichtet Christa von den Ereignissen der vergangenen Woche. Sie erzählt: „Am vergangenen Mittwoch hatten wir hitzefrei **und** gingen nachmittags ins Schwimmbad." Fritz ist der Meinung, daß Christa mit dieser Aussage im Irrtum ist; er will diese konjunktive Aussage Christas also verneinen; er muß die Negation zu Christas Aussage bilden. Er würde seine Meinung aber nicht richtig zum Ausdruck bringen, wenn er sagte: „Am vorigen Mittwoch hatten wir **nicht** hitzefrei **und** wir gingen nachmittags **nicht** ins Schwimmbad". Denn eine konjunktive Aussage ist schon falsch, wenn nur **ein** Bestandteil falsch ist; es brauchen also nicht beide Bestandteile verneint zu werden. Die Negation zu Christas Aussage heißt also: „Am vorigen Mittwoch hatten wir **nicht** hitzefrei **oder** wir gingen nachmittags **nicht** ins Schwimmbad." Hier ist das „Oder" natürlich im nichtausschließenden Sinne zu verstehen, d. h., es kann auch sein, daß die Kinder weder hitzefrei hatten noch ins Schwimmbad gegangen sind.

2. Diesen Sachverhalt können wir mit Hilfe einer Wahrheitswerttafel beweisen, d. h. wir können für beliebige Aussagen A und B zeigen, daß zwei Aussagen der Form

$$\neg (A \wedge B) \quad \text{und} \quad (\neg A) \vee (\neg B)$$

in allen möglichen Fällen **denselben Wahrheitswert** besitzen.

A	B	$A \wedge B$	$\neg (A \wedge B)$	$\neg A$	$\neg B$	$(\neg A) \vee (\neg B)$
w	w	w	f	f	f	f
w	f	f	w	f	w	w
f	w	f	w	w	f	w
f	f	f	w	w	w	w

An der vollständigen Übereinstimmung der fraglichen Spalten erkennt man, daß $\neg (A \wedge B)$ und $(\neg A) \vee (\neg B)$ äquivalent sind:

$\neg (A \wedge B) \Leftrightarrow (\neg A) \vee (\neg B)$ **(1. Regel von de Morgan).** **S 1.6**

Wir fassen zusammen:

Eine konjunktive Aussage oder Aussageform wird verneint, indem die einzelnen Bestandteile verneint und zu einer disjunktiven Aussage oder Aussageform verknüpft werden.

VI. Die Negation von disjunktiven Aussagen und Aussageformen

1. Beim Abschied auf dem Bahnhof verspricht Gerda ihrer Mutter: „Ich werde heute abend anrufen **oder** einen Brief schreiben." Gerda erfüllt das Versprechen nicht. Wie ist ihre Aussage zu verneinen? Auch hier wäre es falsch, beide Bestandteile zu verneinen und wieder disjunktiv – im nichtausschließenden Sinne – zu verknüpfen: denn eine disjunktive Aussage ist ja nur falsch, wenn beide Bestandteile falsch sind. Gerda hat aber weder angerufen noch einen Brief geschrieben. Bei der Negation einer disjunktiven Aussage müssen also beide Bestandteile verneint und **konjunktiv** verknüpft werden. Die Negation zu Gerdas Aussage lautet also: „Ich werde heute abend **nicht** anrufen **und keinen** Brief schreiben."

2. Auch diesen Sachverhalt können wir mit Hilfe einer Wahrheitswerttafel beweisen, d. h., wir können für beliebige Aussagen A und B zeigen, daß zwei Aussagen der Form

$$\neg (A \vee B) \quad \text{und} \quad (\neg A) \wedge (\neg B)$$

in allen möglichen Fällen **denselben Wahrheitswert** besitzen.

A	B	A ∨ B	¬ (A ∨ B)	¬ A	¬ B	(¬ A) ∧ (¬ B)
w	w	w	f	f	f	f
w	f	w	f	f	w	f
f	w	w	f	w	f	f
f	f	f	w	w	w	w

An der vollständigen Übereinstimmung der fraglichen Spalten erkennt man, daß $\neg (A \vee B)$ und $(\neg A) \wedge (\neg B)$ äquivalent sind:

S 1.7 **$\neg (A \vee B) \Leftrightarrow (\neg A) \wedge (\neg B)$ (2. Regel von de Morgan).**

Wir fassen zusammen:

Eine disjunktive Aussage oder Aussageform wird verneint, indem die einzelnen Bestandteile verneint und zu einer konjunktiven Aussage oder Aussageform verknüpft werden.

Übungen und Aufgaben

1. Welche Wahrheitswerte haben die folgenden Aussagen?

a) $3 \cdot 4 = 12 \wedge 3 + 7 = 10$ **b)** $4 - 7 = -3 \wedge 2 + 4 = 5$ **c)** $7 \cdot 3 = 20 \wedge 4 + 2 > 3$
d) $12 : 4 = 2 \wedge 4 + 3 \neq 7$ **e)** $2 - 8 < 1 \vee 3 \cdot 4 = 9$ **f)** $1 + 5 > 2 \vee 24 : 3 = 8$
g) $11 \cdot 4 = 15 \vee 10 - 6 = 5$ **h)** $2 + 5 = 6 \vee 17 + 4 = 21$ **i)** $3 - 7 < 5 \vee 5 \cdot (-2) > 14$
k) $3 + 7 = 10 \vee (2 \cdot 4 = 10 \vee 6 + 10 = 16)$ **l)** $16 : 2 = 5 \vee (7 - 4 = 3 \vee 2 + 5 = 7)$
m) $(10 - 1 = 11 \vee 3 \cdot 8 = 11) \wedge (2 - 4 = -2 \vee 6 \cdot 9 = 54)$

2. Bestimme die Lösungsmengen folgender Aussageformen in der Grundmenge $\mathbb{N}$!

a) (x ist Teiler von 10) ∧ (x ist Teiler von 6);
b) (x ist Teiler von 10) ∨ (x ist Teiler von 6);
c) (x ist eine Primzahl) ∧ (x ist kleiner als 15);
d) (x ist Quadratzahl einer natürlichen Zahl) ∧ (x ist kleiner als 50);
e) (x ist Teiler von 16) ∧ (x ist das Doppelte einer Primzahl);
f) (x ist Teiler von 16) ∨ (x ist das Doppelte einer einstelligen Primzahl).

3. Bestimme die Lösungsmengen folgender Gleichungssysteme in der Grundmenge $\mathbb{R}$!

a) $x + 1 = 4 \wedge x^2 + 1 = 10$ **b)** $2x - 1 = 5 \wedge x + 3 = 6$
c) $2x + 1 = 3x \wedge x + 1 = 2x - 1$ **d)** $x(x + 2) = 6x - 3 \wedge x(x + 7) = 14x - 12$
e) $x(x + 1) = 6x - 4 \wedge x(x + 4) = 10x - 8$ **f)** $x(x + 3) = 8x - 6 \wedge 8x - 8 = x(x + 2)$

4. Bestimme die Lösungsmengen folgender Aussageformen in der Grundmenge $\mathbb{R}$!

a) $x + 2 = 3 \vee x^2 + 8 = 9$ **b)** $2x + 1 = 5 \vee x + 2 = 3x - 2$
c) $2x = x + 3 \vee 2x - 1 = 3$ **d)** $3x - 1 = 5x - 3 \vee x^2 + 2 = 3x$
e) $x(x + 1) = 6x \vee x(x + 4) = 10x$ **f)** $x(x + 7) = 14x - 12 \vee x(x + 1) = 6x - 4$
g) $x(x + 3) = 8x - 6 \vee x(x + 2) = 8x - 8$ **h)** $x(x + 6) = 12x - 8 \vee x(x + 3) = 9x - 8$

5. Bilde die Negation folgender Aussagen!

a) $3 + 7 = 10$ **b)** $10 - 4 = 2$ **c)** $7 + 5 > 8$ **d)** $2 - 6 = -3$
e) $4 + 9 \geq 5$ **f)** $6 - 10 \leq -12$ **g)** $2 \cdot 7 \geq 14$ **h)** $4 \cdot 5 < 15$

Ist jeweils die Aussage oder die negierte Aussage wahr?

6. Bilde die Negation folgender Aussagen:

a) Heute ist Montag.
b) Heute ist Dienstag, und heute nachmittag wird es regnen.
c) Tante Paula kommt morgen oder übermorgen zu Besuch.
d) Karl spielt in der Tischtennis- und in der Fußballmannschaft der Schule.
e) Inge ist Mitglied des Schulchores oder des Schulorchesters.
f) Petra hat in der Englischarbeit das Prädikat „befriedigend" oder das Prädikat „ausreichend" erhalten.
g) Die Zahl 2 ist größer als die Zahl 1.
h) Die Zahlen 3, 4 und 6 sind Teiler der Zahl 18.
i) Die Zahlen 24, 36 und 72 sind Vielfache der Zahl 12.
k) Die Zahlen 17, 31 und 51 sind Primzahlen.
l) Die Zahlen 18, 47, 89 und 121 sind keine Quadratzahlen zu natürlichen Zahlen.
m) Alle Zahlen sind größer als 3.
n) Keine Zahl ist negativ.
o) Wenigstens ein Mensch ist größer als 2 m.
p) Alle Autos haben vier Räder.

Entscheide bei den Beispielen **g)** bis **l)**, ob die gegebene Aussage (A) oder die negierte Aussage ($\neg$ A) wahr ist!

7. Bilde die Negation folgender Aussagen und entscheide, ob die gegebene Aussage (A) oder die negierte Aussage ($\neg$ A) wahr ist!

a) $3 + 4 = 7 \wedge 3 \cdot 4 = 12$ **b)** $4 \cdot 2 + 6 \cdot 3 = 24 \wedge 5 \cdot 9 = 3 \cdot 15$
c) $5 + 12 = 19 - 2 \wedge 6 \cdot 7 = 40$ **d)** $8 \cdot 7 - 1 = 5 \cdot 11 \vee 7 \cdot 9 = 8^2 - 1$
e) $4 \cdot 5 + 7 = 4 \cdot 8 \vee 7 \cdot 2 + 1 \neq 3 \cdot 5$ **f)** $3 \cdot 7 + 2 \cdot 8 \neq 4 \cdot 9 \vee 9 \cdot 6 + 3 \neq 3 \cdot 19$

8. Bestimme jeweils die Negation der gegebenen Aussageform A (x) und ermittle die Lösungsmengen von A (x) und $\neg$ A (x) in der Grundmenge $V[x] = \mathbb{R}$!

a) $3x + 7 = 16$ **b)** $4(x - 3) = 3x - 10$ **c)** $x^2 = 3x^2 - 2x$
d) $x^2 - 6 = 3(x - 2)$ **e)** $x^2 - 4x + 3 = 0$ **f)** $x(x - 4) = x - 6$
g) $x(x - 2) = 2x - 3$ **h)** $x^2(x + 11) = 6(x^2 + 1)$ **i)** $2x + 3 < 9$
k) $3x - 4 \geq 5$ **l)** $5(x - 1) < 3x + 3$ **m)** $14 - 7x \geq 5(x - 2)$
n) $x^2 > 6 - x$ **o)** $x(x - 2) < 2x + 5$ **p)** $x(x - 5) < 2x$
q) $x^2 - 4 > 3x + \frac{11}{4}$

9. Bestimme jeweils die Negation der gegebenen Aussageform A (x) und ermittle die Lösungsmengen von A (x) und $\neg$ A (x) in der Grundmenge $V[x] = \mathbb{R}$!

a) $x + 1 = 4 \wedge x^2 + 1 = 10$ **b)** $2x - 1 = 5 \wedge x + 3 = 6$
c) $2x + 1 = 3x \wedge x + 1 = 2x - 1$ **d)** $x(x + 7) = 2(7x - 6) \wedge 3x - 1 = 2$
e) $x + 2 = 3 \vee x^2 + 8 = 9$ **f)** $2x + 1 = 5 \vee x + 2 = 3x - 2$
g) $x + 3 = 10 \vee 3x - 1 = 2x + 5$ **h)** $3x - 1 = 5x - 3 \vee x^2 + 2 = 3x$
i) $2x > x + 1 \wedge 2x - 1 < x + 4$ **k)** $3(x + 1) > 2(x + 3) \wedge x + 3 \geq 2x$
l) $x^2 + 3 < 4x \wedge x^2 + 15 > 8x$ **m)** $x(x + 2) \geq 4x + 3 \wedge 2x(x + 1) > 3x$
n) $x + 3 < 5 \vee x^2 + 3 > 10$ **o)** $2x < x + 2 \vee x^2 - 1 \leq 3$
p) $2x + 3 \geq 9 \vee 4x - 1 < x$ **q)** $3x + 1 < 6 \vee x(x + 1) > 4x + \frac{7}{4}$

10. Bestimme jeweils die Negation der gegebenen Aussageform $A(x \mid y)$ und ermittle die Lösungsmengen von $A(x \mid y)$ und $\neg A(x \mid y)$ in der Grundmenge $V[x \mid y] = \{1, 2\} \times \{1, 2\}$!

a) $x + y = 4 \wedge x = 2 + y$ **b)** $3x = 2(y + 2) \wedge 2x + y = 5$
c) $2x + y = 5 \wedge x + 2y = 2(y + 1)$ **d)** $x + 2y = 4 \wedge 2x + y = 5$
e) $4x + y = x^2 + 5 \wedge x + y = 3$ **f)** $x^2 + y = 2(2x - 1) \wedge x + y = 4$
g) $3x > 2(y + 2) \wedge x + 2y > 4$ **h)** $x + 2y \leq 4 \wedge 3x \geq 2y + 4$
i) $x + y = 3 \vee x = 2 + y$ **k)** $3x = 2y + 4 \vee 2x + y = 5$
l) $x + 2y = 2(y + 1) \vee x + 2y = 4$ **m)** $x + 6 = 2y \vee x = 2(y + 1)$
n) $x + y > 2 \vee 2x - y > 3$ **o)** $4x < 3y + 2 \vee 2x + y > 5$
p) $2x \geq y + 1 \vee x + y > 2y$ **q)** $x + y < 4 \vee x \geq 2 + y$

11. Beweise mit Hilfe von Wahrheitswerttafeln die folgenden Äquivalenzsätze!
Beachte: Zwei aussagenlogische Verknüpfungen sind äquivalent, wenn der Verlauf der Wahrheitswerte in ihren Wahrheitswerttafeln übereinstimmt (vgl. z. B. S. 14!).

a) $\neg(\neg A) \Leftrightarrow A$ (Satz von der doppelten Verneinung)
b) $A \wedge B \Leftrightarrow B \wedge A$ **c)** $A \vee B \Leftrightarrow B \vee A$ (Kommutativgesetze)
d) $A \wedge A \Leftrightarrow A$ **e)** $A \vee A \Leftrightarrow A$ (Idempotenzgesetze)
f) $(A \wedge B) \wedge C \Leftrightarrow A \wedge (B \wedge C)$ **g)** $(A \vee B) \vee C \Leftrightarrow A \vee (B \vee C)$ (Assoziativgesetze)
h) $A \wedge (B \vee C) \Leftrightarrow (A \wedge B) \vee (A \wedge C)$
i) $A \vee (B \wedge C) \Leftrightarrow (A \vee B) \wedge (A \vee C)$ (Distributivgesetze)
k) $\neg(A \wedge B) \Leftrightarrow (\neg A) \vee (\neg B)$
l) $\neg(A \vee B) \Leftrightarrow (\neg A) \wedge (\neg B)$ (Regeln von de Morgan)
m) $[A \vee (\neg A)] \wedge B \Leftrightarrow B$ **n)** $[A \wedge (\neg A)] \vee B \Leftrightarrow B$

§ 2 Die Subjunktion und die Bijunktion

I. Die Subjunktion

1. Neben Konjunktion, Disjunktion und Negation sind in der Aussagenlogik zwei weitere Verknüpfungen von Bedeutung, die sogenannte „Subjunktion" (oder „Implikation") und die sogenannte „Bijunktion".
Wir motivieren die Definition der Subjunktion an einem

Beispiel: Wenn ein Fußballspieler den Ball absichtlich mit der Hand spielt, so kann es sein, daß der Schiedsrichter ihn mit den folgenden Worten ermahnt:
„Herr Meier, Sie unterlassen das absichtliche Spielen des Balles mit der Hand – **oder** Sie werden des Feldes verwiesen!"

Der Schiedsrichter hätte dies auch folgendermaßen ausdrücken können:
„Herr Meier, **wenn** Sie den Ball noch einmal absichtlich mit der Hand spielen, **so** werden Sie des Feldes verwiesen."

Bei der ersten Formulierung werden die beiden Aussagen
A: „Sie spielen den Ball absichtlich mit der Hand" und
B: „Sie werden des Feldes verwiesen"
in folgender Weise miteinander verknüpft:
$(\neg A) \vee B$: „Sie spielen den Ball **nicht** absichtlich mit der Hand, **oder** Sie werden des Feldes verwiesen."

Beachte, daß die Verwendung des nicht ausschließenden Oder hier durchaus sinnvoll ist, weil der Spieler ja auch aus einem anderen Grund (z. B. wegen Foulspiels) des Feldes verwiesen werden kann.
In der zweiten Formulierung werden die beiden Aussagen A und B verknüpft mit Hilfe der Worte **„wenn ..., so ..."**. Für diese bisher noch nicht erörterte Aussagenverknüpfung wollen wir einen Pfeil als Zeichen einführen und schreiben:

„$A \rightarrow B$" und lesen: „wenn A, so B".

Diese Aussagenverknüpfung nennt man **„Subjunktion"** oder „Implikation".

2. Unser Beispiel zeigt, daß es sinnvoll ist, die Subjunktion so zu definieren, daß $A \rightarrow B$ mit $(\neg A) \vee B$ äquivalent ist:

$$A \rightarrow B \Leftrightarrow_{Df} (\neg A) \vee B.$$ **D 2.1**

Die Wahrheitswerttafel der Subjunktion, durch die die genaue Bedeutung dieser Aussagenverknüpfung festgelegt wird, können wir also auf die Tafeln für die Negation und für die Disjunktion zurückführen.

A	¬ A	B	(¬ A) v B
w	f	w	w
w	f	f	f
f	w	w	w
f	w	f	w

Die Subjunktion ist also durch die folgende Wahrheitswerttafel festgelegt:

A	B	A → B
w	w	w
w	f	f
f	w	w
f	f	w

3. Die beiden ersten Zeilen der Tafel entsprechen der umgangssprachlichen Bedeutung des „wenn ..., so ...", wie man an den folgenden Beispielen erkennt:

1) Wenn der Punkt P auf der Mittelsenkrechten der Strecke CD liegt (A), so ist $CP = DP$ (B).
Im Fall des Bildes 2.1 sind beide Teilaussagen wahr und daher auch die gesamte Aussage $A \rightarrow B$.

2) Wenn $\sin 30° = \frac{1}{2}$ ist (A), so ist auch $\cos 30° = \frac{1}{2}$ (B). Hier ist die Aussage A zwar wahr, die Aussage B aber falsch; daher ist auch die ganze Aussage $A \rightarrow B$ falsch.

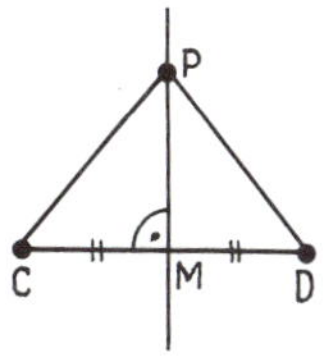

Bild 2.1

Die beiden letzten Zeilen der Wahrheitswerttafel von $A \rightarrow B$ entsprechen nicht dem umgangssprachlichen Verständnis des „wenn ..., so ...". In der Umgangssprache wird das „wenn ..., so ..." im allgemeinen nämlich nur dann verwendet, wenn hinter dem „wenn" eine wahre Aussage steht. Man kann die Zweckmäßigkeit der in den beiden letzten Zeilen der Tafel getroffenen Festsetzung aber an dem folgenden Beispiel deutlich machen.

Der Satz „Wenn eine beliebige natürliche Zahl n durch 12 teilbar ist, so ist sie auch durch 4 teilbar" wird sicherlich von jedermann für wahr gehalten, weil die Zahl 4 selbst Teiler von 12 ist. Hier ist

A (n): Die Zahl n ist durch 12 teilbar und
B (n): Die Zahl n ist durch 4 teilbar.

Wir setzen in n einige natürliche Zahlen ein:

1) $n = 24$: A (24) und B (24) sind beide wahr; dies entspricht der ersten Zeile der Tafel für $A \rightarrow B$.

2) $n = 16$: A (16) ist falsch, aber B (16) ist wahr.

3) $n = 18$: A (18) ist falsch und auch B (18) ist falsch.

Wenn wir aber dabei bleiben wollen, daß obiger Satz für beliebige natürliche Zahlen wahr ist, so müssen wir festsetzen, daß auch in den Fällen 2) und 3) die Gesamtaussage wahr sein soll, wie es in der dritten und in der vierten Zeile der Tafel festgelegt ist.

4. Beachte:

1) Eine **Subjunktion ist nur falsch,** wenn der erste Bestandteil wahr, der zweite aber falsch ist.
Beispiel: $2 \cdot 2 = 4 \rightarrow 2 + 3 = 4$ (f).

2) Eine Subjunktion ist auf jeden Fall wahr, wenn der erste Bestandteil falsch ist. So sind z. B. die beiden folgenden Aussagen nach der getroffenen Vereinbarung als wahr anzusehen:
$2 \cdot 2 = 5 \rightarrow 6 + 7 = 13$ (w) und $2 \cdot 2 = 5 \rightarrow 7 - 2 = 10$ (w).

3) Die durch das Zeichen „→" verbundenen Aussagen brauchen inhaltlich nichts miteinander zu tun zu haben. Es kommt nur auf die Wahrheitswerte der beiden Teilaussagen an.

5. Natürlich können auch **Aussageformen** subjunktiv verknüpft werden.

Beispiel: $A(x)$: $3 \cdot (x-2) = x-4 \rightarrow 3-2x = 3 \cdot (2-x)$ mit $V[x] = \{1, 2, 3\}$.

Setzt man die Elemente der Grundmenge in A (x) ein, so ergeben sich Aussagen, deren Wahrheitswerte man nach obiger Tafel bestimmen kann:

$$A(1): \underbrace{3 \cdot (-1) = 1-4}_{(w)} \rightarrow \underbrace{3-2 = 3 \cdot 1}_{(f)} \quad (f)$$

$$A(2): \underbrace{3 \cdot 0 = 2-4}_{(f)} \rightarrow \underbrace{3-4 = 3 \cdot 0}_{(f)} \quad (w)$$

$$A(3): \underbrace{3 \cdot 1 = 3-4}_{(f)} \rightarrow \underbrace{3-6 = 3 \cdot (-1)}_{(w)} \quad (w)$$

Also ist $L(A) = \{2, 3\}$; die Aussageform ist in V erfüllbar, aber nicht allgemeingültig.

3. Die **subjunktive Verknüpfung** von Aussagen oder Aussageformen darf nicht verwechselt werden mit dem **Folgerungsbegriff für Aussageformen** (vgl. Band 4). Zwischen dem Folgerungsbegriff und der Subjunktion besteht aber ein Zusammenhang, auf den wir in § 3, IV eingehen werden.

II. Die Bijunktion

1. Wie beim Folgerungsbegriff kann man auch bei der Subjunktion (Implikation) danach fragen, ob mit „$A \rightarrow B$" auch die Umkehrung „$B \rightarrow A$" gültig ist. Allgemein ist dies sicherlich nicht der Fall; denn die Wahrheitswerttafel für „$B \rightarrow A$" ist von der für „$A \rightarrow B$" verschieden:

A	B	$B \rightarrow A$
w	w	w
w	f	w
f	w	f
f	f	w

In naheliegender Weise wollen wir daher – ähnlich wie beim Äquivalenzbegriff – eine Verknüpfung für Aussagen durch die Bedingung $A \rightarrow B \wedge B \rightarrow A$ festlegen und sie bezeichnen durch

„$A \longleftrightarrow B$".

Wir lesen dieses Zeichen: „B dann und nur dann, wenn A" oder kürzer: „B genau dann, wenn A". Wir sprechen bei dieser neuen Aussagenverknüpfung von der **„Bijunktion".** Die Bijunktion ist also folgendermaßen definiert:

D 2.2

$$A \longleftrightarrow B \Leftrightarrow_{Df} A \rightarrow B \wedge B \rightarrow A.$$

Aus dieser Definition können wir die Wahrheitswerttafel für die Bijunktion herleiten:

A	B	$A \rightarrow B$	$B \rightarrow A$	$A \longleftrightarrow B$
w	w	w	w	w
w	f	f	w	f
f	w	w	f	f
f	f	w	w	w

Eine Bijunktion ist also genau dann wahr, wenn beide Bestandteile wahr oder beide Bestandteile falsch sind.

Beispiele:
1) $3+3=6 \longleftrightarrow 2 \cdot 3 = 6$ (w)
2) $3+3=6 \longleftrightarrow 3 \cdot 3 = 6$ (f)
3) $3 \cdot 3 = 6 \longleftrightarrow 3^2 = 9$ (f)
4) $3 \cdot 3 = 6 \longleftrightarrow 3^2 = 6$ (w)

2. Auch Aussageformen können bijunktiv verknüpft werden.

Beispiel: $A(x)$: $3 \cdot (x - 2) = x - 4 \longleftrightarrow x \cdot (x - 2) = 2x - 3$ mit $V[x] = \{1, 2, 3\}$.

Setzt man die Elemente der Grundmenge in A (x) ein, so ergeben sich Aussagen, deren Wahrheitswerte man nach obiger Tafel bestimmen kann:

$$A(1):\ \underbrace{3 \cdot (-1) = 1 - 4}_{(w)} \longleftrightarrow \underbrace{1 \cdot (-1) = 2 - 3}_{(w)}\quad (w)$$

$$A(2):\ \underbrace{3 \cdot 0 = 2 - 4}_{(f)} \longleftrightarrow \underbrace{2 \cdot 0 = 4 - 3}_{(f)}\quad (w)$$

$$A(3):\ \underbrace{3 \cdot 1 = 3 - 4}_{(f)} \longleftrightarrow \underbrace{3 \cdot 1 = 6 - 3}_{(w)}\quad (f)$$

Also ist $L(A) = \{1, 2\}$; die Aussageform ist in V erfüllbar, aber nicht allgemeingültig.

3. Die **bijunktive Verknüpfung** von Aussagen oder Aussageformen darf nicht verwechselt werden mit dem **Äquivalenzbegriff für Aussageformen** (vgl. Band 4). Zwischen dem logischen Äquivalenzbegriff und der Bijunktion besteht aber ein Zusammenhang, auf den wir in § 3, V eingehen werden.

4. Wir haben in den bisherigen Bänden auf die Einführung von Subjunktion und Bijunktion verzichtet. Wir haben statt dessen mit dem Folgerungsbegriff (Zeichen: „$\Rightarrow$") und mit dem logischen Äquivalenzbegriff (Zeichen: „$\Leftrightarrow$") gearbeitet. Der Zusammenhang zwischen diesen Begriffen wird in § 3, IV und § 3, V kurz dargestellt. Beim Aufbau der Analysis werden wir nur selten von den Zeichen „$\rightarrow$" und „$\longleftrightarrow$" für die Subjunktion bzw. für die Bijunktion Gebrauch machen. Wir arbeiten statt dessen – wie bisher – mit dem Folgerungs- und mit dem Äquivalenzbegriff. Wir benötigen die beiden Begriffe vor allem bei der Beschreibung der in der Mathematik verwendeten Beweisverfahren im 8. Abschnitt des Buches.

Übungen und Aufgaben

1. Bestimme die Wahrheitswerte der folgenden Aussagen!

a) $2 + 2 + 2 = 6 \rightarrow 2 \cdot 3 = 6$
b) $3 \cdot 4 = 12 \rightarrow 4 \cdot 3 = 12$
c) $2 \cdot (4 + 6) = 20 \rightarrow 2 \cdot 4 + 2 \cdot 6 = 20$
d) $8 \cdot 7 = 64 \rightarrow 7 \cdot 8 = 64$
e) $(6 + 5) \cdot 3 = 30 \rightarrow 3 \cdot 11 = 33$
f) $7^2 - 4^2 = 3^2 \rightarrow 7^2 + 4^2 = 11^2$
g) $4 + 5 \cdot 3 = 27 \rightarrow 5 \cdot 3 + 4 = 27$
h) $4^2 = 16 \rightarrow (-4)^2 = 16$
i) $\sqrt{4} + \sqrt{9} = 5 \rightarrow 4 + 9 = 25$
k) $\sqrt{4} + \sqrt{9} = \sqrt{13} \rightarrow 4 + 9 = 13$
l) $4 + 9 = 13 \rightarrow \sqrt{4} + \sqrt{9} = \sqrt{13}$
m) $2 + 3 = 5 \rightarrow \sqrt{4} + \sqrt{9} = 5$

2. Bestimme die Wahrheitswerte der folgenden Aussagen!

a) $8 + 5 = 13 \longleftrightarrow 13 - 5 = 8$
b) $5 \cdot 7 = 35 \longleftrightarrow 35 : 7 = 5$
c) $3 \cdot 3 \cdot 3 = 27 \longleftrightarrow 3^3 = 27$
d) $4^2 = 16 \longleftrightarrow 2^4 = 16$
e) $3^2 = 9 \longleftrightarrow 2^3 = 9$
f) $2 \cdot (4 + 7) = 22 \longleftrightarrow 2 \cdot 4 + 2 \cdot 7 = 22$
g) $3^2 + 4^2 = 5^2 \longleftrightarrow 3 + 4 = 5$
h) $3 + 4 = 7 \longleftrightarrow 3^2 + 4^2 = 7^2$
i) $3 + 4 = 7 \longleftrightarrow 3^2 + 4^2 = 5^2$
k) $\sqrt{16} + \sqrt{36} = 10 \longleftrightarrow 16 + 36 < 100$
l) $16 + 36 = 52 \longleftrightarrow \sqrt{16} + \sqrt{36} = \sqrt{52}$
m) $16 + 36 = 52 \longleftrightarrow \sqrt{16} + \sqrt{36} = \sqrt{100}$

3. Bestimme die Lösungsmengen der folgenden Aussageformen in $V[x] = \mathbb{R}$!

a) $2x + 3 = 11 \rightarrow x = 4$
b) $4x - 3 = 17 \rightarrow x = 5$
c) $x + 7 = 16 \rightarrow x - 7 = 5$
d) $2x - 5 = 17 \rightarrow 3x + 8 = 23$
e) $x = 4 \rightarrow x^2 = 16$
f) $x^2 = 16 \rightarrow x = 4$
g) $x > 2 \rightarrow x^2 > 4$
h) $x^2 > 4 \rightarrow x > 2$
i) $x \leq 1 \rightarrow x^2 \leq 9$
k) $x^2 \leq 9 \rightarrow x \leq 1$
l) $x^2 + 4x - 5 = 0 \rightarrow x^2 - x - 12 = 0$
m) $x^2 + 9x + 8 = 0 \rightarrow x^2 + 4x - 32 = 0$
n) $x < 0 \rightarrow x^2 + 4x - 45 = 0$
o) $x > 0 \rightarrow x^2 - 9x + 20 = 0$

4. Bestimme die Lösungsmengen der folgenden Aussageformen in $V[x] = \mathbb{R}$!

a) $3x + 4 = 13 \longleftrightarrow x = 3$
b) $9x - 7 = 2x \longleftrightarrow x = 1$
c) $4x + 3 = x \longleftrightarrow 2x - 1 = 7$
d) $8x + 3 = 27 \longleftrightarrow 5x - 1 = 9$
e) $x = 5 \longleftrightarrow x^2 = 25$
f) $x > 2 \longleftrightarrow x^2 > 4$
g) $x \leq 7 \longleftrightarrow x^2 \leq 49$
h) $x \geq 9 \longleftrightarrow x^2 \geq 81$
i) $x < 0 \longleftrightarrow 2x + 7 > x + 9$
k) $x \geq 0 \longleftrightarrow 4x + 3 > x + 6$
l) $x^2 + 6x = 0 \longleftrightarrow x^2 - 5x = 0$
m) $x^2 - 6x - 27 = 0 \longleftrightarrow x^2 + 4x - 21 = 0$

5. Zeige die Gültigkeit der folgenden Äquivalenzaussagen

1) $\neg (A \rightarrow B) \Leftrightarrow A \wedge (\neg B)$
2) $\neg (A \longleftrightarrow B) \Leftrightarrow [A \wedge (\neg B)] \vee [B \wedge (\neg A)]$

a) mit Hilfe von Wahrheitswerttafeln;
b) durch Rückführung des Subjunktions- und des Bijunktionsbegriffes auf Konjunktion, Disjunktiion und Negation!

6. Bestimme die Lösungsmengen der Aussageform A (x) und $\neg$ A (x) in der Grundmenge $V[x] = \{1, 2, 3, 4\}$ für die subjunktiven Aussageformen der Aufgabe **3**!

7. Bestimme die Lösungsmengen der Aussageformen A (x) und $\neg$ A (x) in der Grundmenge $V[x] = \{1, 2, 3, 4\}$ für die biiunktiven Aussageformen der Aufgabe **4**!

8. **Zeige unter Benutzung der Äquivalenz $A \rightarrow B \Leftrightarrow_{Df} (\neg A) \vee B$ und mit Hilfe der Äquivalenzsätze von Aufgabe 11 in § 1 die Gültigkeit der folgenden Äquivalenzsätze!**

a) $[(\neg A) \vee B] \rightarrow B \Leftrightarrow A \vee B$
b) $[(\neg A) \wedge (\neg B)] \rightarrow B \Leftrightarrow A \vee B$
c) $(\neg B) \rightarrow (\neg A) \Leftrightarrow A \rightarrow B$ (Kontraposition)
d) $[A \wedge (\neg B)] \rightarrow B \Leftrightarrow A \rightarrow B$
e) $(A \vee B) \rightarrow B \Leftrightarrow A \rightarrow B$
f) $[(\neg A) \vee (\neg B)] \rightarrow (\neg A) \Leftrightarrow A \rightarrow B$
g) $[A \wedge (\neg B)] \rightarrow (\neg A) \Leftrightarrow A \rightarrow B$

9. Zeige mit Hilfe von Wahrheitswerttafeln, daß es sich bei den folgenden aussagenlogischen Verknüpfungen um Tautologien[1]) handelt, daß Aussagen dieser Form also stets wahr sind!

a) $A \vee (\neg A)$
b) $A \rightarrow A$
c) $A \longleftrightarrow A$
d) $[A \vee (\neg A)] \vee B$
e) $(A \wedge B) \rightarrow B$
f) $A \rightarrow (A \vee B)$
g) $A \rightarrow (B \rightarrow A)$
h) $(\neg A) \rightarrow (A \rightarrow B)$
i) $[(\neg A) \wedge (\neg B)] \rightarrow (\neg B)$
k) $(A \rightarrow B) \rightarrow [(C \vee A) \rightarrow (C \vee B)]$
l) $[(A \rightarrow B) \wedge (B \rightarrow C)] \rightarrow (A \rightarrow C)$

10. Zeige: Sind A und B äquivalente Aussagenverknüpfungen ($A \Leftrightarrow B$), so ist $A \longleftrightarrow B$ eine Tautologie!

§ 3 Allaussagen und Existenzaussagen

I. Allaussagen und Existenzaussagen als verallgemeinerte konjunktive und disjunktive Aussagen

1. Schon in Band 4 haben wir gelernt, daß man die

Allgemeingültigkeit | **Erfüllbarkeit**

einer Aussageform A (x) in einer Grundmenge V [x] durch eine

Allaussage | **Existenzaussage**

zum Ausdruck bringen kann.

Beispiel:	**Beispiel:**
$A(x)\colon\ (x + 1)(x - 1) = x^2 - 1$ in $V[x] = \{1, 2, 3\}$	$A(x)\colon\ x^2 + 3 = 4x$ in $V[x] = \{1, 2, 3\}$.
Es ist: $L(A) = \{1, 2, 3\} = V$.	Es ist: $L(A) = \{1, 3\} \subset V$.

Die Aussageform A (x) ist also

allgemeingültig | **erfüllbar**

in der Grundmenge V [x].

[1]) Tautologie (gr.), dasselbe sagen.

Diesen Sachverhalt können wir auch folgendermaßen ausdrücken:

„Für alle $x \in V$ gilt: $(x+1)(x-1) = x^2 - 1$"	„Es gibt ein $x \in V$ mit: $x^2 + 3 = 4x$" (Beachte, daß hiermit gemeint ist: „es gibt **wenigstens** ein Element ..."; es ist durchaus zugelassen, daß es mehrere Elemente gibt, die die fragliche Aussageform erfüllen.)
Diese **Allaussage**	Diese **Existenzaussage**

ist gleichbedeutend mit der folgenden

konjunktiven Aussage:	**disjunktiven Aussage:**
$(1+1)(1-1) = 1-1$	$1^2 + 3 = 4 \cdot 1$
$\wedge\ (2+1)(2-1) = 4-1$	$\vee\ 2^2 + 3 = 4 \cdot 2$
$\wedge\ (3+1)(3-1) = 9-1$ (w)	$\vee\ 3^2 + 3 = 4 \cdot 3$ (w)
Diese konjunktive Aussage	Diese disjunktive Aussage

entsteht dadurch, daß man alle Elemente der Grundmenge in die Aussageform A (x) einsetzt und die entstehenden Aussagen durch das

Und-Zeichen	Oder-Zeichen

verbindet. Die Aussage ist wahr, weil

alle Teilaussagen wahr sind.	wenigstens eine Teilaussage wahr ist.

Daher wählt man zur Abkürzung der Worte

„für alle ... gilt" ein vergrößertes Und-Zeichen: „$\bigwedge$".	„es gibt ein" ein vergrößertes Oder-Zeichen: „$\bigvee$".

Mit diesem Zeichen heißt die Aussage:

$\bigwedge_{x \in V} [(x+1)(x-1) = x^2 - 1]$.	$\bigvee_{x \in V} [x^2 + 3 = 4x]$.

Man nennt dieses Zeichen

„Allquantor".	**„Existenzquantor".**

2. Unter dem Allquantor und dem Existenzquantor ist stets die Variable anzugeben, auf die sich die „Quantisierung" bezieht. Diese Variable ist – wie wir schon in Band 4 gelernt haben – eine sogenannte **„gebundene Variable"** im Gegensatz zu den **„freien Variablen"**, die in Aussageformen vorkommen. Für gebundene Variable besteht das Einsetzungsverbot:

In gebundene Variable darf nichts eingesetzt werden.

3. Bei All- und Existenzaussagen haben wir bisher außer der (oder den) gebundenen Variablen stets auch die Grundmenge mit angegeben, auf die sich die Variable bezieht. Es handelt sich dabei um eine abkürzende Schreibweise; statt

$\bigwedge_{x \in V} [(x+1)(x-1) = x^2 - 1]$	$\bigvee_{x \in V} [x^2 + 3 = 4x]$

müßten wir ausführlich schreiben:

$\bigwedge_{x} [x \in V \rightarrow (x+1)(x-1) = x^2 - 1]$, gelesen:	$\bigvee_{x} [x \in V \wedge x^2 + 3 = 4x]$, gelesen:
„Für alle x gilt: **wenn** x aus V, **so** ist $(x+1)(x-1) = x^2 - 1$."	„Es gibt ein x, für das gilt: x aus V **und** $x^2 + 3 = 4x$."

Beachte, daß die Angabe der Grundmenge für die gebundenen Variablen bei einer

Allaussage eine Abkürzung für eine **Subjunktion** bedeutet!	**Existenzaussage** eine Abkürzung für eine **Konjunktion** bedeutet!

4. Strenggenommen kann nur bei **endlichen Grundmengen** eine

Allaussage | Existenzaussage

als Abkürzung für eine

konjunktive Aussage | disjunktive Aussage

angesehen werden. Bei einer nichtendlichen Grundmenge müßten unendlich viele Aussagen durch das

Und-Zeichen | Oder-Zeichen

miteinander verknüpft werden, was natürlich nicht möglich ist. In diesem Falle können wir eine

Allaussage | Existenzaussage

als Verallgemeinerung einer

konjunktiven Aussage | disjunktiven Aussage

ansehen.

5. Kommen in einer Aussageform mehrere Variable vor, so können einige dieser Variablen – oder sogar alle – durch Quantoren gebunden werden. Dabei kommt es aber in vielen Fällen auf die Reihenfolge der Quantoren an. Quantoren dürfen also im allgemeinen **nicht vertauscht** werden.

Beispiel:

$$\bigwedge_{x \in \mathbb{N}} \bigvee_{y \in \mathbb{Z}} (x - y = 2)$$

Diese Aussage ist wahr; setzt man nämlich in x eine beliebige natürliche Zahl ein, so kann man aus der Gleichung $y = x - 2$ stets eine ganze Zahl bestimmen, so daß $x - y = 2$ ist. Durch Vertauschung der Quantoren erhält man:

$$\bigvee_{y \in \mathbb{Z}} \bigwedge_{x \in \mathbb{N}} (x - y = 2).$$

Diese Aussage ist falsch; denn es gibt keineswegs eine ganze Zahl derart, daß mit dieser bestimmten Zahl für y für **alle** $x \in \mathbb{N}$ gelten würde: $x - y = 2$.

II. Die Negation von Allaussagen

1. Wenn man jemanden auffordert, das **Gegenteil** der Aussage
A: „Alle Menschen sind sterblich"

zu nennen, so wird man häufig zur Antwort bekommen:
B: „Alle Menschen sind unsterblich."

Wir fragen uns, ob es sich bei der Aussage B wirklich um die Negation der Aussage A (das sogenannte „kontradiktorische Gegenteil") handelt oder nicht. Im vorigen Abschnitt haben wir gelernt, daß wir Allaussagen als verallgemeinerte konjunktive Aussagen ansehen können; wir können also eine Allaussage wie eine konjunktive Aussage verneinen (vgl. § 1, V), d. h., wir haben die einzelnen Bestandteile zu verneinen und **disjunktiv** zu verknüpfen; es entsteht auf diese Weise also eine Existenzaussage.

Die Negation unserer Aussage A heißt also:

$\neg$ A: „Es gibt einen Menschen, der nicht sterblich ist".

Obige Aussage B ist also nicht die Negation der Aussage A; sie wird als „konträres Gegenteil" der Aussage A bezeichnet.

2. Allgemein gilt:

$$\neg \bigwedge_{x} [A(x)] \Leftrightarrow \bigvee_{x} [\neg A(x)].$$ **S 3.1**

Beispiele:

1) A: $\bigwedge_{x \in \mathbb{N}} (x > 1)$; $\neg$ A: $\bigvee_{x \in \mathbb{N}} [\neg (x > 1)]$, d. h. $\bigvee_{x \in \mathbb{N}} (x \leq 1)$.

Von den beiden Aussagen A und $\neg$ A ist natürlich die eine wahr, die andere falsch; hier ist $\neg$ A wahr; denn für die Zahl 1 ergibt sich die wahre Aussage: $1 \leq 1$.

2) A: $\bigwedge_{x \in \mathbb{R}} [x(x+1) = x^2 + x]$; $\neg$ A: $\bigvee_{x \in \mathbb{R}} \left[\neg [x(x+1) = x^2 + x]\right]$,

d. h. $\bigvee_{x \in \mathbb{R}} [x(x+1) \neq x^2 + x]$.

Bei diesem Beispiel ist A eine wahre und $\neg$ A eine falsche Aussage.

Beachte den Unterschied zwischen $\neg \bigwedge_{x} [A(x)]$ und $\bigwedge_{x} [\neg A(x)]$!

Steht z. B. A (x) für: „x ist verheiratet" und M für die Menge aller Menschen, so bedeutet:

$\neg \bigwedge_{x \in M} [A(x)]$: „nicht jeder Mensch ist verheiratet",

und: $\bigwedge_{x \in M} [\neg A(x)]$: „alle Menschen sind nicht verheiratet".

III. Die Negation von Existenzaussagen

1. Durch entsprechende Überlegungen ergibt sich, wie eine Existenzaussage zu verneinen ist. Eine Existenzaussage ist eine verallgemeinerte disjunktive Aussage; ihre Negation ist also eine verallgemeinerte konjunktive Aussage, d. h. eine Allaussage. Allgemein gilt:

$$\neg \bigvee_{x} [A(x)] \Leftrightarrow \bigwedge_{x} [\neg A(x)].$$ **S 3.2**

2. Beispiele:

1) A: $\bigvee_{x \in \mathbb{N}} (2x + 1 = 7)$; $\neg$ A: $\bigwedge_{x \in \mathbb{N}} [\neg (2x + 1 = 7)]$, d. h. $\bigwedge_{x \in \mathbb{N}} (2x + 1 \neq 7)$.

Die Aussage A ist wahr; denn für x = 3 ergibt sich die wahre Aussage

$$2 \cdot 3 + 1 = 7.$$

2) A: $\bigvee_{x \in \mathbb{R}} (x^2 + 1 = 0)$; $\neg$ A: $\bigwedge_{x \in \mathbb{R}} [\neg (x^2 + 1 = 0]$, d. h. $\bigwedge_{x \in \mathbb{R}} (x^2 + 1 \neq 0)$.

In diesem Falle ist $\neg$ A eine wahre Aussage; denn für alle $x \in \mathbb{R}$ gilt: $x^2 + 1 > 0$.

IV. Der Zusammenhang zwischen Subjunktion und Folgerungsbegriff

1. Schon in § 2, I sind wir darauf aufmerksam geworden, daß zwischen der Subjunktion und dem Folgerungsbegriff ein Zusammenhang bestehen muß. Diesen Zusammenhang wollen wir in diesem Abschnitt aufzudecken versuchen. Wir betrachten als

Beispiel die beiden Aussageformen

$$A_1(x):\ 2x + 3 = x + 4 \quad \text{und} \quad A_2(x):\ x^2 + 3 = 4x,$$

jeweils in der Grundmenge $V[x] = \{1, 2, 3\}$. Als Lösungsmengen finden wir:

$$L(A_1) = \{1\} \quad \text{und} \quad L(A_2) = \{1, 3\}.$$

Es gilt also: $L(A_1) \subset L(A_2)$ und mithin: $A_1 \Rightarrow A_2$.

Nun verknüpfen wir die beiden Aussageformen $A_1(x)$ und $A_2(x)$ zur subjunktiven Aussageform

$$A(x):\ A_1(x) \rightarrow A_2(x), \text{ d. h.}$$
$$A(x):\ 2x + 3 = x + 4 \rightarrow x^2 + 3 = 4x.$$

Durch Einsetzen aller Elemente aus $V[x]$ bestimmen wir die Lösungsmenge von $A(x)$:

$$A(1):\ \underbrace{2 + 3 = 1 + 4}_{(w)} \rightarrow \underbrace{1 + 3 = 4}_{(w)} \quad (w)$$

$$A(2):\ \underbrace{4 + 3 = 2 + 4}_{(f)} \rightarrow \underbrace{4 + 3 = 8}_{(f)} \quad (w)$$

$$A(3):\ \underbrace{6 + 3 = 3 + 4}_{(f)} \rightarrow \underbrace{9 + 3 = 12}_{(w)} \quad (w)$$

Es ist also $L(A) = V$; d. h. die Aussageform $A_1(x) \rightarrow A_2(x)$ ist **allgemeingültig** in der Grundmenge $V[x]$. Anders ausgedrückt: Die Allaussage $\bigwedge_{x \in V} [A_1(x) \rightarrow A_2(x)]$ ist eine **wahre Aussage.**

Damit haben wir den Zusammenhang zwischen der Subjunktion und dem Folgerungsbegriff gefunden:

S 3.3 **„$A_1(x) \Rightarrow A_2(x)$" bedeutet, daß die Aussageform $A_1(x) \rightarrow A_2(x)$ allgemeingültig in der Grundmenge $V[x]$ ist, daß also $\bigwedge_{x \in V} [A_1(x) \rightarrow A_2(x)]$ eine wahre Aussage ist.**

2. Wir können dieses an einem Beispiel gewonnene Ergebnis auch allgemein begründen. Wenn eine subjunktive Aussageform $A_1(x) \rightarrow A_2(x)$ allgemeingültig ist, dann gibt es kein Element in der Grundmenge, welches $A_1(x)$ erfüllt, $A_2(x)$ jedoch nicht erfüllt. Dann gehört also jedes Element aus $L(A_1)$ auch zu $L(A_2)$, d. h. es gilt: $L(A_1) \subseteq L(A_2)$. Das aber bedeutet nach Definition, daß A_2 aus A_1 folgt: $A_1 \Rightarrow A_2$.

V. Der Zusammenhang zwischen Bijunktion und Äquivalenzbegriff

1. In entsprechender Weise können wir auch den Zusammenhang zwischen der Bijunktion und dem logischen Äquivalenzbegriff untersuchen.

Beispiel: $A_1(x):\ x(x + 1) = 4x - 2$ und $A_2(x):\ x^2 + 2 = 3x$, jeweils in der Grundmenge $V[x] = \{1, 2, 3\}$. Als Lösungsmengen finden wir:

$$L(A_1) = \{1; 2\} \quad \text{und} \quad L(A_2) = \{1; 2\}.$$

Es gilt also: $L(A_1) = L(A_2)$ und mithin: $A_1 \Leftrightarrow A_2$.

Nun verknüpfen wir die beiden Aussageformen $A_1(x)$ und $A_2(x)$ zur bijunktiven Aussageform

$$A(x):\ A_1(x) \longleftrightarrow A_2(x), \text{ d. h.}$$
$$A(x):\ x(x + 1) = 4x - 2 \longleftrightarrow x^2 + 2 = 3x.$$

Durch Einsetzen aller Elemente aus V [x] bestimmen wir die Lösungsmenge von A (x):

$$A(1):\ \underbrace{1\cdot 2=4-2}_{(w)} \longleftrightarrow \underbrace{1+2=3}_{(w)}\ (w)$$

$$A(2):\ \underbrace{2\cdot 3=8-2}_{(w)} \longleftrightarrow \underbrace{4+2=6}_{(w)}\ (w)$$

$$A(3):\ \underbrace{3\cdot 4=12-2}_{(f)} \longleftrightarrow \underbrace{9+2=9}_{(f)}\ (w)$$

Es ist also L (A) = V, d. h. die Aussageform $A_1(x) \longleftrightarrow A_2(x)$ ist **allgemeingültig** in der Grundmenge V[x]. Anders ausgedrückt: Die Allaussage

$$\bigwedge_{x\in V} [A_1(x) \longleftrightarrow A_2(x)]$$

ist eine **wahre Aussage.**

Damit haben wir den Zusammenhang zwischen der Bijunktion und dem Äquivalenzbegriff gefunden:

S 3.4

„$A_1(x) \Leftrightarrow A_2(x)$" bedeutet, daß die Aussageform $A_1(x) \longleftrightarrow A_2(x)$ allgemeingültig in der Grundmenge V[x] ist, daß also $\bigwedge_{x\in V} [A_1(x) \longleftrightarrow A_2(x)]$ eine wahre Aussage ist.

2. Wir können auch dieses Ergebnis allgemein begründen.

Wenn eine bijunktive Aussageform $A_1(x) \longleftrightarrow A_2(x)$ allgemeingültig ist, dann gehen die beiden Aussageformen $A_1(x)$ und $A_2(x)$ bei Einsetzen eines jeden Elementes der Grundmenge entweder **beide** in eine wahre oder **beide** in eine falsche Aussage über; das aber bedeutet, daß die Lösungsmengen übereinstimmen: $L(A_1) = L(A_2)$, daß also nach Definition A_1 und A_2 äquivalent sind: $A_1 \Leftrightarrow A_2$.

VI. Notwendige und hinreichende Bedingungen

1. Für die Folgerungsbeziehung $A \Rightarrow B$ zwischen zwei Aussageformen A und B sind in der mathematischen Literatur zwei Ausdrucksweisen gebräuchlich, die wir bisher kaum verwendet haben, beim Aufbau der Analysis aber benutzen wollen.

D 3.1

[1] Gilt für zwei Aussageformen A und B: $A \Rightarrow B$, so nennt man
a) A eine „hinreichende Bedingung" für B und
b) B eine „notwendige Bedingung" für A.

[2] Gilt für zwei Aussageformen A und B: $A \Leftrightarrow B$, so nennt man A (bzw. B) eine „notwendige und hinreichende" Bedingung für B (bzw. A).

2. Der angegebene Sachverhalt läßt sich durch Mengendiagramme sehr übersichtlich veranschaulichen (Bild 3.1 und 3.2).

1) $A \Rightarrow B$ bedeutet $L(A) \subseteq L(B)$, d. h., ist $x \in L(A)$, gilt erst recht $x \in L(B)$. A ist hinreichend für B.

$x \in L(B)$ reicht dagegen nicht dafür aus, daß auch $x \in L(A)$ gilt, da L (B) auch Elemente enthalten kann, die nicht zu L (A) gehören. Damit $x \in L(A)$ sein kann, muß x allerdings notwendig in L (B) liegen. B ist eine notwendige Bedingung dafür, daß A erfüllt sein kann.

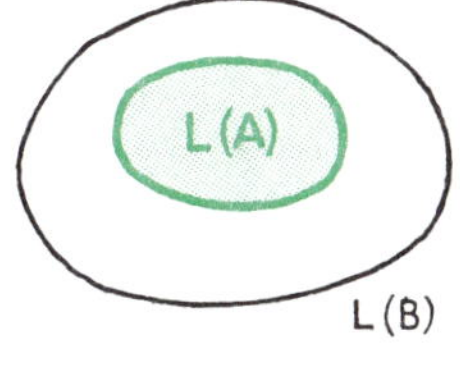

Bild 3.1

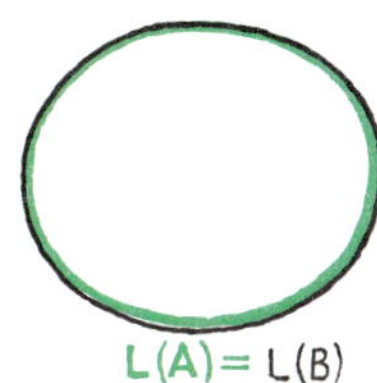

Bild 3.2

2) $A \Leftrightarrow B$ bedeutet $L(A) = L(B)$. Alle Elemente aus $L(A)$ sind auch Elemente aus $L(B)$ und umgekehrt. A und B sind wechselseitig füreinander hinreichend und notwendig.

3. Beispiele:

1) Es gilt: $x = 2 \Rightarrow x^2 = 4$. Daher kann man sagen:
  a) Hinreichend dafür, daß $x^2 = 4$, ist es, daß $x = 2$ ist.
  b) Notwendig dafür, daß $x = 2$ ist, ist es, daß $x^2 = 4$ ist.

2) Es gilt: $x^2 = 1 \Leftrightarrow x = 1 \vee x = -1$. Daher kann man sagen:
Notwendig und hinreichend dafür, daß $x^2 = 1$ ist, ist es, daß $x = 1 \vee x = -1$ gilt.

3) Hinreichend dafür, daß ein Dreieck gleichseitig ist, ist es, daß zwei seiner Innenwinkel 60° groß sind; denn es gilt z. B.: $\alpha = \beta = 60° \Rightarrow a = b = c$

4) Notwendig dafür, daß ein Dreieck gleichseitig ist, ist es (z. B.), daß **ein** Winkel 60° groß ist; denn es gilt z. B.: $a = b = c \Rightarrow \alpha = 60°$

5) Notwendig dafür, daß ein Dreieck gleichseitig ist, ist es aber auch, daß alle drei Winkel 60° groß sind; denn es gilt: $a = b = c \Rightarrow \alpha = \beta = \gamma = 60°$

Übungen und Aufgaben

1. Untersuche die folgenden Aussageformen in der Grundmenge $V[x] = \mathbb{R}$ auf Erfüllbarkeit und Allgemeingültigkeit! Bilde Allaussagen bzw. Existenzaussagen und zeige, daß man diese als Abkürzung für konjunktive bzw. disjunktive Aussagen auffassen kann!

a) $x(x+1) = x^2 + x$ **b)** $(x-2)^2 = (2-x)^2$ **c)** $x(x-1) = x$
d) $2x + 4 = 5x - 2$ **e)** $(x^2 - x)(x+1) = x^2 - x$ **f)** $x(x-3) = 2(x+3)$

2. Bilde die Negation folgender Allaussagen und Existenzaussagen! Entscheide bei den Beispielen c), d), g) und h), ob A oder $\neg A$ wahr ist!

a) Alle Mädchen sind eitel. **b)** Alle Männer müssen sich rasieren.
c) Alle Primzahlen sind ungerade. **d)** Alle Quadratzahlen sind gerade.
e) Es gibt Schüler(innen), die nicht fleißig genug sind.
f) Es gibt einen Menschen, der 100 m in 10,0 Sek. laufen kann.
g) Es gibt eine einstellige Kubikzahl. **h)** Es gibt eine rationale Zahl x mit $x^2 = 2$.

3. Bilde die Negation folgender Allaussagen und entscheide, ob A oder $\neg A$ wahr ist!

a) $\bigwedge_{x \in \mathbb{N}} (2x - 1 > 0)$ **b)** $\bigwedge_{x \in \mathbb{Z}} (2x - 1 > 0)$ **c)** $\bigwedge_{x \in \mathbb{N}} (x^2 - 1 \geq 0)$ **d)** $\bigwedge_{x \in \mathbb{Q}} (x^2 - 1 \geq 0)$

e) $\bigwedge_{x \in \mathbb{Q}} (x^2 + 4x + 4 > 0)$ **f)** $\bigwedge_{x \in \mathbb{R}} (x^2 - 6x + 9 \geq 0)$

g) $\bigwedge_{x \in \mathbb{Q}} [x(x+2) = x^2 + 2x]$ **h)** $\bigwedge_{x \in \mathbb{R}} (x^2 \cdot x^7 = x^{14})$

i) $\bigwedge_{x \in \mathbb{N}} [x \geq 1 \wedge x^2 \geq 1]$ **k)** $\bigwedge_{x \in \mathbb{Q}} [x^2 > 1 \vee x < 1]$

l) $\bigwedge_{x \in \mathbb{R}} [x^2 - 2x + 1 > 0 \vee x = 1]$ **m)** $\bigwedge_{x \in \mathbb{R}} [|x| < 2 \vee (x-2)^2 > 0]$

n) $\bigwedge_{x \in \mathbb{N}} [x \geq 3 \vee x^2 < 2]$ **o)** $\bigwedge_{x \in \mathbb{Z}} [|x| < 2 \vee x^2 \geq 4]$

p) $\bigwedge_{x \in \mathbb{Q}} [(x-3)^2 = x^2 - 9)]$ **q)** $\bigwedge_{x \in \mathbb{Q}^{\neq 0}} [x^7 : x^5 = x^2]$

4. Bilde die Negation folgender Existenzaussagen und entscheide, ob A oder $\neg$ A wahr ist!

a) $\bigvee_{x\in\mathbb{N}} (3x + 7 = 5)$ **b)** $\bigvee_{x\in\mathbb{N}} (2 - 3x = x - 2)$ **c)** $\bigvee_{x\in\mathbb{N}} (x^2 + 4 = 9)$

d) $\bigvee_{x\in\mathbb{N}} (x^2 = x + 2)$ **e)** $\bigvee_{x\in\mathbb{Z}} \big(x^2 - 2x = 4(x + 4)\big)$ **f)** $\bigvee_{x\in\mathbb{Q}} (x^2 = 5 - 4x)$

g) $\bigvee_{x\in\mathbb{Q}} (x^2 + 3 = 10)$ **h)** $\bigvee_{x\in\mathbb{R}} (x^2 + 1 = 16)$ **i)** $\bigvee_{x\in\mathbb{R}} (x^2 \cdot x^5 = x^{10})$

k) $\bigvee_{x\in\mathbb{R}} \big((x + 1)^2 = x^2 + 1\big)$ **l)** $\bigvee_{x\in\mathbb{R}} (x^2 = 2 \wedge x^4 = 4)$ **m)** $\bigvee_{x\in\mathbb{Q}} (x^2 = 2 \wedge x^4 = 4)$

n) $\bigvee_{x\in\mathbb{N}} (2x = 3 \vee x + 3 = 2x)$ **o)** $\bigvee_{x\in\mathbb{N}} (x^2 = 2x + 15 \wedge x^2 = 5x)$

p) $\bigvee_{x\in\mathbb{Q}} (x > 2 \wedge 2x + 5 = 9)$ **q)** $\bigvee_{x\in\mathbb{R}} \big(|x| > 3 \wedge 4(3 - x) = x^2\big)$

r) $\bigvee_{x\in\mathbb{Q}} \big(\sqrt{x^2 + 1} = x + 1\big)$ **s)** $\bigvee_{x\in\mathbb{R}} \big(\sqrt{x^2 - 4} = x - 2\big)$

5. Bilde die Negation zu folgenden Aussagen und entscheide, ob A oder $\neg$ A richtig ist! Beachte, daß es bei einer Reihe von Beispielen auf die Reihenfolge der Quantoren ankommt! Es ist $\bigwedge_{x}\bigvee_{y} A(x\,|\,y) =_{Df} \bigwedge_{x} [\bigvee_{y} A(x\,|\,y)]$

a) $\bigwedge_{x\in\mathbb{N}} \bigwedge_{y\in\mathbb{Z}} (x + y = y + x)$ **b)** $\bigwedge_{x\in\mathbb{N}} \bigvee_{y\in\mathbb{N}} (x + y = 5)$

c) $\bigvee_{x\in\mathbb{N}} \bigwedge_{y\in\mathbb{N}} (x < y + 1)$ **d)** $\bigwedge_{y\in\mathbb{N}} \bigvee_{x\in\mathbb{N}} (x < y + 1)$

e) $\bigvee_{x\in\mathbb{N}} \bigvee_{y\in\mathbb{N}} (2x + y = 8)$ **f)** $\bigvee_{x\in\mathbb{N}} \bigvee_{y\in\mathbb{N}} (y^2 = x^2 + 9)$

g) $\bigwedge_{y\in\mathbb{N}} \bigvee_{x\in\mathbb{R}} (y = x^2)$ **h)** $\bigvee_{x\in\mathbb{R}} \bigwedge_{y\in\mathbb{N}} (y = x^2)$

i) $\bigwedge_{y\in\mathbb{N}} \bigvee_{x\in\mathbb{N}} (y \leq x^2)$ **k)** $\bigvee_{x\in\mathbb{N}} \bigwedge_{y\in\mathbb{N}} (y \leq x^2)$

l) $\bigwedge_{x\in\mathbb{N}} \bigvee_{y\in\mathbb{R}} (x + 3 = y^2 \wedge y > 0)$ **m)** $\bigvee_{x\in\mathbb{N}} \bigwedge_{y\in\mathbb{R}} (|y| < 1 \vee |y| \geq x)$

6. Erläutere den Zusammenhang zwischen der Subjunktion und dem Folgerungsbegriff an den folgenden Beispielen zur Grundmenge $V[x] = \{0, 1, 2, 3\}$!

a) $5(x - 1) = 7x + 1 \Rightarrow x^2 = 3x$ **b)** $2(x + 3) = 3x + 5 \Rightarrow x^2 + 2 = 3x$
c) $3(x + 1) - 4 = 3x + 3 \Rightarrow x(x + 3) = 2x + 6$
d) $4x - 3 = 2(x - 3) + 5 \Rightarrow x(x + 4) = 5x$
e) $3x - 2 = 6 - x \Rightarrow x(x - 1) = 2(x - 1)$ **f)** $5(x - 2) = x + 2 \Rightarrow x(x - 1) = 2x$

7. Erläutere den Zusammenhang zwischen der Bijunktion und dem logischen Äquivalenzbegriff an den folgenden Beispielen zur Grundmenge $V[x] = \{0,1,2,3\}$!

a) $3(x - 7) = 5(x - 5) \Leftrightarrow 2x + 1 = 5$ **b)** $x(x - 4) = -3x \Leftrightarrow x(x - 1) = 0$
c) $4(x - 1) = 2(x + 1) \Leftrightarrow 5x - 4 = 3x + 2$
d) $(x - 1)(x - 3) = 3 - 2x \Leftrightarrow x(x - 2) = 0$
e) $4(x + 2) = 3(x + 3) \Leftrightarrow x^2 + 1 = 2x$
f) $(x + 3)(x - 2) = 2(2x - 3) \Leftrightarrow x(x - 2) = x$

2. ABSCHNITT | Ergänzungen zur Zahlenlehre und zur Funktionslehre

§ 4 Die sogenannte „vollständige Induktion“

I. Das deduktive und das induktive Verfahren

1. In den Naturwissenschaften, z. B. in der Physik, sind zwei verschiedene Verfahren zur Gewinnung von Erkenntnissen nebeneinander gebräuchlich: das sogenannte „deduktive“ Verfahren und das sogenannte „induktive“ Verfahren.
Wenn man z. B. wissen will, welche Geschwindigkeit eine Rakete wenigstens haben muß, um den Anziehungsbereich der Erde verlassen zu können, kann man seit langem bekannte mechanische Gesetze (u. a. das sogenannte „Gravitationsgesetz“) heranziehen und diese Geschwindigkeit unter Verwendung logischer und mathematischer Schlüsse berechnen. $\left(\text{Es ergibt sich dabei übrigens bei Vernachlässigung des Luftwiderstandes eine Geschwindigkeit von etwa } 11{,}2\ \frac{\text{km}}{\text{sec}}\right)$.
Genauso kann man z. B. den Stromverlauf in einem komplizierten elektrischen Netz mit Hilfe logischer Schlüsse aus den Grundgesetzen der Elektrizitätslehre berechnen.
Wenn – wie in den besprochenen Beispielen – eine Aussage über einen Einzelfall oder das Gesetz zu einem Sonderfall aus einem allgemeinen Gesetz unter Berücksichtigung der speziellen Bedingungen des Sonderfalls hergeleitet wird, so spricht man von einer **„Deduktion“**.

2. Es erhebt sich aber die Frage, wie man in der Physik die grundlegenden Gesetze selbst gewinnt. Dies ist sicherlich nicht ausschließlich auf deduktivem Wege möglich, weil eine Deduktion stets von einem schon als gültig angesehenen Gesetz ausgeht.
Es ist bekannt, daß alle physikalischen Gesetze letztlich auf Experimente zurückgehen. In jedem Experiment untersucht man einen Einzelfall. Aus einer Vielzahl von Einzelergebnissen sucht man dann ein allgemeines Gesetz zu gewinnen. Dieses Verfahren der Erkenntnisgewinnung heißt das **„induktive Verfahren“**.

3. Die Frage nach der Sicherheit der auf deduktivem oder auf induktivem Wege gewonnenen Ergebnisse ist in den verschiedenen Wissenschaften verschieden zu beantworten. In den Naturwissenschaften gebührt – seit Beginn der Neuzeit – dem induktiven Verfahren der Vorrang. Ein Gesetz wird in den Naturwissenschaften nur solange und insoweit als gültig angesehen, als es mit den experimentellen Ergebnissen in Einklang steht. Denn ein auf deduktivem Wege gewonnenes Ergebnis steht und fällt mit der Gültigkeit der Gesetze, aus denen es hergeleitet worden ist.

4. Andererseits ist aber ebenso festzustellen, daß ein auf induktivem Wege gewonnenes Gesetz keinen Anspruch auf absolute Sicherheit erheben kann, weil es nicht möglich ist, **alle** Fälle, auf die sich das Gesetz bezieht, zu untersuchen. Es zeigt sich also, daß selbst bei den grundlegendsten und an abertausend Fällen geprüften Naturgesetzen ein letzter Rest an Unsicherheit bleibt, der prinzipiell nicht ausgeräumt werden kann.

5. Die grundsätzliche Problematik des induktiven Verfahrens kann man sich leicht an mathematischen Beispielen klarmachen.

1. Beispiel (nach Leonhard Euler):

Setzt man in das Polynom $P(n) = n^2 - n + 41$ nacheinander die Zahlen 1, 2, 3, 4, 5, 6, 7, 8, 9, 10 ein, so ergeben sich die Zahlen 41, 43, 47, 53, 61, 71, 83, 97, 113, 131. Diese Zahlen sind ausnahmslos Primzahlen. Man könnte also vermuten, daß man stets eine Primzahl erhält, wenn man in P (n) eine natürliche Zahl einsetzt. Dies ist aber nur bis einschließlich P (40) der Fall, denn es ist $P(41) = 41^2$, also keine Primzahl.

2. Beispiel (nach W. Iwanow):

Das Polynom $P(x) = x^n - 1$ ist für $n \in \mathbb{N}$ in der Mathematik von großem Interesse, weil es unmittelbar mit dem geometrischen Problem der Teilung eines Kreises in n maßgleiche Teile zusammenhängt. Bei der Zerlegung solcher Polynome in Produkte von Polynomen mit ganzzahligen Koeffizienten ergibt sich:

$$
\begin{aligned}
x^1 - 1 &= x - 1 \\
x^2 - 1 &= (x - 1)(x + 1) \\
x^3 - 1 &= (x - 1)(x^2 + x + 1) \\
x^4 - 1 &= (x - 1)(x + 1)(x^2 + 1) \\
x^5 - 1 &= (x - 1)(x^4 + x^3 + x^2 + x + 1) \\
x^6 - 1 &= (x - 1)(x + 1)(x^2 + x + 1)(x^2 - x + 1) \\
&\dots\dots\dots\dots\dots\dots\dots\dots
\end{aligned}
$$

Die Faktorpolynome enthalten nur die Koeffizienten, 1,0 und -1. Bis 1941 war man der Meinung, diese Feststellung gelte für alle $n \in \mathbb{N}$. Erst dann fand der russische Mathematiker W. Iwanow, daß in der Zerlegung von $x^{105} - 1$ ein Polynom vorkommt, das den Faktor 2 enthält.

5. Die Beispiele zeigen: es gibt Aussageformen A (n), die für sehr viele natürliche Zahlen in wahre Aussagen übergehen, die aber trotzdem in der Menge $\mathbb{N}$ nicht allgemeingültig sind. Es gibt z. B. eine Formel über die Verteilung der Primzahlen in der Menge $\mathbb{N}$, die bis zu etwa $n = 10000000$ richtig ist, die aber dennoch nicht allgemeingültig in $\mathbb{N}$ ist.

Es erhebt sich also die Frage, wie man die Allgemeingültigkeit beweisen kann, wenn die Gültigkeit für Einzelfälle erwiesen ist. Mit anderen Worten: es stellt sich die Frage nach den Beweismethoden in der Mathematik. Darauf wollen wir in den nächsten Abschnitten eingehen.

II. Beweisverfahren in der Mathematik

1. Schon in Band 4 und in Band 5 haben wir grundsätzliche Überlegungen zum Problem des Beweisens in der Mathematik angestellt.

Wir haben dabei festgestellt:

„Einen mathematischen Satz beweisen" heißt, ihn mit Hilfe logischer Schlüsse auf andere Sätze zurückzuführen.

Wir haben ferner festgestellt, daß nicht alle mathematischen Sätze auf diese Art bewiesen werden können, weil die Beweiskette für einen Satz nicht endlos sein kann, sondern irgendwo beginnen muß. Daher stellt man an die Spitze einer mathematischen Theorie sogenannte **„Grundsätze"** oder **„Axiome"** (griech. „Forderung"). Die Gültigkeit der Axiome wird gefordert, nicht bewiesen. Alle anderen Sätze sind auf diese Axiome mit Hilfe logischer Schlüsse zurückzuführen.

2. Als Beispiele für mathematische Theorien, die auf Axiomensystemen aufgebaut sind, erwähnen wir:

1) die Gruppentheorie;
2) die Euklidische Geometrie.

Das Axiomensystem für (kommutative) Gruppen haben wir ausführlich in Band 4 behandelt. Ein Axiomensystem zum Aufbau der Euklidischen Geometrie haben wir in Band 5 kennengelernt.
Aus diesem Axiomensystem haben wir eine große Zahl von Sätzen hergeleitet. Wir haben dabei zwei verschiedene Beweisverfahren benutzt, nämlich

[1] **das Verfahren des „direkten Beweises"** und
[2] **das Verfahren des „indirekten Beweises".**

Wir wollen in diesem Abschnitt einige grundsätzliche Bemerkungen zu diesen beiden Beweisverfahren machen. Ausführlich behandeln wir die beiden Verfahren in den Paragraphen 36 und 37.

3. Jeder mathematische Satz kann auf die Form $A \Rightarrow B$ gebracht werden. Dabei bezeichnen A und B Aussageformen mit beliebig vielen Variablen. Man nennt A die **„Voraussetzung"** und B die **„Behauptung"** des Satzes.

A ist meist eine konjunktive Aussageform, die sich zusammensetzt aus den vorangestellten Axiomen und Definitionen der Theorie und den speziellen Voraussetzungen des betreffenden Satzes. Natürlich werden im allgemeinen nur die speziellen Voraussetzungen des Satzes ausdrücklich aufgeführt, während die Axiome und Definitionen und auch die schon vorher bewiesenen Sätze beim Beweis zugelassen, in der Voraussetzung aber meistens nicht mehr ausdrücklich aufgeführt werden.

Beispiel: Das Regularitätsgesetz im Gebilde $(\mathbb{Q}; +)$ lautet:

$$\underbrace{a + c = b + c}_{A} \Rightarrow \underbrace{a = b}_{B} \quad (a, b, c \in \mathbb{Q}).$$

Hier ist die Gleichung $a + c = b + c$ die spezielle Voraussetzung des Satzes; außerdem gehören zur Voraussetzung die Axiome A, N, I, K für die Gruppe $(\mathbb{Q}; +)$. Man kann auch noch die Eigenschaften der Gleichheitsrelation (Reflexivität, Symmetrie und Transitivität) hinzurechnen. Die Behauptung lautet: $a = b$.

4. Kennzeichnend für einen direkten Beweis ist es, daß die Behauptung unmittelbar mit Hilfe logischer Schlüsse aus der Voraussetzung hergeleitet wird. Mit einigen der dabei verwendeten Schlußregeln werden wir uns in § 36 beschäftigen.

5. Beim **indirekten Beweis** eines Satzes $A \Rightarrow B$ geht man dagegen von der Annahme aus, die Behauptung B sei falsch, deren Negat $\neg B$ also wahr. Aus dieser Annahme sucht man dann einen Widerspruch herzuleiten. Hierbei kann man verschiedene Fälle unterscheiden:

a) es ergibt sich $\neg A$, also ein Widerspruch zur Voraussetzung A;
b) es ergibt sich B, also ein Widerspruch zur Annahme $\neg B$;
c) es ergibt sich eine neue Aussage der Form $C \wedge (\neg C)$, also ebenfalls ein Widerspruch; man spricht in diesem Falle von einer „reductio ad absurdum".

In jedem Falle zeigt sich also, daß die Annahme, die Behauptung B sei falsch, ihrerseits falsch sein muß; das aber bedeutet, daß die Behauptung wahr ist, wie zu beweisen war (vgl. § 37!).

6. Es ist zu beachten, daß beide Beweisverfahren – das direkte und das indirekte – **deduktive** Beweisverfahren sind. Dasselbe gilt auch von dem dritten Beweisverfahren, dem wir uns im nächsten Abschnitt zuwenden wollen, dem Verfahren der sogenannten „vollständigen Induktion". Dieser Name verleitet leicht zu der irrigen Vorstellung, es handele sich hierbei um ein induktives Verfahren. Die sogenannte „vollständige Induktion" ist aber – wie jedes mathematische Beweisverfahren – deduktiv und nicht induktiv; sie stellt im Grunde genommen lediglich einen Sonderfall eines **direkten** Beweises dar.

III. Das Verfahren der sogenannten „vollständigen Induktion"

1. Wir wollen Summen aufeinanderfolgender ungerader Zahlen untersuchen:

$$A(1):\ s_1 = 1 = 1^2$$
$$A(2):\ s_2 = 1 + 3 = 4 = 2^2$$
$$A(3):\ s_3 = 1 + 3 + 5 = 9 = 3^2$$
$$A(4):\ s_4 = 1 + 3 + 5 + 7 = 16 = 4^2$$
$$A(5):\ s_5 = 1 + 3 + 5 + 7 + 9 = 25 = 5^2$$
$$A(6):\ s_6 = 1 + 3 + 5 + 7 + 9 + 11 = 36 = 6^2$$
....

Die aufgeführten Beispiele legen die Vermutung nahe, daß sich auf diese Weise stets eine Quadratzahl ergibt; für die berechneten Fälle gilt jedenfalls

$$A(n):\ s_n = 1 + 3 + 5 + \dots + (2n - 1) = n^2 .$$

Die Beispiele des vorigen Abschnittes zeigen uns jedoch, daß wir über die Allgemeingültigkeit dieser Aussageform in der Menge $\mathbb{N}$ noch gar nichts wissen.

2. Um die „Induktion zu vervollständigen", suchen wir nun die Folgerungsaussage

$$A(n) \Rightarrow A(n + 1) \quad (\text{für } n \in \mathbb{N})$$

zu beweisen. Kürzen wir „A (n + 1)" durch „B (n)" ab, so lautet diese Beziehung

$$A(n) \Rightarrow B(n),$$
$$\text{d. h. } L(A) \subseteq L(B).$$

Dies bedeutet: wenn eine natürliche Zahl zu L (A) gehört, so gehört sie auch zu L (B); mit anderen Worten: wenn eine natürliche Zahl A (n) erfüllt, so erfüllt diese Zahl auch A (n + 1); d. h. gehört eine beliebige natürliche Zahl zur Lösungsmenge von A (n), so gehört auch ihr Nachfolger zur Lösungsmenge von A (n).

Beachte: daß wir hierbei keine Voraussetzung darüber machen, **ob** eine bestimmte natürliche Zahl die Aussageform erfüllt; wir wollen nur beweisen: **wenn** eine Zahl A (n) erfüllt, so erfüllt auch ihr Nachfolger A (n).

3. Wir versuchen nun $A(n) \Rightarrow A(n + 1)$ zu beweisen, d. h., wir zeigen, immer wenn A (n) erfüllt ist, ist auch A (n + 1) erfüllt. Es ist:

$$s_n = 1 + 3 + 5 + \dots + (2n - 1) = n^2 .$$

Wir haben also zu zeigen, daß unter dieser Voraussetzung auch A (n + 1) erfüllt ist, daß also dann auch gilt:

$$s_{n+1} = 1 + 3 + 5 + \dots + (2n - 1) + (2n + 1) = (n + 1)^2 .$$

Beweis: Nach unserer Annahme ist:

$$A(n):\ s_n = 1 + 3 + 5 + \ldots + (2n-1) = n^2 \quad | + (2n+1)$$
$$\Rightarrow s_{n+1} = s_n + (2n+1)$$
$$\Rightarrow s_{n+1} = n^2 + 2n + 1$$
$$\Rightarrow \underbrace{s_{n+1} = (n+1)^2}_{A(n+1)}.$$

Also gilt in der Tat: $A(n) \Rightarrow A(n+1)$ (für $n \in \mathbb{N}$).

Beachte: Wir haben bei diesem Beweis **nicht vorausgesetzt,** daß A (n) allgemeingültig in $\mathbb{N}$ ist. Wir haben – bisher – auch noch **nicht bewiesen,** daß A (n) allgemeingültig in $\mathbb{N}$ ist.
Wir haben bisher lediglich gezeigt: wenn A (n) erfüllt ist, ist auch A (n + 1) erfüllt.

4. Nun haben wir oben – unter **1.** – aber gezeigt, daß A (1) tatsächlich eine wahre Aussage ist.

Für $n = 1$ ergibt sich aus $A(n) \Rightarrow A(n+1)$ somit, daß auch A (2) eine wahre Aussage ist.

Für $n = 2$ ergibt sich aus $A(n) \Rightarrow A(n+1)$ somit, daß auch A (3) eine wahre Aussage ist, usw.

Daß man durch Fortsetzung dieser Schlußreihe jede natürliche Zahl erreichen und somit die Aussageform A (n) für **alle** natürlichen Zahlen als gültig erweisen kann, sagt der **„Satz von der vollständigen Induktion“:**

S 4.1 **Gehört zu einer Menge M natürlicher Zahlen ($M \subseteq \mathbb{N}$)**
[1] die Zahl 1,
[2] mit jeder Zahl n auch ihr Nachfolger n + 1,
so ist M die Menge aller natürlichen Zahlen: $M = \mathbb{N}$.

Bei unserem Beispiel ist $M = L(A)$ die Lösungsmenge der Aussageform A (n) in der Grundmenge $V[n] = \mathbb{N}$. Wir haben bewiesen:

[1] A (1) ist wahr, d. h. $1 \in L(A)$;

[2] $A(n) \Rightarrow A(n+1)$, d. h. $n \in L(A) \Rightarrow (n+1) \in L(A)$.

Nach dem Satz von der vollständigen Induktion ist also $L(A) = \mathbb{N}$, d. h. **A (n) ist allgemeingültig in $\mathbb{N}$.**

5. Bei einem Beweis nach dem Satz von der vollständigen Induktion sind also stets zwei Schritte durchzuführen.

1. Schritt: Wir beweisen, A (1) ist eine wahre Aussage.
2. Schritt: Wir beweisen, $A(n) \Rightarrow A(n+1)$.

Den 1. Schritt nennt man die **„Induktionsverankerung“.**
Den 2. Schritt nennt man den **„Schluß von n auf n + 1“.**

6. Beachte, daß **beide** Schritte für die vollständige Durchführung unbedingt nötig sind. Daß die Induktionsverankerung nicht genügt, haben wir im I. Abschnitt an mehreren Beispielen gezeigt.

Daß aber auch der Schluß von n auf n + 1 allein nicht genügt, zeigt das folgende

Beispiel:

Behauptung:

$$A(n):\ s_n = \frac{1}{1 \cdot 2} + \frac{1}{2 \cdot 3} + \frac{1}{3 \cdot 4} + \ldots + \frac{1}{n(n+1)} = \frac{2n+1}{n+1}$$

ist allgemeingültig in $V[n] = \mathbb{N}$.

Wir beweisen: $A(n) \Rightarrow A(n+1)$.

Nach unserer Annahme gilt:

$$A(n):\ s_n = \frac{1}{1 \cdot 2} + \frac{1}{2 \cdot 3} + \ldots + \frac{1}{n(n+1)} = \frac{2n+1}{n+1} \quad \Big| + \frac{1}{(n+1)(n+2)}$$

$$\Rightarrow s_{n+1} = s_n + \frac{1}{(n+1)(n+2)}$$

$$= \frac{2n+1}{n+1} + \frac{1}{(n+1)(n+2)}$$

$$= \frac{(2n+1)(n+2)+1}{(n+1)(n+2)} = \frac{2n^2+5n+3}{(n+1)(n+2)} = \frac{(n+1)(2n+3)}{(n+1)(n+2)}$$

$$= \frac{2n+3}{n+2} = \frac{2(n+1)+1}{(n+1)+1}, \quad \text{q. e. d.}$$

Obwohl der Schluß von n auf n + 1 durchführbar ist, ist die Behauptung falsch, denn es ist:

$$A(1):\ \frac{1}{1 \cdot 2} = \frac{2+1}{1+1} \quad \text{eine falsche Aussage.}$$

Bemerkung: Allgemeingültig ist:

$$s_n = \frac{1}{1 \cdot 2} + \frac{1}{2 \cdot 3} + \ldots + \frac{1}{n(n+1)} = \frac{n}{n+1}.$$

7. Wir behandeln noch ein zweites **Gegenbeispiel:**

Behauptung: Jede natürliche Zahl der Form 2n (mit $n \in \mathbb{N}$) ist ungerade.

Obwohl diese Behauptung offensichtlich falsch ist, läßt sich der Schluß von n auf n + 1 durchführen.

Ist 2n ungerade, so ist auch $2(n+1) = 2n + 2$ ungerade, weil eine ungerade Zahl durch Addition der Zahl 2 sicher in eine ungerade Zahl übergeht.

8. Die Bernoullische Ungleichung

Beim Aufbau der Analysis spielt an einigen Stellen die sogenannte „Bernoullische Ungleichung" eine gewisse Rolle. Wir wollen die Gültigkeit dieser Ungleichung mit Hilfe eines Induktionsschlusses beweisen.

Für alle $n \in \mathbb{N}$ und alle $a \in \mathbb{R}$ mit $n \geq 2$, $a \neq 0$ und $a > -1$ gilt
$A(n):\ (1+a)^n > 1 + n \cdot a$. **S 4.2**

Beweis: [1] **Induktionsverankerung**

$A(2):\ (1+a)^2 = 1 + 2a + a^2 > 1 + 2a$, weil für alle $a \neq 0$ gilt: $a^2 > 0$.

[2] **Schluß von n auf n + 1:**

Wir beweisen: $A(n) \Rightarrow A(n+1)$. Es ist:

$$
\begin{aligned}
A(n):\ (1+a)^n &> 1 + na \quad | \cdot (1+a) \\
\Rightarrow (1+a)^n (1+a) &> (1 + n \cdot a)(1+a) \\
\Rightarrow (1+a)^{n+1} &> 1 + a + n \cdot a + na^2 \\
\Rightarrow (1+a)^{n+1} &> 1 + (n+1)a + na^2 \\
\Rightarrow \underbrace{(1+a)^{n+1} > 1 + (n+1)a}_{A(n+1)}&, \text{ weil } na^2 > 0 \text{ ist für alle } n \text{ und alle zugelassenen } a.
\end{aligned}
$$

Damit ist $A(n) \Rightarrow A(n+1)$ bewiesen.

Die Bernoullische Ungleichung gilt also für alle $n \in \mathbb{N}$ mit $n \geq 2$.

9. Beachte:

1) Ein Beweis nach dem Satz von der vollständigen Induktion ist keineswegs ein induktiver Schluß; er ist vielmehr ein exakter deduktiver Beweis. Der Name „vollständige Induktion“ ist daher irreführend; man sollte besser von der „vervollständigten Induktion“ sprechen.

2) Voraussetzung für die Anwendung dieses Beweisverfahrens ist es, daß bereits eine Vermutung über den zu beweisenden Sachverhalt vorliegt. Häufig wird man aus der Betrachtung von Einzelfällen – also wirklich induktiv – zu einer solchen Vermutung kommen können. Trotz dieses Umstandes ist dieses Beweisverfahren ein wertvolles, sogar unentbehrliches Werkzeug des Mathematikers.

3) Nach dem Wortlaut des Satzes besteht die „Induktionsverankerung“ in der Bestätigung der vermuteten Aussage für $n = 1$. Nicht selten kommt es jedoch vor, daß eine Aussageform erst von einer größeren Zahl an gültig oder für größere Zahlen überhaupt erst sinnvoll sind. So kann z. B. ein Satz über Vielecke erst mit Dreiecken (also für $n = 3$) beginnen. In solchen Fällen kann man entweder eine Umnumerierung vornehmen (in unserem Beispiel $n + 2$ statt n) oder aber die Induktionsverankerung für eine größere Zahl k (etwa für $k = 3$) durchführen. Natürlich gilt dann auch der bewiesene Satz erst von der Zahl k an. Ein Beispiel hierzu werden wir im nächsten Abschnitt erörtern.

IV. Mengentheoretische Begründung des Satzes von der vollständigen Induktion

1. Wir haben im vorigen Abschnitt den Satz von der vollständigen Induktion kennengelernt, erläutert und angewendet, bisher aber nicht bewiesen. Es erhebt sich die Frage, ob wir diesen Satz beweisen können oder ob wir ihn als (unbewiesenen) Grundsatz, als Axiom, an die Spitze der Lehre von den natürlichen Zahlen zu stellen haben.

Beide Auffassungen sind möglich. Der berühmte italienische Mathematiker *G. PEANO* (1858–1932) hat als erster ein Axiomensystem zur Kennzeichnung der natürlichen Zahlen aufgestellt. In diesem System kommt der Satz von der vollständigen Induktion als fünftes (letztes) Axiom vor; der Satz wird daher häufig als „fünftes *PEANO*-Axiom“ bezeichnet.

2. Der Satz läßt sich aber auch beweisen, wenn man einen sehr einleuchtenden mengentheoretischen Satz als gültig voraussetzt. Dieser Satz lautet:

S 4.3 **Jede (nichtleere) Teilmenge der Menge $\mathbb{N}$ enthält ein kleinstes Element.**

Wir beweisen mit Hilfe dieses Satzes den Satz von der vollständigen Induktion:

Gilt 1) $1 \in M$ und 2) $n \in M \Rightarrow (n+1) \in M$, so ist $M = \mathbb{N}$.

Beweis: Wir nehmen – entgegen der Behauptung – an, M sei eine echte Teilmenge von $\mathbb{N}$: $M \subset \mathbb{N}$. Dann ist $N = \mathbb{N} \setminus M$ die Menge Zahlen, für die die Behauptung nicht gilt. N ist eine nichtleere Teilmenge der natürlichen Zahlen ($N \subset \mathbb{N}$) und muß daher nach S 4.3 ein kleinstes Element enthalten; wir bezeichnen dieses Element mit k. Die Zahl $k-1$ muß, da k das kleinste Element der Menge N ist, zur Menge M gehören; dann aber muß nach 2) auch das Element $(k-1)+1=k$ zu M gehören im Widerspruch zu der Annahme, daß k das kleinste Element der Menge N ist, q. e. d.

V. Der binomische Lehrsatz[1])

1. Schon in Band 4 (S. 133–135) haben wir die sogenannten „binomischen Formeln"

$$(a+b)^2 = a^2 + 2ab + b^2;\quad (a+b)^3 = a^3 + 3a^2b + 3ab^2 + b^3;$$
$$(a-b)^2 = a^2 - 2ab + b^2;\quad (a-b)^3 = a^3 - 3a^2b + 3ab^2 - b^3$$ kennengelernt.

Bemerkung: Die Formeln für $a-b$ kann man nach der allgemeingültigen Gleichung

$$a-b = a+(-b)$$

auf die Formeln für $a+b$ zurückführen.

Wir wollen in diesem Abschnitt eine Formel finden, nach der sich der Term $(a+b)^n$ für alle $n \in \mathbb{N}$ und alle $a, b \in \mathbb{R}$ in einen äquivalenten Term umformen läßt.

2. Um die fragliche Formel zu finden, berechnen wir zunächst $(a+b)^4$:

$$\begin{aligned}(a+b)^4 &= (a+b)\,(a+b)^3\\ &= (a+b)\,(a^3+3a^2b+3ab^2+b^3)\\ &= \quad a^4 + 3a^3b + 3a^2b^2 + 1ab^3\\ &\qquad\quad + 1a^3b + 3a^2b^2 + 3ab^3 + b^4\\ &= \quad a^4 + 4a^3b + 6a^2b^2 + 4ab^3 + b^4.\end{aligned}$$

Man erkennt leicht, wie diese Summe aufgebaut ist: von Glied zu Glied fallen die Exponenten von a um 1 und steigen die Exponenten von b um 1; die Exponentensumme hat in jedem Glied den Wert 4. Zu fragen ist aber, ob es eine Gesetzmäßigkeit für die Koeffizienten der einzelnen Potenzen gibt, für die sogenannten **„Binomialkoeffizienten"**.

3. In unserem Beispiel entstehen die drei mittleren Koeffizienten (4, 6 und 4), wie die Anordnung bei der Berechnung erkennen läßt, durch Addition benachbarter Binomialkoeffizienten der Terms $(a+b)^3$: $\quad 3+1=4;\ 3+3=6;\ 1+3=4.$

Diesen Zusammenhang der Binomialkoeffizienten zu $n = 0, 1, 2, 3, 4 \ldots$ erfaßt man sehr übersichtlich im sogenannten **„Pascalschen Dreieck"**:

$$\begin{array}{lccccccccc}
n=0: & & & & & 1 & & & & \\
n=1: & & & & 1 & & 1 & & & \\
n=2: & & & 1 & & 2 & & 1 & & \\
n=3: & & 1 & & 3 & & 3 & & 1 & \\
n=4: & 1 & & 4 & & 6 & & 4 & & 1 \\
\vdots & \ldots & \ldots & \ldots & \ldots & \ldots & \ldots & \ldots & \ldots & \ldots \\
 & \swarrow & & \swarrow & & \swarrow & & \swarrow & & \swarrow \\
 & k=0 & & k=1 & & k=2 & & k=3 & & k=4
\end{array}$$

Jede Zahl dieses Dreiecks, das sich beliebig weit fortsetzen läßt, ist durch zwei „Platzziffern" gekennzeichnet: die Zeilennummer (n) und die Schrägspaltennummer (k). Man bezeichnet diese Binomialkoeffizienten daher mit „$\binom{n}{k}$", gelesen „n über k". Mit dieser Bezeichnung hat das Pascalsche Dreieck folgende Gestalt:

$$\begin{array}{ccccccccc}
 & & & & \binom{0}{0} & & & & \\
 & & & \binom{1}{0} & & \binom{1}{1} & & & \\
 & & \binom{2}{0} & & \binom{2}{1} & & \binom{2}{2} & & \\
 & \binom{3}{0} & & \binom{3}{1} & & \binom{3}{2} & & \binom{3}{3} & \\
\binom{4}{0} & & \binom{4}{1} & & \binom{4}{2} & & \binom{4}{3} & & \binom{4}{4} \\
\ldots & \ldots & \ldots & \ldots & \ldots & \ldots & \ldots & \ldots & \ldots
\end{array}$$

Es erhebt sich die Frage, ob es eine Formel gibt, mit deren Hilfe man jeden Koeffizienten unmittelbar, also auch ohne das Pascalsche Dreieck, berechnen kann.

[1]) Der binomische Lehrsatz wird im folgenden Lehrgang nicht benutzt.

4. Zur Beantwortung dieser Frage definieren wir zunächst das Symbol „n!", gelesen „n Fakultät":

D 4.1

[1] Für alle $n \in \mathbb{N}$ gilt: $n! =_{Df} 1 \cdot 2 \cdot 3 \cdot 4 \ldots n$.

[2] Für $n = 0$ gilt: $0! =_{Df} 1$.

Es ist also $0! = 1$; $1! = 1$; $2! = 1 \cdot 2 = 2$; $3! = 1 \cdot 2 \cdot 3 = 6$
$4! = 1 \cdot 2 \cdot 3 \cdot 4 = 24$; $5! = 1 \cdot 2 \cdot 3 \cdot 4 \cdot 5 = 120$; usw.

Wir behaupten, daß wir mit Hilfe dieses Symbols jeden Binomialkoeffizienten folgendermaßen berechnen können:

D 4.2

Für alle $n, k \in \mathbb{N}_o$[1]) mit $k \leq n$ ist: $\binom{n}{k} =_{Df} \frac{n!}{k!\,(n-k)!} \cdot = \frac{n\,(n-1)\ldots(n-k+1)}{k!}$

Beispiele:

$$\binom{4}{0} = \frac{4!}{0!\,(4-0)!} = \frac{4!}{4!} = 1$$

$$\binom{4}{1} = \frac{4!}{1!\,(4-1)!} = \frac{4!}{3!} = 4$$

$$\binom{4}{2} = \frac{4!}{2!\,(4-2)!} = \frac{4!}{2!2!} = \frac{1 \cdot 2 \cdot 3 \cdot 4}{1 \cdot 2 \cdot 1 \cdot 2} = 6$$

$$\binom{4}{3} = \frac{4!}{3!\,(4-3)!} = \frac{4!}{3!} = 4$$

$$\binom{4}{4} = \frac{4!}{4!\,(4-4)!} = \frac{4!}{4!} = 1$$

5. Wir haben zu beweisen, daß allgemein die so festgelegten Zahlen das Bildungsgesetz des Pascalschen Dreiecks erfüllen.

S 4.4

Für alle $n, k \in \mathbb{N}_o$ mit $k \leq n$ gilt: $\binom{n}{k} + \binom{n}{k+1} = \binom{n+1}{k+1}$.

Beweis:

$$\binom{n}{k} + \binom{n}{k+1} = \frac{n!}{k!\,(n-k)!} + \frac{n!}{(k+1)!\,(n-k-1)!}$$

$$= \frac{n!\,(k+1) + n!\,(n-k)}{(k+1)!\,(n-k)!}$$

$$= \frac{n!\,[(k+1) + (n-k)]}{(k+1)!\,(n-k)!}$$

$$= \frac{n!\,(n+1)}{(k+1)!\,(n-k)!}$$

$$= \frac{(n+1)!}{(k+1)!\,[(n+1)-(k+1)]!}$$

$$= \binom{n+1}{k+1}, \text{ q. e. d.}$$

6. Mit Hilfe dieser Darstellung können wir auch leicht die Symmetrie des Pascal-Dreiecks beweisen.

S 4.5

Für alle $n, k \in \mathbb{N}_o$ mit $k \leq n$ gilt: $\binom{n}{n-k} = \frac{n!}{(n-k)!\,[n-(n-k)]!} = \frac{n!}{(n-k)!\,k!} = \binom{n}{k}$.

[1]) $\mathbb{N}_o =_{Df} \mathbb{N} \cup \{0\}$

7. Nach dieser Vorbereitung können wir allgemein den binomischen Lehrsatz beweisen:

S 4.6

Für alle a, b ∈ ℝ und für alle n ∈ ℕ gilt:

$$(a+b)^n = \binom{n}{0}a^n + \binom{n}{1}a^{n-1}b + \binom{n}{2}a^{n-2}b^2 + \ldots + \binom{n}{n-1}ab^{n-1} + \binom{n}{n}b^n.$$

Mit Hilfe des Summenzeichens „$\sum$" können wir den Summenterm rechts abkürzen:

$$(a+b)^n = \sum_{k=0}^{n} \binom{n}{k} a^{n-k} b^k.$$

Dieses Zeichen ist so zu verstehen, daß in den Term $\binom{n}{k} a^{n-k} b^k$ nacheinander $k=0$, $k=1$, $k=2, \ldots, k=n$ eingesetzt wird und die dabei entstehenden Produkte addiert werden.

Beweis:

[1] Es ist $(a+b)^1 = \binom{1}{0}a + \binom{1}{1}b = a+b$. Der Satz gilt also für $n=1$.

[2] $(a+b)^n = \binom{n}{0}a^n + \binom{n}{1}a^{n-1}b + \ldots + \binom{n}{n-1}ab^{n-1} + \binom{n}{n}b^n$

$$\Rightarrow (a+b)^{n+1} = (a+b)(a+b)^n$$

$$= (a+b)\left[\binom{n}{0}a^n + \binom{n}{1}a^{n-1}b + \ldots + \binom{n}{n-1}ab^{n-1} + \binom{n}{n}b^n\right]$$

$$= \binom{n}{0}a^{n+1} + \binom{n}{1}a^n b + \ldots \qquad + \binom{n}{n-1}a^2b^{n-1} + \binom{n}{n}ab^n$$

$$+ \binom{n}{0}a^n b + \ldots \qquad + \binom{n}{n-2}a^2b^{n-1} + \binom{n}{n-1}ab^n + \binom{n}{n}b^{n+1}$$

$$= \binom{n+1}{0}a^{n+1} + \binom{n+1}{1}a^n b + \ldots + \binom{n+1}{n-1}a^2b^{n-1} + \binom{n+1}{n}ab^n + \binom{n+1}{n+1}b^{n+1}$$

$$= \sum_{k=0}^{n+1} \binom{n+1}{k} a^{n+1-k}b^k, \quad \text{q. e. d.}$$

Damit ist der binomische Lehrsatz nach dem Satz von der vollständigen Induktion bewiesen.

Beachte: 1) Bei der Zusammenfassung der untereinanderstehenden Glieder haben wir von der Allgemeingültigkeit der Gleichung

$$\binom{n}{k} + \binom{n}{k+1} = \binom{n+1}{k+1} \quad \text{Gebrauch gemacht.}$$

2) Wir haben statt $\binom{n}{0}$ und $\binom{n}{n}$ geschrieben: $\binom{n+1}{0}$ und $\binom{n+1}{n+1}$.

8. Die Formel für $(a-b)^n$ kann man in die für $(a+b)^n$ zurückführen:

$$(a-b)^n = [a+(-b)]^n$$

$$= \binom{n}{0}a^n + \binom{n}{1}a^{n-1}(-b)^1 + \binom{n}{2}a^{n-2}(-b)^2 + \ldots + \binom{n}{n-1}a(-b)^{n-1}$$

$$+ \binom{n}{n}(-b)^n$$

$$= \binom{n}{0}a^n - \binom{n}{1}a^{n-1}b + \binom{n}{2}a^{n-2}b^2 + \ldots + (-1)^{n-1}\binom{n}{n-1}ab^{n-1} + (-1)^n\binom{n}{n}b^n$$

Beachte, daß die Vorzeichen von Glied zu Glied abwechseln, „alternieren". Ist n gerade, so ist der letzte Summand positiv, ist n ungerade, so ist der letzte Summand negativ.

Beispiele:

1) $(a - b)^5 = a^5 - 5a^4b + 10a^3b^2 - 10a^2b^3 + 5ab^4 - b^5$
2) $(a - b)^6 = a^6 - 6a^5b + 15a^4b^2 - 20a^3b^3 + 15a^2b^4 - 6ab^5 + b^6$

Übungen und Aufgaben

1. Beweise durch vollständige Induktion die Allgemeingültigkeit der folgenden Gleichungen in der Menge $\mathbb{N}$!

a) $1 + 2 + 3 + \ldots + n = \frac{n}{2} + \frac{n^2}{2}$

b) $2 + 4 + 6 + \ldots + 2n = n + n^2$

c) $1 + 3 + 5 + \ldots + 2n - 1 = n^2$

d) $3 + 7 + 11 + \ldots + 4n - 1 = n + 2n^2$

e) $(-2) + (-5) + (-8) + \ldots + (-3n + 1) = -\frac{n}{2} - \frac{3}{2}n^2$

f) $2 + 4 + 8 + \ldots + 2^n = 2 \cdot (2^n - 1)$

g) $1 + 5 + 25 + \ldots + 5^{n-1} = \frac{1}{4}(5^n - 1)$

h) $1 + \frac{1}{2} + \frac{1}{4} + \ldots + \frac{1}{2^{n-1}} = 2\left(1 - \frac{1}{2^n}\right)$

i) $5 + 1 + \frac{1}{5} + \ldots + \frac{1}{5^{n-2}} = \frac{25}{4}\left(1 - \frac{1}{5^n}\right)$

k) $1 + \frac{1}{3} + \frac{1}{9} + \ldots + \frac{1}{3^{n-1}} = \frac{3}{2}\left(1 - \frac{1}{3^n}\right)$

2. Beweise durch vollständige Induktion die Allgemeingültigkeit der folgenden Aussageformen in der Menge $\mathbb{N}$!

a) $1 + 2 + 2^2 + \ldots + 2^{n-1} = 2^n - 1$

b) $1^2 + 2^2 + 3^2 + \ldots + n^2 = \frac{n(n+1)(2n+1)}{6}$

c) $1^2 - 2^2 + 3^2 - 4^2 + \ldots + (-1)^{n-1} n^2 = (-1)^{n-1} \frac{n(n+1)}{2}$

d) $1^2 + 3^2 + 5^2 + \ldots + (2n-1)^2 = \frac{n(2n-1)(2n+1)}{3}$

e) $1^3 + 2^3 + 3^3 + \ldots + n^3 = \left[\frac{n(n+1)}{2}\right]^2$

f) $1 \cdot 2 + 2 \cdot 3 + 3 \cdot 4 + \ldots + n(n+1) = \frac{n(n+1)(n+2)}{3}$

g) $1 \cdot 2 \cdot 3 + 2 \cdot 3 \cdot 4 + 3 \cdot 4 \cdot 5 + \ldots + n(n+1)(n+2) = \frac{n(n+1)(n+2)(n+3)}{4}$

h) $\frac{1}{1 \cdot 3} + \frac{1}{3 \cdot 5} + \ldots + \frac{1}{(2n-1)(2n+1)} = \frac{n}{2n+1}$

i) $\frac{1^2}{1 \cdot 3} + \frac{2^2}{3 \cdot 5} + \ldots + \frac{n^2}{(2n-1)(2n+1)} = \frac{n(n+1)}{2(2n+1)}$

j) $\frac{1}{1 \cdot 4} + \frac{1}{4 \cdot 7} + \ldots + \frac{1}{(3n-2)(3n+1)} = \frac{n}{3n+1}$

k) $\frac{1}{1 \cdot 5} + \frac{1}{5 \cdot 9} + \ldots + \frac{1}{(4n-3)(4n+1)} = \frac{n}{4n+1}$

l) $\frac{1}{a \cdot (a+1)} + \frac{1}{(a+1)(a+2)} + \ldots + \frac{1}{(a+n-1)(a+n)} = \frac{n}{a \cdot (a+n)}$

m) $1 \cdot 1! + 2 \cdot 2! + 3 \cdot 3! + \ldots + n \cdot n! = (n+1)! - 1$

n) $\frac{1}{\sqrt{1}} + \frac{1}{\sqrt{2}} + \frac{1}{\sqrt{3}} + \ldots + \frac{1}{\sqrt{n}} \geq \sqrt{n}$ o) $\frac{4^n}{n+1} \leq \frac{(2n)!}{(n!)^2}$

p) $\binom{n}{0} + \binom{n}{1} + \ldots + \binom{n}{n} = \sum_{k=0}^{n} \binom{n}{k} = 2^n$

q) $\binom{n}{0} - \binom{n}{1} + \ldots + (-1)^n \binom{n}{n} = \sum_{k=0}^{n} (-1)^k \binom{n}{k} = 0$

3. Beweise die Allgemeingültigkeit folgender Aussageformen durch vollständige Induktion!

a) $\sum_{k=1}^{n} a_k + \sum_{k=1}^{n} b_k = \sum_{k=1}^{n} (a_k + b_k)$ **b)** $\sum_{k=1}^{n} b \cdot a_k = b \cdot \sum_{k=1}^{n} a_k$

Beachte: $\sum_{k=1}^{n} a_k =_{Df} a_1 + a_2 + a_3 + \ldots + a_n$; $\prod_{k=1}^{n} a_k =_{Df} a_1 \cdot a_2 \cdot a_3 \cdot \ldots \cdot a_n$

c) $\prod_{k=1}^{n} a_k \cdot \prod_{k=1}^{n} b_k = \prod_{k=1}^{n} a_k \cdot b_k$ **d)** $\sum_{k=1}^{n-1} k^3 < \frac{n^4}{4} < \sum_{k=1}^{n} k^3$

e) $\prod_{k=1}^{n} (1 + a_k) \geq 1 + \sum_{k=1}^{n} a_k$ (für $a_k \geq 0$) **f)** $(1+a)^n \geq 1 + na$ (für $a \geq -1$)

g) Vergleiche **e)** und **f)**! Zeige, daß der Satz von **f)** ein Sonderfall des Satzes von **e)** ist!

h) $\prod_{k=1}^{n} |a_k| = \left| \prod_{k=1}^{n} a_k \right|$ (mit $a_k \in \mathbb{R}$) **i)** $\left| \sum_{k=1}^{n} a_k \right| \leq \sum_{k=1}^{n} |a_k|$

4. Beweise: Die Potenzmenge P (M) einer Menge M mit n Elementen enthält 2^n Elemente. (Beachte: P (M) ist die Menge **aller** Teilmengen von M!)

5. Der Fermatsche Satz lautet: $n^p - n$ ist für alle $n \in \mathbb{N}$ und alle Primzahlen p (3, 5, 7, 11, ..., p) durch 3, 5, 7, 11, ..., p teilbar.

6. Beweise die Allgemeingültigkeit der Gleichungen von **2. p)** und **2. q)** und der Ungleichungen von **3. e)** und **3. f)** mit Hilfe des binomischen Lehrsatzes!

7. Beweise: $n^3 - n$ ist für alle $n \in \mathbb{N}$ durch 6 teilbar!

8. Beweise durch vollständige Induktion über k die Allgemeingültigkeit der Gleichungen **a)** und **b)**! Verwende dabei:

1) $\binom{n}{0} = 1$ und **2)** $\binom{n}{k} = \frac{n-k+1}{k} \cdot \binom{n}{k-1}$ mit $k \leq n$

a) $(n+1-k) \cdot \binom{n+1}{k} = (n+1)\binom{n}{k}$ $(k < n)$ **b)** $\binom{n}{k} + \binom{n}{k+1} = \binom{n+1}{k+1}$ $(k < n)$

9. Beweise: **a)** $\binom{n}{k} = \frac{1}{k!} \prod_{p=0}^{k-1} (n - p)$ **b)** $\binom{n}{k} = \binom{n}{n-k}$

10. Versuche das Bildungsgesetz zu erraten und beweise das Gesetz durch vollständige Induktion!

a) $1 = 1$; $1 - 4 = -(1 + 2)$; $1 - 4 + 9 = 1 + 2 + 3$;
$1 - 4 + 9 - 16 = -(1 + 2 + 3 + 4)$; ...

b) $1 + \frac{1}{2} = 2 - \frac{1}{2}$; $1 + \frac{1}{2} + \frac{1}{4} = 2 - \frac{1}{4}$; $1 + \frac{1}{2} + \frac{1}{4} + \frac{1}{8} = 2 - \frac{1}{8}$; ...

11. Führe für die folgenden Aussageformen A (n) den Schluß von n auf n + 1 durch $[A(n) \Rightarrow A(n+1)]$ und kritisiere die Sätze!

a) A (n): $n = n + 1$ (dies bedeutet: Alle natürlichen Zahlen sind gleich!)

b) A (n): $\sum_{k=1}^{n} k = \frac{1}{8}(2n + 1)^2$ mit $k \in \mathbb{N}$.

12. Es sei A (n): $2^n > n^2$ mit $n \in \mathbb{N}$. Beweise:
a) A (1) ist wahr; **b)** für $n \geq 5$ gilt: $A(n) \Rightarrow A(n + 1)$!
Kritisiere die Behauptung: Für alle $n \in \mathbb{N}$ gilt: $2^n > n^2$!

13. Beweise die Allgemeingültigkeit folgender Aussageformen durch vollständige Induktion!

a) $1 + x + x^2 + \ldots + x^n = \frac{x^{n+1} - 1}{x - 1}$ (für $x \neq 1$)

b) $\frac{1}{1+x} + \frac{2}{1+x^2} + \frac{4}{1+x^4} + \frac{8}{1+x^8} + \ldots + \frac{2^n}{1+x^{(2^n)}} = \frac{1}{x-1} + \frac{2^{n+1}}{1-x^{(2^{n+1})}}$
(für $x \neq 1$; $x \neq -1$)

c) $1 - \frac{x}{1!} + \frac{x(x-1)}{2!} - \ldots + (-1)^n \cdot \frac{x(x-1)\ldots(x-n+1)}{n!}$
$= (-1)^n \frac{(x-1)(x-2)\ldots(x-n)}{n!}$

d) $\cos\alpha \cdot \cos(2\alpha) \cdot \cos(4\alpha) \ldots \cos(2^n \cdot \alpha) = \frac{\sin(2^{n+1} \cdot \alpha)}{2^{n+1} \cdot \sin\alpha}$ (mit $\alpha \neq m\pi$, $m \in \mathbb{Z}$)

e) $\sin x + \sin(2x) + \ldots + \sin(nx) = \frac{\sin\left(\frac{n+1}{2} \cdot x\right)}{\sin\frac{x}{2}} \cdot \sin\frac{nx}{2}$ (mit $x \neq 2\pi m$, $m \in \mathbb{Z}$)

f) $\frac{1}{2} + \cos x + \cos(2x) + \ldots + \cos(nx) = \frac{\sin\left(\frac{2n+1}{2} x\right)}{2 \cdot \sin\frac{x}{2}}$ (mit $x \neq 2\pi m$, $m \in \mathbb{Z}$)

g) $\sin x + 2\sin(2x) + 3\sin(3x) + \ldots + n \cdot \sin(nx) = \frac{(n+1)\sin(nx) - n\sin[(n+1)x]}{4\sin^2\frac{x}{2}}$
(mit $x \neq 2\pi m$, $m \in \mathbb{Z}$)

h) $\frac{1}{2}\tan\left(\frac{x}{2}\right) + \frac{1}{4}\tan\left(\frac{x}{4}\right) + \ldots + \frac{1}{2^n}\tan\left(\frac{x}{2^n}\right) = \frac{1}{2^n}\cot\left(\frac{x}{2^n}\right) - \cot x$ (für $x \neq m\pi$)

§ 5 Zum Funktionsbegriff

Wir wiederholen in diesem Paragraphen die grundlegenden Begriffe der Funktionenlehre und besprechen einige Ergänzungen, die für den Aufbau der Analysis von Bedeutung sind.

I. Zweistellige Relationen

1. a) Eine **„zweistellige Relation R“** ist eine (echte oder unechte) Teilmenge einer Produktmenge $D \times W$: $R \subseteq D \times W$.

b) Die **Definitionsmenge** D (R) einer Relation R ist die Menge aller Elemente, die in den Paaren von R an erster Stelle vorkommen.

c) Die **Wertemenge** W (R) einer Relation R ist die Menge aller Elemente, die in den Paaren von R an zweiter Stelle vorkommen.

d) Jedem Element der Definitionsmenge D wird durch R wenigstens ein Element der Wertemenge W **zugeordnet.**

2. In vielen Fällen ist eine Relation R die Lösungsmenge L (A) einer Aussageform A (x | y) in einer Grundmenge $V[x \mid y] = M_1 \times M_2$. In diesem Falle gilt: $D(R) \subseteq M_1$ und $W(R) \subseteq M_2$.

Beispiel: A (x | y): $x^2 + y^2 = 25$ in $V[x \mid y] = \mathbb{Z} \times \mathbb{N}$.
Es ist $R = L(A) = \{(-4 \mid 3); (-3 \mid 4); (0 \mid 5); (3 \mid 4); (4 \mid 3)\}$
mit $D(R) = \{-4, -3, 0, 3, 4\} \subset \mathbb{Z}$ und $W(R) = \{3, 4, 5\} \subset \mathbb{N}$.

3. Man kann Relationen veranschaulichen

a) durch **Pfeilbilder** und

b) durch **Relationsgraphen.**

Wir legen hierbei meistens ein „kartesisches Koordinatensystem“ zugrunde: die Achsen stehen aufeinander senkrecht; die Einheiten auf den Achsen sind gleich. Auf der waagerechten Achse werden die Elemente der Definitionsmenge abgetragen („D-Achse“); auf der vertikalen Achse werden die Elemente der Wertemenge abgetragen („W-Achse“). Da die Variable x meist auf die Elemente von D, die Variable y meist auf die Elemente von W bezogen wird, nennt man die D-Achse häufig auch „x-Achse“, die W-Achse häufig auch „y-Achse“.

Beispiel: In Bild 5.1 ist der Graph der Relation des Beispiels von **2.** eingetragen.

4. a) Die Umkehrrelation R* zu einer zweistelligen Relation R erhält man dadurch, daß man in allen Paaren von R die Elemente miteinander vertauscht.

Es gilt also: $(x \mid y) \in R \Leftrightarrow (y \mid x) \in R^*$

b) Es gilt ferner: $D(R^*) = W(R)$;
$W(R^*) = D(R)$
und $(R^*)^* = R$.

c) Bezieht man in den Aussageformen für R **und** für R* jeweils die Variable x auf die erste, die Variable y auf die zweite Stelle in den Paaren, so ergibt sich die Aussageform für R* aus der für R dadurch, daß man die Variablen x und y miteinander vertauscht. Auch die Mengen M_1 und M_2 müssen dabei ausgetauscht werden.

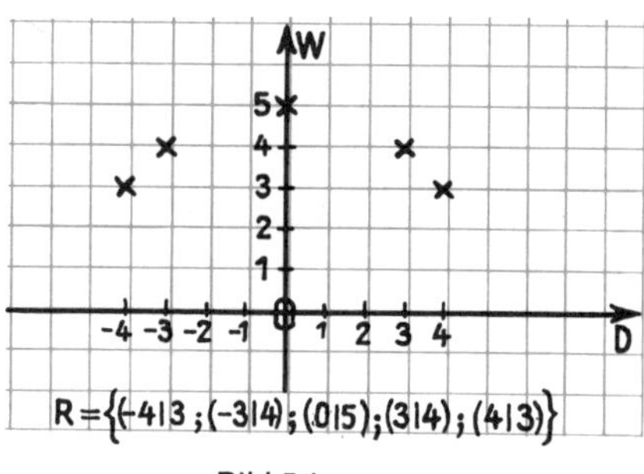

Bild 5.1

Beispiel: Ist R gegeben durch $2x - y = 1$ in $\mathbb{R}^{\geq 0} \times \mathbb{R}$, so ist
R* gegeben durch $2y - x = 1$ in $\mathbb{R} \times \mathbb{R}^{\geq 0}$.

d) Der Graph der Umkehrrelation R* ergibt sich aus dem Graph von R durch Spiegelung an der Winkelhalbierenden im ersten und dritten Quadranten.

Beispiel: R: $2x - y = 1$; R*: $2y - x = 1$ (Bild 5.2)

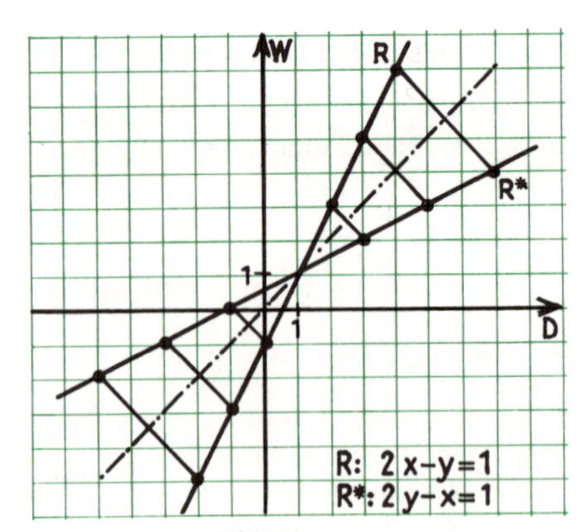

Bild 5.2

5. Eine Relation heißt **„identische Relation"** (oder „Identität") genau dann, wenn für alle $(x \mid y) \in R$ gilt: $x = y$.

6. Eine Relation heißt **„konstante Relation"** genau dann, wenn die Wertemenge genau ein Element enthält.

II. Funktionale Relationen, Abbildungen, Funktionen

1. a) Eine zweistellige Relation R heißt **„funktional"** (oder eine **„Funktion")** genau dann, wenn jedes Element von D (R) in den Paaren von R **genau einmal** an erster Stelle vorkommt, wenn also gilt:

$$(x \mid y) \in R \wedge (x \mid z) \in R \Rightarrow y = z.$$

b) Der **Graph** einer funktionalen Relation enthält keine Punkte, die vertikal übereinanderliegen (Bild 5.3).

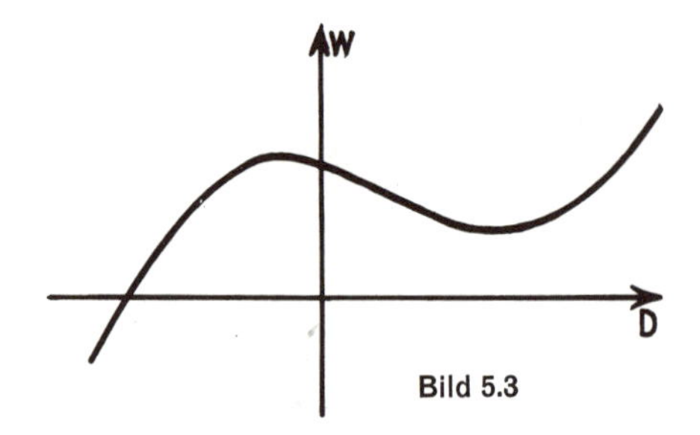

Bild 5.3

c) Durch eine funktionale Relation f wird jedem Element $x \in D$ **genau ein** Element $y \in W$ **zugeordnet:** $x \rightarrowtail y$. Man sagt: Die Elemente von D werden auf die Elemente von W **„abgebildet".**

d) Das einem Element $x \in D$ zugeordnete Element $y \in W$ bezeichnet man mit

„f (x)", gelesen: „f von x".

Es gilt also: $(x \mid y) \in f \Leftrightarrow y = f(x)$.

f (x) heißt **„Funktionsterm von f";** $y = f(x)$ heißt **„Funktionsgleichung von f".**

2. a) Die durch eine funktionale Relation erzeugte **Abbildung** bezeichnet man mit „$x \rightarrowtail f(x)$", gelesen: „x abgebildet auf f (x)".

b) Den Zusammenhang zwischen den Mengen D und W bezeichnet man mit „$D \overset{f}{\rightarrowtail} W$", gelesen: „D wird durch die Funktion f abgebildet auf W".

3. a) Ist eine Abbildung zwischen den Elementen zweier Mengen M_1 und M_2 gegeben, so läßt sich daraus eine Paarmenge, also eine funktionale Relation dadurch bilden, daß man die einander zugeordneten Elemente zu Paaren zusammenfaßt.

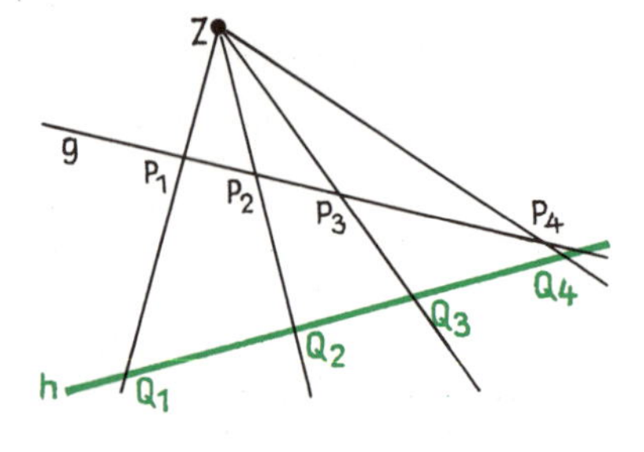

Bild 5.4

Beispiel: Durch die Zentralprojektion in Bild 5.4 werden die Punkte der Geraden g (P_1, P_2, P_3, P_4) auf die Punkte der Geraden h (Q_1, Q_2, Q_3, Q_4) abgebildet. Es gilt:

$$Q_k = f(P_k) \quad (\text{für } k = 1, 2, 3, 4).$$

Die zu dieser Abbildung gehörende funktionale Relation ist: $f = \{(P_1 \mid Q_1); (P_2 \mid Q_2); (P_3 \mid Q_3); (P_4 \mid Q_4)\}$.

b) Es gilt also:

[1] Durch jede funktionale Relation f wird eine Abbildung $x \to f(x)$ festgelegt.

[2] Durch jede Abbildung $x \to f(x)$ wird eine funktionale Relation f festgelegt.

c) Aus dem in [1] und [2] formulierten Zusammenhang wird deutlich, daß man unter einer **„Funktion"** zweierlei verstehen kann: entweder eine **funktionale Relation f** oder eine **Abbildung $x \to f(x)$.**

Wir haben in den Bänden 4 und 6 den Begriff „Funktion" mit dem Begriff „funktionale Relation" identifiziert. Genausogut kann man den Begriff „Funktion" mit dem Begriff „Abbildung" identifizieren.

Der unter [1] und [2] formulierte Zusammenhang zwischen den Begriffen „funktionale Relation" und „Abbildung" zeigt, daß beide Auffassungen gleichwertig sind.

d) Um in diesem Band beide Auffassungen zuzulassen, werden wir im allgemeinen die Redeweisen **„Funktion f zu einer Gleichung $y = f(x)$"** oder **„Funktion f zu einem Term $f(x)$"** verwenden.

Beachte aber, daß zur Festlegung einer Funktion f nicht nur die Funktionsgleichung (oder der Funktionsterm), sondern überdies die Definitionsmenge D (f) erforderlich ist. Wird eine Funktion f durch eine Aussageform $A(x \mid y)$ und eine dazugehörige Grundmenge $V[x \mid y] = M_1 \times M_2$ festgelegt, so ist die Definitionsmenge ebenfalls bestimmt; es ist die Menge aller Elemente, die in den Paaren der Lösungsmenge L (A) an erster Stelle vorkommen.

Beispiel: $A(x \mid y): x = y^2$ in $V[x \mid y] = \mathbb{R} \times \mathbb{R}$. Es ist $D(f) = \{x \mid x \geq 0\} = \mathbb{R}^{\geq 0}$.

3. a) Eine Funktion f besitzt eine **Umkehrfunktion** f* genau dann, wenn die Umkehrrelation von f wieder eine Funktion ist, wenn also gilt:

$$(x \mid y) \in f \wedge (z \mid y) \in f \Rightarrow x = z$$

In diesem Falle ist die durch f hergestellte Zuordnung zwischen den Elementen von D und W nicht nur (von links nach rechts) **eindeutig,** sondern auch von rechts nach links eindeutig, also sogar **„umkehrbar eindeutig" („eineindeutig").**

b) Die Gleichung $y = f^*(x)$ der Umkehrfunktion f* ergibt sich aus der Gleichung $y = f(x)$ für f dadurch, daß man die Variablen x und y miteinander vertauscht. Es gilt also:

$$y = f^*(x) \Leftrightarrow x = f(y).$$

Beachte, daß auch die Mengen M_1 und M_2 ausgetauscht werden müssen.

Beispiel: f gegeben durch $y = f(x) = 3x + 1$ in $\mathbb{Q} \times \mathbb{N}$.
Dann ist f* gegeben durch: $x = f(y) = 3y + 1 \Leftrightarrow y = f^*(x) = \frac{x-1}{3}$ in $\mathbb{N} \times \mathbb{Q}$.

c) Der Graph von f* ergibt sich aus dem Graph von f durch Spiegelung an der Winkelhalbierenden im ersten und dritten Quadranten.

Übungen und Aufgaben

Relationen

1. Bestimme D (R) und W (R)! Zeichne den Graph der Relation!

a) $x + y = 2$; $M_1 = [-1; 2]$; $M_2 = \mathbb{Z}$
b) $x^2 - y = 0$; $M_1 =]-2; 2[$; $M_2 = \mathbb{R}$
c) $|x| - y = 0$; $M_1 = [-4; 4]$; $M_2 = \mathbb{R}$
d) $x - |y| = 0$; $M_1 = \mathbb{R}$; $M_2 = [-4; 4]$
e) $|x| + y \geq 0$; $M_1 = \mathbb{R}$; $M_2 = \mathbb{R}^{\geq 0}$
f) $x + |y| \leq 0$; $M_1 = \mathbb{R}$; $M_2 = [-1; 2]$
g) $|x| + |y| = 1$; $M_1 = [-3; 3]$; $M_2 = \mathbb{R}$
h) $y = |x^2 - 1|$; $M_1 = [-2; 2]$; $M_2 = \mathbb{R}^{\geq 0}$
i) $|y| - x^2 = 0$; $M_1 = \mathbb{R}$; $M_2 = \mathbb{Q}$
j) $x^2 + y^2 - 25 = 0$; $M_1 = \mathbb{R}$; $M_2 = \mathbb{R}$
k) $x^2 + y^2 - 16 \leq 0$; $M_1 = \mathbb{R}$; $M_2 = \mathbb{R}$
l) $x^2 + y^2 - 9 < 0$; $M_1 = \mathbb{R}$; $M_2 = \mathbb{R}$
m) $x^2 + y^2 - 1 > 0$; $M_1 = \mathbb{R}$; $M_2 = \mathbb{R}$
n) $|x| \cdot |y| = 1$; $M_1 = \mathbb{R}\,(\mathbb{Z})$; $M_2 = \mathbb{Z}\,(\mathbb{Q}; \mathbb{R})$
o) $|y| = x^2 - 1$; $M_1 = \mathbb{R}$; $M_2 = [-5; 5]$
p) $|y - 1| = x$; $M_1 = \mathbb{R}$; $M_2 = [-8; 8]$
q) $x \cdot |y| = 1$; $M_1 = [-4; 4]$; $M_2 = \mathbb{R}$
r) $y \cdot |x| \leq 1$; $M_1 = [-4; 4]$; $M_2 = \mathbb{R}$
s) $y = x\,|x - 1|$; $M_1 = \mathbb{R}$; $M_2 = [-4; 4]$
t) $y = |x|(x - 1)$; $M_1 = [-4; 4]$; $M_2 = [-2; 2]$
u) $y = 2^{|x|}$; $M_1 = \mathbb{R}$; $M_2 = [-1; 1]$
v) $|y| = \lg x$; $M_1 = \mathbb{Z}$; $M_2 = \mathbb{R}$

2. Stelle die folgenden Relationen durch Pfeilbilder dar!

a) $y = 2x$; $V[x \mid y] = \{1, 2\} \times \{2, 4\}$
b) $y = x^2$; $V[x \mid y] = \{1, 2, 3\} \times \{1, 4, 9, 10\}$
c) $y^2 = x$; $V[x \mid y] = \{1, 4\} \times \{-1, 1, -2, 2\}$

3. Bestimme die Umkehrrelationen zu den folgenden Relationen in $V = \mathbb{R} \times \mathbb{R}$ und zeichne beide Graphen in verschiedenen Farben!

a) $y = 3x - 1$
b) $y = x^2$
c) $x^2 + y^2 = 1$
d) $y = \frac{1}{x}$
e) $y = \frac{1}{x + 1}$
f) $y^2 = 4x$

Funktionen

4. Welche Relationen der Aufgabe 1 sind Funktionen?

5. Gib die Definitions- und die Wertemengen zu den durch die folgenden Gleichungen festgelegten Funktionen an ($V = \mathbb{R} \times \mathbb{R}$)!

a) $y = \sqrt{2x + 3}$
b) $y = \sqrt{-2x + 3}$
c) $y = -\sqrt{-2x - 3}$
d) $y = -\sqrt{2x - 3}$
e) $y = \frac{1}{2x + 3}$
f) $y = \frac{1}{2x - 3}$
g) $y = \frac{1}{-4x + 5}$
h) $y = \frac{3}{-7x - 11}$
i) $y = \sqrt{x^2 - 1}$
j) $y = -\sqrt{x^2 + 1}$
k) $y = -\sqrt{1 - x^2}$
l) $y = \sqrt{|x^2 - 1|}$
m) $y = \frac{1}{x^2 - 2}$
n) $y = \frac{x + 1}{x^2 - 1}$
o) $y = \frac{x - 1}{x^2 - 1}$
p) $y = \frac{x + 2}{x^2 + 3x}$

6. Spalte die Relationen $R \subset \mathbb{R} \times \mathbb{R}$ so auf, daß zwei Funktionen f und g entstehen, so daß gilt: $R = f \cup g$. Ermittle D (f), W (f), D (g) und W (g)! Zeichne die Graphen!

Beispiel: $y^2 = x + 1 \Leftrightarrow y^2 - (x + 1) = 0 \Leftrightarrow \left(y + \sqrt{x + 1}\right)\left(y - \sqrt{x + 1}\right) = 0$

$\Leftrightarrow y + \sqrt{x + 1} = 0 \;\vee\; y - \sqrt{x + 1} = 0$

$\Leftrightarrow y = -\sqrt{x + 1} \;\vee\; y = \sqrt{x + 1}$

Es ist: $f(x) = -\sqrt{x + 1}$ und $g(x) = \sqrt{x + 1}$.

$D(f) = \mathbb{R}^{\geq -1}$; $W(f) = \mathbb{R}^{\leq 0}$; $D(g) = \mathbb{R}^{\geq -1}$; $W(g) = \mathbb{R}^{\geq 0}$.

a) $y^2 - x = 0$ b) $y^2 - x^2 = 0$ c) $y^2 - 4x = 0$ d) $3y^2 - x = 0$
e) $y^2 - 4x^2 = 0$ f) $4y^2 - 9x^2 = 0$ g) $x^2 + y^2 - 1 = 0$ h) $x^2 + y^2 - 4 = 0$
i) $x^2 + (y-1)^2 = 1$ j) $(x-1)^2 + y^2 = 1$ k) $(x+1)^2 + y^2 = 1$ l) $x^2 + (y+1)^2 = 1$
m) $|y| = \lg x$ n) $|y| = x$ o) $|x| + |y| = 1$ p) $\sqrt{y^2} = \frac{1}{x}$

7. Ändere in Aufgabe 6 die Grundmengen für y so ab, daß die Relationen R die Eindeutigkeitsforderung für Funktionen erfüllen!

8. Ermittle abschnittsweise die Funktionsgleichungen durch „Auflösen" der Betragsstriche! Ermittle D (f) und W (f)! Zeichne die Graphen!

a) $y = |x|(x-1)$ b) $y = x|x-1|$ c) $y = |x^2 - 1|$
d) $y = |1 - x^2|$ e) $y = |x^2 + 2|$ f) $y = |x - x^2|$
g) $y = \frac{x}{|x|}$ h) $y = 2x + |x-2|$ i) $y = |x^2 - 4| + x$

9. Welche der folgenden Funktionen mit $V = \mathbb{R} \times \mathbb{R}$ besitzen Umkehrfunktionen? Gib die zugehörigen Funktionsgleichungen an!

a) $y = x^2$ b) $y = 2x - 1$ c) $y = \frac{1}{x}$ d) $y = |x|$
e) $y = x^3$ f) $y = \sqrt{x}$ g) $y = \frac{1}{x^2 - 1}$ h) $y = -x + \frac{1}{x}$

10. Ermittle die Nullstellen der durch die folgenden Gleichungen gegebenen Funktionen!

a) $y = x^2 - 3$ b) $y = x^2 + 1$ c) $y = x^2 - 2x + 1$
d) $y = -x^2 + 2x - 1$ e) $y = x^2 + x - 6$ f) $y = x^2 + 3x - 4$
g) $y = x^3 - x^2$ h) $y = -x^3 + x$ i) $y = \sqrt{2x - 3}$
j) $y = \sqrt{|x^2 - 5|}$ k) $y = x\sqrt{x+1}$ l) $y = x\sqrt{x-1}$
m) $y = \cos x$ n) $y = \tan x$ o) $y = \sin x + \cos x$
p) $y = \sin x - \cos x$ q) $y = \lg(x-3)$ r) $y = |x| + |x+1|$
s) $y = |x-2| - (2x+5)$ t) $y = \sin\left(x + \frac{\pi}{2}\right)$ u) $y = \cos\left(x - \frac{\pi}{4}\right)$

§ 6 Zu den reellen Zahlen

I. Intervallschachtelungen und reelle Zahlen

1. Reelle Zahlen sind durch Intervallschachtelungen festgelegt. Wir wiederholen:

D 6.1

Eine unendliche Menge abgeschlossener Intervalle heißt eine „Intervallschachtelung" genau dann, wenn die folgenden Bedingungen erfüllt sind:

[1] Die Intervalle lassen sich so ordnen, daß jedes Intervall Teilmenge jedes vorhergehenden Intervalls ist, daß also gilt: $A_1 \supseteq A_2 \supseteq A_3 \supseteq A_4 \supseteq A_5 \supseteq \ldots$

[2] Die Intervallängen werden schließlich beliebig klein, d. h. kleiner als jede noch so kleine positive Zahl. Dies bedeutet genauer: Wählt man eine beliebige positive Zahl q, so gibt es unter den Intervallen stets wenigstens eines, dessen Länge d kleiner ist als diese beliebig gewählte Zahl q.

Beachte: Ist die Länge eines bestimmten Intervalls A_k kleiner als q, so sind die Längen aller folgenden Intervalle wegen der Bedingung [1] ebenfalls kleiner als q.

2. Für jede Intervallschachtelung gilt das **Cantorsche Axiom:**

S 6.1 **Jede Intervallschachtelung bestimmt genau eine reelle Zahl, die „innere" Zahl aller Intervalle der Schachtelung.**

Beachte:

1) Die durch eine Intervallschachtelung festgelegte Zahl kann rational oder auch irrational sein.

2) Zu jeder reellen Zahl gibt es eine Klasse äquivalenter Intervallschachtelungen.

3) Statt die Existenz reeller Zahlen durch das Cantorsche Axiom zu fordern, kann man auch **definieren:** Jede Klasse äquivalenter Intervallschachtelungen **ist** eine reelle Zahl.

3. Für reelle Zahlen gilt außerdem das sogenannte **„Archimedische Axiom":**

S 6.2 **Zu zwei positiven reellen Zahlen a und b gibt es stets eine natürliche Zahl n, so daß gilt: $n \cdot a > b$:**

$$a, b > 0 \Rightarrow \bigvee_{n \in \mathbb{N}} (na > b).$$

Man nennt den Körper $(\mathbb{R}; +; \cdot; >)$ daher auch einen **„archimedisch angeordneten Körper"**.

II. Zum Begriff des Betrages einer Zahl

1. Beim Aufbau der Analysis benötigen wir häufig den Begriff des „Betrages" einer reellen Zahl. Dieser Begriff ist folgendermaßen definiert:

D 6.2 **Für alle $a \in \mathbb{R}$ ist** $|a| =_{Df} \begin{Bmatrix} a \text{ für } a \geq 0 \\ -a \text{ für } a < 0 \end{Bmatrix}$.

Beispiele: a) $|2| = 2$ b) $|-7| = 7$ c) $|0| = 0$

Für den Betragsbegriff gelten eine Reihe von Sätzen, von denen wir die wichtigsten hier kurz erörtern wollen.

S 6.3 **Für alle $a \in \mathbb{R}$ gilt:**

a) $|a| \geq 0$ **b)** $|-a| = |a|$ **c)** $a \leq |a|$

d) $-a \leq |a|$ **e)** $|a|^2 = a^2$ **f)** $\left|\frac{1}{a}\right| = \frac{1}{|a|}$ $(a \neq 0)$

Die Beweise für die Beziehungen **a)** bis **d)** sollen in Aufgabe 4 geführt werden.

Beweis zu e): **1)** Für $a \geq 0$ gilt $|a| = a$, also auch $|a|^2 = a^2$;

2) Für $a < 0$ gilt $|a| = -a$, also $|a|^2 = (-a)^2 = a^2$, q. e. d.

Beweis zu f): **1)** Für $a > 0$ ist auch $\frac{1}{a} > 0$; daher gilt: $\frac{1}{|a|} = \frac{1}{a} = \left|\frac{1}{a}\right|$;

2) Für $a < 0$ ist auch $\frac{1}{a} < 0$; daher gilt: $\frac{1}{|a|} = -\frac{1}{a} = \left|\frac{1}{a}\right|$, q. e. d.

3. Für Produkte und Quotienten reeller Zahlen gilt der Satz

Für alle $a, b \in \mathbb{R}$ gilt: a) $|a \cdot b| = |a| \cdot |b|$ b) $\left|\frac{a}{b}\right| = \frac{|a|}{|b|}$ (für $b \neq 0$). **S 6.4**

Beweis zu a): 1) Für $a, b \geq 0$ gilt: $|a \cdot b| = a \cdot b = |a| \cdot |b|$;
2) Für $a \geq 0, b < 0$ gilt: $|a \cdot b| = -(a \cdot b) = a \cdot (-b) = |a| \cdot |b|$;
3) Für $a < 0, b \geq 0$ gilt: $|a \cdot b| = -(a \cdot b) = (-a) \cdot b = |a| \cdot |b|$;
4) Für $a, b \leq 0$ gilt: $|a \cdot b| = a \cdot b = (-a) \cdot (-b) = |a| \cdot |b|$, q. e. d.

Der Beweis für die Beziehung **b)** ist entsprechend zu führen (Aufgabe 5).

Bemerkung: Gleichung **b)** kann mit Hilfe der Gleichung **f)** von S 6.3 auf Gleichung **a)** zurückgeführt werden.

4. Für den Betrag einer Differenz gilt der Satz

Für alle $a, b \in \mathbb{R}$ gilt: $|a - b| = |b - a|$. **S 6.5**

Beweis: Für alle $a, b \in \mathbb{R}$ gilt: $a - b = -(b - a)$. Nach Gleichung **b)** von S 6.3 gilt also:
$|a - b| = |-(b - a)| = |b - a|$, q. e. d.

5. Von großer Bedeutung sind die sogenannten **„Dreiecksungleichungen“:**

Für alle $a, b \in \mathbb{R}$ gilt: **S 6.6**

a) $|a + b| \leq |a| + |b|$ **b) $|a - b| \leq |a| + |b|$**
c) $|a + b| \geq |a| - |b|$ **d) $|a - b| \geq |a| - |b|$.**

Beweis für a): Für alle $a, b \in \mathbb{R}$ gilt nach S 6.3e:

$$|a + b|^2 = (a + b)^2 = a^2 + 2ab + b^2 = |a|^2 + 2ab + |b|^2$$

Nach S 6.3c gilt für alle $a, b \in \mathbb{R}: 2ab \leq 2|a| \cdot |b|$.

Unter Benutzung der Transitivität der Ordnungsbeziehung für reelle Zahlen ergibt sich daher:

$$|a + b|^2 \leq |a|^2 + 2|a| \cdot |b| + |b|^2 = (|a| + |b|)^2$$

Nach dem Monotoniegesetz für Potenzen folgt daraus für alle $a, b \in \mathbb{R}$:

$$|a + b| \leq |a| + |b|, \text{ q. e. d.}$$

(Beachte, daß $|a + b|$ und $(|a| + |b|)$ beide für alle $a, b \in \mathbb{R}$ nicht negativ sind!)

Beweis für b): Wir ersetzen in **a)** b durch $-b$ und erhalten für alle $a, b \in \mathbb{R}$:
$|a + (-b)| \leq |a| + |-b| = |a| + |b|$, also $|a - b| \leq |a| + |b|$, q. e. d.

Beweis für c): Wir ersetzen in **b)** a durch $a + b$; dann erhalten wir für alle $a, b \in \mathbb{R}$:
$|(a + b) - b| \leq |a + b| + |b|$, also $|a| - |b| \leq |a + b|$, d. h. $|a + b| \geq |a| - |b|$, q. e. d.

Beweis für d): Wir ersetzen in **c)** b durch $-b$ und erhalten für alle $a, b \in \mathbb{R}$:

$$|a + (-b)| = |a - b| \geq |a| - |b|, \text{ q. e. d.}$$

III. Der Begriff der Umgebung einer Zahl

1. Beim Aufbau der Analysis benötigen wir den Begriff der „Umgebung“ einer reellen Zahl x_0. Darunter verstehen wir ein offenes Intervall, das die betreffende Zahl enthält. Wir begnügen uns der Einfachheit halber mit **symmetrischen Umgebungen** einer Zahl x_0. Wir definieren:

D 6.3 **Für eine Zahl $x_0 \in \mathbb{R}$ und eine Zahl $\varepsilon \in \mathbb{R}^{>0}$ heißt eine Menge $U_\varepsilon(x_0)$ „ε-Umgebung der Zahl x_0" genau dann, wenn gilt: $U_\varepsilon(x_0) = \{x \mid |x - x_0| < \varepsilon\}$.** (Bild 6.1)

Beachte:

1) Statt $|x - x_0|$ kann man auch $|x_0 - x|$ schreiben!

2) Gelegentlich werden wir statt $U_\varepsilon(x_0)$ auch einfach $U(x_0)$ schreiben.

2. Schließt man die Zahl x_0 aus der Umgebung aus, so spricht man von einer „punktierten Umgebung". Wir kennzeichnen solche Umgebungen dadurch, daß wir das Zeichen „x_0" durchstreichen: „$\not{x}_0$". Dabei verwenden wir je nachdem, welche Zahlzeichen durchgestrichen werden, vertikale oder schräge Striche.

D 6.4 **Für eine Zahl $x_0 \in \mathbb{R}$ und eine Zahl $\varepsilon \in \mathbb{R}^{>0}$ heißt eine Menge $U_\varepsilon(\not{x}_0)$ „punktierte ε-Umgebung der Zahl x_0" genau dann, wenn gilt:**

$$U_\varepsilon(\not{x}_0) = \{x \mid 0 < |x - x_0| < \varepsilon\}.$$

Beachte: Die Bedingung $0 < |x - x_0|$ beinhaltet, daß $x \neq x_0$ sein muß!

3. Außerdem benötigen wir noch die Begriffe der „linksseitigen" und der „rechtsseitigen Umgebung" einer Zahl x_0.

D 6.5 **Für eine Zahl $x_0 \in \mathbb{R}$ und eine Zahl $\varepsilon \in \mathbb{R}^{>0}$ heißt eine Menge**

$U_l(x_0)$ „linksseitige	**$U_r(x_0)$ „rechtsseitige**

Umgebung der Zahl x_0" genau dann, wenn gilt:

$U_l(x_0) = \{x \mid 0 < x_0 - x < \varepsilon\}$. (Bild 6.2)	**$U_r(x_0) = \{x \mid 0 < x - x_0 < \varepsilon\}$.** (Bild 6.3)

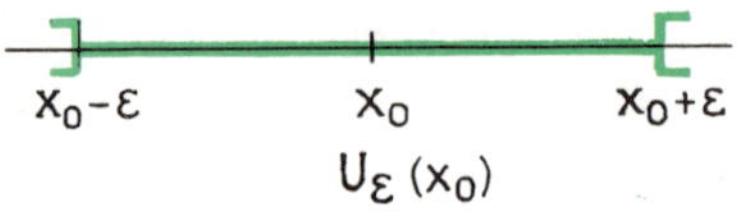

$x_0 - \varepsilon$ x_0 $x_0 + \varepsilon$

$U_\varepsilon(x_0)$

Bild 6.1

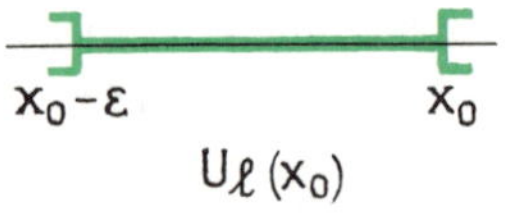

$x_0 - \varepsilon$ x_0

$U_\ell(x_0)$

Bild 6.2

x_0 $x_0 + \varepsilon$

$U_r(x_0)$

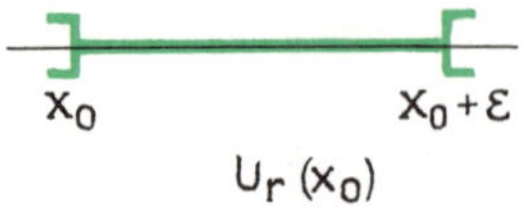

Bild 6.3

Übungen und Aufgaben

Intervallschachtelungen

1. Gib je zwei Intervallschachtelungen an, die folgende rationale Zahlen als innere Zahlen haben!

a) 0 **b)** $\frac{1}{3}$ **c)** $-\frac{2}{5}$ **d)** $\frac{27}{4}$ **e)** $\frac{2}{9}$ **f)** $-\frac{4}{7}$ **g)** $1{,}3$ **h)** $-14{,}8$ **i)** $\frac{5}{12}$

2. Gib die ersten vier Glieder einer Intervallschachtelung für **a)** $\sqrt{3}$ **b)** $\sqrt{5}$ an!

3. Beweise mit Hilfe des **Archimedischen Axioms:**

a) Es gibt keine größte natürliche Zahl;

b) Zu jeder vorgegebenen positiven rationalen Zahl läßt sich wenigstens ein positiver Stammbruch angeben, der kleiner als die betreffenden Zahl ist!

Zum Begriff des Betrages

4. Beweise: Für alle $a \in \mathbb{R}$ gilt: **a)** $|a| \geq 0$; **b)** $|-a| = |a|$; **c)** $a \leq |a|$; **d)** $-a \leq |a|$!

5. Beweise: Für alle $a \in \mathbb{R}$, $b \in \mathbb{R}^{\neq 0}$ gilt: $\left|\frac{a}{b}\right| = \frac{|a|}{|b|}$!

6. Beweise mit Hilfe einer **Dreiecksungleichung:** $|a + b + c| \leq |a| + |b| + |c|$!

7. Löse die folgenden Ungleichungen in $V[x] = \mathbb{R}$! (Fallunterscheidungen!)

a) $|x + 3| < 2x$ **b)** $x + 3 < |2x|$ **c)** $|x + 3| < |2x|$ **d)** $|x^2 + 3x| > 4$

8. Beweise für Zahlen $a \in \mathbb{R}^{>0}$:

a) $|x| > a \Leftrightarrow x > a \vee x < -a$ **b)** $|x| < a \Leftrightarrow -a < x < a$!

c) $|x - x_0| > \varepsilon \Leftrightarrow x > x_0 + \varepsilon \vee x < x_0 - \varepsilon$ **d)** $|x - x_0| < \varepsilon \Leftrightarrow x_0 - \varepsilon < x < x_0 + \varepsilon$

Umgebungen

9. Veranschauliche die folgenden Intervalle bzw. Umgebungen auf der Zahlengeraden und schreibe sie mit Hilfe des Mengenbildungsoperators!

a) $]-5; 7]$ **b)** $]\sqrt{2}; 3]$ **c)** $]3; 5,7[$ **d)** $[-\sqrt{3}; 2\sqrt{2}[$ **e)** $U_{0,5}(3)$ **f)** $U_{0,7}(4)$

10. Schreibe die angegebenen Intervalle mit Hilfe von symmetrischen Umgebungen!

a) $]3; 4[$ **b)** $]\sqrt{2}; \sqrt{5}[$ **c)** $]-2,5; 7,9[$ **d)** $[\frac{2}{5}; \frac{7}{5}]$ **e)** $]\frac{3}{8}; \frac{3}{4}[$ **f)** $]0,6; 1,4[$

11. Welche der folgenden Aussagen sind wahr?

a) $3 \in U_1(2,2)$ **b)** $2 \in [1,2; \sqrt{2}[$ **c)** $3 \in U_{0,5}(3,6)$ **d)** $-5 \in U_{10}(2)$

e) $2 \in U_5(2)$ **f)** $-5 \in U_7(2)$ **g)** $\sqrt{2} \in [\sqrt{2}; 3]$ **h)** $6 \in]3; 6[$

3. ABSCHNITT | Zahlenfolgen

§ 7 Zahlenfolgen

I. Zahlenfolgen als spezielle Funktionen

1. Schon in Band 4 haben wir eine Funktion betrachtet, deren Definitionsmenge die Menge der natürlichen Zahlen ist.

Beispiele:

1) Durch die Gleichung $y = \frac{1}{x}$ ist in $V[x \mid y] = \mathbb{N} \times \mathbb{Q}$ die Funktion

$f_1 = \{(1 \mid 1);\ (2 \mid \frac{1}{2});\ (3 \mid \frac{1}{3});\ (4 \mid \frac{1}{4});\ (5 \mid \frac{1}{5});\ \ldots\}$ gegeben.

Ihre Definitionsmenge ist $D(f_1) = \mathbb{N}$.

2) Durch die Gleichung $y = x^2$ ist in $V[x \mid y] = \mathbb{N} \times \mathbb{N}$ die Funktion
$f_2 = \{(1 \mid 1);\ (2 \mid 4);\ (3 \mid 9);\ (4 \mid 16);\ (5 \mid 25);\ \ldots\}$ gegeben.
Ihre Definitionsmenge ist ebenfalls $D(f_2) = \mathbb{N}$.

Jede solche Funktion nennt man eine **„Folge"; **ist die Wertemenge – wie bei obigen Beispielen – eine Zahlenmenge, so spricht man von einer **„Zahlenfolge".**

D 7.1 **Eine Funktion f heißt eine „Folge", wenn $D(f) = \mathbb{N}$ ist. Ist W (f) eine Zahlenmenge, so heißt f eine „Zahlenfolge".**

2. Die erste Zahl in jedem Paar einer Folge kann – da es sich stets um eine natürliche Zahl handelt – als eine Art „Platznummer" aufgefaßt werden, eine Zahl also, die dem betreffenden Element der Wertemenge einen ganz bestimmten Platz zuweist. Man kann daher eine Folge kürzer auch dadurch erfassen, daß man die Zahlen $a_1, a_2, a_3, \ldots$, die sogenannten **„Glieder"** der Folge, in der Reihenfolge hinschreibt, die durch die jeweiligen „Platznummern" festgelegt ist.

Beispiele:
f_1: $1;\ \frac{1}{2};\ \frac{1}{3};\ \frac{1}{4};\ \frac{1}{5};\ \ldots$
f_2: $1;\ 4;\ 9;\ 16;\ 25;\ \ldots$

Beachte: Es handelt sich bei dieser Schreibweise nicht etwa einfach um die Wertemenge; denn bei einer Menge kommt es auf die Reihenfolge der Elemente nicht an; es ist z. B.

$$\{1;\ \tfrac{1}{2};\ \tfrac{1}{3};\ \tfrac{1}{4}\} = \{\tfrac{1}{3};\ 1;\ \tfrac{1}{4};\ \tfrac{1}{2}\}$$

Bei einer Folge kommt es dagegen wesentlich auf die Reihenfolge der Glieder an.

3. Wegen der Bedeutung von Zahlenfolgen führt man zu ihrer Kennzeichnung eigene Bezeichnungen ein. Statt der Variablen x verwendet man bei Zahlenfolgen meist die Variable n und vereinbart dabei gleichzeitig, daß n für eine natürliche Zahl steht: $n \in \mathbb{N}$. Den Funktionsterm f (n) bezeichnet man bei Zahlenfolgen mit „a_n". Die Zahlenfolge selbst bezeichnen wir mit „(a_n)".

Beispiel: Durch $a_n = \frac{n-1}{n+2}$ ist die Zahlenfolge

$$(a_n) = \{(1 \mid 0);\ (2 \mid \tfrac{1}{4});\ (3 \mid \tfrac{2}{5});\ (4 \mid \tfrac{1}{2});\ (5 \mid \tfrac{4}{7});\ \ldots\}$$

festgelegt. Man schreibt den Anfang dieser Folge auch kurz folgendermaßen:

$$0;\ \tfrac{1}{4};\ \tfrac{2}{5};\ \tfrac{1}{2};\ \tfrac{4}{7};\ \ldots$$

Man nennt die Gleichung $a_n = f(n)$ auch das **„Bildungsgesetz der Folge"**. Daraus läßt sich jedes beliebige Glied der Folge sofort berechnen; so ist z. B. bei obiger Folge

$$a_{50} = \frac{50-1}{50+2} = \frac{49}{52}.$$

4. Es kann sein, daß der Funktionsterm für einzelne Werte von n nicht definiert ist.

Beispiel: $a_n = \frac{3}{n-4}$

Dieser Term ist für $n = 4$ nicht definiert; die Funktion hat also die Definitionsmenge $\mathbb{N}^{\neq 4}$. Trotzdem wollen wir auch in einem solchen Fall von einer Zahlenfolge sprechen. Wir ergänzen also die Definition D 7.1, indem wir sagen:

Eine Funktion f heißt eine „Folge" genau dann, wenn für ihre Definitionsmenge gilt: $D(f) \subseteq \mathbb{N}$. D 7.2

Ist W (f) eine Zahlenmenge, so heißt f eine „Zahlenfolge".

5. Mit Definition D 7.2 sind auch sogenannte **„endliche Folgen"** erfaßt, das sind Funktionen, die auf einem **„Abschnitt"** der Menge $\mathbb{N}$ definiert sind. Darunter verstehen wir eine Teilmenge M von $\mathbb{N}$ mit einem größtem Element n_0; genauer:

$$M = \{n \mid n \in \mathbb{N} \wedge n \leq n_0\} \text{ (mit } n_0 \in \mathbb{N}\text{)}.$$

Beispiel: $a_n = \frac{n^2+1}{n}$ mit $n \in \{1, 2, 3, 4, 5, 6\}$, also $n_0 = 6$.

Es ist $(a_n) = \{(1 \mid 2); (2 \mid \frac{5}{2}); (3 \mid \frac{10}{3}); (4 \mid \frac{17}{4}); (5 \mid \frac{26}{5}); (6 \mid \frac{37}{6})\}$

bzw. (a_n): 2; $\frac{5}{2}$; $\frac{10}{3}$; $\frac{17}{4}$; $\frac{26}{5}$; $\frac{37}{6}$.

Beachte:

1) Spricht man von einer „Folge", so ist damit meist eine „unendliche Folge" gemeint, deren Definitionsmenge – eventuell bis auf wenige Ausnahmen – die Menge $\mathbb{N}$ ist. Der Zusatz „unendlich" wird also meist weggelassen, der Zusatz „endlich" dagegen nicht.

2) Unendliche Zahlenfolgen können als Definitionsmenge nach D 7.1 die **volle Menge** $\mathbb{N}$, nach D 7.2 aber auch eine **Teilmenge von** $\mathbb{N}$ haben. Es wäre lästig und umständlich, wenn wir in den Definitionen und Sätzen zu Zahlenfolgen stets beide Möglichkeiten berücksichtigen wollten. Wir werden daher in den folgenden Paragraphen alle Definitionen und Sätze auf Zahlenfolgen beziehen, die in der **vollen Menge** $\mathbb{N}$ **definiert** sind. Gilt $D(f) \subset \mathbb{N}$, so ist jeweils $\mathbb{N}$ durch D (f) zu ersetzen.

6. Gelegentlich wird eine Zahlenfolge nicht durch einen einzelnen Term, sondern durch eine sogenannte **„Rekursionsformel"** mit einem Anfangsglied festgelegt.

Beispiel: $a_1 = 1$; $a_{n+1} = a_n + (n+1)^2$ (für alle $n \in \mathbb{N}$)

Es ist: $a_2 = a_1 + 2^2 = 1 + 4 = 5$;
$a_3 = a_2 + 3^2 = 5 + 9 = 14$;
$a_4 = a_3 + 4^2 = 14 + 16 = 30$;
$a_5 = a_4 + 5^2 = 30 + 25 = 55$;
....

In einem solchen Fall gelingt es nicht, ein beliebiges Glied der Folge unmittelbar zu berechnen; man muß vielmehr, um beispielsweise das Glied a_{50} berechnen zu können, „zurücklaufen" bis zum vorgegebenen Glied a_1, um daraus mit Hilfe der Formel Schritt für Schritt alle Glieder bis einschließlich a_{50} zu berechnen. Daraus erklärt sich der Name „Rekursionsformel".
Es kann auch sein, daß in einer Rekursionsformel nicht nur das unmittelbar vorangehende Glied, sondern mehrere vorhergehende Glieder vorkommen. Der Zahl dieser Glieder entspricht natürlich auch die Zahl der anzugebenden Anfangsglieder.

Beispiel: Die sogenannte „Fibonacci-Folge" wird durch folgende Bedingungen festgelegt:

$$a_1 = 0; \quad a_2 = 1; \quad a_{n+2} = a_{n+1} + a_n.$$

Es ist: (a_n): 0; 1; 1; 2; 3; 5; 8; ....

7. Bisher haben wir Zahlenfolgen stets durch einen Term (ein Bildungsgesetz) oder durch eine Rekursionsformel erfaßt.

Es kann auch sein, daß die Anfangsglieder einer Zahlenfolge direkt gegeben sind.

Beispiele:
1) 1; 3; 5; 7; 9; 11; ...
2) 1; – 1; 1; – 1; 1; – 1; ...
3) – 2; 4; – 6; 8; – 10; 12; ...
4) 6; 12; 24; 48; ...

In manchen Fällen kann man aus der Angabe einiger Anfangsglieder ein Bildungsgesetz (also einen zugehörigen Funktionsterm) ermitteln.

Bei Beispiel 1) handelt es sich um die Folge der ungeraden Zahlen; also ist

$$a_n = 2n - 1.$$

Die Folge des Beispiels 2) kann man durch Potenzen der Zahl – 1 erfassen; denn es gilt für alle $k \in \mathbb{N}$:

$$(-1)^{2k} = 1 \text{ und } (-1)^{2k-1} = -1.$$

Also lautet der Funktionsterm (Folgenterm) dieses Beispiels:

$$a_n = (-1)^{n+1}.$$

Bei Beispiel 3) handelt es sich – abgesehen von den „alternierenden"[1]) Vorzeichen – um die Folge der geraden Zahlen. Mit Hilfe des Terms von Beispiel 2) kann man diese Folge also durch den Term

$$a_n = (-1)^n \cdot 2n$$

erfassen.

Beispiel 4) soll uns zeigen, daß aus einigen Anfangsgliedern der Folgenterm nicht immer eindeutig bestimmt werden kann. Die angegebenen vier Glieder werden nämlich durch die beiden Terme

$$a_n = 3 \cdot 2^n \text{ und } b_n = n^3 - 3n^2 + 8n$$

beschrieben.

Die Fortsetzung ist in beiden Fällen durchaus unterschiedlich, nämlich:

$$a_1 = 6; \quad a_2 = 12; \quad a_3 = 24; \quad a_4 = 48; \quad a_5 = 96; \quad a_6 = 192; \ldots$$
$$b_1 = 6; \quad b_2 = 12; \quad b_3 = 24; \quad b_4 = 48; \quad b_5 = 90; \quad b_6 = 156; \ldots$$

[1]) alternieren (lat.), abwechseln

II. Graphische Darstellung von Zahlenfolgen

1. Da Zahlenfolgen spezielle Funktionen sind, können sie – wie alle Zahlenfunktionen – im kartesischen Koordinatensystem graphisch dargestellt werden.

Beispiele: **1)** Die durch $a_n = \frac{1}{n}$ festgelegte Folge $1; \frac{1}{2}; \frac{1}{3}; \frac{1}{4}; \frac{1}{5}; \ldots$ wird durch den Graph von Bild 7.1 dargestellt.

2) Die durch $b_n = \frac{n \cdot (-1)^{n+1}}{n+1}$ festgelegte Folge $\frac{1}{2}; -\frac{2}{3}; \frac{3}{4}; -\frac{4}{5}; \frac{5}{6}; \ldots$ wird durch den Graph von Bild 7.2 dargestellt.

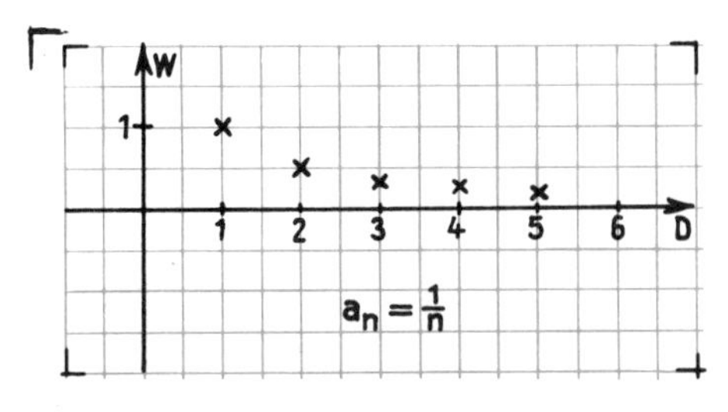

Bild 7.1

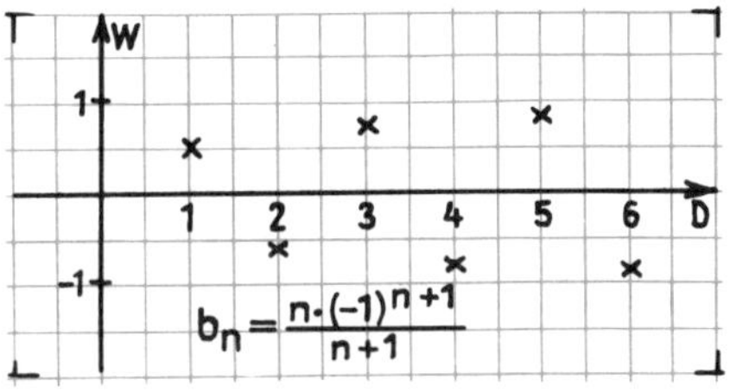

Bild 7.2

2. Projiziert man die Punkte der Graphen in Bild 7.1 und Bild 7.2 auf die W-Achse, so erhält man die Bilder 7.3 und 7.4. Bezeichnet man die Fußpunkte der Reihe nach mit

1 , 2 , 3 , 4 , 5 , . . .
bzw. 1 , 2 , 3 , 4 , 5 , . . .,

so erhält man auf diese Weise eine Darstellung der Zahlenfolge auf **einer** Zahlengeraden. Man spricht bei dieser Darstellung auch von einer „Skala".

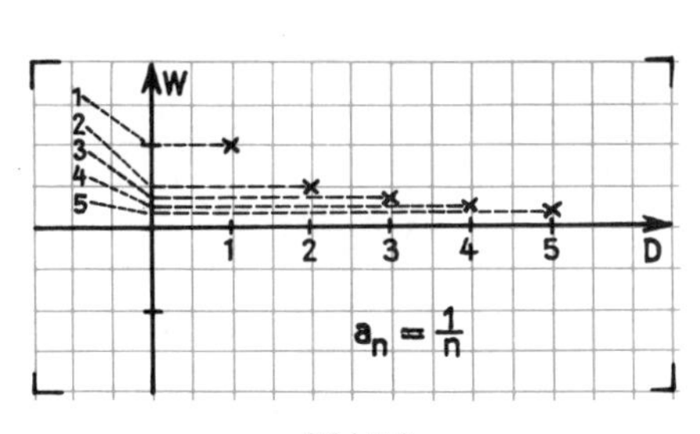

Bild 7.3

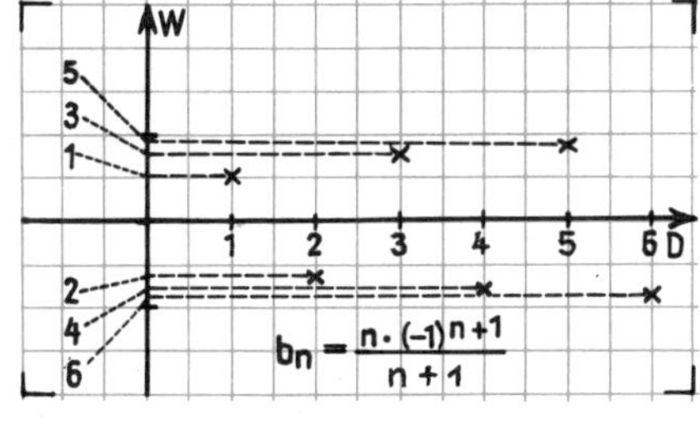

Bild 7.4

III. Zusammenstellung von speziellen Zahlenfolgen

Wir stellen in diesem Abschnitt eine Reihe von speziellen Zahlenfolgen zusammen. An diesen Beispielen kann man einige grundlegende Eigenschaften von Zahlenfolgen erkennen. Wir werden einige dieser Folgen in den folgenden Paragraphen bei der genauen Untersuchung dieser Eigenschaften heranziehen.

1) $a_n = n$: $1; 2; 3; 4; 5; \ldots$ **2)** $a_n = 2n$: $2; 4; 6; 8; 10; \ldots$ **3)** $a_n = 2n - 1$: $1; 3; 5; 7; 9; \ldots$

4) $a_n = n^2$: $1; 4; 9; 16; 25; \ldots$ **5)** $a_n = n^2 - n - 1$: $-1; 1; 5; 11; 19; \ldots$

6) $a_n = \frac{1}{n}$: $1; \frac{1}{2}; \frac{1}{3}; \frac{1}{4}; \frac{1}{5}; \ldots$

7) $a_n = \frac{n}{n+1}$: $\frac{1}{2}; \frac{2}{3}; \frac{3}{4}; \frac{4}{5}; \frac{5}{6}; \ldots$

8) $a_n = \frac{4n-1}{n+1}$: $\frac{3}{2}; \frac{7}{3}; \frac{11}{4}; 3; \frac{19}{6}; \ldots$

9) $a_n = \frac{1-n^2}{n}$: $0; -\frac{3}{2}; -\frac{8}{3}; -\frac{15}{4}; -\frac{24}{5}; \ldots$

10) $a_n = \frac{1}{n^2} - 3$: $-2; -\frac{11}{4}; -\frac{26}{9}; -\frac{47}{16}; -\frac{74}{25}; \ldots$

11) $a_n = (-1)^n$: $-1; 1; -1; 1; -1; \ldots$

12) $a_n = \frac{1+(-1)^n}{n}$: $0; 1; 0; \frac{1}{2}; 0; \frac{1}{3}; 0; \frac{1}{4}; \ldots$

13) $a_n = \left(-\frac{1}{n}\right)^n$: $-1; \frac{1}{4}; -\frac{1}{27}; \frac{1}{256}; \ldots$

14) $a_n = (-2)^n$: $-2; 4; -8; 16; -32; \ldots$

15) $a_n = \left(-\frac{1}{2}\right)^n$: $-\frac{1}{2}; \frac{1}{4}; -\frac{1}{8}; \frac{1}{16}; -\frac{1}{32}; \ldots$

16) $a_n = \frac{n-1}{1+n^2}$: $0; \frac{1}{5}; \frac{1}{5}; \frac{3}{17}; \frac{2}{13}; \ldots$

17) $a_n = \frac{(-1)^n \cdot n}{n+1}$: $-\frac{1}{2}; \frac{2}{3}; -\frac{3}{4}; \frac{4}{5}; -\frac{5}{6}; \ldots.$

Übungen und Aufgaben

1. Gegeben ist die Zahlenfolge (a_n). Bestimme die ersten 5 Glieder der Folge, außerdem a_{20}! Welche Folgen sind für einzelne Elemente aus $\mathbb{N}$ nicht definiert? Gib die betreffenden Zahlen an!

a) $a_n = 2n - 1$ **b)** $a_n = 2n$ **c)** $a_n = \frac{1}{n}$

d) $a_n = \frac{n}{n+1}$ **e)** $a_n = 3 + (n-1)\,4$ **f)** $a_n = 2 \cdot 3^{n-1}$

g) $a_n = \frac{n+1}{2n-4}$ **h)** $a_n = (-1)^n \frac{3n-6}{n+1}$ **i)** $a_n = \frac{n^2}{n^2 - 3n + 2}$

j) $a_n = \frac{(-1)^n \cdot (n-1)}{n^2+1}$ **k)** $a_n = \frac{(-1)^n \cdot n}{n-1}$ **l)** $a_n = 3 + (-1)^n \frac{2n+1}{3n+2}$

2. Die Zahlenfolge (a_n) sei durch eine Rekursionsformel gegeben. Berechne die ersten 6 Glieder der Folge!

a) $a_1 = 3;\ a_n = a_{n-1} + 2$ **b)** $a_1 = \frac{1}{2};\ a_n = \frac{1}{2}\, a_{n-1}$ **c)** $a_1 = 4;\ a_n = a_{n-1} - 3$

d) $a_1 = 2;\ a_n = (a_{n-1})^2$ **e)** $a_1 = 256;\ a_n = \sqrt{a_{n-1}}$ **f)** $a_1 = 1;\ a_n = \frac{a_{n-1}}{n}$

g) $a_1 = 3;\ a_2 = 5;\ a_n = 2a_{n-1} - a_{n-2}$ **h)** $a_1 = 1;\ a_2 = 4;\ \frac{a_n}{a_{n-1}} = \frac{a_{n-1}}{a_{n-2}}$

i) $a_1 = 1;\ a_2 = \frac{1}{2};\ a_n = a_{n-2} + \frac{a_{n-1}}{2}$ **k)** $a_1 = 8;\ a_2 = 24;\ a_n = \frac{a_{n-1} + a_{n-2}}{2}$

3. Versuche einen Funktionsterm a_n zu erraten!

a) $2; \frac{3}{2}; \frac{4}{3}; \frac{5}{4}; \ldots$ **b)** $2; 5; 8; 11; \ldots$ **c)** $3; 6; 12; 24; \ldots$

d) $1; -1; 1; -1; \ldots$ **e)** $1; -\frac{1}{4}; \frac{1}{9}; -\frac{1}{16}; \ldots$ **f)** $1; 8; 27; 64; \ldots$

g) $1; \frac{1}{3}; \frac{1}{9}; \frac{1}{27}; \ldots$ **h)** $-\frac{1}{2}; 1; -\frac{5}{4}; \frac{7}{5}; \ldots$ **i)** $2; \frac{4}{3}; \frac{6}{5}; \frac{8}{7}; \ldots$

k) $3; \frac{3}{2}; \frac{7}{3}; \frac{5}{4}; \frac{11}{5}; \frac{7}{6}; \ldots$ (Anleitung: Schreibe die Brüche als gemischte Zahlen!)

4. Stelle die folgenden Zahlenfolgen im Koordinatensystem dar!

a) $a_n = n + 1$ **b)** $a_n = 2n - 1$ **c)** $a_n = \frac{n}{n+1}$ **d)** $a_n = \frac{1}{n+1}$

e) $a_n = \frac{4n}{2n-4}$ **f)** $a_n = 2 \cdot \left(\frac{1}{2}\right)^n$ **g)** $a_n = 2^n$ **h)** $a_n = n^2$

i) $a_n = (-1)^n \cdot \frac{1}{n}$ **j)** $a_n = 2 + (-1)^n \cdot \frac{n-1}{n}$ **k)** $a_n = \frac{n + (-1)^n \cdot n}{n+1}$ **l)** $a_n = \frac{3 + (-1)^n}{n}$

5. Stelle die folgenden Zahlenfolgen auf der Zahlengeraden dar!

a) $a_n = 1 + \frac{1}{n}$ **b)** $a_n = n + 1$

c) $a_n = \frac{2n}{n+1}$ **d)** $a_n = 4 + \frac{(-1)^n \cdot 3n}{n+1}$

e) $a_n = (-1)^n$ **f)** $a_n = 8 \cdot \left(\frac{1}{2}\right)^n$

g) $a_n = \frac{5 + (-1)^n}{n}$ **h)** $a_n = 4 \cdot \left(-\frac{1}{2}\right)^n$

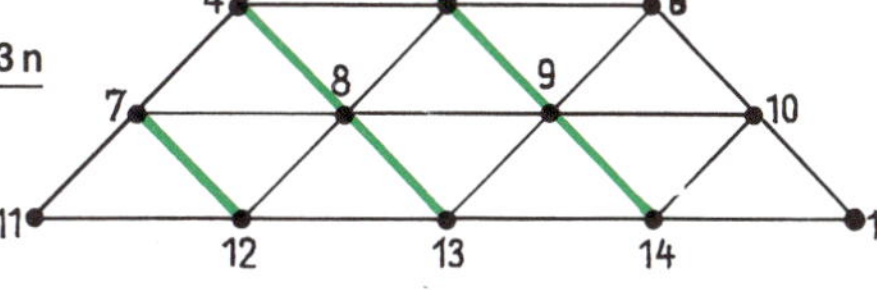

Bild 7.5

6. Die Folge 1, 3, 6, 10, ... bezeichnet man als die „Folge der Dreieckszahlen" (Bild 7.5). Ermittle das Bildungsgesetz und eine Rekursionsformel!

§ 8 Grundlegende Eigenschaften von Zahlenfolgen

I. Monotone Zahlenfolgen

1. Von den im vorigen Abschnitt angegebenen Zahlenfolgen haben einige die Eigenschaft, daß ihre Glieder ständig größer bzw. ständig kleiner werden. Man nennt solche Zahlenfolgen „monoton steigend" bzw. „monoton fallend". Wir definieren:

D 8.1

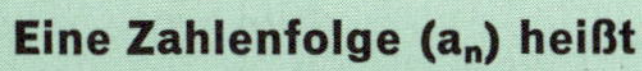

Eine Zahlenfolge (a_n) heißt

„monoton steigend"	**„monoton fallend"**
genau dann, wenn für alle $n \in \mathbb{N}$ gilt:	
$a_{n+1} \geq a_n$.	$a_{n+1} \leq a_n$.

D 8.2

Eine Zahlenfolge (a_n) heißt	
„streng monoton steigend"	**„streng monoton fallend"**
genau dann, wenn für alle $n \in \mathbb{N}$ gilt:	
$a_{n+1} > a_n$.	$a_{n+1} < a_n$.

Beachte: Die Definitionen D 8.1 und D 8.2 gelten – wie in § 7, I verabredet – für Zahlenfolgen mit $D(f) = \mathbb{N}$. Ist $D(f) \subset \mathbb{N}$, so müssen die entsprechenden Ungleichungen für je zwei aufeinanderfolgende Glieder der Folgen gelten.

2. Um eine Folge (a_n) auf Monotonie zu untersuchen, bildet man die Differenz $a_{n+1} - a_n$. Gilt für alle $n \in \mathbb{N}$:

$a_{n+1} - a_n \geq 0$, d. h. $a_{n+1} \geq a_n$, so ist (a_n) monoton steigend;
$a_{n+1} - a_n \leq 0$, d. h. $a_{n+1} \leq a_n$, so ist (a_n) monoton fallend.

Ist keine der beiden Ungleichungen allgemeingültig in $\mathbb{N}$, so ist (a_n) weder monoton steigend noch monoton fallend.

Entsprechendes gilt für die Untersuchung einer Zahlenfolge auf strenge Monotonie.

Beispiele:

1) Wir untersuchen die Zahlenfolge $\left(\frac{n}{n+1}\right)$. Für alle $n \in \mathbb{N}$ gilt:

$$a_{n+1} - a_n = \frac{n+1}{n+2} - \frac{n}{n+1} = \frac{(n+1)^2 - n(n+2)}{(n+1)(n+2)} = \frac{n^2 + 2n + 1 - n^2 - 2n}{(n+1)(n+2)}$$

$$= \frac{1}{(n+1)(n+2)} > 0.$$

Die Folge $\frac{n}{n+1}$ ist also monoton steigend, nach D 8.2 sogar streng monoton steigend (Bild 8.1).

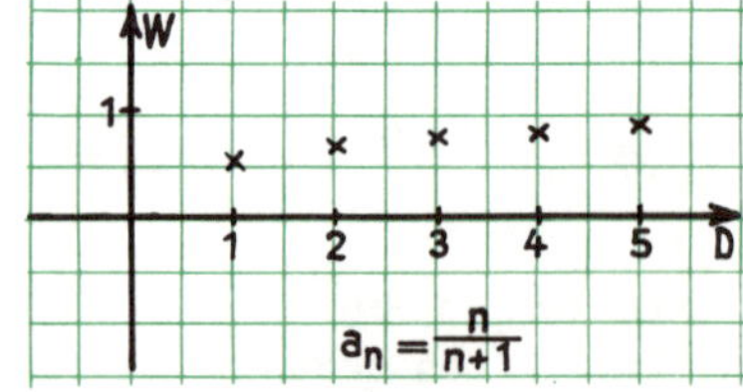

Bild 8.1

2) Wir untersuchen die Folge $\left(\frac{1-n^2}{n}\right)$.

Für alle $n \in \mathbb{N}$ gilt:

$$a_{n+1} - a_n = \frac{1-(n+1)^2}{n+1} - \frac{1-n^2}{n} = \frac{-n^2-2n}{n+1} - \frac{1-n^2}{n}$$

$$= \frac{-n(n^2+2n) - (n+1)(1-n^2)}{n(n+1)} = \frac{-n^3 - 2n^2 - n + n^3 - 1 + n^2}{n(n+1)}$$

$$= \frac{-n^2 - n - 1}{n(n+1)} < 0.$$

Die Folge $\left(\frac{1-n^2}{n}\right)$ ist also streng monoton fallend (Bild 8.2).

3) Wir untersuchen die Folge $\left(\frac{1}{(2n-9)^2}\right)$ (Bild 8.3). Für alle $n \in \mathbb{N}$ gilt:

$$a_{n+1} - a_n = \frac{1}{(2n-7)^2} - \frac{1}{(2n-9)^2} = \frac{(2n-9)^2 - (2n-7)^2}{(2n-7)^2(2n-9)^2}$$

$$= \frac{(4n^2 - 36n + 81) - (4n^2 - 28n + 49)}{(2n-7)^2(2n-9)^2} = \frac{-8n+32}{(2n-7)^2(2n-9)^2}.$$

Da der Nenner für alle $n \in \mathbb{N}$ positiv ist, entscheidet der Zähler über das Vorzeichen der Differenz. Es gilt

$$\left.\begin{array}{ll} \text{für } n \leq 4: & a_{n+1} - a_n \geq 0 \\ \text{für } n > 4: & a_{n+1} - a_n < 0 \end{array}\right\} \text{ Die Folge ist also nicht monoton.}$$

Bemerkung: Die Folge ist allerdings vom 5. Glied an streng monoton fallend.

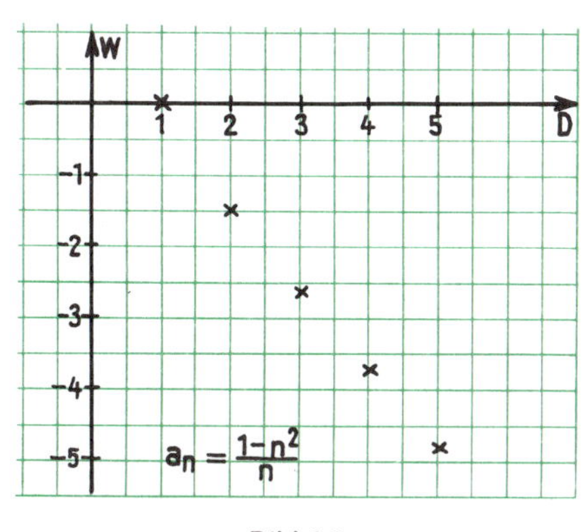

Bild 8.2

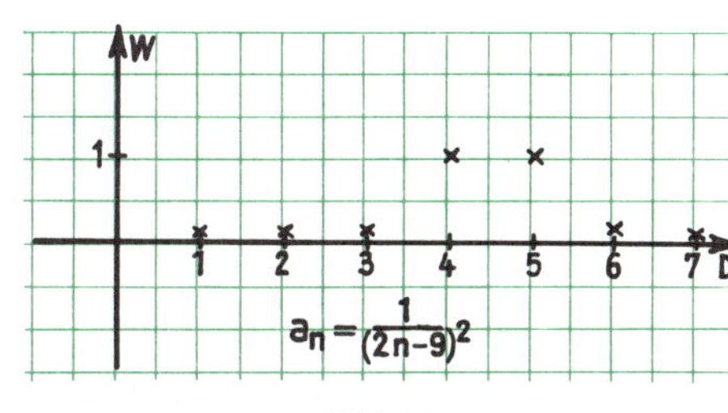

Bild 8.3

II. Beschränkte und unbeschränkte Zahlenfolgen

1. Unter den in § 7, III aufgeführten Beispielen gibt es Zahlenfolgen, deren Glieder immer größere Zahlenwerte annehmen und dabei jede noch so große Zahl übertreffen. Es gibt darunter aber auch Zahlenfolgen, deren Glieder nicht jede Zahl übertreffen.
Eine Zahl, die von keinem Glied einer Folge übertroffen wird, nennt man eine **„obere Schranke der Folge"**. Dementsprechend heißt eine Zahl, die von keinem Glied einer Folge unterboten wird, **„untere Schranke der Folge"**.
Wir definieren:

D 8.3

Eine Zahl $S_o \in \mathbb{R}$ heißt „obere Schranke"	**Eine Zahl $S_u \in \mathbb{R}$ heißt „untere Schranke"**
einer Zahlenfolge (a_n) genau dann, wenn für alle $n \in \mathbb{N}$ gilt:	
$a_n \leq S_o$.	$a_n \geq S_u$.

Beachte: Gilt $D(f) \subset \mathbb{N}$, so ist die Bedingung $n \in \mathbb{N}$ durch die Bedingung $n \in D(f)$ zu ersetzen!

2. Wir definieren überdies:

D 8.4

Eine Zahlenfolge (a_n) heißt	
„nach oben beschränkt"	**„nach unten beschränkt"**
genau dann, wenn sie eine	
obere Schranke besitzt.	**untere Schranke besitzt.**

Bemerkung: Mit Hilfe der in § 3, I eingeführten Quantoren (Allquantor und Existenzquantor) kann man die Bedingung für die Beschränktheit einer Zahlenfolge nach oben (bzw. nach unten) folgendermaßen formulieren:

Eine Zahlenfolge (a_n) heißt

„nach oben beschränkt"	„nach unten beschränkt"
genau dann, wenn gilt:	
$\bigvee_{S_o \in \mathbb{R}} \bigwedge_{n \in \mathbb{N}} [a_n \leq S_o]$.	$\bigvee_{S_u \in \mathbb{R}} \bigwedge_{n \in \mathbb{N}} [a_n \geq S_u]$.

3. Um zu zeigen, daß eine Zahlenfolge nach oben (bzw. nach unten) beschränkt ist, versuchen wir zunächst – z. B. durch Einsetzen einiger Zahlen in n – eine Schranke S_o (bzw. S_u) zu „erraten". Wir haben dann zu beweisen, daß diese Zahl tatsächlich eine obere (bzw. eine untere) Schranke der Folge darstellt; d. h., wir müssen beweisen, daß die Ungleichung

$a_n \leq S_o$, also $S_o - a_n \geq 0$ | $a_n \geq S_u$, also $a_n - S_u \geq 0$

allgemeingültig in $\mathbb{N}$ ist.

4. Wir behandeln einige **Beispiele:**

1) Wir behaupten, daß die Zahlenfolge $\left(\frac{n}{n+1}\right)$ nach oben und nach unten beschränkt ist, und zwar, daß

a) die Zahl 1 eine obere Schranke und

b) die Zahl 0 eine untere Schranke der Folge ist (Bild 8.4).

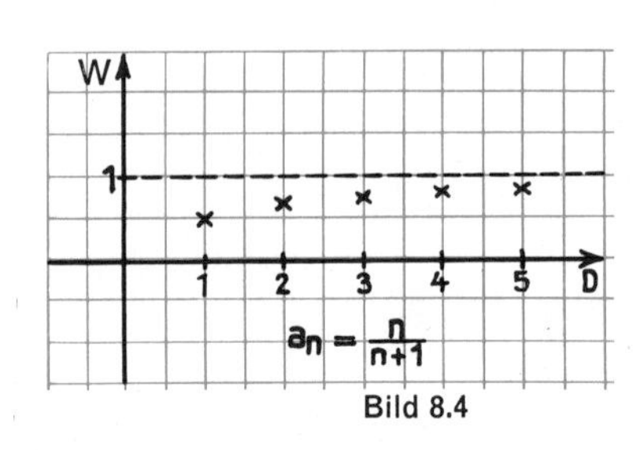

Bild 8.4

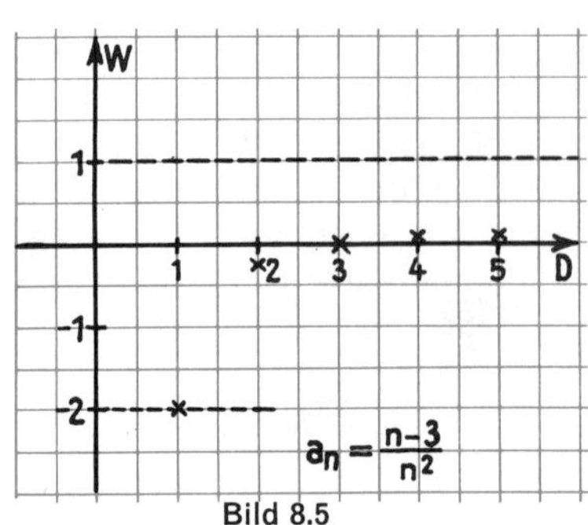

Bild 8.5

Beweis: **Zu a):** Es gilt für alle $n \in \mathbb{N}$:

$$1 - \frac{n}{n+1} = \frac{n+1-n}{n+1} = \frac{1}{n+1} > 0.$$

Also gilt für alle $n \in \mathbb{N}$: $\frac{n}{n+1} < 1$, q.e.d.

Zu b): Man erkennt unmittelbar, daß für alle $n \in \mathbb{N}$ gilt: $\frac{n}{n+1} > 0$, q.e.d.

2) Wir behaupten, daß die Zahlenfolge $\left(\frac{n-3}{n^2}\right)$ nach oben und nach unten beschränkt ist (Bild 8.5).

Beweis:

a) Obere Schranke: $S_o = 1$.

Für alle $n \in \mathbb{N}$ gilt: $1 - \frac{n-3}{n^2} = \frac{n^2 - n + 3}{n^2} = \frac{n(n-1)+3}{n^2} > 0$.

Also gilt für alle $n \in \mathbb{N}$: $\frac{n-3}{n^2} < 1$, q.e.d.

b) Untere Schranke: $S_u = -3$.

Für alle $n \in \mathbb{N}$ gilt:

$$\frac{n-3}{n^2} - (-3) = \frac{n - 3 + 3n^2}{n^2} = \frac{3n^2 + n - 3}{n^2} \geq \frac{1}{n} > 0, \text{ weil } 3n^2 - 3 \geq 0 \text{ ist.}$$

Also gilt in der Tat für alle $n \in \mathbb{N}$: $\frac{n-3}{n^2} > -3$.

Bemerkung: Wir haben beim Beweis unter b) eine sogenannte „Abschätzung" durchgeführt. Wir werden Abschätzungen im III. Abschnitt ausführlich besprechen und kommen dabei auch auf dieses Beispiel zurück.

5. Ist die vermutete Zahl in Wirklichkeit nicht eine Schranke der Folge, so ist die zugehörige Ungleichung nicht allgemeingültig in $\mathbb{N}$.

Beispiel: Wir vermuten – irrtümlicherweise –, die Zahl 2 sei eine obere Schranke der Folge $\left(\frac{n+10}{n}\right)$. Es gilt:

$$2 - \frac{n+10}{n} = \frac{2n - n - 10}{n} = \frac{n-10}{n} \geq 0 \Leftrightarrow n \geq 10.$$

Die durch eine Äquivalenzumformung gewonnene Ungleichung ist nicht allgemeingültig in $\mathbb{N}$; also ist die Zahl 2 **keine** obere Schranke der Folge.

6. Ist eine Zahlenfolge (wie bei den Beispielen 1) und 2) unter 4. nach oben **und** nach unten beschränkt, so nennt man sie „beschränkt", gelegentlich auch „absolut beschränkt".

Eine Zahlenfolge (a_n) heißt „beschränkt" genau dann, wenn sie nach oben und nach unten beschränkt ist. D 8.5

Ist S_o eine obere und S_u eine untere Schranke der beschränkten Folge (a_n) und bezeichnen wir mit S die größere der beiden Zahlen $|S_o|$ und $|S_u|$, so können wir sagen:

Eine Zahlenfolge (a_n) ist beschränkt genau dann, wenn es eine Zahl $S \in \mathbb{R}$ gibt, so daß für alle $n \in \mathbb{N}$ gilt: $|a_n| \leq S$. S 8.1

Mit Hilfe der Quantoren kann man diese Bedingung folgendermaßen schreiben:
Eine Zahlenfolge (a_n) ist beschränkt genau dann, wenn gilt:

$$\bigvee_{S \in \mathbb{R}} \bigwedge_{n \in \mathbb{N}} \left[|a_n| \leq S \right].$$

Begründe S 8.1 (Aufgabe 12)!

Beachte: Ist $D(f) \subset \mathbb{N}$, so ist die Bedingung $n \in \mathbb{N}$ durch die Bedingung $n \in D(f)$ zu ersetzen.

7. Nicht jede Zahlenfolge ist beschränkt.

Beispiel: $a_n = 2n - 1$ (Bild 8.6)

Wir können die Bedingung dafür, daß eine Zahlenfolge nicht beschränkt ist, dadurch gewinnen, daß wir die Bedingung für die Beschränktheit nach den Regeln von § 3, II und III verneinen:

$$\neg \bigvee_{S \in \mathbb{R}} \bigwedge_{n \in \mathbb{N}} [|a_n| \leq S] \Leftrightarrow \bigwedge_{S \in \mathbb{R}} \bigvee_{n \in \mathbb{N}} [|a_n| > S]$$

Dies bedeutet: Eine Zahlenfolge ist genau dann unbeschränkt, wenn es zu jeder Zahl $S \in \mathbb{R}$ ein Folgenglied a_n gibt, so daß $|a_n| > S$ ist.

Wir beweisen, daß dies für die Folge des obigen **Beispiels** gilt.

$$|a_n| = |2n - 1| = 2n - 1$$

$$|a_n| > S \Leftrightarrow 2n - 1 > S \Leftrightarrow 2n > S + 1 \Leftrightarrow n > \frac{S+1}{2}$$

Wählt man also bei einer beliebigen Zahl $S \in \mathbb{R}$ die Zahl $n \in \mathbb{N}$ so, daß $n > \frac{S+1}{2}$ ist, so ist die Bedingung für die Unbeschränktheit erfüllt.

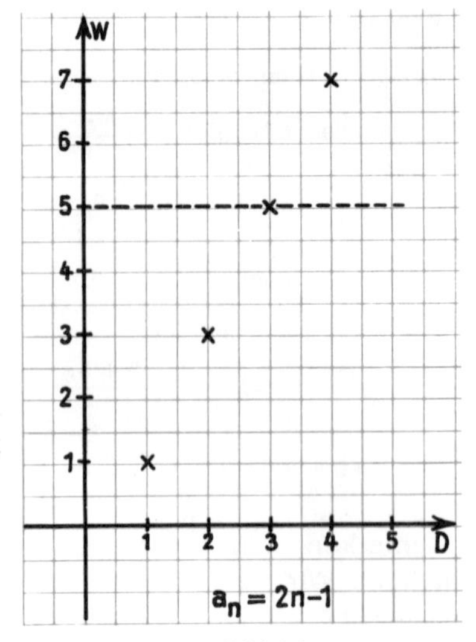

Bild 8.6

Beachte, daß wir bei diesem Beweis nur Äquivalenzumformungen durchgeführt haben, so daß man von der Bedingung $n > \frac{S+1}{2}$ wieder auf $|a_n| > S$ zurückschließen kann.

Wählt man z. B. $S = 1000$, so muß $n > \frac{1001}{2}$ gewählt werden, z. B. $n = 501$; in der Tat ist

$$a_{501} = 2 \cdot 501 - 1 = 1002 - 1 = 1001 > 1000$$

Wählt man z. B. $S = 50000$, so muß $n > \frac{50001}{2}$ gewählt werden, z. B. $n = 26000$, in der Tat ist $\quad a_{26000} = 2 \cdot 26000 - 1 = 52000 - 1 = 51999 > 50000$.

III. Folgerungen und Umkehrfolgerungen bei Ungleichungen

1. Wenn wir eine Zahlenfolge auf Monotonie oder auf Beschränktheit zu untersuchen haben, so haben wir zu prüfen, ob die in den Definitionen für die Begriffe „Monotonie" oder „Beschränktheit" vorkommenden **Ungleichungen** allgemeingültig in der Menge $\mathbb{N}$ sind.

In anderen Zusammenhängen ist zu untersuchen, ob Ungleichungen erfüllbar oder unerfüllbar sind, ob sie endliche oder unendliche Lösungsmengen haben. Bei den bisherigen Beispielen haben wir zur Untersuchung von Ungleichungen in der Hauptsache Äquivalenzumformungen herangezogen. Die Ermittlung der Lösungsmenge einer Ungleichung kann aber ein schwieriges Problem oder sogar unmöglich sein, wenn man sich auf Äquivalenzumformungen beschränkt. Schon quadratische Ungleichungen erfordern häufig einen sehr großen Rechenaufwand.

Beispiel: Wir wollen beweisen, daß die Zahl -3 eine untere Schranke der Zahlenfolge $\left(\frac{n-3}{n^2}\right)$ ist.

Behauptung: Für alle $n \in \mathbb{N}$ gilt: $\frac{n-3}{n^2} \geq -3$.

Beweis: Für $n \in \mathbb{N}$ gilt: $\frac{n-3}{n^2} \geq -3 \Leftrightarrow n-3 \geq -3n^2 \Leftrightarrow n^2 + \frac{1}{3}n - 1 \geq 0$

$$\Leftrightarrow (n+\tfrac{1}{6})^2 - \tfrac{37}{36} \geq 0 \Leftrightarrow [n+\tfrac{1}{6}(1-\sqrt{37})] \cdot [n+\tfrac{1}{6}(1+\sqrt{37})] \geq 0$$

$$\Leftrightarrow [n+\tfrac{1}{6}(1-\sqrt{37}) \geq 0 \wedge n+\tfrac{1}{6}(1+\sqrt{37}) \geq 0] \vee [n+\tfrac{1}{6}(1-\sqrt{37}) \leq 0 \wedge n+\tfrac{1}{6}(1+\sqrt{37}) \leq 0]$$

$$\Leftrightarrow n \geq -\tfrac{1}{6}+\tfrac{1}{6}\sqrt{37} \quad \underbrace{\vee\ n \leq -\tfrac{1}{6}-\tfrac{1}{6}\sqrt{37}}_{\text{unerfüllbar in } \mathbb{N}}$$

$$\Leftrightarrow n \geq -\tfrac{1}{6}+\tfrac{1}{6}\sqrt{37}$$

2. Bei Ungleichungen dieser Art kommt man einfacher zum Ziel, wenn man außer Äquivalenzumformungen auch Folgerungsumformungen anwendet. Man nennt solche Umformungen bei Ungleichungen **„Abschätzungen“**. Wir erläutern das Verfahren an demselben Beispiel.

Beispiel: Für $n \in \mathbb{N}$ gilt: $\frac{n-3}{n^2} \geq -3 \Leftrightarrow n-3 \geq -3n^2 \Leftrightarrow 3(n^2-1)+n \geq 0$.

Da für n nur natürliche Zahlen zugelassen sind, gilt $n \geq 0$, $3(n^2-1) \geq 0$ und daher sicher auch $3(n^2-1)+n \geq 0$; es gilt also:

$$\underbrace{n \geq 0}_{U_1} \Rightarrow \underbrace{3(n^2-1)+n \geq 0}_{U_2}.$$

Da $L(U_1) = \mathbb{N}$ ist und nach der soeben hergeleiteten Folgerungsbeziehung $L(U_1) \subseteq L(U_2)$ sein muß, muß auch $L(U_2) = \mathbb{N}$ sein. Das aber bedeutet, daß die Ungleichung $3(n^2-1)+n \geq 0$ und daher auch die ursprüngliche Ungleichung $\frac{n-3}{n^2} \geq -3$ allgemeingültig in $\mathbb{N}$ sind, q. e. d.

Man sagt: Die Ungleichung U_2 ist durch die Ungleichung U_1 **„abgeschätzt“** worden.

3. Bei der Durchführung des Beweises unter 2. haben wir nach den ersten Äquivalenzumformungen eine Zwischenüberlegung zur Begründung der Abschätzung eingeschaltet. Wenn wir diese Abschätzung unmittelbar an die vorhergehenden Umformungen anschließen wollen, müssen wir den Folgerungspfeil in der umgekehrten Richtung (im Vergleich zu der üblichen Schreibweise) hinschreiben:

$$\begin{aligned} \frac{n-3}{n^2} \geq -3 &\Leftrightarrow n-3 \geq -3n^2 \\ &\Leftrightarrow 3(n^2-1)+n \geq 0 \\ &\Leftarrow n \geq 0. \end{aligned}$$

Wir wollen bei der letzten Umformung von einer **„Umkehrfolgerung“** sprechen.

Beachte:

1) Bei direkten Beweisen geht man im allgemeinen von der **Voraussetzung** aus; am **Ende** der Beweiskette steht dann die **Behauptung.** Sind bei einem solchen Beweis Aussageformen umzuformen, so sind selbstverständlich neben Äquivalenzumformungen auch Folgerungsumformungen zugelassen.

2) Bei obigem Beweis sind wir anders vorgegangen. Am Anfang des Beweises steht dort die Ungleichung (nämlich $\frac{n-3}{n^2} \geq -3$), deren Allgemeingültigkeit wir zu beweisen haben. Bei einem solchen Beweis sind – neben Äquivalenzumformungen – nur

Umkehrfolgerungen zugelassen. Denn der eigentliche Beweis besteht darin, daß man von der in $\mathbb{N}$ allgemeingültigen Gleichung $n \geq 0$ (die sich durch die Umkehrfolgerung ergeben hat) auf die als allgemeingültig behauptete Ungleichung $\frac{n-3}{n^2} \geq -3$ **zurückschließt.**

4. Für Umformungen von Ungleichungen gelten die folgenden **Regeln:**

> **1) Ergibt sich eine Ungleichung U_2 aus einer Ungleichung U_1 dadurch, daß**
> **a) die kleinere Seite von U_1 verkleinert oder**
> **b) die größere Seite von U_1 vergrößert wird, so gilt:**
> $$U_1 \Rightarrow U_2 \text{ (Folgerung).}$$
> **2) Ergibt sich eine Ungleichung U_2 aus einer Ungleichung U_1 dadurch, daß**
> **a) die kleinere Seite von U_1 vergrößert oder**
> **b) die größere Seite von U_1 verkleinert wird, so gilt:**
> $$U_1 \Leftarrow U_2 \text{ (Umkehrfolgerung).}$$

Der **Beweis** für diese Regeln ergibt sich unmittelbar aus der Transitivität der Größerbeziehung für reelle Zahlen:

$$a > b \wedge b > c \Rightarrow a > c.$$

Für die Begründung der vier Regeln ist zu beachten, daß entweder die Beziehung $b > c$ oder die Beziehung $a > b$ zum Verkleinern oder zum Vergrößern einer der beiden Seiten der gegebenen Ungleichung benutzt wird. Es ergibt sich:

1) a): $a > b \Rightarrow a > c$, falls $b > c$ ist (Verkleinern der kleineren Seite).
2) a): $a > c \Leftarrow a > b$, falls $b > c$ ist (Vergrößern der kleineren Seite).
1) b): $b > c \Rightarrow a > c$, falls $a > b$ ist (Vergrößern der größeren Seite).
2) b): $a > c \Leftarrow b > c$, falls $a > b$ ist (Verkleinern der größeren Seite).

5. Mit Hilfe einer dieser Regeln behandeln wir ein weiteres

Beispiel: Wir wollen beweisen, daß die Folge $\left(\frac{1-n^2}{n}\right)$ unbeschränkt ist (Bild 8.7).

Es gilt: $|a_n| = \left|\frac{1-n^2}{n}\right| = \frac{n^2-1}{n}$ für $n \geq 1$.

Unter Berücksichtigung dieser Zusatzbedingung ($n \geq 1$) lautet die

Behauptung: Für jedes $S \in \mathbb{R}$ ist die Ungleichung $\frac{n^2-1}{n} > S$ erfüllbar in $\mathbb{N}$.

Beweis: Wir gehen von dieser Ungleichung aus; daher dürfen wir (außer Äquivalenzumformungen) nur Umkehrfolgerungen durchführen. Es gilt:

$$\frac{n^2-1}{n} > S \Leftrightarrow n^2 - 1 > nS$$
$$\Leftrightarrow n^2 - nS - 1 > 0$$
$$\Leftarrow n^2 - nS - n > 0 \text{ (Verkleinern der größeren Seite, weil } n \geq 1 \text{ ist)}$$
$$\Leftrightarrow n^2 > n(S+1)$$
$$\Leftrightarrow n > S + 1.$$

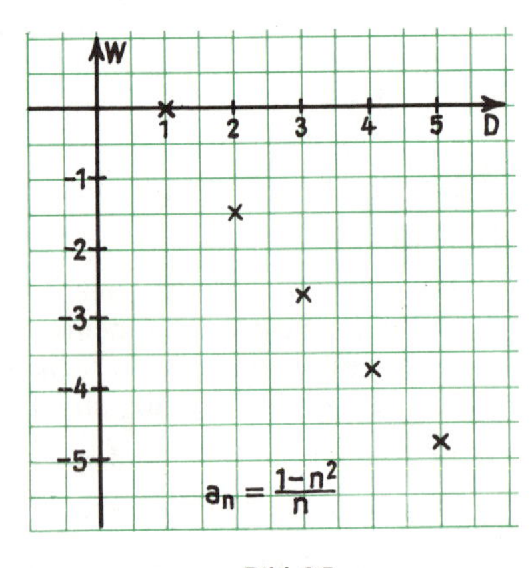

Bild 8.7

Wählt man also $n > S + 1$, so ist für jedes $S \in \mathbb{R}$ sicher auch $|a_n| = \left|\frac{1-n^2}{n}\right| > S$; die Folge ist also unbeschränkt, q.e.d.

Beispiel: $S = 10$; $n = 12$. In der Tat ist $|a_{12}| = \frac{144-1}{12} = \frac{143}{12} > 10$.

IV. Ein Satz über beschränkte Zahlenfolgen

1. Bei beschränkten Zahlenfolgen kann man zwei Fälle unterscheiden:

1) Unter den Gliedern der Zahlenfolge ist eines, das größer bzw. kleiner ist als jedes andere Folgenglied.

2) Es gibt unter den Gliedern der Zahlenfolge kein größtes (bzw. kein kleinstes).

Beispiel: $a_n = \frac{1}{n}$

Diese Zahlenfolge hat ein größtes Glied, nämlich $a_1 = 1$; sie hat aber kein kleinstes Glied, weil es zu jedem Stammbruch einen noch kleineren Stammbruch gibt.
Im Fall 1) stellt der größte (bzw. kleinste) Wert unter den Folgengliedern eine obere (bzw. untere) Schranke dar; ist nämlich a_k die größte (bzw. kleinste) Zahl unter allen Folgengliedern, also das sogenannte **„Maximum"** (bzw. **„Minimum"**) aller Folgenglieder, so gilt für alle $n \in \mathbb{N}$:

$$a_k \geq a_n \quad \text{bzw.} \quad a_k \leq a_n$$

Das Glied a_k erfüllt also die Bedingung für eine obere (bzw. untere) Schranke.
Man erkennt sofort, daß dieses Glied sogar die **kleinste obere** (bzw. **größte untere**) Schranke der Folge darstellt, weil jede Zahl, die kleiner (bzw. größer) als a_k ist, nicht Schranke der Zahlenfolge sein kann.
Es erhebt sich die Frage, ob es auch im Fall 2) stets eine kleinste obere (bzw. größte untere) Schranke gibt.

2. Folgender Satz besagt, daß dies der Fall ist:

S 8.2

Jede nach oben | Jede nach unten
beschränkte Zahlenfolge besitzt eine
kleinste obere Schranke. | größte untere Schranke.

Wir definieren:

D 8.6

Die kleinste obere Schranke | Die größte untere Schranke
einer Zahlenfolge heißt auch die
„obere Grenze der Zahlenfolge". | „untere Grenze der Zahlenfolge".

Wir **beweisen** S 8.2 für den Fall einer nach oben beschränkten Zahlenfolge. Der Beweis für eine nach unten beschränkte Zahlenfolge ist entsprechend zu führen (Aufgabe 15).

Wir können zunächst voraussetzen, daß (a_n) eine nichtkonstante Zahlenfolge ist. Denn bei einer konstanten Folge ist der einzige Folgenwert selbstverständlich auch die kleinste obere Schranke **(und auch die größte untere Schranke)** der Zahlenfolge. Außerdem können wir von dem Fall absehen, daß der Wert a_1 bereits der größte Folgenwert ist, wie es z. B. bei monoton fallenden Folgen der Fall ist. Gilt nämlich $a_1 \geq a_n$ (für alle $n \in \mathbb{N}$ bzw. für alle $n \in D(f)$),

so ist bereits a_1 die kleinste obere Schranke der Folge und der Satz S 8.2 damit bereits bewiesen. Wir setzen also voraus, daß a_1 selbst **nicht** obere Schranke der Folge ist. Wir wollen nun eine Intervallschachtelung A konstruieren, deren innere Zahl die kleinste obere Schranke der Zahlenfolge ist. Wir bezeichnen die Intervalle der Schachtelung mit $A_k = [l_k; r_k]$. Es sei S_0 eine obere Schranke der Folge (a_n). Dann beginnen wir mit dem Intervall

$$A_1 = [l_1; r_1] = [a_1; S_0],$$

von dem wir wissen, daß seine rechte Grenze eine obere Schranke S, seine linke Grenze aber **keine** obere Schranke der Folge ist. Von Schritt zu Schritt **halbieren** wir das betreffende Intervall, d. h., wir bestimmen die Zahl

$$m_k = \frac{l_k + r_k}{2}.$$

Dann sind zwei Fälle zu unterscheiden:

Die Zahl m_k

ist eine obere Schranke der Folge.	ist keine obere Schranke der Folge.

Dann wählen wir die

linke	rechte

Hälfte des Intervalls $A_k = [l_k; r_k]$ als nächstes Intervall $A_{k+1} = [l_{k+1}; r_{k+1}]$. Dann ist also

$l_{k+1} = l_k;\ r_{k+1} = m_k.$	$l_{k+1} = m_k;\ r_{k+1} = r_k.$

In

Bild 8.8	Bild 8.9

ist dies für den 1. Schritt und allgemein dargestellt. In diesen Bildern sind die Intervallgrenzen durch kleine Kreise, einige Folgenglieder durch kleine vertikale Striche angedeutet.

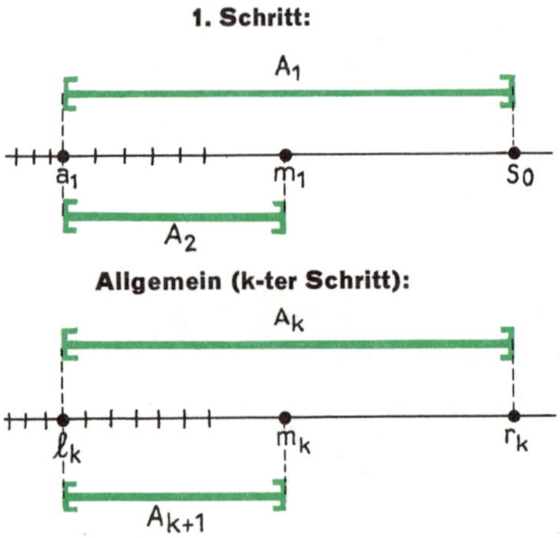

1. Schritt:

A_1; a_1, m_1, S_0; A_2

Allgemein (k-ter Schritt):

A_k; l_k, m_k, r_k; A_{k+1}

Bild 8.8

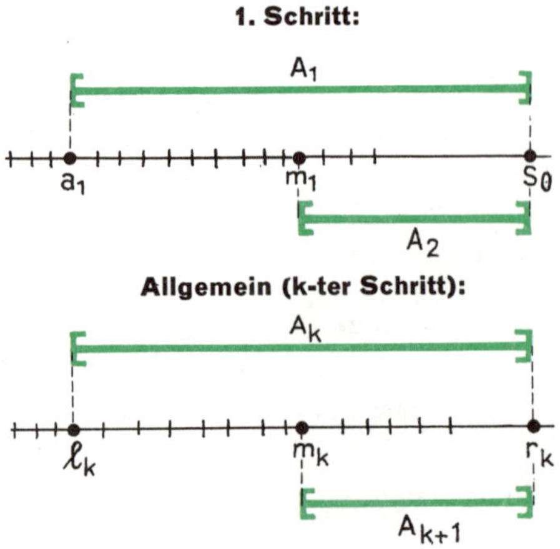

1. Schritt:

A_1; a_1, m_1, S_0; A_2

Allgemein (k-ter Schritt):

A_k; l_k, m_k, r_k; A_{k+1}

Bild 8.9

Auf diese Weise erhalten wir eine Folge von Intervallen $A_1; A_2; A_3; A_4; A_5; \ldots$ mit den folgenden Eigenschaften:

1 Jedes nachfolgende Intervall ist echte Teilmenge jedes vorhergehenden Intervalls:

$$A_1 \supset A_2 \supset A_3 \supset A_4 \supset A_5 \supset \ldots$$

2 Die Intervallängen werden wegen der fortgesetzten Halbierung kleiner als jede (noch so klein gewählte) positive Zahl q. (Wir kommen darauf in § 9, II, 11. zurück.)

3 Jede rechte Intervallgrenze ist eine Schranke der Folge (a_n); jede linke Intervallgrenze ist keine Schranke der Folge (a_n).

Die Bedingungen [1] und [2] sind genau die Bedingungen einer Intervallschachtelung (vgl. § 6,I); durch diese Intervallschachtelung ist nach dem Cantorschen Axiom also genau eine innere Zahl z festgelegt. Wir behaupten, daß z die kleinste obere Schranke der Folge ist.

3. Den Beweis hierfür führen wir in zwei Schritten.
1) Behauptung: z ist eine obere Schranke der Folge (a_n). Wir führen den **Beweis** indirekt. Wäre z keine Schranke der Folge, so müßte es ein Glied a_n der Folge geben mit $a_n > z$ (Bild 8.10).

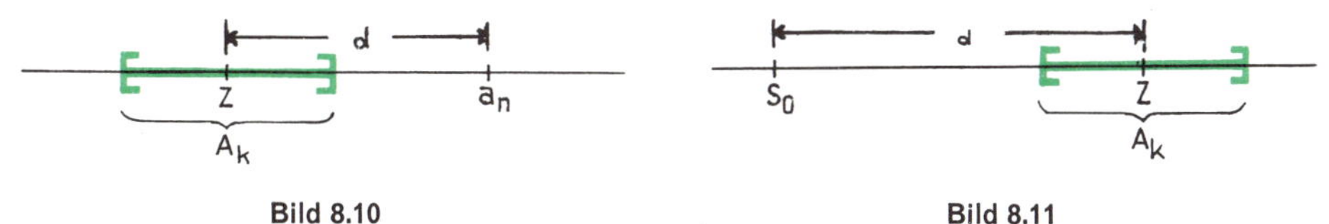

Bild 8.10 Bild 8.11

Wir bestimmen die Zahl $d = a_n - z$ und wählen aus der Folge der Intervalle ein Intervall A_k, dessen Länge kleiner ist als d. Die rechte Grenze dieses Intervalls, die nach Bedingung [3] ja eine Schranke der Folge ist ($r_k = S_o$), liegt dann näher an z als a_n, d. h., es gilt: $S_o < a_n$ im Widerspruch zu der Tatsache, daß bei einer oberen Schranke für alle $n \in \mathbb{N}$ gilt $a_n \leq S_o$. Also ist z tatsächlich eine obere Schranke der Folge (a_n).

2) Behauptung: z ist die kleinste obere Schranke der Folge (a_n). Wir führen auch hier den **Beweis** indirekt. Gäbe es eine noch kleinere obere Schranke S_o der Folge ($S_o < z$ und $d = z - S_o$), so wählen wir aus der Folge der Intervalle ein Intervall A_k, dessen Länge kleiner ist als d (Bild. 8.11). Die linke Grenze dieses Intervalls, die nach [3] sicher **keine** obere Schranke der Folge ist, liegt dann näher bei z als S_o; es gilt also $S_o < l_k$, d. h., eine obere Schranke müßte kleiner sein als eine Zahl, die keine obere Schranke der Folge ist; das ist sicherlich unmöglich. Damit ist bewiesen, daß z in der Tat die kleinste obere Schranke der Folge (a_n) ist, q. e. d.

4. Faßt man die beiden Teilaussagen von S 8.2 zusammen, so erhält man den Satz:

Jede beschränkte Zahlenfolge besitzt eine obere Grenze (kleinste obere Schranke) und eine untere Grenze (größte untere Schranke). **S 8.3**

5. Den Begriff der oberen (unteren) Schranke kann man auch für beliebige Zahlenmengen definieren. Es gelten die entsprechenden Sätze.

D 8.7

Eine Zahlenmenge M heißt

„nach oben beschränkt“	**„nach unten beschränkt“**
genau dann, wenn es eine Zahl $S \in \mathbb{R}$ gibt, so daß für alle $x \in M$ gilt:	
$x \leq S$.	$x \geq S$.

Eine Zahlenmenge M heißt „beschränkt“ genau dann, wenn sie nach oben und nach unten beschränkt ist, wenn es also eine Zahl $S \in \mathbb{R}$ gibt, so daß für alle $x \in M$ gilt: $|x| \leq S$.

Für beschränkte Zahlenmengen gilt der Satz:

S 8.4

Jede nach oben	**Jede nach unten**
beschränkte Zahlenmenge M besitzt eine	
kleinste obere Schranke;	**größte untere Schranke;**
diese heißt auch die	
„obere Grenze von M“.	**„untere Grenze von M“.**

Der Beweis für diesen Satz verläuft analog dem Beweis für S 8.2 (Aufgabe 16).

Übungen und Aufgaben

Monotonie

1. Gibt es Folgen, die sowohl monoton steigend als auch monoton fallend sind? Was folgt aus der konjunktiven Verknüpfung der beiden Monotoniedefinitionen D 8.1 und D 8.2?

2. Beweise die Monotonie folgender Folgen:

a) $a_n = \frac{1}{n}$ **b)** $a_n = \frac{n}{n+1}$ **c)** $a_n = \frac{2n+4}{n+1}$ **d)** $a_n = \frac{1-n^2}{n+1}$ **e)** $a_n = \frac{n^2-4}{2n+1}$

f) $a_n = \frac{4n+1}{n+3}$ **g)** $a_n = \frac{n^2}{2n^2+1}$ **h)** $a_n = \frac{n+10}{n^2+1}$ **i)** $a_n = \frac{3-4n}{2n+1}$ **k)** $a_n = \frac{1-2n}{1-n}$

3. Gegeben $a_n = 3 \cdot q^{n-1}$. Für welche Einsetzungen in q ist die Folge **a)** monoton steigend, **b)** monoton fallend? (Beweis!)

4. Die Folgen (a_n) und (b_n) seien monoton steigend (fallend). Was folgt daraus für die Folgen mit dem allgemeinen Glied

a) $c_n = a_n + b_n$ **b)** $c_n = a_n \cdot b_n$ (Beweis!)?

c) Kann man auch etwas über die Folgen $(a_n - b_n)$ und $\left(\frac{a_n}{b_n}\right)$ aussagen?

5. Von welchem Glied an sind folgende Folgen monoton?

a) $a_n = \frac{2n-100}{3n-10}$ **b)** $a_n = \frac{10-n}{2n+3}$ **c)** $a_n = \frac{31-2n}{2n-21}$ **d)** $a_n = \frac{5n-30}{n-11}$

6. Gib drei verschiedene Folgen an, die nicht monoton sind!

Beschränktheit

7. Welche der folgenden Zahlenfolgen sind beschränkt? Gib jeweils eine Schranke an und führe den Beweis!

a) $a_n = \frac{n}{n+2}$ **b)** $a_n = -\frac{1}{n}$ **c)** $a_n = \frac{2n+1}{3n-1}$

d) $a_n = \frac{1-n}{n+4}$ **e)** $a_n = \frac{n^2}{n+2}$ **f)** $a_n = (-1)^n \frac{n+1}{2n-1}$

g) $a_n = (-2)^n$ **h)** $a_n = 4 + (-1)^n \cdot \frac{n-1}{n+1}$ **i)** $a_n = \frac{n^2+2}{n+1}$

8. Führe für die Folgen in Aufgabe 7, die nicht nach beiden Seiten beschränkt sind, den entsprechenden Nachweis!

9. Beweise mit Hilfe von Abschätzungen, daß die folgenden Zahlenfolgen nach oben nicht beschränkt sind!

a) $a_n = \frac{n^2+1}{n+4}$ **b)** $a_n = \frac{2n^2+n}{3n+10}$ **c)** $a_n = \frac{n^2-n}{2n+10}$

d) $a_n = \frac{4n^2+n}{3n-10}$ **e)** $a_n = \frac{n^2-2n}{10n-100}$ **f)** $a_n = \frac{n^3+n}{2n^2-n}$

10. Beweise, daß die zu den einzelnen Zahlenfolgen angegebenen Zahlen die kleinste obere bzw. die größte untere Schranke der jeweiligen Folge sind!

a) $a_n = \frac{n}{n+1}$; $S = 1$ **b)** $a_n = \frac{2n}{n+1}$; $S = 2$ **c)** $a_n = \frac{2n-1}{3n+1}$; $S = \frac{2}{3}$

d) $a_n = \frac{1-n}{2n+2}$; $S = -\frac{1}{2}$ **e)** $a_n = \frac{3n+2}{1-2n}$; $S = -\frac{3}{2}$ **f)** $a_n = \frac{n+1}{n^2+2}$; $S = 0$

Beispiel: $a_n = \frac{3n}{4n+1}$; Behauptung: $S = \frac{3}{4}$ ist kleinste obere Schranke. Dann kann $\bar{S} = \frac{3}{4} - \varepsilon$ mit $\varepsilon > 0$ keine Schranke der Folge sein, d. h., die Ungleichung

$$\frac{3n}{4n+1} \leq \frac{3}{4} - \varepsilon$$

wird für alle $\varepsilon > 0$ nicht von allen $n \in \mathbb{N}$ erfüllt. Wir lösen nach n auf (Äquivalenzumformungen!):

$$3n \leq \left(\frac{3}{4} - \varepsilon\right) \cdot (4n+1) \Leftrightarrow 3n \leq 3n + \frac{3}{4} - 4n\varepsilon - \varepsilon \Leftrightarrow 4n\varepsilon \leq \frac{3}{4} - \varepsilon$$

$$\Leftrightarrow n \leq \frac{3}{16\varepsilon} - \frac{1}{4}, \text{ weil } 4\varepsilon > 0 \text{ ist.}$$

Der Term $T(\varepsilon) = \frac{3}{16\varepsilon} - \frac{1}{4}$ geht für jedes $\varepsilon > 0$ in ein definiertes Zahlzeichen über. Die Ungleichung wird nur von endlich vielen Elementen aus $\mathbb{N}$ erfüllt, L (U) ist also eine endliche Menge.

11. Die Folgen (a_n) und (b_n) seien beschränkt. Was folgt daraus für die Folgen mit dem allgemeinen Glied

a) $c_n = a_n + b_n$ **b)** $c_n = a_n - b_n$ **c)** $c_n = a_n \cdot b_n$?

12. Beweise: Die Folge $(|a_n|)$ ist genau dann beschränkt, wenn (a_n) beschränkt ist! (Äquivalenzbeweis!)

13. Beweise: Gilt $a_n \neq 0$ für alle $n \in \mathbb{N}$, so ist die Folge $\left(\frac{1}{a_n}\right)$ genau dann beschränkt, wenn für die größte untere Schranke S_u der Folge $(|a_n|)$ gilt: $S_u \neq 0$! (Äquivalenzbeweis!)

14. Ermittle die größte untere und kleinste obere Schranke folgender Zahlenmengen:

a) $M_1 = \{x \mid x \in \mathbb{N} \wedge x < 8\}$ **b)** $M_2 = \{x \mid x \in \mathbb{Z} \wedge x > -3\}$

c) $M_3 = \{x \mid x \in \mathbb{Z} \wedge x < -3\}$ **d)** $M_4 = \{x \mid x \in \mathbb{Z} \wedge -10 < x \leq -2\}$

e) $M_5 = \{x \mid x \in \mathbb{Z} \wedge -10 < x \leq -3\}$ **f)** $M_6 = \{x \mid x \in \mathbb{Q} \wedge 0 < x < 1\}$

g) $M_7 = \{x \mid x \in \mathbb{Q} \wedge -1 < x \leq 2\}$ **h)** $\mathbb{Z}^{<0}$

i) $[-2; 3]$ **j)** $]2; 3]$ **k)** $]-1; 4[$ **l)** $\mathbb{Z} \setminus \mathbb{N}$ **m)** $\mathbb{R} \setminus \mathbb{R}^{<0}$

n) $M = \{y \mid y = a^n \wedge n \in \mathbb{N} \wedge a \in \mathbb{R}^{>0}\}$ (Fallunterscheidung für a!)

o) $M = \{y \mid y = x^n \wedge n \in \mathbb{N} \wedge 0 < x < 1\}$

15. Beweise S 8.2 b): Jede nach unten beschränkte Zahlenfolge (a_n) besitzt eine größte untere Schranke!

16. Beweise S 8.4: Jede nach oben (unten) beschränkte Zahlenmenge besitzt eine kleinste obere (größte untere) Schranke!

17. Ermittle das engste die Zahlenmenge M umschließende Intervall A, d. h. $M \subseteq A$!

a) $M = \{x \mid x \in \mathbb{R} \wedge 0 < x < 1\}$ **b)** $M = \{x \mid x \in \mathbb{R} \wedge x^2 < 2\}$

c) $M = \{x \mid x \in \mathbb{R} \wedge x^2 \leq 2\}$ **d)** $M = \{x \mid x \in \mathbb{Q} \wedge x^2 < 2\}$

e) $M = \{x \mid x = 1 + \frac{1}{n} \wedge n \in \mathbb{N}\}$ **f)** $M = \{x \mid x = 2 - \frac{1}{n} \wedge n \in \mathbb{N}\}$

g) $M = \{x \mid x \in \mathbb{R} \wedge x^4 < 16\}$

Beweise

18. Jede monoton steigende Folge ist nach unten beschränkt.
19. Jede monoton steigende Folge hat eine untere Grenze.
20. Jede monoton fallende Folge ist nach oben beschränkt.
21. Jede monoton fallende Folge hat eine obere Grenze.
22. Ist eine monoton steigende Folge nach oben beschränkt, so ist sie absolut beschränkt.
23. Ist eine Folge monoton steigend, so ist a_1 die untere Grenze.
24. Ist eine Folge monoton fallend, so ist a_1 die obere Grenze.

§ 9 Die Konvergenz von Zahlenfolgen. Der Begriff des Grenzwertes

I. Definition des Grenzwertbegriffes bei Zahlenfolgen

1. Unter den Zahlenfolgen in § 7, III gibt es einige, die eine besonders wichtige Eigenschaft haben, die Eigenschaft nämlich, daß der Unterschied zwischen den Folgengliedern mit wachsendem Index n immer kleiner wird und damit der Unterschied zwischen den Gliedern der Folge und einer bestimmten Zahl schließlich beliebig klein wird.

Beispiele:

1) Die Glieder der durch $a_n = \frac{1}{n}$ festgelegten Zahlenfolge $\left(1; \frac{1}{2}; \frac{1}{3}; \frac{1}{4}; \frac{1}{5}; \frac{1}{6}; \ldots\right)$ nähern sich offensichtlich immer mehr der Zahl 0; sie kommen der Zahl 0 „schließlich beliebig nahe". Man sagt: Diese Zahlenfolge **„konvergiert"** gegen die Zahl 0; sie hat den **„Grenzwert"** 0. (Bild 9.1)

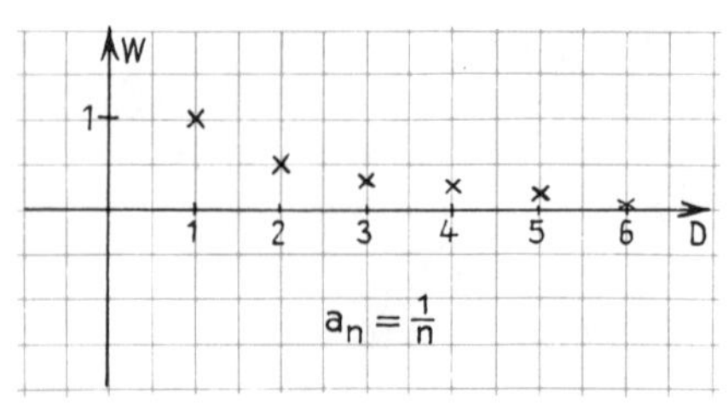

Bild 9.1

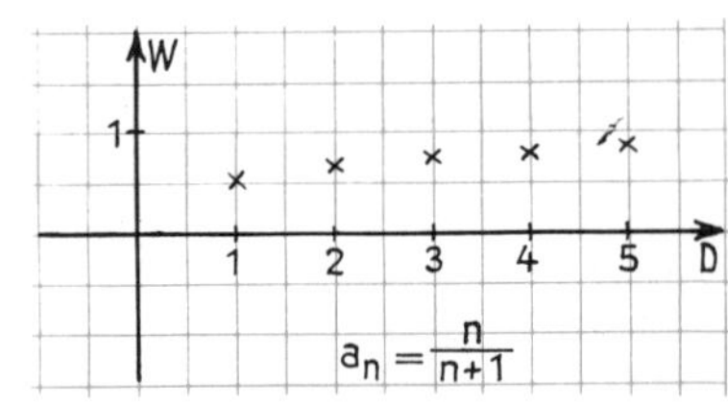

Bild 9.2

2) Die Glieder der durch $a_n = \frac{n}{n+1}$ festgelegten Zahlenfolge $\left(\frac{1}{2}; \frac{2}{3}; \frac{3}{4}; \frac{4}{5}; \frac{5}{6}; \ldots\right)$ nähern sich immer mehr der Zahl 1; sie kommen der Zahl 1 „schließlich beliebig nahe"; die Folge konvergiert gegen die Zahl 1, sie hat den Grenzwert 1. (Bild 9.2)

2. Von der Eigenschaft einer Zahlenfolge, einen Grenzwert zu besitzen, gegen einen Grenzwert zu konvergieren, haben wir – ohne daß wir dies ausdrücklich erwähnt haben – schon häufig Gebrauch gemacht, und zwar im Zusammenhang mit dem Begriff der Intervallschachtelung. Wir haben in der Bedingung [2] (§ 6, I) gesagt, die Intervallängen werden „schließlich beliebig klein". Dies bedeutet, daß die Folge der Intervallängen den Grenzwert 0 hat, gegen 0 konvergiert.

Bei Anwendungen des Begriffs der Intervallschachtelung konnten wir bisher nicht streng beweisen, daß die Bedingung [2] erfüllt ist, weil wir den Grenzwertbegriff für Zahlenfolgen bisher nicht streng definiert haben. Dies wollen wir jetzt nachholen.

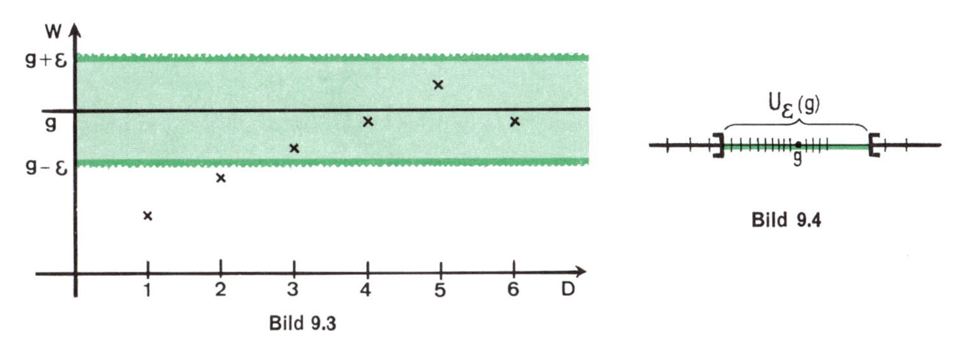

Bild 9.3

Bild 9.4

3. Es geht also darum, herauszuarbeiten, was genau gemeint ist, wenn man sagt, daß die Glieder einer Zahlenfolge einem Grenzwert g „schließlich beliebig nahe" kommen.
Alle drei Worte „nahe", „beliebig" und „schließlich" sind von Bedeutung. (Bilder 9.3 und 9.4).
Was man mit **„nahe"** meint, können wir mit Hilfe des in § 6, III eingeführten Begriffs der **„Umgebung"** präzisieren: die Zahlen müssen in ε-Umgebungen von g liegen.
„Beliebig nahe" bedeutet, daß die Zahl ε, die die Größe der Umgebung festlegt, **beliebig** – insbesondere also **beliebig klein** – gewählt werden kann, daß die Glieder der Folge also für jedes $\varepsilon \in \mathbb{R}^{>0}$ schließlich in der ε-Umgebung von g liegen müssen.
„Schließlich beliebig nahe" bedeutet, daß nicht von vornherein alle Glieder der Folge in der ε-Umgebung liegen müssen, sondern „schließlich alle" oder „fast alle", d. h. alle – bis auf höchstens endlich viele. Eine mögliche Definition für den Grenzwertbegriff lautet also:

D 9.1

Eine Zahl g heißt „Grenzwert einer Zahlenfolge (a_n)" genau dann, wenn in jeder ε-Umgebung von g schließlich alle (fast alle) Glieder der Folge liegen. Man schreibt:

$$„\lim_{n\to\infty} a_n = g"$$

und liest: „limes von a_n für n gegen unendlich ist gleich g".
Man sagt: Die Folge (a_n) ist „konvergent"; sie „konvergiert gegen den Grenzwert g".

Statt **„Grenzwert"** sagt man häufig **„Limes"** (lat. „Grenze").

4. Wenn **in** jeder ε-Umgebung von g „fast alle" Glieder der Folge (a_n) liegen, so können **außerhalb** jeder ε-Umgebung von g höchstens endlich viele Glieder der Folge liegen. Äquivalent zu D 9.1 ist also die Definition:

D 9.1a

Eine Zahl g heißt „Grenzwert einer Zahlenfolge (a_n)" genau dann, wenn außerhalb jeder ε-Umgebung von g höchstens endlich viele Glieder der Folge liegen.

5. In D 9.1 ist gesagt, daß „schließlich alle" bzw. „fast alle" Glieder in jeder vorgegebenen Umgebung des Grenzwertes liegen müssen. Dies bedeutet, daß alle Glieder der Folge von einem bestimmten Glied a_N an in der ε-Umgebung liegen müssen. Zu D 9.1 äquivalent ist also die Definition:

D 9.2 **Eine Zahl g heißt „Grenzwert einer Zahlenfolge (a_n)" genau dann, wenn es zu jeder ε-Umgebung von g eine Zahl $N(\varepsilon) \in \mathbb{N}$ gibt, so daß gilt:**

$$n > N(\varepsilon) \Rightarrow a_n \in U_\varepsilon(g).$$

Bemerkung: Man kann auch formulieren: „Eine Zahlenfolge (a_n) konvergiert gegen den Grenzwert g genau dann, wenn es zu jeder ε-Umgebung von g eine Zahl $N(\varepsilon) \in \mathbb{N}$ gibt, so daß für alle $n \in \mathbb{N}$ mit $n > N(\varepsilon)$ gilt: $a_n \in U_\varepsilon(g)$."

6. Wenn wir bei einer vorgegebenen Zahlenfolge beweisen wollen, daß sie gegen einen Grenzwert g konvergiert, so ist die Definition D 9.2 noch nicht unmittelbar verwendbar, weil in ihr der Begriff der ε-Umgebung vorkommt. Wir greifen auf die Definition von § 6, III zurück:

$$U_\varepsilon(g) = \{x \mid |g - x| < \varepsilon\}$$

Wenn also für eine Zahl x gilt: $x \in U_\varepsilon(g)$, so bedeutet dies, daß $|g - x| < \varepsilon$ erfüllt ist. Mit dieser Bedingung erhalten wir für den Grenzwertbegriff die folgende – zu D 9.1 und D 9.2 äquivalente – Definition:

D 9.3 **Eine Zahl g heißt „Grenzwert einer Zahlenfolge (a_n)" genau dann, wenn es zu jeder Zahl $\varepsilon \in \mathbb{R}^{>0}$ eine Zahl $N(\varepsilon) \in \mathbb{N}$ gibt, so daß gilt:**

$$n > N(\varepsilon) \Rightarrow |g - a_n| < \varepsilon.$$

Bemerkung: Man kann auch folgendermaßen formulieren: „Eine Zahlenfolge (a_n) konvergiert gegen den Grenzwert g genau dann, wenn es zu jeder Zahl $\varepsilon \in \mathbb{R}^{>0}$ eine Zahl $N(\varepsilon) \in \mathbb{N}$ gibt, so daß für alle $n \in \mathbb{N}$ mit $n > N(\varepsilon)$ gilt: $|g - a_n| < \varepsilon$."
Beachte, daß $N(\varepsilon)$ von ε abhängt!

Beispiel: Bei der durch $a_n = \frac{2}{n}$ gegebenen Zahlenfolge ist $N\left(\frac{1}{10}\right) = 20$; denn es gilt

$$\left|0 - \frac{2}{21}\right| = \frac{2}{21} < \frac{1}{10} \text{ und erst recht}$$

$$\left|0 - \frac{2}{n}\right| < \frac{1}{10} \text{ für alle n mit } n > 21.$$

Dagegen ist $N\left(\frac{1}{100}\right) = 200$; denn erst von der Zahl 201 an gilt:

$$\left|0 - \frac{2}{n}\right| < \frac{1}{100}$$

Wir werden dies im nächsten Abschnitt streng beweisen.

7. In den Definitionen D 9.2 und D 9.3 heißt es: „. . ., wenn es eine Zahl $N(\varepsilon)$ gibt, . . ." Damit ist **keinesfalls** gesagt, daß es **genau eine** derartige Zahl gibt. Es gilt vielmehr der Satz:

S 9.1 **Ist $N(\varepsilon)$ eine Zahl, die die in D 9.2 bzw. in D 9.3 genannte Bedingung erfüllt, so erfüllt auch jede Zahl $\overline{N} \in \mathbb{N}$ mit $\overline{N} > N(\varepsilon)$ diese Bedingung.**

Der Beweis für diesen Satz soll in Aufgabe 9 geführt werden.

Aus diesem Satz ergibt sich, daß man keinesfalls die **kleinste** Zahl N (ε) ermitteln muß, die den Bedingungen von D 9.2 bzw. von D 9.3 genügt. Wichtig ist lediglich die Existenz einer solchen Zahl. Mit anderen Worten: Es kommt nicht darauf an, jeweils genau das **erste** Element zu bestimmen, welches in der betreffenden ε-Umgebung von g liegt; es kommt nur darauf an, ein Folgenglied zu ermitteln, von dem an mit Sicherheit alle folgenden Glieder in der betreffenden Umgebung liegen.
Aufgrund dieses Sachverhaltes kann man sich in vielen Fällen umfangreiche Rechnungen ersparen dadurch, daß man darauf verzichtet, N (ε) minimal zu berechnen. Dies bedeutet, daß man bei den zugehörigen Rechnungen nicht unbedingt Äquivalenzumformungen durchführen muß, sondern auch **Abschätzungen** durchführen kann (vgl. § 8, III!). Wir kommen darauf in den Beispielen zurück.

8. In D 9.1 a haben wir die Konvergenz einer Folge durch die Bedingung erfaßt, daß **außerhalb** jeder ε-Umgebung von g **höchstens endlich viele** Glieder der Folge liegen. Dies bedeutet, daß die Ungleichung $|g - a_n| \geq \varepsilon$ höchstens endlich viele Lösungen haben darf. Äquivalent zu D 9.1 a und zu D 9.3 ist also die Definition:

Eine Zahl g heißt „Grenzwert einer Zahlenfolge (a_n)" genau dann, wenn die Lösungsmenge der Ungleichung $|g - a_n| \geq \varepsilon$ für jedes $\varepsilon \in \mathbb{R}^{>0}$ endlich (oder sogar leer) ist. D 9.3 a

In manchen Fällen kann es vorteilhaft sein, Konvergenzbeweise mit Hilfe dieser Definition zu führen.

II. Beispiele für Konvergenzbeweise

1. Will man zeigen, daß eine vorgegebene Zahlenfolge gegen einen Grenzwert g konvergiert, so muß man zeigen, daß es eine Zahl g gibt, die den Bedingungen einer der im I. Abschnitt besprochenen Definitionen genügt. Um den Beweis führen zu können, muß man schon eine Vermutung darüber haben, welche Zahl der Grenzwert sein könnte. Dann kann man nach einer der angegebenen Definitionen beweisen, daß diese Zahl wirklich der Grenzwert ist. Es kann natürlich sein, daß sich durch die Rechnung herausstellt, daß die Vermutung falsch war und die betreffende Zahl in Wirklichkeit nicht der Grenzwert der Zahlenfolge ist (vgl. das Beispiel unter 13.!).
Die besprochenen Definitionen gestatten es also **nicht,** den Grenzwert einer Zahlenfolge zu **berechnen;** sie ermöglichen es nur, zu beweisen, daß eine Zahl, von der man vermutet, sie sei der Grenzwert einer vorgegebenen Folge, wirklich der Grenzwert der Folge ist.

2. Man muß daher versuchen, durch geeignete Vorüberlegungen zu einer Vermutung über den Grenzwert zu kommen. Häufig gelangt man dadurch zum Ziel, daß man in den Term der Zahlenfolge einige „große" Zahlen einsetzt.

Beispiele:

1) $a_n = \frac{2}{n}$; $a_{1000} = \frac{1}{500}$; $a_{20000} = \frac{1}{10000}$; vermuteter Grenzwert: 0;

2) $a_n = \frac{n}{n+1}$; $a_{100} = \frac{100}{101}$; $a_{3000} = \frac{3000}{3001}$; vermuteter Grenzwert: 1.

Später werden wir zur **Berechnung** von Grenzwerten die sogenannten **„Grenzwertsätze"** heranziehen; vgl. § 10!

3. Bei den folgenden Beispielen für Konvergenzbeweise benutzen wir die Definitionen D 9.1 und D 9.3. Wir kommen zunächst auf das **Beispiel** von I, 6. zurück und wollen nun beweisen, daß die Zahlenfolge $\left(\frac{2}{n}\right)$ den Grenzwert 0 hat, daß also gilt:

$$\lim_{n \to \infty} \frac{2}{n} = 0.$$

Beweis:

Wir wollen zunächst zeigen, daß „schließlich alle" bzw. „fast alle" Glieder der Folge in der Umgebung $U_{\frac{1}{100}}(0)$ liegen. Zum Beweis gehen wir von der Beziehung aus, deren Gültigkeit wir für „fast alle" Glieder der Folge nachzuweisen haben:

$$|g - a_n| < \frac{1}{100}, \text{ d. h. } \left|0 - \frac{2}{n}\right| < \frac{1}{100} \Leftrightarrow \frac{2}{n} < \frac{1}{100} \Leftrightarrow n > 200.$$

Da wir nur Äquivalenzumformungen durchgeführt haben, gilt, wie zu beweisen war:

$$n > 200 \Rightarrow |g - a_n| = \left|0 - \frac{2}{n}\right| < \frac{1}{100}.$$

Wir können also wählen: $N\left(\frac{1}{100}\right) = 200$. Dies ist sogar die kleinste Zahl, die für $\varepsilon = \frac{1}{100}$ die Bedingung von D 9.3 erfüllt. Beachte, daß nach S 9.1 auch jede Zahl $\overline{N} > 200$ diese Bedingung erfüllt!

Auch die Bedingung von D 9.1 ist erfüllt; denn nach unserer Rechnung liegen „fast alle" Glieder der Folge, nämlich alle Glieder ab a_{201} in $U_{\frac{1}{100}}(0)$.

4. Natürlich genügt es nicht, den Konvergenzbeweis für einen einzelnen Wert von ε durchzuführen; wir müssen den Beweis vielmehr allgemein, d. h. für jedes $\varepsilon \in \mathbb{R}^{>0}$ führen.

Wir gehen auch beim allgemeinen Konvergenzbeweis von der Ungleichung aus, deren Gültigkeit wir für „fast alle" $n \in \mathbb{N}$ beweisen wollen:

$$|g - a_n| < \varepsilon, \text{ d.h. } \left|0 - \frac{2}{n}\right| = \frac{2}{n} < \varepsilon \Leftrightarrow n > \frac{2}{\varepsilon}.$$

Wählt man also eine Zahl $n \in \mathbb{N}$ mit $n > \frac{2}{\varepsilon}$, so gilt in der Tat $|g - a_n| < \varepsilon$; die Zahl 0 ist tatsächlich der Grenzwert der Folge $\left(\frac{2}{n}\right)$.

5. Setzt man in den Term $T(\varepsilon) = \frac{2}{\varepsilon}$ für ε eine Zahl aus $\mathbb{R}^{>0}$ ein, so kann es sein, daß sich eine natürliche Zahl ergibt.

Beispiel: $T\left(\frac{1}{100}\right) = 200$; ein mögliches $N\left(\frac{1}{100}\right)$ ist also die Zahl 200.

Es kann aber auch sein, daß sich **keine** natürliche Zahl ergibt.

Beispiel: $T\left(\frac{3}{1000}\right) = \frac{2000}{3} = 666{,}\overline{6}.$

In diesem Fall kann als $N\left(\frac{3}{1000}\right)$ z. B. die **nächsthöhere** natürliche Zahl gewählt werden, also z. B. die Zahl 667.

Da sich also beim Einsetzen in den Term $T(\varepsilon) = \frac{2}{\varepsilon}$ häufig keine natürliche Zahl ergibt, kann man **nicht** in jedem Fall sagen, daß $N(\varepsilon) = \frac{2}{\varepsilon}$ ist.

Offensichtlich kommt es bei der Bedingung $n > \frac{2}{\varepsilon}$ aber gar nicht darauf an, ob der Term $\frac{2}{\varepsilon}$ beim Einsetzen eines ε-Wertes eine natürliche Zahl oder eine beliebige reelle Zahl liefert. Um die Konvergenzbeweise zu vereinfachen, ersetzen wir daher unsere Definition D 9.3 durch die dazu äquivalente Definition:

D 9.4

Eine Zahl g heißt „Grenzwert einer Zahlenfolge (a_n)" genau dann, wenn es zu jeder Zahl $\varepsilon \in \mathbb{R}^{>0}$ eine Zahl $X(\varepsilon) \in \mathbb{R}$ gibt, so daß gilt:

$$n > X(\varepsilon) \Rightarrow |g - a_n| < \varepsilon .$$

Aus den an dem Beispiel erörterten Gründen ist es zweckmäßig, Konvergenzbeweise mit Hilfe dieser neuen Definition zu führen.

6. Wir können den Konvergenzbeweis für die Folge $\left(\frac{2}{n}\right)$ natürlich auch mit Hilfe von D 9.3a führen. Es gilt:

$$|g - a_n| = \left|0 - \frac{2}{n}\right| = \frac{2}{n} \geq \varepsilon \Leftrightarrow n \leq \frac{2}{\varepsilon}.$$

Für jedes $\varepsilon \in \mathbb{R}^{>0}$ ist die Lösungsmenge der Ungleichung $n \leq \frac{2}{\varepsilon}$ in $\mathbb{N}$ endlich oder sogar leer; daher ist die Zahl 0 der Grenzwert der Folge, q. e. d.

Wenn eine Zahlenfolge – wie z. B. die betrachtete Folge $\left(\frac{2}{n}\right)$ – den Grenzwert 0 hat, so nennt man sie eine „Nullfolge".

D 9.5

Eine Zahlenfolge (a_n) heißt „Nullfolge" genau dann, wenn sie den Grenzwert 0 hat, wenn also gilt: $\lim\limits_{n \to \infty} a_n = 0$.

7. Auch beim **zweiten Beispiel** $\left(\frac{n}{n+1}\right)$ wollen wir den Beweis zunächst für einen bestimmten ε-Wert führen, etwa für $\varepsilon = \frac{1}{500}$. Aufgrund der ersten Glieder der Folge können wir vermuten, daß die Zahl 1 der Grenzwert der Folge ist, daß also gilt:

$$\lim_{n \to \infty} \frac{n}{n+1} = 1$$

Beweis: Es gilt für alle $n \in \mathbb{N}$:

$$|g - a_n| = \left|1 - \frac{n}{n+1}\right| = \left|\frac{n+1-n}{n+1}\right| = \frac{1}{n+1}.$$

Die Konvergenzbedingung lautet:

$$\frac{1}{n+1} < \frac{1}{500} \Leftrightarrow 500 < n+1 \Leftrightarrow n > 499 = N\left(\frac{1}{500}\right)$$

Da wir nur Äquivalenzumformungen durchgeführt haben, gilt in der Tat:

$$n > 499 \Rightarrow \left|1 - \frac{n}{n+1}\right| < \frac{1}{500}.$$

Wir führen den Beweis nun allgemein:

$$|g - a_n| = \left|1 - \frac{n}{n+1}\right| = \frac{1}{n+1} < \varepsilon \Leftrightarrow \frac{1}{\varepsilon} < n+1 \Leftrightarrow n > \frac{1}{\varepsilon} - 1 = X(\varepsilon).$$

Da wir nur Äquivalenzumformungen durchgeführt haben und der Term $X(\varepsilon) = \frac{1}{\varepsilon} - 1$ für jedes $\varepsilon \in \mathbb{R}^{>0}$ in ein Zeichen für eine reelle Zahl übergeht, gilt:

$$n > X(\varepsilon) \Rightarrow \left|1 - \frac{n}{n+1}\right| < \varepsilon.$$

Damit ist nach D 9.3 bewiesen, daß $\lim\limits_{n \to \infty} \frac{n}{n+1} = 1$ ist.

8. Sehr einfach und durchsichtig ist auch bei diesem Beispiel der Konvergenzbeweis mit Hilfe der Definition D 9.3a. Es gilt:

$$|g - a_n| = \left|1 - \frac{n}{n+1}\right| = \frac{1}{n+1} \geq \varepsilon \Leftrightarrow \frac{1}{\varepsilon} \geq n + 1 \Leftrightarrow n \leq \frac{1}{\varepsilon} - 1.$$

Man erkennt sofort, daß die Lösungsmenge dieser Ungleichung für jedes $\varepsilon \in \mathbb{R}^{>0}$ endlich oder sogar leer ist, q. e. d.

9. Als **drittes Beispiel** behandeln wir die Folge $\left(\frac{2n}{10-n}\right)$. Es ist $a_{1000} = \frac{2000}{-990} \approx -2$.

Wir können vermuten, daß die Zahl -2 der Grenzwert der Folge ist,

$$\lim_{n \to \infty} \frac{2n}{10-n} = -2.$$

Beweis: $\left|-2 - \frac{2n}{10-n}\right| = \left|\frac{-20 + 2n - 2n}{10-n}\right| = \left|\frac{-20}{10-n}\right| = \left|\frac{20}{n-10}\right|$

An dieser Stelle müßten wir eine **Fallunterscheidung** durchführen; denn es gilt:

a) für alle n mit $n < 10$: $\left|\frac{20}{n-10}\right| = \frac{20}{10-n}$;

b) für alle n mit $n > 10$: $\left|\frac{20}{n-10}\right| = \frac{20}{n-10}$.

In der Definition D 9.1 heißt es aber, daß „schließlich alle" Glieder der Folge in jeder ε-Umgebung von g liegen müssen. Dieser Umstand legt die Vermutung nahe, daß es für das Konvergenzverhalten einer Folge nicht darauf ankommt, ob endlich viele Glieder weggelassen oder hinzugefügt werden.

Es gilt der Satz:

S 9.2 **Läßt man bei einer Zahlenfolge endlich viele Glieder weg oder fügt man endlich viele Glieder hinzu, so hat die neue Folge dasselbe Konvergenzverhalten wie die ursprüngliche Folge.**

Der Beweis für S 9.2 soll in Aufgabe 10 geführt werden.

Dieser Satz gestattet es, die Konvergenzuntersuchung bei unserem Beispiel (und bei vielen anderen Beispielen) erheblich zu vereinfachen. Wir können uns nämlich auf den Fall b) ($n > 10$) beschränken, weil die ersten 9 Glieder der Folge das Konvergenzverhalten nicht beeinflussen.

Die Konvergenzbedingung lautet also:

$$\frac{20}{n-10} < \varepsilon \Leftrightarrow 20 < n\varepsilon - 10\varepsilon \Leftrightarrow n\varepsilon > 10\varepsilon + 20 \Leftrightarrow n > \frac{10\varepsilon + 20}{\varepsilon} = X(\varepsilon).$$

Da der Term $X(\varepsilon)$ für jedes $\varepsilon \in \mathbb{R}^{>0}$ definiert ist, ist der Konvergenzbeweis für die Folge $\left(\frac{2n}{10-n}\right)$ vollständig erbracht.

10. Der Konvergenzbeweis für $\left(\frac{2n}{10-n}\right)$ nach D 9.3a lautet für $n > 10$:

$$|g - a_n| = \frac{20}{n-10} \geq \varepsilon \Leftrightarrow 20 \geq n\varepsilon - 10\varepsilon \Leftrightarrow n \leq \frac{20 + 10\varepsilon}{\varepsilon}$$

Die Lösungsmenge dieser Ungleichung ist in $\mathbb{N}$ für jedes $\varepsilon \in \mathbb{R}^{>0}$ endlich oder leer, q.e.d.

11. Als **viertes Beispiel** behandeln wir die Folge $\left(\left(\frac{1}{2}\right)^n\right)$. Weil die Werte dieser Folge sich immer mehr der Zahl 0 nähern, ist zu vermuten, daß diese Zahl der Grenzwert der Folge ist, daß die Folge also eine Nullfolge ist.

Behauptung: $\lim\limits_{n\to\infty} \left(\frac{1}{2}\right)^n = 0$

Beweis: $\left|0 - \left(\frac{1}{2}\right)^n\right| = \left(\frac{1}{2}\right)^n$

$$\left(\frac{1}{2}\right)^n < \varepsilon \Leftrightarrow n \cdot \lg\left(\frac{1}{2}\right) < \lg\varepsilon \Leftrightarrow -n \cdot (\lg 2) < \lg\varepsilon \Leftrightarrow n > -\frac{\lg\varepsilon}{\lg 2} = X(\varepsilon)$$

Beachte, daß wir die Richtung der Ungleichung umzukehren haben, weil $-\lg 2 < 0$ ist!

Die Folge $\left(\left(\frac{1}{2}\right)^n\right)$ ist also eine **Nullfolge.**

Bemerkung: Von dieser Zahlenfolge haben wir beim Beweis in § 8, IV Gebrauch gemacht. Bezeichnen wir die Länge des ersten Intervalls $A_1 = [a_1; S_0]$ mit a, so ist die Folge der Intervallängen gegeben durch die Gleichung $a_n = a \cdot \left(\frac{1}{2}\right)^n$ (mit $a > 0$). Es ist leicht einzusehen, daß der Faktor a den Grenzwert nicht ändert; dies können wir beweisen.

$\left|0 - a \cdot \left(\frac{1}{2}\right)^n\right| = a \cdot \left(\frac{1}{2}\right)^n$ (mit $a > 0$). Es gilt:

$$a \cdot \left(\frac{1}{2}\right)^n < \varepsilon \Leftrightarrow \left(\frac{1}{2}\right)^n < \frac{\varepsilon}{a}.$$

Wir können dieses Beispiel also auf das vorhergehende zurückführen, wenn wir ε durch $\frac{\varepsilon}{a}$ ersetzen.

Es ergibt sich in diesem Fall: $n > -\frac{\lg\frac{\varepsilon}{a}}{\lg 2} = \frac{\lg a - \lg\varepsilon}{\lg 2} = X(\varepsilon)$.

12. Abschließend wollen wir noch die Folge $\left(\frac{1}{n^2} - 3\right)$ betrachten.

Man erkennt an den ersten Gliedern der Folge, daß der Grenzwert wahrscheinlich die Zahl -3 ist,

$$\lim_{n\to\infty}\left(\frac{1}{n^2} - 3\right) = -3.$$

Beweis: $|g - a_n| = \left|-3 - \left(\frac{1}{n^2} - 3\right)\right| = \frac{1}{n^2}$

$$\frac{1}{n^2} < \varepsilon \Leftrightarrow \frac{1}{\varepsilon} < n^2 \Leftrightarrow n > \sqrt{\frac{1}{\varepsilon}} = X(\varepsilon).$$

Beachte: 1) Die Bedingung $n < -\sqrt{\frac{1}{\varepsilon}}$ entfällt, da für n nur natürliche Zahlen zugelassen sind.

2) $X(\varepsilon) = \sqrt{\frac{1}{\varepsilon}}$ ist für alle $\varepsilon \in \mathbb{R}^{>0}$ definiert.

13. Schließlich wollen wir noch an einem Beispiel zeigen, was sich bei dem Versuch, einen Konvergenzbeweis zu führen, ergibt, wenn die Vermutung, eine bestimmte Zahl sei Grenzwert einer Folge (a_n), falsch ist.

Beispiel: Wir vermuten – irrtümlicherweise –, daß die Folge $\left(\frac{n+2}{n+1}\right)$ den Grenzwert 2 hat.

Für alle $n \in \mathbb{N}$ gilt: $\left|2 - \frac{n+2}{n+1}\right| = \left|\frac{2n+2-n-2}{n+1}\right| = \left|\frac{n}{n+1}\right| = \frac{n}{n+1}$.

Also müßte gelten: $\frac{n}{n+1} < \varepsilon \Leftrightarrow n < \varepsilon n + \varepsilon \Leftrightarrow n(1-\varepsilon) < \varepsilon$.

Für $\varepsilon < 1$ ist dies äquivalent mit $n < \frac{\varepsilon}{1-\varepsilon}$. Für jedes $\varepsilon \in \mathbb{R}^{>0}$ mit $\varepsilon < 1$ ist die Lösungsmenge dieser Ungleichung endlich oder sogar leer; die Bedingung von D 9.3 ist also nicht erfüllt.

14. Beachte, daß keineswegs alle Zahlenfolgen einen Grenzwert haben. So kann z. B. eine unbeschränkte Zahlenfolge sicherlich nicht konvergieren. Eine Zahlenfolge, die keinen Grenzwert hat, die also nicht konvergent ist, heißt **„divergent"**. An einem Beispiel wollen wir zeigen, daß der Beweis nicht gelingt, wenn man irrtümlich versucht, die Konvergenz einer in Wirklichkeit divergenten Folge zu beweisen.

Beispiel: $a_n = \frac{n}{100}: \quad \frac{1}{100}; \frac{2}{100}; \frac{3}{100}; \frac{4}{100}; \ldots$

Wir wollen versuchen, zu beweisen, daß der Grenzwert dieser Folge $g = 1$ ist. Es ist

$$|g - a_n| = \left|1 - \frac{n}{100}\right| = \left|\frac{100-n}{100}\right|.$$

Nun gilt:

$$\left|\frac{100-n}{100}\right| = \begin{cases} \frac{100-n}{100} & \text{für } n \leq 100 \\ \frac{n-100}{100} & \text{für } n \geq 100. \end{cases}$$

Nach S 9.2 können wir die Folgenglieder mit $n < 100$ unberücksichtigt lassen. Für $n \geq 100$ lautet die Konvergenzbedingung:

$$\frac{n-100}{100} < \varepsilon \Leftrightarrow n - 100 < \varepsilon \cdot 100 \Leftrightarrow n < 100(1+\varepsilon).$$

Insgesamt ergibt sich also: $n \geq 100 \wedge n < 100(1+\varepsilon)$.

Diese Bedingung hat in $\mathbb{N}$ sicherlich keine unendliche Lösungsmenge; für „kleine" Werte von ε genügen ihr nur wenige Zahlen oder gar keine Zahl. Also kann die Zahl 1 auf keinen Fall der Grenzwert der Folge sein.

III. Sätze über konvergente Zahlenfolgen

1. Wir haben bei den bisherigen Beispielen gesehen, daß eine Zahlenfolge höchstens einen Grenzwert hat. Dies gilt in der Tat allgemein.

S 9.3 **Jede Zahlenfolge (a_n) besitzt höchstens einen Grenzwert g.**

Beweis: Wir nehmen an, eine Zahlenfolge hätte zwei verschiedene Grenzwerte g_1 und g_2 mit dem Abstand $d = |g_2 - g_1|$ (Bild 9.5).

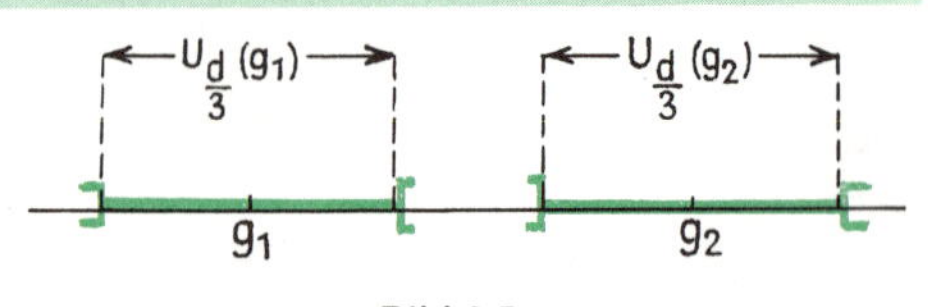

Bild 9.5

Dann müßten sowohl in $U_{\frac{d}{3}}(g_1)$ und in $U_{\frac{d}{3}}(g_2)$ „fast alle“ Glieder der Folge liegen; das aber ist nicht möglich, weil z. B. in $U_{\frac{d}{3}}(g_1)$, also außerhalb von $U_{\frac{d}{3}}(g_2)$, unendlich viele Glieder der Folge liegen müßten.

2. In § 8 haben wir zwei Eigenschaften kennengelernt, die Zahlenfolgen haben können: die Monotonie und die Beschränktheit. Es liegt nahe zu fragen, ob es einen Zusammenhang gibt zwischen diesen beiden Eigenschaften und der Konvergenz einer Zahlenfolge. Es gilt der Satz:

S 9.4

Jede monotone und beschränkte Zahlenfolge (a_n) ist konvergent, sie hat einen Grenzwert.

Ist die Folge (a_n) monoton

steigend,	**fallend,**

so ist der Grenzwert die

obere Grenze (kleinste obere Schranke)	**untere Grenze (größte untere Schranke).**

Beweis: Wir führen den Beweis für monoton steigende Zahlenfolgen. Diese haben nach S 8.2 eine obere Grenze. Wir behaupten, daß diese Zahl der Grenzwert der Folge ist.
Die Intervalle der Schachtelung, die wir beim Beweis von S 8.2 benutzt haben, haben als rechte Intervallgrenze stets eine obere Schranke der Folge, als linke Intervallgrenze eine Zahl, die diese Eigenschaft nicht hat. Da es sich um eine monoton steigende Zahlenfolge handelt, können jeweils nur endlich viele Glieder außerhalb der Intervalle liegen, d. h., fast alle Glieder der Folge liegen innerhalb jedes Intervalls der Schachtelung. Damit sind die Bedingungen der Definition D 9.1 erfüllt: In jeder ε-Umgebung der kleinsten oberen Schranke der Folge liegen „fast alle“ Glieder der Folge; also ist die kleinste obere Schranke tatsächlich der Grenzwert der Folge.

Bei monoton fallenden Folgen ist der Beweis entsprechend zu führen.

Beachte: Mit Hilfe des Satzes S 9.4 ist es in vielen Fällen möglich, zu beweisen, daß eine vorgelegte Zahlenfolge (a_n) konvergent ist, wenn man den Grenzwert selbst nicht kennt und daher die Definition D 9.1 bis D 9.3 nicht anwenden kann.

3. Von der Konvergenz einer Folge kann man umgekehrt auf ihre Beschränktheit schließen.

S 9.5

Jede konvergente Zahlenfolge ist beschränkt.

Beweis: In jeder ε-Umgebung des Grenzwertes g liegen „fast alle“ Glieder der Folge, außerhalb dieser Umgebung höchstens endlich viele. Falls es oberhalb $U_\varepsilon(g)$ noch Folgenglieder gibt, so ist eines von ihnen das größte, etwa a_k; dann ist a_k eine obere Schranke S_o der Folge. Andernfalls ist jede Zahl oberhalb von $U_\varepsilon(g)$ eine obere Schranke. Falls es überhaupt Folgenglieder gibt, die unterhalb von $U_\varepsilon(g)$ liegen, so gibt es unter ihnen ein kleinstes, etwa a_m; dann ist a_m untere Schranke der Folge; andernfalls ist jede Zahl unterhalb von $U_\varepsilon(g)$ untere Schranke der Folge. Die Folge ist also sowohl nach oben wie nach unten beschränkt, q. e. d.

IV. Intervallschachtelungen

1. Schon in Band 6 (§ 9) haben wir den Begriff der Intervallschachtelung eingeführt; wir haben in § 6, I wiederholt, was wir unter einer Intervallschachtelung verstehen.
Mit Hilfe der Begriffe, die wir in diesem Paragraphen kennengelernt haben, können wir nun den Begriff der Intervallschachtelung – namentlich hinsichtlich der Bedingung [2] – präzisieren.

2. Bezeichnen wir die Intervalle der Schachtelung mit $A_k = [l_k; r_k]$ (für alle $k \in \mathbb{N}$), so ergibt sich aus der Bedingung

$$A_1 \supseteq A_2 \supseteq A_3 \supseteq A_4 \supseteq \ldots \text{ (Bild 9.6)},$$

daß die linken Intervallgrenzen eine monoton steigende, die rechten Intervallgrenzen eine monoton fallende Zahlenfolge bilden, daß also für alle $n \in \mathbb{N}$ gilt:

$$l_{n+1} \geq l_n \quad \text{und} \quad r_{n+1} \leq r_n.$$

Daß die Intervallängen „schließlich beliebig klein" werden, bedeutet, daß sie eine Nullfolge bilden, daß also gilt:

$$\lim_{n \to \infty} (r_n - l_n) = 0.$$

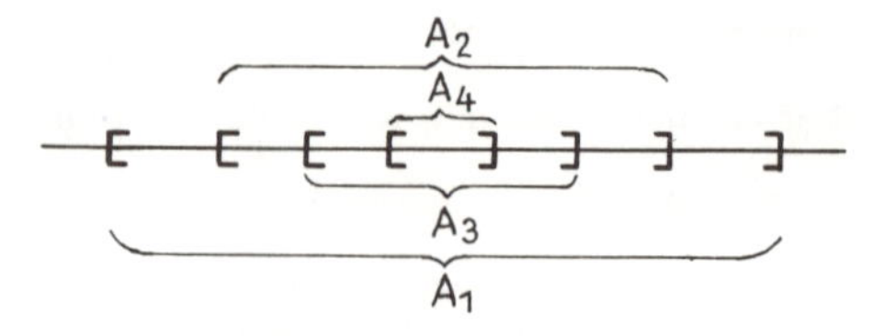

Bild 9.6

3. Damit können wir den Begriff der Intervallschachtelung auf die Eigenschaften der beiden Zahlenfolgen (l_n) und (r_n) zurückführen. Es gilt:

D 9.6 **Zwei Zahlenfolgen (l_n) und (r_n) bilden eine Intervallschachtelung genau dann, wenn**

[1] die Zahlenfolge (l_n) monoton steigend,

[2] die Zahlenfolge (r_n) monoton fallend und

[3] die Folge $(r_n - l_n)$ eine Nullfolge ist.

Wir können die drei Bedingungen auch in Formeln angeben:

[1] Für alle $n \in \mathbb{N}$ gilt: $l_{n+1} \geq l_n$.

[2] Für alle $n \in \mathbb{N}$ gilt: $r_{n+1} \leq r_n$.

[3] Es gilt: $\lim\limits_{n \to \infty} (r_n - l_n) = 0$.

4. Beispiel: Wir behaupten, daß die Zahlenfolgen $l_n = \frac{n-1}{n}$ und $r_n = \frac{n+1}{n}$ eine Intervallschachtelung bestimmen.

Beweis: Für alle $n \in \mathbb{N}$ gilt:

[1] $$l_{n+1} - l_n = \frac{n}{n+1} - \frac{n-1}{n} = \frac{n^2 - (n^2 - 1)}{n(n+1)} = \frac{1}{n(n+1)} > 0$$

[2] $$r_n - r_{n+1} = \frac{n+1}{n} - \frac{n+2}{n+1} = \frac{(n+1)^2 - n(n+2)}{n(n+1)}$$

$$= \frac{n^2 + 2n + 1 - n^2 - 2n}{n(n+1)} = \frac{1}{n(n+1)} > 0$$

[3] $$r_n - l_n = \frac{n+1}{n} - \frac{n-1}{n} = \frac{n+1-n+1}{n} = \frac{2}{n}$$

$$\lim_{n \to \infty} (r_n - l_n) = \lim_{n \to \infty} \frac{2}{n} = 0; \text{ denn es gilt:}$$

$$\left| 0 - \frac{2}{n} \right| = \frac{2}{n} < \varepsilon \Leftrightarrow n > \frac{2}{\varepsilon} = X(\varepsilon).$$

5. Anschaulich ist klar, daß bei einer Intervallschachtelung jede linke Intervallgrenze nicht größer ist als jede rechte Intervallgrenze. Dies wollen wir beweisen.

S 9.6 **Ist eine Intervallschachtelung durch die beiden Folgen (l_n) und (r_n) festgelegt, so gilt für alle $k, m \in \mathbb{N}$: $l_k \leq r_m$.**

Beweis: Gäbe es ein Paar $(l_k \mid r_m)$, das – im Gegensatz zur Behauptung – $l_k > r_m$ genügte, so müßte der Unterschied zwischen den linken und rechten Grenzen für die folgenden Glieder immer größer werden, weil ja die Folge (l_n) monoton steigend, die Folge (r_n) monoton fallend ist. Das widerspricht der Bedingung [3], daß $\lim\limits_{n\to\infty} (r_n - l_n) = 0$ ist.

6. Schließlich beweisen wir noch den Satz:

S 9.7

Die Folgen der unteren und der oberen Intervallgrenzen einer Intervallschachtelung konvergieren gegen die durch die Intervallschachtelung bestimmte innere Zahl z; es gilt also:

$$\lim_{n\to\infty} l_n = \lim_{n\to\infty} r_n = z.$$

Beweis: 1) Die Folge (l_n) ist monoton steigend und beschränkt; so stellt z. B. die Zahl r_1 nach S 9.6 eine obere Schranke für diese Folge dar, da ja für alle $n \in \mathbb{N}$ gilt: $l_n < r_1$. Außerdem stellt die Zahl l_1 eine untere Schranke der Folge dar. Nach S 9.4 ist die Folge (l_n) also konvergent, hat also einen Grenzwert g_l. Da die Folge monoton steigend ist, muß für alle $n \in \mathbb{N}$ gelten: $l_n \leq g_l$.

2) Entsprechend ergibt sich, daß die monoton fallende Zahlenfolge (r_n) einen Grenzwert g_r hat und daß für alle $n \in \mathbb{N}$ gilt: $r_n \geq g_r$.

3) Aus der Bedingung $\lim\limits_{n\to\infty} (r_n - l_n) = 0$ folgt ferner, daß die beiden Grenzwerte übereinstimmen,

daß also
$$\lim_{n\to\infty} l_n = \lim_{n\to\infty} r_n = g \text{ ist.}$$

Also gilt für alle $n \in \mathbb{N}$:
$$l_n \leq g \leq r_n;$$

das aber bedeutet, daß die Zahl g innere Zahl **aller** Intervalle der Schachtelung und mithin mit der durch diese Schachtelung festgelegten Zahl z identisch ist, q. e. d.

V. Divergente Zahlenfolgen

1. Bereits am Ende des II. Abschnittes haben wir den Begriff der „Divergenz" einer Zahlenfolge erwähnt. Wir definieren:

D 9.7

Eine Zahlenfolge (a_n) heißt genau dann „divergent", wenn sie nicht konvergiert, wenn sie also keinen Grenzwert besitzt.

Beispiele:

1) $a_n = 2n - 1$: 1; 3; 5; 7; 9; 11; ... (Bild 9.7a, b)

2) $a_n = -n^2$: -1; -4; -9; -16; -25; ... (Bild 9.8a, b)

3) $a_n = \frac{(-1)^n (n+2)}{n}$: -3; 2; $-\frac{5}{3}$; $\frac{3}{2}$; $-\frac{7}{5}$; $\frac{4}{3}$; ... (Bild 9.9a, b)

Bild 9.7a

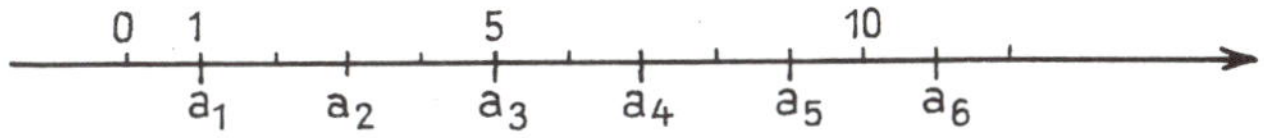

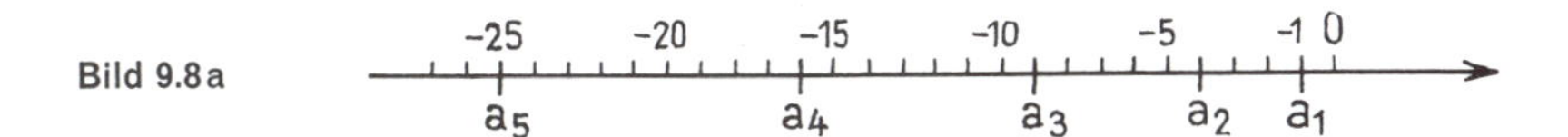

Bild 9.8a

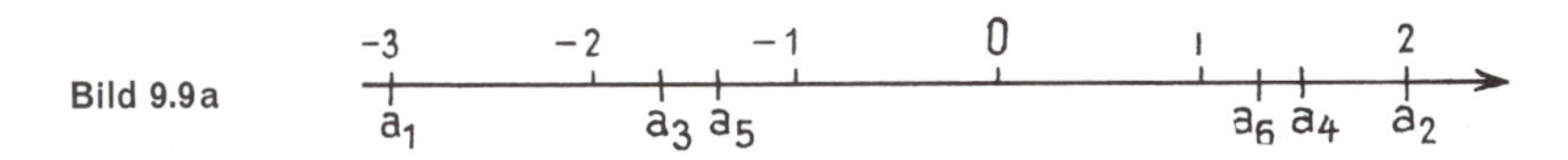

Bild 9.9a

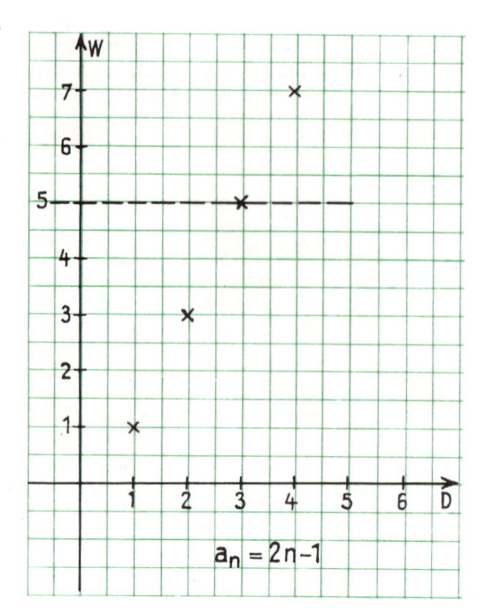

Bild 9.7 b

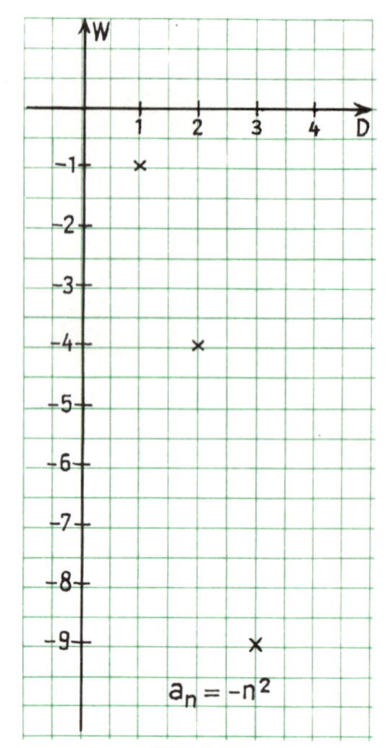

Bild 9.8 b

Die Folgen 1) und 2) sind divergent, weil sie nach oben bzw. nach unten nicht beschränkt sind. Die Folge 3) ist divergent, weil sowohl in jeder Umgebung $U_\varepsilon(-1)$ als auch in jeder Umgebung $U_\varepsilon(1)$ unendlich viele Glieder der Folge liegen.

2. Für nicht beschränkte Folgen gilt der Satz:

S 9.8

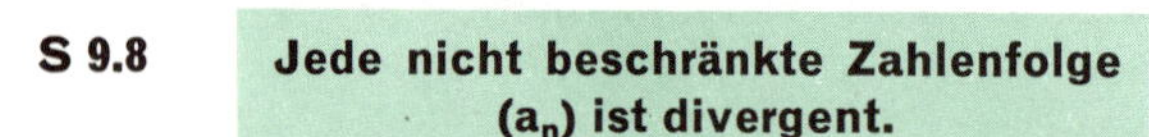

Jede nicht beschränkte Zahlenfolge (a_n) ist divergent.

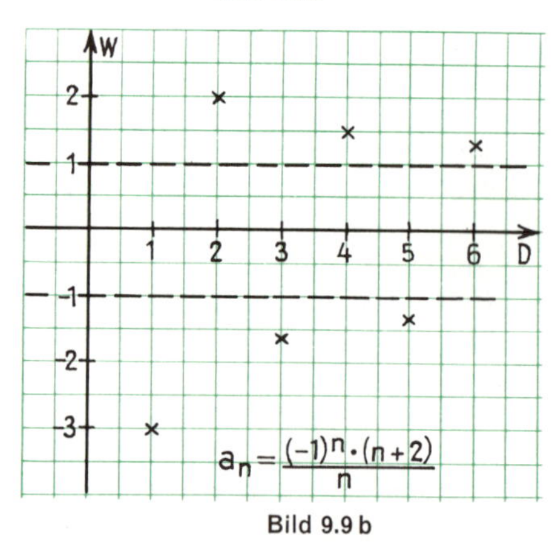

Bild 9.9 b

Der Beweis für diesen Satz ergibt sich unmittelbar aus S 9.5. Wäre (a_n) nicht divergent, also konvergent, so müßte sie nach S 9.5 im Widerspruch zur Voraussetzung auch beschränkt sein.

3. Folgen, die mit wachsendem n über alle Schranken wachsen – wie Beispiel 1) – oder unter alle Schranken sinken – wie Beispiel 2) – nennt man **„bestimmt-divergent"**. Wenn wir diesen Begriff exakt definieren wollen, haben wir zu beachten, daß es nicht genügt, zu verlangen, daß die Folge unbeschränkt ist.

Beispiel: Die durch $a_n = (-2)^n$ gegebene Folge ist unbeschränkt: $-2, 4, -8, 16, -32, \ldots$, aber sie „springt" zwischen negativen und positiven Werten hin und her; sie ist daher zwar divergent, aber nicht bestimmt-divergent. Es muß vielmehr verlangt werden, daß von einem bestimmten Index N an entweder jede Schranke S übertroffen oder unterboten wird.

Der Einfachheit halber ersetzen wir in der Definition für den Begriff der bestimmten Divergenz diese natürliche Zahl N durch eine reelle Zahl X. (Vgl. die Begründung für das entsprechende Vorgehen bei D 9.4!)

D 9.8

Eine Zahlenfolge (a_n) heißt genau dann „bestimmt-divergent", wenn es zu jeder Zahl $S \in \mathbb{R}$ eine Zahl $X(S) \in \mathbb{R}$ gibt, so daß gilt:

$$\text{a) } n > X(S) \Rightarrow a_n > S \quad \text{oder} \quad \text{b) } n > X(S) \Rightarrow a_n < S.$$

Man schreibt im Falle

a) „$\lim\limits_{n \to \infty} a_n = \infty$". | **b)** „$\lim\limits_{n \to \infty} a_n = -\infty$".

Man spricht in beiden Fällen von einem **„uneigentlichen Grenzwert"**.

Beachte, daß es sich hierbei nur um eine symbolische Ausdrucksweise handelt! Wenn auch zur Kennzeichnung der bestimmten Divergenz das Zeichen „$\lim\limits_{n \to \infty} a_n$" verwendet wird, so bedeutet dies **nicht,** daß eine solche Zahlenfolge einen (eigentlichen) Grenzwert hat, also gegen eine **Zahl** konvergiert.

4. Wir wollen nun beweisen, daß die beiden Folgen 1) und 2) von 1. bestimmt-divergent sind. Wir gehen dazu – wie bei Konvergenzbeweisen – von der Ungleichung aus, die wir als gültig nachzuweisen haben, und führen nur Äquivalenzumformungen durch.

Beweis:

1) $a_n = 2n - 1 > S \Leftrightarrow 2n > S + 1 \Leftrightarrow n > \frac{S+1}{2}$

Bei diesem Beispiel ist $X(S) = \frac{S+1}{2}$. Da dieser Term für jeden Wert von S in ein definiertes Zahlenzeichen übergeht und wir nur Äquivalenzumformungen durchgeführt haben, gilt in der Tat:

$$n > \frac{S+1}{2} \Rightarrow a_n > S, \quad \text{q.e.d.}$$

2) $a_n = -n^2$. Bei diesem Beispiel brauchen wir als mögliche Schranken nur negative Zahlen zuzulassen. Wir setzen also voraus, daß gilt:

$$S < 0 \text{ bzw. } -S > 0$$

$$a_n = -n^2 < S \Leftrightarrow n^2 > -S \Leftrightarrow n > \sqrt{-S}$$

Bei diesem Beispiel ist $X(S) = \sqrt{-S}$. Beachte, daß $-S$ eine positive Zahl ist!

Übungen und Aufgaben

Grenzwerte von Folgen

1. Versuche die Grenzwerte der angegebenen Zahlenfolgen dadurch zu erraten, daß du große Zahlen einsetzt!

a) $a_n = \frac{(-1)^n}{n+3}$ **b)** $a_n = \frac{n-1}{2n+1}$ **c)** $a_n = \frac{3n-1}{n+4}$ **d)** $a_n = \frac{1-4n^2}{3n^2+1}$

e) $a_n = \frac{n^2+n+1}{10n^2-1}$ **f)** $a_n = \frac{100-2n}{5n-4}$ **g)** $a_n = \frac{10n-n^2}{n^2+1000}$ **h)** $a_n = \frac{\sqrt{4n}}{1+\sqrt{n}}$

i) $a_n = \frac{3-\sqrt{8n}}{\sqrt{2n}+1}$ **j)** $a_n = \frac{\sqrt{2n}+5}{\sqrt{18n}}$ **k)** $a_n = \frac{n+\sqrt{n}}{\sqrt{2n}-3n}$ **l)** $a_n = \frac{3-\sqrt{12n}}{1+\sqrt{3n}}$

2. Versuche die Grenzwerte g der angegebenen Zahlenfolgen zu erraten und stelle fest, für welches kleinste N (ε) gilt: $|a_n - g| < \varepsilon$!

a) $a_n = \frac{1}{2n+1}$; $\varepsilon = \frac{1}{100}$ **b)** $a_n = \frac{n-1}{n}$; $\varepsilon = \frac{1}{100}$ **c)** $a_n = \frac{2n+1}{n+1}$; $\varepsilon = \frac{1}{10}$

d) $a_n = \frac{n+1}{5n-1}$; $\varepsilon = 10^{-4}$ **e)** $a_n = \frac{1}{n^2}$; $\varepsilon = 10^{-2}$ **f)** $a_n = \frac{n-1}{2n+1}$; $\varepsilon = 10^{-2}$

3. Zeige, daß die bei den Folgentermen angegebenen Zahlen **nicht** die Grenzwerte der Zahlenfolgen sind, indem du beweist, daß es eine ε-Umgebung der jeweiligen Zahl gibt, in der nicht „fast alle" Glieder der Folge liegen!

a) $a_n = \frac{1}{n+4}$; 1 **b)** $a_n = \frac{2n-1}{3n+1}$; 1 **c)** $a_n = \frac{2n+1}{n+2}$; 3

d) $a_n = \frac{1-2n}{n+1}$; -1 **e)** $a_n = \frac{4-3n}{2n+1}$; 0 **f)** $a_n = \frac{n^2+1}{n+2}$; 2

4. Errate die Grenzwerte der Zahlenfolgen und führe den Grenzwertbeweis! [r) bis u) mit Abschätzungen!]

a) $a_n = 2 + \frac{1}{n}$ **b)** $a_n = 3 - \frac{2}{n}$ **c)** $a_n = \frac{n+2}{n+4}$ **d)** $a_n = \frac{4n-1}{n+1}$

e) $a_n = 1^n$ **f)** $a_n = \frac{2}{n^2+n}$ **g)** $a_n = \frac{1-3n}{n+1}$ **h)** $a_n = \frac{3n}{4n-1}$

i) $a_n = \frac{2n-1}{1-5n}$ **k)** $a_n = \frac{4-3n}{6n+1}$ **l)** $a_n = \frac{7-4n}{3n+1}$ **m)** $a_n = \frac{3n^2}{2n^2-1}$

n) $a_n = \frac{1-n^2}{2n^2+2}$ **o)** $a_n = \frac{5n^2+1}{2n^2-1}$ **p)** $a_n = \frac{3n-1}{n^2+4}$ **q)** $a_n = \frac{1+\sqrt{n}}{2-\sqrt{n}}$

r) $a_n = \frac{2n^2-n}{3n^2-1}$ **s)** $a_n = \frac{n^2+2n-1}{5n^2-n}$ **t)** $a_n = \frac{n^2-2n}{n^3+n^2}$ **u)** $a_n = \frac{4n^2+n}{3n^2+n-1}$

5. Beweise die Divergenz der Zahlenfolgen!

a) $a_n = n + 1$ **b)** $a_n = \frac{n^2}{n+1}$ **c)** $a_n = \frac{2n^2-1}{3n+1}$ **d)** $a_n = \frac{n}{1+\sqrt{n}}$

6. Warum haben die durch die folgenden Terme gegebenen Zahlenfolgen keinen Grenzwert?

a) $a_n = (-1)^n \cdot \frac{2n+1}{n+1}$ **b)** $a_n = 1 + (-1)^n \cdot \frac{n-1}{2n+1}$ **c)** $a_n = (-1)^n + 2$

d) $a_n = n(-1)^n$ **e)** $a_n = -4 + (-1)^n \cdot \frac{2n+1}{n+3}$ **f)** $a_n = 2 + (-1)^n \cdot \frac{n^2}{n+1}$

7. Gib je eine Intervallschachtelung an, die die angegebenen Zahlen als innere Zahlen hat!

a) 2 **b)** $\frac{1}{2}$ **c)** $-\frac{2}{5}$ **d)** 1,04 **e)** $-3{,}72$ **f)** $\frac{4}{7}$

8. Welche der folgenden Zahlenfolgen (a_n) und (b_n) bilden Intervallschachtelungen?

a) $a_n = \frac{n}{n+1}$; $b_n = \frac{n+1}{n}$ **b)** $a_n = \frac{n}{2n+1}$; $b_n = \frac{n+5}{2n-1}$ **c)** $a_n = \frac{1-2n}{3n+1}$; $b_n = \frac{1-2n}{3n+10}$

d) $a_n = \frac{5n}{n+2}$; $b_n = \frac{5n+10}{n+1}$ **e)** $a_n = \frac{3n-1}{n+4}$; $b_n = \frac{3n+2}{n-1}$ **f)** $a_n = \frac{n-4}{3n+1}$; $b_n = \frac{n+1}{3n-2}$

Sätze über konvergente Folgen

9. Beweise S 9.1! Anleitung: Benutze das Gesetz der Transitivität der Ordnung!

10. Beweise S 9.2! Anleitung: Verwende die Umgebungsdefinition für den Grenzwert!

11. Beweise:

a) $a_n \geq 0 \wedge \lim\limits_{n \to \infty} a_n = a \Rightarrow a \geq 0$ **b)** $a_n < 0 \wedge \lim\limits_{n \to \infty} a_n = a \Rightarrow a \leq 0$

c) $(a_n \geq 0 \wedge \lim\limits_{n \to \infty} a_n = a) \wedge (b_n \leq 0 \wedge \lim\limits_{n \to \infty} b_n = b) \wedge a = b \Rightarrow a = b = 0$!

12. Beweise:

a) $a_n \geq S \wedge \lim\limits_{n \to \infty} a_n = a \Rightarrow a \geq S$ **b)** $a_n \leq S \wedge \lim\limits_{n \to \infty} a_n = a \Rightarrow a \leq S$

13. Beweise: $\lim\limits_{n \to \infty} a_n = g \Leftrightarrow \lim\limits_{n \to \infty} (g - a_n) = 0$

14. Beweise: **a)** Ist $\lim\limits_{n \to \infty} a_n > 0$, so gibt es ein N, so daß gilt: $n > N \Rightarrow a_n > 0$!

b) Ist $\lim\limits_{n \to \infty} a_n < 0$, so gibt es ein N, so daß gilt: $n > N \Rightarrow a_n < 0$!

15. Gegeben ist die Folge zu $a_n = n + (-1)^n \cdot n$. Zeige, daß in jeder ε-Umgebung von Null unendlich viele Glieder der Folge liegen und daß Null trotzdem nicht der Grenzwert der Folge ist!

16. Beweise:

a) (a_n) sei monoton steigend und (b_n) konvergent mit dem Grenzwert b, und es sei $a_n \leq b_n$ für alle $n \in \mathbb{N}$. Dann ist (a_n) konvergent.

b) (a_n) sei monoton steigend und (b_n) monoton fallend, und es gelte $a_n \leq b_n$ für alle $n \in \mathbb{N}$. Dann sind (a_n) und (b_n) konvergent.

c) (a_n) sei eine Nullfolge und $a_n \geq 0$. Ferner sei $a_n \geq b_n$ und $b_n \geq 0$ für alle $n \in \mathbb{N}$. Dann ist auch (b_n) eine Nullfolge.

d) Es sei $a_n \leq b_n \leq c_n$ für alle $n \in \mathbb{N}$ und $\lim\limits_{n \to \infty} a_n = \lim\limits_{n \to \infty} c_n = 0$. Dann ist auch (b_n) eine Nullfolge.

e) Es sei $a_n \leq b_n \leq c_n$ für alle $n \in \mathbb{N}$ und $\lim\limits_{n \to \infty} a_n = \lim\limits_{n \to \infty} c_n = k$. Dann gilt $\lim\limits_{n \to \infty} b_n = k$.

17. Widerlege die folgenden Sätze durch Gegenbeispiele!

a) Jede konvergente Folge ist monoton.

b) Jede monotone Folge ist konvergent.

c) Jede beschränkte Folge ist konvergent.

d) Jede konvergente Folge ist monoton und beschränkt.

18. **a)** Beweise: Jede nicht beschränkte Folge ist divergent!

b) Formuliere die Umkehrung des Satzes! Ist die Umkehrung richtig? (Begründung!)

19. Beweise: **a)** Ist $a_n > 0$ und $\lim\limits_{n \to \infty} a_n = 0$, so gilt $\lim\limits_{n \to \infty} \frac{1}{a_n} = \infty$!

b) Ist $a_n < 0$ und $\lim\limits_{n \to \infty} a_n = 0$, so gilt $\lim\limits_{n \to \infty} \frac{1}{a_n} = -\infty$!

20. Beweise: Wenn die Folge (a_n) bestimmt divergent ist, dann ist die Folge zu $b_n = \frac{1}{a_n}$ eine Nullfolge! Gilt die Umkehrung des Satzes?

21. Beweise: Ist $\lim\limits_{n \to \infty} a_n = g$ und gibt es ein $N \in \mathbb{N}$, so daß gilt: $n > N \Rightarrow a_n = b_n$, dann ist $\lim\limits_{n \to \infty} a_n = \lim\limits_{n \to \infty} b_n = g$!

22. Gib eine Intervallschachtelung für $\sqrt{2}$ an! In der Grundmenge $\mathbb{R}$ sind die Folgen (l_n) und (r_n) konvergent mit dem Grenzwert $\sqrt{2}$.

a) Haben die Folgen in der Grundmenge $\mathbb{Q}$ Grenzwerte?

b) Ist es sinnvoll, auch in diesem Fall von „konvergenten" Folgen zu sprechen?

§ 10 Grenzwertsätze für Zahlenfolgen

I. Hinführung zu den Grenzwertsätzen

1. Wir haben bei den bisherigen Beispielen den Grenzwert einer Zahlenfolge dadurch zu bestimmen versucht, daß wir in den Folgenterm Zahlen eingesetzt haben.

Beispiel: $a_n = \frac{2n^2 + 3n - 4}{n^2 + 1}$; $a_{1000} = \frac{2000000 + 3000 - 4}{1000000 + 1} = \frac{2002996}{1000001} \approx 2{,}003$

Diesem Ergebnis kann man entnehmen, daß die Zahl 2 höchstwahrscheinlich der Grenzwert der Zahlenfolge ist. Dies können wir mit Hilfe der Definition D 9.3 auch streng beweisen.

2. Es erhebt sich die Frage, ob es eine Möglichkeit gibt, den Grenzwert einer Zahlenfolge unmittelbar aus dem Folgenterm zu berechnen. Weil beim Term des obigen Beispiels Zähler und Nenner, für sich genommen, über alle Schranken wachsen, ist es offenbar zweckmäßig, diesen Bruchterm zunächst mit $\frac{1}{n^2}$ zu erweitern:

$$a_n = \frac{2n^2 + 3n - 4}{n^2 + 1} = \frac{(2n^2 + 3n - 4)\frac{1}{n^2}}{(n^2 + 1)\frac{1}{n^2}} = \frac{2 + \frac{3}{n} - \frac{4}{n^2}}{1 + \frac{1}{n^2}}$$

In Zähler und Nenner können wir nun die Grenzwerte der einzelnen Summanden leicht bestimmen; es ist

$$\lim_{n \to \infty} \frac{3}{n} = 0; \quad \lim_{n \to \infty} \frac{4}{n^2} = 0 \text{ und } \lim_{n \to \infty} \frac{1}{n^2} = 0.$$

(Dies kann man nach D 9.3 leicht beweisen.) Es ist also zu vermuten, daß die Folge gegen die Zahl

$$\frac{2 + 0 - 0}{1 + 0} = 2 \text{ konvergiert.}$$

Dies läßt sich in der Tat auch beweisen.

3. Wir haben bei dieser Überlegung von einigen bisher noch nicht bewiesenen Sätzen Gebrauch gemacht. Wir haben nämlich den Grenzwert für den ganzen Quotienten nicht unmittelbar, sondern durch Rückführung auf die Grenzwerte von Zähler und Nenner und diese wieder durch Rückführung auf die Grenzwerte der einzelnen Summanden ermittelt. Wir haben zu untersuchen, ob diese Art der Berechnung eines Grenzwertes berechtigt ist, ob also der folgende Satz gilt:

Es sei $\lim\limits_{n \to \infty} a_n = a$ und $\lim\limits_{n \to \infty} b_n = b$;

dann gilt:

1) $\lim\limits_{n \to \infty} (a_n + b_n) = a + b$;

2) $\lim\limits_{n \to \infty} (a_n - b_n) = a - b$;

3) $\lim\limits_{n \to \infty} (a_n \cdot b_n) = a \cdot b$.

Ist überdies $b \neq 0$ und für alle $n \in \mathbb{N}$ $b_n \neq 0$, so gilt:

4) $\lim\limits_{n \to \infty} \frac{a_n}{b_n} = \frac{a}{b}$

Diese Sätze wollen wir in den folgenden Abschnitten beweisen. Wir werden die dabei auftretenden Folgen in naheliegender Weise „Summenfolgen", „Differenzfolgen", „Produktfolgen" und „Quotientenfolgen" nennen.

II. Summen- und Differenzenfolgen

1. Wir beweisen zuerst den Satz

S 10.1

$$\lim_{n\to\infty} a_n = a \wedge \lim_{n\to\infty} b_n = b \Rightarrow \lim_{n\to\infty} (a_n + b_n) = a + b\,.$$

Beweis:

Wir haben (nach D 9.1) zu zeigen, daß „schließlich alle" Glieder der Folge $(a_n + b_n)$ in jeder beliebigen ε-Umgebung von $a + b$ liegen unter der Voraussetzung, daß „schließlich alle" Glieder der Folgen (a_n) bzw. (b_n) in den Umgebungen von a bzw. b liegen. Wir behaupten also, daß es (nach D 9.3) zu jedem $\varepsilon \in \mathbb{R}^{>0}$ eine natürliche Zahl $N(\varepsilon)$ gibt, so daß gilt:

$$n > N(\varepsilon) \Rightarrow |(a + b) - (a_n + b_n)| < \varepsilon.$$

Um dies zu beweisen, fragen wir uns zunächst, was sich ergibt, wenn man alle Zahlen einer Umgebung $U_\varepsilon(a)$ zu allen Zahlen einer Umgebung $U_\varepsilon(b)$ addiert. Offenbar ergibt sich dabei eine Umgebung der Zahl $a + b$. Um die Breite dieser Umgebung zu bestimmen, addieren wir die linken und die rechten Grenzen der beiden Intervalle $U_\varepsilon(a)$ und $U_\varepsilon(b)$:

$$(a - \varepsilon) + (b - \varepsilon) = (a + b) - 2\varepsilon \text{ und } (a + \varepsilon) + (b + \varepsilon) = (a + b) + 2\varepsilon.$$

Durch die Summenbildung entsteht also aus den beiden Umgebungen $U_\varepsilon(a)$ und $U_\varepsilon(b)$ eine Umgebung der **doppelten** Breite: $U_{2\varepsilon}(a + b)$. Dies ist in Bild 10.1 dargestellt.

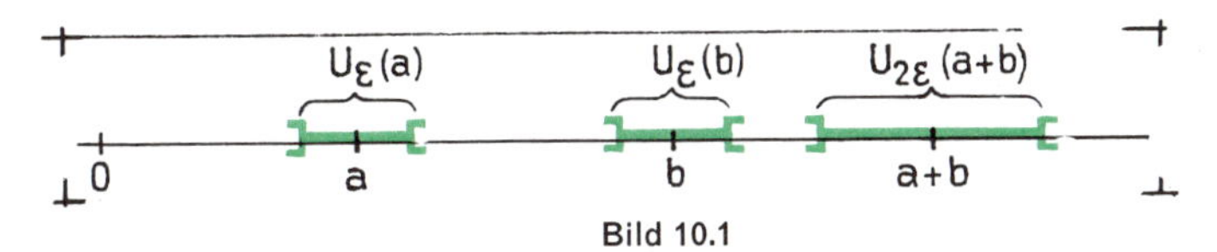

Bild 10.1

Sollen also „schließlich alle" Glieder der Folge $(a_n + b_n)$ in einer ε-Umgebung von $a + b$ liegen, so müssen wir um a und b Umgebungen der halben Breite, also $\frac{\varepsilon}{2}$-Umgebungen, wählen.

2. Wir benutzen nun die **Voraussetzung,** daß die beiden Folgen (a_n) und (b_n) gegen a bzw. b konvergieren. Dies bedeutet:

Zu jedem $\frac{\varepsilon}{2} \in \mathbb{R}^{>0}$ gibt es

a) eine Zahl $N_1\left(\frac{\varepsilon}{2}\right)$ mit $n > N_1 \Rightarrow |a - a_n| < \frac{\varepsilon}{2}$ und

b) eine Zahl $N_2\left(\frac{\varepsilon}{2}\right)$ mit $n > N_2 \Rightarrow |b - b_n| < \frac{\varepsilon}{2}$.

Es sei nun $N(\varepsilon)$ die **größere** (oder wenigstens nicht kleinere) der beiden Zahlen $N_1\left(\frac{\varepsilon}{2}\right)$ und $N_2\left(\frac{\varepsilon}{2}\right)$.

(Bemerkung: Wir schreiben „$N(\varepsilon)$" und nicht „$N\left(\frac{\varepsilon}{2}\right)$", weil diese Zahl sich auf die Summenfolge $(a_n + b_n)$ beziehen soll.)

Dann gilt: $n > N(\varepsilon) \Rightarrow |a - a_n| < \frac{\varepsilon}{2}$ und $|b - b_n| < \frac{\varepsilon}{2}$

Durch Addition der beiden Ungleichungen erhält man nach dem Monotoniegesetz:

$$n > N(\varepsilon) \Rightarrow |a - a_n| + |b - b_n| < \frac{\varepsilon}{2} + \frac{\varepsilon}{2} = \varepsilon \qquad (1)$$

Wir behaupten, daß dann auch gilt: $n > N(\varepsilon) \Rightarrow |(a + b) - (a_n + b_n)| < \varepsilon$

Zum Beweis formen wir den Term $|(a + b) - (a_n + b_n)|$ zunächst um:

$$|(a + b) - (a_n + b_n)| = |(a - a_n) + (b - b_n)|.$$

Nach der Dreiecksungleichung $|a + b| \leq |a| + |b|$ (§ 6, II) ergibt sich:

$$|(a - a_n) + (b - b_n)| \leq |a - a_n| + |b - b_n|.$$

Mithin gilt: $|(a+b)-(a_n+b_n)| \leq |a-a_n| + |b-b_n|$

Durch Anwendung der Beziehung (1) erhalten wir wegen der Transitivität der Größerbeziehung schließlich: $n > N(\varepsilon) \Rightarrow |(a+b)-(a_n+b_n)| < \varepsilon$, q. e. d.

Der Sachverhalt ist in Bild 10.2 veranschaulicht. Dabei bedeutet:

$$d_a = |a - a_n|;\; d_b = |b - b_n| \text{ und } d = |(a+b) - (a_n + b_n)|$$

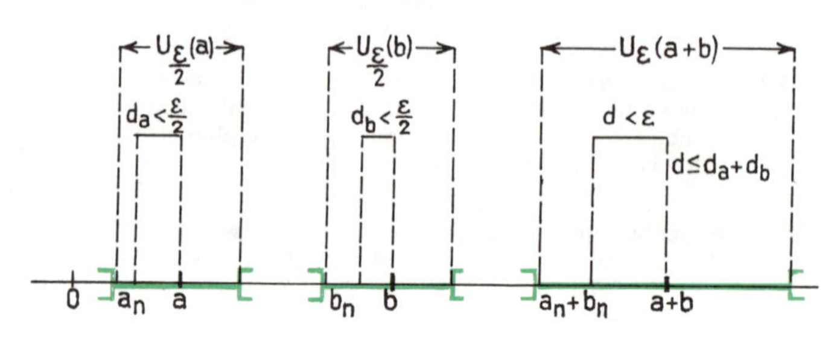

Bild 10.2

Beispiel: $\lim\limits_{n\to\infty}\left(\frac{1}{n}+\frac{1}{n^2}\right) = \lim\limits_{n\to\infty}\frac{1}{n} + \lim\limits_{n\to\infty}\frac{1}{n^2} = 0 + 0 = 0$

3. Beachte, daß die Umkehrung von S 10.1 **nicht** gilt! Eine Folge $(a_n + b_n)$ kann nämlich konvergieren, ohne daß die Folgen (a_n) und (b_n) konvergieren.

Beispiel: $a_n = \frac{1}{n} + n^2$; $b_n = 2 - n^2$; beide Folgen divergieren.

Dennoch ist: $\lim\limits_{n\to\infty}(a_n + b_n) = \lim\limits_{n\to\infty}\left(\frac{1}{n} + n^2 + 2 - n^2\right) = \lim\limits_{n\to\infty}\left(\frac{1}{n} + 2\right) = 2.$

4. Ganz entsprechend kann der Beweis für den Satz

S 10.2 $$\lim\limits_{n\to\infty} a_n = a \wedge \lim\limits_{n\to\infty} b_n = b \Rightarrow \lim\limits_{n\to\infty}(a_n - b_n) = a - b$$

geführt werden (Aufgabe 2).

Dieser Satz kann aber auch mit Hilfe der allgemeingültigen Gleichung

$$a_n - b_n = a_n + (-b_n)$$

auf S 10.1 zurückgeführt werden, wenn man noch zeigt, daß

$$\lim\limits_{n\to\infty}(-b_n) = -\lim\limits_{n\to\infty} b_n \text{ ist. (Aufgabe 3)}$$

Beispiel: $\lim\limits_{n\to\infty}\left(\frac{3}{n+1} - \frac{2}{n^2}\right) = \lim\limits_{n\to\infty}\frac{3}{n+1} - \lim\limits_{n\to\infty}\frac{2}{n^2} = 0 - 0 = 0$

III. Produktfolgen

1. Bei Produktfolgen $(c_n = a_n \cdot b_n)$ ist es zweckmäßig, zunächst einen Sonderfall zu untersuchen.

S 10.3 **Ist (a_n) eine Nullfolge und (b_n) eine beschränkte Folge, so gilt $\lim\limits_{n\to\infty}(a_n \cdot b_n) = 0$.**

Beweis:
Wir haben zu beweisen, daß es zu jedem $\varepsilon > 0$ ein $N(\varepsilon) \in \mathbb{N}$ gibt mit $n > N(\varepsilon) \Rightarrow |a_n \cdot b_n| < \varepsilon$. Da (b_n) nach Voraussetzung eine beschränkte Zahlenfolge sein soll, gibt es eine positive reelle Zahl S mit $|b_n| \leq S$ für alle $n \in \mathbb{N}$. Außerdem gibt es zu jedem $\varepsilon_1 > 0$ eine Zahl $N_1(\varepsilon_1)$ mit $n > N_1(\varepsilon_1) \Rightarrow |a_n| < \varepsilon_1$. Wir wählen $\varepsilon_1 = \frac{\varepsilon}{S}$ und setzen $N(\varepsilon) = N_1\left(\frac{\varepsilon}{S}\right)$.

Dann gilt: $n > N(\varepsilon) \Rightarrow |a_n b_n| = |a_n| \cdot |b_n| < \frac{\varepsilon}{S} \cdot S = \varepsilon$, q. e. d.

Beispiel: $a_n = \frac{1}{n^2}$; $b_n = 1 - \frac{1}{n} < 1 = S$

Also ist: $\lim\limits_{n \to \infty} \left[\frac{1}{n^2}\left(1 - \frac{1}{n}\right)\right] = 0.$

2. Da jede konvergente Zahlenfolge nach S 9.5 beschränkt ist, folgt aus S 10.3 unmittelbar der Satz

Ist (a_n) eine Nullfolge und (b_n) eine konvergente Folge, so gilt: $\lim\limits_{n \to \infty} (a_n \cdot b_n) = 0$. **S 10.4**

3. Wir beweisen nun den allgemeinen Satz für Produktfolgen:

$$\lim_{n \to \infty} a_n = a \wedge \lim_{n \to \infty} b_n = b \Rightarrow \lim_{n \to \infty} (a_n \cdot b_n) = a \cdot b.$$ **S 10.5**

Beweis: Aus den Voraussetzungen ergibt sich, daß die Folgen $(a - a_n)$ und $(b - b_n)$ Nullfolgen sind. Wir haben zu zeigen, daß auch $(a \cdot b - a_n b_n)$ eine Nullfolge ist; denn dies bedeutet, daß die Folge $(a_n \cdot b_n)$ gegen $a \cdot b$ konvergiert.
Es ist: $a \cdot b - a_n \cdot b_n = ab - ab_n + ab_n - a_n b_n = a \cdot (b - b_n) + (a - a_n) \cdot b_n$
Nach S 10.1 gilt also: $\lim\limits_{n \to \infty} (a \cdot b - a_n b_n) = \lim\limits_{n \to \infty} [a \cdot (b - b_n)] + \lim\limits_{n \to \infty} [(a - a_n) \cdot b_n]$.
a steht für eine bestimmte Zahl; daher ist $\lim\limits_{n \to \infty} [a(b - b_n)] = 0$.
Die Folge (b_n) ist nach Voraussetzung konvergent, also gilt nach S 10.4:

$$\lim_{n \to \infty} [(a - a_n) \cdot b_n] = 0.$$

Daher gilt in der Tat $\lim\limits_{n \to \infty} (ab - a_n b_n) = 0$, d. h. $\lim\limits_{n \to \infty} (a_n b_n) = a \cdot b$, q. e. d.

Beispiel: $\lim\limits_{n \to \infty} \left[\left(1 + \frac{1}{n^2}\right)\left(3 - \frac{2}{n}\right)\right] = \lim\limits_{n \to \infty} \left(1 + \frac{1}{n^2}\right) \cdot \lim\limits_{n \to \infty} \left(3 - \frac{2}{n}\right) = 1 \cdot 3 = 3$

4. Beachte, daß die Umkehrung von S 10.5 **nicht** gilt! Eine Folge $(a_n \cdot b_n)$ kann nämlich konvergieren, ohne daß die Folgen (a_n) und (b_n) konvergieren.

Beispiel: $a_n = n^2$; $b_n = \frac{1}{n^2 + 1}$. Obwohl (a_n) divergiert, gilt:

$$\lim_{n \to \infty} (a_n \cdot b_n) = \lim_{n \to \infty} \frac{n^2}{n^2 + 1} = 1.$$

IV. Quotientenfolgen

1. Wir beweisen auch für Quotientenfolgen zunächst einen Sonderfall.

Gilt $a_n \neq 0$ für alle $n \in \mathbb{N}$ und ist $\lim\limits_{n \to \infty} a_n = a \neq 0$, so ist $\lim\limits_{n \to \infty} \frac{1}{a_n} = \frac{1}{a}$. **S 10.6**

Bemerkung: Gilt $D(f) \subset \mathbb{N}$, so ist die Bedingung $n \in \mathbb{N}$ durch $n \in D(f)$ zu ersetzen.

Beweis:
Nach Voraussetzung gibt es zu jedem $\varepsilon_1 > 0$ ein $N_1(\varepsilon_1) \in \mathbb{N}$ mit $n > N_1(\varepsilon_1) \Rightarrow |a - a_n| < \varepsilon_1$.
Wir haben zu zeigen, daß es zu jedem $\varepsilon > 0$ ein $N(\varepsilon) \in \mathbb{N}$ gibt mit $n > N(\varepsilon) \Rightarrow \left|\frac{1}{a} - \frac{1}{a_n}\right| < \varepsilon$.
Da nach Voraussetzung alle Folgenglieder a_n und auch der Grenzwert a von Null verschieden sind, gibt es eine positive Zahl S, so daß für alle $n \in \mathbb{N}$ gilt:

$$|a_n| > S, \text{ also } \frac{1}{|a_n|} < \frac{1}{S}$$

Nun ist: $\left|\frac{1}{a} - \frac{1}{a_n}\right| = \left|\frac{a_n - a}{a \cdot a_n}\right| = \frac{|a - a_n|}{|a| \cdot |a_n|} < \frac{|a - a_n|}{|a| \cdot S}$

Soll also gelten: $\frac{|a - a_n|}{|a| \cdot S} < \varepsilon$, so muß $|a - a_n| < \varepsilon \cdot |a| \cdot S$ sein.

Wählen wir also $\varepsilon_1 = \varepsilon \cdot |a| \cdot S$, so gilt in der Tat:

$$n > N_1(\varepsilon_1) = N_1(\varepsilon \cdot |a| \cdot S) \Rightarrow \left|\frac{1}{a} - \frac{1}{a_n}\right| < \frac{|a - a_n|}{|a| \cdot S} < \frac{\varepsilon |a| \cdot S}{|a| \cdot S} = \varepsilon.$$

Das gesuchte $N(\varepsilon)$ ist also $N_1(\varepsilon \cdot |a| \cdot S)$, q. e. d.

2. Den allgemeinen Grenzwertsatz für Quotientenfolgen kann man auf die Sätze S 10.5 und S 10.6 zurückführen.

S 10.7 **Gilt $\lim\limits_{n\to\infty} a_n = a$, $\lim\limits_{n\to\infty} b_n = b \neq 0$ und $b_n \neq 0$ für alle $n \in \mathbb{N}$, so ist $\lim\limits_{n\to\infty} \frac{a_n}{b_n} = \frac{a}{b}$.**

Beweis: Zu jeder Zahl $b_n \neq 0$ gibt es eine Zahl $\frac{1}{b_n} \neq 0$.

Daher gilt: $\lim\limits_{n\to\infty} \frac{a_n}{b_n} = \lim\limits_{n\to\infty}\left(a_n \cdot \frac{1}{b_n}\right) = \lim\limits_{n\to\infty} a_n \cdot \lim\limits_{n\to\infty} \frac{1}{b_n} = a \cdot \frac{1}{b} = \frac{a}{b}$, q. e. d.

3. Beachte, daß auch zu Satz S 10.7 die Umkehrung **nicht** gilt.

Beispiel: $a_n = n^2 + 1$ und $b_n = n^2$ bestimmen divergente Zahlenfolgen. Dennoch gilt:

$$\lim_{n\to\infty} \frac{n^2+1}{n^2} = 1$$

4. Mit Hilfe der vier Grenzwertsätze können wir in vielen Fällen Grenzwerte unmittelbar berechnen; wir brauchen dann keinen Konvergenzbeweis mehr zu führen.
Dabei ist jedoch zu beachten, daß die Grenzwertsätze nur gelten, wenn die einzelnen Grenzwerte existieren. Es ist daher zweckmäßig, den gegebenen Folgenterm zunächst ohne Limeszeichen umzuformen und dieses Zeichen erst hinzuzufügen, wenn die Existenz der Grenzwerte aller auftretenden Teilfolgen gesichert ist.

Beispiele:

1) $a_n = \frac{3n^2 + 12n + 5}{4n^2 + n - 1} = \frac{n^2\left(3 + \frac{12}{n} + \frac{5}{n^2}\right)}{n^2\left(4 + \frac{1}{n} - \frac{1}{n^2}\right)} = \frac{3 + \frac{12}{n} + \frac{5}{n^2}}{4 + \frac{1}{n} - \frac{1}{n^2}}$

Es gilt: $\lim\limits_{n\to\infty} \frac{12}{n} = 0$; $\lim\limits_{n\to\infty} \frac{5}{n^2} = 0$; $\lim\limits_{n\to\infty} \frac{1}{n} = 0$ und $\lim\limits_{n\to\infty} \frac{1}{n^2} = 0$;

also gilt auch: $\lim\limits_{n\to\infty}\left(3 + \frac{12}{n} + \frac{5}{n^2}\right) = 3 + \lim\limits_{n\to\infty} \frac{12}{n} + \lim\limits_{n\to\infty} \frac{5}{n^2} = 3 + 0 + 0 = 3$

und $\lim\limits_{n\to\infty}\left(4 + \frac{1}{n} - \frac{1}{n^2}\right) = 4 + \lim\limits_{n\to\infty} \frac{1}{n} - \lim\limits_{n\to\infty} \frac{1}{n^2} = 4 + 0 - 0 = 4.$

Mithin ist: $\lim\limits_{n\to\infty} \frac{3n^2 + 12n + 5}{4n^2 + n - 1} = \frac{3}{4}.$

2) $a_n = \frac{7n+3}{3n^2+4n+5} = \frac{n^2\left(\frac{7}{n}+\frac{3}{n^2}\right)}{n^2\left(3+\frac{4}{n}+\frac{5}{n^2}\right)} = \frac{\frac{7}{n}+\frac{3}{n^2}}{3+\frac{4}{n}+\frac{5}{n^2}}$

Es ist $\lim\limits_{n\to\infty}\frac{7}{n} = \lim\limits_{n\to\infty}\frac{3}{n^2} = \lim\limits_{n\to\infty}\frac{4}{n} = \lim\limits_{n\to\infty}\frac{5}{n^2} = 0.$

Also gilt: $\lim\limits_{n\to\infty}\frac{7n+3}{3n^2+4n+5} = \frac{0}{3} = 0.$

3) $a_n = \frac{5n^3-3n^2+1}{4n^2+7n-2} = \frac{n^2\left(5n-3+\frac{1}{n^2}\right)}{n^2\left(4+\frac{7}{n}-\frac{2}{n^2}\right)} = \frac{5n-3+\frac{1}{n^2}}{4+\frac{7}{n}-\frac{2}{n^2}}$

Bei diesem Beispiel konvergiert der Nenner gegen 4; der Zähler wächst aber über alle Schranken; die Folge ist also divergent; wir können hierfür symbolisch schreiben:

$$„\lim_{n\to\infty} a_n = \infty“$$

Beachte: Wir haben bei allen Beispielen in Zähler und Nenner die höchste Potenz von n im Nenner ausgeklammert.

5. Für die Berechnung solcher Grenzwerte können wir eine allgemeine Regel herleiten.

Es sei: $a_n = \frac{b_k \cdot n^k + b_{k-1}n^{k-1} + \ldots + b_1 n + b_0}{c_m \cdot n^m + c_{m-1}n^{m-1} + \ldots + c_1 n + c_0}$ mit $b_k \neq 0$, $c_m \neq 0$

Wir klammern jeweils die höchste Potenz von n in Zähler und Nenner aus:

$$a_n = \frac{n^k}{n^m} \cdot \underbrace{\frac{b_k + b_{k-1}\cdot\frac{1}{n} + \ldots + b_1 \cdot \frac{1}{n^{k-1}} + b_0 \cdot \frac{1}{n^k}}{c_m + c_{m-1}\cdot\frac{1}{n} + \ldots + c_1 \cdot \frac{1}{n^{m-1}} + c_0 \cdot \frac{1}{n^m}}}_{Q(n)}$$

Dabei gilt offenbar: $\lim\limits_{n\to\infty} Q(n) = \frac{b_k}{c_m}.$

Wir haben nun drei Fälle zu unterscheiden:

1) Ist $k < m$, so ist $\lim\limits_{n\to\infty}\frac{n^k}{n^m} = 0$, also auch $\lim\limits_{n\to\infty} a_n = 0.$

2) Ist $k = m$, so ist $\lim\limits_{n\to\infty}\frac{n^k}{n^m} = 1$, also $\lim\limits_{n\to\infty} a_n = \frac{b_k}{c_m}.$

3) Ist $k > m$, so ist die Folge $\left(\frac{n^k}{n^m}\right)$ und mithin auch die Folge (a_n) divergent; wir können schreiben: $\lim\limits_{n\to\infty} a_n = \pm\infty$. Dabei hängt das Vorzeichen von den Vorzeichen der Zahlen b_k und c_m ab.

Im Falle $k = m$ konvergiert die Folge also gegen den Quotienten der Koeffizienten (Faktoren) der höchsten Potenzen von n im Zähler und im Nenner.

Übungen und Aufgaben

1. Gegeben sind die Zahlenfolgen zu:

$a_n = \frac{2n-1}{n+1}$ $b_n = \frac{n+1}{3n-1}$ $c_n = \frac{n-1}{n^2+1}$ $d_n = \frac{n^2-1}{n+1}$ $e_n = \frac{n^2+2}{n+1}$

Welche der Folgen sind konvergent? Ermittle die Grenzwerte! Bilde:

a) $(a_n + b_n)$ **b)** $(b_n - c_n)$ **c)** $(b_n + d_n)$ **d)** $(d_n - e_n)$ **e)** $(a_n \cdot c_n)$

f) $(a_n \cdot b_n)$ **g)** $(c_n \cdot d_n)$ **h)** $\left(\frac{a_n}{b_n}\right)$ **i)** $\left(\frac{c_n}{b_n}\right)$ **k)** $\left(\frac{c_n}{e_n}\right)$

l) $\left(\frac{b_n}{c_n}\right)$ **m)** $\left(\frac{d_n}{e_n}\right)$ **n)** $(b_n \cdot e_n)$ **o)** $\left(\frac{e_n}{d_n}\right)$ **p)** $\left(\frac{c_n}{a_n}\right)$

Welche dieser Folgen sind konvergent? Errate die Grenzwerte dadurch, daß du große Zahlen einsetzt! Welcher Zusammenhang besteht zwischen den Grenzwerten der gegebenen und denen der zusammengesetzten Folgen? Formuliere die Ergebnisse als Sätze!

2. Beweise: $\lim\limits_{n\to\infty} a_n = a \wedge \lim\limits_{n\to\infty} b_n = b \Rightarrow \lim\limits_{n\to\infty} (a_n - b_n) = a - b$!
Anleitung: Vgl. § 10, II, 1!

3. Beweise: $\lim\limits_{n\to\infty} b_n = b \Rightarrow \lim\limits_{n\to\infty} (-b_n) = -\lim\limits_{n\to\infty} b_n = -b$!

4. Ermittle die Grenzwerte der durch die folgenden Terme gegebenen Zahlenfolgen mit Hilfe der Grenzwertsätze! Gib jeweils den benutzten Satz an!

a) $a_n = \frac{2n-1}{3n+1}$ **b)** $a_n = \frac{1-4n}{3n+10}$ **c)** $a_n = \frac{n^2}{1-3n^2}$ **d)** $a_n = \frac{4n^2-3n+10}{2n^2+100}$

e) $a_n = \frac{n-7n^2+5}{100n-3n^2}$ **f)** $a_n = \frac{n^5-3n^2}{n^2+10n}$ **g)** $a_n = \frac{1+\sqrt{n}}{3-\sqrt{n}}$ **h)** $a_n = \frac{3n-2\sqrt{n}}{\sqrt{n}+5n}$

5. Berechne die Grenzwerte der Folgen zu:

a) $a_n = \frac{2n^2+3n-1}{n^3-2n^2}$ **b)** $a_n = \frac{2n^3-100n^2}{8n^3+10n^2+n-1}$ **c)** $a_n = 2 + \frac{n^2-n^3}{2n^3+n}$

d) $a_n = \frac{5}{n} + \frac{7n^2}{n^2+1}$ **e)** $a_n = \frac{2n^2(n-3+4n^2)}{5(n-1)^3 \cdot (3n+4)}$ **f)** $a_n = \frac{n^3(n^2-1)}{n(n^4-1)}$

g) $a_n = \frac{2n+1}{1-3n} + \frac{4n-1}{3n-1}$ **h)** $a_n = \frac{\sqrt{32n}+7}{13-\sqrt{2n}}$ **i)** $a_n = \frac{3n\sqrt{n}+5n}{7n-6n\sqrt{n}}$

6. Beweise:

a) $\lim\limits_{n\to\infty} a_n = a \wedge b \in \mathbb{R} \Rightarrow \lim\limits_{n\to\infty} (a_n + b) = a + b$

b) $\lim\limits_{n\to\infty} a_n = a \wedge b \in \mathbb{R} \Rightarrow \lim\limits_{n\to\infty} (a_n - b) = a - b$

7. Beweise:

a) $\lim\limits_{n\to\infty} a_n = a \wedge b \in \mathbb{R} \Rightarrow \lim\limits_{n\to\infty} (a_n \cdot b) = a \cdot b$

b) $\lim\limits_{n\to\infty} a_n = a \wedge b \in \mathbb{R}^{\neq 0} \Rightarrow \lim\limits_{n\to\infty} \frac{a_n}{b} = \frac{a}{b}$

8. Beweise:

a) $\lim\limits_{n\to\infty} a_n = 0 \Leftrightarrow \lim\limits_{n\to\infty} a_n^2 = 0$ **b)** $\lim\limits_{n\to\infty} a_n = 0 \Leftrightarrow \lim\limits_{n\to\infty} |a_n| = 0$

9. Beweise: $\lim\limits_{n\to\infty} a_n = a \Rightarrow \lim\limits_{n\to\infty} |a_n| = |a|$

10. a) Vergleiche den Grenzwert von $\left(\frac{1-2n}{n}\right)$ mit dem Grenzwert von $\left(\left(\frac{1-2n}{n}\right)^2\right)$! Was stellst du fest?

b) Beweise: $\lim\limits_{n\to\infty} a_n = a \Rightarrow \lim\limits_{n\to\infty} (a_n)^2 = a^2$!

c) Beweise: $\lim\limits_{n\to\infty} a_n = a \Rightarrow \lim\limits_{n\to\infty} (a_n)^k = a^k$ mit $k \in \mathbb{N}$ (vollständige Induktion!)

11. Beweise:

a) $\lim\limits_{n\to\infty} a_n = \infty \wedge b_n \geq S \Rightarrow \lim\limits_{n\to\infty} (a_n + b_n) = \infty$

b) $\lim\limits_{n\to\infty} a_n = -\infty \wedge b_n \leq S \Rightarrow \lim\limits_{n\to\infty} (a_n + b_n) = -\infty$

c) $\lim\limits_{n\to\infty} a_n = \infty \wedge b_n \geq S > 0 \Rightarrow \lim\limits_{n\to\infty} (a_n \cdot b_n) = \infty$

d) $\lim\limits_{n\to\infty} a_n = \infty \wedge 0 < b_n \leq S \Rightarrow \lim\limits_{n\to\infty} \left(\frac{a_n}{b_n}\right) = \infty$

§ 11 Häufungswerte

I. Definition des Begriffs „Häufungswert"

1. Es gibt Zahlenfolgen, die keinen Grenzwert haben, weil die Glieder der Folgen sich nicht in der Nähe **einer** Zahl, sondern in der Nähe mehrerer Zahlen „häufen".

Beispiel: $a_n = \frac{(-1)^n \cdot n}{n+1}$;

(a_n): $-\frac{1}{2}$; $\frac{2}{3}$; $-\frac{3}{4}$; $\frac{4}{5}$;

$-\frac{5}{6}$; $\frac{6}{7}$; $-\frac{7}{8}$; ...

(Bild 11.1)

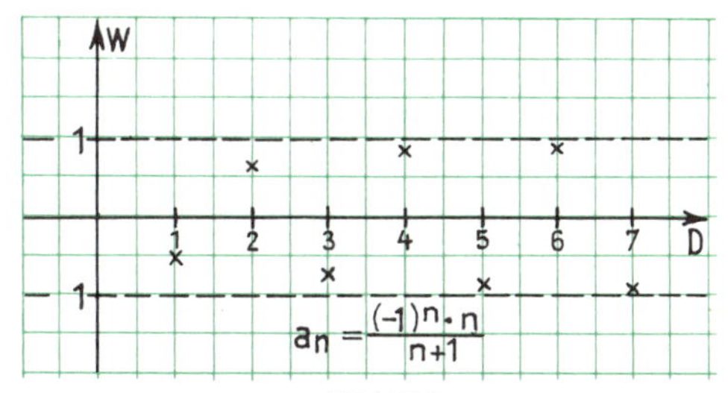

Bild 11.1

Man kann diese Zahlenfolge in zwei „Teilfolgen" zerlegen:

$-\frac{1}{2}$; $-\frac{3}{4}$; $-\frac{5}{6}$; $-\frac{7}{8}$; ...

und $\frac{2}{3}$; $\frac{4}{5}$; $\frac{6}{7}$; $\frac{8}{9}$; ...

Die erste Teilfolge hat offenbar den Grenzwert -1, die zweite Folge den Grenzwert 1. Diese Zahlen nennt man **„Häufungswerte"** der Zahlenfolge (a_n).

2. Kennzeichnend für Häufungswerte ist es, daß in jeder ε-Umgebung des Häufungswertes unendlich viele Glieder der Folge liegen. Wir definieren:

Eine Zahl h heißt „Häufungswert einer Zahlenfolge (a_n)" genau dann, wenn in jeder ε-Umgebung von h unendlich viele Glieder der Folge liegen. **D 11.1**

Beispiele:

1) $a_n = \frac{2n-1}{(-1)^n \cdot n}$; (a_n): -1; $\frac{3}{2}$; $-\frac{5}{3}$; $\frac{7}{4}$; $-\frac{9}{5}$; $\frac{11}{6}$; $-\frac{13}{7}$; $\frac{15}{8}$; ...

Diese Folge hat die beiden Häufungswerte -2 und 2; man kann dies dadurch beweisen, daß man zeigt, daß die Teilfolge -1; $-\frac{5}{3}$; $-\frac{9}{5}$; $-\frac{13}{7}$; ... gegen -2 und die Teilfolge $\frac{3}{2}$; $\frac{7}{4}$; $\frac{11}{6}$; $\frac{15}{8}$; ... gegen 2 konvergiert.

2) $a_n = n$: 1; 2; 3; 4; 5; ...
Diese Folge (die Folge der natürlichen Zahlen) hat keinen Häufungswert; denn alle Umgebungen mit $\varepsilon < \frac{1}{2}$ enthalten höchstens ein Glied der Folge.

3) Die Menge aller rationalen Zahlen im Intervall [0; 1] läßt sich folgendermaßen als Folge anordnen:
$\frac{1}{2}; \frac{1}{3}; \frac{2}{3}; \frac{1}{4}; \frac{3}{4}; \frac{1}{5}; \frac{2}{5}; \frac{3}{5}; \frac{4}{5}; \frac{1}{6}; \frac{5}{6}; \frac{1}{7}; \frac{2}{7}; \frac{3}{7}; \frac{4}{7}; \frac{5}{7}; \frac{6}{7}; \frac{1}{8}; \ldots$
Jedes Glied dieser Folge ist ein Häufungswert der Folge, weil in jeder Umgebung einer rationalen Zahl unendlich viele rationale Zahlen liegen. (Man sagt: Die rationalen Zahlen liegen „dicht".)

4) $a_n = 2$. Die Folge 2; 2; 2; 2; ... hat den Häufungswert 2.
Beachte: Bei den Beispielen 3) und 4) sind die Häufungswerte auch Glieder der Folge; beim Beispiel 1) ist dies nicht der Fall.

3. Aus der Definition D 11.1 folgt unmittelbar der Satz:

S 11.1 **Jede konvergente Zahlenfolge (a_n) hat genau einen Häufungswert, den Grenzwert g.**

Beweis: In jeder ε-Umgebung liegen nach D 9.1 „fast alle" Glieder der Folge, also sicher unendlich viele. Einen anderen Häufungswert kann eine konvergente Zahlenfolge nicht haben, weil es zu jeder anderen Zahl h stets eine ε-Umgebung gibt, die höchstens endlich viele Glieder der Folge enthält.

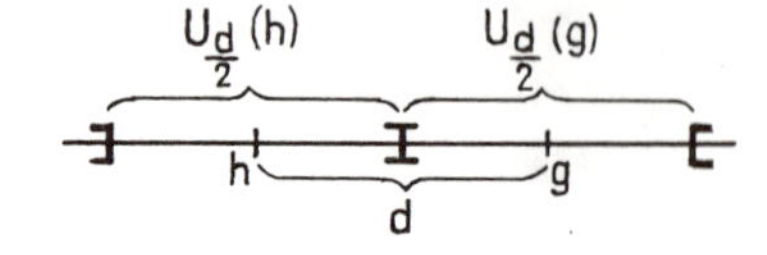

Bild 11.2

Ist nämlich $|g - h| = d$, so braucht man nur $\varepsilon = \frac{d}{2}$ zu wählen. Da in $U_{\frac{d}{2}}(g)$ „fast alle" Glieder der Folge liegen, können in $U_{\frac{d}{2}}(h)$ höchstens endlich viele Folgenglieder liegen; h kann also kein zweiter Häufungspunkt der Folge sein, q. e. d. (Bild 11.2)

3. Wenn eine Zahlenfolge genau einen Häufungswert hat, so braucht sie durchaus nicht zu konvergieren.

Beispiel: $a_n = n^{(-1)^n}$

Es ist (a_n): 1; 2; $\frac{1}{3}$; 4; $\frac{1}{5}$; 6; $\frac{1}{7}$; 8; ......

Diese Folge hat als einzigen Häufungswert die Zahl 0, ist aber nicht konvergent, weil sie nicht beschränkt ist.

Damit also eine Zahlenfolge mit genau einem Häufungswert h gegen diese Zahl konvergiert, muß sie beschränkt sein. Daß diese beiden Bedingungen für die Konvergenz einer Zahlenfolge auch hinreichend sind, werden wir im nächsten Abschnitt beweisen (Satz 11.5).

II. Der Satz von Bolzano-Weierstraß[1])

1. Für beschränkte Zahlenfolgen gilt ein wichtiger Satz, der „Satz von Bolzano-Weierstraß":

S 11.2 **Jede beschränkte Zahlenfolge besitzt mindestens einen Häufungswert.**

Beim **Beweis** wenden wir wieder das schon beim Beweis von S 8.2 benutzte Halbierungsverfahren an. Es seien a und b eine untere und eine obere Schranke der Folge. Dann liegen im Intervall $A_1 = [a; b]$ alle Glieder der Folge. Wir halbieren das Intervall, bestimmen also die Zahl $m_1 = \frac{a+b}{2}$; dann muß wenigstens eines der beiden Teilintervalle $\left[a; \frac{a+b}{2}\right]$ oder $\left[\frac{a+b}{2}; b\right]$ unendlich viele Glieder der Folge enthalten; dieses Intervall bezeichnen wir mit A_2. Dieses Intervall A_2 wird wiederum halbiert und als A_3 ein Halbintervall gewählt, welches wiederum unendlich viele Glieder der Folge

[1]) Bernhard Bolzano (1781–1848), Karl Weierstraß (1815–1897).

enthält. Durch Fortsetzung des Verfahrens enthält man eine Folge von Intervallen $A_k = [l_k; r_k]$, für die gilt:

[1] $A_1 \supset A_2 \supset A_3 \supset A_4 \supset \ldots$

[2] $\lim\limits_{n \to \infty} (r_n - l_n) = 0$, d. h. die Intervallängen bilden eine Nullfolge.

Die Intervalle A_k bilden also eine Intervallschachtelung. Die durch diese Intervallschachtelung bestimmte innere Zahl ist ein Häufungswert h der Folge (a_n), weil – nach der Konstruktion der Intervalle A_k – in jeder ε-Umgebung von h unendlich viele Glieder der Folge liegen.

Beachte:

1) Wir haben auf diese Weise nur bewiesen, daß jede beschränkte Folge **wenigstens** einen Häufungswert besitzt. Denn es kann ja sein, daß beim Halbieren eines Intervalls A_k in **beiden** Teilintervallen unendlich viele Glieder der Folge liegen; dann hat die Folge wenigstens zwei Häufungswerte wie unser Beispiel in I, 1.

2) Eine beschränkte Folge braucht also nicht unbedingt zu konvergieren, weil sie mehr als einen Häufungswert haben kann.

3) Der Satz von Bolzano-Weierstraß besagt: Wenn eine Zahlenfolge beschränkt ist, so besitzt sie mindestens einen Häufungswert. Die Umkehrung dieses Satzes gilt nicht. Zahlenfolgen, die einen Häufungswert besitzen, können durchaus unbeschränkt sein.

Beispiel: $a_n = \left(1 + (-1)^n\right) \cdot n + \frac{1}{n}$

Es ist (a_n): $1;\ 4\frac{1}{2};\ \frac{1}{3};\ 8\frac{1}{4};\ \frac{1}{5};\ 12\frac{1}{6};\ \frac{1}{7};\ 16\frac{1}{8};\ \ldots$
Diese Zahlenfolge ist unbeschränkt, besitzt aber den Häufungswert 0.

2. Der Satz von Bolzano-Weierstraß läßt sich leicht auf beliebige beschränkte Zahlenmengen mit unendlich vielen Elementen übertragen. Es gilt:

S 11.3 **Jede unendliche beschränkte Zahlenmenge M besitzt mindestens einen Häufungswert, d. h. eine Zahl h, für die in jeder Umgebung U_ε (h) unendlich viele Elemente von M liegen.**

Der Beweis ist genauso zu führen wie für S 11.2 (Aufgabe 8).

3. Aus S 9.4 und den Sätzen dieses Paragraphen ergibt sich unmittelbar die Gültigkeit des Satzes

S 11.4 **Jede monotone und beschränkte Zahlenfolge (a_n) besitzt genau einen Häufungswert h, nämlich ihren Grenzwert g.**

Bemerkung: Dieser Häufungswert h ist gleichzeitig die kleinste obere oder die größte untere Schranke der Folge (Aufgabe 4).

4. Wir kommen nunmehr auf den schon unter I, 3 erörterten Sachverhalt zurück, daß eine Zahlenfolge mit genau einem Häufungswert h genau dann gegen diese Zahl h konvergiert, wenn sie überdies beschränkt ist. Dies können wir mit Hilfe des Satzes von Bolzano-Weierstraß beweisen. Da eine nicht-beschränkte Zahlenfolge sicherlich nicht konvergent ist, brauchen wir nur zu zeigen:

S 11.5 **Hat eine beschränkte Zahlenfolge (a_n) genau einen Häufungswert h, so konvergiert sie gegen diese Zahl h, d. h., es ist g = h.**

Beweis: Da h nach Voraussetzung Häufungswert der Folge ist, liegen in jeder ε-Umgebung von h unendlich viele Glieder der Folge. Wir haben zu zeigen, daß (für jedes $\varepsilon > 0$) sogar **„fast alle"** Glieder der Folge in U_ε (h) liegen. Wir nehmen an, dies wäre nicht der Fall; es gäbe also eine Umgebung U_ε (h), außerhalb deren noch unendlich viele Glieder der Folge (a_n) lägen. Diese Glieder würden eine unendliche beschränkte Zahlenmenge bilden; diese Menge müßte dann nach S 11.3 einen von h verschiedenen Häufungswert h_1 haben; dann hätte aber auch die Folge (a_n) im Widerspruch zur Voraussetzung diesen zweiten Häufungswert h_1. Daher liegen in jedem U_ε (h) fast alle Glieder der Folge, d. h., h ist gleichzeitig der Grenzwert der Folge, q. e. d.

Übungen und Aufgaben

1. Wodurch unterscheidet sich die Definition des Begriffs „Grenzwert" von der des Begriffs „Häufungswert"?

2. Errate die Häufungswerte der angegebenen Folgen und beweise deine Vermutung!

a) $a_n = (-1)^n \cdot \frac{2n+1}{n+1}$ **b)** $a_n = 3 + (-1)^n \cdot \frac{n-1}{2n+1}$ **c)** $a_n = 4 + (-1)^n \cdot \frac{6n+2}{n+1}$

d) $a_n = -2 + (-1)^n \cdot \frac{4n+2}{3n-1}$ **e)** $a_n = -\frac{2n+1}{n+1} + (-1)^n \cdot 2$ **f)** $a_n = \frac{n}{1 + (-1)^n \cdot 2n}$

g) $a_n = \frac{(-1)^n \cdot 3n - 1}{2n+2}$ **h)** $a_n = 2 \cdot (-1)^n + 2 \cdot (-1)^{n+1}$

i) $a_n = (-1)^n \cdot 3 + (-1)^{n+1} \cdot \frac{2n+1}{n+2}$ **k)** $a_n = (-1)^n \cdot \frac{n+3}{n+5} + (-1)^{n+1} \cdot \frac{2n+1}{n+3}$

3. Haben die angegebenen Folgen Häufungswerte? Gib die Häufungswerte an!

a) $a_n = \frac{1}{n} + n^{(-1)^n}$ **b)** $a_n = (-1)^n + \frac{1}{n}$ **c)** $a_n = \frac{(n+1)^{n+1}}{n^n}$

d) $a_n = \frac{1 + (-1)^n}{2}$ **e)** $a_n = n^{(-1)^n}$ **f)** $a_n = \left(\frac{1}{n}\right)^{(-n)^n}$

4. Beweise:

a) Der Grenzwert einer monoton steigenden und beschränkten Zahlenfolge ist ihre obere Grenze (kleinste obere Schranke)!

b) Der Grenzwert einer monoton fallenden und beschränkten Zahlenfolge ist ihre untere Grenze (größte untere Schranke)!

5. a) Beweise: Jede reelle Zahl ist ein Häufungswert der Menge $\mathbb{R}$!

b) Gilt der Satz: Jede rationale Zahl ist Häufungswert in $\mathbb{Q}$?

6. Die Menge der rationalen Zahlen ist eine Teilmenge der Menge der reellen Zahlen. Bilde die Häufungswerte der rationalen Zahlen! Welche Zahlenmenge ergibt sich als Menge der Häufungswerte der rationalen Zahlen?

7. Hat die Folge aller positiven echten Brüche $\frac{1}{2}, \frac{1}{3}, \frac{2}{3}, \frac{1}{4}, \frac{2}{4}, \frac{3}{4}, \frac{1}{5}, \frac{2}{5}, \ldots$ Häufungswerte?

8. Beweise: Jede unendliche beschränkte Zahlenmenge M besitzt mindestens einen Häufungswert, d. h. eine Zahl h, für die in jeder Umgebung $U_\varepsilon(h)$ unendlich viele Elemente von M liegen (S 11.3).

9. Beweise: Liegt in jeder ε-Umgebung einer Zahl h wenigstens ein weiteres Glied der Folge (a_n), so ist h ein Häufungswert der Folge!

4. ABSCHNITT | Spezielle Folgen und Reihen

§ 12 Arithmetische Folgen und Reihen

I. Arithmetische Zahlenfolgen

1. Besonders einfache Zahlenfolgen erhält man dadurch, daß man mit einem beliebigen Anfangswert a_1 beginnt und dann jeweils das nachfolgende Glied aus dem vorhergehenden durch Addition ein und derselben Zahl berechnet:

Beispiele:

1) $a_1 = 3;\ a_2 = 3 + 4 = 7;\ a_3 = 7 + 4 = 11;\ a_4 = 11 + 4 = 15;\ \ldots$

2) $a_1 = 2;\ a_2 = 2 + (-\frac{1}{2}) = \frac{3}{2};\ a_3 = \frac{3}{2} + (-\frac{1}{2}) = 1;\ a_4 = 1 + (-\frac{1}{2}) = \frac{1}{2};\ \ldots$

Bei einer solchen Zahlenfolge ergeben also die Differenzen aufeinanderfolgender Glieder stets dieselbe Zahl d.

In Beispiel 1) ist $d = 4$; in Beispiel 2) ist $d = -\frac{1}{2}$.

Jede solche Zahlenfolge heißt eine **„arithmetische Zahlenfolge"**.

Eine Zahlenfolge (a_n) heißt „arithmetische Zahlenfolge" genau dann, wenn die Differenzen aufeinanderfolgender Glieder stets dieselbe Zahl ergeben, wenn es also eine Zahl $d \in \mathbb{R}$ gibt, so daß für alle $n \in \mathbb{N}$ gilt: $a_{n+1} - a_n = d$. **D 12.1**

Beachte, daß die Variable „d" bei jeder arithmetischen Folge für **eine** bestimmte Zahl $d \in \mathbb{R}$ steht! Man sagt gelegentlich, die Differenzen liefern eine **„konstante Zahl"**, kurz: eine **„Konstante"**.

2. In D 12.1 ist der Begriff der arithmetischen Zahlenfolge durch eine „Rekursionsformel" festgelegt worden (vgl. § 7, I, 6.). Wir wissen schon, daß zur Festlegung einer bestimmten Zahlenfolge außer der Rekursionsformel die Vorgabe des Anfangswertes a_1 gehört. Eine arithmetische Zahlenfolge ist offenbar eindeutig festgelegt, wenn der Anfangswert a_1 und die Differenz d angegeben sind. Denn dann gilt:

$$\begin{aligned} a_2 &= a_1 + d \\ a_3 &= a_2 + d = a_1 + 2d \\ a_4 &= a_3 + d = a_1 + 3d \\ a_5 &= a_4 + d = a_1 + 4d \\ &\ldots\ldots\ldots\ldots \end{aligned}$$

Diese Gleichungskette legt die Vermutung nahe, daß für arithmetische Folgen der Satz gilt:

Ist (a_n) eine arithmetische Folge, so gilt für alle $n \in \mathbb{N}$: $a_n = a_1 + (n-1) \cdot d$. **S 12.1**

Beweis: Wir verwenden den Satz von der vollständigen Induktion (§ 4, III). Zu diesem Zweck bezeichnen wir den Folgenterm mit „T (n)":

$$T(n) = a_1 + (n-1) \cdot d$$

[1] **Induktionsverankerung:**

$$T(1) = a_1 + 0 \cdot d = a_1$$

[2] **Schluß von n auf n + 1:**

$$a_{n+1} - a_n = d \Rightarrow a_{n+1} = a_n + d$$

$$a_{n+1} = a_1 + (n-1)\,d + d = a_1 + n \cdot d = T(n+1), \text{ q. e. d.}$$

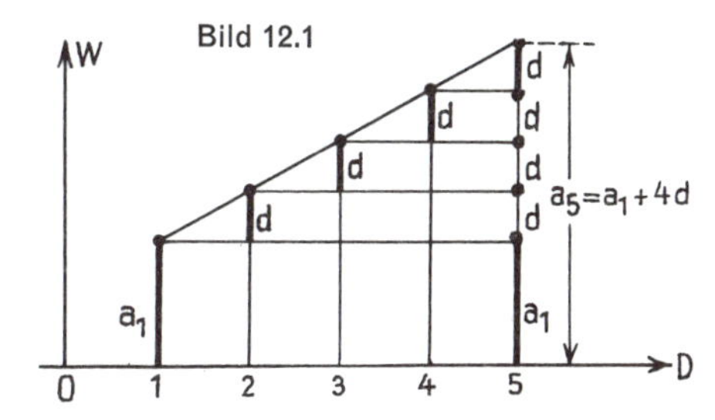

Bild 12.1

3. Es gilt aber auch umgekehrt:

S 12.2 **Durch einen Term der Form $a_n = a_1 + (n-1)\,d$ ist stets eine arithmetische Folge mit dem Anfangsglied a_1 und der Differenz d festgelegt.**

Beweis:

1) Daß a_1 Anfangsglied der Folge ist, ergibt sich unmittelbar durch Einsetzen von $n = 1$ in den Term a_n.

2) Wir berechnen allgemein die Differenz zweier aufeinanderfolgender Glieder:

$$\begin{aligned} a_{n+1} &= a_1 + n \cdot d \\ a_n &= a_1 + (n-1)\,d \\ \hline a_{n+1} - a_n &= n \cdot d - (n-1)\,d = (n - n + 1)\,d = d, \quad \text{q. e. d.} \end{aligned}$$

Wegen der Gültigkeit der Sätze S 12.1 und S 12.2 nennt man die Gleichung $a_n = a_1 + (n-1)\,d$ häufig auch **„das Bildungsgesetz einer arithmetischen Folge"**. Aus diesem Bildungsgesetz läßt sich jede der vier Größen a_1, a_n, n und d berechnen, wenn die drei anderen gegeben sind.

4. Die Betrachtung von drei beliebigen aufeinanderfolgenden Gliedern einer arithmetischen Folge zeigt, daß jeweils das mittlere Glied das arithmetische Mittel der beiden Nachbarglieder ist.

Dieser Sachverhalt ist für arithmetische Folgen sogar kennzeichnend. Es gilt der Satz:

S 12.3 **Eine Zahlenfolge (a_n) ist eine arithmetische Folge genau dann, wenn jedes Glied a_n das arithmetische Mittel seiner Nachbarglieder ist, wenn also für alle $n \in \mathbb{N}^{\neq 1}$ gilt:**

$$a_n = \frac{a_{n-1} + a_{n+1}}{2}.$$

Beweis: Wir haben zu zeigen, daß die Gleichungen von D 12.1 und S 12.3 äquivalent sind. Wir beginnen mit der Gleichung von S 12.3. Für $n \in \mathbb{N}^{\neq 1}$ gilt:

$$a_n = \frac{a_{n-1} + a_{n+1}}{2} \Leftrightarrow 2a_n = a_{n-1} + a_{n+1} \Leftrightarrow a_n - a_{n-1} = a_{n+1} - a_n.$$

Da die Differenzen $a_n - a_{n-1}$ und $a_{n+1} - a_n$ für alle $n \in \mathbb{N}^{\neq 1}$ den gleichen Wert haben, ist (a_n) nach D 12.1 in der Tat eine arithmetische Folge, q. e. d. Da wir nur Äquivalenzumformungen durchgeführt haben, folgt umgekehrt aus der Gleichung von D 12.1 die Gleichung von S 12.3.

II. Eigenschaften arithmetischer Folgen

1. Wir untersuchen in diesem Abschnitt arithmetische Folgen auf die im 3. Abschnitt behandelten Eigenschaften: Monotonie, Beschränktheit, Konvergenz.

S 12.4 **Jede arithmetische Zahlenfolge (a_n) ist:**

a) monoton steigend genau dann, wenn $d \geq 0$,

b) monoton fallend genau dann, wenn $d \leq 0$ ist.

Beweis: Nach D 12.1 gilt für alle $n \in \mathbb{N}$: $a_{n+1} - a_n = d$. Daher gilt für alle $n \in \mathbb{N}$

$a_{n+1} \geq a_n$, wenn $d \geq 0$ und

$a_{n+1} \leq a_n$, wenn $d \leq 0$ ist, q. e. d.

2. Aus dem Bildungsgesetz arithmetischer Folgen $[a_n = a_1 + (n-1)\,d]$ ergibt sich unmittelbar, daß eine arithmetische Folge für $d \neq 0$ nicht beschrankt sein kann. Es gilt:

S 12.5

Eine arithmetische Zahlenfolge (a_n) ist
a) nach oben unbeschränkt und nach unten beschränkt genau dann, wenn $d > 0$;
b) nach oben beschränkt und nach unten unbeschränkt genau dann, wenn $d < 0$ ist.

Beweis zu a):
1) Nach S 12.4 ist (a_n) in diesem Falle monoton steigend, also ist a_1 eine untere Schranke der Folge.
2) Wäre die Folge (a_n) nach oben beschränkt, so gäbe es eine Zahl $S \in \mathbb{R}$ mit $a_n \leq S$, also $a_1 + (n-1)d \leq S$ für alle $n \in \mathbb{N}$. Nun gilt aber:

$$a_1 + (n-1)d \leq S \Leftrightarrow n - 1 \leq \frac{S - a_1}{d} \Leftrightarrow n \leq \frac{S - a_1}{d} + 1$$

Die letzte Ungleichung ist aber für kein $S \in \mathbb{R}$ allgemeingültig in $\mathbb{N}$; daher gibt es keine obere Schranke der arithmetischen Folge (a_n).

Der Fall b) ist entsprechend zu beweisen (Aufgabe 12). Aus S 12.5 folgt unmittelbar der Satz

S 12.6

Eine arithmetische Zahlenfolge (a_n) mit $d \neq 0$ ist nicht beschränkt.

3. Da nach S 12.6 jede arithmetische Zahlenfolge mit $d \neq 0$ unbeschränkt ist, kann sie auch nicht konvergent sein. Ist $d = 0$, so ergibt sich eine konstante Folge, die selbstverständlich gegen ihren konstanten Wert konvergiert.
Eine arithmetische Folge mit $d \neq 0$ kann auch keinen Häufungswert besitzen, weil in einer ε-Umgebung mit $\varepsilon = \frac{d}{2}$ um ein Folgenglied a_n, also in $U_{\frac{d}{2}}(a_n)$, kein weiteres Glied der Folge liegt (Bild 12.2).

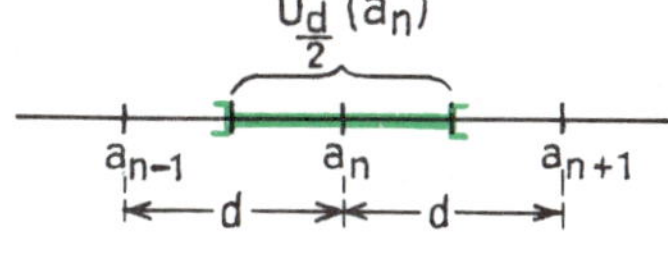

Bild 12.2

III. Die endliche arithmetische Reihe

1. Addiert man die Glieder einer **endlichen** Folge, so nennt man diese Summe eine **„endliche Reihe“.** Man bezeichnet die Summe der ersten n Glieder einer Folge mit „s_n“. Es ist also:

$$s_n = a_1 + a_2 + a_3 + \ldots + a_n$$

Dafür schreibt man kurz: $s_n = \sum_{k=1}^{n} a_k$, gelesen „Summe aller a_k von k gleich 1 bis n“.

Dieses Zeichen ist so zu verstehen, daß man in den Index k nacheinander die Werte 1, 2, 3, ..., n einzusetzen und die so entstehenden Terme zu addieren hat.

Beispiel: $\sum_{k=1}^{10} (2k - 1) = 1 + 3 + 5 + \ldots + 19$

2. Allgemein können wir definieren:

D 12.2

Unter einer „endlichen Reihe“ $s_n = \sum_{k=1}^{n} a_k$ versteht man die Summe der ersten n Glieder der Folge (a_n): $s_n = a_1 + a_2 + a_3 + \ldots + a_n$.

D 12.3 **Eine Reihe, die aus den ersten n Gliedern einer arithmetischen Folge (a_n) gebildet ist, heißt eine (endliche) „arithmetische Reihe".**

Eine arithmetische Reihe hat also die Form

$$s_n = a_1 + (a_1 + d) + (a_1 + 2d) + \dots + (a_1 + [n-1]\,d)$$

Beispiel: $a_1 = 1;\ d = \frac{1}{2};\ n = 6;\quad s_6 = 1 + \frac{3}{2} + 2 + \frac{5}{2} + 3 + \frac{7}{2}$

Der Wert einer (endlichen) arithmetischen Reihe kann dadurch bestimmt werden, daß man die Addition Glied für Glied durchführt

Beispiel: $s_6 = 1 + \frac{3}{2} + 2 + \frac{5}{2} + 3 + \frac{7}{2} = \frac{2+3+4+5+6+7}{2} = \frac{27}{2}$

Bei hohen Gliederzahlen wäre dieses Verfahren aber äußerst zeitraubend.

Auf ein einfacheres Vorgehen verweist uns eine Anekdote, die über Carl-Friedrich Gauß[1]) berichtet wird: Als der kleine Gauß die Schule noch nicht lange besuchte, wollte der Lehrer seine Klasse dadurch beschäftigen, daß er alle ganzen Zahlen von 1 bis 100 addieren ließ. Gauß war zum großen Erstaunen seines Lehrers nach kurzer Zeit fertig. Er hatte gerechnet:

$$\begin{aligned} &1 + 2 + 3 + \dots + 50 + 51 + \dots + 98 + 99 + 100 \\ &= (1 + 100) + (2 + 99) + (3 + 98) + \dots + (50 + 51) = 50 \cdot 101 = 5050. \end{aligned}$$

3. Wir wollen den Summenwert einer arithmetischen Reihe dadurch bestimmen, daß wir das von Gauß in seiner Kindheit entdeckte Verfahren verallgemeinern. Wir schreiben dazu die Summe zweimal untereinander, einmal vorwärts, einmal rückwärts und addieren die beiden Zeilen:

$$\begin{aligned} s_n &= a_1 + (a_1 + d) + \dots + (a_1 + [n-2]\,d) + (a_1 + [n-1]\,d) \\ s_n &= (a_1 + [n-1]\,d) + (a_1 + [n-2]\,d) + \dots + (a_1 + d) + a_1 \end{aligned}$$

$$\Rightarrow 2s_n = (2a_1 + [n-1]\,d) + (2a_1 + [n-1]\,d) + \dots + (2a_1 + [n-1]\,d) + (2a_1 + [n-1]\,d)$$

$$\Leftrightarrow 2s_n = n \cdot (2a_1 + [n-1]\,d)$$

$$\Leftrightarrow \mathbf{s_n = \frac{n}{2}(2a_1 + [n-1]\,d).}$$

Mit $a_n = a_1 + (n-1)\,d$ ergibt sich daraus: $\mathbf{s_n = \frac{n}{2}(a_1 + a_n)}$.

4. Ein Beweis für diese Formel kann mit Hilfe des Satzes von der vollständigen Induktion (§ 4, III) geführt werden.

Wir behaupten, daß für alle $n \in \mathbb{N}$ gilt:

$$s_n = \frac{n}{2}[2a_1 + (n-1)\,d] = T(n).$$

[1] Es gilt $s_1 = a_1$ und $T(1) = \frac{1}{2} \cdot 2a_1 = a_1$; also: $s_1 = T(1)$.

[2]
$$\begin{aligned} s_{n+1} = s_n + a_{n+1} &= \frac{n}{2}[2a_1 + (n-1)\,d] + (a_1 + nd) \\ &= \frac{1}{2}[2na_1 + n(n-1)\,d + 2a_1 + 2nd] \\ &= \frac{1}{2}[(n+1) \cdot 2a_1 + n(n-1+2)\,d] \\ &= \frac{1}{2}[(n+1) \cdot 2a_1 + n(n+1)\,d] \\ &= \frac{n+1}{2} \cdot [2a_1 + nd] = T(n+1), \text{ q. e. d.} \end{aligned}$$

[1]) Carl-Friedrich Gauß (1777–1855).

Es gilt also der Satz

S 12.7

Für eine endliche arithmetische Reihe gilt:

$$s_n = \sum_{k=1}^{n} \underbrace{[a_1 + (k-1)\,d]}_{a_k} = \frac{n}{2} \cdot [2a_1 + (n-1)\,d] = \frac{n}{2}(a_1 + a_n).$$

Die Summenformel wird durch die Figur von Bild 12.3 veranschaulicht.

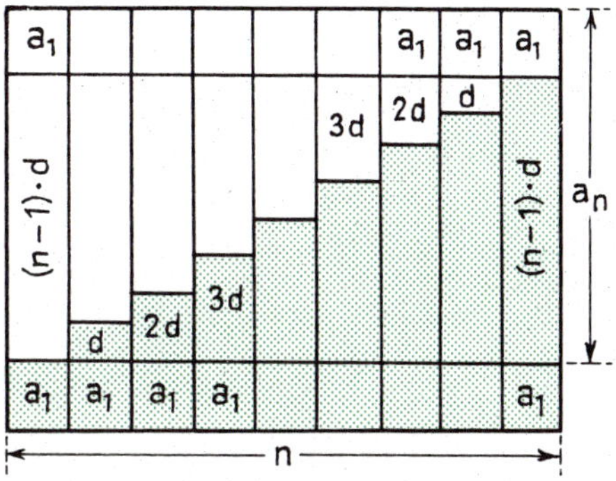

Beispiele:

1) Es soll die Summe der ungeraden Zahlen von 1 bis 99 bestimmt werden. Es gilt

$a_k = 2k - 1$; $d = 2$ und $n = 50$:

$$\sum_{k=1}^{50} (2k-1) = 1 + 3 + \ldots + 99$$

$$= \frac{50}{2}(1 + 99) = \frac{50 \cdot 100}{2} = 2500$$

2) Es soll die Summe der Vielfachen von 3 von 3 bis 180 bestimmt werden.
Es gilt $a_k = 3k$; $d = 3$ und $n = 60$:

$$\sum_{k=1}^{60} 3k = 3 + 6 + \ldots + 180 = \frac{60}{2}(3 + 180) = \frac{60 \cdot 183}{2} = 5490.$$

Bild 12.3

IV. Berechnungen bei arithmetischen Folgen und Reihen

1. Die Formel $a_n = a_1 + (n-1)\,d$ gestattet es, eine der vier Zahlen a_1; a_n; n und d zu berechnen, wenn die drei anderen gegeben sind.

Beispiele:

1) $a_n = 71$; $a_1 = 7$; $d = 4$. Aus dem Bildungsgesetz ergibt sich:

$$(n-1)\,d = a_n - a_1 \Rightarrow n = \frac{a_n - a_1}{d} + 1$$

Also ist bei diesem Beispiel: $n = \frac{71 - 7}{4} + 1 = 16 + 1 = 17$

2) $a_n = 6$; $a_1 = 10$; $n = 9$. Aus dem Bildungsgesetz ergibt sich: $d = \frac{a_n - a_1}{n - 1}$.

Also ist bei diesem Beispiel: $d = \frac{6 - 10}{8} = \frac{-4}{8} = -\frac{1}{2}$.

2. Entsprechend können auch bei arithmetischen Reihen aus den beiden Gleichungen

$$a_n = a_1 + (n-1)\,d \quad \text{und} \quad s_n = \frac{n}{2}(a_1 + a_n)$$

zwei der fünf Zahlen a_1, a_n, n, d und s_n berechnet werden, wenn die drei anderen gegeben sind.

Beispiele:

1) Gegeben: $a_1 = -3$; $a_n = 24$; $s_n = 105$. **Gesucht:** n und d.

Lösung: $105 = \frac{n}{2}(-3 + 24) \wedge 24 = -3 + (n-1) \cdot d \;\Leftrightarrow\; n = \frac{210}{21} = 10 \wedge d = \frac{24 + 3}{9} = 3$

2) Gegeben: $a_1 = -1$; $d = 3$; $s_n = 39$. **Gesucht:** n und a_n.

Lösung: $39 = \frac{n}{2}(-1 + a_n) \wedge a_n = -1 + (n-1) \cdot 3$

$$\Leftrightarrow 78 = -n + na_n \wedge a_n = -4 + 3n \Leftrightarrow 78 = -n + n(-4 + 3n) \wedge a_n = 3n - 4$$

$$\Leftrightarrow 78 = -5n + 3n^2 \wedge a_n = 3n - 4 \Leftrightarrow n^2 - \frac{5}{3}n - 26 = 0 \wedge a_n = 3n - 4$$

Aus der quadratischen Gleichung ergibt sich also:

$$n = \frac{5}{6} + \frac{31}{6} \vee n = \frac{5}{6} - \frac{31}{6} \Leftrightarrow n = 6 \vee n = -\frac{13}{3}.$$

Die zweite Lösung kommt nicht in Betracht, weil n für eine natürliche Zahl steht. Demnach ergibt sich:

$$n = 6 \wedge a_n = 3 \cdot 6 - 4 = 18 - 4 = 14.$$

Übungen und Aufgaben

1. Welche der angegebenen Zahlenfolgen sind arithmetische Folgen? Gib d und a_n an!
a) 1, 5, 9, 13, ... **b)** 100, 91, 82, 73, ... **c)** 3, 3, 3, 3, ...
d) − 2, − 5, − 9, − 14, ... **e)** $\frac{1}{2}, \frac{2}{3}, 1, \frac{4}{3}, \ldots$ **f)** 0, 7, 14, 21, ...

2. Füge zwischen die angegebenen beiden Zahlen **1)** drei, **2)** fünf Zahlen so ein, daß in beiden Fällen eine arithmetische Folge entsteht!
a) 3; 39 **b)** 7; 67 **c)** 11; 131

3. Zwischen zwei Zahlen a und b sind n Zahlen so einzufügen, daß eine arithmetische Folge mit dem Anfangsglied a und dem (n + 2)-ten Glied b entsteht. Bestimme d!

4. Von einer arithmetischen Folge sind gegeben a_1, n und d. Ermittle a_n!
a) $a_1 = 3$; $d = 4$; $n = 11$ **b)** $a_1 = -2$; $d = \frac{3}{2}$; $n = 5$ **c)** $a_1 = 9$; $d = -2$; $n = 50$

5. Von einer arithmetischen Folge sind gegeben
a) $a_{12} = 27$; $d = 4$ **b)** $a_{50} = 153$; $d = 3$. Berechne a_1!

6. Von einer arithmetischen Folge sind gegeben
a) $a_{13} = 60$; $a_{15} = 70$ **b)** $a_7 = 71$; $a_9 = 93$. Berechne d und a_1!

7. Berechne die fehlenden Größen!

	a)	b)	c)	d)	e)	f)	g)	h)	i)	k)
a_1	5	3	121	8		5	− 2			
d	10		− 7		4	3		0,75	0,8	
n	17	7		18				53	16	30
a_n		33	2		78		− 41	32		$4\frac{1}{8}$
s_n				909	728	493	$-580\frac{1}{2}$		− 160	$69\frac{3}{8}$

8. Das 9. (6.) Glied einer arithmetischen Folge ist 29 (4), das 17. (12.) ist $53(\frac{2}{5})$. Berechne d, a_1 und s_{33}!

9. Die Summe des 3. und 5. (1. und 6.) Gliedes einer arithmetischen Folge ist 44 $(12\frac{1}{2})$, die des 8. und 11. (4. und 9.) Gliedes 99 $(3\frac{1}{2})$. Berechne d, a_1 und s_{12}!

10. In einer arithmetischen Folge von vier Gliedern ist die Summe aller Glieder 26 und das Produkt der ersten beiden Glieder um 1 kleiner als das letzte Glied. Berechne die Glieder der Folge!

11. Die sogenannte „lineare Interpolation" (z. B. in der Logarithmentafel) erfolgt so, daß zwischen zwei Tafelwerten neun weitere Zahlen so eingeschaltet werden, daß eine arithmetische Folge entsteht. Gib eine Interpolationstabelle für die folgenden Tafelwerte an!

a) $\sqrt{5} \approx 2{,}2361$; $\sqrt{6} \approx 2{,}4495$ **b)** $\sqrt[3]{12} \approx 2{,}2894$; $\sqrt[3]{13} \approx 2{,}3513$

c) $\lg 4{,}17 \approx 0{,}6201$; $\lg 4{,}18 \approx 0{,}6212$ **d)** $\sin 14° \approx 0{,}2419$; $\sin 15° \approx 0{,}2588$

12. Beweise S 12.5 b): Eine arithmetische Zahlenfolge (a_n) ist nach oben beschränkt und nach unten unbeschränkt genau dann, wenn $d < 0$ ist!

§ 13 Geometrische Folgen und Reihen

I. Geometrische Zahlenfolgen

1. Ähnlich wie arithmetische Zahlenfolgen sind Folgen gebildet, bei denen sich jeweils das nachfolgende Glied aus dem vorhergehenden durch Multiplikation mit ein und derselben Zahl q ergibt.

Beispiele: **1)** $a_1 = 2$; $a_2 = 3 \cdot 2 = 6$; $a_3 = 3 \cdot 6 = 18$; $a_4 = 3 \cdot 18 = 54$; ...

2) $a_1 = -\frac{2}{3}$; $a_2 = (-\frac{1}{2}) \cdot (-\frac{2}{3}) = \frac{1}{3}$; $a_3 = (-\frac{1}{2}) \cdot \frac{1}{3} = -\frac{1}{6}$;
$a_4 = (-\frac{1}{2}) \cdot (-\frac{1}{6}) = \frac{1}{12}$; ...

Bei einer solchen Zahlenfolge ergeben also die Quotienten aufeinanderfolgender Glieder stets dieselbe Zahl q. In Beispiel 1) ist $q = 3$; in Beispiel 2) ist $q = -\frac{1}{2}$.
Jede solche Zahlenfolge heißt eine **„geometrische Zahlenfolge".**

D 13.1 **Eine Zahlenfolge (a_n) heißt „geometrische Zahlenfolge" genau dann, wenn die Quotienten aufeinanderfolgender Glieder stets dieselbe Zahl q ergeben, wenn es also eine Zahl $q \in \mathbb{R}^{\neq 0}$ gibt, so daß für alle $n \in \mathbb{N}$ gilt:**

$$\frac{a_{n+1}}{a_n} = q.$$

Beachte, daß die Variable „q" bei jeder geometrischen Folge für **eine** bestimmte Zahl $q \in \mathbb{R}^{\neq 0}$ steht! Man sagt auch: Die Quotienten aufeinanderfolgender Glieder liefern eine **„konstante Zahl"**, kurz: eine **„Konstante".**

2. In D 13.1 ist der Begriff der geometrischen Zahlenfolge durch eine „Rekursionsformel" festgelegt worden (vgl. § 7, I, 6). Wir wissen schon, daß zur Festlegung einer bestimmten Zahlenfolge außer der Rekursionsformel die Vorgabe des Anfangswertes a_1 gehört. Eine geometrische Zahlenfolge ist offenbar eindeutig festgelegt, wenn der Anfangswert a_1 und der Quotient q ($q \neq 0$) angegeben sind. Denn dann gilt:

$$\begin{aligned} a_2 &= a_1 \cdot q \\ a_3 &= a_2 \cdot q = a_1 \cdot q^2 \\ a_4 &= a_3 \cdot q = a_1 \cdot q^3 \\ a_5 &= a_4 \cdot q = a_1 \cdot q^4 \\ &\cdots\cdots \end{aligned}$$

Diese Gleichungskette legt die Vermutung nahe, daß für geometrische Folgen der Satz gilt:

S 13.1 **Ist (a_n) eine geometrische Folge, so gilt für alle $n \in \mathbb{N}$: $a_n = a_1 \cdot q^{n-1}$.**

Beweis: Wir verwenden den Satz von der vollständigen Induktion (§ 4, III). Zu diesem Zweck bezeichnen wir den Folgenterm mit „T (n)": $T(n) = a_1 q^{n-1}$

[1] **Induktionsverankerung:** $T(1) = a_1 \cdot q^0 = a_1$

[2] **Schluß von n auf n + 1:**

$$\frac{a_{n+1}}{a_n} = q \Rightarrow a_{n+1} = a_n \cdot q = a_1 \cdot q^{n-1} \cdot q = a_1 \cdot q^n = T(n+1), \quad \text{q. e. d.}$$

3. Es gilt aber auch umgekehrt:

S 13.2 **Durch einen Term der Form $a_n = a_1 \cdot q^{n-1}$ ist stets eine geometrische Folge mit dem Anfangsglied a_1 und dem Quotienten q festgelegt.**

Beweis:

1) Daß a_1 das Anfangsglied der Folge ist, ergibt sich unmittelbar durch Einsetzen von $n = 1$ in den Term a_n.

2) Wir berechnen den Quotienten zweier aufeinanderfolgender Glieder:

$$a_{n+1} = a_1 q^n \wedge a_n = a_1 q^{n-1} \Rightarrow \frac{a_{n+1}}{a_n} = \frac{a_1 q^n}{a_1 q^{n-1}} = q, \quad \text{q. e. d.}$$

Man nennt die Gleichung $a_n = a_1 q^{n-1}$ wegen der Sätze S 13.1 und S 13.2 das **„Bildungsgesetz einer geometrischen Folge"**.

4. Die bisherigen Überlegungen zeigen, daß zwischen arithmetischen und geometrischen Folgen eine weitgehende Analogie besteht. Diese Analogie läßt sich allerdings nicht beliebig weit fortsetzen. Sie gilt z. B. nur bedingt für den Satz S 12.3. Dem arithmetischen Mittel entspricht das sogenannte **„geometrische Mittel"**. Dieses ist für **positive** Zahlen a, b erklärt durch den Term $\sqrt{a \cdot b}$. Für negative Zahlen a, b kann $\sqrt{ab}$ nicht als Mittelwert angesehen werden, weil $\sqrt{ab}$ stets positiv ist.

Dem Satz 12.3 entspricht der Satz:

S 13.3 **Eine Zahlenfolge (a_n) ist eine geometrische Folge genau dann, wenn für alle $n \in \mathbb{N}^{\neq 1}$ gilt:**

$$|a_n| = \sqrt{a_{n-1} \cdot a_{n+1}}.$$

Für Folgen mit ausschließlich positiven Gliedern ist jedes Glied a_n also das geometrische Mittel der Nachbarglieder.

Wir haben zu zeigen, daß die Gleichungen von D 13.1 und S 13.3 äquivalent sind.

Beweis: Wir beginnen mit der Gleichung von S 13.3. Für $n \in \mathbb{N}^{\neq 1}$ gilt:

$$|a_n| = \sqrt{a_{n-1} \cdot a_{n+1}} \Leftrightarrow (a_n)^2 = a_{n-1} \cdot a_{n+1} \Leftrightarrow \frac{a_n}{a_{n-1}} = \frac{a_{n+1}}{a_n}.$$

Da die Quotienten $\frac{a_n}{a_{n-1}}$ und $\frac{a_{n+1}}{a_n}$ für alle $n \in \mathbb{N}^{\neq 1}$ den gleichen Wert haben, ist (a_n) nach D 13.1 in der Tat eine geometrische Folge, q. e. d. Da wir nur Äquivalenzumformungen durchgeführt haben, folgt aus der Gleichung von D 13.1 auch umgekehrt die Gleichung von S 13.3. Beachte, daß sowohl für $q > 0$ wie für $q < 0$ gilt: $a_{n-1} \cdot a_{n+1} > 0$!

II. Eigenschaften geometrischer Folgen

1. Ob geometrische Zahlenfolgen monoton, beschränkt, unbeschränkt, konvergent oder divergent sind, hängt von den Werten von a_1 und q ab. Die folgende Tabelle gibt einen Überblick über alle möglichen Fälle.

	Eigenschaft	$q > 1$	$q = 1$	$0 < q < 1$	$-1 < q < 0$	$q = -1$	$q < -1$
$a_1 > 0$	Mon.	1) steigend	konstant	2) fallend	3) altern.	4) altern.	5) altern.
	nach oben	unbeschr.	beschr.	beschr.	beschr.	beschr.	unbeschr.
	nach unten	beschr.	beschr.	beschr.	beschr.	beschr.	unbeschr.
	konv./diverg.	best. diverg.	konverg.	konverg.	konverg.	unbest. diverg.	unbest. diverg.
$a_1 < 0$	Mon.	6) fallend	konstant	7) steigend	8) altern.	9) altern.	10) altern.
	nach oben	beschr.	beschr.	beschr.	beschr.	beschr.	unbeschr.
	nach unten	unbeschr.	beschr.	beschr.	beschr.	beschr.	unbeschr.
	konv./diverg.	best. diverg.	konverg.	konverg.	konverg.	unbest. diverg.	unbest. diverg.

Die Nummern 1) bis 10) beziehen sich auf die nachfolgenden Beispiele.

$a_1 > 0$:

1) $a_1 = 2;\ q = 3$: $2; 6; 18; 54; 162; 486; \ldots$
2) $a_1 = 8;\ q = \frac{1}{2}$: $8; 4; 2; 1; \frac{1}{2}; \frac{1}{4}; \ldots$
3) $a_1 = 12;\ q = -\frac{1}{3}$: $12; -4; \frac{4}{3}; -\frac{4}{9}; \frac{4}{27}; \ldots$
4) $a_1 = 7;\ q = -1$: $7; -7; 7; -7; 7; -7; \ldots$
5) $a_1 = 2;\ q = -2$: $2; -4; 8; -16; 32; -64; \ldots$

$a_1 < 0$:

6) $a_1 = -3;\ q = 2$: $-3; -6; -12; -24; -48; -96; \ldots$
7) $a_1 = -16;\ q = \frac{1}{4}$: $-16; -4; -1; -\frac{1}{4}; -\frac{1}{16}; -\frac{1}{64}; \ldots$
8) $a_1 = -24;\ q = -\frac{1}{2}$; $-24; 12; -6; 3; -\frac{3}{2}; \frac{3}{4}; \ldots$
9) $a_1 = -3;\ q = -1$: $-3; 3; -3; 3; -3; 3; \ldots$
10) $a_1 = -\frac{2}{9};\ q = -3$: $-\frac{2}{9}; \frac{2}{3}; -2; 6; -18; 54; \ldots$

2. Zur Monotonie:

Die Beispiele zeigen, daß bei allen Zahlenfolgen mit $q < 0$ die Folgenglieder abwechselnd positiv und negativ sind; man sagt: Die Folge ist „alternierend"[1]. Eine geometrische Zahlenfolge kann also nur monoton sein, wenn $q > 0$ ist. Wir untersuchen die Differenz $a_{n+1} - a_n$:

$$a_{n+1} - a_n = a_1 q^n - a_1 q^{n-1} = a_1 q^{n-1}(q-1).$$

[1]) alternieren (lat.), abwechseln

Daraus ergibt sich sofort:

1) (a_n) ist monoton steigend für $a_1 > 0 \wedge q \geq 1$
und für $a_1 < 0 \wedge 0 < q \leq 1$;

2) (a_n) ist monoton fallend für $a_1 > 0 \wedge 0 < q \leq 1$
und für $a_1 < 0 \wedge q \geq 1$.

3. Zur Beschränktheit:

Die Tabelle zeigt, daß eine geometrische Folge (nach oben und nach unten) beschränkt ist, wenn $|q| \leq 1$ ist.

S 13.4 **Eine geometrische Zahlenfolge (a_n) ist beschränkt genau dann, wenn $|q| \leq 1$ ist.**

Beweis:

1) Aus dem Monotoniegesetz für Potenzen ergibt sich:

$$|q| \leq 1 \Rightarrow |q|^{n-1} \leq 1^{n-1} = 1$$

Durch Multiplikation mit $|a_1|$ ergibt sich hieraus nach dem Monotoniegesetz der Multiplikation

$$|a_n| = |a_1| \cdot |q|^{n-1} \leq |a_1| \text{ (für alle } n \in \mathbb{N}\text{).}$$

Dies bedeutet, daß $|a_1|$ eine Schranke der Folge (a_n) ist, daß die Folge (a_n) also (nach oben und nach unten) beschränkt ist, q. e. d.

2) Wir haben zweitens zu zeigen, daß jede andere geometrische Zahlenfolge, also jede Folge mit $|q| > 1$ nach oben oder nach unten unbeschränkt ist. Wir haben zu zeigen, daß es in diesem Fall zu jeder Zahl $S \in \mathbb{R}^{>0}$ ein $n \in \mathbb{N}$ gibt mit $|a_n| > S$.

Es gilt: $|a_n| = |a_1| \cdot |q|^{n-1} > S \Leftrightarrow |q|^{n-1} > \frac{S}{|a_1|}$

$$\Leftrightarrow (n-1) \lg |q| > \lg \frac{S}{|a_1|} \Leftrightarrow n > \frac{\lg S - \lg |a_1|}{\lg |q|} + 1$$

Beachte, daß wegen $|q| > 1$ gilt $\lg |q| > 0$! Zu jeder Zahl $S \in \mathbb{R}^{>0}$ gibt es also eine Zahl $n \in \mathbb{N}$ mit $|a_n| > S$; die Folge (a_n) ist mithin unbeschränkt, q. e. d.
In Aufgabe 3 soll gezeigt werden, daß geometrische Folgen mit $q > 1$ für $a_1 > 0$ nach unten, für $a_1 < 0$ nach oben beschränkt sind.

4. Zur Konvergenz:

Da unbeschränkte Zahlenfolgen nicht konvergent sein können, müssen wir auch bei der Untersuchung geometrischer Zahlenfolgen auf Konvergenz voraussetzen, daß $|q| \leq 1$ ist. Folgen mit $q = 1$ sind konstant, also sicher auch konvergent. Folgen mit $q = -1$ sind alternierend; sie haben stets zwei Häufungswerte, sind also nicht konvergent. Wir haben mithin zu beweisen, daß alle geometrischen Zahlenfolgen mit $|q| < 1$ konvergent sind. Die Beispiele zeigen, daß alle diese Folgen Nullfolgen sind. Es gilt der Satz:

S 13.5 **Jede geometrische Zahlenfolge (a_n) mit $|q| < 1$ hat den Grenzwert 0; es gilt:**

$$|q| < 1 \Rightarrow \lim_{n \to \infty} (a_1 q^{n-1}) = 0.$$

Beweis: Für jede Zahl $\varepsilon \in \mathbb{R}^{>0}$ gilt:

$$|0 - a_1 q^{n-1}| = |a_1 q^{n-1}| = |a_1| \cdot |q|^{n-1} < \varepsilon$$

$$\Leftrightarrow |q|^{n-1} < \frac{\varepsilon}{|a_1|} \Leftrightarrow (n-1) \lg |q| < \lg \frac{\varepsilon}{|a_1|}$$

$$\Leftrightarrow n - 1 > \frac{\lg \varepsilon - \lg |a_1|}{\lg |q|} \Leftrightarrow n > \frac{\lg \varepsilon - \lg |a_1|}{\lg |q|} + 1 = X(\varepsilon)$$

Beachte, daß wegen $|q| < 1$ gilt: $\lg |q| < 0$, daß also im vorletzten Umformungsschritt die Richtung der Ungleichung umzukehren ist.
Da wir nur Äquivalenzumformungen durchgeführt haben, gilt: $n > X(\varepsilon) \Rightarrow |a_1 q^{n-1}| < \varepsilon$.
Damit ist die Behauptung bewiesen.

III. Die endliche geometrische Reihe

1. Auch aus den Gliedern einer **endlichen** geometrischen Folge können wir durch Summenbildung eine Reihe bilden, eine „endliche geometrische Reihe".

Eine Reihe, die aus den ersten n Gliedern einer geometrischen Folge gebildet ist, heißt eine (endliche) „geometrische Reihe". **D 13.2**

Eine geometrische Reihe hat also die Form:

$$s_n = a_1 + a_1q + a_1q^2 + \ldots + a_1q^{n-1}.$$

Beispiel: $a_1 = \frac{3}{2}$; $q = 2$; $n = 5$; $s_5 = \frac{3}{2} + 3 + 6 + 12 + 24$

2. Wie bei arithmetischen Reihen suchen wir auch für endliche geometrische Reihen eine einfache Summenformel. Vom Fall $q = 1$ können wir dabei absehen, weil in diesem Fall

$$s_n = a_1 + a_1 + a_1 + \ldots + a_1 = na_1$$

ist. Wir setzen also $q \neq 1$ voraus.

Wir berechnen eine zweite Reihe dadurch, daß wir die gegebene Reihe s_n mit q multiplizieren; dann subtrahieren wir die beiden Reihen voneinander:

$$\begin{aligned} s_n &= a_1 + a_1q + a_1q^2 + a_1q^3 + \ldots + a_1q^{n-2} + a_1q^{n-1} \\ q \cdot s_n &= \phantom{a_1 + {}} a_1q + a_1q^2 + a_1q^3 + \ldots + a_1q^{n-2} + a_1q^{n-1} + a_1q^n \end{aligned}$$

$$\Rightarrow s_n - q \cdot s_n = a_1 - a_1q^n \Leftrightarrow s_n(1-q) = a_1(1-q^n)$$

$$\Leftrightarrow s_n = a_1 \frac{1-q^n}{1-q} = a_1 \frac{q^n - 1}{q-1}$$

Beachte, daß wir $q \neq 1$ vorausgesetzt haben!

3. Es ergibt sich also der Satz:

Für eine endliche geometrische Reihe mit $q \neq 1$ gilt: **S 13.6**

$$s_n = \sum_{k=1}^{n} a_k = \sum_{k=1}^{n} a_1q^{k-1} = a_1 \frac{q^n - 1}{q-1}.$$

Wir können diesen Satz mit Hilfe des Satzes von der vollständigen Induktion (§ 4, III) beweisen.

Zu diesem Zweck bezeichnen wir den Ergebnisterm mit „T (n)": $T(n) = a_1 \frac{q^n - 1}{q-1}$.

[1] Es gilt $s_1 = a_1$ und $T(1) = a_1 \frac{q-1}{q-1} = a_1$; also $s_1 = T(1)$.

[2] $s_{n+1} = s_n + a_{n+1} = a_1 \frac{q^n - 1}{q-1} + a_1 q^n = a_1 \frac{q^n - 1 + q^n(q-1)}{q-1} = a_1 \frac{q^n - 1 + q^{n+1} - q^n}{q-1}$

$= a_1 \frac{q^{n+1} - 1}{q-1} = T(n+1)$ q. e. d.

4. Die Summenformel einer endlichen geometrischen Reihe kann für $a_1 > 0$ und $q > 0$ geometrisch veranschaulicht werden; Bild 13.1 bezieht sich auf den Fall $q > 1$, Bild 13.2 auf den Fall $0 < q < 1$.

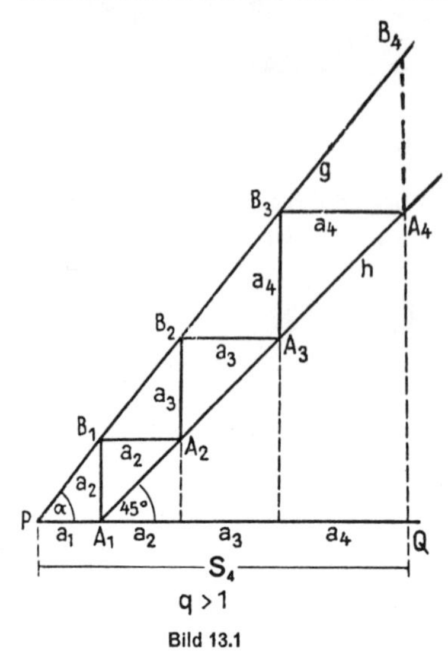

Bild 13.1

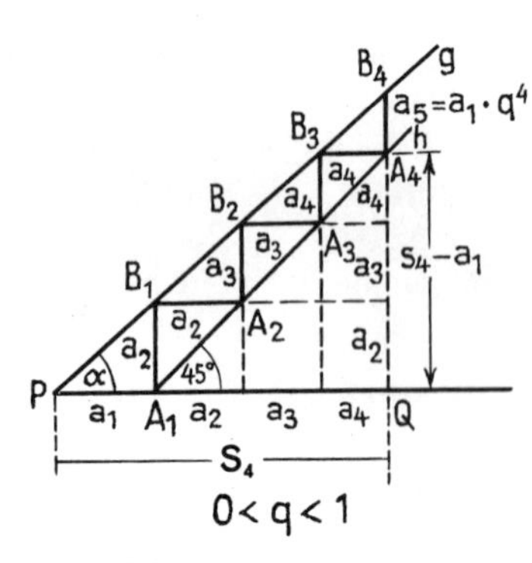

Bild 13.2

Die Gerade g durch $P, B_1, B_2, \ldots$ hat die Steigung $\tan\alpha = q$; die Gerade h durch $A_1, A_2, A_3, \ldots$ hat die Steigung $m = 1$. Daher sind die Dreiecke

$\triangle A_1B_1A_2$, $\triangle A_2B_2B_3$, $\triangle A_3B_3A_4, \ldots$ gleichschenklig

und die Dreiecke $\triangle PA_1B_1$, $\triangle B_1A_2B_2$, $\triangle B_2A_3B_2, \ldots$ ähnlich.

Für die Seitenlängen der Katheten dieser Dreiecke gilt also:

$$\frac{a_2}{a_1} = \frac{a_3}{a_2} = \frac{a_4}{a_3} = \ldots = q,$$

also $$a_2 = a_1 \cdot q; \quad a_3 = a_2 \cdot q; \quad a_4 = a_3 \cdot q; \ldots$$

Die Maßzahlen der Strecken $a_1, a_2, a_3, a_4, \ldots$ stellen also in der Tat die Glieder einer geometrischen Folge dar.

Der Zeichnung entnimmt man folgende Streckenlängen:

$$d(PQ) = s_4; \quad d(QA_4) = s_4 - a_1; \quad d(A_4B_4) = a_5 = a_1 q^4$$

Da das große Dreieck $\triangle PQB_4$ dem Ausgangsdreieck $\triangle PA_1B_1$ ähnlich ist, gilt:

$$d(QB_4) = q \cdot d(PQ), \quad \text{also:} \quad s_4 - a_1 + a_1 q^4 = q \cdot s_4$$

Daraus folgt: $$s_4(q-1) = a_1(q^4-1) \Leftrightarrow s_4 = a_1 \frac{q^4-1}{q-1};$$

dies entspricht der Formel von S 13.6 für den Fall $n = 4$.

IV. Berechnungen bei geometrischen Folgen und Reihen

1. Auch bei geometrischen Folgen kann die Aufgabe gestellt werden, aus drei der vier Zahlen a_1, a_n, n und q die vierte zu berechnen. Hierbei treten allerdings einige Probleme auf, die wir kurz erörtern wollen.

Beispiele:

1) Gegeben: $a_1 = 1$; $n = 5$; $a_n = 16$;

Gesucht: q

Es gilt: $$a_n = a_1 q^{n-1} \Leftrightarrow q^{n-1} = \frac{a_n}{a_1}.$$

In diesem Falle also: $q^4 = \frac{16}{1} = 16 \Leftrightarrow q = \sqrt[4]{16} = 2 \vee q = -\sqrt[4]{16} = -2$

Bei diesem Beispiel gibt es also zwei Lösungen.

2) Gegeben: $a_1 = -3;\ n = 4;\ a_4 = 24;$
Gesucht: q

Es gilt: $$q^3 = \frac{24}{-3} = -8 \Leftrightarrow q = -2.$$

2. Sind a_1, q und a_n gegeben, so muß die Gleichung $q^{n-1} = \frac{a_n}{a_1}$ zur Berechnung von n logarithmiert werden. Das ist aber nur möglich, wenn $q > 0$ und $\frac{a_n}{a_1} > 0$ ist. Andernfalls geht man zur entsprechenden Gleichung für die Beträge dieser Zahlen über.

$$q^{n-1} = \frac{a_n}{a_1} \Rightarrow |q|^{n-1} = \left|\frac{a_n}{a_1}\right| \Rightarrow (n-1)\lg|q| = \lg|a_n| - \lg|a_1|$$

$$\Rightarrow n - 1 = \frac{\lg|a_n| - \lg|a_1|}{\lg|q|} \Rightarrow n = \frac{\lg|a_n| - \lg|a_1|}{\lg|q|} + 1$$

Beispiel: $a_1 = 3;\ q = -2;\ a_n = -96$

$$n = \frac{\lg 96 - \lg 3}{\lg 2} + 1 \approx \frac{1{,}9823 - 0{,}4771}{0{,}3010} + 1 \approx \frac{1{,}5052}{0{,}3010} + 1 \approx 6$$

3. Sind von den fünf Zahlen a_1; a_n; n; q und s_n drei gegeben, so können in manchen Fällen die beiden anderen daraus nach den Gleichungen

$$a_n = a_1\, q^{n-1} \text{ und } s_n = a_1 \frac{1-q^n}{1-q}$$

berechnet werden. Ist dabei q zu bestimmen, so treten Gleichungen höheren Grades auf:

$$s_n = a_1 \frac{1-q^n}{1-q} \Leftrightarrow \frac{s_n}{a_1}(1-q) = (1-q^n) \Leftrightarrow q^n - \frac{s_n}{a_1} q + \frac{s_n}{a_1} - 1 = 0.$$

Ist n zu bestimmen, so müssen die beiden Gleichungen logarithmiert werden. Auch hier ist zu beachten, daß Logarithmen nur für positive Argumente definiert sind.

Übungen und Aufgaben

1. Welche der folgenden Zahlenfolgen sind geometrische Folgen? Bestimme q!
a) 1; 2; 4; 8; ... **b)** 2; −6; 18; −54; ... **c)** 1; $\frac{1}{2}$; $\frac{1}{6}$; $\frac{1}{24}$; ...
d) 1; 1; 1; 1; ... **e)** 1; $-\frac{1}{5}$; $\frac{1}{25}$; $-\frac{1}{125}$; ... **f)** −7; $-\frac{7}{3}$; $-\frac{7}{9}$; $-\frac{7}{27}$; ...
g) 1; −9; 25; −49; ... **h)** −72; 36; −18; 9; ...

2. Berechne jeweils die in Klammern angegebenen Größen!
a) $a_1 = 3;\ q = 2;\ (a_7)$ **b)** $a_1 = -2;\ q = -3;\ (a_{10})$ **c)** $a_1 = \frac{1}{3};\ q = 6;\ (a_5)$
d) $a_1 = 4;\ a_9 = 1024;\ (q)$ **e)** $q = 3;\ a_4 = 729;\ (a_1)$ **f)** $a_5 = \frac{3}{16};\ a_7 = \frac{3}{32};\ (a_1;\ q)$
g) $a_3 = 45;\ a_7 = 3645;\ (a_1;\ q)$ **h)** $a_3 + a_4 = 560;\ a_4 + a_5 = 2240;\ (a_1;\ q)$

3. Beweise:
a) Jede geometrische Zahlenfolge mit $q > 1$ und $a_1 > 0$ ist nach unten beschränkt!
b) Jede geometrische Zahlenfolge mit $q > 1$ und $a_1 < 0$ ist nach oben beschränkt!

4. Welche der angegebenen Zahlenfolgen sind monoton, welche sind beschränkt? Gib die größte untere und die kleinste obere Schranke an!
a) $a_1 = 5;\ q = \frac{1}{2}$ **b)** $a_1 = -2;\ q = -\frac{1}{4}$ **c)** $a_1 = \frac{1}{10};\ q = 5$
d) $a_1 = -3;\ q = 2$ **e)** $a_1 = 2;\ q = -3$ **f)** $a_1 = 9;\ q = \frac{1}{6}$

5. Formuliere **a)** D 13.1 **b)** S 13.3 mit Hilfe von Quantoren!

6. Berechne das kleinste N (ε) für die konvergenten Zahlenfolgen
a) $a_1 = 3;\ q = \frac{1}{2};\ \varepsilon = \frac{1}{1000}$ **b)** $a_1 = 7;\ q = \frac{2}{3};\ \varepsilon = \frac{1}{100}$
c) $a_1 = -4;\ q = -\frac{1}{4};\ \varepsilon = \frac{1}{1000}$

7. Gegeben sind zwei Zahlen a, b $\in \mathbb{R}$. Ermittle n Zahlen, die zwischen a und b liegen und mit a und b zusammen eine geometrische Folge bilden!
a) $a = 3;\ b = 192;\ n = 5$ **b)** $a = -5;\ b = -405;\ n = 3$ **c)** $a = 7;\ b = 546875;\ n = 6$
d) Löse die Aufgabe allgemein!

8. Berechne den Summenwert s_n der durch folgende Zahlen festgelegten geometrischen Reihen!
a) $a_1 = \frac{3}{2};\ q = 4;\ s_{10}$ **b)** $a_1 = 5;\ q = \frac{1}{2};\ s_{15}$ **c)** $a_1 = -2;\ q = -4;\ s_8$
d) $a_1 = -9;\ q = \frac{1}{3};\ s_{12}$ **e)** $a_1 = 2187;\ q = \frac{4}{3};\ s_5$ **f)** $a_1 = 6;\ q = -3;\ s_7$

9. Berechne die in der Tabelle fehlenden Größen!

	a)	b)	c)	d)	e)	f)	g)	h)	i)	k)
a_1	5			3	2	25	9	27		
q	– 2	3	– 2		3		– 3			$\frac{4}{5}$
n	7	8	8	6				3	2	
a_n			– 640	9375	4374	12800			8	1024
s_n		6560				25575	– 1638	57	38	11529

10. Das 2. Glied einer geometrischen Folge ist um 3 größer als das 1. Glied, das 3. Glied ist um 6 größer als das 2. Glied. Berechne a_1 und q!

11. Drei Zahlen bilden eine geometrische Folge. Die Summenwerte der ersten und zweiten, zweiten und dritten und dritten und ersten Zahl bilden eine arithmetische Folge. Die Summe aller drei Zahlen beträgt 6. Bestimme die drei Zahlen!

12. Der Summenwert aus dem ersten und dritten Glied einer geometrischen Zahlenfolge ist 51; das Produkt derselben Glieder beträgt 144. Berechne a_1 und q!

13. In eine Nährflüssigkeit werden 6 Bakterien gebracht, die sich in 40 Minuten einmal teilen. Wieviel Bakterien sind nach 6 Stunden (24 Stunden) vorhanden, wenn die Lebensdauer der Bakterien mindestens 24 Stunden beträgt?

14. Für isotherme Zustandsänderungen eines Gases gilt das Boylesche Gesetz:
$$p_1 V_1 = p_2 V_2,$$
wobei p den Druck, V das zugehörige Volumen bezeichnet. Ein Gasbehälter hat ein Volumen von 1000 cm^3. Der Zylinder einer Luftpumpe faßt 600 cm^3.
a) Wieviel Kolbenbewegungen der Luftpumpe sind erforderlich, um den Luftdruck von 1000 Millibar auf 5 Millibar zu senken?
b) Mit wieviel Kolbenbewegungen kann der Luftdruck des Behälters von 1 at auf 5 at Druck gebracht werden?

15. Für einen Öltropfenversuch soll eine sehr kleine Menge Öl auf eine Wasserfläche gebracht werden. Mit einer Pipette stellt man fest, daß 1 cm^3 Öl 40 Öltropfen liefert. Man mischt einen Tropfen Öl mit 10 cm^3 Äther. 1 cm^3 der Äther-Öl-Mischung ergibt 50 Tropfen. Einen Tropfen der Mischung mischt man wieder mit 10 cm^3 Äther usw. Wieviel Öl ist in einem Tropfen der vierten Äther-Öl-Mischung? Die Anzahl der Tropfen der Äther-Öl-Mischung je cm^3 sei konstant.

16. Die Intensität eines Lichtbündels wird durch eine Glasplatte um $\frac{1}{12}$ vermindert. Welche Intensität hat ein Lichtbündel, wenn es durch 10 gleiche Platten gegangen ist?

17. Der Erfinder des Schachspiels soll als Belohnung verlangt haben, daß man ihm auf das erste Feld eines Schachbrettes ein Weizenkorn, auf das zweite Feld 2, auf das dritte Feld 4 Weizenkörner lege usw. Wieviel Körner sind erforderlich, um seinen Wunsch zu erfüllen? (Etwa 20000 Weizenkörner wiegen 1 kp.)

18. Gegeben sei eine geometrische Folge. Bilde eine neue Folge, indem du jedes Glied der gegebenen Folge logarithmierst! Was kannst du über die neue Folge aussagen? Welcher Voraussetzung müssen die Glieder der gegebenen Folge genügen, damit die zweite Folge existiert?

19. Beweise: Wenn (a_n) und (b_n) geometrische Folgen sind, dann ist auch

a) $(a_n \cdot b_n)$ **b)** $\left(\frac{a_n}{b_n}\right)$ eine geometrische Folge!

20. Beweise: wenn (a_n) eine geometrische Folge ist, dann ist auch $\left(\frac{1}{a_n}\right)$ eine geometrische Folge!

21. (a_n) und (b_n) seien geometrische Folgen. Welche Bedingung muß erfüllt sein, damit $(a_n + b_n)$ eine geometrische Folge ist?

22. (a_n) sei eine geometrische Folge. Was kannst du über $\left(\sqrt{a_n}\right)$ aussagen?

§ 14 Zinseszins- und Rentenrechnung

I. Zinseszins bei jährlicher Verzinsung

1. Für ein Kapital von K DM, das man z. B. einer Sparkasse anvertraut, hat man in der Regel einmal im Jahr – meist zum Jahresende – die Zinsen zu erwarten. Die Jahreszinsen betragen $z = \frac{K \cdot p}{100}$.

Nach n Jahren würden sich nach dieser Berechnungsart Gesamtzinsen von $z_n = \frac{K \cdot p \cdot n}{100}$ ergeben.

2. In bestimmten Fällen vereinbart man, daß die Zinsen an den festgelegten Zinsterminen dem Kapital zugeschlagen werden. Im nächsten Jahr ist dann dieses vermehrte Kapital der Zinsberechnung zugrunde zu legen. Zur Unterscheidung von einfachen Zinsen spricht man jetzt von **Zinseszinsen.** § 248 BGB läßt die Vereinbarung von Zinseszinsen nur bei ganz bestimmten Geldgeschäften zu, in der Hauptsache für die Verzinsung von Spar- und Bankguthaben. Für einen Kredit oder ein Darlehen dürfen Zinseszinsen nicht im voraus vereinbart werden.

3. Wir wollen jetzt untersuchen, wie ein Kapital anwächst, dem jeweils am Ende des Jahres die Jahreszinsen zugeschlagen werden. Der Zinssatz sei p%. Wir gehen vom Anfangskapital K_0 aus:

Anfang des 1. Jahres: K_0

Ende des 1. Jahres: $K_1 = K_0 + z_1 = K_0 + \frac{K_0 \cdot p}{100} = K_0\left(1 + \frac{p}{100}\right)$

Ende des 2. Jahres: $K_2 = K_1 + z_2 = K_1\left(1 + \frac{p}{100}\right) = K_0\left(1 + \frac{p}{100}\right)^2$

Ende des 3. Jahres: $K_3 = K_2 + z_3 = K_2\left(1 + \frac{p}{100}\right) = K_0\left(1 + \frac{p}{100}\right)^3$ usw.

Es ergibt sich hierbei also offenbar eine geometrische Folge mit dem Anfangsglied $a_1 = K_0$ und dem sogenannten „Zinsfaktor" $q = 1 + \frac{p}{100}$. Aus den uns aus § 13 bekannten Gesetzen über geometrische Folgen können wir das Kapital K_n nach n Jahren (nach n Jahren Verzinsung) berechnen. Es ist zu beachten, daß K_n das $(n + 1)$-te Glied der geometrischen Folge ist.

S 14.1 **Ein auf Zinseszins stehendes Kapital K_0 wächst bei jährlicher Zinsgutschrift mit dem Zinsfaktor q nach n Jahren auf das Endkapital K_n mit $K_n = K_0 \cdot q^n$ an.**

4. Diese sogenannte „Zinseszinsgleichung“ wird in der Praxis der Geldwirtschaft häufig benötigt; daher enthalten mathematische Tafelwerke Tabellen mit den Werten von q^n (den sogenannten Aufzinsungsfaktoren) für gängige Zinssätze und Zeiträume bis zu 50 Jahren. Will man die Aufzinsungsfaktoren selbst berechnen, so benutzt man Logarithmen. Die Ungenauigkeit beim Berechnen von Potenzen mittels vierstelliger Logarithmen kann jedoch recht groß werden. Die meisten Tafelwerke enthalten daher, etwa für das Intervall [1,000; 1,159], eine besondere Tafel mit sechs- oder siebenstelligen Logarithmen.

5. Beispiele:

1) Das Kapital $K_0 = 400$ DM wird 10 Jahre lang verzinst, $p = 4\%$. $K_{10} = 400 \cdot 1{,}04^{10}$ DM $= 400 \cdot 1{,}48$ DM $= 592$ DM (Tabelle der Aufzinsungsfaktoren). Der Endwert nach 10 Jahren beträgt also 592 DM.

2) Für Vergleiche von einfachem Zins und Zinseszins eignet sich ein Schaubild, das in Bild 14.1 für $p = 4\%$ angegeben wird. (Beachte: Nur die K_n-Werte für ganze Zahlen kommen als Kontenstand wirklich vor, die verbindende Kurve dient lediglich der besseren Veranschaulichung.)

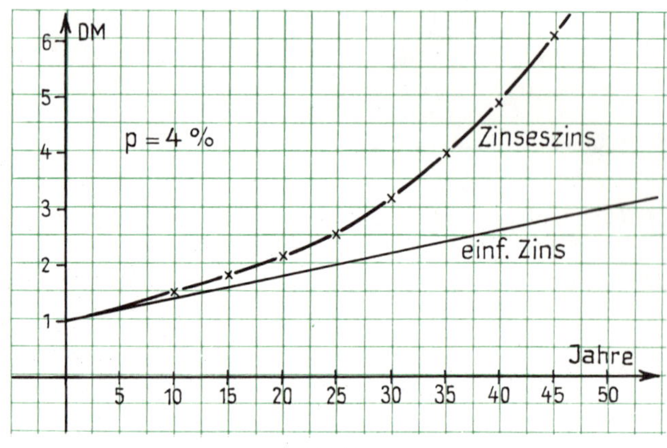

Bild 14.1

3) Nach wieviel Jahren hat sich ein Kapital K_0 verdoppelt ($p = 5\%$)?
Da sich wahrscheinlich kein ganzzahliger n-Wert ergeben wird, benutzen wir eine Ungleichung:

$$2\,K \leq K \cdot 1{,}05^n \Leftrightarrow \lg 2 \leq \lg 1{,}05 \cdot n \Leftrightarrow n \geq 14{,}2$$

Da wir einen Zinstermin suchen, zu dem die Verdoppelung wirklich erreicht ist, heißt die Lösung $n = 15$. Man könnte natürlich auch mittels einfachen Zinses den Tag (im 15. Jahr) bestimmen, an dem die Verdoppelung genau eintritt.

6. Aus der Zinseszinsgleichung ergeben sich noch zwei weitere Fragestellungen: die Frage nach dem Anfangskapital und die nach dem Zinssatz.

II. Diskontieren. Barwert. Effektivzinsatz

1. Im Geschäftsleben ist das Begleichen einer Rechnung mit einem Wechsel ein vielfach geübtes Verfahren. Im Wechsel gibt der Bezogene (Schuldner) das Versprechen, den eingesetzten Betrag zu einem vereinbarten Zeitpunkt zu zahlen. Zur Zwischenfinanzierung gibt der Wechselnehmer den Wechsel meist an seine Bank, die ihm natürlich nicht den Nennwert des Wechsels auszahlen kann. Dieser muß vielmehr um den Zinsbetrag gekürzt werden. Diesen Zins bezeichnet man als **Diskont,** das Berechnungsverfahren als **„Diskontieren“.** Der Betrag, der nun wirklich ausgezahlt wird, heißt **„Barwert“** des Wechsels. Der Barwert ist also der Wert, den ein in n Jahren fälliges Kapital bei vorzeitiger Barzahlung hat. Der Barwert ist immer kleiner als das später fällige Kapital.

2. Im weiteren Sinne wollen wir unter „Diskontieren“ das Umrechnen eines Kapitals auf ein anderes Fälligkeitsdatum verstehen. Wir sind oft zu solchen Umrechnungen gezwungen, weil Kapitalien nur verglichen (oder z. B. addiert) werden können, wenn sie auf den gleichen Zeitpunkt bezogen sind.

Beispiel: Eine Schuldsumme von 12 000 DM, fällig in zwei Jahren, soll sofort zurückgezahlt werden. Wieviel muß gezahlt werden?

Es ist nach dem Barwert gefragt. Wir berechnen ihn durch Diskontieren. Es ist offenbar so viel zu zahlen, daß durch Verzinsen dieses Betrages (z. B. 4%) 2 Jahre später 12 000 DM vorhanden sind:

$$12\,000 = K_0 \cdot 1{,}04^2 \Leftrightarrow K_0 = 11\,093 \text{ (nach Benutzung der Tafel für } q^n\text{).}$$

Die Schuld läßt sich durch Zahlung von 11 093 DM 2 Jahre vor der Fälligkeit begleichen.

Allgemein gilt für den Barwert K_0 eines in n Jahren fälligen Kapitals, also $K_0 = \frac{K_n}{q^n}$.

3. Häufig wächst ein Kapital nicht allein durch Zinsen im eigentlichen Sinne an, sondern es können auch Kursgewinne (bei Wertpapieren), Prämien (z. B. beim prämienbegünstigten Sparen), Steuerersparnisse usw. zur Vermehrung des Kapitals beitragen. Dann wird die Frage nach dem **Effektivzinssatz** akut, nach dem Zinssatz also, der zu zahlen wäre, um ein Kapital K_0 **bei gleichmäßiger Verzinsung** auf den Betrag anwachsen zu lassen, auf den es tatsächlich angewachsen ist. Diese Frage ist aus der Zinsgleichung einfach zu beantworten.

Beispiel: Ein Kapital hat sich durch Wertzuwachs der Wertpapiere in 5 Jahren von 10 000 DM auf 15 000 DM erhöht. Dann gilt $K_n = K_0 \cdot q^n$, hier also $15\,000 = 10\,000 \cdot q^5$. Es ergibt sich $q = 1{,}0845$, also $p = 8{,}45\%$. Der Effektivzinssatz betrug 8,45%. Solche Fragen treten bei der Auswahl der günstigsten Anlageart für ein vorhandenes Kapital immer auf.

III. Zinseszinsen bei anderen Verzinsungszeiträumen

Bisher haben wir nur Fälle betrachtet, bei denen p der Jahreszinssatz war und die Zinsen am Jahresende dem Kapital zugeschlagen werden. Nun kann man natürlich auch fragen, wie sich ein Kapital entwickelt, bei dem die Zinsen schon nach kürzeren Zeiträumen zum Kapital gerechnet und mitverzinst werden. Eine einfache Überlegung zeigt, daß der Zinsertrag dabei höher werden muß. Als Beispiel betrachten wir monatliche Zinszahlung:
Das Kapital K_0 soll n Jahre lang verzinst werden. Der Jahreszinssatz beträgt p%. Dann ergibt sich folgende Zusammenstellung:

Guthaben am Anfang des 1. Monats: K_0.

Guthaben am Ende des 1. Monats: $K_0\left(1 + \frac{p}{100 \cdot 12}\right)$.

Guthaben am Ende des 2. Monats: $K_0\left(1 + \frac{p}{100 \cdot 12}\right)^2$, usw.

Am Ende des ersten Jahres beträgt das Guthaben $K_1 = K_0\left(1 + \frac{p}{100 \cdot 12}\right)^{12}$. Diese Formel läßt sich leicht auf andere Zeiträume verallgemeinern (Aufgabe 34).

Allgemein gilt: $$K_n = K_0\left(1 + \frac{p}{100 \cdot m}\right)^{n \cdot m},$$

wobei m die Anzahl der Zinszuschläge pro Jahr, p der Zinssatz bezogen auf ein Jahr und n die Zeit in Jahren bedeutet.

IV. Anwendung auf Wachstumsvorgänge. Stetige Verzinsung, natürliches Wachstum

1. Über die geschilderten Anwendungen hinaus gibt die Zinseszinsrechnung die Möglichkeit, Wachstumsvorgänge aller Art rechnerisch zu erfassen, wenn der Zuwachs dem Bestand proportional ist. Das Anwachsen einer Bevölkerung oder der Zuwachs eines Waldes sind Beispiele für solche Anwendungen. Da alle Wachstumsvorgänge dieser Art kontinuierlich verlaufen, vermag die Zinseszinsrechnung, die ja von einem sprunghaften Anstieg jeweils beim Zinstermin ausgeht, dieses Anwachsen nicht völlig exakt wiederzugeben. Für viele Fragestellungen liefert sie trotzdem brauchbare Ergebnisse.

Beispiel: Der Holzbestand eines Waldes betrug vor 12 Jahren 1140 Festmeter, jetzt 1980 Festmeter. Wie groß ist der durchschnittliche jährliche Zuwachs in Prozent?
Aus der Zinseszinsformel folgt $1980 = 1140 \cdot q^{12}$, also $q = 1{,}0472$. Der jährliche Zuwachs betrug also 4,72%.

2. Stetige Verzinsung. Für das Wachsen eines Kapitals, das m Zinszuschläge pro Jahr erfährt, haben wir oben

$$K_n = K_0\left(1 + \frac{p}{100 \cdot m}\right)^{n \cdot m}$$

errechnet (p: Zinssatz bezogen auf ein Jahr; n: Anzahl der Jahre). Sollen nun, um den Verhältnissen beim organischen Wachstum gerecht zu werden, die Zinszuschläge dauernd erfolgen (sogenannte **„stetige Verzinsung"**), so ist $\lim\limits_{m \to \infty} K_n$ zu berechnen. Wir wollen, um die Rechnung an dieser Stelle überhaupt weiterführen zu können, p = 100% annehmen:

$$\lim_{m \to \infty} K_n = \lim_{m \to \infty} K_0\left(1 + \frac{1}{m}\right)^{n \cdot m} = \lim_{m \to \infty} K_0 \left[\left(1 + \frac{1}{m}\right)^m\right]^n$$

Nun gilt, was hier unbewiesen bleiben muß:

$$\lim_{m \to \infty} K_0 \left[\left(1 + \frac{1}{m}\right)^m\right]^n = K_0 \cdot \left[\lim_{m \to \infty} \left(1 + \frac{1}{m}\right)^m\right]^n,$$ wenn K_0 und n Konstanten sind.

$\lim\limits_{m \to \infty}\left(1 + \frac{1}{m}\right)^m$ existiert, was wir an dieser Stelle allerdings nicht beweisen können. Ein Näherungswert ist

$$\left(1 + \frac{1}{1000}\right)^{1000} \approx 2{,}717.$$

Wir wollen diesen Grenzwert nach Leonhard Euler[1]) durch den Buchstaben e bezeichnen („Eulersche Zahl").

$$\lim_{m \to \infty} \left(1 + \frac{1}{m}\right)^m = e = 2{,}718281828\ \ldots$$

e ist eine irrationale Zahl; im Dezimalsystem ist diese Zahl nur durch eine unendliche nichtperiodische Dezimalzahl zu erfassen.

3. Für das natürliche Wachstum ergibt sich bei p = 100%: $K_n = K_0 e^n$.
Für beliebige Prozentsätze p läßt sich errechnen:

$$\mathbf{K_n = K_0 \cdot e^{\frac{p}{100} \cdot n}}.$$

Beispiel: Wir wollen die Aufgaben des letzten Beispiels mit der exakten Formel, die wir jetzt zur Verfügung haben, überprüfen:

$$1980 = 1140 \cdot e^{\frac{p}{100} \cdot 12} \Leftrightarrow p = \frac{25}{3} \cdot \frac{\lg 1980 - \lg 1140}{\lg e} \Leftrightarrow p = 4{,}60.$$

Es ergibt sich, wie zu erwarten war, ein niedrigerer Prozentsatz. Der bei der ersten Rechnung eingeschlagene Weg wird durch die geringe Differenz gerechtfertigt.

V. Rentenrechnung

1. Unsere Betrachtungen haben wir bisher auf den einfachen Fall beschränkt, bei dem nach einer einmaligen Einzahlung hinfort nur noch Zinszuschläge erfolgen. Häufig hat man es jedoch auch mit regelmäßig wiederkehrenden Einzahlungen (Raten) oder Auszahlungen (Renten) zu tun. Wir wollen an einem übersichtlichen Beispiel untersuchen, wie ein Kapital unter solchen Bedingungen anwächst.

Beispiel: 11 Jahre lang werden jeweils am 1. Januar 200 DM auf ein Konto eingezahlt (p = 4%). Wie lautet der Kontenstand am Ende des 11. Jahres?
Die Lösung dieser Aufgabe wird einfach, wenn wir jede Rate (r) einzeln betrachten und jeweils auf denselben Zeitpunkt – in unserem Falle auf das Ende des 11. Jahres – umrechnen. Das folgende Schema macht die Situation an der Zeitgeraden klar (Bild 14.2).

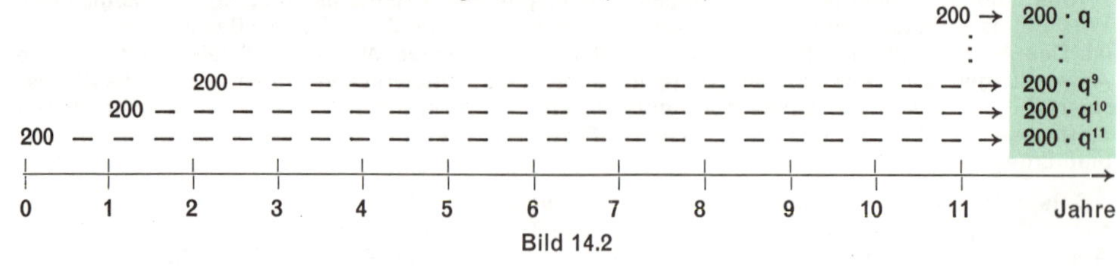

Bild 14.2

[1]) Leonhard Euler (1707–1783).

Nun brauchen wir nur noch die Summe der diskontierten Beträge (grün unterlegt) zu bilden. Es handelt sich um die Summe einer geometrischen Folge mit dem Anfangsglied $200 \cdot q$, der Gliederzahl 11 und dem Quotienten 1,04. Es gilt also $S_n = 200 \cdot 1{,}04 \frac{1{,}04^{11} - 1}{1{,}04 - 1}$.

Für gängige Prozentsätze kann man den Wert von $\frac{q^n - 1}{q - 1}$ dem Tafelwerk entnehmen. Für unseren „Rentenendwertfaktor" finden wir 13,4864. Es ergibt sich $S_n = 2805$ (logarithmisch). Der Kontenstand lautet 2805 DM.

2. Wir könnten nun nach Formeln für die verschiedenen Fälle suchen. Wegen der Vielfalt der möglichen Aufgabenstellungen würde sich aber eine formelmäßige Behandlung nur lohnen, wenn wir uns systematisch mit der Rentenrechnung befassen wollten. Wir ziehen es vor, die wenigen zu behandelnden Aufgaben unter Zuhilfenahme der Zeitgeraden zu lösen.
Grundsatz bei der Lösung jeder Aufgabe ist: Alle in die Rechnung einzubeziehenden Beträge (Kapitalien, Renten, Raten) müssen auf denselben Zeitpunkt diskontiert werden. Erst danach werden sie in einer Gleichung zusammengefaßt, aus der die gesuchte Größe bestimmt werden kann. Einzahlungen werden über, Auszahlungen unter der Zeitgerade eingetragen.

Beispiel: Ein Kapital von 90000 DM steht für eine Rente zur Verfügung, die 20mal, jeweils am Jahresanfang (also „vorschüssig") gezahlt werden soll. Wie hoch ist die Einzelrente ($p = 5\%$)? Wir diskontieren alle Beträge auf den Auszahlungstag der letzten Rente.

Es ergibt sich die Übersicht in Bild 14.3.

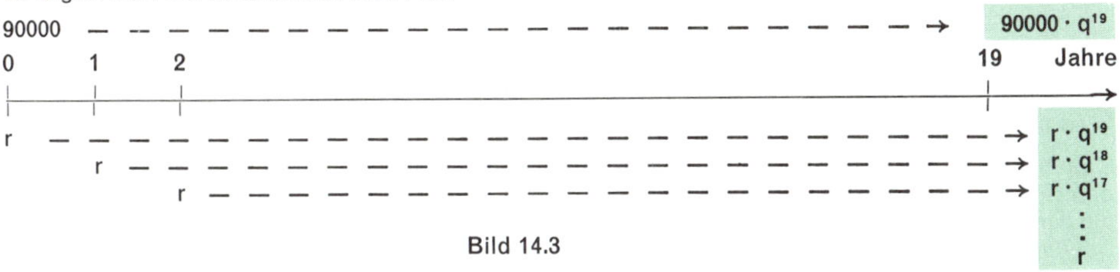

Bild 14.3

Bemerkung: Grundsätzlich sind wir in der Wahl des Diskontierungszeitpunkts frei, wir werden aber versuchen, den von der Aufgabenstellung her zweckmäßigsten Zeitpunkt zu wählen. In unserem Beispiel ist das sicher der Tag, an dem die letzte Rente ausgezahlt wird.
Aus der Übersicht ergibt sich die Aufgabe, eine geometrische Folge mit 20 Gliedern, dem Anfangsglied r und dem Quotienten q zu summieren: $r \frac{1{,}05^{20} - 1}{1{,}05 - 1} = 90\,000 \cdot 1{,}05^{19}$

Unter Tafelbenutzung folgt: $r = 6877$.

Es kann eine Rente von 6877 DM jährlich gewährt werden.

3. Beispiel: Der Anspruch auf eine „nachschüssige" (postnumerando, am Jahresende fällige) Rente von 2000 DM mit einer Laufzeit von 25 Jahren soll durch einmalige Zahlung am Anfang des ersten Jahres erworben werden ($p = 6\%$). Wie hoch ist die einmalige Zahlung?
Das gesuchte Kapital – in der Fachsprache „Barwert der Rente" genannt – wollen wir mit K_0 bezeichnen. Dann ergibt sich Bild 14.4.

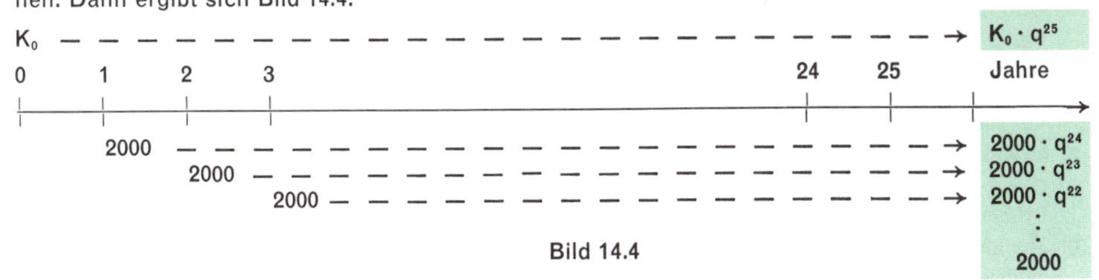

Bild 14.4

Die Wahl des Diskontierungszeitpunktes wurde wieder durch die Aufgabenstellung nahegelegt. Es ist lehrreich, auch einmal einen anderen Zeitpunkt zu wählen, etwa das Ende des 30. Jahres oder auch den Anfang des 1. Jahres.

Die geometrische Folge hat hier 25 Glieder, das Anfangsglied ist 2000.

$$2000 \frac{1{,}06^{25}-1}{1{,}06-1} = K_0 \cdot 1{,}06^{25} \Leftrightarrow K_0 = 25\,567$$

Der Barwert der betrachteten Rente beträgt 25 567 DM. Die Frage nach dem Barwert läßt sich übrigens auch anders formulieren: Welches Kapital ist nötig, um eine nachschüssige Rente von 2000 DM für 25 Jahre sicherzustellen?

4. Auch in der Rentenrechnung kommen für n nur natürliche Zahlen in Frage. Wir benötigen deshalb gelegentlich Ungleichungen.

Beispiel: Wieviel Jahre braucht man, um ein Darlehen von 40 000 DM zu tilgen, wenn die vorschüssigen Raten 3000 DM betragen (p = 4%)? (Bild 14.5)

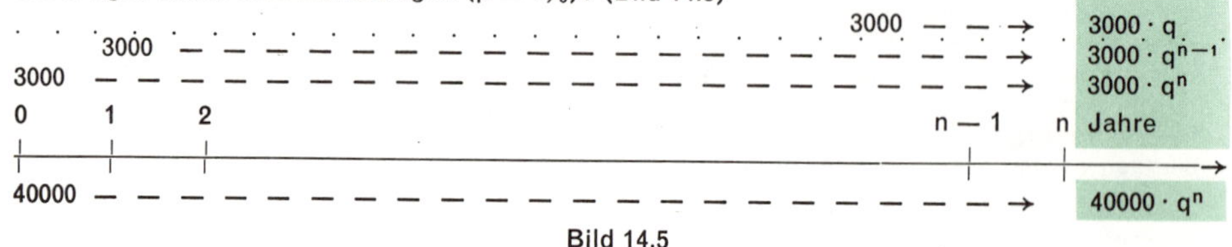

Bild 14.5

$$40000 \cdot q^n \leq 3000 \cdot q \frac{q^n-1}{q-1} \Leftrightarrow 40000\,(q-1)\,q^n \leq 3000 \cdot q \cdot q^n - 3000 \cdot q$$

$$\Leftrightarrow 1600 \cdot q^n \leq 3120 \cdot q^n - 3120 \Leftrightarrow 3120 \leq 1520 \cdot q^n$$

$$\Leftrightarrow \lg 3120 - \lg 1520 \leq \lg 1{,}04 \cdot n \Leftrightarrow n \geq 18{,}38$$

Die Tilgung ist nach 19 Jahren beendet. Die letzte Rate beträgt weniger als 3000 DM. Ihr genauer Wert läßt sich unschwer ermitteln.

Beachte: Was hier als „Rente" bezeichnet wird, hat mit einer versicherungsmathematisch zu berechnenden Altersrente, mit Lebensversicherungen u. ä. wenig zu tun. In allen diesen Fällen muß die durchschnittliche Lebenserwartung für einen Versicherungsnehmer des jeweiligen Alters in die Überlegungen einbezogen werden.

Übungen und Aufgaben

Zinseszinsrechnung

1. 5000 DM sind für 7 Jahre zu 8% Zinseszinsen ausgeliehen. Welcher Betrag ist am Ende des 7. Jahres zurückzuzahlen?

2. 10 000 DM sind bei einer Bank **a)** zu 4%, **b)** 5%, **c)** 5,5% eingezahlt worden. Auf welchen Betrag ist das Kapital nach 10 Jahren angewachsen?

3. Ein Wald hat einen Holzbestand von 300 000 m³. Welchen Bestand hat der Wald nach 25 Jahren, wenn mit einem jährlichen Wachstum von 2,5% zu rechnen ist?

4. Bei der Geburt eines Mädchens soll ein Betrag zu 6% angelegt werden, der bei der Vollendung des 20. Lebensjahres auf 20 000 DM angewachsen sein soll.

5. Welches Kapital wächst bei 4,5% Zinseszinsen in 9 Jahren auf 6000 DM an?

6. Durch welche Barzahlung kann man eine am Ende des 12. Jahres fällige Schuld von 20 000 DM tilgen, wenn 7% Zinseszinsen vereinbart wurden?

7. Für ein Gebäude wurden drei Kaufangebote gemacht:
a) 95 000 DM in bar, **b)** 115 000 DM zahlbar nach 3 Jahren, **c)** 130 000 DM zahlbar nach 6 Jahren. Vergleiche die Angebote, wenn als Berechnungsgrundlage 5,5% Zinseszinsen anzusetzen sind!

8. In welcher Zeit verdoppelt sich ein Kapital bei **a)** 4%, **b)** 5%, **c)** 6%, **d)** 7% Zinseszinsen?

9. Die Anlagen einer Fabrik haben nach 10 Jahren noch $\frac{2}{5}$ ihres Anschaffungswertes. Mit wieviel Prozent müssen sie jährlich abgeschrieben werden?

10. Jemand macht eine Stiftung von 158 000 DM mit der Bestimmung, daß der Betrag so lange bei einer Bank angelegt werden soll, bis die jährlichen Zinsen zu vier Stipendien von je 3000 DM ausreichen (6%). Wann können die Stipendien zum erstenmal ausgezahlt werden?

11. Ein Betrag von 10 000 DM wird für ein Jahr ausgeliehen (6%). Berechne die Zinsen bei **a)** jährlicher, **b)** halbjährlicher Verzinsung!

12. Jemand hat 12 Monatsraten von je 200 DM zu zahlen. Ihm werden monatlich 0,8% berechnet. **a)** Berechne den Wert der Zahlungen, bezogen auf das Ende des 12. Monats! **b)** Welchem Jahreszinssatz entspricht diese Zahlung?

13. Ein Kredit von 15 000 DM wird zu zwei Bedingungen angeboten:
a) Rückzahlung nach 5 Jahren bei jährlicher Verzinsung mit 6%;
b) Rückzahlung nach 5 Jahren bei halbjährlicher Verzinsung mit 2,5%.
Welches Angebot ist günstiger?

Rentenrechnung

14. Jemand zahlt jährlich am Anfang des Jahres 3000 DM bei einer Bank ein, die 5% Zinsen zahlt. Auf welchen Betrag sind die Einzahlungen am Ende des 15. Jahres angewachsen?

15. Jemand hat jährlich am Ende des Jahres einen Kredit von 5000 DM aufgenommen. Am Anfang des 6. Jahres tilgt er den Kredit durch eine Zahlung (7%). Welchen Betrag muß er zahlen?

16. Um einen Betrag von 15 000 DM anzusparen, werden jährlich gleiche Zahlungen am Anfang des Jahres geleistet. Welche Beträge sind einzuzahlen, wenn die genannte Summe in 6 Jahren angespart werden soll? (5%)

17. A zahlt monatlich 150 DM ein, und zwar am Ende des Monats. Die Bank verzinst die Einzahlungen vierteljährlich mit einem Jahreszinssatz von 4%. Nach welcher Zeit sind 12 000 DM angespart worden?

18. Ein bereits vorhandenes Kapital von 20 000 DM wird jährlich am Anfang des Jahres um einen Betrag von 3000 DM vermehrt. Welcher Betrag steht am Ende des 8. Jahres zur Verfügung? (5%)

19. Von einer Erbschaft von 30 000 DM wird jährlich am Anfang des Jahres ein Betrag von 2500 DM abgehoben. **a)** Welche Summe steht am Ende des 10. Jahres noch zur Verfügung? **b)** Wie oft kann der Betrag von 2500 DM abgehoben werden, bis das Kapital verbraucht ist? (5%)

20. Für einen jährlichen Zuschuß zu den Lebenshaltungskosten steht ein Betrag von 50 000 DM zur Verfügung. Welche Summe kann am Anfang eines jeden Jahres abgehoben werden, wenn insgesamt 15 gleiche Beträge vorgesehen sind? (4,5%)

21. A besitzt 30 000 DM. Er nimmt 7 Jahre lang am Anfang eines jeden Jahres 2500 DM ab. Wie lange dauert es, bis der Rest des Kapitals wieder die alte Höhe erreicht hat, wenn die Bank 5,5% Zinsen zahlt?

22. Jemand verbraucht ein Kapital von 24 000 DM in 18 Jahren. Er hebt jährlich den gleichen Betrag am Anfang des Jahres ab. Wie groß ist dieser Betrag? (5%)

23. Ein Vater legt bei der Geburt seines Sohnes 8000 DM auf die Bank, die das Kapital mit 6% verzinst. Am Anfang des 20. Lebensjahres nimmt der Sohn sein Studium auf. Welchen Betrag kann er 6 Jahre lang am Anfang des Jahres abheben, wenn er die zur Verfügung stehende Summe in dieser Zeit verbrauchen will?

24. Durch welche Barzahlung kann man eine 15 Jahre lang am Anfang eines jeden Jahres zahlbare Rente von 6000 DM kaufen? (5%)

25. Jemand vermacht einem Erben eine jährlich am Anfang des Jahres zahlbare Rente von 1500 DM. Die Laufzeit der Rente soll 10 Jahre betragen. Durch welche Barzahlung können die anderen Erben die Rente ablösen? (4%)

26. Jemand zahlt 35 000 DM bei einer Bank ein, um eine 14 Jahre am Anfang des Jahres zahlbare Rente zu kaufen. Welchen Betrag kann er jährlich abheben, wenn die Rente erstmalig am Anfang des 2. Jahres gezahlt werden soll? (5,5%). Beachte: Es erfolgen 14 Zahlungen!

27. 20 000 DM liegen 10 Jahre bei 5% Zinsen auf einer Bank. Nach Ablauf des 10. Jahres soll aus dem Kapital eine 12 Jahre laufende Rente gezahlt werden, die am Anfang des 11. Jahres erstmalig ausgezahlt wird. Wie hoch ist die Rente?

28. Um eine Rente von zehnjähriger Laufzeit zu kaufen, werden 12 Jahre am Anfang des Jahres 2400 DM eingezahlt. Die erste Auszahlung erfolgt am Anfang des 13. Jahres (6%).

29. Ein Vater will für seine heute 16 Jahre alte Tochter eine vom Anfang des 40. Lebensjahres an jährlich am Anfang des Jahres zu zahlende Rente von 2400 DM dadurch kaufen, daß er 15 Jahre lang am Anfang des Jahres die gleiche Zahlung leistet. Die Rente für die Tochter soll 20 Jahre laufen (6%). Welche Zahlung muß der Vater jährlich leisten?

30. Der Schuldige bei einem Unfall wird verurteilt, 10 Jahre lang am Anfang des Jahres eine Rente von 3000 DM zu zahlen. Am Anfang des 6. Jahres, also nach der 5. Zahlung, möchte er den noch bestehenden Rentenanspruch durch eine Barzahlung ablösen (5,5%).

31. Jemand hat einen Anspruch auf eine jährlich am Anfang des Jahres zu zahlende Rente von 4000 DM. Die Laufzeit der Rente beträgt 12 Jahre. Die Rente soll in eine 8 Jahre zu zahlende Rente umgewandelt werden (4,5%).

32. Ein Anspruch auf eine 15 Jahre am Anfang des Jahres zu zahlende Rente von 1500 DM soll in eine zum gleichen Zeitpunkt zu zahlende Rente von 4000 DM umgewandelt werden. Welche Laufzeit hat die neue Rente? (5%).

33. Eine erste Hypothek von 40 000 DM ist mit jährlich 7% zu verzinsen. Die am Ende des ersten Jahres erstmalig fällige Zahlung beträgt 3600 DM. Nach wieviel Jahren ist die Hypothek getilgt? Berechne die Summe aller Zahlungen bezogen auf den Tilgungstermin!

34. Beweise die Gültigkeit der Formel $K_n = K_0\left(1 + \frac{p}{100 \cdot m}\right)^{n \cdot m}$, wenn p den Jahreszinssatz und m die Anzahl der Zinszuschläge pro Jahr bezeichnen (vgl. S. 111!).

§ 15 Unendliche geometrische Reihen

I. Der Begriff der unendlichen Reihe

1. In § 12, III und in § 13, III haben wir uns mit endlichen Reihen beschäftigt, und zwar mit endlichen arithmetischen und mit endlichen geometrischen Reihen. Diese Reihen entstehen dadurch, daß man die ersten Glieder einer Zahlenfolge addiert:

$$s_n = \sum_{k=1}^{n} a_k = a_1 + a_2 + a_3 + \ldots + a_n.$$

Es erhebt sich die Frage, ob man auch Summen mit unendlich vielen Gliedern, also „unendliche Reihen" sinnvoll definieren kann. Daß hierbei Vorsicht geboten ist, zeigt das folgende

Beispiel: $3 + (-3) + 3 + (-3) + (3) + (-3) + \ldots$

Wir können diese „unendliche Summe" durch Zusammenfassung benachbarter Glieder „ausrechnen"; dabei gibt es aber zwei Möglichkeiten:

1) $[3 + (-3)] + [3 + (-3)] + [3 + (-3)] + \ldots = 0 + 0 + 0 + \ldots = 0$

2) $3 + [(-3) + 3] + [(-3) + 3] + [(-3) + 3] + \ldots = 3 + 0 + 0 + 0 + \ldots = 3$

Man erhält also bei verschiedener Zusammenfassung der Summanden dieser „unendlichen Summe" verschiedene Ergebnisse.

Der Fehler liegt offenbar darin, daß wir mit „unendlichen Summen" wie mit endlichen Summen gerechnet haben, ohne geprüft zu haben, ob dies zulässig ist, ja ohne diesen Begriff überhaupt definiert zu haben. Dies müssen wir nachholen.

2. Da uns der Begriff der Zahlenfolge vertraut ist, liegt es nahe, den Begriff der „unendlichen Reihe" (oder „unendlichen Summe") auf den Begriff der (unendlichen) Folge zurückzuführen. Ist eine Zahlenfolge (a_n) gegeben, so können wir eine zweite Folge (s_n) dadurch konstruieren, daß wir mit $s_1 = a_1$ beginnen und von Schritt zu Schritt das nächste Glied der Folge (a_n) hinzuaddieren:

$$s_1 = a_1$$
$$s_2 = a_1 + a_2$$
$$s_3 = a_1 + a_2 + a_3$$
$$s_4 = a_1 + a_2 + a_3 + a_4$$

allgemein: $$s_n = \sum_{k=1}^{n} a_k = a_1 + a_2 + \ldots + a_n$$

Wenn wir für n alle natürlichen Zahlen zulassen, erhalten wir eine neue unendliche Zahlenfolge, die Folge s_n der „**Partialsummen** von (a_n)" oder der „**Teilsummen** von (a_n)". Diese Folge der Partialsummen nennen wir eine „unendliche Reihe".

D 15.1

Eine Zahlenfolge (s_n) heißt eine „unendliche Reihe" genau dann, wenn sie die Folge der Partialsummen einer Zahlenfolge (a_n) ist, wenn also gilt:

$$s_n = \sum_{k=1}^{n} a_k.$$

3. Es erhebt sich sofort die Frage, ob eine solche Zahlenfolge überhaupt konvergieren kann. Dies erscheint zumindest fraglich, wenn die Folge (a_n) nur positive (oder nur negative) Glieder hat.
Man erkennt sofort, daß eine unendliche Reihe mit nur positiven Zahlen a_n höchstens dann konvergieren kann, wenn die Glieder von a_n schließlich beliebig klein werden, wenn die Folge (a_n) eine Nullfolge ist, wenn also gilt: $\lim\limits_{n \to \infty} a_n = 0$.

Wären nämlich sämtliche Glieder a_n größer als die Zahl $p > 0$, so würde gelten:

$$a_n > p \Rightarrow s_n = \sum_{k=1}^{n} a_k > n \cdot p.$$

Die Folge (s_n) würde also über alle Schranken wachsen. Um eine beliebige Zahl $S \in \mathbb{R}^{>0}$ zu übertreffen, braucht man nur $n > \frac{S}{p}$ zu wählen; denn es gilt:

$$n > \frac{S}{p} \Rightarrow n \cdot p > S, \quad \text{also auch:} \quad s_n > n \cdot p > S.$$

4. Die Bedingung $\lim\limits_{n \to \infty} a_n = 0$ ist für die Konvergenz einer unendlichen Reihe (s_n) aber nur notwendig, keineswegs hinreichend. Dies zeigt das Beispiel der sogenannten **„harmonischen Reihe"**.

Beispiel: $a_n = \frac{1}{n}$; es ist $\lim\limits_{n \to \infty} \frac{1}{n} = 0$.

Nun gilt:

$$\begin{aligned} & 1 + \tfrac{1}{2} + \tfrac{1}{3} + \tfrac{1}{4} + \tfrac{1}{5} + \tfrac{1}{6} + \tfrac{1}{7} + \tfrac{1}{8} + \tfrac{1}{9} + \ldots + \tfrac{1}{15} + \tfrac{1}{16} + \tfrac{1}{17} + \ldots \\ > {} & 1 + \tfrac{1}{2} + \underbrace{\tfrac{1}{4} + \tfrac{1}{4}} + \underbrace{\tfrac{1}{8} + \tfrac{1}{8} + \tfrac{1}{8} + \tfrac{1}{8}} + \underbrace{\tfrac{1}{16} + \ldots + \tfrac{1}{16} + \tfrac{1}{16}} + \underbrace{\tfrac{1}{32} + \ldots} \\ = {} & 1 + \tfrac{1}{2} + \quad \tfrac{1}{2} \quad + \qquad \tfrac{1}{2} \qquad + \qquad \tfrac{1}{2} \qquad + \quad \ldots \end{aligned}$$

Durch Zusammenfassung von 2, 4, 8 ..., 2^n, ... Gliedern kann man also immer wieder die Zahl $\frac{1}{2}$ übertreffen. Daraus ergibt sich, daß die Reihe (s_n) mit $s_n = \sum\limits_{k=1}^{n} \frac{1}{k}$ bestimmt divergent ist.

Wir halten das Ergebnis unserer bisherigen Überlegungen fest in dem (allerdings hier nicht streng bewiesenen) Satz:

S 15.1

Eine notwendige, aber nicht hinreichende Bedingung für die Konvergenz einer durch $s_n = \sum\limits_{k=1}^{n} a_k$ gegebenen unendlichen Reihe (s_n) ist $\lim\limits_{n \to \infty} a_n = 0$.

Es gilt: $$\lim_{n \to \infty} \sum_{k=1}^{n} a_k = s \Rightarrow \lim_{n \to \infty} a_n = 0.$$

Die bedeutet: Wenn (s_n) konvergiert, ist $\lim_{n \to \infty} a_n = 0$; wenn $\lim_{n \to \infty} a_n = 0$ ist, braucht (s_n) keineswegs zu konvergieren.

5. Das Konvergenzproblem bei unendlichen Reihen tritt auch bei der folgenden **Paradoxie**[1]) auf, die von dem griechischen Philosophen Zenon aus Elea stammt (um 460 v. Chr.):
Achill versucht eine Schildkröte einzuholen, die 10 Stadien Vorsprung hat. Achill läuft zehnmal so schnell wie die Schildkröte. Hat Achill 10 Stadien zurückgelegt, so die Schildkröte 1 Stadion; wenn Achill diese auch noch gelaufen ist, so hat die Schildkröte immer noch $\frac{1}{10}$ Stadion Vorsprung usw. Zenon folgert, daß der schnelle Achill die langsame Schildkröte nie einholen könne. Wir müssen hier davon absehen, dieses Beispiel in die philosophische Vorstellungswelt des Zenon einzuordnen. Zenon will selbstverständlich nicht zeigen, daß die Schildkröte von Achill tatsächlich nicht eingeholt wird. Er benutzt das Beispiel vielmehr, um zu zeigen, daß man sich beim Nachdenken über den geschilderten Vorgang notwendig in Widersprüche verwickeln muß. Um eine Klärung dieser Paradoxie hat sich schon Aristoteles bemüht (Physik, VI, 9).
Wir werden auf dieses Paradoxon unten zurückkommen.

6. Die betrachteten Beispiele zeigen, daß das Problem der Konvergenz einer unendlichen Reihe (s_n) sicherlich nicht einfach zu lösen ist. Auf eine allgemeine Behandlung dieses Problems müssen wir hier verzichten. Wir verweisen auf den Band „Analysis II“. Wir beschränken uns in diesem Buch auf die Betrachtung spezieller unendlicher Reihen, nämlich der unendlichen geometrischen Reihen.

II. Unendliche geometrische Reihen

1. Wir betrachten eine unendliche Reihe, die durch eine geometrische Folge (a_n) mit $a_n = a_1 q^{n-1}$ gegeben ist: $s_n = \sum_{k=1}^{n} a_1 q^{k-1} = a_1 + a_1 q + a_1 q^2 + \ldots + a_1 q^{n-1}$.

Nach S 15.1 kann eine unendliche Reihe nur dann konvergieren, wenn $\lim_{n \to \infty} a_n = 0$ ist.

Nach S 13.5 ist diese Bedingung für eine geometrische Zahlenfolge (a_n) erfüllt, wenn $|q| < 1$ ist. Nur, wenn $|q| < 1$ ist, kann also (s_n) konvergieren. Da die Bedingung $\lim_{n \to \infty} a_n = 0$ für die Konvergenz von (s_n) aber nur notwendig, nicht hinreichend ist, müssen wir untersuchen, ob (s_n) unter der Bedingung $|q| < 1$ konvergiert.

2. Wir betrachten zunächst ein

Beispiel: $a_1 = 5;\; q = \frac{1}{10}$

Dann ist:
$$s_1 = a_1 = 5$$
$$s_2 = a_1 + a_2 = 5 + 0{,}5 = 5{,}5$$
$$s_3 = a_1 + a_2 + a_3 = 5 + 0{,}5 + 0{,}05 = 5{,}55$$
$$s_4 = a_1 + a_2 + a_3 + a_4 = 5 + 0{,}5 + 0{,}05 + 0{,}005 = 5{,}555$$
....

Allgemein gilt nach S 13.6 $s_n = a_1 \dfrac{1 - q^n}{1 - q} = 5 \cdot \dfrac{1 - 0{,}1^n}{1 - 0{,}1}$.

[1]) paradox (gr.): widersinnig. Unter einem Paradoxon versteht man eine Aussage, die scheinbar zugleich wahr und falsch ist.

Die Folge (s_n) ist sicher monoton steigend, da von Glied zu Glied eine positive Zahl addiert wird. Außerdem ist sie beschränkt; eine untere Schranke ist $S_u = 5$; eine obere Schranke ist $S_o = 5{,}6$, weil von Glied zu Glied immer eine Dezimale mit der Ziffer 5 hinzukommt, nach S 9.2 ist aber jede monotone und beschränkte Zahlenfolge konvergent. Es bleibt nur noch der Grenzwert zu berechnen; dies gelingt mit Hilfe der Grenzwertsätze von § 10.

$$s = \lim_{n\to\infty} s_n = \lim_{n\to\infty}\left(5\cdot\frac{1-0{,}1^n}{1-0{,}1}\right) = \frac{5}{1-0{,}1}\left[1-\lim_{n\to\infty} 0{,}1^n\right] = \frac{5}{\frac{9}{10}} = \underline{\underline{\frac{50}{9}}}$$

Beachte, daß $\lim_{n\to\infty} 0{,}1^n = 0$ ist.

3. Wir können die Überlegungen von 2. verallgemeinern. Für $|q| < 1$ ist $\lim_{n\to\infty} q^n = 0$; daher gilt:

$$s = \lim_{n\to\infty} s_n = \lim_{n\to\infty}\left[a_1\frac{1-q^n}{1-q}\right] = \frac{a_1}{1-q}\left[1-\underbrace{\lim_{n\to\infty} q^n}_{=0}\right] = \frac{a_1}{1-q}.$$

4. **Wir können die Konvergenz einer geometrischen Reihe mit $|q| < 1$ auch unmittelbar mit Hilfe der Definition D 9.4 beweisen.**

Beweis: Es ist:

$$|s-s_n| = \left|\frac{a_1}{1-q} - a_1\frac{1-q^n}{1-q}\right| = \left|\frac{a_1-a_1+a_1q^n}{1-q}\right| = \left|\frac{a_1q^n}{1-q}\right| = \left|\frac{a_1}{1-q}\right|\cdot|q|^n$$

$$|s-s_n| < \varepsilon \Leftrightarrow \frac{|a_1|}{1-q}\cdot|q|^n < \varepsilon \Leftrightarrow |q|^n < \frac{\varepsilon\cdot(1-q)}{|a_1|}$$

$$\Leftrightarrow n\cdot\lg|q| < \lg\frac{\varepsilon\cdot(1-q)}{|a_1|} \Leftrightarrow n > \frac{\lg\varepsilon + \lg(1-q) - \lg|a_1|}{\lg|q|}.$$

Beachte, daß $\lg|q| < 0$ ist, weil $|q| < 1$ vorausgesetzt ist. Daher muß in letzten Umformungsschnitt die Richtung der Ungleichung geändert werden.

Es ist also $$X(\varepsilon) = \frac{\lg\varepsilon + \lg(1-q) - \lg|a_1|}{\lg|q|}.$$

Da wir nur Äquivalenzumformungen durchgeführt haben, gilt in der Tat für jedes $\varepsilon \in \mathbb{R}^{>0}$:

$$n > X(\varepsilon) \Rightarrow |s-s_n| < \varepsilon, \quad \text{q. e. d.}$$

Es gilt also der Satz:

S 15.2 **Eine unendliche geometrische Reihe (s_n) mit $s_n = \sum_{k=1}^{n} a_1 q^{k-1}$ konvergiert genau dann gegen den Grenzwert $s = \frac{a_1}{1-q}$, wenn $|q| < 1$ ist.**

Man schreibt daher in diesem Fall statt $s = \lim_{n\to\infty}\sum_{k=1}^{n} a_1 q^{k-1}$:

$$s = \sum_{k=1}^{\infty} a_1 q^{k-1} = \frac{a_1}{1-q},$$ gelesen „Summe von $k = 1$ bis unendlich ...".

Beispiel: $a_1 = 3;\quad q = -\frac{1}{2}$

$$s = 3 - \frac{3}{2} + \frac{3}{4} - \frac{3}{8} + \frac{3}{16} \mp \ldots = \sum_{k=1}^{\infty} 3\cdot\left(-\frac{1}{2}\right)^{k-1} = \frac{3}{1+\frac{1}{2}} = \frac{3}{\frac{3}{2}} = 2$$

5. Wir können nun auch die Paradoxie des Zenon klären. Die Maßzahlen der Strecken bis zum Treffpunkt von Achill und von der Schildkröte bilden eine geometrische Folge; die zugehörigen Reihen sind konvergent.

Für Achill ist: $a_1 = 10;\ q = \frac{1}{10};$ also $|q| < 1;$

daher ist: $s_A = 10 + 1 + \frac{1}{10} + \frac{1}{100} + \ldots = \frac{10}{1 - \frac{1}{10}} = \frac{10}{\frac{9}{10}} = \frac{100}{9} = 11,\overline{1}.$

Für die Schildkröte ist: $a_1 = 1;\ q = \frac{1}{10};$ also $|q| < 1;$

daher ist: $s_{Sch} = 1 + \frac{1}{10} + \frac{1}{100} + \frac{1}{1000} + \ldots = \frac{1}{1 - \frac{1}{10}} = \frac{1}{\frac{9}{10}} = \frac{10}{9} = 1,\overline{1}.$

Achill holt die Schildkröte, die zunächst 10 Stadien Vorsprung hatte, also nach genau $11,\overline{1}$ Stadien ein. Der Fehler in der Überlegung des Zenon liegt also in der Vorstellung, eine unendliche Reihe, bei der die zugrunde liegende Folge nur positive Glieder hat, könne nicht konvergieren.

6. Das Konvergenzverhalten einer unendlichen geometrischen Reihe läßt sich für $a_1 > 0$ und $0 < q < 1$ geometrisch ähnlich veranschaulichen wie die Summenformel für endliche geometrische Reihen (vgl. Bilder 13.1 und 13.2!).
Bild 15.1 zeigt die Darstellung für $q > 1$; daß die beiden Geraden g und h auseinanderstreben, bedeutet, daß die Reihe nicht konvergiert. Bild 15.2 zeigt den Fall $q = 1$; die Geraden g und h sind parallel; auch hier liegt keine Konvergenz vor. Bild 15.3 zeigt schließlich den Fall $q < 1$; die beiden Geraden g und h schneiden sich in S; die Strecke PQ hat als Maßzahl den Summenwert s der unendlichen Reihe.

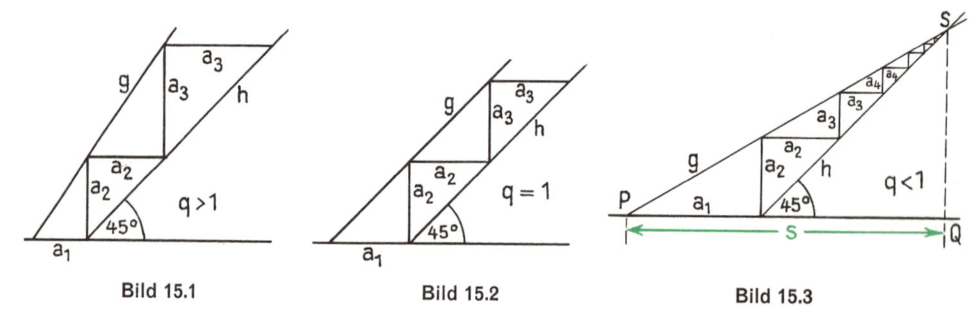

Bild 15.1 Bild 15.2 Bild 15.3

III. Periodische Dezimalzahlen

1. Schon in Band 3 haben wir periodische Dezimalzahlen eingeführt.

Beispiel: $0,\overline{84} = 0,84848484\ldots$

Erst jetzt können wir mit Hilfe des Begriffs der unendlichen geometrischen Reihe exakt erklären, was unter einer unendlichen periodischen Dezimalzahl zu verstehen ist.

Beispiel: $0,\overline{84} = 0,848484\ldots$

Es ist: $0,\overline{84} = \frac{84}{100} + \frac{84}{10000} + \frac{84}{1000000} + \ldots$

Man erhält also eine unendliche geometrische Reihe mit $a_1 = \frac{84}{100}$ und $q = \frac{1}{100}$.

Also ist: $$0,\overline{84} = \frac{\frac{84}{100}}{1 - \frac{1}{100}} = \frac{\frac{84}{100}}{\frac{99}{100}} = \frac{84}{99} = \frac{28}{33}.$$

2. Entsprechend lassen sich auch „gemischt-periodische" Dezimalzahlen behandeln.

Beispiel: $0{,}379\overline{41} = 0{,}379 + \frac{41}{100000} + \frac{41}{10000000} + \ldots$

Diese Zahl läßt sich als Summe der Zahl 0,379 und der unendlichen geometrischen Reihe

$$\frac{41}{100000} + \frac{41}{10000000} + \ldots$$

mit $a_1 = \frac{41}{100000}$ und $q = \frac{1}{100}$ darstellen. Es ist: $s = \frac{41}{100000} : \left(1 - \frac{1}{100}\right) = \frac{41}{99000}$

Also ist: $$0{,}397\overline{41} = \frac{379}{1000} + \frac{41}{99000} = \frac{37562}{99000}.$$

3. Die Beispiele zeigen, daß jede periodische Dezimalzahl eine **rationale** Zahl darstellt. Daraus folgt, daß jede irrationale Zahl nur durch eine nicht abbrechende („unendliche") nicht-periodische Dezimalzahl dargestellt werden kann.

4. Wir behandeln noch zwei Beispiele mit Neunerperioden:

Beispiele: **1)** $0{,}\overline{9} = 0{,}9 + 0{,}09 + 0{,}009 + \ldots$

mit $a_1 = 0{,}9$ und $q = \frac{1}{10}$; es ist also $0{,}\overline{9} = \frac{9}{10} : \left(1 - \frac{1}{10}\right) = \frac{9}{10} : \frac{9}{10} = 1$

2) $0{,}41\overline{9} = 0{,}41 + 0{,}009 + 0{,}0009 + \ldots$

$a_1 = 0{,}009$; $q = \frac{1}{10}$; $s = \frac{9}{1000} : \frac{9}{10} = \frac{1}{100} = 0{,}01$

Also ist: $0{,}41\overline{9} = 0{,}41 + 0{,}01 = 0{,}42$.

Die beiden Beispiele zeigen, daß die Darstellung rationaler Zahlen durch Dezimalzahlen nicht eindeutig ist; denn es ist: $0{,}\overline{9} = 1$; $0{,}41\overline{9} = 0{,}42$.
Es gibt rationale Zahlen, die zwei verschiedene Dezimaldarstellungen haben.

Beispiele: **1)** $\frac{31}{100} = 0{,}31$ und $\frac{31}{100} = 0{,}30\overline{9}$ **2)** $\frac{417}{1000} = 0{,}417$ und $\frac{417}{1000} = 0{,}416\overline{9}$

Beachte: 0,31 und $0{,}30\overline{9}$ sind exakt gleich und keineswegs nur „ungefähr gleich", wie fälschlicherweise häufig angenommen wird.
Außerdem ist auch das Anfügen beliebig vieler Nullen am Ende einer Dezimalzahl möglich. Um eine eindeutige Darstellung rationaler Zahlen im Dezimalsystem zu erzielen, vereinbart man, daß keine Neunerperioden benutzt und überflüssige Nullen am Ende weggelassen werden.

Übungen und Aufgaben

1. Welche der folgenden Reihen **kann** konvergent sein?

a) $s_n = \sum_{k=1}^{n} \frac{1}{k^2}$ **b)** $s_n = \sum_{k=1}^{n} \frac{k}{k+10}$ **c)** $s_n = \sum_{k=1}^{n} \frac{k}{k^2+1}$

d) $s_n = \sum_{k=1}^{n} \frac{k+2}{k^2-3}$ **e)** $s_n = \sum_{k=1}^{n} \left(1 + \frac{1}{k^2}\right)$ **f)** $s_n = \sum_{k=1}^{n} \left(\frac{1}{k} - 1\right)$

2. Beweise den Satz:

Wenn $s_n = \sum_{k=1}^{n} a_k$ divergiert und für alle $n \in \mathbb{N}$ gilt $b_n \geq a_n \geq 0$, so divergiert auch $\overline{s_n} = \sum_{k=1}^{n} b_k$!

3. Welche der folgenden Reihen divergieren sicher? Vergleiche die Reihen mit der harmonischen Reihe zu $s_n = \sum_{k=1}^{n} \frac{1}{k}$, von der wir wissen, daß sie divergiert (vgl. Aufgabe 2)!

a) $s_n = \sum_{k=1}^{n} \frac{2}{k}$ **b)** $s_n = \sum_{k=1}^{n} \frac{1}{2k}$ **c)** $s_n = \sum_{k=1}^{n} \frac{1}{2k-1}$

d) $s_n = \sum_{k=1}^{n} \frac{1}{k(k+1)}$ **e)** $s_n = \sum_{k=1}^{n} \left(\frac{1}{k} + \frac{1}{2k}\right)$ **f)** $s_n = \sum_{k=1}^{n} \frac{k}{(k+1)(k+2)}$

4. Berechne die unendlichen Reihen, die durch die folgenden Werte gegeben sind!

a) $a_1 = 3;\ q = \frac{2}{3}$ **b)** $a_1 = 4;\ q = \frac{1}{2}$ **c)** $a_1 = -5;\ q = \frac{1}{10}$

d) $a_1 = 10;\ q = -\frac{1}{3}$ **e)** $a_1 = -7;\ q = -\frac{3}{4}$ **f)** $a_1 = \frac{1}{2};\ q = \frac{1}{100}$

g) $a_1 = 10;\ q = -\frac{1}{5}$ **h)** $a_1 = -20;\ q = \frac{3}{5}$

5. Berechne die unendlichen Reihen!

a) $s = \frac{1}{2} + \frac{1}{4} + \frac{1}{8} + \dots$ **b)** $s = \frac{1}{3} - \frac{1}{9} + \frac{1}{27} - \frac{1}{81} + \dots$

c) $s = 1 + \frac{2}{3} + \frac{4}{9} + \frac{8}{27} + \dots$ **d)** $s = 6 + \sqrt{12} + \sqrt{4} + \sqrt{\frac{4}{3}} + \dots$

e) $s = 1 + \frac{1}{\sqrt{3}} + \frac{1}{3} + \frac{1}{3\sqrt{3}} + \dots$ **f)** $s = 1 - \frac{1}{\sqrt[3]{2}} + \frac{1}{\sqrt[3]{4}} - \frac{1}{2} + \dots$

6. Verwandle die folgenden periodischen Dezimalzahlen mit Hilfe von unendlichen geometrischen Reihen in Brüche!

a) $0,\overline{7}$ **b)** $0,\overline{35}$ **c)** $0,3\overline{5}$ **d)** $0,\overline{471}$ **e)** $0,3\overline{76}$ **f)** $1,\overline{475}$

g) $-12,\overline{53}$ **h)** $3,4\overline{18}$ **i)** $34,\overline{21}$ **k)** $6,4\overline{25}$ **l)** $-3,7\overline{62}$ **m)** $3,\overline{712}$

7. Ein Kreis vom Radius r ist in Kreisausschnitte mit dem Mittelpunktswinkel $\alpha = 30°$ geteilt. Vom Endpunkt des ersten Radius ist auf den zweiten das Lot gefällt, vom Fußpunkt dieses Lotes das Lot auf den dritten Radius, usw. Wie groß ist die Summe der Maßzahlen der ersten 6 Lote, der ersten 12 Lote und aller weiteren Lote?

8. In ein Quadrat von 10 cm Seitenlänge ist ein zweites so einbeschrieben, daß seine Eckpunkte die Seiten des ersten halbieren (im Verhältnis 5:12 teilen). In das zweite Quadrat ist ein drittes in gleicher Weise eingezeichnet usw. Berechne die Summe **a)** der Umfänge, **b)** der Flächeninhalte aller so entstandenen Quadrate!

9. In ein gleichseitiges Dreieck von 10 cm Seitenlänge ist ein Kreis einbeschrieben, in den Kreis ein gleichseitiges Dreieck, in dieses wieder ein Kreis, usw. Berechne
a) die Summe der Umfänge (Flächeninhalte) aller gleichseitigen Dreiecke;
b) die Summe der Umfänge (Flächeninhalte) aller Kreise!

10. Aus den Höhen eines gleichseitigen Dreiecks von 24 cm Seitenlänge konstruiert man wieder ein gleichseitiges Dreieck; aus den Höhen des zweiten ein drittes Dreieck usw. Berechne die Summe der Flächeninhalte aller dieser Dreiecke!

11. In einem Würfel von 12 cm Kantenlänge ist eine Kugel einbeschrieben, in diese wieder ein Würfel, in diesen wieder eine Kugel usw. Berechne:
a) die Summe der Oberflächen aller Würfel (Kugeln);
b) die Summe der Rauminhalte aller Würfel (Kugeln)!

12. In eine gerade regelmäßige vierseitige Pyramide ist eine ebensolche so einbeschrieben, daß ihre Grundfläche in halber Höhe parallel der Grundfläche der ersten liegt und ihre Spitze im Mittelpunkt der Grundfläche der ersten usw. Wie groß ist die Summe der Rauminhalte aller Pyramiden?

5. ABSCHNITT | Grenzwerte und Stetigkeit bei Funktionen

§ 16 Eigenschaften von Funktionen

Im 3. und 4. Abschnitt dieses Buches haben wir uns mit einem speziellen Funktionstyp beschäftigt, nämlich mit den Funktionen, die über der Menge der natürlichen Zahlen erklärt sind, den sogenannten „Folgen". Wir lassen diese Einschränkung jetzt fallen; d. h., wir untersuchen in diesem und den folgenden Abschnitten Funktionen, die über der Menge der reellen Zahlen erklärt sind, deren Definitionsmenge also die Menge $\mathbb{R}$ (oder eine Teilmenge von $\mathbb{R}$) ist.

I. Grundlegende Eigenschaften von Funktionen

1. Wir werden überwiegend solche Funktionen betrachten, die durch eine Aussageform $A(x|y)$ oder durch eine Gleichung der Form $y = f(x)$ in der Grundmenge $V[x|y] = \mathbb{R} \times \mathbb{R}$ gegeben sind. Wir treffen daher die folgende **Vereinbarung:**

Wenn es nicht ausdrücklich anders gesagt wird, ist die Menge $\mathbb{R}$ Grundmenge für alle vorkommenden Variablen, insbesondere für die Variablen x und y einer Funktionsgleichung der Form $y = f(x)$.

2. Zwei Funktionen f und g sind schon dann voneinander verschieden, wenn ihre Definitionsmengen verschieden sind. Sie können dann aber in einer Teilmenge beider Definitionsmengen übereinstimmen. Wir definieren:

D 16.1

Zwei Funktionen f und g heißen „gleich über einer Menge M" genau dann, wenn gilt: $M \subseteq D(f)$, $M \subseteq D(g)$ und $f(x) = g(x)$ für alle $x \in M$.

Beispiel: $f(x) = |x|$ mit $D(f) = \mathbb{R}$; $g(x) = -x$ mit $D(g) = \mathbb{R}$.

Für alle $x \in \mathbb{R}^{\leq 0}$ gilt: $|x| = -x$; daher sind f und g gleich über der Menge $\mathbb{R}^{\leq 0}$.

3. In § 8 haben wir den Begriff der **„Monotonie"** und der **„Beschränktheit"** für Zahlenfolgen erörtert. Wir wollen diese Begriffe jetzt auf beliebige Funktionen erweitern. Wir definieren:

D 16.2

Die Funktion f zu $y = f(x)$ heißt „monoton steigend über einer Menge $M \subseteq D(f)$" genau dann, wenn für $x_1, x_2 \in M$ gilt:

$$x_2 > x_1 \Rightarrow f(x_2) \geq f(x_1).$$

Sie heißt „monoton fallend" genau dann, wenn für $x_1, x_2 \in M$ gilt:

$$x_2 > x_1 \Rightarrow f(x_2) \leq f(x_1).$$

Bemerkung: Meistens wird es sich bei der Menge M entweder um die Menge D (f) oder um ein (abgeschlossenes oder offenes) Intervall $A \subset D(f)$ handeln.
In Aufgabe 1. soll die entsprechende Definition für den Begriff der **„strengen** Monotonie" einer Funktion f über einer Menge M angegeben werden.

Beispiele: **1)** $f(x) = 2x - 1$ (Bild 16.1)

Für $x_1, x_2 \in \mathbb{R}$ gilt: $x_2 > x_1 \Rightarrow 2x_2 > 2x_1 \Rightarrow 2x_2 - 1 > 2x_1 - 1$

2) $f(x) = 1 - x^2$ mit $M = \mathbb{R}^{\geq 0}$ (Bild 16.2)

Für $x_1, x_2 \in \mathbb{R}^{\geq 0}$ gilt: $x_2 > x_1 \geq 0 \Rightarrow x_2^2 > x_1^2 \Rightarrow -x_2^2 < -x_1^2 \Rightarrow 1 - x_2^2 < 1 - x_1^2$

Bemerkung: Gilt wie bei diesen beiden Beispielen

$$x_2 > x_1 \Rightarrow f(x_2) > f(x_1) \text{ bzw. } x_2 > x_1 \Rightarrow f(x_2) < f(x_1)$$

so heißt die Funktion **„streng monoton steigend"** bzw. **„streng monoton fallend"**.

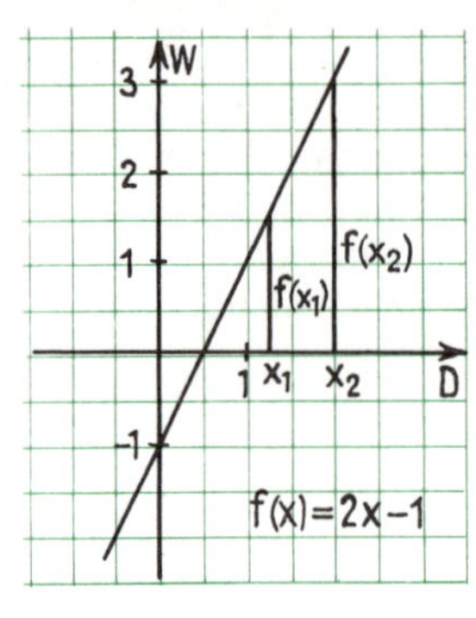

Bild 16.1

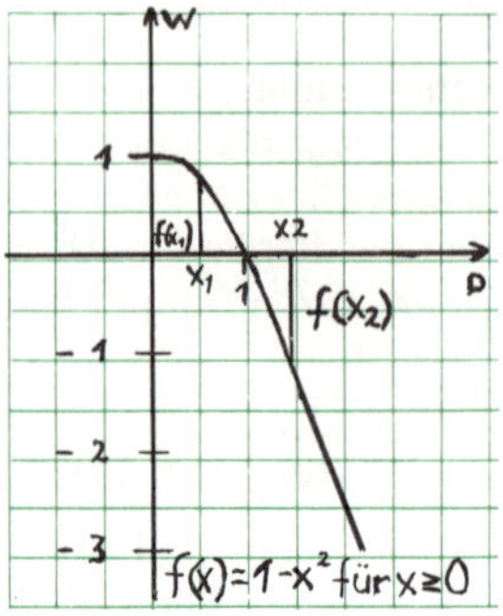

Bild 16.2

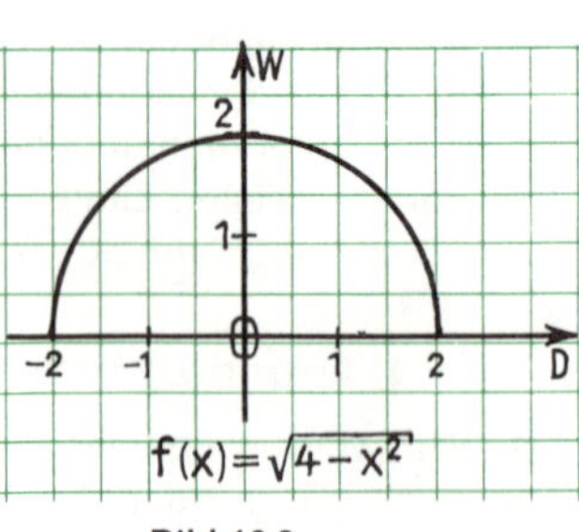

Bild 16.3

4. Den Begriff der „Beschränktheit" für beliebige Funktionen führen wir auf den Begriff der Beschränktheit von Zahlenmengen (D 8.7) zurück.

D 16.3 **Die Funktion f zu $y = f(x)$ mit der Wertemenge W (f) heißt „beschränkt" genau dann, wenn die Menge W beschränkt ist, wenn es also eine Zahl $S \in \mathbb{R}^{>0}$ gibt, so daß für alle $x \in D(f)$ gilt: $|f(x)| \leq S$.**

Beispiel: $f(x) = \sqrt{4 - x^2}$ (Bild 16.3)

Es ist $D(f) = \{x \mid -2 \leq x \leq 2\}$. Bild 16.3 zeigt, daß die Zahl 2 eine obere Schranke und die Zahl 0 eine untere Schranke der Funktion f ist. Dies kann man beweisen.

1) Behauptung: $S_o = 2$

Beweis: $\sqrt{4 - x^2} \leq 2 \Leftrightarrow 4 - x^2 \leq 4 \Leftrightarrow x^2 \geq 0.$

Beachte, daß wir bei diesem Beweis von der Monotonie der Funktionen zu $y = x^2$ (für $x \geq 0$) und zu $y = \sqrt{x}$ Gebrauch gemacht haben!

2) Behauptung: $S_u = 0$

Beweis: Die Beziehung $\sqrt{4 - x^2} \geq 0$ ergibt sich unmittelbar aus der Definition des Quadratwurzelbegriffs: $x = \sqrt{a} \Leftrightarrow x^2 = a \wedge x \geq 0.$

Bemerkung:

1) Die Zahl 2 ist sogar die **kleinste** obere Schranke, also die obere Grenze der Funktion.
2) Die Zahl 0 ist sogar die **größte** untere Schranke, also die untere Grenze der Funktion.

Dies kann man beweisen, indem man zeigt, daß die Ungleichungen

$$\textbf{1)}\ \sqrt{4 - x^2} > 2 - \varepsilon \quad \text{und} \quad \textbf{2)}\ \sqrt{4 - x^2} < \varepsilon$$

für jede reelle Zahl ε mit $0 < \varepsilon < 2$ in D (f) erfüllbar sind (Aufgabe 10).

Bemerkung: Eine Funktion f heißt **„beschränkt über einer Teilmenge M von D (f)"** genau dann, wenn es eine Zahl $S \in \mathbb{R}^{>0}$ gibt, so daß für alle $x \in M$ gilt: $|f(x)| \leq S$. Meistens wird es sich bei M um ein (offenes oder abgeschlossenes) Intervall A handeln.

Beispiel: Die Funktion zu $f(x) = x^2$ ist beschränkt über dem Intervall $M = [0; 6]$, weil für alle $x \in M$ gilt: $0 \leq x^2 \leq 36$.

Am Funktionsgraph zeigt sich die Beschränktheit einer Funktion dadurch, daß es einen durch die Geraden zu $y = S$ und $y = -S$ begrenzten Horizontalstreifen gibt, innerhalb dessen alle Punkte des Funktionsgraph liegen.

Beispiel: $f(x) = \sin x$ (Bild 16.4)

Es gilt $|\sin x| \leq 1$ für alle $x \in \mathbb{R}$.

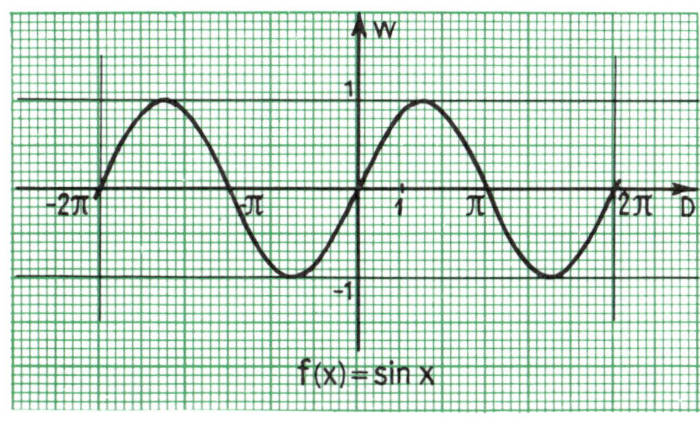

Bild 16.4

5. Von besonderer Bedeutung sind die Funktionen, deren Graphen achsensymmetrisch gegenüber der W-Achse bzw. punktsymmetrisch gegenüber dem Nullpunkt sind. Solche Funktionen heißen **„gerade"** bzw. **„ungerade"** (Band 6).

Eine Funktion f heißt eine „gerade Funktion" genau dann, wenn für alle $x \in D(f)$ gilt: $f(-x) = f(x)$. **D 16.4**

Beispiel: $f(x) = \cos x$, denn es gilt für alle $x \in \mathbb{R}$: $\cos(-x) = \cos x$ (Bild 16.5).

Eine Funktion f heißt eine „ungerade Funktion" genau dann, wenn für alle $x \in D(f)$ gilt: $f(-x) = -f(x)$. **D 16.5**

Beispiel: $f(x) = \sin x$, denn es gilt für alle $x \in \mathbb{R}$:

$$\sin(-x) = -\sin x$$

(Bild 16.6)

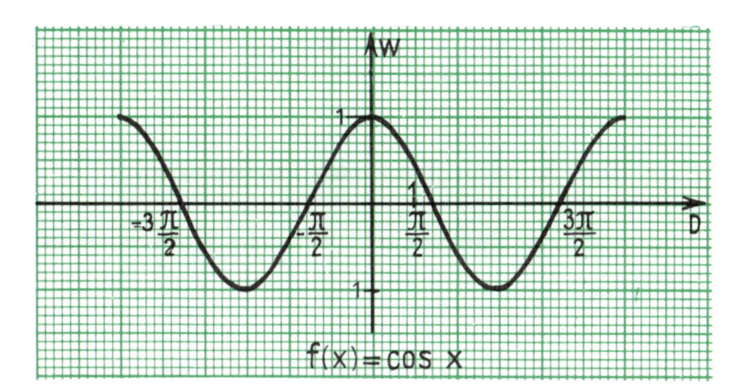

Bild 16.5

6. Ist der Graph einer Funktion zu zeichnen, so legt man zweckmäßigerweise eine Wertetabelle an.

Beispiel: $y = x^3 - 2x^2 + 1$

Eine mögliche Wertetabelle lautet:

x	-1	0	1	2	3	$-\frac{1}{2}$	$-\frac{1}{4}$	$\frac{1}{4}$	$\frac{1}{2}$	$\frac{3}{4}$	$-\frac{3}{2}$
y	-2	1	0	1	10	$\frac{3}{8}$	0,86	0,89	$\frac{5}{8}$	0,30	$-6\frac{7}{8}$

Durch diese Wertetabelle ist natürlich nur eine Teilmenge von f erfaßt. Wenn wir die zugehörigen Punkte (Bild 16.7) durch eine möglichst „glatte" Kurve verbinden, so müssen wir beachten, daß wir den Verlauf des Funktionsgraph zwischen den berechneten Punkten nicht mit völliger Sicherheit angeben können. Es ist nicht einmal sicher, daß wir die Kurve überhaupt in einem Zuge zeichnen können. Sie könnte z. B. irgendwo eine sogenannte „Sprungstelle" haben (Bild 16.8). Wir werden auf diese Probleme in § 18 zu sprechen kommen.

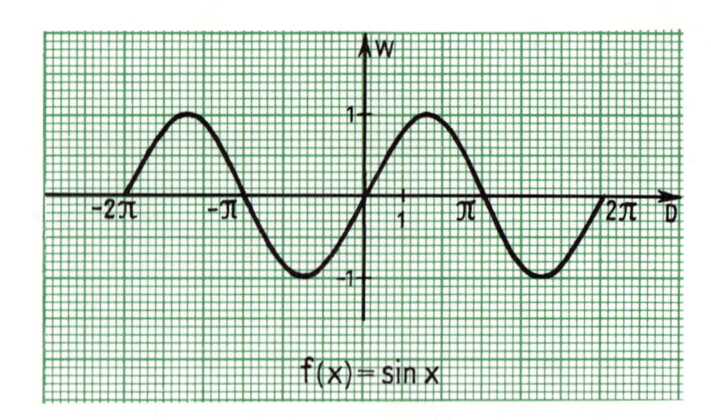

Bild 16.6

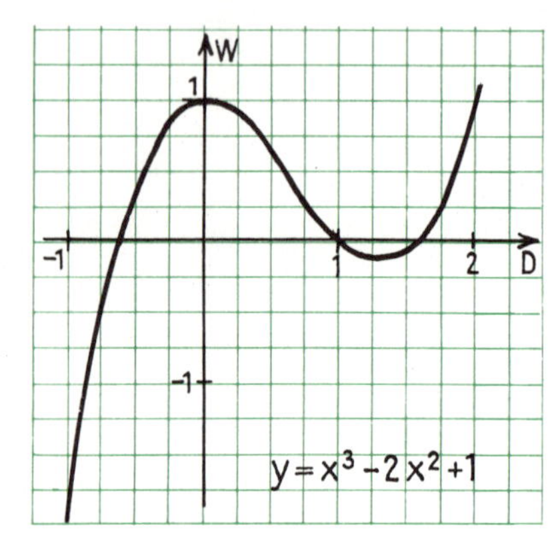

Bild 16.7

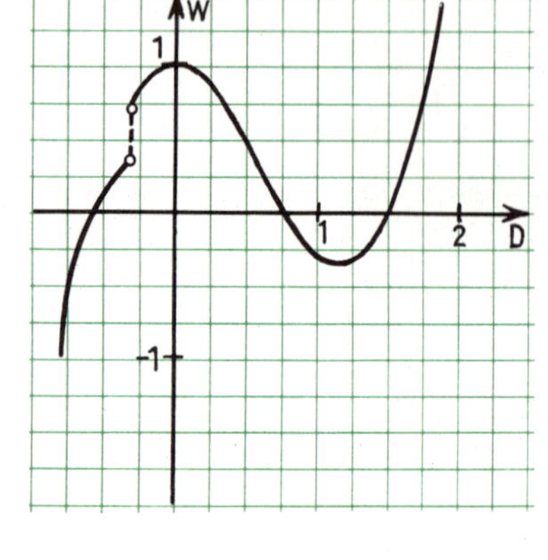

Bild 16.8

II. Klassifikation von Funktionen

1. Die meisten Funktionen, die wir im Mathematikunterricht bisher untersucht haben, sind durch Funktionsgleichungen bzw. durch Funktionsterme gegeben. Anhand dieser Terme können wir die uns bisher bekannten Funktionen klassifizieren.

D 16.6 **Eine Funktion f heißt eine „ganze rationale Funktion" genau dann, wenn für den Funktionsterm gilt: $f(x) = a_n x^n + a_{n-1} x^{n-1} + \ldots + a_1 x + a_0$ mit $n \in \mathbb{N}_0$, $a_k \in \mathbb{R}$ und $a_n \neq 0$ für $n \neq 0$.**

Ein Term dieser Form heißt ein „Polynom". Die Zahl n heißt der „Grad" des Polynoms. Die Zahlen a_k heißen die „Koeffizienten" des Polynoms.

Beachte: $\mathbb{N}_0 =_{Df} \mathbb{N} \cup \{0\}$!

Beispiele: **1)** $f_1(x) = 3x^4 - 2x^3 + 5x - 1$; $(n = 4)$

2) $f_2(x) = \sqrt[5]{3}\, x^5 + \pi x^3 - \frac{3}{5} \cdot x$; $(n = 5)$

3) $f_3(x) = 3$; $(n = 0)$

Beachte, daß für die sogenannten „Koeffizienten“ a_k beliebige reelle, also auch irrationale Zahlen zugelassen sind!

2. Einen weiteren Funktionstyp erhält man, wenn man zwei Polynome durcheinander dividiert.

Eine Funktion f heißt eine „gebrochene rationale Funktion“ genau dann, wenn der Funktionsterm die Form

$$f(x) = \frac{P_n(x)}{Q_m(x)}$$

hat, wobei $P_n(x)$ und $Q_m(x)$ Polynome vom Grade n bzw. m bezeichnen. D 16.7

Gilt $n < m$, so heißt f **„echt gebrochen“;**
gilt $n \geq m$, so heißt f **„unecht gebrochen“.**

Beispiele: **1)** $f_1(x) = \frac{3x^2 - 4x}{x^5 + 3x^2 - 1}$ ist echt gebrochen.

2) $f_2(x) = \frac{\sqrt{3}x^4 - \pi x + 3}{2x^2 - 3x + 5}$ ist unecht gebrochen.

Beachte, daß auch jede ganze rationale Funktion zu den gebrochenen rationalen Funktionen zählt; denn auch $Q(x) = 1$ ist ein Polynom. Daher nennt man die gebrochenen rationalen Funktionen kurz auch **„rationale Funktionen“.**

3. Ein weiterer Funktionstyp liegt vor, wenn der Funktionsterm ein **Wurzelterm** ist.

Beispiel: **1)** $f_1(x) = \sqrt{x}$ **2)** $f_2(x) = \sqrt[3]{x^2 - 5}$ **3)** $f_3(x) = \sqrt[4]{\frac{x^2 + 2x}{2\pi - x}}$

Die Funktionsgleichung des dritten Beispiels kann folgendermaßen umgeformt werden:

$$y = \sqrt[4]{\frac{x^2 + 2x}{2\pi - x}} \Rightarrow y^4 = \frac{x^2 + 2x}{2\pi - x} \Rightarrow (2\pi - x) \cdot y^4 = x^2 + 2x \Leftrightarrow (2\pi - x) \cdot y^4 - (x^2 + 2x) = 0.$$

Beachte, daß die beiden ersten Umformungen nur Folgerungs-, aber keine Äquivalenzumformungen sind; denn es gilt: $a^4 = b \Leftrightarrow a = \sqrt[4]{b} \vee a = -\sqrt[4]{b}$.

Daher wird durch die letzte Gleichung in $\mathbb{R} \times \mathbb{R}$ eine Relation festgelegt, die keine Funktion ist. Diese Gleichung ist eine **„algebraische Gleichung“** in zwei Variablen. Daher nennt man Funktionen, die durch Wurzelterme festgelegt werden, **„algebraische Funktionen“.**

Bei der allgemeinen Definition dieses Begriffs ist zu beachten, daß durch eine algebraische Gleichung in zwei Variablen, wie z. B.

$$(x^4 + x)\,y^3 + (2x - 1)\,y^2 + 3x \cdot y + 7 = 0$$

immer eine Relation, aber selten eine Funktion festgelegt wird. Man muß also außer einer solchen Gleichung geeignete Zusatzbedingungen angeben, um eine Funktion zu erhalten.

Beispiel: $(x^2 + 1)\,y^2 - (x - 1) = 0 \wedge y \geq 0$

$$\Leftrightarrow y^2 = \frac{x - 1}{x^2 + 1} \wedge y \geq 0 \Leftrightarrow y = \sqrt{\frac{x - 1}{x^2 + 1}}$$

Eine Funktion f heißt eine „algebraische Funktion“ genau dann, wenn sie durch eine Gleichung der Form

$$f_n(x)\,y^n + f_{n-1}(x)\,y^{n-1} + \ldots + f_1(x)\,y + f_0(x) = 0$$

mit geeigneten Zusatzbedingungen festgelegt ist. Hierbei bezeichnen $f_k(x)$ für $k = 0, 1, \ldots, n$ Polynome beliebigen Grades. D 16.8

Beachte, daß alle rationalen Funktionen auch algebraische Funktionen sind!

4. Viele über $\mathbb{R}$ definierte Funktionen sind keine algebraischen Funktionen.

Beispiele: **1)** $f_1(x) = \sin x$ **2)** $f_2(x) = \sqrt{1 + \tan^2 x}$ **3)** $f_3(x) = 2^x$ **4)** $f_4(x) = \lg x$

Man bezeichnet solche Funktionen als „transzendente Funktionen". Eine exakte Definition dieses Begriffes ist mit den uns hier zur Verfügung stehenden Mitteln nicht möglich.

III. Einige besondere Funktionen

1. Eine besondere Funktion kann mit Hilfe der sogenannten **„Gaußklammer"** $[x]$ festgelegt werden.

Für alle $x \in \mathbb{R}$, $k \in \mathbb{Z}$ gilt: $[x] = k$ mit $k \leq x < k + 1$.

Die durch $f(x) = [x]$ gegebene Funktion ist in Bild 16.9 dargestellt.

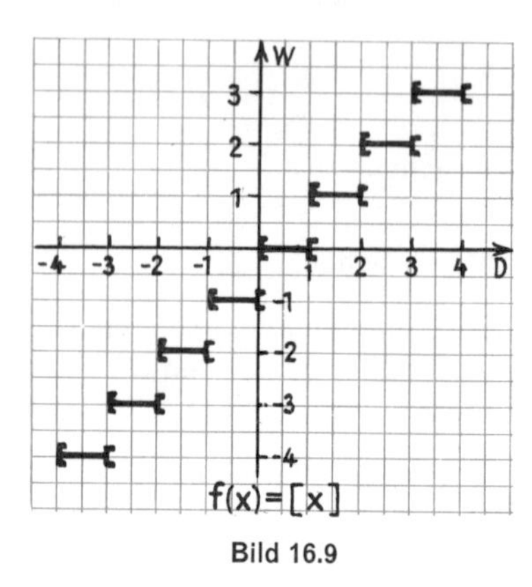

Bild 16.9

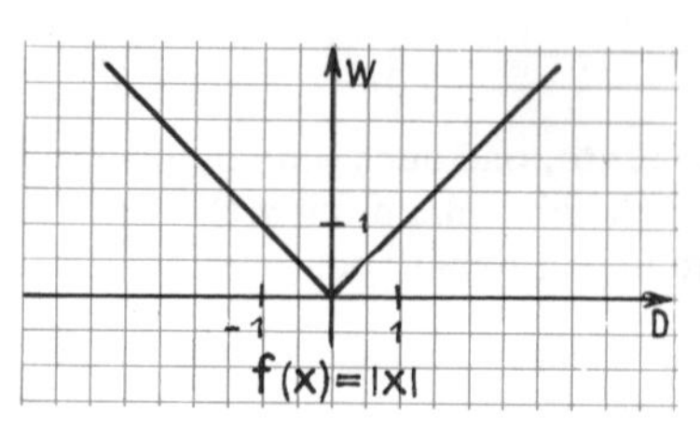

Bild 16.10

2. Bild 16.10 zeigt den Graph der durch $f(x) = |x|$ festgelegten sogenannten **„Betragsfunktion"**.

3. Eine wichtige Funktion ist auch die sogenannte **„Vorzeichenfunktion"**; der zugehörige Term wird mit „sign x" bezeichnet; gelesen: „signum x".

Es ist: $$\operatorname{sign} x = \begin{cases} 1 \text{ für } x > 0 \\ 0 \text{ für } x = 0 \\ -1 \text{ für } x < 0 \end{cases} \quad \text{(Bild 16.11)}.$$

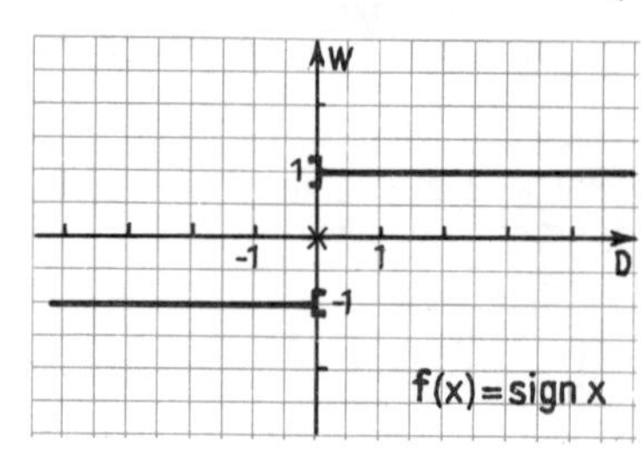

Bild 16.11

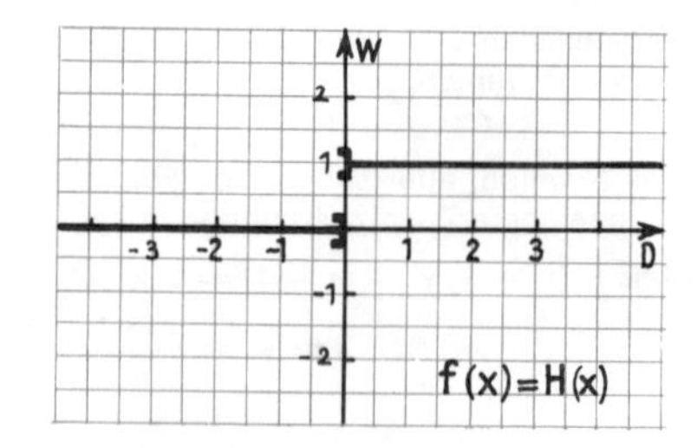

Bild 16.12

4. Ferner definieren wir die sogenannte **„Heavysidefunktion"**[1]) durch den Term

$$H(x) = \begin{cases} 0 \text{ für } x \leq 0 \\ 1 \text{ für } x > 0 \end{cases} \quad \text{(Bild 16.12)}.$$

[1]) Heavyside, engl. Mathematiker und Physiker, 1850–1925.

5. Die hier besprochenen Funktionen sind Beispiele für Funktionen, die „abschnittsweise" definiert sind. Wir betrachten noch ein weiteres Beispiel für eine abschnittsweise definierte Funktion.

$$f(x) = \begin{cases} x^3 + 6x^2 + 10x + 8 & \text{für } x < -2 \\ x^2 & \text{für } -2 \leq x \leq 1 \\ x & \text{für } x > 1 \end{cases}$$

(Bild 16.13)

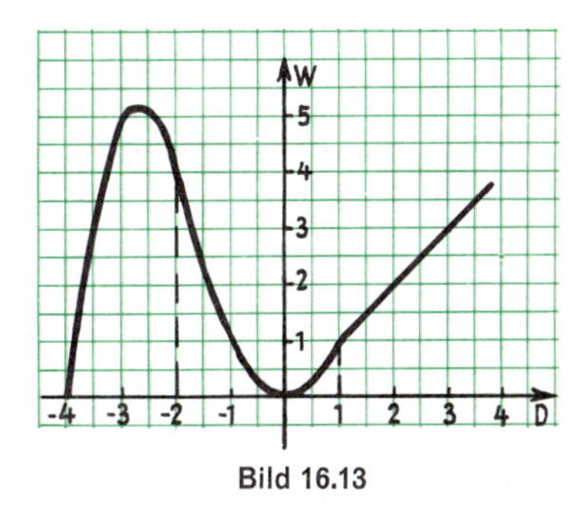

Bild 16.13

Übungen und Aufgaben

Monotonie

1. Wie lautet die Definition für den Begriff der „über einer Menge M **streng** monoton steigenden (bzw. fallenden) Funktion"?

2. Untersuche die durch die folgenden Terme gegebenen Funktionen auf Monotonie! Beachte die Definitionsmengen!

a) $f(x) = -x$; $D = \mathbb{R}$

b) $f(x) = |x|$; $D = \mathbb{R}$ ($\mathbb{R}^{\geq 0}$; $\mathbb{R}^{\leq 0}$)

c) $f(x) = x^2$; $D = \mathbb{R}^{\geq 0}$ ($\mathbb{R}^{\leq 0}$; $\mathbb{R}$)

d) $f(x) = -x^2$; $D = \mathbb{R}^{\leq 0}$ ($\mathbb{R}^{\geq 0}$; $\mathbb{R}$)

e) $f(x) = x + 2$; $D = \mathbb{R}$

f) $f(x) = -x - 2$; $D = \mathbb{R}$

g) $f(x) = x(x-2)$; $D = \mathbb{R}^{\geq 1}$ ($\mathbb{R}^{\leq 1}$; $\mathbb{R}$)

h) $f(x) = \cos x$; $D = \left[-\frac{\pi}{2}; \frac{3\pi}{2}\right]$

i) $f(x) = [x]$; $D = [-1; 1]$ ($]-2; 2[$)

j) $f(x) = x^3$; $D = [-2; 3]$ ($\mathbb{R}$)

k) $f(x) = \sqrt{x}$; $D = [0; 9]$

l) $f(x) = (x + [x])^2$; $D = [0; 2]$

m) $f(x) = |x| \cdot [x]$; $D = [-1; 2]$

n) $f(x) = x + H(x)$; $D = [-3; 3]$

o) $f(x) = x - [x]$; $D = \mathbb{R}$

p) $f(x) = (x - [x])^2$; $D = \mathbb{R}$

3. Die Funktionen f und g seien monoton steigend (fallend) über einer gemeinsamen Definitionsmenge D. Prüfe, ob die Funktionen zu

a) $y = f(x) + g(x)$ **b)** $y = f(x) - g(x)$ **c)** $y = f(x) \cdot g(x)$

über D monoton steigend (fallend) sind! Beweis!

4. Es sei $g(x) \neq 0$ für alle $x \in D$ und g monoton fallend (steigend) über D. Was kannst du über die Funktion zu $f(x) = \frac{1}{g(x)}$ aussagen? Beweis!

5. Was kannst du über die Monotonie der folgenden Funktionen mit Hilfe der Überlegungen von Aufgabe 3. und 4. aussagen?

a) $f(x) = -x + \cos x$; $D = [0; \pi]$

b) $f(x) = x^2 \cdot \sin x$; $D = \left[0; \frac{\pi}{2}\right]$

c) $f(x) = (2 - x) \cdot |x|$; $D = \mathbb{R}^{\leq 0}$

d) $f(x) = \frac{1}{1 + x^2}$; $D = \mathbb{R}^{\geq 0}$

e) $f(x) = \tan x = \frac{\sin x}{\cos x}$; $D = \left[0; \frac{\pi}{2}\right[$

f) $f(x) = (x + 2)x^2$; $D = [1; 4]$

Beschränktheit

6. Untersuche, ob die durch die folgenden Terme gegebenen Funktionen über ihren Definitionsmengen beschränkt sind! Ermittle – wenn es möglich ist – obere und untere Schranken!

a) $f(x) = x$; $D_1 = [-5; 7]$; $D_2 = \mathbb{R}^{>0}$ **b)** $f(x) = -x$; $D_1 = [-10; -1]$; $D_2 = \mathbb{R}^{\leq 0}$

c) $f(x) = -x^2$; $D_1 =]0; 3[$; $D_2 = \mathbb{R}^{\geq 0}$ d) $f(x) = \frac{1}{x}$; $D_1 = [1; 4]$; $D_2 = \mathbb{R}^{>0}$

e) $f(x) = \cos x$; $D = \mathbb{R}$ f) $f(x) = \sqrt{25 - x^2}$; $D = [-5; 5]$

g) $f(x) = \sqrt{x^2(16 - x^2)}$; $D = [-4; 4]$

7. Die Funktionen zu $y = f_1(x)$ und $y = f_2(x)$ seien beschränkt über einer gemeinsamen Definitionsmenge D. Beweise, daß auch die Funktion zu

a) $f(x) = f_1(x) + f_2(x)$ b) $f(x) = f_1(x) - f_2(x)$ c) $f(x) = f_1(x) \cdot f_2(x)$

über D beschränkt sind!

8. a) Beweise: Die Funktion zu $f(x) = \frac{1}{g(x)}$ ist beschränkt über D genau dann, wenn es eine Zahl S mit $S > 0$ gibt, so daß für alle $x \in D$ gilt: $|g(x)| \geq S$.

b) Unter welchen Bedingungen kannst du etwas über die Beschränktheit einer Funktion zum Term $\frac{f(x)}{g(x)}$ aussagen?

9. Begründe die Beschränktheit der durch die folgenden Terme gegebenen Funktionen mit Hilfe der Sätze von Aufgabe 7. und 8.!

a) $f(x) = x + \sin x$; $D = \left[0; \frac{\pi}{2}\right]$ b) $f(x) = x \cdot \sin x$; $D = [-1; 1]$

c) $f(x) = \frac{1}{1 + x}$; $D = [0; 1]$ d) $f(x) = \tan x$; $D = \left[0; \frac{\pi}{4}\right]$

e) $f(x) = \cot x$; $D = \left[\frac{\pi}{4}; \frac{\pi}{2}\right]$ f) $f(x) = \frac{x}{1 + x^2}$; $D = \mathbb{R}$

10. Gegeben: $f(x) = \sqrt{4 - x^2}$. Beweise:

a) die Zahl 2 ist obere Grenze,

b) die Zahl 0 ist untere Grenze der Funktion! (Vgl. I, 4!)

Symmetrie

11. Welche der durch die folgenden Terme gegebenen Funktionen sind gerade, welche ungerade? Beachte D!

a) $f(x) = 3x^2 - 2$; $D_1 = \mathbb{R}$; $D_2 = \mathbb{R}^{\leq 0}$ b) $f(x) = 7x^3 - 4x$; $D_1 = \mathbb{R}$; $D_2 = \mathbb{R}^{\geq -2}$

c) $f(x) = \sin^2 x$; $D = \mathbb{R}$ d) $f(x) = \sin|x|$; $D = \mathbb{R}$

e) $f(x) = x \cdot |x|$; $D = \mathbb{R}$ f) $f(x) = -x$; $D_1 = [-2; 3]$; $D_2 = \mathbb{R}$

g) $f(x) = \sqrt{|x|}$; $D_1 = \mathbb{R}$; $D_2 =]-4; 9[$ h) $f(x) = \lg|x|$; $D = \mathbb{R}^{\neq 0}$

i) $f(x) = 2^{|x|}$; $D = \mathbb{R}$ k) $f(x) = 1 + x - 2x^2 + 3x^3$; $D = \mathbb{R}$

12. Welche Bedingungen müssen die Zahlen $a_k \in \mathbb{R}$ erfüllen, damit die Funktionen zu Termen der folgenden Form

1) gerade, 2) ungerade 3) weder gerade noch ungerade sind?

a) $f(x) = a_0 + a_1 x$ b) $f(x) = a_0 + a_1 x + a_2 x^2$ c) $f(x) = a_0 + a_1 x + a_2 x^2 + a_3 x^3$

d) $f(x) = a_0 + a_1 x + \ldots + a_n x^n = \sum_{k=0}^{n} a_k x^k$

13. Die Funktion zum Term f (x) sei a) ungerade, b) gerade.
Was kannst du über die Funktion zum Term $[f(x)]^2$ aussagen? Beweis!

14. Die Funktionen zu $y = g(x)$ und $y = h(x)$ seien gerade bzw. ungerade. Sind auch die Funktionen zu

a) $f(x) = g(x) + h(x)$ b) $f(x) = g(x) - h(x)$ c) $f(x) = g(x) \cdot h(x)$ d) $f(x) = \frac{g(x)}{h(x)}$

gerade bzw. ungerade? Gehe alle möglichen Fälle durch und formuliere zugehörige Sätze! Beweis!

15. Welche Symmetrieeigenschaften haben die Funktionen zu folgenden Termen? Begründe deine Aussagen mit Hilfe der Sätze aus Aufgabe 14!

a) $f(x) = x + \sin x$ **b)** $f(x) = x^2 + \cos x$ **c)** $f(x) = x^3 - \tan x$

d) $f(x) = x(x^3 - 2x)$ **e)** $f(x) = x \cdot \sqrt{16 - x^2}$ **f)** $f(x) = \sqrt{x^2(16 - x^2)}$

g) $f(x) = x \cdot \sin x$ **h)** $f(x) = \frac{\cos x}{x^2}$ **i)** $f(x) = \frac{x}{1 + x^2}$

k) $f(x) = \frac{x^2}{1 - x^4}$ **l)** $f(x) = \frac{x^3 - 3x}{2x^5 - 4x}$ **m)** $f(x) = x \cdot \tan x$

16. Welche Bedingungen müssen die Formvariablen a_k erfüllen, damit die durch die folgenden Terme festgelegten Funktionen **a)** gerade, **b)** ungerade und die angegebenen Zahlenpaare Elemente der Funktionen sind? Sind die Bedingungen immer erfüllbar?

a) $f(x) = a_0 + a_1 x$; $(1 \mid -2)$ **b)** $f(x) = a_0 + a_1 x + a_2 x^2$; $(1 \mid 0)$; $(0 \mid 2)$

c) $f(x) = a_0 + a_1 x + a_2 x^2 + a_3 x^3$; $(-1 \mid 0)$; $(2 \mid 1)$

Klassifikation von Funktionen

17. Klassifiziere die Funktionen von:

a) Aufgabe 2. **b)** Aufgabe 5. **c)** Aufgabe 6.

d) Aufgabe 9. **e)** Aufgabe 11. **f)** Aufgabe 15.

Besondere Funktionen

18. Zeichne die Graphen der Funktionen zu:

a) $f(x) = \left[\frac{x}{2}\right]$ **b)** $f(x) = [2x - 1]$ **c)** $f(x) = [3x] + 2$ **d)** $f(x) = [x^2]$

e) $f(x) = x + [x]$ **f)** $f(x) = x - [x]$ **g)** $f(x) = x \cdot [x]$ **h)** $f(x) = \frac{x}{[x]}$

i) $f(x) = [x] \cdot (x - 1)$ **k)** $f(x) = [x]^2$ **l)** $f(x) = (-1)^{[x]}$ **m)** $f(x) = \frac{1}{[x]}$

19. Zeichne die Graphen der Funktionen zu:

a) $f(x) = |x + 2|$ **b)** $f(x) = |2 - 3x|$ **c)** $f(x) = \frac{|x|}{x}$ **d)** $f(x) = x \cdot |x|$

e) $f(x) = x + |x|$ **f)** $f(x) = |x| - x$ **g)** $f(x) = |x|^3$ **h)** $f(x) = x \cdot |x - 1|$

i) $f(x) = \operatorname{sign}(x + 2)$ **k)** $f(x) = \operatorname{sign}(1 - x)$ **l)** $f(x) = x + \operatorname{sign} x$

m) $f(x) = |x| + \operatorname{sign} x$ **n)** $f(x) = x \cdot \operatorname{sign} x$ **o)** $f(x) = x^2 \cdot \operatorname{sign} x$

p) $f(x) = H(x - 2)$ **q)** $f(x) = x + H(x)$ **r)** $f(x) = H(x) - x$

s) $f(x) = x \cdot H(x)$ **t)** $f(x) = H(x) + H(3 - x)$

u) $f(x) = H(x + 2) \cdot H(x - 2)$

20. Zeichne die Graphen der Funktionen zu

a) $f(x) = H(x) + \operatorname{sign} x$ **b)** $f(x) = \operatorname{sign} x \cdot H(x)$ **c)** $f(x) = [x] \cdot \operatorname{sign} x$

d) $f(x) = [x]^{\operatorname{sign} x}$ **e)** $f(x) = (\operatorname{sign} x)^{[x]}$ **f)** $f(x) = [\,|x|\,]$

g) $f(x) = 1 + (-1)^{[x]}$ **h)** $f(x) = H(x) + |x|$ **i)** $f(x) = \operatorname{sign} x + |x|$

k) $f(x) = |x| \cdot H(x)$ **l)** $f(x) = |x|^{\operatorname{sign} x}$ **m)** $f(x) = |x|^{H(x)}$

n) $f(x) = (\operatorname{sign} x)^{H(x)}$ **o)** $f(x) = (H(x))^{\operatorname{sign} x}$ **p)** $f(x) = (\operatorname{sign} x)^{|x|}$

q) $f(x) = (H(x))^{|x|}$ **r)** $f(x) = [x]^{H(x)}$ **s)** $f(x) = (\operatorname{sign} x)^{[x]}$

21. Beweise die Allgemeingültigkeit folgender Gleichungen in $V[x] = \mathbb{R}$!

a) $x + |x| = 2x \cdot H(x)$ **b)** $x \cdot \operatorname{sign} x = |x|$ **c)** $|\operatorname{sign} x| = \operatorname{sign} |x|$

d) $\operatorname{sign}(x^2) = (\operatorname{sign} x)^2$ **e)** $(H(x))^2 = H(x)$ **f)** $\operatorname{sign} H(x) = H(x)$

g) $H(\operatorname{sign} x) = \operatorname{sign} H(x)$ **h)** $|H(x)| = H(x)$ **i)** $\operatorname{sign} |x| = H(|x|)$

§ 17 Grenzwerte von Funktionen

I. Der Begriff des Grenzwertes einer Funktion für $x \to \infty$ bzw. für $x \to -\infty$

1. Wir können den Grenzwertbegriff für Folgen ($g = \lim\limits_{n \to \infty} a_n$) in einfacher Weise auf Funktionen übertragen, die über der Menge $\mathbb{R}$ erklärt sind.

Beispiel: $f(x) = \frac{x+1}{x}$

Setzt man in diesen Funktionsterm immer größere Werte für x ein, so erhält man Funktionswerte, die immer näher bei 1 liegen.

x	10	100	500	1000	1 000 000
y	1,1	1,01	1,002	1,001	1,000001

Man sagt: der Grenzwert dieser Funktion für „x gegen unendlich" ist die Zahl 1 und schreibt:

$$\lim_{x \to \infty} \frac{x+1}{x} = 1.$$

Wir können die Definition des Grenzwertbegriffes für Zahlenfolgen (D 9.3) fast wörtlich übernehmen, müssen dabei nur beachten, daß für die Variable x nicht nur natürliche, sondern beliebige reelle Zahlen zugelassen sind. An die Stelle der natürlichen Zahl $N(\varepsilon)$ muß also eine reelle Zahl $X(\varepsilon)$ treten. Außerdem müssen wir voraussetzen, daß die Funktion von einer bestimmten Stelle x_0 an, d. h. für alle $x \geq x_0$ definiert ist; wir sagen: Die Definitionsmenge D (f) muß „rechtsseitig unbegrenzt" sein.

2. Wir definieren:

D 17.1

Hat eine Funktion f eine rechtsseitig unbegrenzte Definitionsmenge $D(f) \subseteq \mathbb{R}$, so heißt eine Zahl g „Grenzwert der Funktion f für x gegen unendlich" genau dann, wenn es zu jedem $\varepsilon \in \mathbb{R}^{>0}$ eine Zahl $X(\varepsilon) \in \mathbb{R}$ gibt, so daß gilt:

$$x > X(\varepsilon) \Rightarrow |g - f(x)| < \varepsilon.$$

Man schreibt: „$\lim\limits_{x \to \infty} f(x) = g$"

und liest: „die Funktion f konvergiert für x gegen unendlich gegen den Grenzwert g".

Beispiel: $f(x) = \frac{x+1}{x}$

Es ist $D(f) = \mathbb{R}^{\neq 0}$; die Funktion ist also rechtsseitig unbegrenzt definiert.

Behauptung: $\lim\limits_{x \to \infty} \frac{x+1}{x} = 1$, d. h. zu jedem $\varepsilon \in \mathbb{R}^{>0}$ gibt es eine Zahl $X(\varepsilon)$, so daß gilt:

$$x > X(\varepsilon) \Rightarrow \left|1 - \frac{x+1}{x}\right| < \varepsilon$$

Beweis: Für alle $x \in \mathbb{R}^{>0}$ gilt: $\left|1 - \frac{x+1}{x}\right| = \left|\frac{x-x-1}{x}\right| = \left|\frac{-1}{x}\right| = \frac{1}{x}$.

Für $x > 0$ gilt also: $\left|1 - \frac{x+1}{x}\right| < \varepsilon \Leftrightarrow \frac{1}{x} < \varepsilon \Leftrightarrow x > \frac{1}{\varepsilon}$.

Wir bezeichnen $\frac{1}{\varepsilon}$ mit $X(\varepsilon)$. Setzt man in $X(\varepsilon)$ für ε eine positive Zahl ein, so ergibt sich stets eine positive Zahl; daher gilt: $x > X(\varepsilon) \Rightarrow \left|1 - \frac{x+1}{x}\right| < \varepsilon$, q. e. d.

Beachte: In D 17.1 wird zu jedem $\varepsilon \in \mathbb{R}^{>0}$ nur die **Existenz** einer Zahl X (ε) gefordert. In Konvergenzbeweisen braucht man diese Zahl **nicht minimal** zu bestimmen; daher kann man mit Abschätzungen (§ 8, III) arbeiten. Wir werden eine solche Abschätzung bei dem Beispiel unter 5. durchführen.

3. Wir können dieser Definition eine anschauliche Deutung im Koordinatensystem geben. Durch jede Zahl $\varepsilon \in \mathbb{R}^{>0}$ wird um den Grenzwert g ein sogenannter **„Horizontalstreifen"** der Breite 2 ε festgelegt; dieser wird begrenzt von den Geraden zu $y = g + \varepsilon$ und $y = g - \varepsilon$. Wir bezeichnen diesen Horizontalstreifen mit $H_\varepsilon(g)$, gelesen „H ε von g". Bild 17.1 zeigt den Horizontalstreifen $H_{0,2}(1)$.

Beachte: Der Horizontalstreifen $H_\varepsilon(g)$ schneidet auf der W-Achse die entsprechende ε-Umgebung $U_\varepsilon(g)$ aus. Der bei Folgen benutzten Bedingung, daß die Folgenglieder von einem bestimmten Index N (ε) an alle in $U_\varepsilon(g)$ liegen, entspricht hier also die Bedingung, daß von einer gewissen Stelle X (ε) an alle Funktionswerte in $H_\varepsilon(g)$ liegen.
Wir können also statt D 17.1 auch sagen:

D 17.2

Hat eine Funktion f eine rechtsseitig unbegrenzte Definitionsmenge $D(f) \subseteq \mathbb{R}$, so heißt eine Zahl g „Grenzwert der Funktion f für x gegen unendlich" genau dann, wenn es zu jedem Horizontalstreifen $H_\varepsilon(g)$ eine Zahl X (ε) gibt, so daß gilt: $$x > X(\varepsilon) \Rightarrow P(x \mid f(x)) \in H_\varepsilon(g).$$

Bild 17.2 zeigt den Sachverhalt für die Funktion f zu $f(x) = \frac{x+1}{x}$ und den Horizontalstreifen $H_{0,4}(1)$. Dort sind zwei Stellen $X_1(0,4) = 2,5$ und $X_2(0,4) = 4$ eingezeichnet. $X_1(0,4) = 2,5$ ist die **kleinste** Zahl, die bei diesem Beispiel für $\varepsilon = 0,4$ der Bedingung von D 17.2 genügt. Wie bei Zahlenfolgen kommt es hier **nicht** darauf an, diesen **minimalen** Wert zu ermitteln; es kommt nur darauf an, daß es zu jedem $\varepsilon \in \mathbb{R}^{>0}$ eine solche Zahl X (ε) **gibt;** bei diesem Beispiel ist auch $X_2(0,4) = 4$ eine solche Zahl.

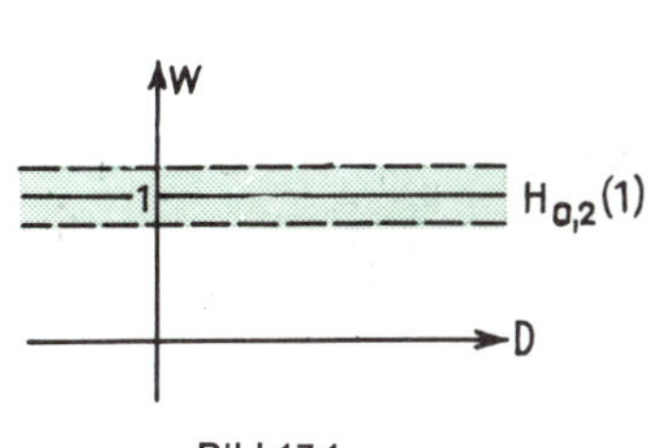

Bild 17.1

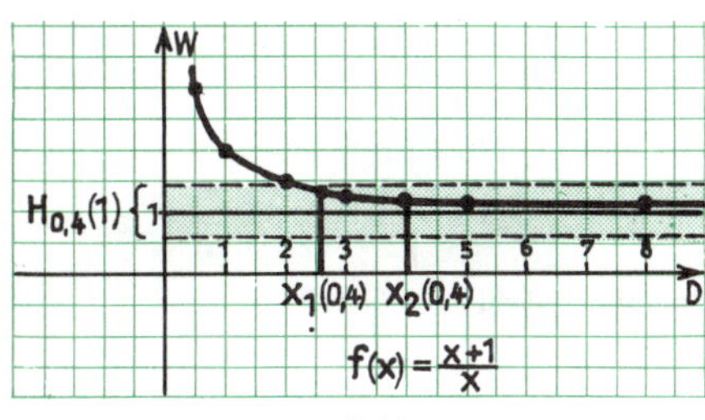

Bild 17.2

4. Entsprechend kann man einen Grenzwertbegriff für Funktionen mit linksseitig unbegrenzter Definitionsmenge definieren. Man schreibt $\lim\limits_{x \to -\infty} f(x)$ und liest „limes von f von x für x gegen minus unendlich".

D 17.3

Hat eine Funktion f eine linksseitig unbegrenzte Definitionsmenge $D(f) \subseteq \mathbb{R}$, so heißt eine Zahl g „Grenzwert der Funktion f für x gegen minus unendlich" genau dann, wenn es zu jedem Horizontalstreifen $H_\varepsilon(g)$ eine Zahl X (ε) gibt, so daß gilt: $x < X(\varepsilon) \Rightarrow P(x \mid f(x)) \in H_\varepsilon(g)$, wenn es also zu jedem $\varepsilon \in \mathbb{R}^{>0}$ eine Zahl X (ε) gibt, so daß gilt: $x < X(\varepsilon) \Rightarrow |g - f(x)| < \varepsilon$.
Man schreibt: „$\lim\limits_{x \to -\infty} f(x) = g$" und liest:
„limes von f (x) für x gegen minus unendlich ist gleich g".

Beispiel: $f(x) = \frac{x+1}{x}$; es ist $D(f) = \mathbb{R}^{\neq 0}$; die Definitionsmenge ist also linksseitig unbegrenzt. Wir setzen einige negative Zahlen in den Funktionsterm ein:

x	− 10	− 100	− 1000
y	0,9	0,99	0,999

Diesen Zahlen kann man die Vermutung entnehmen, daß $\lim\limits_{x \to -\infty} \frac{x+1}{x} = 1$ ist.

Beweis: Für alle $x \in \mathbb{R}^{<0}$ gilt: $\left|1 - \frac{x+1}{x}\right| = \left|\frac{x-x-1}{x}\right| = \left|\frac{-1}{x}\right| = -\frac{1}{x}$.

Für $x < 0$ gilt also: $\left|1 - \frac{x+1}{x}\right| < \varepsilon \Leftrightarrow -\frac{1}{x} < \varepsilon \Leftrightarrow x < -\frac{1}{\varepsilon}$.

Wir bezeichnen $-\frac{1}{\varepsilon}$ mit $X(\varepsilon)$. Setzt man in ε eine positive Zahl ein, so ergibt sich stets eine negative Zahl; daher gilt: $x < X(\varepsilon) \Rightarrow \left|1 - \frac{x+1}{x}\right| < \varepsilon$, q. e. d.

Beachte: Es gilt $\lim\limits_{x \to -\infty} f(x) = \lim\limits_{x \to \infty} f(-x)$. Diese Beziehung soll in Aufgabe 2 bewiesen werden.

5. Abschließend zeigen wir an einem Beispiel, wie man Konvergenzbeweise mit Hilfe von Abschätzungen vereinfachen kann (vgl. § 8, III).

Beispiel: $f(x) = \frac{3x+2}{2x+5}$

Es ist $D(f) = \mathbb{R}^{\neq -\frac{5}{2}}$. Die Definitionsmenge ist also sowohl rechtsseitig wie linksseitig unbegrenzt. Setzt man einige positive und einige negative Zahlen in x ein, so kommt man zu der Vermutung, daß beide Grenzwerte übereinstimmen:

$$\lim_{x \to \infty} \frac{3x+2}{2x+5} = \lim_{x \to -\infty} \frac{3x+2}{2x+5} = \frac{3}{2}.$$

Wir haben also zu beweisen, daß es zu jedem $\varepsilon \in \mathbb{R}^{>0}$ zwei Zahlen $X_1(\varepsilon)$ und $X_2(\varepsilon)$ gibt mit $x > X_1(\varepsilon) \Rightarrow \left|\frac{3}{2} - \frac{3x+2}{2x+5}\right| < \varepsilon$ und $x < X_2(\varepsilon) \Rightarrow \left|\frac{3}{2} - \frac{3x+2}{2x+5}\right| < \varepsilon$.

Beweis: Für alle $x \in \mathbb{R}$ gilt:

$$\left|\frac{3}{2} - \frac{3x+2}{2x+5}\right| = \left|\frac{3(2x+5) - 2(3x+2)}{2(2x+5)}\right| = \left|\frac{6x+15-6x-4}{2(2x+5)}\right| = \frac{11}{2\,|2x+5|}$$

Ferner gilt: $\frac{11}{2} \cdot \frac{1}{|2x+5|} < \varepsilon \Leftrightarrow |2x+5| > \frac{11}{2\varepsilon} \Leftarrow |2x| - |5| > \frac{11}{2\varepsilon}$ (Verkleinern der größeren Seite)

$$\Leftrightarrow |2| \cdot |x| > \frac{11}{2\varepsilon} + 5 \Leftrightarrow |x| > \frac{11}{4\varepsilon} + \frac{5}{2} \Leftrightarrow x > \frac{11}{4\varepsilon} + \frac{5}{2} \vee x < -\frac{11}{4\varepsilon} - \frac{5}{2}.$$

Mit $X_1(\varepsilon) = \frac{11}{4\varepsilon} + \frac{5}{2}$ und $X_2(\varepsilon) = -\frac{11}{4\varepsilon} - \frac{5}{2}$ gilt also für alle $\varepsilon \in \mathbb{R}^{>0}$:

1) $x > \frac{11}{4\varepsilon} + \frac{5}{2} = X_1(\varepsilon) \Rightarrow \left|\frac{3}{2} - \frac{3x+2}{2x+5}\right| < \varepsilon$ und

2) $x < -\frac{11}{4\varepsilon} - \frac{5}{2} = X_2(\varepsilon) \Rightarrow \left|\frac{3}{2} - \frac{3x+2}{2x+5}\right| < \varepsilon$, q. e. d.

Beachte, daß die Rechnung sich durch die Ersetzung von $|2x+5|$ durch $|2x| - |5|$ im zweiten Umformungsschritt (Abschätzung) erheblich vereinfacht!

6. Die Grenzwertsätze, die wir in § 10 für Zahlenfolgen bewiesen haben, lassen sich ohne besondere Schwierigkeiten auf die hier behandelten Grenzwerte übertragen (Aufgabe 5). Daher gelten auch die Sätze über Polynomquotienten (§ 10, IV). Insbesondere gilt für

$$f(x) = \frac{P_n(x)}{Q_m(x)} = \frac{a_n x^n + \ldots + a_1 x + a_0}{b_m x^m + \ldots + b_1 x + b_0} \quad \text{mit } a_n \neq 0,\ b_m \neq 0:$$

1) $n = m \Rightarrow \lim\limits_{x\to\infty} f(x) = \lim\limits_{x\to-\infty} f(x) = \frac{a_n}{b_m}$ und

2) $n < m \Rightarrow \lim\limits_{x\to\infty} f(x) = \lim\limits_{x\to-\infty} f(x) = 0.$

3) Für $n > m$ führt man auch hier den Begriff des **„uneigentlichen Grenzwertes"** ein.
Man schreibt dann:
„$\lim\limits_{x\to\infty} f(x) = \pm\infty$" bzw. „$\lim\limits_{x\to-\infty} f(x) = \pm\infty$".

Dies bedeutet, daß die Funktionswerte für $x \to \infty$ bzw. für $x \to -\infty$ entweder über alle Schranken wachsen oder unter alle Schranken fallen.

Dies läßt sich – wie bei Zahlenfolgen – dadurch beweisen, daß man den Funktionsterm passend erweitert (Aufgabe 6).

Beispiele:

1) $f(x) = \frac{5x^2 + 3x - 2}{3x^2 + 7} = \frac{5 + \frac{3}{x} - \frac{2}{x^2}}{3 + \frac{7}{x^2}}$; also ist $\lim\limits_{x\to\infty} f(x) = \lim\limits_{x\to-\infty} f(x) = \frac{5}{3}$.

2) $f(x) = \frac{3x - 5}{x^2 + 2x - 1} = \frac{\frac{3}{x} - \frac{5}{x^2}}{1 + \frac{2}{x} - \frac{1}{x^2}}$; also ist $\lim\limits_{x\to\infty} f(x) = \lim\limits_{x\to-\infty} f(x) = 0.$

3) $f(x) = \frac{4x^3 - 2}{x^2 + 5x - 7} = \frac{x^3 \cdot \left(4 - \frac{2}{x^3}\right)}{x^2 \cdot \left(1 + \frac{5}{x} - \frac{7}{x^2}\right)} = x \cdot \frac{4 - \frac{2}{x^3}}{1 + \frac{5}{x} - \frac{7}{x^2}}$;

also ist $\lim\limits_{x\to\infty} f(x) = \infty$ und $\lim\limits_{x\to-\infty} f(x) = -\infty.$

4) $f(x) = \frac{-2x^2 + 3x}{x - 6} = \frac{-x^2\left(2 - \frac{3}{x}\right)}{x\left(1 - \frac{6}{x}\right)} = -x \cdot \frac{2 - \frac{3}{x}}{1 - \frac{6}{x}}$;

also ist $\lim\limits_{x\to\infty} f(x) = -\infty$ und $\lim\limits_{x\to-\infty} f(x) = \infty.$

II. Der Begriff des Grenzwertes einer Funktion an einer Stelle x_0

1. Die Funktion zu $f(x) = \frac{x+1}{x}$ ist nur an der Stelle 0 nicht definiert. Man nennt die Stelle 0 daher eine **„Definitionslücke"** der Funktion f. Legen wir um diese Zahl 0 eine beliebige Umgebung, die die Zahl 0 nicht enthält – eine sogenannte **„punktierte Umgebung" $U_\varepsilon(\dot{0})$[1] –, so ist die Funktion f in dieser punktierten Umgebung definiert.** Wir können definieren:

[1]) Vgl. § 6, III!

D 17.4 **Eine Stelle x_0 heißt eine „Definitionslücke" der Funktion f genau dann, wenn zwar x_0 nicht zu D (f) gehört, wenn es aber eine punktierte ε-Umgebung von x_0 gibt, die ganz zu D (f) gehört: $U_\varepsilon(\not{x}_0) \subseteq D(f)$.**

Beachte: Die Ränder eines Definitionsintervalls können nicht Definitionslücken sein!

Beispiel: $f(x) = \frac{1}{\sqrt{1 - x^2}}$ mit $D(f) =]-1; 1[$. -1 und 1 sind keine Definitionslücken.

2. Wir setzen in den Funktionsterm $f(x) = \frac{x+3}{x}$ einige Zahlen ein, die in der „Nähe" der Definitionslücke 0 der Funktion liegen.

x	0,1	0,02	− 0,003
y	31	151	− 999

Diese Zahlen legen die Vermutung nahe, daß bei Annäherung der x-Werte an die Stelle 0 die Funktionswerte dem Betrage nach über alle Schranken wachsen. Man sagt:

Die Definitionslücke der Funktion ist eine **„Unendlichkeitsstelle"**.

Diese Situation ist uns von der Funktion zu $f(x) = \frac{1}{x}$ schon bekannt (vgl. Band 6!). Wir werden darauf in § 18, III zurückkommen.

3. Daß die Definitionslücke einer Funktion nicht immer eine Unendlichkeitsstelle zu sein braucht, zeigt das folgende **Beispiel:** $f(x) = \frac{x^2 + x - 2}{x^2 - x} = \frac{(x-1)(x+2)}{x^2 - x}$.

Es ist $D(f) = \mathbb{R} \setminus \{0; 1\}$. Daher ist die Funktion in der punktierten Umgebung $U_{\frac{1}{2}}(\not{1})$ definiert. Wir untersuchen die Funktion in der „Nähe" ihrer Definitionslücke 1 dadurch, daß wir einige Zahlen aus $U_{\frac{1}{2}}(\not{1})$ in den Funktionsterm einsetzen.

x	0,9	0,98	1,003	1,0001
y	$\frac{29}{9}$	$\frac{298}{98}$	$\frac{3003}{1003}$	$\frac{30001}{10001}$

Die berechneten Funktionswerte liegen alle in der „Nähe" von 3. Man kann daher versuchen, den Grenzwertbegriff so zu verallgemeinern, daß diese Zahl der Grenzwert der Funktion an der betrachteten Stelle ist.

Um das Verhalten der Funktionswerte in der Nähe der Stelle 1 zu untersuchen, setzen wir in die Variable x den Term x_n einer Zahlenfolge (x_n) ein, die gegen 1 konvergiert, z. B. $x_n = 1 + \frac{1}{n}$. Wir wollen prüfen, ob die Folge der zugehörigen Funktionswerte, also die Folge $(f(x_n))$ ebenfalls konvergiert.

Es gilt:

$$f(x_n) = \frac{\left(1 + \frac{1}{n}\right)^2 + \left(1 + \frac{1}{n}\right) - 2}{\left(1 + \frac{1}{n}\right)^2 - \left(1 + \frac{1}{n}\right)} = \frac{1 + \frac{2}{n} + \frac{1}{n^2} + 1 + \frac{1}{n} - 2}{1 + \frac{2}{n} + \frac{1}{n^2} - 1 - \frac{1}{n}} = \frac{\frac{3}{n} + \frac{1}{n^2}}{\frac{1}{n} + \frac{1}{n^2}} = \frac{3 + \frac{1}{n}}{1 + \frac{1}{n}}$$

Also ist:

$$\lim_{n\to\infty} f(x_n) = \lim_{n\to\infty} \frac{3 + \frac{1}{n}}{1 + \frac{1}{n}} = 3.$$

Die Folge der Funktionswerte $(f(x_n))$ hat also tatsächlich den Grenzwert 3.

4. Das folgende Beispiel soll uns zeigen, daß die Heranziehung von Folgen (x_n) zur Ermittlung des Grenzwertes einer Funktion an einer Stelle x_0 nicht immer so unproblematisch ist wie bei dem vorigen Beispiel.

Beispiel: $f(x) = \sin \frac{1}{x}$. An der Stelle $x_0 = 0$ hat die durch diesen Term festgelegte Funktion eine Definitionslücke. Wir versuchen einen Grenzwert dadurch zu ermitteln, daß wir in x den Term einer Nullfolge (x_n) einsetzen. Wir begnügen uns in diesem Fall aber nicht mit einer einzigen Folge; wir wählen drei verschiedene Folgen aus, nämlich:

1) $x_n = \frac{1}{2\pi n}$ **2)** $x_n = \frac{2}{(4n-3)\cdot\pi}$ **3)** $x_n = \frac{2}{(4n-1)\cdot\pi}$

Für alle $n \in \mathbb{N}$ gilt:

Zu 1): $f(x_n) = \sin(2\pi n) = 0$; also: $\lim\limits_{n\to\infty} f(x_n) = \lim\limits_{n\to\infty} \sin(2\pi n) = 0$.

Zu 2): $f(x_n) = \sin \frac{(4n-3)\pi}{2} = 1$; also: $\lim\limits_{n\to\infty} f(x_n) = \lim\limits_{n\to\infty} \sin \frac{(4n-3)\pi}{2} = 1$.

Zu 3): $f(x_n) = \sin \frac{(4n-1)\pi}{2} = -1$; also: $\lim\limits_{n\to\infty} f(x_n) = \lim\limits_{n\to\infty} \sin \frac{(4n-1)\pi}{2} = -1$.

In allen drei Fällen haben wir eine Nullfolge (x_n) gewählt; dennoch sind die Grenzwerte der Folgen $(f(x_n))$ voneinander verschieden. Daraus ergibt sich, daß eine Rückführung des Grenzwertbegriffes bei beliebigen Funktionen auf den Grenzwertbegriff für Folgen nicht auf eine einzige Folge (x_n) Bezug nehmen darf; der Grenzwert muß für **alle** Folgen (x_n), die gegen x_0 konvergieren, **derselbe** sein. Da dies bei obigem Beispiel nicht der Fall ist, läßt sich der durch $f(x) = \sin \frac{1}{x}$ gegebenen Funktion zur Stelle $x_0 = 0$ kein Grenzwert zuordnen.

5. Aufgrund der vorstehenden Überlegungen können wir den allgemeinen Grenzwertbegriff für Funktionen folgendermaßen definieren:

D 17.5

Eine Zahl g heißt „Grenzwert einer Funktion f an einer Stelle x_0" genau dann, wenn es

1) eine punktierte Umgebung $U_\varepsilon(\dot{x}_0)$ gibt mit $U_\varepsilon(\dot{x}_0) \subseteq D(f)$ und wenn

2) für $x_n \in D(f)$ (mit $x_n \neq x_0$) gilt: $\lim\limits_{n\to\infty} x_n = x_0 \Rightarrow \lim\limits_{n\to\infty} f(x_n) = g$,

wenn also für jede Folge (x_n), deren Glieder in D (f) liegen und die gegen x_0 konvergiert, die Folge der zugehörigen Funktionswerte $(f(x_n))$ den Grenzwert g hat.

Man schreibt: „$\lim\limits_{x\to x_0} f(x) = g$" und liest: „limes von f (x) für x gegen x_0 gleich g".

Beachte:

1) Die Bedingung $U_\varepsilon(\dot{x}_0) \subseteq D(f)$ verlangt **nicht,** daß die Stelle x_0 eine Definitionslücke der Funktion sein **muß.** Die Definition bezieht sich also sowohl auf Definitionslücken wie auf Stellen aus D (f). Ist x_0 eine Definitionslücke von f, so muß noch verlangt werden, daß für alle $n \in \mathbb{N}$ gilt: $x_n \neq x_0$.

2) Es mag auf den ersten Blick merkwürdig erscheinen, daß diese Definition sich auch auf Stellen bezieht, die nicht zu D (f) gehören, daß dadurch einer Funktion also eine Eigenschaft an einer Stelle zugeschrieben wird, an der sie nicht definiert ist. Es ist aber zu berücksichtigen, daß in der Definition nur von Funktionswerten in der Umgebung $U_\varepsilon(\dot{x}_0)$ Gebrauch gemacht wird, in der die Funktion nach der ersten Bedingung definiert ist.

3) Die zweite Bedingung besagt, daß für **alle** Folgen (x_n) mit $\lim\limits_{n \to \infty} x_n = x_0$ die Folgen der zugehörigen Funktionswerte gegen g konvergieren müssen. Bei einem Konvergenzbeweis genügt es also nicht, zu zeigen, daß es Folgen (x_n) mit $x_n \to x_0$ gibt, für die $\lim\limits_{n \to \infty} f(x_n) = g$ ist; es muß vielmehr gezeigt werden, daß es **keine** Folge (x_n) mit $x_n \to x_0$ gibt, **für die die Folge $(f(x_n))$ nicht gegen g konvergiert. Es liegt auf der Hand, daß ein solcher Beweis manchmal schwer zu erbringen ist. Daher werden wir noch eine andere Definition für den Grenzwertbegriff erarbeiten (D 17.6), die bei Konvergenzbeweisen einfacher zu handhaben ist.**

4) Will man dagegen zeigen, daß eine Zahl g **nicht** der Grenzwert von f ist, so braucht man nur zu zeigen, daß es eine Folge (x_n) mit $x_n \to x_0$ gibt, für die $(f(x_n))$ nicht gegen g konvergiert. Für Beweise dieser Art ist die Definition D 17.5 gut geeignet.

Beispiel: Die Zahl 0 ist nicht der Grenzwert der Funktion f zu $f(x) = \sin \frac{1}{x}$ zur Stelle 0, denn unter 4. haben wir gezeigt, daß es eine Folge (x_n) mit $x_n \to 0$ gibt, nämlich die Folge $\left(\frac{2}{(4n-3)\pi}\right)$, für die $(f(x_n))$ nicht gegen 0, sondern gegen 1 konvergiert.

6. Wenn für **jede** Folge (x_n) mit $\lim\limits_{n \to \infty} x_n = x_0$ gilt $\lim\limits_{n \to \infty} f(x_n) = g$, so bedeutet dies offensichtlich, daß alle Funktionswerte f (x) in der „Nähe" von g liegen, wenn die x-Werte in der „Nähe" von x_0 liegen. Diese beiden Bedingungen können wir mit Hilfe positiver Zahlen ε, δ erfassen durch die Ungleichungen

$$|g - f(x)| < \varepsilon \quad \text{und} \quad 0 < |x_0 - x| < \delta$$

Es ist zweckmäßig, eine Variable h einzuführen, die den „Abstand" zwischen x und x_0 angibt:

$$x = x_0 + h \quad \text{(Bild 17.3).}$$

Weil x_0 nicht zu D (f) zu gehören braucht, müssen wir die Bedingung $h \neq 0$ hinzufügen. Die Bedingung $0 < |x_0 - x| < \delta$ lautet dann: $0 < |h| < \delta$. Nach diesen Vorüberlegungen können wir die Definition D 17.5 ersetzen durch:

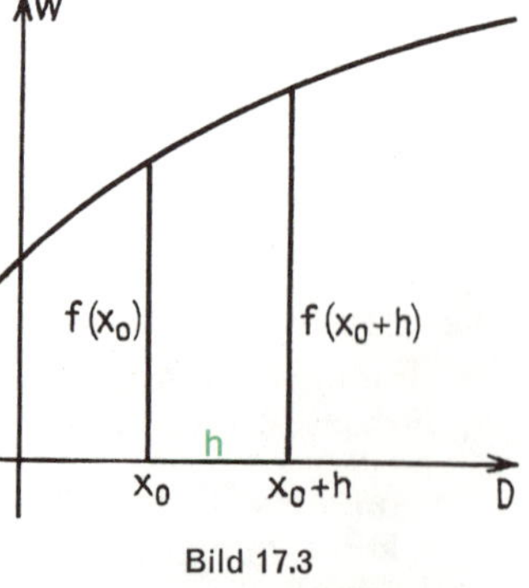

Bild 17.3

D 17.6

Eine Zahl g heißt „Grenzwert einer Funktion f an einer Stelle x_0" genau dann, wenn es

1) eine punktierte Umgebung $U(\dot{x}_0)$ gibt mit $U(\dot{x}_0) \subseteq D(f)$ und

2) zu jeder Zahl $\varepsilon \in \mathbb{R}^{>0}$ eine Zahl $\delta(\varepsilon) \in \mathbb{R}^{>0}$ gibt, so daß gilt:

$$0 < |h| < \delta(\varepsilon) \Rightarrow |g - f(x_0 + h)| < \varepsilon.$$

Man schreibt: „$\lim\limits_{x \to x_0} f(x) = g$" und liest: „Limes von f (x) für x gegen x_0 gleich g".

Beachte:

1) Man kann die zweite Bedingung auch folgendermaßen formulieren:
Zu jeder Zahl $\varepsilon \in \mathbb{R}^{>0}$ gibt es eine Zahl $\delta(\varepsilon) \in \mathbb{R}^{>0}$, so daß gilt:

$$0 < |x - x_0| < \delta(\varepsilon) \Rightarrow |g - f(x)| < \varepsilon.$$

2) Wir müßten die Äquivalenz der Definitionen D 17.5 und D 17.6 beweisen. Auf diesen Beweis wollen wir hier jedoch verzichten.

7. Wie bei Zahlenfolgen ist es auch bei Funktionen, die auf einer Teilmenge von $\mathbb{R}$ definiert sind, nicht möglich, aufgrund der Definition D 17.6 einen Grenzwert zu berechnen. Mit Hilfe dieser Definition kann man lediglich zeigen, daß die Vermutung, eine bestimmte Zahl sei der Grenzwert einer Funktion, richtig (oder evtl. falsch) ist.

Beispiel: $f(x) = 3x - 2;\ x_0 = 2.$

Zu 1): Es gilt $D(f) = \mathbb{R}$; die Bedingung 1) ist also erfüllt.

Zu 2): Es ist $f(2) = 4$. Da der Funktionsgraph eine Gerade ist, können wir vermuten, daß der Grenzwert zur Stelle 2 mit dem Funktionswert an der Stelle 2 übereinstimmt. Dies wollen wir beweisen.

Beweis: Es ist $f(2+h) = 3(2+h) - 2 = 6 + 3h - 2 = 4 + 3h.$
Also ist $|4 - f(2+h)| = |4 - (4+3h)| = |-3h| = 3|h|.$

Wir gehen beim Konvergenzbeweis auch hier von der Bedingung aus, die wir als gültig zu beweisen haben:

$$3|h| < \varepsilon \Leftrightarrow |h| < \frac{\varepsilon}{3}.$$

Bezeichnet man $\frac{\varepsilon}{3}$ mit $\delta(\varepsilon)$, so gilt also: $0 < |h| < \delta(\varepsilon) = \frac{\varepsilon}{3} \Rightarrow |4 - f(2+h)| < \varepsilon;$

daher ist $\lim\limits_{x \to 2} f(x) = \lim\limits_{x \to 2} (3x - 2) = 4$, q. e. d.

Beachte: Da der Teil 1) des Beweises bei vielen Funktionen sehr einfach zu führen ist, läßt man ihn häufig weg.

8. In D 17.6 wird von der Zahl $\delta(\varepsilon)$ nur die **Existenz** gefordert; man braucht diese Zahl aber keineswegs **extremal** zu bestimmen. Daher kann man auch bei diesen Konvergenzbeweisen Abschätzungen durchführen (vgl. § 8, III), um dadurch die Rechnung zu vereinfachen. Da es z. B. nur auf „kleine" Werte von $|h|$ ankommt, kann man $|h|$ durch eine Bedingung der Form $|h| < a$ mit $a \in \mathbb{R}^{>0}$ einschränken.

Beispiel: $f(x) = \frac{x}{x+1};\ x_0 = -2$

Wir vermuten, daß der Funktionswert $f(-2) = 2$ zugleich der Grenzwert ist, daß also gilt:

$$\lim_{x \to -2} \frac{x}{x+1} = 2$$

Zu 1): Es ist $D(f) = \mathbb{R}^{\neq -1}$; die Bedingung 1) von D 17.6 ist also erfüllt.

Zu 2): Es ist $f(-2+h) = \frac{-2+h}{-2+h+1} = \frac{h-2}{h-1}$.

also ist: $|2 - f(-2+h)| = \left|2 - \frac{h-2}{h-1}\right| = \left|\frac{2h-2-h+2}{h-1}\right| = \left|\frac{h}{h-1}\right|.$

Die Konvergenzbedingung lautet also: $\left|\frac{h}{h-1}\right| < \varepsilon.$

Um die Rechnung zu vereinfachen, beschränken wir uns auf Werte von h mit $|h| < \frac{1}{2}$; denn dann gilt: $|h-1| \geq \frac{1}{2}$; dies benutzen wir bei den folgenden Umformungen:

$$\left|\frac{h}{h-1}\right| < \varepsilon \Leftrightarrow \frac{|h|}{|h-1|} < \varepsilon \Leftrightarrow |h| < \varepsilon \cdot |h-1| \Leftarrow |h| < \frac{\varepsilon}{2}.$$

Im letzten Schritt haben wir nach der gestellten Zusatzbedingung $|h| < \frac{1}{2}$, also $|h-1| \geq \frac{1}{2}$ die größere Seite verkleinert; es handelt sich also um eine Umkehrfolgerung (vgl. 8, III!).

Also gilt mit $\delta(\varepsilon) = \frac{\varepsilon}{2}$: $0 < |h| < \frac{\varepsilon}{2} = \delta(\varepsilon) \wedge |h| < \frac{1}{2} \Rightarrow |2 - f(-2+h)| < \varepsilon$, q. e. d.

Beachte:

1) Wegen $|h| < \delta(\varepsilon)$ ist $|h| < \frac{1}{2}$ für alle ε mit $\varepsilon \leq 1$ keine zusätzliche Einschränkung.
2) Der „Trick“ bei einer solchen Abschätzung besteht darin, daß man $|h|$ an einer Stelle isoliert und an allen anderen Stellen durch geeignete Zahlenwerte ersetzt.

9. Die Definition D 17.6 läßt sich im Koordinatensystem anschaulich deuten (Bild 17.4). Wir haben unter I. schon gesehen, daß der Bedingung $|g - f(x)| < \varepsilon$ ein Horizontalstreifen $H_\varepsilon(g)$ entspricht. Analog dazu entspricht der Bedingung $|x_0 - x| < \delta$ bzw. $|h| < \delta$ eine δ-Umgebung von x_0: $U_\delta(x_0)$ (Bild 17.4) bzw. der zugehörige „Vertikalstreifen“ um x_0: $V_\delta(x_0)$. Statt D 17.6 können wir – etwas anschaulicher – also sagen:

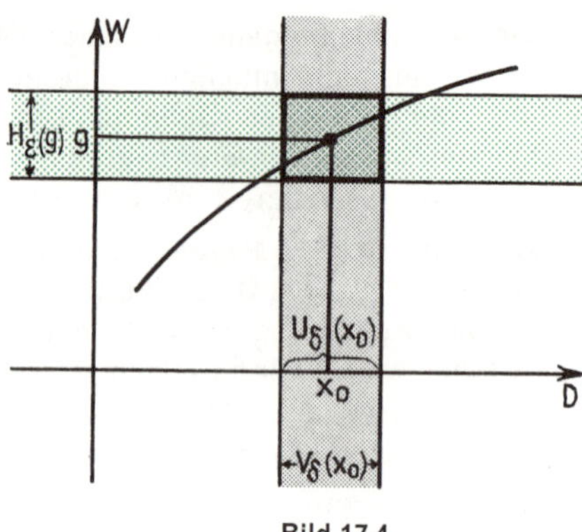

Bild 17.4

D 17.7 **Eine Zahl g heißt „Grenzwert einer Funktion f an einer Stelle x_0“ genau dann, wenn es zu jedem Horizontalstreifen $H_\varepsilon(g)$ eine punktierte Umgebung $U_\delta(\dot{x}_0)$ gibt mit $U_\delta(\dot{x}_0) \subseteq D(f)$ und $x \in U_\delta(\dot{x}_0) \Rightarrow (x \mid f(x)) \in H_\varepsilon(g)$.**

Bemerkung: Diese Definition enthält auch die Bedingungen für $\lim\limits_{x \to \infty} f(x)$ (D 17.2) und $\lim\limits_{x \to -\infty} f(x)$ (D 17.3), wenn man $U(\infty)$ und $U(-\infty)$ folgendermaßen definiert:

$U(\infty) =_{Df} \{x \mid x > X(\varepsilon)\}$ und $U(-\infty) =_{Df} \{x \mid x < X(\varepsilon)\}$.

Statt dessen schreibt man auch: $U(\infty) =]X; \infty[$' und $U(-\infty) =]-\infty; X[$.

III. Rechtsseitige und linksseitige Grenzwerte

1. Wir betrachten die Funktion zu $f(x) = \dfrac{2x^2 + 2x - 4}{|x - 1|}$ in der Umgebung ihrer Definitionslücke bei $x_0 = 1$.

x	1,5	1,1	1,01	0,5	0,9	0,99
y	7,0	6,2	6,02	− 5,0	− 5,8	− 5,98

Die Funktionswerte nähern sich offensichtlich bei rechtsseitiger Annäherung an die Definitionslücke der Zahl 6; bei linksseitiger Annäherung dagegen der Zahl − 6. Die Funktion besitzt daher an der Stelle $x_0 = 1$ keinen Grenzwert; wir können aber einen eingeschränkten Grenzwertbegriff definieren, wenn wir uns auf eine rechtsseitige bzw. eine linksseitige Annäherung an die Stelle $x_0 = 1$ beschränken.

Wir unterwerfen daher die Variable h der Bedingung $h > 0$; dann können wir Zahlen

rechts von x_0		links von x_0
	erfassen durch	
$x = x_0 + h$.		$x = x_0 - h$.

2. Nach dieser Vorbereitung können wir definieren (Bilder 17.5 und 17.6):

D 17.8

Eine Zahl g_l heißt „linksseitiger Grenzwert“	**Eine Zahl g_r heißt „rechtsseitiger Grenzwert“**

einer Funktion f an einer Stelle x_0, in Zeichen:

$\underset{x \to x_0}{l\text{-}\lim} f(x) = g_l$	$\underset{x \to x_0}{r\text{-}\lim} f(x) = g_r$
genau dann, wenn es 1) eine	
linksseitige Umgebung $U_l(x_0)$ gibt mit $U_l(x_0) \subseteq D(f)$	**rechtsseitige Umgebung $U_r(x_0)$ gibt mit $U_r(x_0) \subseteq D(f)$**
und wenn es 2) zu jeder Zahl $\varepsilon \in \mathrm{Re}^{>0}$ eine Zahl	
$\delta_l(\varepsilon) \in \mathbb{R}^{>0}$	$\delta_r(\varepsilon) \in \mathbb{R}^{>0}$
gibt, so daß gilt:	
$0 < h < \delta_l(\varepsilon) \Rightarrow \lvert g_l - f(x_0 - h) \rvert < \varepsilon.$	$0 < h < \delta_r(\varepsilon) \Rightarrow \lvert g_r - f(x_0 + h) \rvert < \varepsilon.$

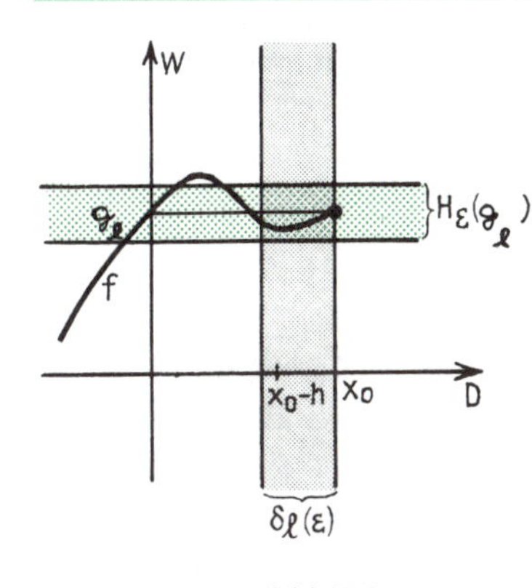

Bild 17.5

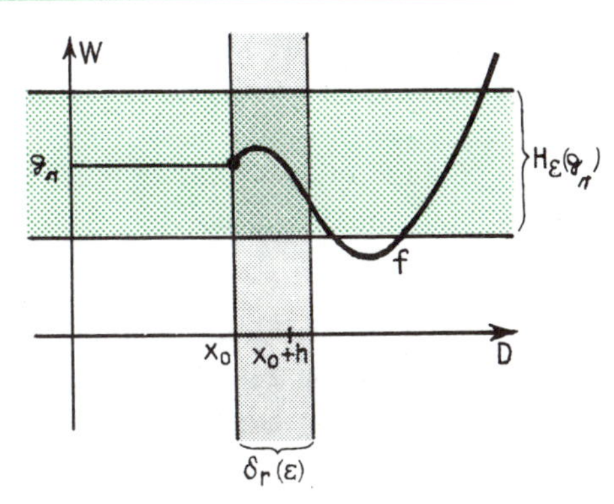

Bild 17.6

3. Wir greifen das Beispiel von 1. wieder auf und beweisen:

$$\text{1)}\ \underset{x \to 1}{l\text{-}\lim} \frac{2x^2 + 2x - 4}{|x - 1|} = -6 \quad \text{und} \quad \text{2)}\ \underset{x \to 1}{r\text{-}\lim} \frac{2x^2 + 2x - 4}{|x - 1|} = 6.$$

Da bei 1 die einzige Definitionslücke der Funktion liegt, ist die Funktion rechts und links von der betrachteten Stelle definiert.

Zu 1): Für $x < 1$ gilt: $f(x) = \frac{2(x^2 + x - 2)}{|x - 1|} = \frac{2(x - 1)(x + 2)}{|x - 1|} = -2x - 4.$

Daher ist: $f(1 - h) = -2(1 - h) - 4 = 2h - 6$ und

$|-6 - f(1 - h)| = |-6 - 2h + 6| = |-2h| = 2h < \varepsilon \Leftrightarrow h < \frac{\varepsilon}{2} = \delta_l(\varepsilon)$, q. e. d.

Zu 2): Für $x > 1$ gilt: $f(x) = \frac{2(x^2 + x - 2)}{|x - 1|} = \frac{2(x - 1)(x + 2)}{|x - 1|} = 2x + 4.$

Daher ist: $f(1 + h) = 2(1 + h) + 4 = 2h + 6$ und

$|6 - f(1 + h)| = |6 - 2h - 6| = |-2h| = 2h < \varepsilon \Leftrightarrow h < \frac{\varepsilon}{2} = \delta_r(\varepsilon)$, q. e. d.

4. Besitzt eine Funktion f an einer Stelle x_0 den Grenzwert g, so ist diese Zahl selbstverständlich auch rechtsseitiger und linksseitiger Grenzwert der Funktion an der betrachteten Stelle. Es gilt aber auch umgekehrt: Stimmen rechtsseitiger und linksseitiger Grenzwert einer Funktion f an einer Stelle x_0 überein, so ist diese Zahl zugleich der Grenzwert der Funktion an der betreffenden Stelle. Es gilt also der Satz

S 17.1

$$\underset{x \to x_0}{r\text{-}\lim} f(x) = g \wedge \underset{x \to x_0}{l\text{-}\lim} f(x) = g \Leftrightarrow \lim_{x \to x_0} f(x) = g$$

Wir kürzen den Satz durch „A $\Leftrightarrow$ B" ab.

Beweis:

1) Beim Beweis für $A \Rightarrow B$ brauchen wir als $\delta(\varepsilon)$ jeweils nur die kleinste der beiden Zahlen $\delta_r(\varepsilon)$ und $\delta_l(\varepsilon)$ zu wählen: $\delta(\varepsilon) = \min(\delta_r(\varepsilon);\ \delta_l(\varepsilon))$ (gelesen: „Minimum von $\delta_r(\varepsilon)$ und $\delta_l(\varepsilon)$").

2) Der Satz $B \Rightarrow A$ ist selbstverständlich; man braucht nur $\delta_r(\varepsilon) = \delta_l(\varepsilon) = \delta(\varepsilon)$ zu wählen. Beispiele werden wir in den Untersuchungen der folgenden Paragraphen besprechen.

IV. Uneigentliche Grenzwerte

1. Wie bei Zahlenfolgen kann man auch bei Funktionen, die auf einer Teilmenge von $\mathbb{R}$ definiert sind, den Begriff des „uneigentlichen Grenzwertes" einführen. Gemeint ist, daß die Funktionswerte bei Annäherung an die betrachtete Stelle x_0 über alle Schranken wachsen oder unter alle Schranken fallen. Wir definieren:

D 17.9

Eine Funktion f hat an einer Stelle x_0 den uneigentlichen Grenzwert

$\lim\limits_{x \to x_0} f(x) = \infty$	$\lim\limits_{x \to x_0} f(x) = -\infty$

genau dann, wenn es

1) eine punktierte Umgebung $\dot{U}(x_0)$ gibt mit $\dot{U}(x_0) \subseteq D(f)$ und

2) zu jeder Zahl $S \in \mathbb{R}$ eine Zahl $\delta(S) \in \mathbb{R}^{>0}$ gibt, so daß gilt:

$0 < \lvert h \rvert < \delta(S) \Rightarrow f(x_0 + h) > S$	$0 < \lvert h \rvert < \delta(S) \Rightarrow f(x_0 + h) < S$

Beachte:

1) Die Funktion f braucht an der Stelle x_0 **nicht** definiert zu sein.

2) Für den uneigentlichen Grenzwert „∞" kommt es nur auf **positive,** für den uneigentlichen Grenzwert „$-\infty$" nur auf **negative** Werte von S an.

Bemerkung: Für $x \to \infty$ bzw. $x \to -\infty$ ist der Begriff des uneigentlichen Grenzwertes entsprechend zu definieren.

2. Beispiel: $f(x) = \frac{1}{x^2}$; $x_0 = 0$ (Bild 17.7)

Behauptung: $\lim\limits_{x \to 0} \frac{1}{x^2} = \infty$

Beweis: Wegen $D(f) = \mathbb{R}^{\neq 0}$ ist die Bedingung 1) erfüllt.

$$f(0 + h) = \frac{1}{(0+h)^2} = \frac{1}{h^2} > S > 0 \Leftrightarrow h^2 < \frac{1}{S}$$

$$\Leftrightarrow \lvert h \rvert < \frac{1}{\sqrt{S}} = \delta(S)$$

Da $\delta(S) = \frac{1}{\sqrt{S}}$ für jede positive Zahl S definiert ist, gilt:

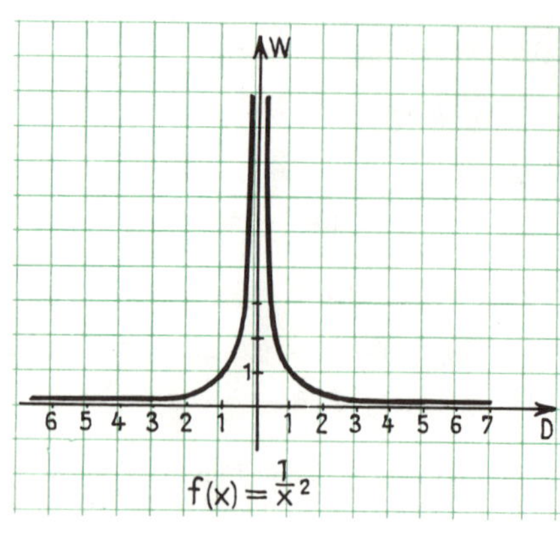

Bild 17.7

$$0 < \lvert h \rvert < \frac{1}{\sqrt{S}} = \delta(S) \Rightarrow f(0 + h) = \frac{1}{h^2} > S, \text{ q. e. d.}$$

3. Entsprechend sind die Begriffe „rechtsseitiger" und „linksseitiger uneigentlicher Grenzwert" zu definieren:

Eine Funktion f hat an der Stelle x_0 den uneigentlichen Grenzwert

a) $l\text{-}\lim\limits_{x \to x_0} f(x) = \infty$	a) $r\text{-}\lim\limits_{x \to x_0} f(x) = \infty$
b) $l\text{-}\lim\limits_{x \to x_0} f(x) = -\infty$	b) $r\text{-}\lim\limits_{x \to x_0} f(x) = -\infty$

genau dann, wenn es 1) eine

linksseitige Umgebung $U_l(x_0)$ gibt mit $U_l(x_0) \subseteq D(f)$	**rechtsseitige Umgebung $U_r(x_0)$ gibt mit $U_r(x_0) \subseteq D(f)$**

und wenn es 2) zu jeder Zahl $S \in \mathbb{R}$ eine Zahl $\delta(S) \in \mathbb{R}^{>0}$ gibt, so daß gilt:

a) $0 < h < \delta(S) \Rightarrow f(x_0 - h) > S$	**a) $0 < h < \delta(S) \Rightarrow f(x_0 + h) > S$**
b) $0 < h < \delta(S) \Rightarrow f(x_0 - h) < S$.	**b) $0 < h < \delta(S) \Rightarrow f(x_0 + h) < S$.**

Beachte:

1) Die Funktion f braucht an der Stelle x_0 nicht definiert zu sein.

2) Auch hier kommt es für den uneigentlichen Grenzwert „∞" nur auf positive Werte von S, für den uneigentlichen Grenzwert „$-\infty$" nur auf negative Werte von S an.

4. Beispiel: $f(x) = \dfrac{x}{x-1}$; $x_0 = 1$ (Bild 17.8)

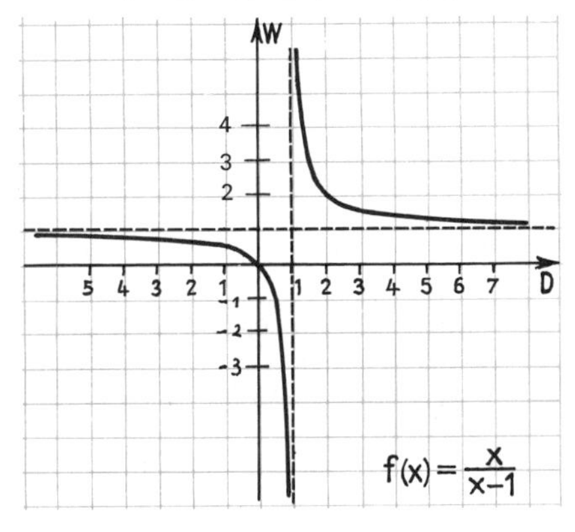

Bild 17.8

Behauptung: a) $l\text{-}\lim\limits_{x \to 1} \dfrac{x}{x-1} = -\infty$

b) $r\text{-}\lim\limits_{x \to 1} \dfrac{x}{x-1} = \infty$

Beweis: Wegen $D(f) = \mathbb{R}^{\neq 1}$ ist Bedingung 1) erfüllt.

Zu a): $f(1-h) = \dfrac{1-h}{1-h-1} = \dfrac{1-h}{-h} = \dfrac{h-1}{h}$; für $S < 0$ gilt:

$$\frac{h-1}{h} < S \Leftrightarrow h - 1 < hS \Leftrightarrow h(1-S) < 1 \Leftrightarrow h < \frac{1}{1-S} = \delta(S).$$

Da $\delta(S)$ für jede negative Zahl S eine positive Zahl bezeichnet, gilt:

$$0 < h < \delta(S) \Rightarrow f(1-h) < S, \text{ q. e. d.}$$

Zu b): $f(1+h) = \dfrac{1+h}{1+h-1} = \dfrac{h+1}{h}$; für $S > 1$ gilt:

$$\frac{h+1}{h} > S \Leftrightarrow h + 1 > hS \Leftrightarrow h(S-1) < 1 \Leftrightarrow h < \frac{1}{S-1} = \delta(S).$$

Da $\delta(S)$ für jede Zahl S mit $S > 1$ eine positive Zahl bezeichnet, gilt:

$$0 < h < \delta(S) \Rightarrow f(1+h) > S, \text{ q. e. d.}$$

Begründe, warum die Einschränkung $S > 1$ zulässig ist!

V. Grenzwertsätze

1. Wir haben schon in I., 6. darauf hingewiesen, daß für Grenzwerte der Form $\lim\limits_{x \to \infty} f(x)$ bzw. $\lim\limits_{x \to -\infty} f(x)$ Sätze gelten, die den Grenzwertsätzen für Zahlenfolgen (vgl. § 10) entsprechen. Dies gilt auch für Grenzwerte der Form $\lim\limits_{x \to x_0} f(x)$.

Um die Sätze für die drei Grenzwertarten nicht gesondert aufführen zu müssen, schreiben wir kurz $\lim f(x)$. Die Sätze gelten dann sowohl für $x \to \infty$, $x \to -\infty$ als auch für $x \to x_0$.

2. Unter der genannten Vereinbarung gelten die Sätze:

S 17.2 $\lim f_1(x) = g_1 \wedge \lim f_2(x) = g_2 \Rightarrow \lim [f_1(x) + f_2(x)] = g_1 + g_2$

S 17.3 $\lim f_1(x) = g_1 \wedge \lim f_2(x) = g_2 \Rightarrow \lim [f_1(x) - f_2(x)] = g_1 - g_2$

S 17.4 $\lim f_1(x) = g_1 \wedge \lim f_2(x) = g_2 \Rightarrow \lim [f_1(x) \cdot f_2(x)] = g_1 \cdot g_2$

S 17.5 $\lim f_1(x) = g_1 \wedge \lim f_2(x) = g_2 \neq 0 \Rightarrow \lim \frac{f_1(x)}{f_2(x)} = \frac{g_1}{g_2}$

Auf die Beweise für diese Sätze wollen wir verzichten. Sie verlaufen analog zu den Beweisen für die Sätze S 10.1 bis S 10.7 und können auf diese mit Hilfe von D 17.1, D 17.3 und D 17.5 zurückgeführt werden (vgl. Aufgaben 5 und 19).

3. Beim Beweis für den Satz S 17.5 benötigt man einen Hilfssatz, welcher besagt, daß aus $\lim f_2(x) = g_2 \neq 0$ die Existenz einer Umgebung $U(x_0)$, $U(\infty)$ bzw. $U(-\infty)$ folgt, in der $f_2(x) \neq 0$ ist. (Zu den Symbolen „$U(\infty)$" und „$U(-\infty)$" vergleiche man die Bemerkung zu D 17.7 auf Seite 140).

Wir wollen diesen Satz für den Fall $\lim\limits_{x \to x_0} f_2(x) \neq 0$ beweisen.

S 17.6 **Gilt $\lim\limits_{x \to x_0} f(x) \neq 0$, so gibt es eine Umgebung $U(x_0) \subseteq D(f)$, so daß für alle $x \in U(x_0)$ gilt: $f(x) \neq 0$.**

Beachte: Wir brauchen bei diesem Satz **nicht** vorauszusetzen, daß $f(x_0)$ existiert; es genügt die Voraussetzung $\lim\limits_{x \to x_0} f(x) = g \neq 0$. Wir bezeichnen den Grenzwert also mit „g".

Beweis:

Wir führen den **Beweis** indirekt. Gäbe es **keine** Umgebung $U(x_0)$ der genannten Art, so müßte es in **jeder** Umgebung $U_\varepsilon(x_0)$ mit $U_\varepsilon(x_0) \subseteq D(f)$ ein x mit $f(x) = 0$ geben. Das aber wäre, weil die Existenz von $\lim\limits_{x \to x_0} f(x)$ vorausgesetzt ist, nur möglich, wenn – entgegen der Voraussetzung – $\lim\limits_{x \to x_0} f(x) = 0$ wäre.

Anders ausgedrückt: Gäbe es in **jeder** Umgebung $U_\varepsilon(x_0)$ mit $U_\varepsilon(x_0) \subseteq D(f)$ ein $x = x_0 + h$ mit $f(x) = f(x_0 + h) = 0$, so würde gelten:

$$|g - f(x_0 + h)| = |g - 0| = |g| \neq 0.$$

Wählen wir nun ein ε mit $\varepsilon < |g|$, so wäre $|g - f(x_0 + h)| = |g| > \varepsilon$, während nach Voraussetzung $|g - f(x_0 + h)| < \varepsilon$ sein muß wegen $x_0 + h \in U_\varepsilon(x_0)$.

4. Von ähnlichem Inhalt ist der Satz

S 17.7 **Gilt $\lim f(x) = g$, so gibt es eine Umgebung $U(x_0)$, $U(\infty)$ oder $U(-\infty)$, in der die Funktion f beschränkt ist.**

Beachte: Daß f in $U(\infty)$ beschränkt ist, bedeutet, daß es ein $X \in \mathbb{R}$ gibt, so daß f für $x > X$ beschränkt ist. Der Beweis für diesen Satz soll in Aufgabe 19 geführt werden.

5. Außerdem gilt der Satz

S 17.8 **Ist die Funktion f für $x \geq X$ (bzw. $x \leq X$) monoton steigend (bzw. fallend) und beschränkt, so existiert $\lim\limits_{x \to \infty} f(x)$ bzw. $\lim\limits_{x \to -\infty} f(x)$.**

Vgl. Aufgabe 20!

6. Unmittelbar aus der Definition des Grenzwertbegriffes (D 17.6) ergibt sich die Gültigkeit des Satzes

S 17.9

Sind zwei Funktionen f_1 und f_2 in einer punktierten Umgebung $U(\dot{x}_0)$ gleich, so gilt: $\lim\limits_{x \to x_0} f_1(x) = \lim\limits_{x \to x_0} f_2(x)$.

Beispiel: $f_1(x) = \frac{x^2 + 2x - 3}{x - 1} = \frac{(x+3)(x-1)}{x-1}$ mit $D(f_1) = \mathbb{R}^{\neq 1}$;

$f_2(x) = x + 3$ mit $D(f_2) = \mathbb{R}$.

Die beiden Funktionen stimmen in $\mathbb{R}^{\neq 1}$ überein. Also ist

$$\lim_{x \to 1} f_1(x) = \lim_{x \to 1} f_2(x) = f_2(1) = 4.$$

Auf diese Weise kann also der Grenzwert einer Funktion an einer Definitionslücke unmittelbar berechnet werden, falls er existiert.

Übungen und Aufgaben

$\lim\limits_{x \to \pm\infty} f(x)$

1. Setze in x Zahlen ein und errate die Grenzwerte für $x \to \infty$ und $x \to -\infty$. Skizziere die Graphen der Funktionen und zeichne Horizontalstreifen $H_\varepsilon(g)$ ein! Bestimme das kleinste $X(\varepsilon)$ aus der Zeichnung! Wähle einen günstigen Maßstab!

a) $f(x) = \frac{1}{x}$; $\varepsilon = \frac{1}{4}$ **b)** $f(x) = \frac{1}{1+x^2}$; $\varepsilon = \frac{1}{10}$ **c)** $f(x) = \frac{x}{1+x^2}$; $\varepsilon = \frac{1}{5}$

d) $f(x) = \frac{2x^2}{1+x^2}$; $\varepsilon = \frac{1}{5}$ **e)** $f(x) = \frac{x}{1+|x|}$; $\varepsilon = \frac{1}{5}$ **f)** $f(x) = \frac{x}{1-x}$; $\varepsilon = \frac{1}{2}$

2. Beweise: $\lim\limits_{x \to -\infty} f(x) = \lim\limits_{x \to \infty} f(-x)$!

3. Errate die Grenzwerte der Funktionen für $x \to \infty$ und $x \to -\infty$ und beweise, daß diese Zahlen tatsächlich die Grenzwerte sind!

a) $f(x) = \frac{2x}{x+1}$ **b)** $f(x) = \frac{x-1}{3x+1}$ **c)** $f(x) = \frac{1}{x^2}$ **d)** $f(x) = \frac{2-x}{x+4}$

e) $f(x) = \frac{1}{x-4}$ **f)** $f(x) = \frac{1}{1+x^2}$ **g)** $f(x) = \frac{|x|}{1+2x}$ **h)** $f(x) = \frac{1-|x|}{2|x|+3}$

(Fallunterscheidung!)

4. Ermittle $\lim\limits_{x \to \infty} f(x)$ und das kleinste $X(\varepsilon)$!

a) $f(x) = \frac{10}{x}$; $\varepsilon = 10^{-3}$ **b)** $f(x) = \frac{2}{x^2}$; $\varepsilon = 10^{-4}$ **c)** $f(x) = 3$; $\varepsilon = 10^{-2}$

d) $f(x) = \frac{2x-1}{3x+4}$; $\varepsilon = 10^{-3}$ **e)** $f(x) = \frac{x}{1-x}$; $\varepsilon = \frac{1}{500}$ **f)** $f(x) = \frac{5x}{x+7}$; $\varepsilon = 10^{-2}$

5. Beweise die folgenden Grenzwertsätze für Funktionen!

a) $\lim\limits_{x \to \infty} f_1(x) = g_1 \wedge \lim\limits_{x \to \infty} f_2(x) = g_2 \Rightarrow \lim\limits_{x \to \infty} [f_1(x) \pm f_2(x)] = g_1 \pm g_2$

b) $\lim\limits_{x \to \infty} f_1(x) = g_1 \wedge \lim\limits_{x \to \infty} f_2(x) = g_2 \Rightarrow \lim\limits_{x \to \infty} [f_1(x) \cdot f_2(x)] = g_1 \cdot g_2$

c) $\lim\limits_{x \to \infty} f_1(x) = g_1 \wedge \lim\limits_{x \to \infty} f_2(x) = g_2 \neq 0 \Rightarrow \lim\limits_{x \to \infty} \frac{f_1(x)}{f_2(x)} = \frac{g_1}{g_2}$

6. Forme die Terme um (vgl. I., 6!) und bestimme die Grenzwerte der Funktionen für $x \to \infty$ und $x \to -\infty$!

a) $f(x) = \frac{3x-4}{5x+2}$ **b)** $f(x) = \frac{x-1}{x^2-1}$ **c)** $f(x) = \frac{8x^3}{3x-x^3}$ **d)** $f(x) = \frac{x^2}{x-3} - x$

e) $f(x) = \frac{60x}{x^3+8}$ **f)** $f(x) = \frac{(x+1)^2}{x} - x$ **g)** $f(x) = \frac{5x}{1+x^2}$ **h)** $f(x) = \frac{x^4-16x^2+12}{1-2x^4}$

7. Sind die Funktionen zu den folgenden Termen für $x \to \infty$ (für $x \to -\infty$) konvergent?

a) $f(x) = -\frac{x}{|x|}$ **b)** $f(x) = \left[\frac{1}{x}\right]$ **c)** $f(x) = \frac{1}{[x]}$ **d)** $f(x) = \cos x$

e) $f(x) = \begin{cases} 0 \text{ für } x \in \mathbb{Z} \\ 1 \text{ für } x \in \mathbb{R} \setminus \mathbb{Z} \end{cases}$ **f)** $f(x) = \begin{cases} 1 \text{ für } x \in \mathbb{Q} \\ -1 \text{ für } x \in \mathbb{R} \setminus \mathbb{Q} \end{cases}$

g) $f(x) = \operatorname{sign} x$ **h)** $f(x) = H(x)$

8. Beweise: Wenn $\lim\limits_{x \to \infty} f(x) > 0 \; (< 0)$ ist, so gibt es ein $X(\varepsilon)$, so daß gilt:
$x > X(\varepsilon) \Rightarrow f(x) > 0 \; (< 0)$!

9. Beweise: $\lim\limits_{x \to \infty} f(x) = g \Leftrightarrow \lim\limits_{x \to \infty} (f(x) - g) = 0$!

$\lim\limits_{x \to x_0} f(x)$

10. Welche Funktionen zu den folgenden Termen haben Definitionslücken? Ermittle die Definitionslücken!

a) $f(x) = \frac{1}{x}$ **b)** $f(x) = \frac{1}{x+3}$ **c)** $f(x) = \frac{x-1}{x^2-1}$ **d)** $f(x) = \frac{x+2}{x^2-x-6}$

e) $f(x) = \frac{x-3}{1+x^2}$ **f)** $f(x) = \frac{x+10}{x+10}$ **g)** $f(x) = \frac{\sin x}{x}$ **h)** $f(x) = \tan x$

11. Ermittle die Grenzwerte der Funktionen zu $y = f(x)$ an der Stelle x_0!

a) $f(x) = \frac{x^2-1}{x+1}$; $x_0 = -1$ **b)** $f(x) = \frac{x^2-1}{x+1}$; $x_0 = 1$

c) $f(x) = \frac{x^2+x-6}{x+3}$; $x_0 = -3$; $x_0 = 1$ **d)** $f(x) = \frac{x^2+x-6}{x-2}$; $x_0 = 2$; $x_0 = -3$

e) $f(x) = \frac{x^2-3x-4}{|x-4|}$; $x_0 = 4$; $x_0 = -2$ **f)** $f(x) = |\sin x|$; $x_0 = 0$; $x_0 = \frac{\pi}{4}$

g) $f(x) = \sin|x|$; $x_0 = 0$; $x_0 = \frac{5\pi}{2}$ **h)** $f(x) = |x|$; $x_0 = 0$

i) $f(x) = x \cdot |x-1|$; $x_0 = 1$ **j)** $f(x) = |x|(x+2)$; $x_0 = 0$

k) $f(x) = |x| \cdot [x]$; $x_0 = 0; 1; -1$ **l)** $f(x) = \frac{x^3-1}{x-1}$; $x_0 = 1$

m) $f(x) = x^3$; $x_0 = -1$ **n)** $f(x) = \frac{8+x^3}{x+2}$; $x_0 = -2$

o) $f(x) = \frac{1}{\sqrt{x^2}}$; $x_0 = -1$ **p)** $f(x) = x \cdot \sin\frac{1}{x}$; $x_0 = 0$

q) $f(x) = x^2 \cdot \sin\frac{1}{x}$; $x_0 = 0$ **r)** $f(x) = x \cdot \cos\frac{\pi}{x}$; $x_0 = 0$ **s)** $f(x) = \frac{x^2}{2}\cos\frac{3}{x}$; $x_0 = 0$

12. Berechne den Grenzwert an der Stelle x_0!

a) $f(x) = \frac{4-x^2}{3-\sqrt{x^2+5}}$; $x_0 = 2$; $x_0 = -2$ **b)** $f(x) = \begin{Bmatrix} x \text{ für } x \in \mathbb{Q} \\ 1-x \text{ für } x \in \mathbb{R} \setminus \mathbb{Q} \end{Bmatrix}$; $x_0 = \frac{1}{2}$

13. Berechne den rechtsseitigen und den linksseitigen Grenzwert an der Stelle x_0!

a) $f(x) = [x]$; $x_0 = 0;\ 1;\ -1$

b) $f(x) = \begin{Bmatrix} \frac{1}{2}x & \text{für } x \in [0; 2[\\ \frac{1}{2}x + 1 & \text{für } x \in [2; 4] \end{Bmatrix}$; $x_0 = 2$

c) $f(x) = |x| + [x]$; $x_0 = 0; 1; -1; 2; -2$

d) $f(x) = |x| - [x]$; $x_0 = 0; 1; -1; 2; -2$

e) $f(x) = (|x| - [x])^2$; $x_0 = 0; 1; -1$

f) $f(x) = |x| \cdot [x]$; $x_0 = 0; 2; -2$

g) $f(x) = \frac{1}{x}\sqrt{x^2}$; $x_0 = 0$

h) $f(x) = \frac{x^2(x+1)}{|x+1|}$; $x_0 = -1$

i) $f(x) = \frac{x(x-1)}{|x-1|}$; $x_0 = 1$

j) $f(x) = x^2 + x + |x|$; $x_0 = 0$

k) $f(x) = \frac{1}{1 + x|x|}$; $x_0 = 0$

l) $f(x) = \frac{1}{x+1} + H(x)$; $x_0 = 0$

m) $f(x) = \frac{x \cdot \operatorname{sign} x}{1 + x^2}$; $x_0 = 0$

n) $f(x) = \frac{H(x) - H(-x)}{1 + x^2}$; $x_0 = 0$

14. Beweise: Wenn $\lim\limits_{x \to x_0} f(x) > 0\ (< 0)$ ist, dann gibt es eine Umgebung $U_\varepsilon(\dot{x}_0)$, so daß gilt: $x \in U_\varepsilon(\dot{x}_0) \Rightarrow f(x) > 0\ (< 0)$!

15. Beweise: **a)** $\lim\limits_{x \to x_0} f(x) = g \Leftrightarrow \lim\limits_{x \to x_0} (f(x) - g) = 0$ **b)** $\lim\limits_{x \to x_0} f(x) = 0 \Leftrightarrow \lim\limits_{x \to x_0} |f(x)| = 0$

16. Beweise: Gilt $\lim\limits_{x \to x_0} f(x) = 0$ und gibt es eine Umgebung $U_\varepsilon(\dot{x}_0)$, so daß für alle $x \in U_\varepsilon(\dot{x}_0)$ gilt $|g(x)| \leq |f(x)|$, so ist auch $\lim\limits_{x \to x_0} g(x) = 0$!

17. Beweise: Ist $\lim\limits_{x \to x_0} f(x) = 0$ und die Funktion g über einer Umgebung $U_\varepsilon(\dot{x}_0)$ beschränkt, so gilt $\lim\limits_{x \to x_0} (f(x) \cdot g(x)) = 0$!

18. Beweise: $r\text{-}\lim\limits_{x \to x_0} f(x) = g \wedge l\text{-}\lim\limits_{x \to x_0} f(x) = g \Leftrightarrow \lim\limits_{x \to x_0} f(x) = g$!

19. Beweise **a)** S 17.2 **b)** S 17.3 **c)** S 17.4 **d)** S 17.5 **e)** S 17.7!

20. Beweise S 17.8! Anleitung: Was kannst du über $f(x_n)$ aussagen für jede Folge (x_n) mit $x_n \to \infty$ bzw. $x_n \to -\infty$? Welchen Satz kannst du anwenden?

21. Bestimme die Grenzwerte folgender Funktionen an der Stelle x_1 unter Verwendung von Satz 17.9!

a) $f(x) = \frac{x^2 - 1}{x + 1}$; $x_1 = -1$

b) $f(x) = \frac{x^2 - 9}{x - 3}$; $x_1 = 3$

c) $f(x) = \frac{x^2 - x - 6}{(x + 2)^2}$; $x_1 = -2$

d) $f(x) = \frac{x^2 + x - 2}{x^2 - 1}$; $x_1 = 1$

e) $f(x) = \frac{x^3 + 5x^2}{x^2 - 2x}$; $x_1 = 0$

f) $f(x) = \frac{x^3 + x^2 - x - 1}{x^2 - 1}$; $x_1 = -1$

g) $f(x) = \frac{x^2 - 7x + 12}{x^2 - 6x + 9}$; $x_1 = 3$

h) $f(x) = \frac{2x^2 - 6x - 8}{x^2 - 5x + 4}$; $x_1 = 4$

i) $f(x) = \frac{1 - \sin^2 x}{1 + \sin x}$; $x_1 = \frac{3\pi}{2}$

§ 18 Der Begriff der Stetigkeit

I. Die Definition des Begriffs der Stetigkeit

1. Wir kommen nunmehr auf ein Problem zu sprechen, das wir schon in Band 6 (§ 13) angeschnitten und in § 16 aufgegriffen haben. Es geht um die Frage, ob es berechtigt ist, den Graph einer Funktion dadurch zu ermitteln, daß man eine Reihe von Funktionswerten berechnet und die zugehörigen Punkte durch einen Kurvenzug verbindet. Es geht um die Frage, ob die einzelnen Punkte eines Funktionsgraph stets so eng „zusammenhängen", daß man die Kurve in einem Zuge – also ohne Absetzen des Zeichenstiftes – zeichnen darf, ob es sich also um eine **„stetige"** Kurve handelt.

Beachte, daß sich mit dem Wort **„stetig"** für uns bisher nur eine **anschauliche** Vorstellung verbindet. Es ist unser Ziel, einen mathematisch präzisierten Stetigkeitsbegriff herauszuarbeiten.

2. Wir kennen bereits eine Reihe von Beispielen, bei denen die oben gestellte Frage zu verneinen ist.

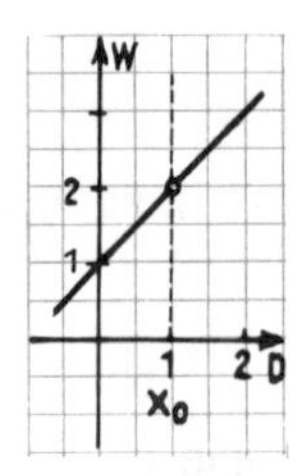

Bild 18.1

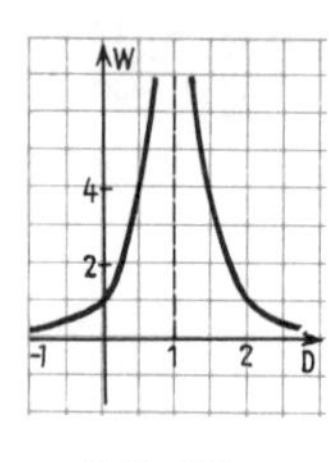

Bild 18.2

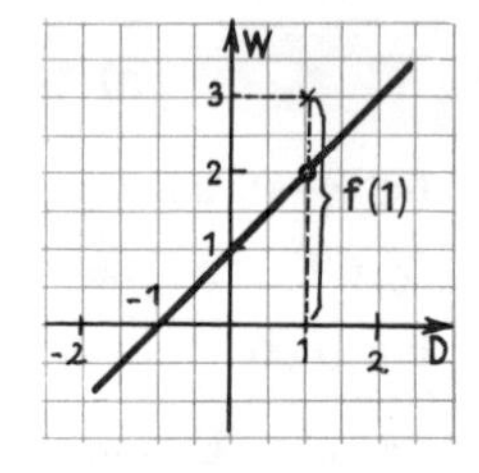

Bild 18.3

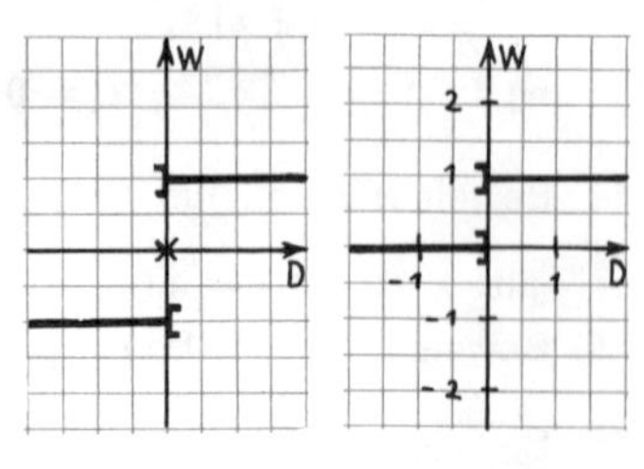

Bild 18.4 Bild 18.5

1) $f(x) = \dfrac{x^2 - 1}{x - 1}$ (Bild 18.1) **2)** $f(x) = \dfrac{1}{(x-1)^2}$ (Bild 18.2)

3) $f(x) = \begin{cases} \dfrac{x^2 - 1}{x - 1} & \text{für } x \in \mathbb{R}^{\neq 1} \\ 3 & \text{für } x = 1 \end{cases}$ (Bild 18.3) **4)** $f(x) = \operatorname{sign} x$ (Bild 18.4)

5) $f(x) = H(x)$ (Bild 18.5)

Die in den fünf Bildern dargestellten Funktionsgraphen zeigen bereits alle Gründe, die dafür maßgebend sein können, daß eine Funktion f (und der zugehörige Graph) an einer Stelle **nicht stetig** ist.

1. Fall: Die Funktionen der Bilder 18.1 und 18.2 sind an der betrachteten Stelle $x_0 = 1$ nicht definiert; die Funktionswerte existieren nicht.

2. Fall: Bei der Funktion von Bild 18.3 existiert der Funktionswert an der Stelle $x_0 = 1$ zwar; aber er „paßt" nicht zum übrigen Verlauf des Funktionsgraph; er stimmt mit dem Grenzwert der Funktion an der betrachteten Stelle nicht überein.

3. Fall: Bei den Funktionen der Bilder 18.4 und 18.5 existieren zwar die Funktionswerte an der betrachteten Stelle $x_0 = 0$; die Funktionen haben an dieser Stelle aber keinen Grenzwert.

3. Wir erkennen: Damit eine Funktion f an einer Stelle x_0 stetig ist, müssen die folgenden Bedingungen erfüllt sein:

1) Die Funktion muß an der betrachteten Stelle definiert sein: $x_0 \in D(f)$.

2) Der Grenzwert der Funktion an der betrachteten Stelle x_0 muß existieren und mit dem Funktionswert zu dieser Stelle übereinstimmen: $\lim\limits_{x \to x_0} f(x) = f(x_0)$.

Die erste Bedingung erfassen wir bei der Definition des Stetigkeitsbegriffs dadurch, daß wir sie nur auf Stellen beziehen, die zur Definitionsmenge der Funktion gehören.

Wir definieren:

Eine Funktion f heißt „stetig an einer Stelle $x_0 \in D(f)$" genau dann, wenn gilt:
$$\lim_{x \to x_0} f(x) = f(x_0).$$
D 18.1

4. Wenden wir auf D 18.1 die Grenzwertdefinition D 17.6 an, so ist zu beachten, daß wegen der Bedingung $x_0 \in D(f)$ nicht nur eine punktierte Umgebung $U(\dot{x}_0)$, sondern eine volle Umgebung $U(x_0)$ Teilmenge von D (f) sein muß.

Es ergibt sich also der Satz:

Eine Funktion f ist stetig an einer Stelle $x_0 \in D(f)$ genau dann, wenn es:
1) eine Umgebung $U(x_0)$ gibt mit $U(x_0) \subseteq D(f)$ und
2) zu jedem $\varepsilon \in \mathbb{R}^{>0}$ ein $\delta(\varepsilon) \in \mathbb{R}^{>0}$ gibt, so daß gilt:
$$|h| < \delta(\varepsilon) \Rightarrow |f(x_0 + h) - f(x_0)| < \varepsilon.$$
S 18.1

Bemerkung: Die zweite Bedingung kann man auch folgendermaßen formulieren: Zu jedem $\varepsilon \in \mathbb{R}^{>0}$ gibt es ein $\delta(\varepsilon) \in \mathbb{R}^{>0}$, so daß gilt:
$$|x - x_0| < \delta(\varepsilon) \Rightarrow |f(x) - f(x_0)| < \varepsilon.$$

Beachte: Im Gegensatz zur Grenzwertdefinition D 17.6 ist hier $h = 0$ bzw. $x = x_0$ zugelassen.

5, Man kann den Stetigkeitsbegriff in verschiedener Weise anschaulich deuten. Recht instruktiv ist die folgende Veranschaulichung.
Durch eine Funktion f wird eine **Abbildung** der Menge D (f) auf die Menge W (f) beschrieben. Ist M eine Teilmenge von D (f), so bezeichnet man mit „f (M)" die Menge aller Funktionswerte, die zu Zahlen $x \in M$ gehören.

Eine Menge f (M) heißt „Bild der Menge M zur Funktion f" genau dann, wenn gilt:
$$f(M) = \{y \mid x \in M \wedge y = f(x)\}.$$
D 18.2

Insbesondere gilt also: $f(D) = W$.

Die Stetigkeit einer Funktion an einer Stelle x_0 bedeutet nun, daß eine Umgebung von x_0 auf eine Umgebung von $f(x_0)$ abgebildet wird, daß also gilt: $f[U_\delta(x_0)] \subseteq U_\varepsilon[f(x_0)]$ (Bild 18.6).

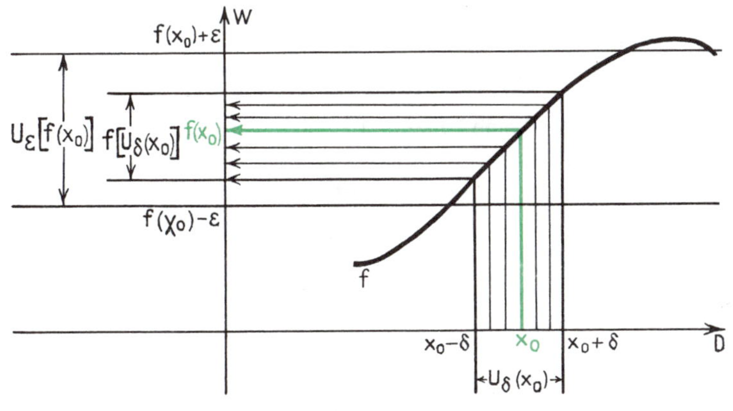

Bild 18.6

Jede Zahl aus $U_\delta(x_0)$ wird abgebildet auf eine Zahl aus $f[U_\delta(x_0)]$, also auch aus $U_\varepsilon[f(x_0)]$. Je näher eine Zahl x bei x_0 liegt, um so näher liegt auch der zugehörige Funktionswert f (x) bei $f(x_0)$. Schrumpft die Umgebung $U_\delta(x_0)$ – durch Verkleinerung von δ – immer mehr zusammen, so schrumpft auch die zugehörige Bildmenge $f[U_\delta(x_0)]$ immer mehr zusammen. Zieht sich $U_\delta(x_0)$ auf x_0 zusammen, so zieht sich $f[U_\delta(x_0)]$ auf $f(x_0)$ zusammen.

Diesen Sachverhalt halten wir fest in dem Satz

S 18.2

Eine Funktion f ist stetig an einer Stelle $x_0 \in D(f)$ genau dann, wenn es
1) eine Umgebung $U(x_0)$ gibt mit $U(x_0) \subseteq D(f)$ und
2) zu jeder Umgebung $U_\varepsilon[f(x_0)]$ eine Umgebung $U_\delta(x_0)$ gibt, so daß gilt:

$$f[U_\delta(x_0)] \subseteq U_\varepsilon[f(x_0)].$$

6. Der in D 18.1 festgelegte Stetigkeitsbegriff enthält die Bedingung, daß es zur Stelle x_0 eine Umgebung $U(x_0)$ geben muß, in der f definiert ist: $U(x_0) \subseteq D(f)$. Dies bedeutet z. B., daß Funktionen mit der Definitionsmenge $D(f) = \mathbb{Q}$ nach D 18.1 an keiner Stelle stetig sind.
In der neueren Literatur wird der Stetigkeitsbegriff häufig allgemeiner gefaßt. Man läßt die Umgebungsbedingung fort und verlangt nur, daß die zweite Bedingung von S 18.1 für alle $x \in D(f)$ erfüllt ist. Man definiert also:

Eine Funktion f heißt „stetig an einer Stelle $x_0 \in D(f)$" genau dann, wenn es zu jedem $\varepsilon \in \mathbb{R}^{>0}$ eine Zahl $\delta(\varepsilon) \in \mathbb{R}^{>0}$ gibt, so daß gilt:

$$x \in D(f) \wedge |x - x_0| < \delta(\varepsilon) \Rightarrow |f(x) - f(x_0)| < \varepsilon.$$

Im Sinne dieser Definition ist z. B. jede Zahlenfolge (a_n) an jeder Stelle $n_0 \in D(f)$ stetig; wählt man z. B. $\delta = \frac{1}{2}$, so liegt in $U_{\frac{1}{2}}(n_0)$ außer n_0 selbst kein weiteres $n \in D(f)$ (Bild 18.7). Die Stetigkeitsbedingung ist also trivialerweise erfüllt.
Aus diesem Beispiel wird bereits deutlich, daß dieser allgemeinere Stetigkeitsbegriff der anschaulichen Vorstellung von „Stetigkeit" ferner liegt als der speziellere Stetigkeitsbegriff von D 18.1. Wir werden in diesem Buch daher nur mit dem spezielleren Stetigkeitsbegriff von D 18.1 arbeiten.

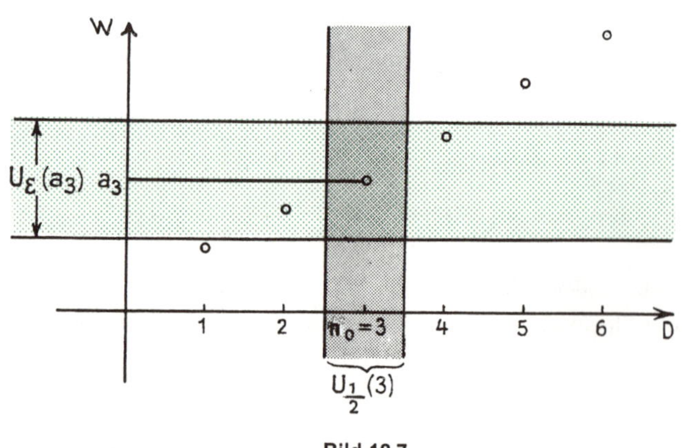

Bild 18.7

7. Hat man zu beweisen, daß eine Funktion f an einer Stelle x_0 stetig ist, so hat man also zu zeigen:

[1] Die Funktion f ist an der Stelle x_0 definiert: $x_0 \in D(f)$, und

[2] die Funktion hat bei x_0 einen Grenzwert, und dieser Grenzwert stimmt mit dem Funktionswert $f(x_0)$ überein.

Beispiele:

1) $f(x) = |x|$ mit $x_0 = 0$ (Bild 18.8).

a) Es ist $f(0) = 0$; also gilt: $0 \in D(f)$.

b) Es gilt $\lim\limits_{x \to 0} |x| = 0 = f(0)$.

Also ist die Funktion f stetig an der Stelle 0.

2) $f(x) = \frac{x}{x+1}$ mit $x_0 = -2$ (Bild 18.9).

a) Es ist $f(-2) = 2$; also gilt $-2 \in D(f)$.   **b)** Es ist $\lim\limits_{x \to -2} \frac{x}{x+1} = 2 = f(-2)$;

(vgl. § 17, II, Seite 139 ff.!)

Also ist die Funktion f stetig an der Stelle -2.

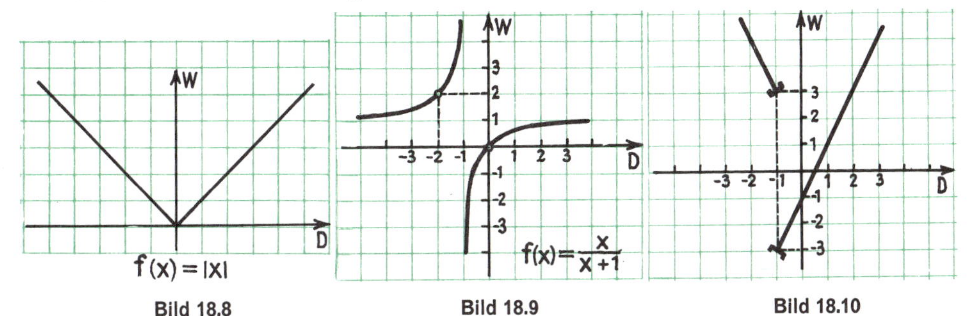

Bild 18.8   Bild 18.9   Bild 18.10

3) $f(x) = \begin{cases} \frac{2x^2 + x - 1}{|x+1|} & \text{für } x \in \mathbb{R}^{\neq -1} \\ 3 & \text{für } x = -1 \end{cases}$ mit $x_0 = -1$ (Bild 18.10).

a) Es ist $f(-1) = 3$; also gilt $-1 \in D(f)$.

b) Der Graph zeigt, daß an der Stelle -1 kein Grenzwert existiert; die Funktion weist an dieser Stelle eine sogenannte **„Sprungstelle"** auf. Zwar existieren der linksseitige und der rechtsseitige Grenzwert zu dieser Stelle

$$l\text{-}\lim_{x \to -1} f(x) = 3 \text{ und r-}\lim_{x \to -1} f(x) = -3.$$

da sie aber voneinander verschieden sind, existiert $\lim\limits_{x \to -1} f(x)$ nicht. Die Funktion ist also **nicht** stetig an der Stelle -1.

4) Wir können Stetigkeitsbeweise auch mit Hilfe von S 18.1 durchführen. Es sei

$$f(x) = 3x - 4 \text{ mit } x_0 = 2.$$

a) Es ist $f(2) = 2$, also gilt $2 \in D(f)$ **b)** Mit $f(2+h) = 3(2+h) - 4 = 2 + 3h$ erhält man:

$$|f(2+h) - f(2)| = |2 + 3h - 2| < \varepsilon \Leftrightarrow |3h| < \varepsilon \Leftrightarrow |h| < \frac{\varepsilon}{3} = \delta(\varepsilon).$$

Damit haben wir gezeigt: $|h| < \frac{\varepsilon}{3} \Rightarrow |f(2+h) - f(2)| < \varepsilon$.

Die Funktion ist an der Stelle 2 stetig.

II. Die Stetigkeit einer Funktion über einem Intervall

1. Der in D 18.1 definierte Stetigkeitsbegriff bezieht sich auf eine einzelne Stelle $x_0 \in D(f)$; er beschreibt also eine **„lokale" Eigenschaft** der Funktion. Die uns bisher bekannten Funktionen sind aber nicht nur an einzelnen Stellen, sondern an fast allen Stellen ihrer Definitionsmengen, meistens in ganzen Intervallen stetig. Daher definieren wir:

Eine Funktion f heißt „stetig über einem offenen Intervall]a; b[⊆ D (f)" genau dann, wenn sie für alle $x \in$]a; b[stetig ist; sie heißt „stetig über $\mathbb{R}$ " oder schlechthin „stetig" genau dann, wenn sie für alle $x \in \mathbb{R}$ stetig ist.   D 18.3

2. Der in D 18.3 festgelegte Stetigkeitsbegriff eignet sich noch nicht zur Erfassung der Stetigkeit einer Funktion in einem abgeschlossenen Intervall.

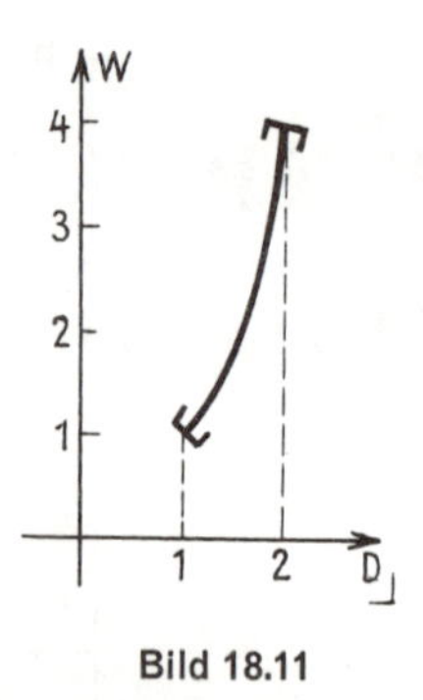

Bild 18.11

Beispiel: Die Funktion zu $f(x) = x^2$ ist im Intervall $D(f) = [1; 2]$ nach unserer anschaulichen Vorstellung sicherlich stetig (Bild 18.11). Die Randpunktstellen 1 und 2 des Intervalls werden von D 18.3 aber nicht erfaßt, weil dort nur der rechts- bzw. linksseitige Grenzwert existiert; $r\text{-}\lim\limits_{x \to 1} f(x) = 1$ und $l\text{-}\lim\limits_{x \to 2} f(x) = 4$.

Um diesen Fall mit zu erfassen, müssen wir die Begriffe der „linksseitigen Stetigkeit" und der „rechtsseitigen Stetigkeit" definieren.

D 18.4

Eine Funktion f heißt

„linksseitig stetig an der Stelle $x_0 \in D(f)$"	„rechtsseitig stetig an der Stelle $x_0 \in D(f)$"
genau dann, wenn gilt	
$l\text{-}\lim\limits_{x \to x_0} f(x) = f(x_0)$.	$r\text{-}\lim\limits_{x \to x_0} f(x) = f(x_0)$.

Aus den Definitionen D 18.3 und D 18.4 folgt unmittelbar die Gültigkeit des Satzes

S 18.3

Eine Funktion f ist genau dann stetig an einer Stelle x_0, wenn sie an dieser Stelle linksseitig und rechtsseitig stetig ist und wenn $l\text{-}\lim\limits_{x \to x_0} f(x) = r\text{-}\lim\limits_{x \to x_0} f(x)$ ist.

3. Das Beispiel aus 2. zeigt, daß es sinnvoll ist, den Begriff der „Stetigkeit einer Funktion f über einem abgeschlossenen Intervall [a; b]" so zu definieren, daß von den beiden Randpunkten a und b nur rechtsseitige bzw. linksseitige Stetigkeit verlangt wird. Wir definieren:

D 18.5

Eine Funktion f heißt „stetig über einem abgeschlossenen Intervall [a; b]" genau dann, wenn sie an der Stelle a rechtsseitig stetig, an der Stelle b linksseitig stetig und über]a; b[stetig ist.

Beispiel: Wir betrachten die Heavysidefunktion

$$H(x) = \begin{cases} 0 & \text{für } x \leq 0 \\ 1 & \text{für } x > 0 \end{cases}$$

in den Intervallen [– 2; 0] und [0; 2] (Bild 18.12).

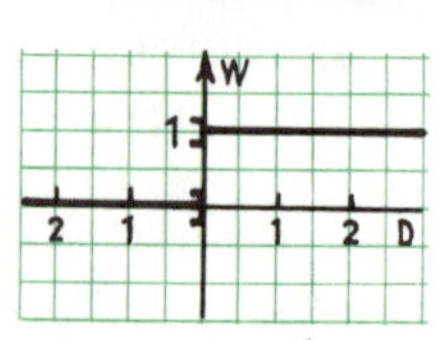

Bild 18.12

1) Über dem Intervall [– 2; 0] ist die Funktion H an der Stelle 0 linksseitig stetig, weil $l\text{-}\lim\limits_{x \to 0} H(x) = 0 = f(0)$ ist.

2) Über dem Intervall [0; 2] ist die Funktion H an der Stelle 0 **nicht** rechtsseitig stetig, weil $r\text{-}\lim\limits_{x \to 0} H(x) = 1$, aber $f(0) = 0$ ist.

Bemerkung: Beim Begriff der Stetigkeit über einer **einseitig abgeschlossenen Menge** verlangt man entsprechend für den **Randpunkt nur einseitige Stetigkeit.**

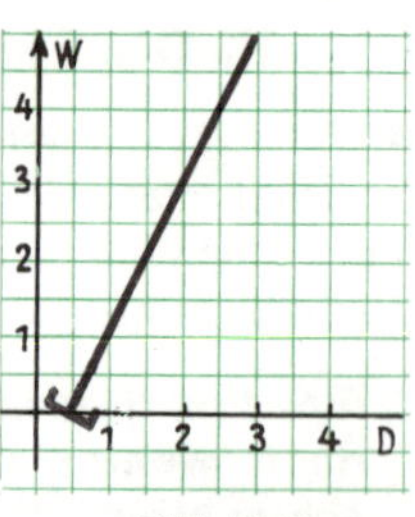

Bild 18.13

Beispiel: Die Funktion zu $f(x) = 2x - 1$ ist in $D(f) = \{x \mid x \geq 1\}$ stetig, weil sie an der Stelle $x = 1$ rechtsseitig stetig und für alle $x > 1$ stetig ist (Bild 18.13).

III. Definitionslücken

1. Nach den Überlegungen, die wir im I. Abschnitt angestellt haben, kann es mehrere Gründe dafür geben, daß eine Funktion an einer Stelle x_0 **nicht** stetig ist:

1) Die Funktion kann an der Stelle x_0 nicht definiert sein: $x_0 \notin D(f)$.

2) Der Grenzwert der Funktion an der Stelle x_0 existiert, ist aber vom Funktionswert verschieden: $\lim\limits_{x \to x_0} f(x) \neq f(x_0)$.

3) Der Grenzwert der Funktion an der Stelle x_0 existiert nicht.
Wir wollen diese Fälle getrennt untersuchen.

2. Ist eine Funktion f in einer punktierten Umgebung $U(\dot{x}_0)$ definiert, an der Stelle x_0 selbst aber nicht, so spricht man nach D 17.4 von einer **„Definitionslücke"**. Die verschiedenen Möglichkeiten erörtern wir an einigen Beispielen.

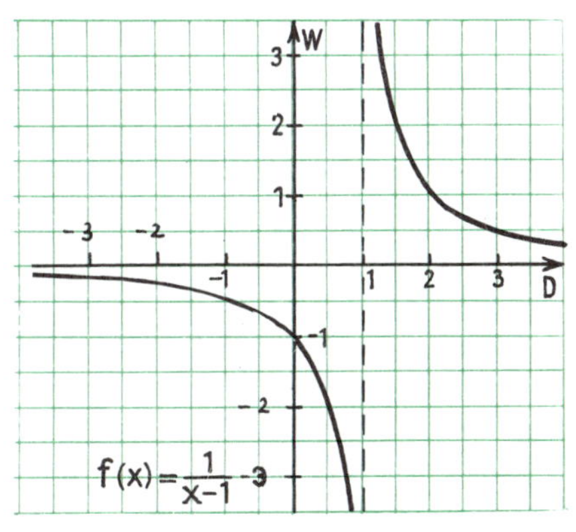

Bild 18.14

3. Unendlichkeitsstellen

Beispiel: $f(x) = \frac{1}{x-1}$ mit $D(f) = \mathbb{R}^{\neq 1}$

(Bild 18.14)

Das Bild zeigt, daß die Funktion in der „Nähe" ihrer Definitionslücke bei $x_0 = 1$ dem Betrage nach über alle Schranken wächst. Sie hat an dieser Stelle die uneigentlichen Grenzwerte

$$l\text{-}\lim_{x \to 1} f(x) = -\infty \quad \text{und} \quad r\text{-}\lim_{x \to 1} f(x) = \infty$$

(vgl. § 17, IV!).

Man nennt eine solche Definitionslücke eine **„Unendlichkeitsstelle mit Vorzeichenwechsel"**.

Beispiel: $f(x) = \frac{1}{x^2}$ mit $D(f) = \mathbb{R}^{\neq 0}$

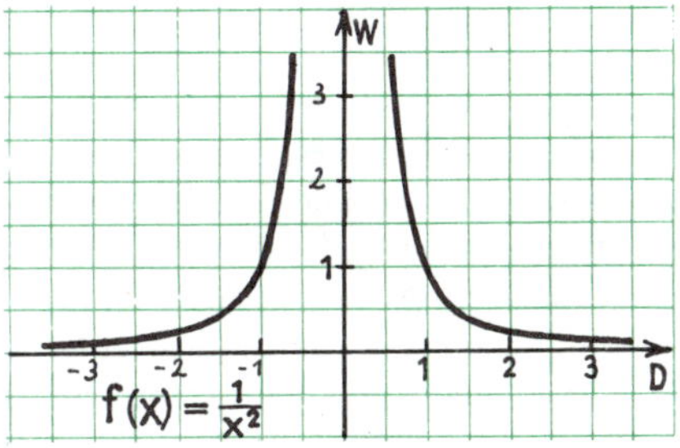

(Bild 18.15)

Es gilt: $l\text{-}\lim\limits_{x \to 0} f(x) = \infty$ und $r\text{-}\lim\limits_{x \to 0} f(x) = \infty$.

Man nennt eine solche Definitionslücke eine **„Unendlichkeitsstelle ohne Vorzeichenwechsel"**.

Bild 18.15

Wir definieren:

D 18.6

Eine Definitionslücke x_0 einer Funktion f heißt eine „Unendlichkeitsstelle" genau dann, wenn gilt: $l\text{-}\lim\limits_{x \to x_0} f(x) = \pm\infty$ und $r\text{-}\lim\limits_{x \to x_0} f(x) = \pm\infty$

Sind die uneigentlichen Grenzwerte voneinander verschieden, so spricht man von einer „Unendlichkeitsstelle mit Vorzeichenwechsel", sind sie gleich, so spricht man von einer „Unendlichkeitsstelle ohne Vorzeichenwechsel".

Beachte: Das Zeichen „$\pm\infty$" bedeutet: $+\infty$ **oder** $-\infty$.

Es kann auch sein, daß eine Funktion nur rechts (oder links) von einer Definitionslücke über alle Schranken wächst. In den Bildern 18.16 und 18.17 sind zwei solche Fälle dargestellt. Für solche Fälle definieren wir:

D 18.7

Eine Definitionslücke x_0 einer Funktion f heißt eine

„linksseitige Unendlichkeitsstelle"	**„rechtsseitige Unendlichkeitsstelle"**
genau dann, wenn gilt:	
$l\text{-}\lim\limits_{x \to x_0} f(x) = \pm\infty$	$r\text{-}\lim\limits_{x \to x_0} f(x) = \pm\infty$

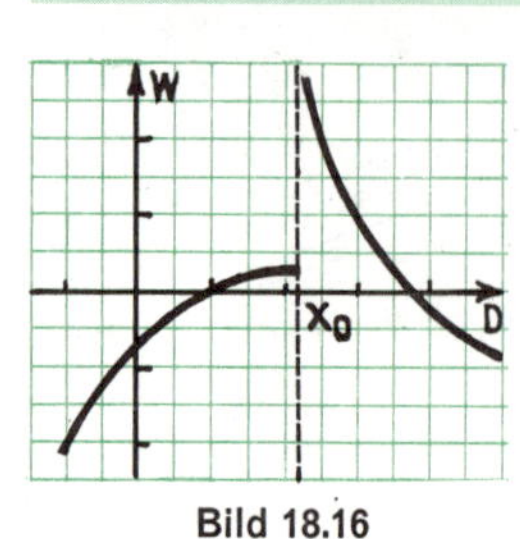

Bild 18.16

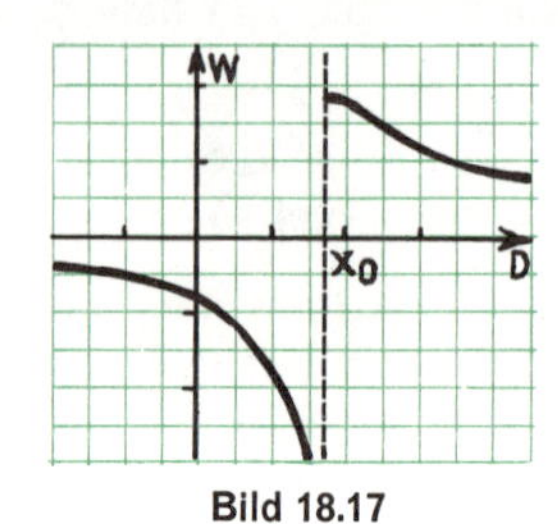

Bild 18.17

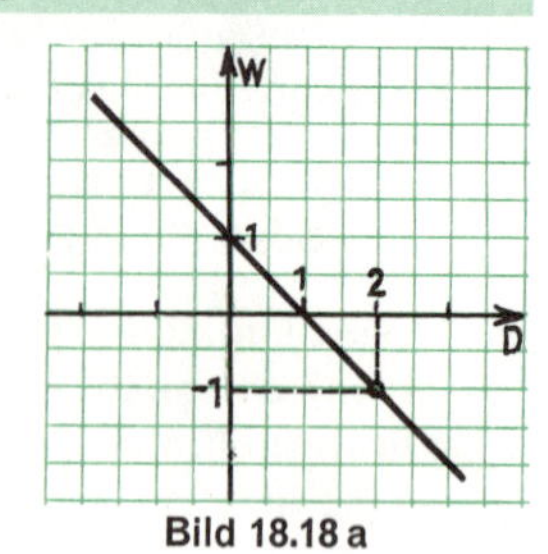

Bild 18.18 a

4. Lücken

Eine zweite Möglichkeit für Definitionslücken zeigt das folgende

Beispiel: $f(x) = \dfrac{x^2 - 3x + 2}{2 - x}$ mit $D(f) = \mathbb{R}^{\neq 2}$ (Bild 18.18 a)

Es gilt $\lim\limits_{x \to 2} f(x) = \lim\limits_{x \to 2} \dfrac{x^2 - 3x + 2}{2 - x} = \lim\limits_{x \to 2} \dfrac{(x-1)(x-2)}{2 - x} = \lim\limits_{x \to 2} (1 - x) = -1.$

Beachte: Durch den Term $f_1(x) = 1 - x$ ist eine Funktion f_1 festgelegt, die in jeder Umgebung $U(\dot{2})$ mit f übereinstimmt. Daher gilt nach S 17.9: $\lim\limits_{x \to 2} f(x) = \lim\limits_{x \to 2} f_1(x)$.

Diesen Sachverhalt haben wir bei der Berechnung des Grenzwertes g benutzt.

Man nennt die Funktion f_1 mit $f_1(x) = \begin{cases} f(x) & \text{für } x \in D(f) \\ g & \text{für } x = x_0 \notin D(f) \end{cases}$ die **„Ersatzfunktion"** der Funktion f.

Bei diesem Beispiel ist $f_1(x) = 1 - x$. Da f_1 eine in der ganzen Menge $\mathbb{R}$ stetige Funktion ist, die an allen Stellen – außer $x = 2$ – mit f übereinstimmt, kann man f durch die Zusatzdefinition $f(2) =_{Df} f_1(2) = -1$ zu einer **stetigen Funktion** ergänzen.

Man sagt: Die Definitionslücke bei $x = 2$ ist **„stetig behebbar"**; die Funktion ist **„stetig ergänzbar"** oder **„stetig fortsetzbar"**. Man spricht in diesem Fall auch von einer **„Lücke"** der Funktion. Beachte, daß nicht jede Definitionslücke eine Lücke ist!

Es gilt der Satz

S 18.4

Eine an einer Stelle x_0 nicht definierte Funktion f ist genau dann „stetig ergänzbar in x_0", wenn der Grenzwert $g = \lim\limits_{x \to x_0} f(x)$ existiert. Man definiert:

$$f(x_0) =_{Df} g = \lim_{x \to x_0} f(x).$$

5. Sprungstellen

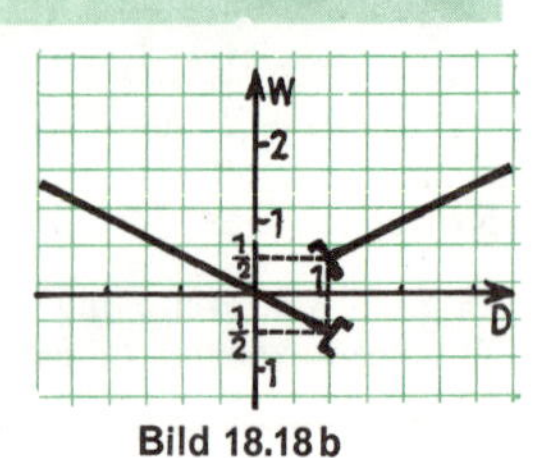

Bild 18.18 b

Schließlich kann bei einer Definitionslücke x_0 noch ein dritter Fall auftreten; dies zeigt das

Beispiel: $f(x) = \dfrac{x^2 - x}{2\,|x - 1|}$ mit $D(f) = \mathbb{R}^{\neq 1}$ (Bild 18.18 b)

Bei diesem Beispiel liegt weder eine Unendlichkeitsstelle noch eine stetig behebbare Definitionslücke vor.

Es ist $r\text{-}\lim_{x \to 1} f(x) = \frac{1}{2}$ und $l\text{-}\lim_{x \to 1} f(x) = -\frac{1}{2}$.

Da der rechtsseitige und der linksseitige Grenzwert voneinander verschieden sind, existiert $\lim_{x \to 1} f(x)$ nicht; man spricht in einem solchen Fall von einer **„endlichen Sprungstelle"**.

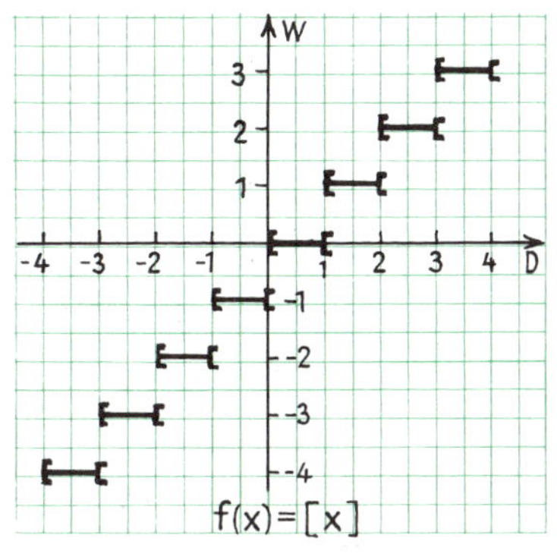

Bild 18.19

6. Es sind nun noch die Fälle zu untersuchen, bei denen die Stetigkeitsbedingung $\lim_{x \to x_0} f(x) = f(x_0)$ verletzt ist. Hierfür gibt es zwei Möglichkeiten:

a) $\lim_{x \to x_0} f(x)$ existiert nicht. **b)** $\lim_{x \to x_0} f(x)$ existiert, ist aber von $f(x_0)$ verschieden;

Beispiel zu a): $f(x) = [x]$ (vgl. § 16!) (Bild 18.19)

Es gilt $D(f) = \mathbb{R}$; die Funktion ist aber an allen Stellen mit ganzzahligen Koordinaten unstetig; z. B. ist

$$r\text{-}\lim_{x \to 2} f(x) = 2 \quad \text{und} \quad l\text{-}\lim_{x \to 2} f(x) = 1.$$

An den Stellen mit ganzzahligen Koordinaten liegen also auch bei dieser Funktion endliche Sprungstellen vor.

Beispiel zu b): $f(x) = \begin{cases} x^2 & \text{für } x < 0 \\ 2 & \text{für } x = 0 \\ x & \text{für } x > 0 \end{cases}$ (Bild 18.20)

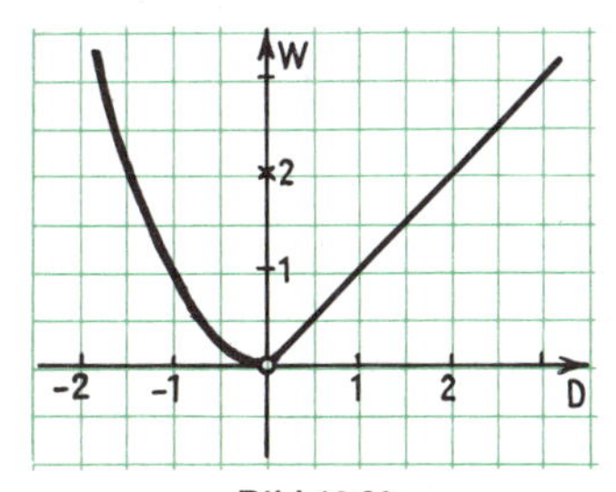

Bild 18.20

Es ist $f(0) = 2$, aber $\lim_{x \to 0} f(x) = 0$.

Offenbar ist der Funktionswert $f(0) = 2$ „unpassend" gewählt. Im Gegensatz dazu ist die durch

$$f(x) = \begin{cases} x^2 & \text{für } x < 0 \\ x & \text{für } x \geq 0 \end{cases}$$ definierte Funktion stetig über $\mathbb{R}$.

IV. Sätze über stetige Funktionen

1. Sind zwei stetige Funktionen f_1 und f_2 gegeben, so kann man durch Anwendung der vier Grundrechnungsarten (also durch Addition, Subtraktion, Multiplikation und Division) auf die Funktionsterme weitere stetige Funktionen herleiten. Dabei ist bei der Division selbstverständlich vorauszusetzen, daß der Nenner an der betrachteten Stelle x_0 von Null verschieden ist. Es gilt der Stetigkeitssatz:

S 18.5

Sind zwei Funktionen f_1 und f_2 stetig an der Stelle x_0, so sind auch die Funktionen zu

[1] $f(x) = f_1(x) + f_2(x)$;

[2] $f(x) = f_1(x) - f_2(x)$ und

[3] $f(x) = f_1(x) \cdot f_2(x)$ stetig an der Stelle x_0.

Ist $f_2(x_0) \neq 0$, so ist überdies die Funktion zu

[4] $f(x) = \frac{f_1(x)}{f_2(x)}$ stetig in x_0.

Beweis:

1) Es ist zunächst für alle vier Fälle zu zeigen, daß es in jedem Fall eine Umgebung $U(x_0)$ gibt, in der die Funktion f voll definiert ist: $U(x_0) \subseteq D(f)$.

Dies ist in den Fällen [1] bis [3] einfach zu zeigen. Da die Funktionen f_1 und f_2 an der Stelle x_0 stetig sind, gibt es zwei Umgebungen $U_1(x_0)$ und $U_2(x_0)$ mit $U_1(x_0) \subseteq D(f_1)$ und $U_2(x_0) \subseteq D(f_2)$. Dann aber gilt: $U(x_0) = U_1(x_0) \cap U_2(x_0) \subseteq D(f)$. Mache dir diesen Sachverhalt an einem Beispiel klar (Aufgabe 20)!

Im Falle [4] muß zusätzlich gezeigt werden, daß es eine Umgebung $U^*(x_0)$ gibt, so daß für alle $x \in U^*(x_0)$ gilt: $f_2(x) \neq 0$. Dies folgt aber nach S 17.6 aus der Voraussetzung $f_2(x_0) \neq 0$.

Im Falle [4] gilt dann: $U(x_0) = U_1(x_0) \cap U^*(x_0) \subseteq D(f)$.

Mache dir auch diesen Sachverhalt an einem Beispiel klar (Aufgabe 21)!

2) Aus den Grenzwertsätzen für Funktionen (§ 17, V) folgt nun unmittelbar:

[1] $\lim\limits_{x \to x_0} [f_1(x) + f_2(x)] = \lim\limits_{x \to x_0} f_1(x) + \lim\limits_{x \to x_0} f_2(x) = f_1(x_0) + f_2(x_0)$

[2] $\lim\limits_{x \to x_0} [f_1(x) - f_2(x)] = \lim\limits_{x \to x_0} f_1(x) - \lim\limits_{x \to x_0} f_2(x) = f_1(x_0) - f_2(x_0)$

[3] $\lim\limits_{x \to x_0} [f_1(x) \cdot f_2(x)] = \lim\limits_{x \to x_0} f_1(x) \cdot \lim\limits_{x \to x_0} f_2(x) = f_1(x_0) \cdot f_2(x_0)$

[4] $\lim\limits_{x \to x_0} \frac{f_1(x)}{f_2(x)} = \frac{\lim\limits_{x \to x_0} f_1(x)}{\lim\limits_{x \to x_0} f_2(x)} = \frac{f_1(x_0)}{f_2(x_0)}$

Damit ist S 18.5 vollständig bewiesen.

2. Von großer Bedeutung für die Lehre von den stetigen Funktionen ist der sogenannte **„Zwischenwertsatz von Bolzano“:**

S 18.6 **Ist eine Funktion f über einem abgeschlossenen Intervall [a; b] stetig und gilt $f(a) \neq f(b)$, so gibt es zu jeder Zahl z zwischen f (a) und f (b) eine Stelle $x_0 \in [a; b]$ mit $f(x_0) = z$** (Bild 18.21).

Zum Beweis dieses – keinesfalls selbstverständlichen – Satzes nehmen wir an, es sei $f(a) < f(b)$ und also $f(a) < z < f(b)$. (Der andere mögliche Fall $f(b) < z < f(a)$ ist genauso zu behandeln.) Durch das schon mehrfach verwendete **Halbierungsverfahren** (vgl. S. 64) wollen wir nun – ausgehend vom Intervall $[l_1; r_1] = [a; b]$ – eine Intervallschachtelung mit den Intervallen $A_k = [l_k; r_k]$ konstruieren mit den Bedingungen: $f(l_k) \leq z$ und $z \leq f(r_k)$. Beachte, daß für den Mittelwert eines Intervalls $m_k = \frac{l_k + r_k}{2}$ stets $f(m_k) \leq z$ oder $f(m_k) \geq z$ gilt!

Wir behaupten, daß für die durch diese Intervallschachtelung bestimmte Zahl $x_0 \in [a; b]$ gilt: $f(x_0) = z$. Die Folgen (l_n) und (r_n) konvergieren beide gegen x_0: $\lim\limits_{n \to \infty} l_n = \lim\limits_{n \to \infty} r_n = x_0$.

Da wir vorausgesetzt haben, daß die Funktion f im Intervall stetig ist, konvergieren die Folgen der zugehörigen Funktionswerte gegen $f(x_0)$:

$$\lim_{n \to \infty} f(l_n) = \lim_{n \to \infty} f(r_n) = f(x_0).$$

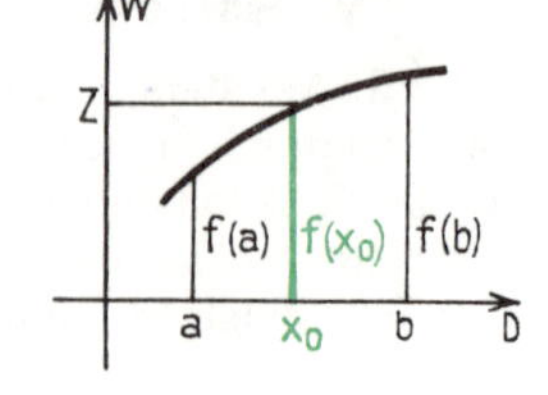

Bild 18.21

Nach der Konstruktion der Intervalle der Schachtelung gilt aber: $\lim\limits_{n \to \infty} f(l_n) \leq z \leq \lim\limits_{n \to \infty} f(r_n)$.
Daraus ergibt sich: $f(x_0) = z$, q. e. d.

Beachte, daß wir hier nur bewiesen haben, daß es **wenigstens** ein $x_0 \in [a; b]$ gibt mit $f(x_0) = z$; es ist durchaus möglich, daß es **mehrere** solche Stellen in [a; b] gibt.

Bemerkung: Stetige Funktionen spielen in den Anwendungen der Mathematik eine wesentliche Rolle. So sind die in der klassischen Physik auftretenden Funktionen meist stetig. Auf sie läßt sich also der Zwischenwertsatz anwenden, z. B. bei den dort so häufigen Interpolationen. Der Grundgedanke der Stetigkeit aller Naturvorgänge steckt auch schon hinter dem bekannten Ausspruch: „natura non facit saltus": „Die Natur macht keine Sprünge", der allerdings nach den Erkenntnissen der neueren Physik falsch ist.

3. Ein Spezialfall des Zwischenwertsatzes ist folgender Satz

S 18.7

Ist eine Funktion f über einem abgeschlossenen Intervall [a; b] stetig und gilt sign f (a) $\neq$ sign f (b) (haben f (a) und f (b) also unterschiedliche Vorzeichen), so gibt es stets eine Stelle $x_0 \in [a; b]$ mit $f(x_0) = 0$ (Bild 18.22).

4. Mit dem Halbierungsverfahren ist auch der folgende Satz zu beweisen.

S 18.8

Ist eine Funktion f über einem abgeschlossenen Intervall [a; b] stetig, so ist sie über [a; b] auch beschränkt.

Beweis: Wir nehmen an, f sei über [a; b] unbeschränkt. Wir halbieren $[a; b] = [l_1; r_1]$; dann ist f sicher auch über $\left[a; \frac{a+b}{2}\right]$ oder über $\left[\frac{a+b}{2}; b\right]$ unbeschränkt; das Intervall mit dieser Eigenschaft wählen wir als Intervall $[l_2; r_2]$. (Falls f über beiden Intervallen unbeschränkt ist, ist es gleichgültig, welches der beiden Intervalle wir für die Intervallschachtelung auswählen.) Durch Fortsetzung des Verfahrens erhalten wir eine Intervallschachtelung, durch die eine Zahl $x_0 \in [a; b]$ bestimmt wird. Dann ist die Funktion f in **jeder** Umgebung dieser Zahl unbeschränkt. Andererseits gilt nach Voraussetzung $\lim_{x \to x_0} f(x) = f(x_0)$; daher muß es nach S 17.7 eine Umgebung $U(x_0)$ geben, in der f beschränkt ist. Damit ist der Widerspruch konstruiert.

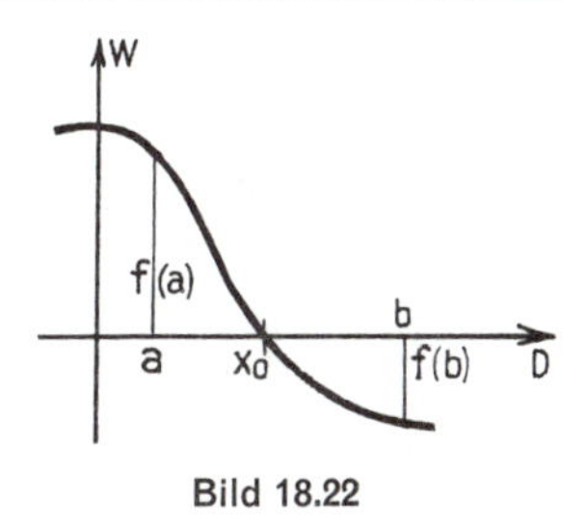

Bild 18.22

5. Wir beweisen schließlich noch den Satz über das **Maximum** und das **Minimum** einer Funktion.

S 18.9

Ist eine Funktion f über einem abgeschlossenen Intervall [a; b] stetig, so gibt es (wenigstens) zwei Zahlen x_1, x_2 mit $x_1, x_2 \in [a; b]$, so daß für alle $x \in [a; b]$ gilt:

$$f(x_1) \leq f(x) \quad \text{und} \quad f(x_2) \geq f(x).$$

Mit anderen Worten: Es gibt in [a; b] wenigstens zwei Zahlen x_1, x_2, so daß $f(x_1)$ bzw. $f(x_2)$ das **Minimum** bzw. das **Maximum** aller Funktionswerte im Intervall [a; b] darstellen. Man sagt: Die Funktion nimmt in jedem abgeschlossenen Intervall sowohl ihr Maximum als auch ihr Minimum an.

Beweis: Nach S 18.8 ist die Funktion über [a; b] beschränkt; daher hat f in [a; b] nach S 8.4 eine untere Grenze (größte untere Schranke) g und eine obere Grenze (kleinste obere Schranke) G, d. h., für alle $x \in [a; b]$ gilt: $g \leq f(x) \leq G$. Wir behaupten, daß es in [a; b] zwei Stellen x_1, x_2 gibt mit

$$f(x_1) = g \text{ und } f(x_2) = G.$$

Wir zeigen dies für g. Wir gehen wiederum aus vom Intervall $[l_1; r_1] = [a; b]$. Nach der Halbierung ist g entweder untere Grenze von f in $\left[a; \frac{a+b}{2}\right]$ oder in $\left[\frac{a+b}{2}; b\right]$; das betreffende Intervall wählen wir als $[l_2; r_2]$. Durch Fortsetzung des Verfahrens erhält man eine Intervallschachtelung, durch die eine Zahl x_1 festgelegt ist. Wir behaupten, daß $f(x_1) = g$ ist. Wäre nämlich $f(x_1) > g$, so könnte g nicht die untere Grenze, sondern nur eine untere Schranke der Funktion in [a; b] sein. Beachte, daß nach Konstruktion $f(x_1)$ näher bei g liegen muß als jeder andere Funktionswert f (x) mit $x \in [a; b]$!

Auf die gleiche Art beweist man auch die Existenz einer Zahl $x_2 \in [a; b]$ mit $f(x_2) = G$, q. e. d.

Die Auswahl der ersten Intervalle ist in Bild 18.23 an einem Beispiel dargestellt.

Beachte, daß S 18.9 nur für abgeschlossene, nicht für offene Intervalle gilt!

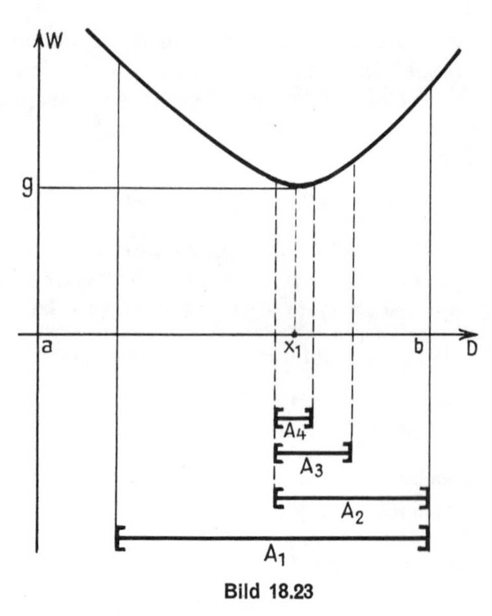

Bild 18.23

Beispiel: Die Funktion zu $f(x) = x^2$ ist stetig in $]1; 2[$; die untere Grenze der Funktionswerte dieses Intervalls ist $g = 1$; die obere Grenze der Funktionswerte ist $G = 4$; es gibt aber **keine** Werte $x_1, x_2 \in]1; 2[$ für die $f(x_1) = 1$ bzw. $f(x_2) = 4$ wäre (Bild 18.24).

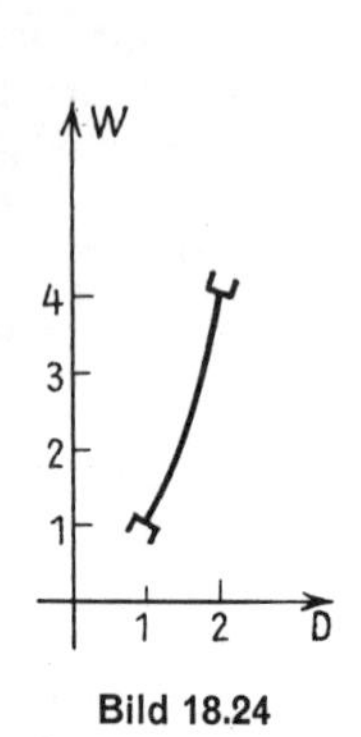

Bild 18.24

Übungen und Aufgaben

1. Zeichne die Graphen zu $y = f(x)$. Stelle anhand der Zeichnungen fest, ob die Funktionen stetig sind!

a) $f(x) = \begin{cases} -x^2 + 1 & \text{für } x \leq 1 \\ x - 1 & \text{für } x > 1 \end{cases}$

b) $f(x) = \begin{cases} -x^2 + 1 & \text{für } x < 1 \\ x^2 & \text{für } x \geq 1 \end{cases}$

c) $f(x) = \begin{cases} -x - 1 & \text{für } x \leq -1 \\ -x^2 + 1 & \text{für } x > -1 \end{cases}$

d) $f(x) = \begin{cases} -2x - 2 & \text{für } x < 1 \\ -x^2 + 1 & \text{für } x > 1 \\ 1 & \text{für } x = 1 \end{cases}$

e) $f(x) = \begin{cases} -2x - 1 & \text{für } x < -1 \\ 1 & \text{für } x = -1 \\ x^2 & \text{für } x > -1 \end{cases}$

f) $f(x) = \begin{cases} x^2 & \text{für } x \leq -1 \\ -x + 1 & \text{für } x > -1 \end{cases}$

g) $f(x) = \begin{cases} x^2 & \text{für } x \leq 2 \\ x^2 - 4 & \text{für } x > 2 \end{cases}$

h) $f(x) = \dfrac{(x-1) \cdot x}{|x-1|}$

i) $f(x) = \begin{cases} \dfrac{2x^2 - 18}{|x-3|} & \text{für } x \neq 3 \\ 6 & \text{für } x = 3 \end{cases}$

j) $f(x) = \begin{cases} \dfrac{x^3 + x^2}{|x+1|} & \text{für } x \neq -1 \\ 1 & \text{für } x = -1 \end{cases}$

2. Welche der Stetigkeitsbedingungen sind bei den unstetigen Funktionen in Aufgabe 1 nicht erfüllt?

3. Über welchen Teilmengen der Definitionsmengen sind die Funktionen von Aufgabe 1 stetig?

4. Beweise die Stetigkeit oder Unstetigkeit der in Aufgabe 1 genannten Funktionen an der Stelle x_0! (Vgl. I, 7!)

a) $x_0 = 1$ **b)** $x_0 = 1$ **c)** $x_0 = -1$ **d)** $x_0 = 1$ **e)** $x_0 = -1$
f) $x_0 = -1$ **g)** $x_0 = 2$ **h)** $x_0 = 1$ **i)** $x_0 = 3$ **j)** $x_0 = -1$

5. Beweise die Stetigkeit der folgenden Funktionen an der Stelle x_0 mit Hilfe von Satz 18.1! (Vgl. I, 7, 4)!)[1])

a) $f(x) = 2x;\ x_0 = 3$ **b)** $f(x) = 1 - x;\ x_0 = 2$ **c)** $f(x) = 3x - 4;\ x_0 = 1$

d)[1]) $f(x) = \frac{1}{x};\ x_0 = 1$ **e)** $f(x) = \frac{1}{x-1};\ x_0 = 0$ **f)** $f(x) = x^2;\ x_0 = 1$

6. Beweise die Stetigkeit der folgenden Funktionen an der Stelle x_0 mit Hilfe von Satz 18.1!

Beispiel: $f(x) = 2x - 4$

a) $D(f) = \mathbb{R}$, also gilt $x_0 \in \mathbb{R}$.

b) $f(x_0 + h) = 2(x_0 + h) - 4 = 2x_0 + 2h - 4$. Wir erhalten:

$|f(x_0 + h) - f(x_0)| = |2x_0 + 2h - 4 - 2x_0 + 4| = |2h| < \varepsilon \Leftrightarrow |h| < \frac{\varepsilon}{2} = \delta(\varepsilon)$,

d. h. $|h| < \frac{\varepsilon}{2} \Rightarrow |f(x_0 + h) - f(x_0)| < \varepsilon$.

a) $f(x) = 2$ **b)** $f(x) = \frac{1}{5}x$ **c)** $f(x) = 4x - 2$ **d)** $f(x) = 3 - \frac{1}{2}x$

e)[1]) $f(x) = \frac{1}{x}\ (x \neq 0)$ **f)** $f(x) = x^2 + 1$ **g)** $f(x) = 1 - 2x^2$ **h)** $f(x) = \frac{2}{x-1}\ (x \neq 1)$

7. Veranschauliche S 18.2 durch folgende Beispiele:

a) $f(x) = 2x + 1;\ x_0 = 3;\ \delta = \frac{1}{10}$, also $U_\delta(3) =]3 - \frac{1}{10}; 3 + \frac{1}{10}[$

b) $f(x) = 1 - 4x;\ x_0 = 2;\ \delta = \frac{1}{100}$, also $U_\delta(2) =]2 - \frac{1}{100}; 2 + \frac{1}{100}[$

c) $f(x) = x^2;\ x_0 = 1;\ U_\delta =]1 - \delta; 1 + \delta[$

d) $f(x) = \frac{1}{x};\ x_0 = 2;\ U_\delta =]2 - \delta; 2 + \delta[$!

Bestimme $f[U_\delta(x_0)]$! Zeige für c) und d): Zieht sich $U_\delta(x_0)$ auf x_0 zusammen, so zieht sich $f[U_\delta(x_0)]$ auf $f(x_0)$ zusammen!

8. Gib für folgende Funktionen ein $\varepsilon > 0$ vor und bestimme δ so, daß $f[U_\delta(x_0)] \subseteq U_\varepsilon[f(x_0)]$ ist! (Vgl. S 18.2!)

a) $f(x) = \frac{1}{3}x;\ x_0 = 1$ **b)** $f(x) = 4 - 2x;\ x_0 = 0$

c) $f(x) = x^2 + 1;\ x_0 = 1$ **d)** $f(x) = \frac{1}{2x};\ x_0 = 2$

9. Welche der folgenden Funktionen sind an der Stelle x_0 linksseitig stetig, rechtsseitig stetig bzw. stetig?

a) $f(x) = H(x - 2);\ x_0 = 2$ **b)** $f(x) = \frac{x-1}{|x-1|};\ x_0 = 1$

c) $f(x) = \frac{x^2 - x - 6}{|x-3|};\ x_0 = 3$ **d)** $f(x) = \frac{x}{1 + |x|};\ x_0 = 0$

e) $f(x) = x + |x + 2|;\ x_0 = -2$ **f)** $f(x) = x + H(1 - x);\ x_0 = 1$

10. Bestimme die Definitionslücken der folgenden Funktionen! Stelle fest, ob es sich um Unendlichkeitsstellen (mit oder ohne Vorzeichenwechsel) oder „Lücken" handelt!

a) $f(x) = \frac{1}{1 - x^2}$ **b)** $f(x) = \frac{x}{x^2 - 4x}$ **c)** $f(x) = \frac{x}{x^3 - 4x^2}$

d) $f(x) = \frac{1 - x}{x^2 - 1}$ **e)** $f(x) = \frac{x + 3}{(x-2)^2}$ **f)** $f(x) = \frac{(x-4)^2}{x^2 - 16}$

g) $f(x) = \frac{x^2 - 2x - 24}{x^2 - 2x - 8}$ **h)** $f(x) = \frac{x^2 - 3x - 4}{x^2 + 2x + 1}$ **i)** $f(x) = \frac{x^2 - 8x + 7}{x^3 - 14x^2 + 49x}$

[1]) Abschätzungen bei 5d–f und 6e–h.

11. Gib zu den Funktionen in Aufgabe 10b), c), d), f), g), h) und i) Funktionen mit der Gleichung $y = f_1(x)$ an, so daß $f(x) = f_1(x)$ für $x \in \dot{U}(x_0)$, wenn bei x_0 eine Definitionslücke vorliegt.

Beispiel: $f(x) = \frac{x+2}{x^2-4}$; $f_1(x) = \frac{1}{x-2}$ für $x \in \dot{U}(-2)$.

12. Gib zu $y = f(x)$ eine Funktion mit der Gleichung $y = f_1(x)$ an, so daß die Funktionen f und f_1 in einer punktierten Umgebung $\dot{U}(x_0)$ übereinstimmen und f_1 – wenn möglich – in x_0 stetig ist!

a) $f(x) = \frac{x-3}{x^2-9}$; $x_0 = 3$ **b)** $f(x) = \frac{x^2-2x}{x^2-4}$; $x_0 = 2$ **c)** $f(x) = \frac{(x+1)^2}{x^2-1}$; $x_0 = -1$

d) $f(x) = \frac{\sin^2 x}{1-\cos^2 x}$; $x_0 = 0$ **e)** $f(x) = \frac{x^2+x-6}{x^2+2x-3}$; $x_0 = -3$ **f)** $f(x) = \frac{x^3}{x^2-x}$; $x_0 = 0$

13. Ermittle die Grenzwerte der Funktionen in Aufgabe 12 an der Stelle x_0!

14. Beweise, daß die folgenden Funktionen Unendlichkeitsstellen haben! (Vgl. D 18.6!)

a) $f(x) = \frac{1}{x+1}$ **b)** $f(x) = \frac{1}{2x-4}$ **c)** $f(x) = \frac{1}{x^2-1}$ **d)** $f(x) = \frac{1}{x^2-x}$

15. Beweise: Hat eine Funktion zu $f(x) = \frac{f_1(x)}{f_2(x)}$ an der Stelle x_0 eine Definitionslücke, so ist sie nur dann stetig ergänzbar, wenn $f_1(x_0) = f_2(x_0) = 0$ ist! Beachte S 18.4!

16. Beweise: Die in Aufgabe 15 genannte Bedingung für die stetige Ergänzbarkeit einer Funktion ist notwendig, aber nicht hinreichend.

17. Ermittle die Unendlichkeitsstellen und die Definitionslücken, in denen die Funktionen f stetig ergänzbar sind! Bestimme an diesen Stellen die Grenzwerte!

a) $f(x) = \frac{x^2+2x}{-2x^2+3x}$ **b)** $f(x) = \frac{x^2+2x-8}{x^2-4}$ **c)** $f(x) = \frac{x^2-5x}{x^3-25x}$ **d)** $f(x) = \frac{(x+4)^2}{x^2-16}$

e) $f(x) = \frac{x^2-6x}{x^2-12x+36}$ **f)** $f(x) = \frac{x^3-2x^2+x}{(x-1)^2}$ **g)** $f(x) = \frac{x^2-4x+4}{x^2-x-2}$ **h)** $f(x) = \frac{x^2-2x-3}{x^2-6x+9}$

18. Sind die durch die folgenden Terme gegebenen Funktionen stetig an der Stelle x_0?

a) $f(x) = |x|$; $x_0 = 0$ **b)** $f(x) = H(x)$; $x_0 = 0$ **c)** $f(x) = \operatorname{sign} x$; $x_0 = 0$

d) $f(x) = H(x-2)$; $x_0 = 2$ **e)** $f(x) = |x| - [x]$; $x_0 = 1$ **f)** $f(x) = |x^2-4|$; $x_0 = -2$

g) $f(x) = |x^2-3x|$; $x_0 = 3$ **h)** $f(x) = H(x) + H(-x)$; $x_0 = 0$

i) $f(x) = \frac{H(x) - H(-x)}{1+x^2}$; $x_0 = 0$ **j)** $f(x) = \frac{x \cdot \operatorname{sign} x}{1+x^2}$; $x_0 = 0$

k) $f(x) = \frac{1}{1+x\cdot|x|}$; $x_0 = 0$ **l)** $f(x) = \frac{|x|}{1+x^2}$; $x_0 = 0$

19. Sind die durch die folgenden Terme gegebenen Funktionen an der Stelle $x_0 = 1$ stetig?

a) $f(x) = \lim\limits_{n\to\infty} \frac{x^{2n}-4}{x^{2n}+7}$ **b)** $f(x) = \lim\limits_{n\to\infty} \frac{x^{2n}+2}{x^{2n}-8}$

20. Gegeben sind $f_1(x) = x^2 + 1$ mit $D(f_1) = [0; 2]$ und $f_2(x) = \frac{1}{x}$ mit $D(f_2) = [1; 4]$ und $x_0 = \frac{3}{2}$.

a) Gib je drei Umgebungen $U_1(\frac{3}{2}) \subseteq D(f_1)$ und $U_2(\frac{3}{2}) \subseteq D(f_2)$ an!

b) Gib die Definitionsmenge D (f) der Funktion zu $f(x) = f_1(x) + f_2(x)$ an und zeige, daß stets $U(\frac{3}{2}) = U_1(\frac{3}{2}) \cap U_2(\frac{3}{2}) \subseteq D(f)$ ist!

21. Gegeben sind $f_1(x) = x + 4$ mit $D(f_1) = [1; 3]$ und $f_2(x) = x - 3$ mit $D(f_2) = [\frac{3}{2}; 4]$ und $x_0 = 2$.

a) Gib je drei Umgebungen $U_1(2) \subseteq D(f_1)$ und $U^*(2) \subseteq D(f_2)$ an mit $f_2(x) \neq 0$ für alle $x \in U^*(2)$!

b) Gib die Definitionsmenge $D(f)$ zu $f(x) = \frac{f_1(x)}{f_2(x)}$ an und zeige, daß stets $U(2) = U_1(2) \cap U^*(2) \subseteq D(f)$ ist!

22. Beweise mit Hilfe der Sätze [1] bis [4] in IV. durch vollständige Induktion, daß die Funktion zu $f(x) = x^n$ für jedes $n \in \mathbb{N}$ stetig ist!

23. Begründe die Stetigkeit der Funktion zu $f(x) = 2x^3 - 4x + 10$ mit Hilfe der Sätze [1] bis [4] in IV.! Die Stetigkeit von $f_1(x) = x$ und $f_2(x) = c$ mit $c \in \mathbb{R}$ kann vorausgesetzt werden.

24. Berechne für $x \in$ die Funktionswerte im Intervall $[a; b]$! Was stellst du fest? (Vgl. S 18.7!)

a) $f(x) = x^3 - \frac{5}{2}x^2 - \frac{1}{4}x + \frac{5}{8}$; $[-1; 3]$ **b)** $f(x) = x^3 + \frac{1}{2}x^2 - \frac{29}{16}x - \frac{15}{32}$; $[-2; 2]$

§ 19 Stetige Funktionen

I. Die Stetigkeit rationaler Funktionen

1. Unser Ziel ist es, die uns bisher bekannten Funktionstypen auf Stetigkeit zu untersuchen. Wir wenden uns zunächst den rationalen Funktionen zu, den Funktionen also, die durch Terme der Form

$$f(x) = \frac{P_n(x)}{Q_m(x)} = \frac{a_n x^n + \ldots + a_1 x + a_0}{b_m x^m + \ldots + b_1 x + b_0}$$

mit $a_k, b_k \in \mathbb{R}$ und $a_n \neq 0$, $b_m \neq 0$ gegeben sind.

Funktionsterme dieser Form lassen sich durch Anwendung der vier Grundrechnungsarten aus den Termen $f_1(x) = c$ (mit $c \in \mathbb{R}$) und $f_2(x) = x$ aufbauen. Daher wollen wir zuerst die durch diese Terme festgelegten Funktionen auf Stetigkeit untersuchen.

2. Wir beweisen zunächst den Satz

S 19.1 **Jede konstante Funktion ist stetig über $\mathbb{R}$.**

Beweis: Jede konstante Funktion ist durch eine Gleichung der Form $f(x) = c$ mit $c \in \mathbb{R}$ festgelegt; die Definitionsmenge ist $D(f) = \mathbb{R}$. Für jede Zahl $c \in \mathbb{R}$ gilt: $\lim\limits_{x \to x_0} f(x) = c$.

Das bedeutet, daß jede solche Funktion stetig über der vollen Menge $\mathbb{R}$ ist.

3. Außerdem gilt der Satz

S 19.2 **Die Funktion f zu $f(x) = x$ ist stetig über $\mathbb{R}$.**

Beweis: Es ist $D(f) = \mathbb{R}$. Für jede Zahl $x_0 \in \mathbb{R}$ gilt
$\lim\limits_{x \to x_0} f(x) = \lim\limits_{x \to x_0} x = x_0$.

Der Beweis hierfür ist höchstens deshalb schwierig, weil er fast zu einfach ist. Es gilt:

$$|f(x_0) - f(x_0 + h)| = |x_0 - (x_0 + h)| = |-h| = |h| < \varepsilon = \delta(\varepsilon).$$

Also gilt für ein beliebiges $x_0 \in \mathbb{R}$: $|f(x_0) - f(x_0 + h)| < \varepsilon$ für $|h| < \varepsilon$, q. e. d.

4. Durch Anwendung des Satzes S 18.5 auf rationale Funktionen ergeben sich unmittelbar die beiden folgenden Sätze.

S 19.3 **Jede ganze rationale Funktion ist stetig über der Menge $\mathbb{R}$**

Beweis: Jedes Polynom $P_n(x) = a_n x^n + \ldots + a_1 x + a_0$ ergibt sich durch Anwendung von Additionen, Subtraktionen und Multiplikationen aus Termen der Form $f_1(x) = c$ (mit $c \in \mathbb{R}$) und aus dem Term $f_2(x) = x$. Die Behauptung ergibt sich somit unmittelbar aus S 19.1, S 19.2 und S 18.5, [1], [2] und [3].

S 19.4 **Jede(gebrochene) rationale Funktion f ist stetig über ihrer Definitionsmenge D (f).**

Beweis: Der Term zu jeder gebrochenen rationalen Funktion f ist ein Polynomquotient:

$$f(x) = \frac{P_n(x)}{Q_m(x)}$$

Da für alle $x \in D(f)$ gilt: $Q_m(x) \neq 0$, ergibt sich die Behauptung unmittelbar aus S 19.3 und S 18.5, [4].

5. Aus Satz S 19.4 ergibt sich, daß man bei rationalen Funktionen – wie bei allen stetigen Funktionen – den Grenzwert zu einer Stelle $x_0 \in D(f)$ unmittelbar durch Einsetzen in den Funktionsterm ermitteln kann.

Beispiele: **1)** $f(x) = x^2 + 3x - 7$; $\lim\limits_{x \to 5} (x^2 + 3x - 7) = f(5) = 33.$

2) $f(x) = \frac{x+3}{x^2-5}$; $\lim\limits_{x \to 2} \frac{x+3}{x^2-5} = f(2) = -5.$

II. Die Stetigkeit der Funktion zu $f(x) = \sqrt{x}$

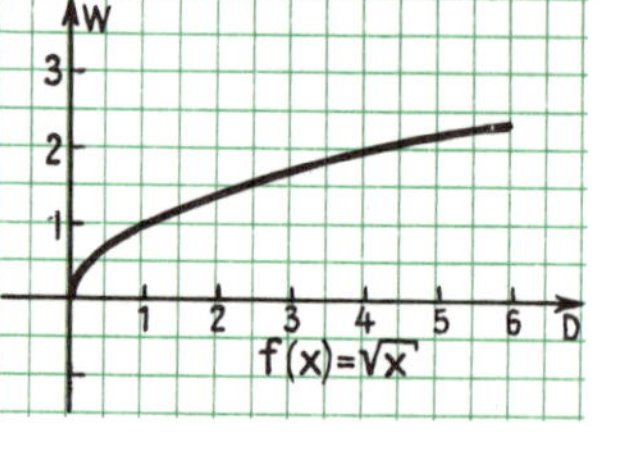

Bild 19.1

1. Als Beispiel einer algebraischen Funktion behandeln wir die Funktion zu $f(x) = \sqrt{x}$ (Bild 19.1). Es ist $D(f) = \mathbb{R}^{\geq 0}$. Wir behaupten, daß die Funktion f über $\mathbb{R}^{>0}$ stetig ist.

Beweis: Für ein beliebiges $x_0 \in \mathbb{R}^{>0}$ und $h > 0$ gilt:

$$|f(x_0 + h) - f(x_0)| = |\sqrt{x_0 + h} - \sqrt{x_0}| = \left| \frac{(\sqrt{x_0 + h} - \sqrt{x_0})(\sqrt{x_0 + h} + \sqrt{x_0})}{\sqrt{x_0 + h} + \sqrt{x_0}} \right|$$

$$= \left| \frac{(x_0 + h) - x_0}{\sqrt{x_0 + h} + \sqrt{x_0}} \right| = \frac{|h|}{|\sqrt{x_0 + h} + \sqrt{x_0}|} \leq \frac{|h|}{\sqrt{x_0}}$$

Ferner gilt: $\frac{|h|}{\sqrt{x_0}} < \varepsilon \Leftrightarrow |h| < \varepsilon \cdot \sqrt{x_0} = \delta(\varepsilon)$ (für $x_0 > 0$).

Wählt man für ein beliebiges $x_0 \in \mathbb{R}^{>0}$, also $|h| < \delta(\varepsilon) = \varepsilon \cdot \sqrt{x_0}$, so ist $|\sqrt{x_0 + h} - \sqrt{x_0}| < \varepsilon$; also gilt: $\lim\limits_{h \to 0} \sqrt{x_0 + h} = \sqrt{x_0}$, d. h., die Funktion f ist stetig in $x_0 \in \mathbb{R}^{>0}$, q. e. d.

2, Wir haben die Stelle $x = 0$ aus obiger Betrachtung ausgeschlossen. Da die Funktion f für $x < 0$ nicht definiert ist, kann sie für $x = 0$ nicht stetig sein. Sie hat dort aber einen rechtsseitigen Grenzwert: $\text{r-}\lim\limits_{x \to 0} \sqrt{x} = 0.$

Beweis: Für $h > 0$ gilt: $|\sqrt{0 + h} - \sqrt{0}| = \sqrt{h} < \varepsilon \Leftrightarrow h < \varepsilon^2 = \delta(\varepsilon)$, q. e. d.

Da auch $f(0) = \sqrt{0} = 0$ ist, ist f an der Stelle 0 also rechtsseitig stetig. Da wir bei einer abgeschlossenen Punktmenge nur einseitige Stetigkeit verlangen (vgl. die Bemerkung hinter D 18.5!), gilt der Satz

S 19.5 **Die Funktion f zu $f(x) = \sqrt{x}$ ist stetig über $D(f) = \mathbb{R}^{\geq 0}$.**

III. Die Stetigkeit der trigonometrischen Funktionen

1. Als Beispiele für transzendente Funktionen behandeln wir die trigonometrischen Funktionen. Bild 19.2 zeigt, wie die Funktionen zu $f_1(x) = \sin x$ und $f_2(x) = \cos x$ am Einheitskreis definiert sind.

Beachte:

1) Die Winkel x werden im **Bogenmaß** gemessen.

2) Die Definition gilt nicht nur für den 1. Quadranten, sondern für alle vier Quadranten.

3) Die beiden anderen Winkelfunktionen sind definiert durch

$$\tan x =_{Df} \frac{\sin x}{\cos x} \text{ und } \cot x =_{Df} \frac{\cos x}{\sin x}.$$

Die Sinus- und die Cosinusfunktionen sind für alle $x \in \mathbb{R}$ definiert. Für $f_3(x) = \tan x$ gilt:

$$D(f_3) = \left\{ x \mid x \neq \frac{(2n-1)\cdot\pi}{2} \wedge n \in \mathbb{Z} \right\}.$$

Für $f_4(x) = \cot x$ gilt: $D(f_4) = \{ x \mid x \neq n \cdot \pi \wedge n \in \mathbb{Z} \}$.

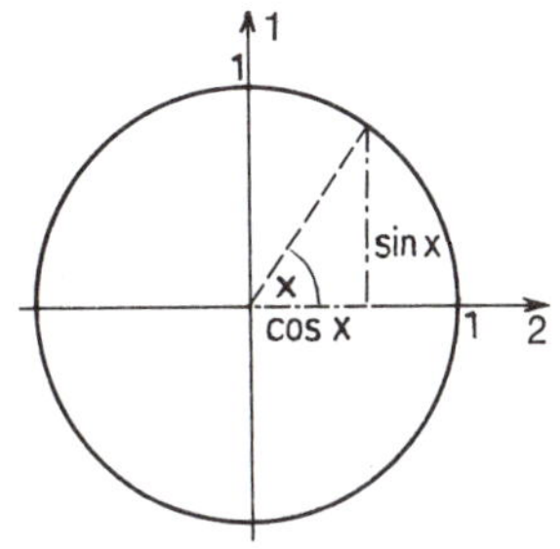
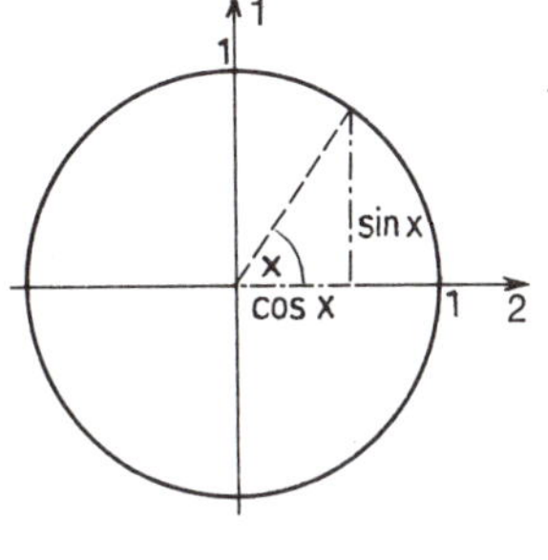

Bild 19.2

2. Wir wollen diese Funktionen auf Stetigkeit untersuchen.

S 19.6 **Die Funktion f zu $f(x) = \sin x$ ist stetig über $\mathbb{R}$.**

Beweis: Wir haben zu zeigen, daß es zu jedem $\varepsilon \in \mathbb{R}^{>0}$ eine Zahl $\delta(\varepsilon)$ gibt, so daß gilt:

$$|h| < \delta(\varepsilon) \Rightarrow |\sin(x+h) - \sin x| < \varepsilon.$$

Wir betrachten Bild 19.3. Es ist $\sin(x+h) = AD$ und $\sin x = BE = DC$; also gilt:

$$|\sin(x+h) - \sin x| = AC \text{ und } |h| = \widehat{AB}.$$

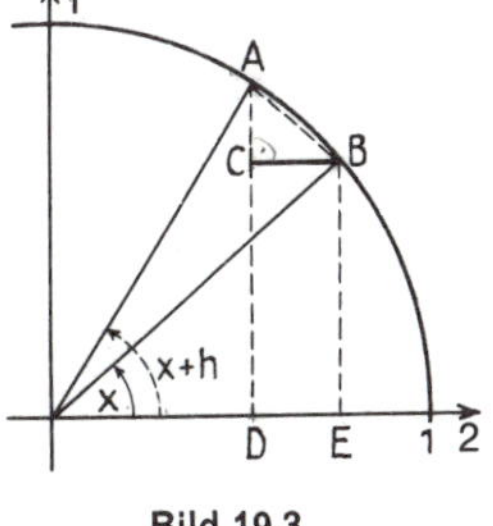

Bild 19.3

Weil eine Kathete im rechtwinkligen Dreieck kleiner ist als die Hypotenuse und eine Sehne kleiner als der zugehörige Kreisbogen, gilt: $AC < AB < \widehat{AB}$, d. h. $AC < \widehat{AB}$.

Das bedeutet: $|\sin(x+h) - \sin x| < |h|$.

Wählt man nun $\delta(\varepsilon) = \varepsilon$, so gilt: $|h| < \delta(\varepsilon) = \varepsilon \Rightarrow |\sin(x+h) - \sin x| < \varepsilon$, q. e. d.

Dieser Beweis ist immer durchführbar, auch wenn $h < 0$ ist und wenn der Winkel im 2., 3. oder 4. Quadranten liegt.

3. Genau entsprechend beweist man den Satz

S 19.7 **Die Funktion f zu $f(x) = \cos x$ ist stetig über $\mathbb{R}$.**

Der Satz läßt sich auf S 19.6 zurückführen, wenn man beachtet, daß für alle $x \in \mathbb{R}$ gilt:

$$\cos x = \sin\left(\frac{\pi}{2} - x\right).$$

4. Schließlich gilt der Satz

S 19.8 **Die Funktionen zu $f_1(x) = \tan x$ und $f_2(x) = \cot x$ sind stetig über $D(f_1)$ bzw. $D(f_2)$.**

Die Gültigkeit dieses Satzes ergibt sich unmittelbar aus S 19.6, S 19.7 und S 18.5, [4].

5. Aus den bisher bewiesenen Sätzen folgt, daß auch Funktionen, deren Funktionsterme sich durch Verknüpfung mit Hilfe der Grundrechnungsarten aus rationalen und trigonometrischen Termen ergeben, in ihrer jeweiligen Definitionsmenge stetig sind.

Beispiele:

1) Die Funktion zu $f_1(x) = \cos x + 2 \sin x$ ist stetig über $\mathbb{R}$.

2) Die Funktion zu $f_2(x) = \dfrac{x^2}{\sin x}$ ist stetig über $D(f_2)$.

3) Die Funktion zu $f_3(x) = \dfrac{\sin x}{x}$ ist stetig über $D(f_3) = \mathbb{R}^{\neq 0}$.

Die Funktion zu $f_3(x) = \dfrac{\sin x}{x}$ hat bei $x = 0$ eine Definitionslücke. Wir wollen untersuchen, ob zu dieser Stelle ein Grenzwert existiert, die Funktion also stetig ergänzbar ist. Bild 19.4 zeigt einen Ausschnitt aus dem Einheitskreis. Ein Vergleich der auftretenden Flächen zeigt:

$$F_{ODA} < F_{OEA} < F_{OEB}$$

Für die Maßzahlen der zugehörigen Flächeninhalte gilt:

$$F_{ODA} = \tfrac{1}{2} \cdot \sin x \cdot \cos x; \quad F_{OEA} = \tfrac{1}{2} x; \quad F_{OEB} = \tfrac{1}{2} \cdot \tan x.$$

Also gilt: $\quad \sin x \cdot \cos x \leq x \leq \dfrac{\sin x}{\cos x} \quad$ (für $x \geq 0$).

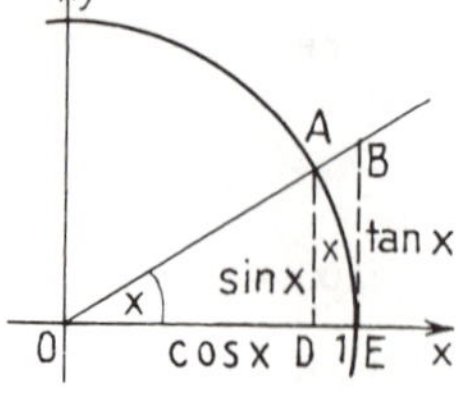

Bild 19.4

Beachte: Für $x = 0$ werden die Flächenmaßzahlen der betrachteten Dreiecke zu 0; daher müssen wir in der vorstehenden Ungleichung das Gleichheitszeichen zulassen. Dividieren wir die Ungleichung durch $\sin x > 0$, so erhalten wir:

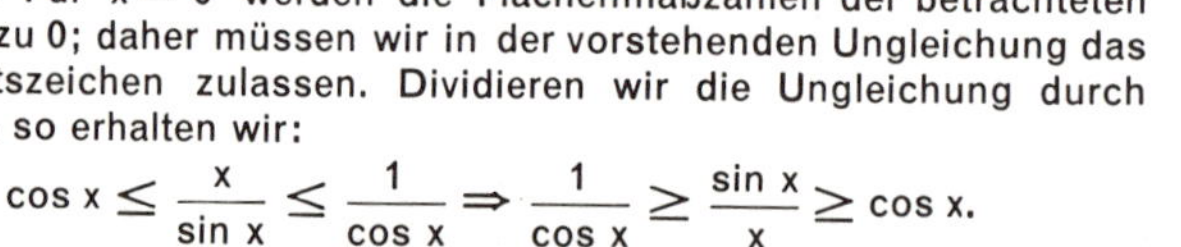

$$\cos x \leq \frac{x}{\sin x} \leq \frac{1}{\cos x} \Rightarrow \frac{1}{\cos x} \geq \frac{\sin x}{x} \geq \cos x.$$

Nun bilden wir bei allen drei Termen den Grenzwert für $x \to 0$. Da die Cosinusfunktion für $x = 0$ stetig ist, gilt:

$$\lim_{x \to 0} \cos x = \cos 0 = 1 \quad \text{und} \quad \lim_{x \to 0} \frac{1}{\cos x} = \frac{1}{\cos 0} = 1.$$

Daher ist: $\quad 1 \geq \lim\limits_{x \to 0} \dfrac{\sin x}{x} \geq 1, \quad$ d. h. $\lim\limits_{x \to 0} \dfrac{\sin x}{x} = 1.$

Es gilt also:

S 19.9 **Es ist: $\lim\limits_{x \to 0} \dfrac{\sin x}{x} = 1$. Die Funktion zu $f(x) = \dfrac{\sin x}{x}$ ist in ihrer Definitionslücke $x = 0$ durch die Definition $f(0) =_{Df} 1$ stetig ergänzbar.**

IV. Verkettung stetiger Funktionen

1. Mit den in § 18 und in diesem Paragraphen bewiesenen Stetigkeitssätzen erfaßt man Funktionen eines bestimmten Typs noch nicht.

Beispiele: **1)** $f_1(x) = \sqrt{1 + x^2}$ **2)** $f_2(x) = \sin(3x - 5)$

In beiden Fällen kann man sich die Funktionsterme durch Einsetzen eines Terms in einen anderen Term entstanden denken.

Zu 1): Mit $\varphi(x) = 1 + x^2$ und $g(z) = \sqrt{z}$ erhält man $g[\varphi(x)] = \sqrt{1 + x^2} = f_1(x)$.

Zu 2): Mit $\varphi(x) = 3x - 5$ und $g(z) = \sin z$ erhält man $g[\varphi(x)] = \sin(3x - 5) = f_2(x)$.

Man spricht in solchen Fällen von der **„Verkettung der beiden Funktionen φ und g zu einer Funktion f"**.

2. Wir haben also zu untersuchen, ob eine Funktion f zu einem Term der Form $f(x) = g[\varphi(x)]$ an einer Stelle x_0 stetig ist. Es liegt nahe, dabei vorauszusetzen, daß die Funktion φ in x_0 und die Funktion g in $z_0 = \varphi(x_0)$ stetig sind. Es gilt der Satz:

S 19.10 **Ist eine Funktion φ stetig an der Stelle x_0 und eine Funktion g stetig an der Stelle $z_0 = \varphi(x_0)$, so ist die Funktion f zu $f(x) = g[\varphi(x)]$ stetig an der Stelle x_0.**

Beim **Beweis** haben wir zu zeigen:

a) Es gibt eine Umgebung $U(x_0)$ mit $U(x_0) \subseteq D(f)$.

b) Zu jedem $\varepsilon \in \mathbb{R}^{>0}$ gibt es ein $\delta(\varepsilon) \in \mathbb{R}^{>0}$, so daß gilt: $|x - x_0| < \delta(\varepsilon) \Rightarrow |f(x) - f(x_0)| < \varepsilon$.

Wir können den Teil **b)** der Behauptung auch kurz so ausdrücken: $x \to x_0 \Rightarrow f(x) \to f(x_0)$, d.h. konvergiert x gegen x_0, so konvergiert f (x) gegen $f(x_0)$.

Wir schicken dem eigentlichen Beweis zur Verdeutlichung des Sachverhaltes eine Überlegung voran, bei der wir von dieser Kurzschreibweise Gebrauch machen. Wir nehmen dabei zunächst einmal an, Teil **a)** der Behauptung sei bereits bewiesen, es gäbe also eine Umgebung $U(x_0)$, in der die Gesamtfunktion f definiert ist.

Beschränken wir uns auf Werte von x aus dieser Umgebung $U(x_0)$, so gilt wegen der vorausgesetzten Stetigkeit der Funktion φ in x_0:

$$x \to x_0 \Rightarrow \underbrace{\varphi(x)}_{z} \to \underbrace{\varphi(x_0)}_{z_0},$$

d. h. $z \to z_0$.

Außerdem gilt wegen der vorausgesetzten Stetigkeit der Funktion g an der Stelle $z_0 = \varphi(x_0)$:

$$z \to z_0 \Rightarrow g(z) \to g(z_0), \text{ d.h. } g[\varphi(x)] \to g[\varphi(x_0)], \text{ d.h. } f(x) \to f(x_0).$$

Insgesamt gilt also: $x \to x_0 \Rightarrow f(x) \to f(x_0)$, was wir zeigen wollten.

Nach dieser Vorüberlegung führen wir den strengen Beweis.

Zu a): 1) Nach Voraussetzung existiert eine Umgebung $U_1(x_0)$ mit $U_1(x_0) \subseteq D(\varphi)$.

2) Nach Voraussetzung existiert außerdem eine Umgebung $U_2(z_0)$ mit $U_2(z_0) \subseteq D(g)$ (Bild 19.5).

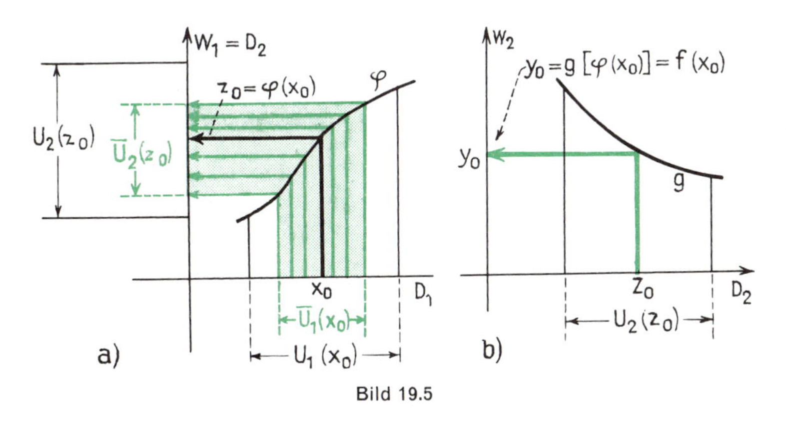

Bild 19.5

3) Wegen der vorausgesetzten Stetigkeit der Funktion φ an der Stelle x_0 gibt es eine Umgebung $\overline{U}_1(x_0) \subseteq U_1(x_0)$, die durch φ auf eine Umgebung $\overline{U}_2(z_0) \subseteq U_2(z_0)$ abgebildet wird.

4) Da φ in $\overline{U}_1(x_0)$ und g in $\overline{U}_2(z_0)$ definiert sind, ist auch f in $\overline{U}_1(x_0)$ definiert: $\overline{U}_1(x_0) \subseteq D(f)$, q. e. d. (Bild 19.5).

Zu b): 1) Nach Voraussetzung gibt es zu jedem $\delta_1 \in \mathbb{R}^{>0}$ ein $\delta(\delta_1) \in \mathbb{R}^{>0}$ mit $|x - x_0| < \delta(\delta_1)$ $\Rightarrow |\varphi(x) - \varphi(x_0)| < \delta_1$, d. h. $|z - z_0| < \delta_1$.

2) Nach Voraussetzung gibt es ferner zu jedem $\varepsilon \in \mathbb{R}^{>0}$ ein $\delta_1(\varepsilon) \in \mathbb{R}^{>0}$ mit

$$|z - z_0| < \delta_1 \Rightarrow |g(z) - g(z_0)| = |g[\varphi(x) - g[\varphi(x_0)]| = |f(x) - f(x_0)| < \varepsilon.$$

3) Also gibt es zu jedem $\varepsilon \in \mathbb{R}^{>0}$ ein $\delta[\delta_1(\varepsilon)] \in \mathbb{R}^{>0}$, so daß gilt:

$$|x - x_0| < \delta \Rightarrow |z - z_0| < \delta_1 \Rightarrow |f(x) - f(x_0)| < \varepsilon, \text{ q. e. d.}$$

Beispiel: Die Funktion f zu $f(x) = \sqrt{1 + x^2}$ ist an der Stelle $x_0 = 2$ stetig, weil die Funktion φ zu $\varphi(x) = 1 + x^2$ an der Stelle $x_0 = 2$ und die Funktion g zu $g(z) = \sqrt{z}$ an der Stelle $z_0 = \varphi(x_0) = \varphi(2) = 5$ stetig sind.

Übungen und Aufgaben

1. Über welchen maximalen Definitionsmengen sind die durch die folgenden Gleichungen gegebenen Funktionen stetig? (Vgl. S 19.4!)

a) $f(x) = \frac{x^2 - 3x}{x^2 - 9}$ **b)** $f(x) = \frac{3x + 2}{x^2 - 5x - 24}$ **c)** $f(x) = \frac{x^3}{x^3 - 4x}$

d) $f(x) = \frac{x^2 - 7}{x^3 - x^2}$ **e)** $f(x) = \frac{5}{x^3 - x^2 - 6x}$ **f)** $f(x) = \frac{x^2 + x + 10}{1 + x^2}$

2. Ermittle die Grenzwerte der durch die folgenden Terme gegebenen Funktionen an der Stelle x_0; benutze dabei die Tatsache, daß rationale Funktionen in ihrer Definitionsmenge stetig sind! (S 19.4)

a) $f(x) = x^2$; $x_0 = 3$ **b)** $f(x) = \frac{1}{x + 4}$; $x_0 = -1$ **c)** $f(x) = x^2 - 4x + 1$; $x_0 = 2$

d) $f(x) = x^3 - 6x$; $x_0 = 0$ **e)** $f(x) = \frac{x - 1}{x^2 + 4}$; $x_0 = 2$ **f)** $f(x) = \frac{1 - x}{1 + x}$; $x_0 = 0$

3. Beweise die Stetigkeit der Funktion zu $y = f(x)$! (Vgl. II!)

a) $f(x) = \sqrt{x + 1}$ mit $x_0 \in \mathbb{R}^{>-1}$ **b)** $f(x) = \sqrt{-2x + 8}$ mit $x_0 \in \mathbb{R}^{<4}$

4. Was kannst du über die Stetigkeit der Funktionen zu $y = f(x)$ aussagen? (Begründung!)

a) $f(x) = A \sin x$ mit $A \in \mathbb{R}$ **b)** $f(x) = A \tan x$ mit $A \in \mathbb{R}$

c) $f(x) = 3 \sin x + 4 \cos x$ **d)** $f(x) = \cos\left(x + \frac{\pi}{3}\right)$

e) $f(x) = \sin x \cos x$ **f)** $f(x) = \sin 2x$

5. Ist die Funktion zu $y = f(x)$ an der Stelle x_0 stetig ergänzbar?

a) $f(x) = \frac{\tan x}{x}$; $x_0 = 0$ **b)** $f(x) = \frac{\sin 2x}{x}$; $x_0 = 0$ **c)** $f(x) = \frac{x}{\sin 2x}$; $x_0 = \pi$

d) $f(x) = \frac{x - \sin x}{x \cdot \cos x}$; $x_0 = 0$ **e)** $f(x) = \frac{\tan x}{\sin x}$; $x_0 = 0$ **f)** $f(x) = \frac{\sin^2 x}{x^2}$; $x_0 = 0$

g) $f(x) = \frac{1 - \cos x}{\sin^2 x}$; $x_0 = 0$ **h)** $f(x) = \frac{\sin 2x}{x \cdot \cos x}$; $x_0 = 0$ **i)** $f(x) = \frac{x^2}{\cos^2 x}$; $x_0 = \frac{\pi}{2}$

Beachte: $\sin 2x = 2 \sin x \cos x$; $\sin^2 x = 1 - \cos^2 x$!

6. In welchen Intervallen sind folgende Funktionen stetig?

a) $f(x) = \left| x - [x] - \frac{1}{2} \right|$ **b)** $f(x) = [x] + [1 - x]$ **c)** $f(x) = \begin{cases} x^2 \cdot \left[\frac{1}{x}\right] & \text{für } x \in \mathbb{R} \setminus \{0\} \\ 0 & \text{für } x = 0 \end{cases}$

7. Prüfe, ob die Funktion zu $y = f(x)$ an der Stelle 0 stetig ist!

a) $f(x) = \begin{cases} x \sin \frac{1}{x} & \text{für } x \neq 0 \\ 0 & \text{für } x = 0 \end{cases}$ **b)** $f(x) = \begin{cases} x^2 \sin \frac{1}{x} & \text{für } x \neq 0 \\ 0 & \text{für } x = 0 \end{cases}$

Beachte: $\sin \frac{1}{x}$ ist beschränkt!

8. Sind die Funktionen zu $y = f(x)$ stetig? Verwende S 19.10! Gib die maximalen Definitionsmengen an, in denen die Funktionen stetig sind!

a) $f(x) = \sqrt{2x}$ **b)** $f(x) = \tan 3x$ **c)** $f(x) = \sin(x^2)$

d) $f(x) = \sqrt{1 - x^2}$ **e)** $f(x) = \cos \frac{1}{x}$ **f)** $f(x) = \sin(2x + \pi)$

6. ABSCHNITT | Einführung in die Differentialrechnung

§ 20 Der Begriff der Ableitung einer Funktion

I. Die Problemstellung

1. Die Grenzwertbetrachtungen, die wir im vorigen Abschnitt zu Funktionen angestellt haben, die über einer Teilmenge von $\mathbb{R}$ definiert sind, gipfeln im Begriff der Stetigkeit. Ist eine Funktion über ihrer Definitionsmenge oder über einem Intervall stetig, so bedeutet dies anschaulich, daß der Funktionsgraph eine nirgendwo unterbrochene Linie darstellt, daß er keine „Sprünge" macht und auch nirgends über alle Schranken wächst.

2. Bei der Anwendung der Funktionenlehre auf die Erfahrungswelt, z. B. in den Naturwissenschaften und in der Technik, kommt es – über die bisher erörterten Fragen hinaus – darauf an, Aufschluß darüber zu erhalten, wie sich die Funktionswerte **ändern,** wenn die x-Werte zu- oder abnehmen.
So kommt es z. B. bei der Bewegung eines Raumfahrzeuges für den Mann im Raumfahrtzentrum nicht nur darauf an, zu wissen, wo sich die Raumkapsel zu einem bestimmten Zeitpunkt befindet, sondern wesentlich auch darauf, wie die Position des Fahrzeuges sich im Raum **ändert,** mit welcher Geschwindigkeit es sich also bewegt und wie stark sich diese Geschwindigkeit – etwa durch die größer werdende Anziehungskraft des Mondes oder der Erde – **ändert.**
Bei der Analyse eines Wahlergebnisses kommt es für die Politiker nicht nur darauf an, zu wissen, wie hoch der Stimmenanteil ist, der auf die Parteien entfallen ist, sondern auch darauf, wie stark sich dieser Stimmenanteil im Vergleich zu anderen Wahlen **geändert** hat.
(Bemerkung: Dadurch ist es zu erklären, daß nach manchen Wahlen sich mehrere der beteiligten Parteien für den „Wahlsieger" halten: sowohl diejenige Partei, die den größten Stimmenanteil auf sich vereinigen konnte, dabei vielleicht aber weniger Stimmen erreicht hat als bei der vorhergehenden Wahl, als auch die Partei, die an sich nur „zweiter Sieger" ist, aber ihren Stimmenanteil gegenüber der Vorwahl hat vergrößern können.)

3. Bei einem Funktionsgraph kommt die **„Änderungstendenz"** der Funktionswerte anschaulich in der „Steilheit" der Kurve zum Ausdruck. Ist die Kurve ziemlich steil, so wachsen (oder fallen) die Funktionswerte rasch; ist sie flach, so wachsen (oder fallen) die Funktionswerte weniger rasch im Vergleich zu den wachsenden x-Werten. Es wird also darauf ankommen, die „Steilheit" von Funktionsgraphen rechnerisch zu erfassen.

4. Für einen bestimmten Kurventyp ist uns die Lösung des Problems bereits seit langem vertraut: für Geraden. Schon in Band 4 haben wir die sogenannte **„Steigung"** definiert; sie ist das Verhältnis von „Höhenunterschied" zu „Horizontalunterschied"; sind zwei Punkte $P_1(x_1 \mid y_1)$ und $P_2(x_2 \mid y_2)$ mit $x_1 \neq x_2$ gegeben, so wird die Steigung rechnerisch erfaßt durch den Term:

$$m = \frac{y_2 - y_1}{x_2 - x_1} = \tan\varphi \text{ (Bild 20.1).}$$

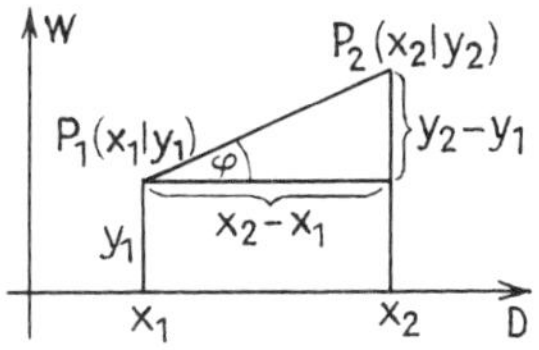

Bild 20.1

Schon in Band 4 haben wir gezeigt, daß eine Gerade eine „konstante" Steigung hat, d. h., daß die Steigung für alle Punktepaare auf der Geraden dieselbe ist und daß bei einer Geradengleichung der Form $y = c \cdot x + b$ der Koeffizient c des linearen Gliedes diese Steigung m angibt: $m = c = \tan\varphi$.

5. Bei gekrümmten Funktionsgraphen haben wir das Problem dagegen noch keineswegs gelöst. Man erkennt sofort, daß eine unmittelbare Übertragung des Steigungsbegriffs von Geraden auf gekrümmte Kurven nicht möglich ist. Greift man nämlich aus einer Kurve mehrere Punkte heraus und verbindet diese paarweise durch Sehnen, so haben diese Sehnen im allgemeinen verschiedene Steigungen.

Beispiel: $f(x) = \frac{1}{4}x^2$ (Bild 20.2) Es ist: $f(1) = \frac{1}{4}$; $f(2) = 1$; $f(3) = \frac{9}{4}$

Wir berechnen die Sehnensteigungen zwischen je zwei von diesen drei Punkten:

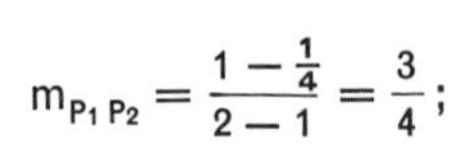

$$m_{P_1 P_2} = \frac{1 - \frac{1}{4}}{2 - 1} = \frac{3}{4};$$

$$m_{P_1 P_3} = \frac{\frac{9}{4} - \frac{1}{4}}{3 - 1} = \frac{2}{2} = 1;$$

$$m_{P_2 P_3} = \frac{\frac{9}{4} - 1}{3 - 2} = \frac{5}{4}.$$

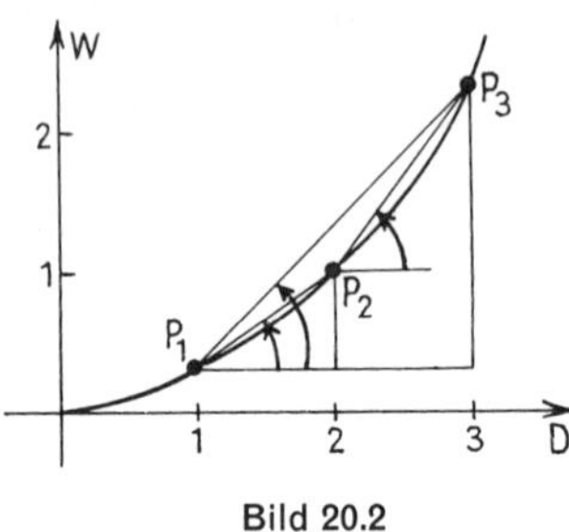

Bild 20.2

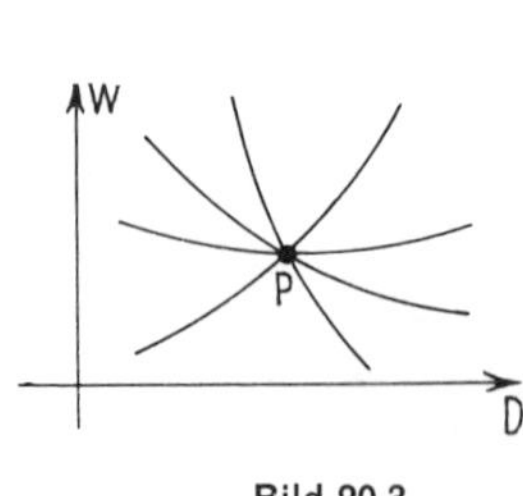

Bild 20.3

Wir erhalten also drei verschiedene Steigungswerte. Dies ist an der Figur von Bild 20.2 auch unmittelbar zu erkennen; denn die drei Sehnen P_1P_2, P_1P_3 und P_2P_3 haben offensichtlich verschiedene Steigungen.

6. Wegen dieser Sachlage stellt sich uns das Problem, einen **Steigungsbegriff** zu **definieren,** der sich auf einen **einzelnen Punkt der Kurve** bezieht; selbstverständlich muß dabei auch der Verlauf der Kurve in der Umgebung dieses Punktes in geeigneter Weise berücksichtigt werden; denn es ist anschaulich klar, daß Kurven, die durch **denselben** Punkt gehen, in diesem Punkt verschieden „steil" sein können (Bild 20.3).

II. Die Definition der Begriffe Ableitung und Differenzierbarkeit

1. Wir betrachten zur Lösung des im I. Abschnitt erörterten Problems wiederum die Funktion zu $f(x) = \frac{1}{4}x^2$ (Bild 20.2) und wählen die Stelle $x_0 = 1$.
Die schon in I., **5.** berechneten Sekantensteigungen $m_{P_1 P_3}$ und $m_{P_1 P_2}$ stellen offensichtlich – wenn auch noch sehr grobe – Näherungswerte für die gesuchte (und noch zu definierende) Steigung der Kurve in diesem Punkte dar. Dabei ist die Zahl $m_{P_1 P_2} = \frac{3}{4}$ sicherlich ein besserer Näherungswert als die Zahl $m_{P_1 P_3} = 1$, weil der Punkt P_2 **näher** bei P_1 liegt als P_3 und die Kurve zwischen diesen Punkten monoton steigt.
Um einen noch besseren Näherungswert zu erhalten, liegt es nahe, einen weiteren Punkt auf der Kurve zu wählen, der noch näher bei P_1 liegt als P_2, etwa den Punkt $P_4\left(\frac{3}{2}\middle|\frac{9}{16}\right)$ und die zugehörige Sekantensteigung zu berechnen:

$$m_{P_1 P_4} = \frac{\frac{9}{16} - \frac{1}{4}}{\frac{3}{2} - 1} = \frac{\frac{5}{16}}{\frac{1}{2}} = \frac{5}{8}.$$

2. Es liegt auf der Hand, daß wir uns um eine allgemeine Formulierung der in den Beispielen angedeuteten Methode bemühen müssen. Wir bezeichnen den x-Wert, auf den sich die Untersuchung bezieht, mit „x_0", den zugehörigen Funktionswert mit „$f(x_0)$". Die Koordinaten des „benachbarten" Kurvenpunktes erfassen wir mit der Variablen „h":

$$x = x_0 + h \text{ und } f(x) = f(x_0 + h).$$

Es ist zu beachten, daß $h \neq 0$ sein muß, weil sonst der zweite Punkt mit dem ersten übereinstimmen würde und wir keine Steigung ausrechnen könnten. Dann ergibt sich für die Steigung zwischen diesen Punkten (Bild 20.4):

$$m(x_0; h) = \frac{f(x_0 + h) - f(x_0)}{(x_0 + h) - x_0} = \frac{f(x_0 + h) - f(x_0)}{h}.$$

Es handelt sich bei diesem Term um den Quotienten zweier Differenzen; man bezeichnet ihn daher als **„Differenzenquotienten"**; dieser Differenzenquotient gibt die **„Sekantensteigung"** oder **„Intervallsteigung"** zwischen den Punkten $P_0 (x_0 \mid f(x_0))$ und $P(x_0 + h \mid f(x_0 + h))$ an.

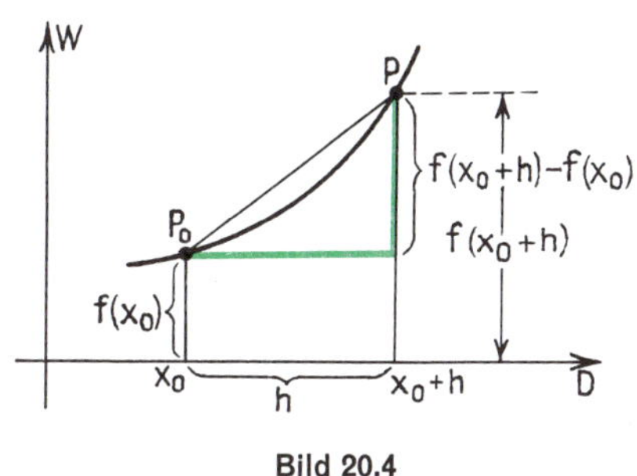

Bild 20.4

Wir definieren:

Unter dem Differenzenquotienten einer Funktion f an einer Stelle $x_0 \in D(f)$ versteht man den Term
$m(x_0; h) = \frac{f(x_0 + h) - f(x_0)}{h}$ mit $x_0 \in D(f)$; $h \in \mathbb{R}^{*0}$ und $(x_0 + h) \in D(f)$.

D 20.1

Beachte: 1) Der Differenzenquotient $m(x_0; h)$ enthält die Variablen x_0 und h; x_0 bezieht sich auf die betrachtete Stelle; h gibt absolut genommen den „Abstand" des zweiten x-Wertes $x_0 + h$ vom Wert x_0 an; für h sind alle positiven wie negativen reellen Zahlen zugelassen, für die gilt $x_0 + h \in D(f)$.

2) Wegen der Bedingung $h \neq 0$ ist die durch den Term $m(x_0; h)$ festgelegte Funktion m für $h = 0$ nicht definiert; es bleibt zu klären, von welcher Art diese Definitionslücke ist.

3. Wir berechnen den Differenzenquotienten für das oben betrachtete Beispiel: $f(x) = \frac{1}{4}x^2$ mit $x_0 = 1$: $f(1) = \frac{1}{4}$; $f(1 + h) = \frac{1}{4}(1 + h)^2 = \frac{1}{4}(1 + 2h + h^2)$.

Also ist: $$m(1; h) = \frac{\frac{1}{4}(1 + 2h + h^2) - \frac{1}{4}}{h} = \frac{\frac{h}{2} + \frac{h^2}{4}}{h} = \frac{1}{2} + \frac{h}{4}.$$

Es liegt nahe, den Grenzwert der Funktion zu $m(1; h)$ für $h \to 0$ zu berechnen:

$$\lim_{h \to 0} m(1; h) = \lim_{h \to 0} \left(\frac{1}{2} + \frac{h}{4}\right) = \frac{1}{2}.$$

Da der Grenzwert existiert, ist bei diesem Beispiel die Definitionslücke der Funktion zu $m(1; h)$ „stetig behebbar". Wir bezeichnen den Grenzwert des Differenzenquotienten bei diesem Beispiel mit „$f'(1)$", gelesen: „f Strich von 1" oder „f Strich an der Stelle 1";

es ist also: $$f'(1) = \lim_{h \to 0} \frac{f(1 + h) - f(1)}{h} = \frac{1}{2}.$$

Wir nennen $f'(1)$ die **„Ableitung der Funktion f an der Stelle 1"** und definieren diese Zahl als die **„Steigung der Kurve"** in dem betreffenden Punkt P_0: $m_{P_0} = f'(1)$.
Da $f'(1)$ existiert, sagt man: Die Funktion f ist **„differenzierbar** an der Stelle 1".

4. Allgemein setzen wir fest:

Eine Funktion f heißt „differenzierbar an der Stelle x_0" genau dann, wenn es 1) eine Umgebung $U(x_0)$ gibt mit $U(x_0) \subseteq D(f)$ und wenn

D 20.2

2) der Grenzwert des Differenzenquotienten $\frac{f(x_0+h)-f(x_0)}{h}$

$$f'(x_0) =_{Df} \lim_{h \to 0} m(x_0; h) = \lim_{h \to 0} \frac{f(x_0+h)-f(x_0)}{h}$$

existiert. Man nennt den Grenzwert $f'(x_0)$ die „Ableitung der Funktion f an der Stelle x_0".

Bemerkung: Statt des Terminus „Ableitung" ist in der mathematischen Literatur auch der Terminus „Differentialquotient" zur Bezeichnung von $f'(x_0)$ gebräuchlich. Diese Bezeichnung erinnert daran, daß $f'(x_0)$ der Grenzwert des Differenzenquotienten ist. Der Name „Differentialquotient" kann aber leicht zu dem Mißverständnis führen, es handle sich bei $f'(x_0)$ um einen Quotienten. Da dies nicht der Fall ist, wollen wir diese Bezeichnung hier nicht verwenden. Im übrigen verweisen wir auf die Ausführungen zu dieser Bezeichnung in § 28, III.
Auch der Terminus **„differenzierbar"** erinnert an die Tatsache, daß $f'(x_0)$ der Grenzwert **des Differenzen**quotienten ist. Man nennt daher auch das Berechnen der Ableitung $f'(x_0)$ **„Differenzieren"**. Das Teilgebiet der Mathematik, das sich mit dem Differenzieren beschäftigt, nennt man **„Differentialrechnung"**.

Beachte, daß das Wort „Differen**t**ialrechnung" mit „t", das Wort „differen**z**ierbar" mit „z" geschrieben wird!

Durch Anwendung der Grenzwertdefinition D 17.6 ergibt sich aus D 20.2 unmittelbar die Gültigkeit des Satzes

S 20.1 **Eine Funktion f hat an der Stelle x_0 die Ableitung $f'(x_0)$ genau dann, wenn es eine Umgebung $U(x_0)$ gibt mit $U(x_0) \subseteq D(f)$ und wenn es zu jedem $\varepsilon \in \mathbb{R}^{>0}$ ein $\delta(\varepsilon) \in \mathbb{R}^{>0}$ gibt, so daß gilt:**

$$0 < |h| < \delta(\varepsilon) \Rightarrow \left| \frac{f(x_0+h)-f(x_0)}{h} - f'(x_0) \right| < \varepsilon.$$

6. Mit Hilfe dieses Ableitungsbegriffes definieren wir den Begriff der „Steigung einer Kurve" in einem Punkte P:

D 20.3 **Ist eine Funktion f differenzierbar an einer Stelle x_0, so heißt eine Zahl $m \in \mathbb{R}$ „Steigung des Funktionsgraph im Punkt $P(x_0 \mid f(x_0))$" genau dann, wenn $m = f'(x_0)$ ist.**

Beachte: 1) In D 20.2 ist der Begriff der Ableitung einer Funktion f für eine **einzelne** Stelle x_0 definiert; es handelt sich hierbei also – wie bei der ursprünglichen Definition des Stetigkeitsbegriffs in D 18.1 – um eine **lokale** Eigenschaft der Funktion.
Wir werden unten den Begriff der Differenzierbarkeit genauso auf Intervalle erweitern wie den Stetigkeitsbegriff (§ 21, I).

2) Der Differenzenquotient $m(x_0; h)$ ist für $h = 0$ nicht definiert; die zugehörige „Differenzenquotientfunktion" hat also an der Stelle $h = 0$ eine Definitionslücke. Wenn $f'(x_0)$ existiert, so ist diese Funktion an der Stelle $h = 0$ durch $f'(x_0)$ **stetig ergänzbar.**

3) Wenn eine Funktion f an einer Stelle x_0 differenzierbar ist, so ist $f'(x_0)$ ein Term in der Variablen x_0. Da es auf die Bezeichnung der Variablen nicht ankommt, werden wir im folgenden – wenn keine Verwechslungen zu befürchten sind – statt „x_0" der Einfachheit halber häufig „x" schreiben; dann ist also:

$$f'(x) = \lim_{h \to 0} \frac{f(x+h)-f(x)}{h}.$$

III. Beispiele

Zur Erläuterung des Ableitungsbegriffs betrachten wir in diesem Abschnitt einige einfache **Beispiele:**

1) $f(x) = x^2 + 2x - 2$; wir wählen: $x_0 = 2$ mit $f(2) = 6$.
Der Differenzenquotient zu dieser Stelle ist:

$$m(2; h) = \frac{f(2+h) - f(2)}{h} = \frac{(2+h)^2 + 2(2+h) - 2 - (4+4-2)}{h}$$

$$= \frac{(4+4h+h^2) + (4+2h) - 2 - 6}{h} = \frac{6h + h^2}{h} = 6 + h.$$

Also ist $f'(2) = \lim\limits_{h \to 0} (6 + h) = 6$.

2) $f(x) = x^3$. Wir wählen $x_0 = -1$ mit $f(-1) = -1$.

Der Differenzenquotient zu dieser Stelle ist:

$$m(-1; h) = \frac{f(-1+h) - f(-1)}{h} = \frac{(h-1)^3 - (-1)}{h} = \frac{(h^3 - 3h^2 + 3h - 1) + 1}{h}$$

$$= \frac{h^3 - 3h^2 + 3h}{h} = h^2 - 3h + 3.$$

Also ist: $f'(-1) = \lim\limits_{h \to 0} (h^2 - 3h + 3) = 3$.

3) $f(x) = \frac{1}{x}$; wir wählen $x_0 = 1$ mit $f(1) = 1$.

Der Differenzenquotient ist: $m(1; h) = \dfrac{\frac{1}{1+h} - 1}{h} = \dfrac{1 - (1+h)}{h(1+h)} = \dfrac{-h}{h(1+h)} = -\dfrac{1}{1+h}$.

Also ist: $$f'(1) = \lim_{h \to 0} \left(-\frac{1}{1+h}\right) = -1.$$

4) $f(x) = \frac{2x+1}{x-2}$; wir wählen $x_0 = 3$ mit $f(3) = 7$.

Der Differenzenquotient ist:

$$m(3; h) = \frac{\frac{2(3+h)+1}{(3+h)-2} - 7}{h} = \frac{(6+2h+1) - 7(h+1)}{h(h+1)} = \frac{-5h}{h(h+1)} = \frac{-5}{h+1}.$$

Also ist: $$f'(3) = \lim_{h \to 0} \frac{-5}{h+1} = -5.$$

5) $f(x) = \sqrt{x}$; wir wählen $x_0 = 4$ mit $f(4) = 2$.
Der Differenzenquotient ist für $h > -4$:

$$m(4; h) = \frac{\sqrt{4+h} - 2}{h} = \frac{(\sqrt{4+h} - 2)(\sqrt{4+h} + 2)}{h(\sqrt{4+h} + 2)} = \frac{4 + h - 4}{h(\sqrt{4+h} + 2)} = \frac{1}{\sqrt{4+h} + 2}.$$

Also ist: $$f'(4) = \lim_{h \to 0} \frac{1}{\sqrt{4+h} + 2} = \frac{1}{4}.$$

Beachte, daß es bei allen in diesem Abschnitt betrachteten Funktionen eine Umgebung $U(x_0)$ zur betrachteten Stelle x_0 gibt, in der f voll definiert ist.

IV. Der Begriff der Tangente

1. Im I. Abschnitt dieses Paragraphen haben wir erörtert, daß es notwendig ist, die **„Änderungstendenz"** einer in einer Umgebung U (x_0) definierten Funktion an einer Stelle x_0 begrifflich zu erfassen. Wir haben dieses Problem im II. Abschnitt dadurch gelöst, daß wir **a)** den Begriff der Ableitung einer Funktion an der Stelle x_0 und **b)** den Begriff der Steigung eines Funktionsgraph im Punkt P_0 definiert haben.

Die Ableitung ist das gesuchte Maß für die **„Änderung"** einer Funktion in der Umgebung einer Stelle x_0.

2. Mit Hilfe des Begriffs der Ableitung gelingt es uns nun, einen weiteren Begriff zu definieren, nämlich den Begriff der **„Tangente an eine Kurve in einem Punkt"**.

Wir haben diesen Begriff bisher nur beim Kreis streng definiert (vgl. Band 5). Beim Kreis ist jede Tangente eine Gerade, die mit dem Kreis **genau einen** Punkt T gemeinsam hat (Bild 20.5). Daß diese Eigenschaft bei anderen Kurven für Tangenten nicht kennzeichnend ist, zeigt Bild 20.6. Es genügt auch nicht, sich auf eine „Umgebung" des Punktes T zu beschränken, denn der zweite Schnittpunkt mit der Kurve kann beliebig nahe bei T liegen.

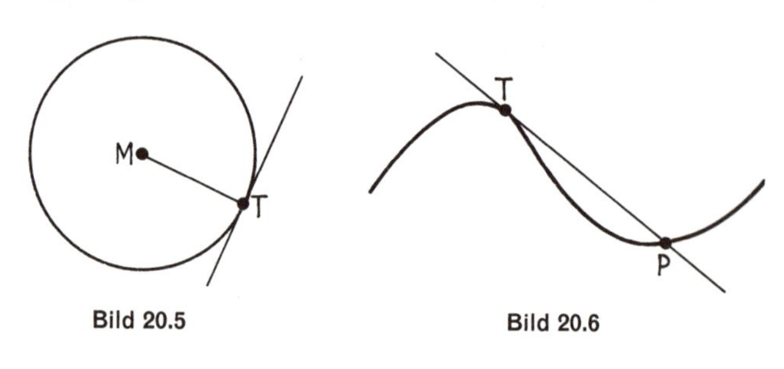

Bild 20.5 Bild 20.6

3. Mit Hilfe des Ableitungsbegriffs können wir jetzt aber definieren:

D 20.4 **Eine Gerade g heißt „Tangente an einen Funktionsgraph im Punkt P_0 (x_0| f (x_0))" genau dann, wenn sie 1) durch den Punkt P_0 geht und 2) die Steigung $m = f'(x_0)$ hat.**

Beachte: 1) In Definition D 20.4 wird vorausgesetzt, daß die Funktion f an der Stelle x_0 differenzierbar ist; andernfalls existiert ja $f'(x_0)$ nicht.

2) Es ist nicht korrekt – wie es häufig geschieht –, zunächst die Tangente zu definieren als die „Grenzlage von Sekanten" und dann die Steigung einer Kurve in einem Punkt P als die Steigung der Tangente in P, wenn man nicht vorher den Begriff „Grenzlage von Sekanten" definiert hat. Sonst ist es nämlich völlig unklar, was man unter der „Grenzlage von Sekanten" verstehen soll. Wird die betreffende Gerade durch zwei **verschiedene** Kurvenpunkte P und Q festgelegt, so ist sie Sekante und nicht Tangente. Fallen aber die Punkte P und Q zusammen, so gibt es durch diesen Punkt beliebig viele Geraden, und niemand weiß, welche von allen diesen Geraden die Tangente sein soll. Wir haben diese Schwierigkeit dadurch vermieden, daß wir **zuerst** den Begriff der „Steigung einer Kurve in einem Punkt" und dann den Begriff der Tangente definiert haben.

4. Wir erläutern den Sachverhalt an einem

Beispiel: Es soll die Tangente an die Kurve zu $f(x) = \frac{1}{4}x^2$ für $x_0 = 2$ bestimmt werden (Bild 20.7).

Es ist $f(2) = 1$ und

$$m(2;h) = \frac{\frac{1}{4}(2+h)^2 - 1}{h} = \frac{h + \frac{h^2}{4}}{h} = 1 + \frac{h}{4};$$

$$f'(2) = \lim_{h \to 0} m(2;h) = \lim_{h \to 0} \left(1 + \frac{h}{4}\right) = 1.$$

Die Tangentengleichung lautet also in Punkt-steigungsform (vgl. Band 6):

$$\frac{y - y_1}{x - x_1} = m = f'(x_1), \text{ d. h. } \frac{y-1}{x-2} = 1 \Rightarrow y - 1 = x - 2$$

$$\Leftrightarrow y = x - 1 \quad \text{(Bild 20.7)}.$$

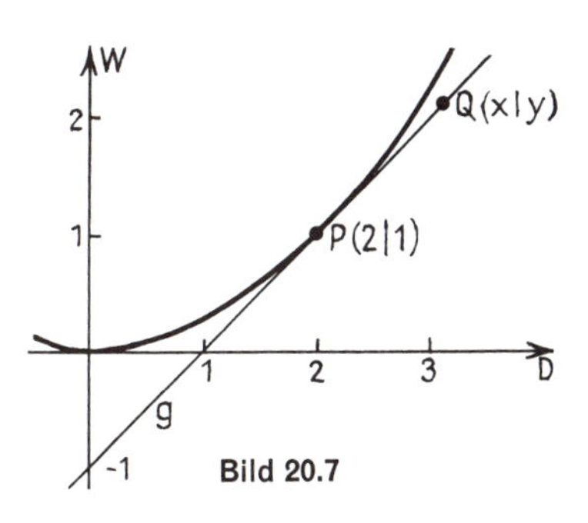

Bild 20.7

5. Aus der Eindeutigkeit der Ableitung $f'(x_0)$ ergibt sich unmittelbar die Gültigkeit des Satzes

S 20.2

Eine an der Stelle x_0 differenzierbare Funktion f hat im Punkt $P(x_0 \mid f(x_0))$ genau eine Tangente.

V. Der Zusammenhang zwischen Stetigkeit und Differenzierbarkeit

1. Um den Zusammenhang zwischen Stetigkeit und Differenzierbarkeit zu untersuchen, betrachten wir das

Beispiel: $f(x) = -|x+2| + 3$ (Bild 20.8)

Die durch diesen Term festgelegte Funktion ist stetig über der Menge $\mathbb{R}$; insbesondere auch an der Stelle $x = -2$.

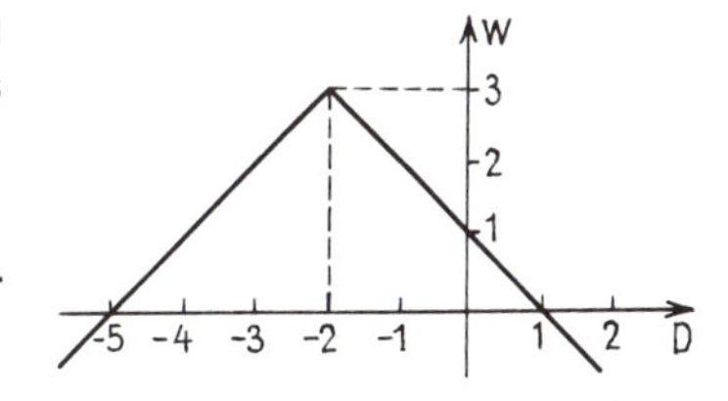

Bild 20.8

Für $h > 0$ ist nämlich

$$f(-2+h) = -|-2+h+2| + 3 = -|h| + 3 = 3 - h;$$

$$\text{also r-}\lim_{x \to -2} f(x) = 3 = f(-2) \text{ und}$$

$$f(-2-h) = -|-2-h+2| + 3 = -|-h| + 3 = 3 - h;$$

$$\text{also auch } l\text{-}\lim_{x \to -2} f(x) = 3 = f(-2).$$

2. Ein Blick auf den Funktionsgraph (Bild 20.8) lehrt, daß die Funktion f an der Stelle -2 nicht differenzierbar sein kann. Der Graph setzt sich aus zwei Halbgeraden zusammen, die im Punkt $P(-2 \mid 3)$ zusammenstoßen; da die beiden Halbgeraden verschiedene Steigungen haben (1 und -1), kann f an der Stelle -2 nicht differenzierbar sein. Wir können dies auch rechnerisch beweisen, wenn wir zusätzlich die Begriffe der „linksseitigen Ableitung" und der „rechtsseitigen Ableitung" definieren.

D 20.5

Eine Funktion f heißt

„linksseitig	**„rechtsseitig**

differenzierbar an der Stelle x_0" genau dann, wenn es eine

linksseitige Umgebung $U_l(x_0)$	**rechtsseitige Umgebung $U_r(x_0)$**

gibt mit

$U_l(x_0) \subseteq D(f)$	**$U_r(x_0) \subseteq D(f)$**

und wenn für $h > 0$ der Grenzwert

$$f'_l(x_0) = \lim_{h \to 0} \frac{f(x_0 - h) - f(x_0)}{-h} \quad \Big| \quad f'_r(x_0) = \lim_{h \to 0} \frac{f(x_0 + h) - f(x_0)}{h}$$

existiert. Man nennt

$f'_l(x_0)$ die „linksseitige | $f'_r(x_0)$ die „rechtsseitige

Ableitung der Funktion f an der Stelle x_0".

Aus den Definitionen D 20.2 und D 20.5 folgt unmittelbar die Gültigkeit des Satzes:

S 20.3 **Eine Funktion f ist genau dann differenzierbar an einer Stelle x_0, wenn sie an dieser Stelle rechtsseitig und linksseitig differenzierbar und $f'_r(x_0) = f'_l(x_0)$ ist.**

3. Wir wollen noch erwähnen, daß man mit Hilfe der Begriffe der linksseitigen und der rechtsseitigen Ableitung auch die Begriffe der „linksseitigen Tangente" und der „rechtsseitigen Tangente" definieren kann.

4. Wir berechnen nun die beiden Ableitungen der Funktion des obigen Beispiels zur Stelle -2. Für $h > 0$ ist:

$$\frac{f(-2-h) - f(-2)}{-h} = \frac{-|-2-h+2| + 3 - 3}{-h} = \frac{-|-h|}{-h} = 1;$$

$$\frac{f(-2+h) - f(-2)}{h} = \frac{-|-2+h+2| + 3 - 3}{h} = \frac{-|h|}{h} = -1;$$

also ist $f'_l(-2) = 1$ und $f'_r(-2) = -1$.

Da die beiden einseitigen Ableitungen voneinander verschieden sind, ist bewiesen, daß $f'(-2)$ nicht existiert.

Das Beispiel zeigt also: **Ist eine Funktion f an einer Stelle x_0 stetig, so braucht sie keineswegs an dieser Stelle differenzierbar zu sein.**

5. Wir fragen nun, ob vielleicht umgekehrt aus der Differenzierbarkeit die Stetigkeit folgt. Wenn eine Funktion an der Stelle x_0 differenzierbar ist, so gilt $x_0 \in D(f)$. Die in der Definition des Stetigkeitsbegriffs enthaltene Grenzwertbedingung können wir folgendermaßen in eine äquivalente Bedingung umformen:

$$\lim_{h \to 0} f(x_0 + h) = f(x_0) \Leftrightarrow \lim_{h \to 0} [f(x_0 + h) - f(x_0)] = 0.$$

(Beachte, daß $\lim_{h \to 0} f(x_0) = f(x_0)$ ist, weil h in $f(x_0)$ nicht vorkommt!)

Um diese Bedingung aus der zweiten Bedingung für die Differenzierbarkeit herleiten zu können, führen wir die folgende Umformung durch:

$$\begin{aligned}\lim_{h \to 0} [f(x_0 + h) - f(x_0)] &= \lim_{h \to 0} \left[\frac{f(x_0 + h) - f(x_0)}{h} \cdot h\right] \quad (\text{für } h \neq 0) \\ &= \underbrace{\lim_{h \to 0} \frac{f(x_0 + h) - f(x_0)}{h}}_{} \cdot \underbrace{\lim_{h \to 0} h}_{} \\ &= \qquad f'(x_0) \qquad \cdot \quad 0 \quad = 0.\end{aligned}$$

Damit ist gezeigt:

S 20.4 **Wenn eine Funktion f an einer Stelle x_0 differenzierbar ist, so ist sie dort auch stetig.**

Beachte, daß die Umkehrung des Satzes nicht gilt, wie wir oben bereits an einem Beispiel gezeigt haben. Man sagt: Die Stetigkeit ist für die Differenzierbarkeit eine notwendige, aber keine hinreichende Bedingung.

Übungen und Aufgaben

1. a) Zeichne die Geraden zu

α) $y = 2x - 1$ β) $y = -x + 2$ γ) $y = \frac{1}{2}x - 2$ δ) $y = -\frac{2}{3}x + 1$

und trage den Steigungswinkel ein!

b) Wie ist die Steigung einer Geraden definiert?

2. Berechne die Sekantensteigung zu den Punkten P_1 und P_2 mit den Abszissen x_1 und x_2!

a) $f(x) = x^2$; $x_1 = 1$; $x_2 = 2$

b) $f(x) = x^2 - x$; $x_1 = -1$; $x_2 = 0$

c) $f(x) = 2x^2 - 1$; $x_1 = 3$; $x_2 = 5$

d) $f(x) = 3 - \frac{1}{4}x^2$; $x_1 = -2$; $x_2 = -1$

e) $f(x) = x^3$; $x_1 = -2$; $x_2 = 0$

f) $f(x) = \frac{1}{2}x^2 - 2x$; $x_1 = 1$; $x_2 = 3$

g) $f(x) = \frac{1}{x}$; $x_1 = 2$; $x_2 = 4$

h) $f(x) = \sqrt{x}$; $x_1 = 4$; $x_2 = 9$

3. Berechne die Sekantensteigungen zu den Punkten P_1 und P_2 mit den Abszissen x_1 und x_2!

a) $f(x) = x^2$

x_1	1	1	1	1	1	1
x_2	2	$\frac{3}{2}$	$\frac{4}{3}$	$\frac{5}{4}$	$\frac{6}{5}$	$\frac{n+1}{n}$

b) $f(x) = \frac{1}{x}$

x_1	2	2	2	2	2
x_2	3	2,1	2,01	2,001	$2 + 10^{-n}$

c) $f(x) = x^3$

x_1	0	0	0	0	0
x_2	1	$\frac{1}{2}$	$\frac{1}{4}$	$\frac{1}{8}$	2^{-n}

Was erhältst du als „Sekantensteigung", wenn $n \to \infty$ strebt?

4. Die Funktion zu $m(x_0; h) = \frac{f(x_0 + h) - f(x_0)}{h}$ ist eine gebrochene Funktion. Was kannst du über diese Funktion an der Stelle $h = 0$ aussagen? Welche Bedingung muß der Zähler erfüllen, damit die Funktion an der Stelle $h = 0$ stetig ergänzbar ist? (Vgl. § 18; Aufgabe 15!)

5. Berechne den Grenzwert der Funktion m zu $m(x_0; h)$ für $h \to 0$ zu den Funktionen:

a) $f(x) = x^2 - 4$; $x_0 = 2$

b) $f(x) = -\frac{1}{4}x^2$; $x_0 = -1$

c) $f(x) = x^2 + 2x$; $x_0 = -3$

d) $f(x) = 2x^2 - 3x + 1$; $x_0 = 0$

e) $f(x) = x^3$; $x_0 = 1$

f) $f(x) = \frac{1}{3}x^3 - 2x$; $x_0 = 6$

g) $f(x) = \frac{1}{x+2}$; $x_0 = -1$

h) $f(x) = \frac{1}{x^2}$; $x_0 = 2$

i) $f(x) = \sqrt{x+1}$; $x_0 = 0$

j) $f(x) = \frac{x+1}{x-1}$; $x_0 = 2$

k) $f(x) = \frac{2x+3}{1-x}$; $x_0 = 2$

l) $f(x) = \sqrt{2x-1}$; $x_0 = 1$

6. Bestimme die Gleichungen der Tangenten im Punkt $P(x_0 \mid f(x_0))$ zu den Graphen der durch folgende Terme bestimmten Funktionen!

a) $f(x) = x^2$; $x_0 = 1$

b) $f(x) = x^3$; $x_0 = \frac{1}{2}$

c) $f(x) = \frac{1}{4}x^2 - 2x$; $x_0 = -2$

d) $f(x) = 4 - x^2$; $x_0 = 2$

e) $f(x) = \frac{1}{x}$; $x_0 = 1$

f) $f(x) = \frac{1}{x^2}$; $x_0 = -1$

g) $f(x) = \sqrt{x}$; $x_0 = 4$

h) $f(x) = x^3 - x$; $x_0 = 0$

i) $f(x) = \sqrt{1-x}$; $x_0 = -8$

7. Sind die Funktionen zu den folgenden Termen an der Stelle x_0 differenzierbar? Zeichne die Graphen!

a) $f(x) = |x - 2|;\ x_0 = 2$ **b)** $f(x) = |x^2 - 1|;\ x_0 = 1;\ -1$ **c)** $f(x) = x \cdot |x|;\ x_0 = 0$

d) $f(x) = x^2 - x + H(x);\ x_0 = 0$ **e)** $f(x) = x \cdot \operatorname{sign} x;\ x_0 = 0$

f) $f(x) = \begin{cases} x^2 \text{ für } x \leq 1 \\ 2x - 1 \text{ für } x > 1 \end{cases};\ x_0 = 1$ **g)** $f(x) = \begin{cases} x^2 \text{ für } x \leq -1 \\ 2 - x^2 \text{ für } x > -1 \end{cases};\ x_0 = -1$

Anleitung: Ermittle jeweils den rechtsseitigen und den linksseitigen Grenzwert von $m(x_0;\ h)$ an der Stelle x_0 $(h \to 0)$!

Beispiel: $f(x) = |x^2 - 9|;\ x_0 = -3$

1) Für $x \leq -3$ ist $f(x) = x^2 - 9$. Mit $h > 0$ erhalten wir:

$$l\text{-}\lim_{h \to 0} m(-3;\ h) = \lim_{h \to 0} \frac{f(-3-h) - f(-3)}{-h} = \lim_{h \to 0} \frac{[(-3-h)^2 - 9] - 0}{-h}$$

$$= \lim_{h \to 0} \frac{9 + 6h + h^2 - 9}{-h} = \lim_{h \to 0} \frac{h(6+h)}{-h} = \lim_{h \to 0} (-6 - h) = -6.$$

2) Für $-3 \leq x \leq 3$ ist $f(x) = 9 - x^2$. Mit $0 < h < 6$ erhalten wir:

$$r\text{-}\lim_{h \to 0} m(-3;\ h) = \lim_{h \to 0} \frac{f(-3+h) - f(-3)}{h} = \lim_{h \to 0} \left[\frac{9 - (-3+h)^2 - 0}{h}\right]$$

$$= \lim_{h \to 0} \frac{9 - (9 - 6h + h^2)}{h} = \lim_{h \to 0} \frac{h(6-h)}{h} = \lim_{h \to 0} (6 - h) = 6.$$

Da die beiden Grenzwerte nicht übereinstimmen, ist die Funktion an der Stelle -3 nicht differenzierbar.

8. Prüfe, ob die durch die folgenden Terme gegebenen Funktionen an der Stelle x_0 **1)** stetig, **2)** differenzierbar sind!
Beachte: Ist eine Funktion an einer Stelle x_0 unstetig, so ist sie sicher dort nicht differenzierbar!

a) $f(x) = \begin{cases} -x + 2 \text{ für } x \leq -1 \\ x^2 \text{ für } x > -1 \end{cases};\ x_0 = -1$ **b)** $f(x) = \begin{cases} -2x - 1 \text{ für } x \leq -1 \\ x^2 \text{ für } x > -1 \end{cases};\ x_0 = -1$

c) $f(x) = \begin{cases} x^2 - 4 \text{ für } x < -2 \\ x + 2 \text{ für } x \geq -2 \end{cases};\ x_0 = -2$ **d)** $f(x) = \begin{cases} 2x \text{ für } x < -1 \\ -x^2 \text{ für } x \geq -1 \end{cases};\ x_0 = -1$

e) $f(x) = \begin{cases} 2x + 1 \text{ für } x < -1 \\ -x^2 \text{ für } x \geq -1 \end{cases};\ x_0 = -1$ **f)** $f(x) = \begin{cases} x \text{ für } x < 0 \\ -x^2 \text{ für } x \geq 0 \end{cases};\ x_0 = 0$

g) $f(x) = x + |x - 2|;\ x_0 = 2$ **h)** $f(x) = \begin{cases} \dfrac{x^2 - 6x + 9}{|x - 3|} \text{ für } x \neq 3 \\ 0 \text{ für } x = 3 \end{cases};\ x_0 = 3$

9. An welchen Stellen sind die durch die folgenden Terme gegebenen Funktionen **1)** unstetig **2)** nicht differenzierbar? Gib eine Begründung!

a) $f(x) = |x + 2| - |x - 1|$ **b)** $f(x) = x\,(H(x) + H(-x))$

c) $f(x) = \sqrt{|x|}$ **d)** $f(x) = \sqrt{|x + 4|}$

e) $f(x) = |4 - x^2|$ **f)** $f(x) = (x + 1) \cdot [x]$ mit $D(f) = [-2;\ 2]$

10. Berechne die Gleichungen für die linksseitigen und die rechtsseitigen Tangenten an den Stellen, an denen die linksseitigen und die rechtsseitigen Ableitungen existieren, aber voneinander verschieden sind!

a) $f(x) = |x^2 - 16|$ **b)** $f(x) = (x^2 - 4) \cdot \operatorname{sign}(x - 2)$

c) $f(x) = (x^3 - 9x) \cdot \operatorname{sign}(x + 3)$

d) $f(x) = \begin{cases} x^3 \text{ für } x \leq 1 \\ x^2 \text{ für } x > 1 \end{cases}$ e) $f(x) = \begin{cases} x^2 - 1 \text{ für } x \leq -1 \\ 1 - x^2 \text{ für } x > -1 \end{cases}$

f) $f(x) = \begin{cases} \sqrt{x} \text{ für } x \leq 4 \\ \frac{1}{8} x^2 \text{ für } x > 4 \end{cases}$ g) $f(x) = \begin{cases} \sqrt{2 - x} \text{ für } x \leq -2 \\ \frac{2}{x + 3} \text{ für } x > -2 \end{cases}$

§ 21 Ableitungsfunktionen, Ableitungsterme

I. Differenzierbarkeit über einem Intervall

1. Der in D 20.2 definierte Begriff der Differenzierbarkeit bezieht sich auf eine einzelne Stelle $x_0 \in D(f)$; er beschreibt also eine **„lokale“** Eigenschaft der Funktion. Viele Funktionen sind aber z. B. an allen Stellen eines offenen Intervalls oder sogar an allen Stellen ihrer Definitionsmenge differenzierbar. Wir definieren:

Eine Funktion f heißt „differenzierbar über einem offenen Intervall $A \subseteq D(f)$“ genau dann, wenn sie für alle $x \in A$ differenzierbar ist; sie heißt „differenzierbar über $\mathbb{R}$“ oder schlechthin „differenzierbar“ genau dann, wenn sie für alle $x \in \mathbb{R}$ differenzierbar ist. D 21.1

Beispiel: Wir betrachten die Funktion f zu $f(x) = x^2$ an einer beliebigen Stelle $x \in \mathbb{R}$. Der Differenzenquotient lautet:

$$\frac{f(x+h) - f(x)}{h} = \frac{(x+h)^2 - x^2}{h} = \frac{x^2 + 2xh + h^2 - x^2}{h} = \frac{2xh + h^2}{h} = 2x + h.$$

Also ist: $f'(x) = \lim\limits_{h \to 0} (2x + h) = 2x.$

Wir erhalten in diesem Falle als „Ableitung“ also keine Zahl, sondern einen Term, den **„Ableitungsterm“** $f'(x)$.

Setzt man in den Abteilungsterm eine Zahl für x ein, so erhält man die Ableitung an der betreffenden Stelle; z. B.:

$$f'(3) = 6; \quad f'(-2) = -4; \quad f'(0) = 0$$

2. Durch die Gleichung $y = f'(x)$ wird in der Menge $\mathbb{R} \times \mathbb{R}$ eine neue Funktion festgelegt; wir bezeichnen diese Funktion mit „f′“ und nennen sie die **„Ableitungsfunktion f′ zur Funktion f“** oder kurz die **„Ableitung f′ der Funktion f“.**

Beachte: Die Ableitung f′ einer Funktion f ist eine Funktion, also eine Paarmenge. Sie ist zu unterscheiden von der Ableitung $f'(x_0)$ an der Stelle x_0; denn „$f'(x_0)$“ bezeichnet für jedes passende x_0 eine Zahl; diese Zahl ergibt sich, wenn man in den Ableitungsterm $f'(x)$ die Zahl x_0 einsetzt.

Im allgemeinen dürften keine Verwechslungen zu befürchten sein, wenn man den Terminus „Ableitung“ sowohl für die Ableitungsfunktion f′ wie für den Ableitungswert $f'(x_0)$ verwendet.

3. Ist die Definitionsmenge einer Funktion f ein abgeschlossenes Intervall $D(f) = [a; b]$, so kann f nach D 20.2 an den Randstellen a und b auf keinen Fall differenzierbar sein, weil es keine Umgebungen U (a) und U (b) gibt, die zu D (f) gehören. Es liegt nahe, den Begriff der Differenzierbarkeit für abgeschlossene Intervalle so festzulegen, daß für die Randstellen nur die einseitige Differenzierbarkeit verlangt wird.

D 21.2 **Eine Funktion f heißt „differenzierbar über einem abgeschlossenen Intervall [a; b]" genau dann, wenn sie an der Stelle a rechtsseitig differenzierbar, an der Stelle b linksseitig differenzierbar und in] a; b [differenzierbar ist.**

Beispiel: Die Funktion zu $f(x) = x^2$ ist in $D(f) = [-1; 1]$ differenzierbar, weil sie an den Randstellen einseitig differenzierbar und in $]-1; 1[$ differenzierbar ist (Aufg. 12).

II. Grundlegende Regeln zur Berechnung von Ableitungstermen

1. Im vorigen Abschnitt haben wir den Ableitungsterm zu $f(x) = x^2$ berechnet: $f'(x) = 2x$. Wir wollen in diesem Abschnitt zunächst die Ableitungsterme zu einigen weiteren einfachen Funktionen ermitteln.

1) $f(x) = c$ mit $c \in \mathbb{R}$ und $D(f) = \mathbb{R}$.

Es ist $\frac{f(x+h) - f(x)}{h} = \frac{c - c}{h} = 0$; also ist auch $f'(x) = 0$ (für alle $x \in \mathbb{R}$).

S 21.1 **Jede über $\mathbb{R}$ konstante Funktion hat für alle $x \in \mathbb{R}$ die Ableitung 0.**

2) $f(x) = x$ mit $D(f) = \mathbb{R}$.

Es ist $\frac{f(x+h) - f(x)}{h} = \frac{(x+h) - x}{h} = \frac{h}{h} = 1$; also ist $f'(x) = 1$ für alle $x \in \mathbb{R}$.

3) $f(x) = x^3$ mit $D(f) = \mathbb{R}$.

Es ist $\frac{f(x+h) - f(x)}{h} = \frac{(x+h)^3 - x^3}{h} = \frac{x^3 + 3x^2h + 3xh^2 + h^3 - x^3}{h} = 3x^2 + 3xh + h^2$.

Also ist $f'(x) = \lim\limits_{h \to 0} (3x^2 + 3xh + h^2) = 3x^2$ (für alle $x \in \mathbb{R}$).

4) $f(x) = \frac{1}{x}$ mit $D(f) = \mathbb{R}^{\neq 0}$.

Es ist $$\frac{f(x+h) - f(x)}{h} = \frac{\frac{1}{x+h} - \frac{1}{x}}{h} = \frac{x - (x+h)}{x(x+h) \cdot h} = \frac{-1}{x(x+h)}.$$

Also ist $$f'(x) = \lim_{h \to 0} \left(\frac{-1}{x(x+h)}\right) = -\frac{1}{x^2} \text{ (für alle } x \in \mathbb{R}^{\neq 0}).$$

5) $f(x) = \sqrt{x}$ mit $D(f) = \mathbb{R}^{\geq 0}$.

Es ist $$\frac{f(x+h) - f(x)}{h} = \frac{\sqrt{x+h} - \sqrt{x}}{h} = \frac{(\sqrt{x+h} - \sqrt{x})(\sqrt{x+h} + \sqrt{x})}{h(\sqrt{x+h} + \sqrt{x})}$$
$$= \frac{x + h - x}{h(\sqrt{x+h} + \sqrt{x})} = \frac{1}{\sqrt{x+h} + \sqrt{x}}.$$

Also ist $$f'(x) = \lim_{h \to 0} \frac{1}{\sqrt{x+h} + \sqrt{x}} = \frac{1}{2\sqrt{x}} \text{ (für alle } x \in \mathbb{R}^{>0}).$$

Beachte, daß f' bei diesem Beispiel eine andere Definitionsmenge hat als f:

$$D(f) = \mathbb{R}^{\geq 0} \text{ und } D(f') = \mathbb{R}^{>0}.$$

Dies ergibt sich nicht erst aus der Tatsache, daß der Term $f'(x) = \frac{1}{2\sqrt{x}}$ an der Stelle 0 nicht definiert ist, sondern schon daraus, daß es **keine** Umgebung U (0) gibt mit $U(0) \subseteq D(f)$.

Man kann den Sachverhalt auch am Funktionsgraph erklären (Bild 21.1): Dieser wird im Punkt P (0 | 0) von der W-Achse berührt; dieser Geraden kann keine Steigung zugeordnet werden; dies entspricht der Tatsache, daß $f'(x)$ für $x = 0$ nicht definiert ist.

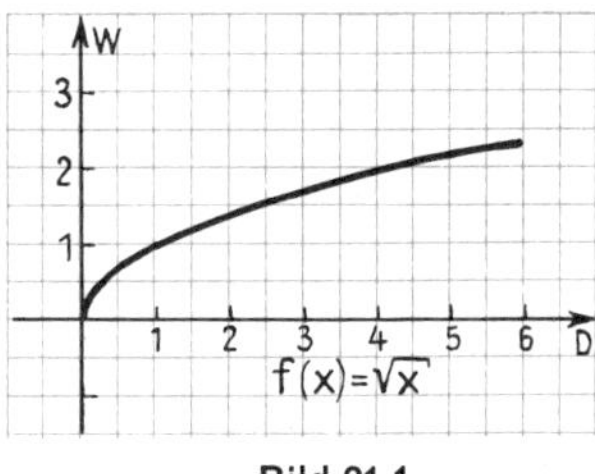

Bild 21.1

Bemerkung:
Man sagt gelegentlich, die Kurve hat in P (0 | 0) die Steigung „unendlich".

6) $f(x) = \sin x$ mit $D(f) = \mathbb{R}$.

Zur Berechnung der Ableilung der Sinusfunktion benutzen wir einen schon in § 19, III berechneten Grenzwert:
$$\lim_{x\to 0} \frac{\sin x}{x} = 1.$$

Es ist:
$$\frac{f(x+h) - f(x)}{h} = \frac{\sin(x+h) - \sin x}{h}.$$

Wir benutzen das aus der Trigonometrie bekannte Additionstheorem:
$\sin\alpha - \sin\beta = 2\cos\frac{\alpha+\beta}{2}\sin\frac{\alpha-\beta}{2}$, indem wir setzen: $\alpha = x + h$ und $\beta = x$;
$$\text{also } \frac{\alpha+\beta}{2} = \frac{2x+h}{2} \text{ und } \frac{\alpha-\beta}{2} = \frac{h}{2}.$$

Es ist also:
$$\frac{\sin(x+h) - \sin x}{h} = 2\,\frac{\cos\frac{2x+h}{2}\sin\frac{h}{2}}{h} = \cos\frac{2x+h}{2}\cdot\frac{\sin\frac{h}{2}}{\frac{h}{2}}.$$

Da die Grenzwerte $\lim_{h\to 0}\cos\frac{2x+h}{2} = \cos x$ und $\lim_{h\to 0}\frac{\sin\frac{h}{2}}{\frac{h}{2}} = 1$ existieren, gilt für alle $x \in \mathbb{R}$:

$$f'(x) = \underbrace{\lim_{h\to 0}\cos\frac{2x+h}{2}}_{} \cdot \underbrace{\lim_{h\to 0}\frac{\sin\frac{h}{2}}{\frac{h}{2}}}_{}.$$
$$= \quad \cos x \qquad 1$$
$$= \quad \cos x$$

Beachte: a) Bei der Berechnung von $\lim_{h\to 0}\cos\frac{2x+h}{2}$ haben wir von der Tatsache Gebrauch gemacht, daß die Kosinusfunktion über $\mathbb{R}$ stetig ist.

b) Bei der Berechnung von $\lim_{h\to 0}\frac{\sin\frac{h}{2}}{\frac{h}{2}}$ haben wir obige Grenzwertformel benutzt und berücksichtigt, daß aus $h \to 0$ auch $\frac{h}{2} \to 0$ folgt.

7) Entsprechend kann auch der Ableitungsterm der Kosinusfunktion berechnet werden:
Es ergibt sich: $f(x) = \cos x \Rightarrow f'(x) = -\sin x$ (Aufgabe 2).
Wir werden in § 22 eine andere Berechnungsmöglichkeit besprechen.

2. Ist ein Funktionsterm wie z. B. $f(x) = 2x^3 - 5x^2 + 7$ aus Termen aufgebaut, deren Ableitungsterme schon bekannt sind, so liegt es nahe, zur Berechnung von $f'(x)$ diese schon bekannten Ableitungen heranzuziehen. Die zugehörigen Regeln wollen wir hier beweisen.

S 21.2 **Ist die Funktion φ differenzierbar an der Stelle x, so ist auch die Funktion f zu $f(x) = c \cdot \varphi(x)$ für alle $c \in \mathbb{R}$ an der Stelle x differenzierbar, und es gilt:**

$$f(x) = c \cdot \varphi(x) \Rightarrow f'(x) = c \cdot \varphi'(x) \text{ (Faktorregel).}$$

Beweis: $f'(x) = \lim\limits_{h \to 0} \frac{f(x+h) - f(x)}{h} = \lim\limits_{h \to 0} \frac{c \cdot \varphi(x+h) - c \cdot \varphi(x)}{h} = \lim\limits_{h \to 0} c \cdot \frac{\varphi(x+h) - \varphi(x)}{h}$

$= c \cdot \lim\limits_{h \to 0} \frac{\varphi(x+h) - \varphi(x)}{h} = c \cdot \varphi'(x)$, q. e. d.

Beispiel: $f(x) = 3x^2 \Rightarrow f'(x) = 3 \cdot 2x = 6x$ (für alle $x \in \mathbb{R}$)

3. Für Summenterme gilt der Satz:

S 21.3 **Sind die Funktionen f_1 und f_2 differenzierbar an der Stelle x, so ist auch die Funktion f zu $f(x) = f_1(x) + f_2(x)$ differenzierbar an der Stelle x, und es gilt:**

$$f(x) = f_1(x) + f_2(x) \Rightarrow f'(x) = f_1'(x) + f_2'(x) \text{ (Summenregel).}$$

Beweis: $f'(x) = \lim\limits_{h \to 0} \frac{f(x+h) - f(x)}{h} = \lim\limits_{h \to 0} \frac{f_1(x+h) + f_2(x+h) - f_1(x) - f_2(x)}{h}$

$= \lim\limits_{h \to 0} \frac{f_1(x+h) - f_1(x)}{h} + \lim\limits_{h \to 0} \frac{f_2(x+h) - f_2(x)}{h} = f_1'(x) + f_2'(x)$, q.e.d.

Beispiel: $f(x) = 4x^3 + \frac{2}{x} \Rightarrow f'(x) = 4 \cdot 3x^2 + 2\left(-\frac{1}{x^2}\right) = 12x^2 - \frac{2}{x^2}$ (für $x \in \mathbb{R}^{\neq 0}$).

Entsprechend gilt für Differenzen:

S 21.4 **Sind die Funktionen f_1 und f_2 differenzierbar an der Stelle x, so ist auch die Funktion f zu $f(x) = f_1(x) - f_2(x)$ differenzierbar an der Stelle x, und es gilt:**

$$f(x) = f_1(x) - f_2(x) \Rightarrow f'(x) = f_1'(x) - f_2'(x).$$

Der Beweis verläuft analog dem Beweis von S 21.3 und soll in Aufgabe 3 geführt werden.

4. Wir fassen die bisher ermittelten Ableitungsregeln in einer Tabelle zusammen.

$f(x)$	$c \in \mathbb{R}$	x	x^2	x^3	$\frac{1}{x}$	$\sqrt{x}$	$\sin x$	$\cos x$
$f'(x)$	0	1	$2x$	$3x^2$	$-\frac{1}{x^2}$	$\frac{1}{2\sqrt{x}}$	$\cos x$	$-\sin x$
$D(f)$	$\mathbb{R}$	$\mathbb{R}$	$\mathbb{R}$	$\mathbb{R}$	$\mathbb{R}^{\neq 0}$	$\mathbb{R}^{\geq 0}$	$\mathbb{R}$	$\mathbb{R}$
$D(f')$	$\mathbb{R}$	$\mathbb{R}$	$\mathbb{R}$	$\mathbb{R}$	$\mathbb{R}^{\neq 0}$	$\mathbb{R}^{>0}$	$\mathbb{R}$	$\mathbb{R}$

III. Ableitungen höherer Ordnung

1. Die Tabelle des vorigen Abschnitts zeigt, daß die dort aufgeführten Ableitungsterme $f'(x)$ zu Funktionen f' gehören, die ihrerseits wieder in einer Teilmenge von $\mathbb{R}$ differenzierbar sind. Dies ermöglicht es, jeweils von $f'(x)$ erneut den Ableitungsterm, also

$$(f'(x))' = f''(x)$$

zu berechnen, usf.

Ist f′ differenzierbar, so heißt f″ die „2. Ableitung von f", entsprechend f‴ die „3. Ableitung von f", usf. D 21.3

2. **Beispiele:**

1) $f(x) = 5x^3$; $f'(x) = 15x^2$; $f''(x) = 30x$; $f'''(x) = 30$; $f^{(4)}(x) = f^{(5)}(x) = \ldots = 0$ (für alle $x \in \mathbb{R}$).

Beachte: Von der 4. Ableitung an verwendet man zur Kennzeichnung anstelle der Striche hochgestellte und eingeklammerte Zahlen.

2) $f(x) = \sin x$; $f'(x) = \cos x$; $f''(x) = -\sin x$; $f'''(x) = -\cos x$; $f^{(4)}(x) = \sin x$; $f^{(5)}(x) = \cos x$; $f^{(6)}(x) = -\sin x$; $f^{(7)}(x) = -\cos x$; ... (für alle $x \in \mathbb{R}$).

Beachte: Die Ableitungen „reproduzieren" sich!

3. Wir definieren:

Eine Funktion f heißt genau dann „n-mal differenzierbar", wenn die Ableitungen $f', f'', \ldots, f^{(n)}$ existieren. Sie heißt genau dann „n-mal stetig differenzierbar", wenn $f', f'', \ldots, f^{(n)}$ existieren und $f^{(n)}$ stetig ist. D 21.4

Beispiel: $f(x) = |x|^3 = \begin{cases} x^3 \text{ für } x \geq 0 \\ -x^3 \text{ für } x < 0 \end{cases}$

1. Ableitung: Für $x \geq 0$ gilt: $f'(x) = 3x^2$; für $x < 0$ gilt: $f'(x) = -3x^2$ } mit $f'(0) = 0$

2. Ableitung: Für $x \geq 0$ gilt: $f''(x) = 6x$; für $x < 0$ gilt: $f''(x) = -6x$ } mit $f''(0) = 0$

3. Ableitung: Für $x > 0$ gilt: $f'''(x) = 6$; für $x < 0$ gilt: $f'''(x) = -6$

für $x = 0$ existiert $f'''(x)$ nicht; es gibt nur eine rechtsseitige Ableitung $f_r'''(0) = 6$ und eine linksseitige Ableitung $f_l'''(0) = -6$.
Daraus ergibt sich, daß f zweimal differenzierbar ist. Da überdies f″ mit $f''(x) = 6|x|$ eine stetige Funktion ist, ist f sogar zweimal **stetig** differenzierbar.

Übungen und Aufgaben

1. Zeige, daß die Funktionen zu $y = f(x)$ in D (f) differenzierbar sind, indem du den Ableitungsterm als Grenzwert der Differenzenquotienten berechnest!

a) $f(x) = 3x + 5$ **b)** $f(x) = 2x - 4$ **c)** $f(x) = 10 - 3x$ **d)** $f(x) = x^2 - x$

e) $f(x) = 2x^2 - 3x$ **f)** $f(x) = \frac{1}{5}x^2 + 6$ **g)** $f(x) = 3 - x^2$ **h)** $f(x) = \frac{x^2}{2} - x + 1$

i) $f(x) = \frac{1}{3}x^2 - 2x + 4$ **j)** $f(x) = -x^2 + x + 1$ **k)** $f(x) = x^3 + x$ **l)** $f(x) = 2x^2 - 4x^3$

m) $f(x) = \frac{1}{3x}$ **n)** $f(x) = \frac{1}{x^2}$ **o)** $f(x) = \frac{1}{2x + 3}$ **p)** $f(x) = x + \frac{1}{x}$

q) $f(x) = \frac{1}{x - 1}$ **r)** $f(x) = \frac{x + 2}{x - 3}$ **s)** $f(x) = \frac{2x + 1}{x - 1}$ **t)** $f(x) = \sqrt{2x}$

u) $f(x) = \sqrt{\frac{x}{3}}$ **v)** $f(x) = 2 - \sqrt{x}$ **w)** $f(x) = \sqrt{x - 1}$ **x)** $f(x) = \sqrt{2 - 5x}$

Welche der angegebenen Funktionen sind nicht in der vollen Definitionsmenge differenzierbar?

2. Ermittle den Ableitungsterm der Funktion zu $f(x) = \cos x$.

Anleitung: Benutze $\cos\alpha - \cos\beta = -2 \sin \frac{\alpha+\beta}{2} \sin \frac{\alpha-\beta}{2}$!

3. Beweise: Sind zwei Funktionen f_1 und f_2 beide in einer Menge M differenzierbar, so ist auch die Funktion f zu $f(x) = f_1(x) - f_2(x)$ in M differenzierbar, und es gilt:

$$f'(x) = f_1'(x) - f_2'(x)!$$

4. Beweise durch vollständige Induktion:
Sind die Funktionen $f_1, f_2, \dots f_n$ bei x_0 differenzierbar, dann existiert auch die Ableitung der Summenfunktion zu

$$s(x) = \sum_{k=1}^{n} f_k(x) \text{ bei } x_0, \quad \text{und es gilt: } s'(x) = \sum_{k=1}^{n} f_k'(x).$$

5. Berechne die Ableitungsterme mit Hilfe der Ableitungsregeln!

a) $f(x) = x^2 - 3$ **b)** $f(x) = 3x^2 + 4x$ **c)** $f(x) = -4x^2 + x - 1$ **d)** $f(x) = x^3 + 2x^2$

e) $f(x) = 1 - 5x^3$ **f)** $f(x) = x - \frac{1}{3}x^3$ **g)** $f(x) = \frac{1}{x} + x^3$ **h)** $f(x) = \frac{4}{x} + x$

i) $f(x) = \frac{1}{2x} + \left(\frac{x}{2}\right)^2$ **j)** $f(x) = \left(\frac{x}{3}\right)^3 + (2x)^2$ **k)** $f(x) = 3\sqrt{x} - 2x$ **l)** $f(x) = \frac{10}{x} - \sqrt{x}$

m) $f(x) = \sqrt{3x}$ **n)** $f(x) = \sqrt{\frac{x}{2} + 1}$ **o)** $f(x) = \sqrt{x} + 3x^2$ **p)** $f(x) = 5x - \sqrt{5x}$

q) $f(x) = x + \sin x$ **r)** $f(x) = 3\sin x + 5x^3$ **s)** $f(x) = 2\sqrt{x} - \frac{\sin x}{2}$ **t)** $f(x) = \sin x + \cos x$

u) $f(x) = 2\cos x - 4x^2$ **v)** $f(x) = \frac{\cos x}{4} - \frac{1}{x}$ **w)** $f(x) = (x-2)^3$ **x)** $f(x) = (\sqrt{x} + 2)^2$

6. Eine Parabel hat die Gleichung $y = f(x) = ax^2$. Welche Zahl ist in die Formvariable a einzusetzen, damit der Punkt P (2|3) auf der Parabel liegt? Wie groß ist der Steigungswinkel der Tangente in P an die Parabel? Gib die Gleichung der Tangente an!

7. In welchem Punkt hat die Parabel mit der Gleichung $y = f(x) = \frac{1}{4}x^2$ eine Tangente mit dem Steigungswinkel 45°?

8. In welchen Punkten hat der Graph zu $f(x) = x^3$ die Steigung 3?

9. Eine Parabel hat die Gleichung $y = f(x) = ax^2 + bx$. Welche Zahlen sind in die Formvariablen a und b einzusetzen, damit die Punkte $P_1 (-1 \mid \frac{5}{4})$ und $P_2 (6 \mid 3)$ auf der Parabel liegen? Bestimme die Gleichungen der Tangenten in P_1 und P_2!

10. Bestimme die Steigung des Graph zu $f(x) = x^3 - 5x^2 + 6x$ in den Nullstellen!

11. Berechne die vier ersten Ableitungen der Funktionen zu

a) $f(x) = 2x^3$ **b)** $f(x) = x^3 - 2x^2 + x - 4$ **c)** $f(x) = \sin x$ **d)** $f(x) = \cos x$

e) $f(x) = x^2 - 6x$ **f)** $f(x) = x^2 + 2\cos x$ **g)** $f(x) = 1 - 2\sin x$ **h)** $f(x) = 5x^3 - \frac{1}{2}\sin x$

§ 22 Regeln zur Berechnung von Ableitungstermen

I. Die Produktregel

1. In S 21.3 haben wir die Summenregel der Differentialrechnung formuliert: $[f_1(x) + f_2(x)]' = f_1'(x) + f_2'(x)$; wir haben diese Regel mit Hilfe des zugehörigen Grenzwertsatzes S 17.2 bewiesen. Da für Produkte ein analoger Grenzwertsatz gilt (S 17.4), könnte man vermuten, daß eine der Summenregel entsprechende Regel auch für Produkte gilt. Wir wollen dies an einem Beispiel prüfen, bei dem wir den Ableitungsterm auch unmittelbar berechnen können.

Beispiel: $f(x) = x^3 \Rightarrow f'(x) = 3x^2$.

Wir zerlegen den Funktionsterm in zwei Faktoren und differenzieren diese Faktoren getrennt: $f(x) = x \cdot x^2$ mit $f_1(x) = x$ und $f_2(x) = x^2$.

Es ist $f_1'(x) = 1$ und $f_2'(x) = 2x$; also ist $f_1'(x) \cdot f_2'(x) = 1 \cdot 2x = 2x \neq f'(x)$.

Schon an diesem Beispiel erkennen wir, daß man ein Produkt **nicht faktorweise** differenzieren darf. Wir müssen die Regel für die Berechnung der Ableitung eines Produktes also durch Rückgriff auf die Definition der Ableitung ermitteln.

2. Zur Vereinfachung der Schreibweise führen wir die folgende Bezeichnung ein:

$$\Delta f =_{Df} f(x+h) - f(x); \quad \text{also } f(x+h) = f(x) + \Delta f.$$

Ist die Funktion f an der Stelle x stetig, so gilt also: $\lim\limits_{h \to 0} \Delta f = 0$.

Es ist üblich, bei der Formulierung der gesuchten „Produktregel" der Differentialrechnung den Produktterm f (x) in der Form $f(x) = u(x) \cdot v(x)$
zu schreiben. Für u (x) und v (x) gilt also:

$$\Delta u = u(x+h) - u(x), \text{ also } u(x+h) = u(x) + \Delta u \text{ mit } \lim_{h \to 0} \Delta u = 0;$$

$$\Delta v = v(x+h) - v(x), \text{ also } v(x+h) = v(x) + \Delta v \text{ mit } \lim_{h \to 0} \Delta v = 0.$$

3. Unter Benutzung der soeben eingeführten Zeichen berechnen wir den Ableitungsterm zu $f(x) = u(x) \cdot v(x)$.

Der Differenzenquotient lautet:

$$\frac{f(x+h) - f(x)}{h} = \frac{u(x+h) \cdot v(x+h) - u(x) \cdot v(x)}{h}$$

$$= \frac{(u(x) + \Delta u) \cdot (v(x) + \Delta v) - u(x) \cdot v(x)}{h}$$

$$= \frac{u(x) \cdot v(x) + u(x) \cdot \Delta v + \Delta u \cdot v(x) + \Delta u \cdot \Delta v - u(x) \cdot v(x)}{h}$$

$$= u(x) \cdot \frac{\Delta v}{h} + \frac{\Delta u}{h} \cdot v(x) + \frac{\Delta u}{h} \cdot \Delta v.$$

Wir berechnen nun den Grenzwert für $h \to 0$ unter der Voraussetzung, daß u (x) und v (x) an der Stelle x differenzierbar sind.

$$f'(x) = \lim_{h \to 0} \frac{f(x+h) - f(x)}{h} = u(x)\left(\lim_{h \to 0} \frac{\Delta v}{h}\right) + \left(\lim_{h \to 0} \frac{\Delta u}{h}\right) \cdot v(x) + \left(\lim_{h \to 0} \frac{\Delta u}{h}\right)\left(\lim_{h \to 0} \Delta v\right)$$

Da u und v an der Stelle x als differenzierbar vorausgesetzt sind, gilt:

$$\lim_{h \to 0} \frac{\Delta u}{h} = u'(x), \quad \lim_{h \to 0} \frac{\Delta v}{h} = v'(x) \text{ und } \lim_{h \to 0} \Delta v = 0.$$

Somit ergibt sich: $f'(x) = u(x) \cdot v'(x) + u'(x) \cdot v(x)$.

Damit haben wir bewiesen:

Sind die Funktionen u und v differenzierbar an der Stelle x, so ist auch die Funktion f zu $f(x) = u(x) \cdot v(x)$ differenzierbar an der Stelle x, und es gilt: $f(x) = u(x) \cdot v(x) \Rightarrow f'(x) = u(x) \cdot v'(x) + u'(x) \cdot v(x)$ (Produktregel). **S 22.1**

Bemerkung: Es ist zweckmäßig, sich die Produktregel hinsichtlich der Reihenfolge der einzelnen Glieder in der folgenden Form zu merken:

$$[u(x) \cdot v(x)]' = u'(x) \cdot v(x) + v'(x) \cdot u(x).$$

Wir wiederholen das

Beispiel aus 1.: $f(x) = x \cdot x^2$ mit $u(x) = x$ und $v(x) = x^2$.

Mit $u'(x) = 1$ und $v'(x) = 2x$ ergibt sich für alle $x \in \mathbb{R}$:

$$f'(x) = x \cdot 2x + 1 \cdot x^2 = 2x^2 + x^2 = 3x^2.$$

Dies entspricht dem bereits bekannten Ergebnis.

Beachte:

1) Wir haben bei der Herleitung der Produktregel nur die Voraussetzung benötigt, daß u und v an der Stelle x differenzierbar sind. Daraus folgen zwei Aussagen, die man trennen sollte. Erstens ergibt sich, daß dann auch die Produktfunktion differenzierbar ist. Zweitens wird eine Formel angegeben, nach der man den Ableitungsterm in jedem Falle berechnen kann.

2) Da wir im Beweis keine weitere Voraussetzung für die Stelle x benutzt haben, ist damit gleichzeitig gezeigt, daß die Funktion f über jeder Menge M differenzierbar ist, über der u **und** v differenzierbar sind.

4. Mit Hilfe der Produktregel können wir jetzt viele Funktionen differenzieren, deren Ableitungen wir bisher noch nicht ermitteln konnten.

Beispiele: **1)** $f(x) = x^4 = x \cdot x^3$. Mit $u(x) = x$; $v(x) = x^3$ und $u'(x) = 1$; $v'(x) = 3x^2$ ergibt sich für alle $x \in \mathbb{R}$: $f'(x) = 1 \cdot x^3 + 3x^2 \cdot x = 4x^3$.

2) $f(x) = x^5 = x \cdot x^4$. Mit $u(x) = x$; $v(x) = x^4$ und $u'(x) = 1$; $v'(x) = 4x^3$ ergibt sich für alle $x \in \mathbb{R}$: $f'(x) = 1 \cdot x^4 + 4x^3 \cdot x = 5x^4$.

5. Die Beispiele legen die Vermutung nahe, daß für beliebige $n \in \mathbb{N}$ gilt:
$f(x) = x^n \Rightarrow f'(x) = nx^{n-1}$.

Dies können wir mit Hilfe des Satzes von der vollständigen Induktion beweisen.

[1] Für $n = 1$ ist die Behauptung erfüllt; denn es gilt für $f(x) = x$: $f'(x) = 1 \cdot x^0 = 1$.

[2] Wir beweisen jetzt: $(x^n)' = nx^{n-1} \Rightarrow (x^{n+1})' = (n+1)\,x^n$.

Nach der Produktregel gilt: $(x^{n+1})' = (x \cdot x^n)' = 1 \cdot x^n + (x^n)' \cdot x$.
Also gilt: $(x^n)' = nx^{n-1} \Rightarrow (x^{n+1})' = x^n + nx^{n-1} \cdot x = (n+1)\,x^n$, q.e.d.

S 22.2 **Jede Funktion f zu einem Term der Form $f(x) = x^n$ mit $n \in \mathbb{N}$ ist über $\mathbb{R}$ differenzierbar, und es gilt:** $$f'(x) = nx^{n-1}.$$

6. Aus den Sätzen S 21.3 und S 21.4 und S 22.2 folgt unmittelbar die Gültigkeit des Satzes

S 22.3 **Jede ganze rationale Funktion ist differenzierbar über $\mathbb{R}$.**

Der Beweis soll in Aufgabe 3 geführt werden.

Beispiel: $f(x) = 3x^5 - \sqrt{2} \cdot x^3 + \frac{4}{3}x^2 - x$;
$f'(x) = 15x^4 - 3 \cdot \sqrt{2}\,x^2 + \frac{8}{3}x - 1$ (für alle $x \in \mathbb{R}$).

7. Die Produktregel läßt sich keineswegs nur auf ganze rationale Funktionen anwenden.

Beispiele: **1)** $f(x) = (x^2 - 3) \cdot \sin x$; es ist $D(f) = \mathbb{R}$.

Mit $u(x) = x^2 - 3$; $v(x) = \sin x$ und $u'(x) = 2x$; $v'(x) = \cos x$ ergibt sich für alle $x \in \mathbb{R}$:

$$f'(x) = 2x \cdot \sin x + (x^2 - 3)\cos x.$$

2) $f(x) = \frac{1}{x} \cdot \sqrt{x}$; es ist $D(f) = \mathbb{R}^{>0}$.

Mit $u(x) = \frac{1}{x}$; $v(x) = \sqrt{x}$ und $u'(x) = -\frac{1}{x^2}$; $v'(x) = \frac{1}{2 \cdot \sqrt{x}}$ ergibt sich für alle $x \in \mathbb{R}^{>0}$:

$$f'(x) = -\frac{1}{x^2} \cdot \sqrt{x} + \frac{1}{2\sqrt{x}} \cdot \frac{1}{x} = -\frac{1}{x\sqrt{x}} + \frac{1}{2x\sqrt{x}} = -\frac{1}{2x\sqrt{x}}.$$

Beachte: Da für alle $x \in \mathbb{R}^{>0}$ gilt: $\frac{1}{x} \cdot \sqrt{x} = \frac{1}{\sqrt{x}} = x^{-\frac{1}{2}}$, haben wir damit die Ableitung zu $f(x) = x^{-\frac{1}{2}}$ berechnet.

3) $f(x) = \sqrt{x} \cdot \cos x$; es ist $D(f) = \mathbb{R}^{\geq 0}$.

Mit $u(x) = \sqrt{x}$; $v(x) = \cos x$ und $u'(x) = \frac{1}{2 \cdot \sqrt{x}}$; $v'(x) = -\sin x$ ergibt sich für alle $x \in \mathbb{R}^{>0}$:

$$f'(x) = \frac{1}{2\sqrt{x}} \cdot \cos x - \sin x \cdot \sqrt{x} = \frac{\cos x - 2x \sin x}{2\sqrt{x}}.$$

II. Die Quotientenregel

1. Wir haben im vorigen Abschnitt bewiesen, daß jede ganze rationale Funktion in $\mathbb{R}$ differenzierbar ist. Wenn wir die entsprechende Frage für beliebige (also auch für gebrochene) rationale Funktionen beantworten wollen, so liegt es nahe, sich mit Funktionen zu beschäftigen, die durch Bruchterme, also durch Terme der Form

$$f(x) = \frac{u(x)}{v(x)}$$

gegeben sind. Wir setzen dabei voraus, daß die Funktionen u und v in x differenzierbar sind und daß $v(x) \neq 0$ ist.

2. Wir gehen genauso vor wie bei der Herleitung der Produktregel und berechnen zuerst den Differenzenquotienten:

$$\frac{f(x+h) - f(x)}{h} = \frac{1}{h}\left[\frac{u(x+h)}{v(x+h)} - \frac{u(x)}{v(x)}\right] = \frac{1}{h}\left[\frac{u(x) + \Delta u}{v(x) + \Delta v} - \frac{u(x)}{v(x)}\right]$$

$$= \frac{1}{h}\left[\frac{(u(x) + \Delta u)\, v(x) - u(x)\,(v(x) + \Delta v)}{(v(x) + \Delta v)\, v(x)}\right]$$

$$= \frac{1}{(v(x) + \Delta v)\, v(x)}\left[\frac{u(x) \cdot v(x) + \Delta u \cdot v(x) - u(x) \cdot v(x) - u(x) \cdot \Delta v}{h}\right]$$

$$= \frac{1}{v(x) \cdot (v(x) + \Delta v)}\left[\frac{\Delta u}{h} \cdot v(x) - u(x) \cdot \frac{\Delta v}{h}\right].$$

Nun berechnen wir den Grenzwert:

$$f'(x) = \lim_{h \to 0} \frac{f(x+h) - f(x)}{h} = \lim_{h \to 0} \frac{1}{v(x)\,(v(x) + \Delta v)}\left[\lim_{h \to 0} \frac{\Delta u}{h} \cdot v(x) - u(x) \cdot \lim_{h \to 0} \frac{\Delta v}{h}\right]$$

$$= \frac{1}{[v(x)]^2}\,[u'(x) \cdot v(x) - u(x) \cdot v'(x)].$$

Damit haben wir bewiesen:

S 22.4

Sind die Funktionen u und v differenzierbar an der Stelle x und gilt $v(x) \neq 0$, so ist auch die Funktion f zu $f(x) = \frac{u(x)}{v(x)}$ differenzierbar an der Stelle x, und es gilt: $f(x) = \frac{u(x)}{v(x)} \Rightarrow f'(x) = \frac{u'(x) \cdot v(x) - u(x) \cdot v'(x)}{[v(x)]^2}$ (Quotientenregel).

Bemerkung: Es ist zweckmäßig, sich die Quotientenregel hinsichtlich der Reihenfolge der einzelnen Glieder in der folgenden Form zu merken:

$$\left[\frac{u(x)}{v(x)}\right]' = \frac{u'(x) \cdot v(x) - v'(x) \cdot u(x)}{[v(x)]^2}.$$

Beachte:

1) Der Satz S 22.4 enthält zwei verschiedene Aussagen. Er besagt erstens, daß unter den genannten Voraussetzungen auch die Quotientenfunktion an der Stelle x differenzierbar ist. Zweitens wird eine Formel zur Berechnung des Ableitungsterms angegeben.

2) Da wir im Beweis keine weitere Voraussetzung für die Stelle x benutzt haben, ist zugleich gezeigt, daß die Funktion f über jeder Menge M differenzierbar ist, über der u und v differenzierbar sind und in der gilt $v(x) \neq 0$.

3) Im Zähler von $f'(x)$ steht eine Differenz; daher ist auf die Reihenfolge der Summanden sorgfältig zu achten.

3. Wir behandeln einige **Beispiele:**

1) $f(x) = \frac{3x - 5}{x^2 + 1}$ mit $D(f) = \mathbb{R}$.

Mit $u(x) = 3x - 5$; $v(x) = x^2 + 1$ und $u'(x) = 3$; $v'(x) = 2x$ gilt für alle $x \in \mathbb{R}$:

$$f'(x) = \frac{3 \cdot (x^2 + 1) - 2x \cdot (3x - 5)}{(x^2 + 1)^2} = \frac{3x^2 + 3 - 6x^2 + 10x}{(x^2 + 1)^2} = \frac{-3x^2 + 10x + 3}{(x^2 + 1)^2}.$$

2) $f(x) = \frac{x^4 - 3x^2 + 2}{x^2 - 1}$ mit $D(f) = \mathbb{R} \setminus \{-1;\ 1\}$.

Mit $u(x) = x^4 - 3x^2 + 2$; $v(x) = x^2 - 1$; $u'(x) = 4x^3 - 6x$; $v'(x) = 2x$ ergibt sich für alle $x \in D(f)$:

$$f'(x) = \frac{(4x^3 - 6x)\ (x^2 - 1) - 2x \cdot (x^4 - 3x^2 + 2)}{(x^2 - 1)^2} = \frac{4x^5 - 4x^3 - 6x^3 + 6x - 2x^5 + 6x^3 - 4x}{(x^2 - 1)^2}$$

$$= \frac{2x^5 - 4x^3 + 2x}{(x^2 - 1)^2}.$$

Entsprechend kann man bei jedem Term zu einer gebrochenen rationalen Funktion vorgehen. Es gilt der Satz:

S 22.5 **Jede rationale Funktion ist differenzierbar über ihrer Definitionsmenge D (f).**

Der Beweis soll in Aufgabe 12 geführt werden.

4. Ein Sonderfall von S 22.4 liegt vor, wenn der Zähler des Bruchterms konstant ist.

Es gilt:

S 22.6 **Ist die Funktion v differenzierbar und gilt $v(x) \neq 0$, so ist auch die Funktion f zu $f(x) = \frac{1}{v(x)}$ differenzierbar, und es gilt: $f'(x) = \frac{-v'(x)}{[v(x)]^2}$.**

Beweis: Mit $u(x) = 1$ und $u'(x) = 0$ folgt die Aussage von S 22.6 unmittelbar aus S 22.4.

Beispiele:

1) $f(x) = \frac{1}{x} = x^{-1}$ mit $D(f) = \mathbb{R}^{\neq 0}$.

Mit $v(x) = x$ und $v'(x) = 1$ ergibt sich für alle $x \in \mathbb{R}^{\neq 0}$: $f'(x) = \frac{-1}{x^2} = -x^{-2}$.

Bemerkung: Dies haben wir in § 21, II bereits unmittelbar aus der Definition der Ableitung hergeleitet.

2) $f(x) = \frac{1}{x^2} = x^{-2}$ mit $D(f) = \mathbb{R}^{\neq 0}$.

Mit $v(x) = x^2$ und $v'(x) = 2x$ ergibt sich für alle $x \in \mathbb{R}^{\neq 0}$:

$$f'(x) = \frac{-2x}{x^4} = -\frac{2}{x^3} = -2x^{-3}.$$

3) $f(x) = \frac{1}{x^3} = x^{-3}$ mit $D(f) = \mathbb{R}^{\neq 0}$.

Mit $v(x) = x^3$ und $v'(x) = 3x^2$ ergibt sich für alle $x \in \mathbb{R}^{\neq 0}$:

$$f'(x) = \frac{-3x^2}{x^6} = -\frac{3}{x^4} = -3x^{-4}.$$

5. Die Beispiele legen die Vermutung nahe, daß sich die Aussage von S 22.2 auf ganzzahlige negative Werte von n übertragen läßt, daß also für alle $n \in \overline{\mathbb{N}}$[1]) gilt:

$$f(x) = x^n \Rightarrow f'(x) = nx^{n-1}.$$

Beweis:

Gegeben sei $f(x) = x^{-m} = \frac{1}{x^m}$ mit $m \in \mathbb{N}$.

Dann gilt nach S 22.6 für alle $x \in D(f) = \mathbb{R}^{\neq 0}$:

$$f'(x) = \frac{-mx^{m-1}}{x^{2m}} = -m \cdot x^{m-1-2m} = -mx^{-m-1} \quad \text{q. e. d.}$$

Will man diese Ableitungsregel auch auf den Term $f(x) = x^0 = 1$ anwenden, so ist zu beachten, daß der Ausdruck 0^0 nicht definiert ist. Diese Funktion f hat also die Definitionsmenge $D(f) = \mathbb{R}^{\neq 0}$; in dieser Menge gilt: $f'(x) = 0 \cdot x^{-1} = 0 \cdot \frac{1}{x} = 0$.

Damit ist gezeigt, daß die Ableitungsregel für Potenzfunktionen auch für $n = 0$ gilt, wenn man die Stelle $x = 0$ ausschließt.

Jede Funktion f zu einem Term der Form $f(x) = x^n$ mit $n \in \mathbb{Z}$ ist über D (f) differenzierbar, und es gilt: $f'(x) = nx^{n-1}$. **S 22.7**

Beachte: Für $n > 0$ ist $D(f) = \mathbb{R}$, für $n \leq 0$ ist $D(f) = \mathbb{R}^{\neq 0}$.

6. Wir können S 22.4 selbstverständlich auch auf nichtrationale Funktionen anwenden.

Beispiele:

1) $f(x) = \tan x = \frac{\sin x}{\cos x}$; es ist $D(f) = \left\{ x \mid x \neq (2n-1) \cdot \frac{\pi}{2} \wedge n \in \mathbb{Z} \right\}$.

Mit $u(x) = \sin x$; $v(x) = \cos x$ und $u'(x) = \cos x$; $v'(x) = -\sin x$ ergibt sich für alle $x \in D(f)$:

$$f'(x) = \frac{\cos^2 x + \sin^2 x}{\cos^2 x} = \frac{1}{\cos^2 x} = 1 + \tan^2 x.$$

2) $f(x) = \cot x = \frac{\cos x}{\sin x}$; es ist $D(f) = \{ x \mid x \neq n\pi \wedge n \in \mathbb{Z} \}$.

Mit $u(x) = \cos x$; $v(x) = \sin x$ und $u'(x) = -\sin x$; $v'(x) = \cos x$ ergibt sich für alle $x \in D(f)$:

$$f'(x) = \frac{-\sin^2 x - \cos^2 x}{\sin^2 x} = -\frac{1}{\sin^2 x} = -(1 + \cot^2 x).$$

3) $f(x) = \frac{1 + \sin x}{x + 2 \cdot \sqrt{x}}$; es ist $D(f) = \mathbb{R}^{>0}$.

Mit $u(x) = 1 + \sin x$; $v(x) = x + 2 \cdot \sqrt{x}$; $u'(x) = \cos x$; $v'(x) = 1 + \frac{1}{\sqrt{x}} = \frac{1 + \sqrt{x}}{\sqrt{x}}$ ergibt sich für alle $x \in \mathbb{R}^{>0}$:

[1]) $\overline{\mathbb{N}} =_{Df} \mathbb{Z} \setminus (\mathbb{N} \cup \{0\})$

$$f'(x) = \frac{\cos x\left(x + 2\cdot\sqrt{x}\right) - \left(\frac{1+\sqrt{x}}{\sqrt{x}}\right)\cdot(1+\sin x)}{\left(x+2\cdot\sqrt{x}\right)^2} = \frac{\cos x\left(x\cdot\sqrt{x}+2x\right) - \left(1+\sqrt{x}\right)\cdot(1+\sin x)}{\sqrt{x}\cdot\left(x+2\cdot\sqrt{x}\right)^2}.$$

Das Beispiel zeigt, daß bei Anwendung der Quotientenregel ziemlich komplizierte Ableitungsterme auftreten können.

7. Wir fassen die neugewonnenen Ableitungsregeln wiederum in einer Tabelle zusammen.

$f(x)$	$x^n \; (n \in \mathbb{Z})$	$\tan x$	$\cot x$
$f'(x)$	nx^{n-1}	$\frac{1}{\cos^2 x} = 1 + \tan^2 x$	$\frac{-1}{\sin^2 x} = -(1+\cot^2 x)$
$D(f)$	$n > 0$: $\mathbb{R}$ $n \leq 0$: $\mathbb{R}^{\neq 0}$	$\left\{x \mid x \neq \frac{(2n-1)\cdot\pi}{2} \wedge n \in \mathbb{Z}\right\}$	$\{x \mid x \neq n\pi \wedge n \in \mathbb{Z}\}$
$D(f')$	$n > 0$: $\mathbb{R}$ $n \leq 0$: $\mathbb{R}^{\neq 0}$	$\left\{x \mid x \neq \frac{(2n-1)\cdot\pi}{2} \wedge n \in \mathbb{Z}\right\}$	$\{x \mid x \neq n\pi \wedge n \in \mathbb{Z}\}$

Diese Ableitungsfunktionen f' sind durchweg definiert in der Definitionsmenge der jeweiligen Funktion f. Es gibt aber Ausnahmen, z. B. bei der Funktion zu $f(x) = \sqrt{x}$; hier gilt

$$D(f) = \mathbb{R}^{\geq 0}; \text{ aber } D(f') = \mathbb{R}^{>0}.$$

III. Die Kettenregel

1. Obwohl wir schon eine große Zahl von Funktionen differenzieren können, gibt es verhältnismäßig elementare Beispiele, bei denen wir den Ableitungsterm noch nicht berechnen können.

Beispiele: **1)** $f(x) = (x^5 + 3x^2 - 1)^{50}$ **2)** $f(x) = \sqrt{x^2+1}$ **3)** $f(x) = \sin(1 - x^2)$

Bei Beispiel **1)** wäre es zwar grundsätzlich möglich, den Funktionsterm durch Anwendung des binomischen Lehrsatzes (§ 4, V) auszumultiplizieren; der Arbeitsaufwand wäre dabei aber so erheblich, daß dieser Lösungsgang praktisch nicht in Betracht kommt. Bei den Beispielen **2)** und **3)** ist eine solche Möglichkeit auch grundsätzlich nicht gegeben; es wäre höchstens möglich, die Ableitung unmittelbar als Grenzwert des Differenzenquotienten zu ermitteln.

2. Alle drei Beispiele sind von einem besonderen Typ. Die Funktionsterme kann man sich nämlich durch Einsetzen eines Terms in einen anderen Term entstanden denken.

Zu 1): Mit $\varphi(x) = x^5 + 3x^2 - 1$ und $g(z) = z^{50}$ ergibt sich

$$g[\varphi(x)] = (x^5 + 3x^2 - 1)^{50} = f(x).$$

Zu 2): Mit $\varphi(x) = x^2 + 1$ und $g(z) = \sqrt{z}$ ergibt sich $g[\varphi(x)] = \sqrt{x^2+1} = f(x)$.

Zu 3): Mit $\varphi(x) = 1 - x^2$ und $g(z) = \sin z$ ergibt sich $g[\varphi(x)] = \sin(1 - x^2) = f(x)$.

Man spricht in solchen Fällen von der **„Verkettung zweier Funktionen φ und g zu einer Funktion f“.** Damit die Funktion f eine nichtleere Definitionsmenge hat, müssen die Mengen $W(\varphi)$ und $D(g)$ einen nichtleeren Durchschnitt haben: $W(\varphi) \cap D(g) \neq \emptyset$. Begründe dies (Aufgabe 14)!

3. An einem einfachen Beispiel, bei dem wir die Ableitung bereits berechnen können, wollen wir versuchen, eine Vermutung über die Ableitung einer Verkettungsfunktion zu gewinnen.

Beispiel: $f(x) = (x^3)^2$ mit $g(z) = z^2$ und $z = \varphi(x) = x^3$.

Es gilt: $g'(z) = 2z$, also $g'[\varphi(x)] = 2x^3$ und $\varphi'(x) = 3x^2$.

Durch Multiplikation der beiden Terme erhalten wir:

$$g'[\varphi(x)] \cdot \varphi'(x) = 2x^3 \cdot 3x^2 = 6x^5.$$

Auf diese Weise erhält man tatsächlich den Ableitungsterm $f'(x)$; denn es gilt:

$$f(x) = (x^3)^2 = x^6 \Rightarrow f'(x) = 6x^5.$$

Wir können also vermuten, daß gilt:

$$f(x) = g[\varphi(x)] \Rightarrow f'(x) = g'[\varphi(x)] \cdot \varphi'(x).$$

Diese Regel nennt man die **„Kettenregel“**. Wir wollen sie beweisen. Dabei müssen wir selbstverständlich voraussetzen, daß die vorkommenden Funktionen an den betrachteten Stellen differenzierbar sind und daß D (f) nicht leer ist, daß also $W(\varphi) \cap D(g) \neq \emptyset$ ist.

S 22.8

Ist eine Funktion φ differenzierbar an der Stelle x und eine Funktion g differenzierbar an der Stelle $z = \varphi(x)$, so ist auch die Funktion f zu $f(x) = g[\varphi(x)]$ differenzierbar an der Stelle x, und es gilt:

$$f'(x) = g'[\varphi(x)] \cdot \varphi'(x) \quad \textbf{(Kettenregel).}$$

Bemerkung: Man nennt $g'[\varphi(x)]$ auch die „äußere“ und $\varphi'(x)$ die „innere Ableitung“. Das Hinzufügen des Faktors $\varphi'(x)$ zur äußeren Ableitung $g'[\varphi(x)]$ bezeichnet man auch als „Nachdifferenzieren“.

4. Wir besprechen im folgenden zwei Beweise für die Kettenregel. Der erste – einfachere – Beweis gilt nur unter einer besonderen Einschränkung; zur Vervollständigung bringen wir daher noch einen zweiten – etwas aufwendigeren – Beweis.

1. Beweis für die Kettenregel

Es ist $$\frac{f(x+h) - f(x)}{h} = \frac{g[\varphi(x+h)] - g[\varphi(x)]}{h}.$$

Wir erweitern den Differenzenquotienten mit $k = \varphi(x+h) - \varphi(x)$; dabei müssen wir voraussetzen, daß $k \neq 0$ ist, eine Voraussetzung, die nicht immer erfüllt ist. Bild 22.1 zeigt ein Beispiel, bei dem $k = \varphi(x+h) - \varphi(x) = 0$ ist. Bild 22.2 zeigt, daß die Bedingung $k = \varphi(x+h) - \varphi(x) \neq 0$ bei einer streng monoton steigenden (oder streng monoton fallenden) Funktion φ stets erfüllt ist.

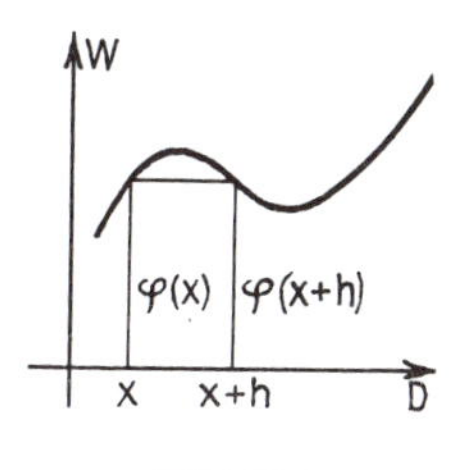

Bild 22.1

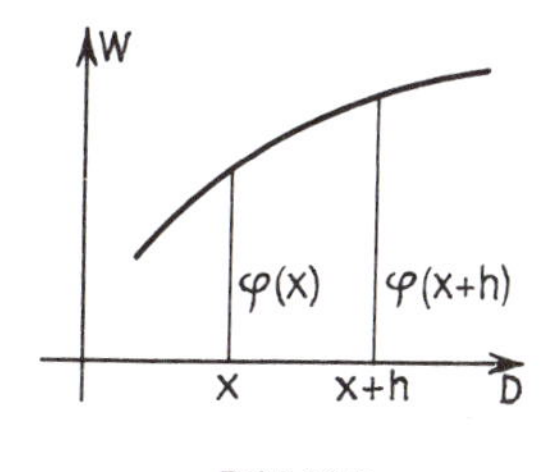

Bild 22.2

Bei nichtmonotonen Funktionen braucht sie nicht erfüllt zu sein. Dieser 1. Beweis der Kettenregel gilt also nur für $k \neq 0$, also z. B. für streng monotone Funktionen. Wir führen nun die Erweiterung des Differenzenquotienten mit $k = \varphi(x+h) - \varphi(x)$ durch und benutzen dabei die Abkürzungen $z = \varphi(x)$ und $z + k = \varphi(x+h)$.

Wir erhalten: $\frac{f(x+h)-f(x)}{h} = \frac{g[\varphi(x+h)]-g[\varphi(x)]}{h} = \frac{g(z+k)-g(z)}{h} \cdot \frac{k}{k}$

$$= \frac{g(z+k)-g(z)}{k} \cdot \frac{k}{h} = \frac{g(z+k)-g(z)}{k} \cdot \frac{\varphi(x+h)-\varphi(x)}{h}.$$

Da wir vorausgesetzt haben, daß die Funktion φ an der Stelle x differenzierbar sein soll, gilt:

$$\lim_{h \to 0} \frac{\varphi(x+h)-\varphi(x)}{h} = \varphi'(x).$$

Da jede an einer Stelle x differenzierbare Funktion an dieser Stelle auch stetig ist, gilt überdies:

$$\lim_{h \to 0} [\varphi(x+h)-\varphi(x)] = \lim_{h \to 0} k = 0.$$

Wir können daher die Bedingung $h \to 0$ durch die Bedingung $k \to 0$ ersetzen. Daher gilt:

$$\lim_{h \to 0} \frac{g[\varphi(x+h)]-g[\varphi(x)]}{\varphi(x+h)-\varphi(x)} = \lim_{k \to 0} \frac{g(z+k)-g(z)}{k} = g'(z) = g'[\varphi(x)].$$

Wir können nun $f'(x)$ berechnen:

$$f'(x) = \lim_{h \to 0} \frac{f(x+h)-f(x)}{h} = \lim_{k \to 0} \frac{g(z+k)-g(z)}{k} \cdot \lim_{h \to 0} \frac{\varphi(x+h)-\varphi(x)}{h} = g'(z) \cdot \varphi'(x)$$

$$= g'[\varphi(x)] \cdot \varphi'(x), \quad \text{q.e.d.}$$

5. Dem zweiten Beweis für die Kettenregel schicken wir einen **Hilfssatz** voran.

S 22.9 **Eine Funktion f ist genau dann differenzierbar an der Stelle x_0, wenn es eine in einer Umgebung $U(x_0) \subseteq D(f)$ existierende und in x_0 stetige Funktion f_1 gibt, so daß gilt: 1) für $h \neq 0$ und $x_0 + h \in U(x_0)$: $f(x_0+h) - f(x_0) = h \cdot f_1(x_0+h)$ und 2) $f_1(x_0) = f'(x_0)$.**

Beachte: Da f_1 an der Stelle x_0 stetig sein soll, muß gelten: $\lim_{h \to 0} f_1(x_0+h) = f_1(x_0) = f'(x_0)$.

Beweis: 1) Wir setzen zunächst voraus, daß f in x_0 differenzierbar ist, und beweisen, daß es dann eine Funktion f_1 mit den genannten Eigenschaften gibt. Da f in einer Umgebung $U(x_0)$ definiert ist, ist auch f_1 in $U(x_0)$ definiert; denn für $x_0 + h \in U(x_0)$ und $h \neq 0$ existiert:

$$f_1(x_0+h) = \frac{f(x_0+h)-f(x_0)}{h}.$$

Auch die Bedingung **2)** ist erfüllt; denn aus der vorausgesetzten Differenzierbarkeit in x_0 folgt:

$$\lim_{h \to 0} f_1(x_0+h) = \lim_{h \to 0} \frac{f(x_0+h)-f(x_0)}{h} = f'(x_0).$$

Setzen wir also $f_1(x_0) = f'(x_0)$, so ist f_1 überdies stetig an der Stelle x_0, q. e. d.

2) Wir setzen nun voraus, daß die Funktion f_1 mit den in **S 22.9** genannten Bedingungen existiert und beweisen, daß f dann an der Stelle x_0 differenzierbar ist.
Da f_1 in einer Umgebung $U(x_0)$ existiert, so existiert nach der Bedingung $h \cdot f_1(x_0+h) = f(x_0+h) - f(x_0)$ auch f in $U(x_0)$. Außerdem ergibt sich aus Bedingung 1), aus der vorausgesetzten Stetigkeit und aus Bedingung **2)**: $\lim_{h \to 0} \frac{f(x_0+h)-f(x_0)}{h} = \lim_{h \to 0} f_1(x_0+h) = f_1(x_0) = f'(x_0)$; also ist f tatsächlich differenzierbar an der Stelle x_0. Damit ist **S 22.9** vollständig bewiesen.

6. Wir kommen nun zum

2. Beweis für die Kettenregel:
Da die beiden Funktionen φ und g nach Voraussetzung an der Stelle x bzw. an der Stelle $z = \varphi(x)$ differenzierbar sind, gibt es nach **S 22.9** zwei an der Stelle x bzw. an der Stelle z stetige Funktionen φ_1 und g_1 mit:

1) $\varphi(x+h) - \varphi(x) = h \cdot \varphi_1(x+h)$ und $\varphi_1(x) = \varphi'(x)$ und
2) $g(z+k) - g(z) = k \cdot g_1(z+k)$ und $g_1(z) = g'(z)$.

Daher gilt mit $z = \varphi(x)$:

$$f(x+h) - f(x) = g[\underbrace{\varphi(x)}_{z} + \underbrace{h\,\varphi_1(x+h)}_{k}] - g[\underbrace{\varphi(x)}_{z}] \quad \text{(nach 1)}$$

$$= g(z+k) - g(z). \quad \text{Beachte die Abkürzungen: } z = \varphi(x) \text{ und } k = h\,\varphi_1(x+h)!$$

$$= \overbrace{k} \cdot g_1(z+k) \quad \text{(nach 2)}$$

$$= \overbrace{h \cdot \varphi_1(x+h)} \cdot g_1(z+k).$$

Daher ist: $\dfrac{f(x+h) - f(x)}{h} = \varphi_1(x+h) \cdot g_1(z+k).$

Außerdem gilt: $\lim\limits_{h\to 0} k = \lim\limits_{h\to 0} [h \cdot \varphi_1(x+h)] = (\lim\limits_{h\to 0} h) \cdot (\lim\limits_{h\to 0} \varphi_1(x+h)) = 0 \cdot \varphi'(x) = 0.$

Daher kann die Bedingung $h \to 0$ durch die Bedingung $k \to 0$ ersetzt werden. Somit gilt:

$$f'(x) = \lim_{h\to 0} \frac{f(x+h) - f(x)}{h} = \lim_{h\to 0} [\varphi_1(x+h) \cdot g_1(z+k)].$$

$$= \lim_{h\to 0} [\varphi_1(x+h)] \cdot \lim_{k\to 0} [g_1(z+k)].$$

$$= \varphi_1(x) \cdot g_1(z) \quad (\text{weil } \varphi_1 \text{ stetig in } x \text{ und } g_1 \text{ stetig in } z \text{ sind})$$

$$= \varphi'(x) \cdot g'(z) = g'[\varphi(x)] \cdot \varphi'(x), \quad \text{q. e. d.}$$

Damit ist die Kettenregel vollständig bewiesen.

7. Wir behandeln noch einige

Beispiele:

1) $f(x) = (x^5 + 3x^2 - 1)^{50} \Rightarrow f'(x) = \underbrace{50 \cdot (x^5 + 3x^2 - 1)^{49}}_{g'[\varphi(x)]} \cdot \underbrace{(5x^4 + 6x)}_{\varphi'(x)}.$

2) $f(x) = \sqrt{x^2 + 1} \Rightarrow f'(x) = \underbrace{\dfrac{1}{2 \cdot \sqrt{x^2+1}}}_{g'[\varphi(x)]} \cdot \underbrace{2x}_{\varphi'(x)} = \dfrac{x}{\sqrt{x^2+1}}.$

3) $f(x) = \sin(1 - x^2) \Rightarrow f'(x) = \underbrace{-2x}_{\varphi'(x)} \cdot \underbrace{\cos(1 - x^2)}_{g'[\varphi(x)]}.$

4) Schließlich zeigen wir noch, wie man mit Hilfe der Kettenregel die Ableitung der Kosinusfunktion auf die der Sinusfunktion zurückführen kann (vgl. § 21, II!).

Für alle $x \in \mathbb{R}$ gilt: $f(x) = \cos x = \sin\left(\dfrac{\pi}{2} - x\right).$

Daraus folgt: $f'(x) = (-1) \cdot \cos\left(\dfrac{\pi}{2} - x\right) = -\sin x.$

Übungen und Aufgaben

Produktregel

1. Differenziere mit Hilfe der Produktregel!

a) $f(x) = x^2(1 - 3x^2)$ **b)** $f(x) = x\sqrt{x}$ **c)** $f(x) = 3x^2\sqrt{x}$

d) $f(x) = (x^2 - 1)\sqrt{x}$ **e)** $f(x) = (x^4 - 3x^3)\sqrt{x}$ **f)** $f(x) = \sin x \cdot \cos x$

g) $f(x) = (x^5 - 1)\sin x$ **h)** $f(x) = \dfrac{1}{x} \cdot \sqrt{x}$ **i)** $f(x) = \sqrt{x} \cdot \cos x$

j) $f(x) = (1 - x^{10})\sqrt{x}$ **k)** $f(x) = (\sin x)^2$ **l)** $f(x) = (\cos x)^2$

m) $f(x) = (\sin x)^3$ **n)** $f(x) = (\cos x)^3$ **o)** $f(x) = \dfrac{1}{x^2}\left(= \dfrac{1}{x} \cdot \dfrac{1}{x}\right)$

p) $f(x) = \dfrac{1}{x^3}$ **q)** $f(x) = (x^5 - x^2)(x^2 - x^4)$ **r)** $f(x) = (1 - 2x + x^2) \cdot \sin x$

2. Differenziere:

a) $f(x) = 3x^5$ **b)** $f(x) = \frac{1}{2}x^{10}$ **c)** $f(x) = 4x^2 + 3x^3 + x^5$
d) $f(x) = x^7 - 3x^5$ **e)** $f(x) = \frac{1}{5}x^6 - x^4 + 3x^3$ **f)** $f(x) = n\,x^{n-1};\ n \in \mathbb{N}$
g) $f(x) = x^{n-4};\ n \in \mathbb{N}$ **h)** $f(x) = 2x^{2n} + 3x^n + 5x^{n-1};\ n \in \mathbb{N}$
i) $f(x) = (ax^n)^3;\ n \in \mathbb{N},\ a \in \mathbb{R}$

3. Beweise S 22.3: Jede ganze rationale Funktion ist differenzierbar über $\mathbb{R}$!

4. Wie oft muß man $f(x) = x^n$ (mit $n \in \mathbb{N}$) differenzieren, bis man eine Konstante erhält?

5. Ermittle $f^{(n)}(x)$! (Beachte die Fallunterscheidung in j), k), l) und m).)

a) $f(x) = x^4;\ n = 5$ **b)** $f(x) = 3x^5;\ n = 3$
c) $f(x) = 4x^7 - 6x^2;\ n = 4$ **d)** $f(x) = 2x^3 + 6x^2 + 4x;\ n = 4$
e) $f(x) = 1 - 4x^4;\ n = 2$ **f)** $f(x) = (a + bx)^2;\ n = 3$
g) $f(x) = x^2(1 + 2x)^2;\ n = 4$ **h)** $f(x) = x \sin x;\ n = 3$
i) $f(x) = (x - 1)\,|x - 1|;\ n = 1, 2$ **j)** $f(x) = \frac{1}{2}x \cdot |x|;\ n = 2$
k) $f(x) = x^3 \operatorname{sign} x;\ n = 1, 2, 3$ **l)** $f(x) = (x - 1)\,|x - 1|;\ n = 1, 2$
m) $f(x) = |x - 1|^3;\ n = 1, 2, 3$ **n)** $f(x) = \sin x \cos x;\ n = 2$

6. Beweise mit Hilfe der Produktregel für 2 Faktoren die Produktregel für 3 Faktoren ($f(x) = u(x) \cdot v(x) \cdot w(x)$)!

7. Beweise mit Hilfe der Produktregel und durch vollständige Induktion:
$f(x) = [\varphi(x)]^n \Rightarrow f'(x) = n \cdot [\varphi(x)]^{n-1} \cdot \varphi'(x)$ ($n \in \mathbb{N}$)!

8. Beweise mit Hilfe der Produktregel und durch vollständige Induktion:
$f(x) = \frac{1}{x^n} \Rightarrow f'(x) = -\frac{n}{x^{n+1}}$ ($n \in \mathbb{N}$)!

9. Beweise durch vollständige Induktion mit Hilfe der Produktregel:

a) $f(x) = (\sin x)^n \Rightarrow f'(x) = n \cdot (\sin x)^{n-1} \cdot \cos x$ ($n \in \mathbb{N}$)!

b) $f(x) = (\cos x)^n \Rightarrow f'(x) = n \cdot (\cos x)^{n-1} \cdot (-\sin x)$ ($n \in \mathbb{N}$)!

Quotientenregel

10. Differenziere mit Hilfe der Quotientenregel!

a) $f(x) = \frac{x-1}{x+1}$ **b)** $f(x) = \frac{1-x}{x+1}$ **c)** $f(x) = \frac{x^2}{1+x}$ **d)** $f(x) = \frac{3}{x^2+1}$
e) $f(x) = \frac{x^2-4}{1-x}$ **f)** $f(x) = \frac{1}{1+2x^2}$ **g)** $f(x) = \frac{x^3}{1+x^2}$ **h)** $f(x) = \frac{x^2-2x}{x^2-4}$
i) $f(x) = \frac{x^2-x}{x-1}$ **j)** $f(x) = \frac{x^2-9}{x^3-64}$ **k)** $f(x) = \frac{x^2-x-6}{x^2+x-6}$ **l)** $f(x) = \frac{\sqrt{x}}{1-x}$
m) $f(x) = \frac{\sin x}{x}$ **n)** $f(x) = \frac{x^2}{\cos x}$ **o)** $f(x) = \frac{\cos x + 1}{\cos x - 1}$ **p)** $f(x) = \frac{\sin x - \cos x}{\sin x + \cos x}$
q) $f(x) = \frac{\sin x - x}{\cos x + x}$ **r)** $f(x) = \frac{2\sqrt{x}}{1-\sqrt{x}}$ **s)** $f(x) = \frac{1}{x \cdot \cos x}$ **t)** $f(x) = \frac{x^2 \cdot \sin x}{1-x}$
u) $f(x) = \frac{x^3 \cdot \sqrt{x}}{1+x^2}$ **v)** $f(x) = \frac{x}{\tan x}$ **w)** $f(x) = \frac{\cot x}{1+x}$ **x)** $f(x) = \frac{(x-1)^2}{\sin x}$

11. Differenziere!

a) $f(x) = \frac{1}{x^3}$ **b)** $f(x) = \frac{3}{x^5}$ **c)** $f(x) = 2x^2 + \frac{10}{x^4}$ **d)** $f(x) = \frac{1}{x^2} \cdot \sin x$

e) $f(x) = \frac{\cot x}{3x^3}$ **f)** $f(x) = \frac{4}{5x^5} + 2\cos x$ **g)** $f(x) = 3x^{-4} - 2 \cdot \sin x \cos x$

h) $f(x) = 2\tan x + \frac{1}{2x^3} - 1$ **i)** $f(x) = \frac{1}{7x^2} + \frac{x}{4} - \tan x$

12. Beweise: Jede rationale Funktion ist differenzierbar in ihrer Definitionsmenge D(f)!

Kettenregel

13. Gegeben sind Funktionen mit Funktionsgleichungen von der Form $y = g[\varphi(x)]$. Bestimme $W(\varphi)$ und $D(g)$! Bilde $W(\varphi) \cap D(g)$! (Vgl. III!)

a) $g[\varphi(x)] = (2x-1)^3$; $V[x] = [0; 2]$ **b)** $g[\varphi(x)] = \sqrt{x^3}$; $V[x] = [-2; 2]$

c) $g[\varphi(x)] = \sqrt{\sin x}$; $V[x] = [0; 2\pi]$ **d)** $g[\varphi(x)] = \sqrt{-|x|}$; $V[x] = \mathbb{R}$

14. Bestimme für die Funktionen zu $y = f(x) = g[\varphi(x)]$ aus Aufgabe 13 die Definitionsmengen! Welche der Funktionen hat eine leere Definitionsmenge? Begründe: Damit f eine nichtleere Definitionsmenge hat, muß gelten: $W(\varphi) \cap D(g) \neq \emptyset$!

15. Differenziere mit Hilfe der Kettenregel!

a) $f(x) = (x^2-4x)^5$ **b)** $f(x) = (x^3 - 5x^6)^8$ **c)** $f(x) = (\sin x)^6$ **d)** $f(x) = \frac{1}{(x^2-2)^3}$

e) $f(x) = \frac{1}{(\cos x)^2}$ **f)** $f(x) = \frac{3}{(x^3-2x)^2}$ **g)** $f(x) = \sqrt{1-x^2}$ **h)** $f(x) = \sqrt{\frac{1}{x}}$

i) $f(x) = \sin(x^2)$ **j)** $f(x) = \tan(1-3x)$ **k)** $f(x) = \cos\frac{1}{x}$ **l)** $f(x) = \sqrt{\cot x}$

m) $f(x) = \sin\frac{1}{x^2}$ **n)** $f(x) = \sqrt{x^2-3x}$ **o)** $f(x) = \cot\sqrt{x}$ **p)** $f(x) = x^2 \cdot \sqrt{x^2-1}$

q) $f(x) = \frac{1}{\sqrt{x-x^3}}$ **r)** $f(x) = \frac{x}{\sqrt{1-x}}$ **s)** $f(x) = \sqrt{\sin 3x}$ **t)** $f(x) = \frac{1}{\sqrt{\cos(x^2)}}$

u) $f(x) = (\sin x)^n$ **v)** $f(x) = (\cos x)^n$ **w)** $f(x) = \frac{1}{(\cos x)^n}$ **x)** $f(x) = \frac{1}{(\sin x)^n}$

16. Bestimme D(f), differenziere und bestimme D(f')! An welchen Stellen $x \in D(f)$ existiert f' nicht?

a) $f(x) = \sqrt{x}$ **b)** $f(x) = \sqrt{1-x}$ **c)** $f(x) = \sqrt{x^2-1}$ **d)** $f(x) = \sqrt{x^3-4x}$

e) $f(x) = \sqrt{\varphi(x)}$ **f)** $f(x) = \frac{1}{\sqrt{x^2-x}}$ **g)** $f(x) = \frac{\sqrt{x+1}}{x-1}$ **h)** $f(x) = \frac{\sqrt{2-x^2}}{x}$

17. Welche Voraussetzungen müssen erfüllt sein, damit gilt:

$$f(x) = \sqrt{\varphi(x)} \Rightarrow f'(x) = \frac{\varphi'(x)}{2\sqrt{\varphi(x)}}?$$

18. Beweise durch vollständige Induktion:

$$f(x) = \frac{1}{[\varphi(x)]^n} \Rightarrow f'(x) = -\frac{n \cdot \varphi'(x)}{[\varphi(x)]^{n+1}}!$$

§ 23 Extremwerte. Der Mittelwertsatz der Differentialrechnung

I. Der Begriff des lokalen Extremums

1. Um einen Überblick über den Verlauf eines Funktionsgraph zu gewinnen, genügt es in vielen Fällen, einige markante Punkte des Graph zu ermitteln. Dies sind insbesondere die Schnittpunkte mit den beiden Koordinatenachsen und die Stellen, an denen die Funktion – im Vergleich zu den Werten in ihrer Umgebung – einen größten oder einen kleinsten Funktionswert hat. Die gemeinsamen Punkte des Graph und der D-Achse gewinnt man aus der Bedingung $f(x) = 0$; man nennt die Lösungen dieser Gleichung die **„Nullstellen"** der Funktion. Den Schnittpunkt mit der W-Achse gewinnt man durch die Berechnung von $f(0)$. In diesem Abschnitt interessieren uns aber die Stellen mit den größten bzw. den kleinsten Funktionswerten, die sogenannten **„Extremstellen"**.

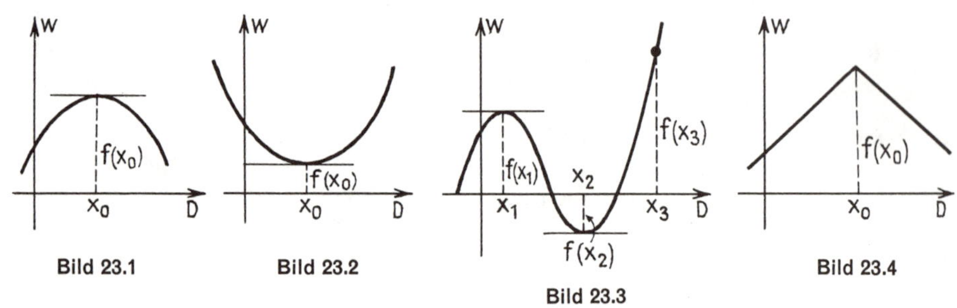

Bild 23.1 Bild 23.2 Bild 23.3 Bild 23.4

2. In den Bildern 23.1; 23.2; 23.3; 23.4 und 23.5 sind einige mögliche Fälle angedeutet. In Bild 23.1 hat die Funktion an der Stelle x_0 ein sogenanntes „Maximum"; in Bild 23.2 an der Stelle x_0 ein sogenanntes „Minimum". In Bild 23.3 liegt bei x_1 ein Maximum, bei x_2 ein Minimum. Dieses Bild zeigt, daß bei einem Maximum keineswegs der absolut größte Funktionswert liegen muß; so gilt z.B. $f(x_3) > f(x_1)$. Da es nur auf eine Umgebung der Stelle x_0 ankommt, sprechen wir von einem **„lokalen Maximum"** oder einem **„lokalen Minimum"** oder – wenn man offenlassen will, ob es sich um ein Maximum oder ein Minimum handelt – von einem **„lokalen Extremum"**, manchmal auch von einem **„relativen Extremum"**.

3. Wir definieren:

D 23.1

Eine Funktion f sei in einem Intervall A definiert. Dann liegt bei $x_0 \in A$ ein

„lokales Maximum	**„lokales Minimum**

der Funktion" genau dann, wenn es eine Umgebung $U(x_0) \subseteq A$ gibt, so daß gilt:

$x \in U(x_0) \Rightarrow f(x) \leq f(x_0)$	$x \in U(x_0) \Rightarrow f(x) \geq f(x_0)$.

Gilt sogar

$x \in U(\dot{x}_0) \Rightarrow f(x) < f(x_0)$,	$x \in U(\dot{x}_0) \Rightarrow f(x) > f(x_0)$,

so spricht man von einem

„strengen lokalen Maximum".	**„strengen lokalen Minimum".**

4. Eine Funktion kann in einem Intervall viele lokale (oder relative) Maxima und Minima haben; sie kann dort aber nur ein absolutes Maximum (absolutes Minimum) haben; diese können natürlich an mehreren Stellen angenommen werden. Wir definieren:

Eine Funktion f sei in einem Intervall A definiert. Dann liegt an der Stelle $x_0 \in A$ ein

„absolutes Maximum"	„absolutes Minimum"
genau dann, wenn für alle $x \in A$ gilt:	
$f(x) \leq f(x_0)$.	$f(x) \geq f(x_0)$.

D 23.2

5. Aus den Definitionen D 23.1 und D 23.2 ergibt sich unmittelbar die Gültigkeit des Satzes:

Hat eine Funktion f im Innern eines Intervalls $A \subseteq D(f)$ ein absolutes Extremum, so hat sie dort auch ein lokales Extremum.

S 23.1

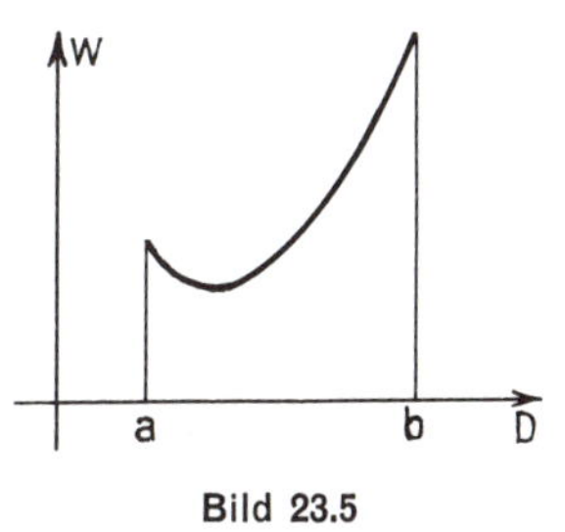

Bild 23.5

Beim Beweis haben wir nur zu beachten, daß es zu jedem **inneren** Punkt x_0 eines Intervalls A stets eine ganz in A liegende Umgebung $U(x_0)$ gibt: $U(x_0) \subset A$.

Bemerkung: Liegt ein absolutes Extremum auf dem Rand eines Intervalls, so ist es kein lokales Extremum, weil es keine Umgebung $U(x_0)$ mit $U(x_0) \subset D$ gibt. In Bild 23.5 liegt an der Randstelle b des Intervalls [a; b] ein absolutes, aber kein lokales (relatives) Extremum.

Wir wollen zur Vereinfachung folgende **Vereinbarung** treffen: Wird im folgenden von einem „Maximum", „Minimum" oder „Extremum" gesprochen, so meinen wir stets ein **lokales** Extremum. Wenn ein absolutes Extremum gemeint ist, so wird dies in jedem Fall ausdrücklich gesagt.

6. In den Bildern 23.1, 23.2 und 23.3 haben die Funktionsgraphen an Stellen eines lokalen Extremum eine waagerechte Tangente; dort gilt also $f'(x_0) = 0$. Beim Graph von Bild 23.4 ist dies nicht der Fall, dies hat seinen Grund offenbar darin, daß die betreffende Funktion in x_0 nicht differenzierbar ist.

Man nennt Stellen, an denen der Funktionsgraph eine waagerechte Tangente hat, „stationäre Stellen". Wir definieren:

Eine Stelle $x_0 \in D(f)$ heißt „stationäre Stelle" der Funktion f genau dann, wenn der Funktionsgraph im Punkte $P(x_0 \mid f(x_0))$ eine waagerechte Tangente hat, wenn also gilt: $f'(x_0) = 0$.

D 23.3

Nach den vorstehenden Überlegungen können wir vermuten, daß bei differenzierbaren Funktionen die Stelle eines lokalen Extremums stets eine stationäre Stelle ist, daß also gilt:

Hat eine an einer Stelle x_0 differenzierbare Funktion f an dieser Stelle ein lokales Extremum, so ist x_0 eine stationäre Stelle der Funktion, d. h., es gilt: $f'(x_0) = 0$.

S 23.2

Wir führen den **Beweis** für den Fall eines Maximums. Nach Voraussetzung gibt es eine Umgebung $U(x_0)$, so daß für alle $x \in U(x_0)$ gilt: $f(x) \leq f(x_0)$. Daher gilt für alle $x_0 + h \in U(x_0)$: $f(x_0 + h) - f(x_0) \leq 0$. Also ist für $h > 0$:

$$\frac{f(x_0 + h) - f(x_0)}{h} \leq 0 \quad \text{und} \quad \frac{f(x_0 - h) - f(x_0)}{-h} \geq 0.$$

Für die rechtsseitige und für die linksseitige Ableitung gilt also:

$$f'_r(x_0) = \lim_{h \to 0} \frac{f(x_0 + h) - f(x_0)}{h} \leq 0 \quad \text{und} \quad f'_l(x_0) = \lim_{h \to 0} \frac{f(x_0 - h) - f(x_0)}{-h} \geq 0.$$

Da die Funktion nach Voraussetzung an der Stelle x_0 differenzierbar ist, müssen die beiden einseitigen Ableitungen übereinstimmen; daher gilt:

$$f'(x_0) = f'_r(x_0) = f'_l(x_0) = 0, \text{ q.e.d.}$$

Der Beweis für ein Minimum ist entsprechend zu führen; vgl. Aufgabe 2!

Beachte: Die Umkehrung des Satzes S 23.2 gilt **nicht.** Dies zeigt schon das folgende **Gegenbeispiel:**

$$f(x) = x^3 \Rightarrow f'(x) = 3x^2; \quad \text{also ist} \quad f'(0) = 0.$$

Die Funktion f hat aber an der Stelle 0 **kein** Extremum (Bild 23.6). Diese Funktion ist nämlich in der vollen Menge $\mathbb{R}$ streng monoton steigend und kann daher kein lokales Extremum besitzen.

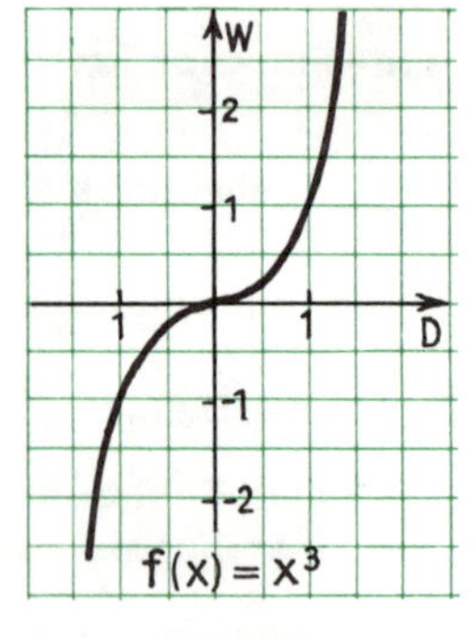

Bild 23.6

Man sagt: Die Bedingung $f'(x_0) = 0$ ist **notwendig** für das Vorhandensein eines Extremums; sie ist aber **nicht hinreichend.**

Wir kommen in § 24 auf die Frage zurück, wie man eine Funktion auf Extremstellen untersuchen kann.

II. Der Satz von Rolle

1. In § 18, IV haben wir den Zwischenwertsatz von Bolzano (S 18.6) bewiesen. Dieser Satz bezieht sich auf Funktionen, die in einem Intervall [a; b] stetig sind; er besagt, daß die Funktionswerte einer stetigen Funktion in einem engen „Zusammenhang" stehen, daß es nämlich, wenn $f(a) \neq f(b)$ ist, zu jeder Zahl z zwischen f (a) und f (b) eine Stelle x_0 in [a; b] gibt mit $f(x_0) = z$.

Es ist zu vermuten, daß sich bei Funktionen, die in einem Intervall differenzierbar sind, eine ähnliche Aussage über das Steigungsverhalten der Funktion in dem betreffenden Intervall machen läßt.

2. Wir betrachten Bild 23.7. Für die Funktion f dieses Bildes gilt:

$$f(a) = f(b) = 0.$$

Aus dieser Tatsache ergibt sich anschaulich, daß die Funktion im Innern des Intervalls [a; b] eine Extremstelle x_0 haben muß, eine Stelle also, für die nach S 23.2 gilt: $f'(x_0) = 0$. Bild 23.8 zeigt, daß die entsprechende Aussage auch gilt, wenn für die Randstellen a und b gilt: $f(a) = f(b) = c$ mit einem beliebigen $c \in \mathbb{R}$. Im Beispiel von Bild 23.8 gibt es sogar **zwei** Stellen x_1 und x_2 mit $f'(x_1) = f'(x_2) = 0$.

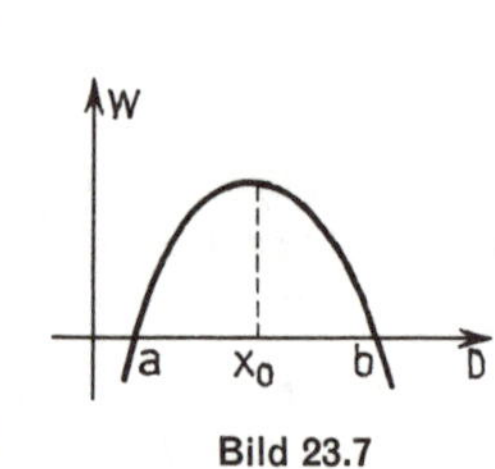

Bild 23.7

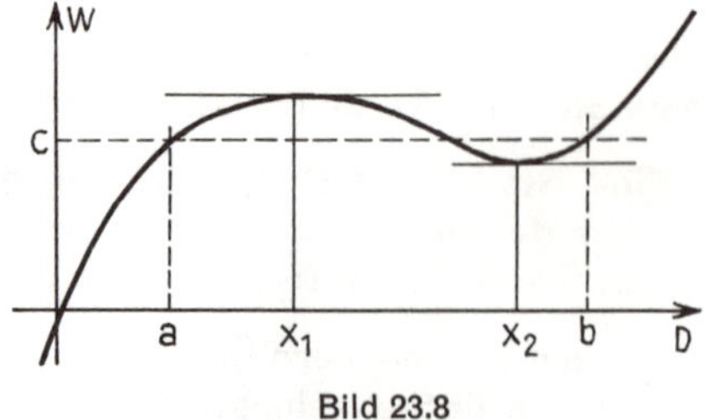

Bild 23.8

3. Wir formulieren diesen zunächst der Anschauung entnommenen Sachverhalt im **„Satz von Rolle":**

S 23.3 **Ist eine Funktion f differenzierbar in einem Intervall [a; b] und gilt $f(a) = f(b) = c$ mit $c \in \mathbb{R}$, so gibt es (wenigstens) eine Stelle $x_0 \in\ ]a; b[$, so daß gilt: $f'(x_0) = 0$ (Satz von Rolle).[1]**

[1]) Michel Rolle (1652 – 1719), franz. Mathematiker.

Beachte:

1) Wir haben in D 21.2 den Begriff der Differenzierbarkeit einer Funktion f in einem abgeschlossenen Intervall [a; b] so festgelegt, daß für die Randstellen a und b nur **einseitige** Differenzierbarkeit verlangt wird.

2) Die in S 23.3 genannte Stelle x_0 liegt im **Innern** von [a; b], also im offenen Intervall]a; b[.

1. Fall: Beweis: Gilt für **alle** $x \in [a; b]$: $f(x) = c$, so ist die Behauptung trivial; denn dann gilt für **jedes** $x \in]a; b[$: $f'(x) = 0$ (Bild 23.9).

2. Fall: Gibt es eine Stelle $x \in [a; b]$ mit $f(x) \neq c$, so nimmt f im Intervall [a; b] sowohl ihr Maximum M als auch ihr Minimum m an; wenigstens eine dieser beiden Zahlen (M oder m) muß von c verschieden sein und deshalb zu einer Stelle x_0 im **Innern** von [a; b] gehören. Daher hat f an dieser Stelle x_0 ein lokales Extremum; somit gilt nach S 23.2 : $f'(x_0) = 0$, q. e. d.

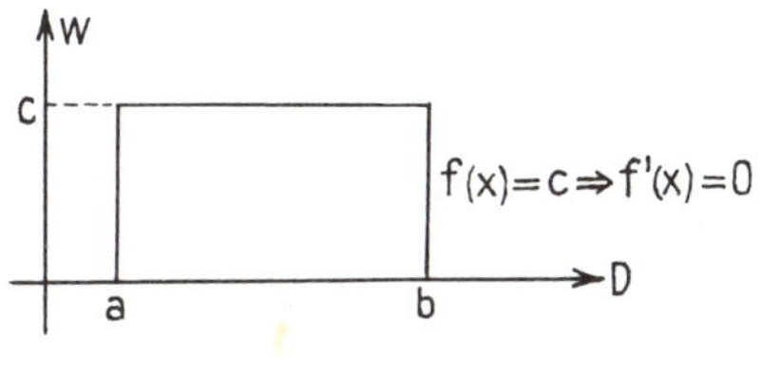

Bild 23.9

III. Der Mittelwertsatz der Differentialrechnung

1. Aus dem Satz von Rolle läßt sich unmittelbar ein weiterer Satz ableiten, der für den Aufbau der Analysis von großer Bedeutung ist, der sogenannte **„Mittelwertsatz der Differentialrechnung“.** Ein Beispiel ist in Bild 23.10 dargestellt. Die Funktion f hat im Intervall [a; b] die „Intervallsteigung“ oder „Sekantensteigung“

$$m = \frac{f(b) - f(a)}{b - a}.$$

Aus der Differenzierbarkeit der Funktion f in [a; b] ergibt sich, daß es dann eine Stelle $x_0 \in]a; b[$ gibt derart, daß die Tangente an die Kurve im Punkte $P(x_0 \mid f(x_0))$ **parallel** zur Sekante durch $P_a(a \mid f(a))$ und $P_b(b \mid f(b))$ verläuft; eine Stelle $x_0 \in]a; b[$ also, für die gilt:

$$f'(x_0) = \frac{f(b) - f(a)}{b - a}.$$

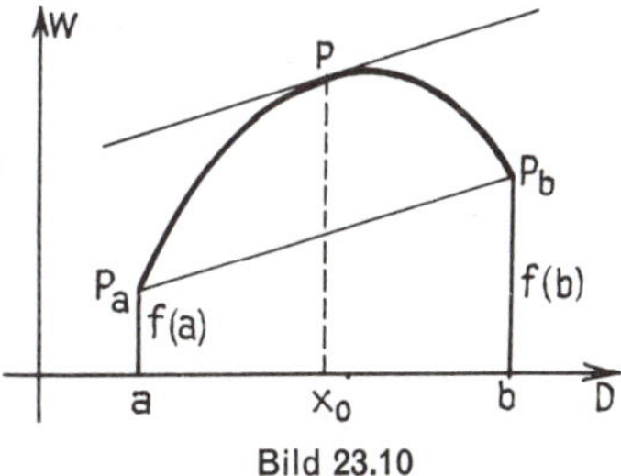

Bild 23.10

2. Diesen Sachverhalt erfassen wir in dem Satz:

S 23.4

Ist eine Funktion f differenzierbar in einem Intervall [a; b], so gibt es (wenigstens) eine Stelle $x_0 \in]a; b[$ mit $f'(x_0) = \frac{f(b) - f(a)}{b - a}$ (Mittelwertsatz der Differentialrechnung).

Beweis: Wir konstruieren eine Hilfsfunktion g durch den Ansatz $g(x) = f(x) + \lambda \cdot x$.
Da die Funktion f nach Voraussetzung in [a; b] differenzierbar ist, gilt dies für jedes $\lambda \in \mathbb{R}$ auch für die Funktion g.

Um die Voraussetzungen des Satzes von Rolle zu erfüllen, versuchen wir nun, λ so zu bestimmen, daß $g(a) = g(b)$ ist.

Es ist $g(a) = f(a) + \lambda \cdot a$ und $g(b) = f(b) + \lambda \cdot b$.

Es gilt: $g(a) = g(b) \Leftrightarrow f(a) + \lambda \cdot a = f(b) + \lambda \cdot b \Leftrightarrow \lambda \cdot (a - b) = f(b) - f(a)$

$$\Leftrightarrow \lambda = -\frac{f(b) - f(a)}{b - a}.$$

Die Funktion zu $g(x) = f(x) - \frac{f(b) - f(a)}{b - a} \cdot x$ erfüllt also die Voraussetzungen des Satzes von Rolle. Es gibt also eine Stelle $x_0 \in]a; b[$ mit $g'(x_0) = 0$. Daher gilt

$$g'(x_0) = f'(x_0) - \frac{f(b) - f(a)}{b - a} = 0, \text{ also } f'(x_0) = \frac{f(b) - f(a)}{b - a}, \quad \text{q. e. d.}$$

3. In Bild 23.11 ist der Graph einer Funktion f dargestellt, bei der es in $]a; b[$ sogar **zwei** Stellen x_1 und x_2 mit der in S 23.4 behaupteten Eigenschaft gibt:

$$f'(x_1) = f'(x_2) = \frac{f(b) - f(a)}{b - a}.$$

Bemerkung: Ist $f(a) = f(b) = c$ mit $c \in \mathbb{R}$, so ergibt sich aus dem Mittelwertsatz unmittelbar der Satz von Rolle. S 23.3 ist also ein Spezialfall des Satzes S 23.4.

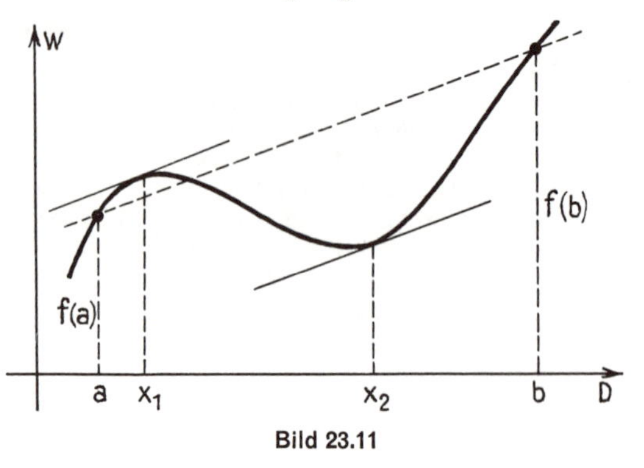

Bild 23.11

IV. Anwendungen des Mittelwertsatzes

1. Es wurde oben schon gesagt, daß der Mittelwertsatz ein bedeutsamer Satz der Differentialrechnung ist. Mit seiner Hilfe läßt sich manche Aussage, die man wegen ihrer Anschaulichkeit für trivial hält, streng beweisen. Wir bringen in diesem Abschnitt einige Beispiele.

S 23.5 **Ist eine Funktion f differenzierbar in einem Intervall [a; b] und gilt für alle $x \in [a; b]$: $f'(x) = 0$, so ist f in [a; b] konstant.**

Beweis: Wir greifen aus [a; b] zwei beliebige Zahlen $x_1 \neq x_2$ heraus. Dann gibt es nach dem Mittelwertsatz eine Stelle $x_0 \in]x_1; x_2[$ mit

$$f'(x_0) = \frac{f(x_2) - f(x_1)}{x_2 - x_1}$$

Nach Voraussetzung ist $f'(x_0) = 0$; daher gilt $f(x_2) = f(x_1)$.

Da die Stellen x_1 und x_2 beliebig aus [a; b] ausgewählt sind, gilt für alle $x \in [a; b]$: $f(x) = c$ mit $c \in \mathbb{R}$, die Funktion f ist also in [a; b] konstant.

2. Abschließend beweisen wir noch einen Satz, der in der Integralrechnung eine wichtige Rolle spielt.

S 23.6 **Sind zwei Funktionen f_1 und f_2 in einem Intervall [a; b] differenzierbar und gilt für alle $x \in [a; b]$: $f_1'(x) = f_2'(x)$, so gilt für alle $x \in [a; b]$: $f_1(x) = f_2(x) + c$ mit $c \in \mathbb{R}$.**

Beweis: Wir betrachten die Funktion f zu $f(x) = f_1(x) - f_2(x)$; sie ist in [a; b] differenzierbar; denn es gilt: $f'(x) = f_1'(x) - f_2'(x)$.

Nach Voraussetzung gilt aber für alle $x \in [a; b]$: $f'(x) = f_1'(x) - f_2'(x) = 0$.

Nach S 23.5 ist f daher eine konstante Funktion, d. h., es gilt:

$f(x) = f_1(x) - f_2(x) = c$ mit einer bestimmten Zahl $c \in \mathbb{R}$.

Daraus folgt: $f_1(x) = f_2(x) + c$, q. e. d.

3. Eine weitere Anwendung des Mittelwertsatzes werden wir in S 24.1 kennenlernen.

Übungen und Aufgaben

1. Zeichne den Graph zu $y = f(x)$ mit Hilfe einer Wertetafel!
Ermittle **1)** die lokalen, **2)** die absoluten Extrema!

a) $f(x) = x^2 - 2x$; $D = [-1; 2]$ **b)** $f(x) = 4 - x^2$; $D = [-2; 3]$

c) $f(x) = \frac{x}{2} - 1$; $D = [-1; 2]$ **d)** $f(x) = |x - 1|$; $D =]0; 2[$

e) $f(x) = 5$; $D = [2; 4]$ **f)** $f(x) = |x^2 - 1|$; $D = [-\sqrt{2}; \sqrt{2}]$

2. Beweise: Ist eine Funktion f differenzierbar und hat sie an der Stelle x_0 ein lokales Minimum, so gilt $f'(x_0) = 0$!

3. Berechne die Stellen x_0, für die gilt $f'(x_0) = 0$! Zeichne den Graph der Funktion und prüfe anhand der Zeichnung, ob ein lokales Extremum vorliegt!

a) $f(x) = x^2 - 2x$ **b)** $f(x) = 4x - x^2$ **c)** $f(x) = (x - 2)^3$

d) $f(x) = \sin x$; $D = [0; \pi]$ **e)** $f(x) = \cos x$; $D = \left[-\frac{\pi}{2}; \frac{\pi}{2}\right]$ **f)** $f(x) = x^4$

g) $f(x) = 2(x + 1)^4$ **h)** $f(x) = x^2 + 3x$ **i)** $f(x) = \frac{4}{x^2 + 1}$

4. Erfüllen die folgenden Funktionen die Voraussetzungen des Mittelwertsatzes?

a) $f(x) = |x - 1|$; $[0; 2]$ **b)** $f(x) = \tan x$; $\left[0; \frac{\pi}{4}\right]$

c) $f(x) = \begin{cases} 2 & \text{für } x = 0 \\ \frac{1}{x} & \text{für } x \in]0; 2] \end{cases}$; $[0; 2]$ **d)** $f(x) = [x]$; $[0; 2]$

5. Die Intervallsekante im Intervall $[a; b]$ ist durch die Punkte $P_1(a \mid f(a))$ und $P_2(b \mid f(b))$ bestimmt.

1) Berechne die Steigung der Intervallsekante!

2) Berechne die Stelle $x_0 \in]a; b[$, für die die Tangente dieselbe Steigung hat wie die Intervallsekante!

a) $f(x) = x^2$; $a = 1$; $b = 3$ **b)** $f(x) = x^2 + 2x$; $a = -2$; $b = 0$

c) $f(x) = x^2 - 2x - 8$; $a = 1$; $b = 5$ **d)** $f(x) = x^2 + px + q$; $a = x_1$; $b = x_2$

e) $f(x) = \frac{1}{x}$; $a = 1$; $b = 3$ **f)** $f(x) = \sin x$; $a = \frac{\pi}{6}$; $b = \frac{\pi}{3}$

6. Führe dieselben Untersuchungen wie in Aufgabe 5 für die folgenden Funktionen durch! Was stellst du fest?

a) $f(x) = |x|$; $a = -1$; $b = 1$ **b)** $f(x) = |x^2 - 4|$; $a = -2$; $b = 2$

c) $f(x) = |x - 1|$; $a = 0$; $b = 3$ **d)** $f(x) = \left|\frac{x}{2} - 1\right|$; $a = 0$; $b = 4$

7. Beweise: Wenn die Funktionen zu $y = f(x)$ und $y = g(x)$ über $[a; b]$ die Voraussetzungen des Mittelwertsatzes erfüllen und $g'(x) \neq 0$ für $x \in]a; b[$ ist, dann gibt es mindestens ein $x_0 \in]a; b[$, so daß gilt: $\frac{f'(x_0)}{g'(x_0)} = \frac{f(b) - f(a)}{g(b) - g(a)}$.

8. Beweise mit Hilfe des Mittelwertsatzes: Die Funktion zu $y = f(x)$ sei bei x_0 stetig, und es existiere $f'(x)$ über $U_l(x_0)$ und $U_r(x_0)$. Dann gilt:

a) $l\text{-}\lim\limits_{x \to x_0} f'(x) = g_1 \Rightarrow f'_l(x_0) = g_1$ **b)** $r\text{-}\lim\limits_{x \to x_0} f'(x) = g_2 \Rightarrow f'_r(x_0) = g_2$

c) Ist $g_1 = g_2$, dann ist die Funktion zu $y = f(x)$ an der Stelle x_0 differenzierbar.

Anleitung:
Zu a) Es sei $x_1 > x$ und $x \in U_l(x_0)$, dann gilt nach dem Mittelwertsatz: $f'(x_1) = \frac{f(x_0) - f(x)}{x_0 - x}$.
Bilde den Grenzwert für $x \to x_0$!

9. Was kannst du zu dem Satz in Aufgabe 8 sagen, wenn man auf die Bedingung der Stetigkeit an der Stelle x_0 verzichtet?

10. Beweise: Existiert $f'(x)$ in $U_l(x_0)$ und $U_r(x_0)$ und ist $l\text{-}\lim\limits_{x \to x_0} f'(x) \neq r\text{-}\lim\limits_{x \to x_0} f'(x)$, so ist die Funktion zu $y = f(x)$ an der Stelle x_0 nicht differenzierbar.

11. Untersuche, ob die durch die folgenden Terme gegebenen Funktionen über den angegebenen Mengen M differenzierbar sind! (Vgl. Aufg. 8–10!)

a) $f(x) = |3x|$; $M = \mathbb{R}^{\geq 0}$
b) $f(x) = |x - 2|$; $M = [0; 4]$
c) $f(x) = x \cdot |x - 1|$; $M = \mathbb{R}^{>0}$
d) $f(x) = x \cdot |x - 1|$; $M = [0; 1]$
e) $f(x) = |x^2 - 1|$; $M = [-1; 1]$
f) $f(x) = |x^2 - 4|$; $M = [-1; 3]$
g) $f(x) = \sqrt{x}$; $M = \mathbb{R}^{\geq 0}$
h) $f(x) = \frac{1}{x}$; $M = [-2; 2]$
i) $f(x) = \frac{x^2 - 9x}{|x - 3|}$; $M = [0; 3]$
j) $f(x) = x + H(x)$; $M = \mathbb{R}$
k) $f(x) = \frac{x + 1}{x - 1}$; $M = [-2; 2]$
l) $f(x) = [x] + x$; $M = [0; 1]$

Beispiel: $f(x) = x \cdot |x + 3|$; $M = [-4; 0]$. Die Funktion wird abschnittsweise durch ganze rationale Funktionen dargestellt: $f(x) = \begin{cases} x^2 + 3x \text{ für } x \in [-3; 0] \\ -x^2 - 3x \text{ für } x \in [-4; -3[\end{cases}$

a) Die Funktion ist für $x > -3$ und $x < -3$ stetig. Sie ist auch an der Stelle -3 stetig.
Beweis: $l\text{-}\lim\limits_{x \to -3} f(x) = 0$; $r\text{-}\lim\limits_{x \to -3} f(x) = 0$; $f(0) = 0$

Eine notwendige Bedingung (Stetigkeit) für die Differenzierbarkeit ist erfüllt.

b) Die Ableitungsterme sind

für $x \in]-3; 0[$: $f'(x) = 2x + 3$ und für $x \in]-4; -3[$: $f'(x) = -2x - 3$.

Dagegen sind die Grenzwerte der Ableitungsterme für $x \to -3$ verschieden.

$$l\text{-}\lim_{x \to -3} f'(x) = 3; \quad r\text{-}\lim_{x \to -3} f'(x) = -3$$

Die Funktion ist an der Stelle -3 nicht differenzierbar.

12. Prüfe, ob die Funktion zu $y = f(x)$ an der Stelle x_0 differenzierbar ist!

a) $f(x) = \sin|x|$; $x_0 = 0$
b) $f(x) = |x + 2|$; $x_0 = -2$
c) $f(x) = |x^2 - 1|$; $x_0 = 1$
d) $f(x) = |\sin x|$; $x_0 = \pi$
e) $f(x) = x \cdot |x|$; $x_0 = 0$
f) $f(x) = \begin{cases} x^2 \text{ für } x \geq 1 \\ 2x \text{ für } x < 1 \end{cases}$; $x_0 = 1$

§ 24 Diskussion von Funktionen mit Hilfe von Ableitungen

I. Kriterien für die Monotonie differenzierbarer Funktionen

1. Wir haben in S 23.2 ein notwendiges (aber leider nicht hinreichendes) Kriterium für die Existenz eines lokalen Extremums bei einer differenzierbaren Funktion f kennengelernt: $f'(x_0) = 0$.

In diesem Zusammenhang stellen sich sofort zwei Fragen:

[1] Gibt es auch ein hinreichendes Kriterium für die Existenz eines lokalen Extremums? Gibt es vielleicht sogar ein Kriterium, das hierfür notwendig und zugleich hinreichend ist?

[2] Gibt es ein Kriterium, mit dessen Hilfe man ein lokales Maximum von einem lokalen Minimum unterscheiden kann?

2. Um der Beantwortung dieser Fragen näherzukommen, betrachten wir die Funktionsgraphen der Bilder 24.1 und 24.2; Bild 24.1 zeigt an der Stelle x_0 ein lokales Maximum,

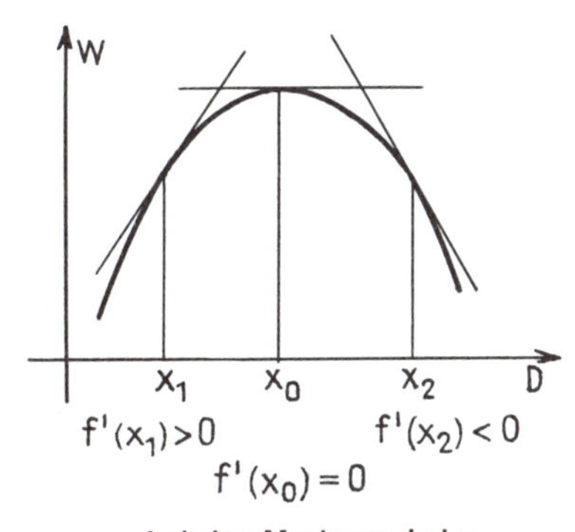

Lokales Maximum bei x_0

Bild 24.1

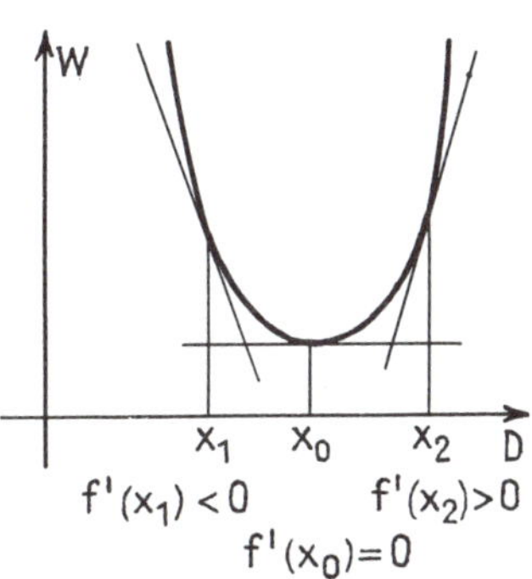

Lokales Minimum bei x_0

Bild 24.2

Bild 24.2 an der Stelle x_0 ein lokales Minimum. Rein anschaulich erkennen wir: Durchläuft man die Kurve im Sinne wachsender x-Werte, so ist die Funktion:

[1] $\left\{\begin{matrix}\text{vor}\\ \text{nach}\end{matrix}\right\}$ einem lokalen Maximum monoton $\left\{\begin{matrix}\text{steigend}\\ \text{fallend}\end{matrix}\right\}$

[2] $\left\{\begin{matrix}\text{vor}\\ \text{nach}\end{matrix}\right\}$ einem lokalen Minimum monoton $\left\{\begin{matrix}\text{fallend}\\ \text{steigend}\end{matrix}\right\}$

Diese Erkenntnis gibt uns Veranlassung, nach einem **Kriterium für monotones Steigen bzw. Fallen** Ausschau zu halten.

Die Bilder 24.1 und 24.2 legen auch schon eine Vermutung darüber nahe, wie diese Kriterien heißen könnten: wo die Kurve steigt, gilt: $f'(x) > 0$;
wo die Kurve fällt, gilt: $f'(x) < 0$.

Diese Bedingungen gelten offenbar für **streng** monotones Steigen bzw. für **streng** monotones Fallen. Wir wollen zunächst nur die (nicht strenge) Monotonie untersuchen; die Bedingungen hierfür lauten: $f'(x) \geq 0$ bzw. $f'(x) \leq 0$.

3. Wir formulieren den vermuteten Sachverhalt in dem Satz:

S 24.1

Eine in einem Intervall A differenzierbare Funktion f ist in A
monoton steigend | monoton fallend
genau dann, wenn für alle $x \in A$ gilt:
$f'(x) \geq 0$. | $f'(x) \leq 0$.

Wir führen den **Beweis** für den Fall des monotonen Steigens. Er gliedert sich wegen des „genau dann, wenn..." in zwei Teile.

1) Wir beweisen zunächst: Gilt $f'(x) \geq 0$, so ist f in A monoton steigend. Zum Beweis greifen wir auf den Mittelwertsatz (S 23.4) zurück. Wir greifen aus A zwei beliebige Zahlen x_1, x_2 mit $x_2 > x_1$ heraus. Dann gibt es nach dem Mittelwertsatz eine Stelle x_0 mit $x_0 \in]x_1; x_2[\subseteq A$ mit

$$f'(x_0) = \frac{f(x_2) - f(x_1)}{x_2 - x_1}.$$

Nach Voraussetzung ist $f'(x_0) \geq 0$. Wegen $x_2 - x_1 > 0$ ergibt sich daraus:

$$f(x_2) - f(x_1) \geq 0 \Leftrightarrow f(x_2) \geq f(x_1) \quad \text{(Bild 24.3).}$$

Da die Stellen x_1, x_2 beliebig aus A (nur mit der Einschränkung $x_2 > x_1$) ausgewählt sind, bedeutet dies, daß f in A tatsächlich monoton steigend ist.

2) Wir beweisen jetzt: Ist f in A monoton steigend, so gilt für alle $x \in A$: $f'(x) \geq 0$. Auch hier greifen wir aus A zwei beliebige Zahlen $x_1 \neq x_2$ heraus. Wegen der vorausgesetzten Monotonie von f in A gilt:

$$x_2 > x_1 \Rightarrow f(x_2) \geq f(x_1), \text{ d. h. } f(x_2) - f(x_1) \geq 0;$$
$$x_2 < x_1 \Rightarrow f(x_2) \leq f(x_1), \text{ d. h. } f(x_2) - f(x_1) \leq 0.$$

Daher gilt für **jeden** Differenzenquotienten mit $x_1, x_2 \in A$:

$$\frac{f(x_2) - f(x_1)}{x_2 - x_1} \geq 0.$$

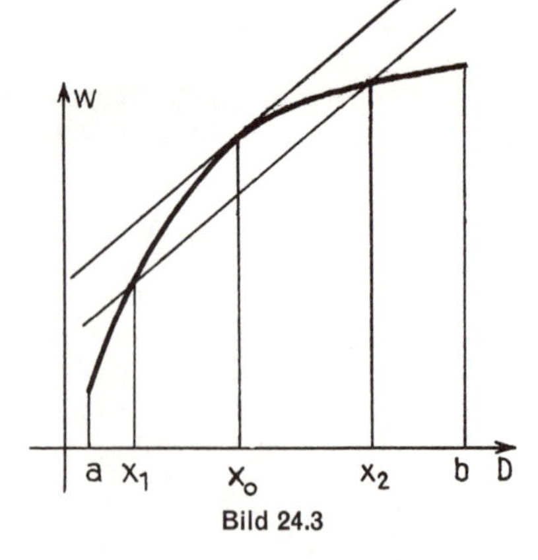

Bild 24.3

Das aber bedeutet, daß in jedem Falle auch der Grenzwert (die Ableitung) nicht negativ sein muß; für alle $x \in A$ gilt also in der Tat: $f'(x) \geq 0$, q. e. d.

Der entsprechende Beweis für den Fall des monotonen Fallens soll in Aufgabe 2 geführt werden.

4. Wir wollen überlegen, ob wir den Satz S 24.1 auch auf den Fall der strengen Monotonie übertragen können, wenn wir die Bedingungen ersetzen durch $f'(x) > 0$ bzw. $f'(x) < 0$. Bei Teil 1) des Beweises ist dies ohne weiteres möglich; denn aus $f'(x_0) > 0$ folgt auf die gleiche Weise wie oben

$$f(x_2) > f(x_1).$$

Der Teil 2) des Beweises ist jedoch **nicht** übertragbar; denn wenn **alle** Differenzenquotienten positiv sind, so kann die Ableitung dennoch den Wert 0 haben. Um diesen Sachverhalt zu verstehen, kann man daran denken, daß eine Zahlenfolge, die nur aus positiven Gliedern besteht, dennoch den Grenzwert 0 haben kann, z. B. die Folge der Stammbrüche: $\lim\limits_{n \to \infty} \frac{1}{n} = 0$.

Daß bei einer streng monotonen Funktion tatsächlich eine Stelle mit dem Ableitungswert 0 vorhanden sein kann, zeigt das folgende

Beispiel: Die Funktion f zu $f(x) = x^3$ ist streng monoton steigend; denn es gilt für $x_1, x_2 \in \mathbb{R}$:

$$x_1 > x_2 \Rightarrow x_1^3 > x_2^3.$$

Es ist $$f'(x) = 3x^2, \text{ also } f'(0) = 0.$$

Die Bedingung $f'(x) > 0$ ist also für das streng monotone Steigen einer Funktion nur hinreichend, nicht notwendig. Es gilt der Satz:

S 24.2

Ist eine Funktion f in einem Intervall A differenzierbar und gilt für alle $x \in A$:

$f'(x) > 0$	$f'(x) < 0$,
so ist f in A streng monoton	
steigend.	**fallend.**

Beispiel: $f(x) = \sin x$. Es ist $f'(x) = \cos x$. Nullstellen der Ableitungsfunktion liegen bei $(2n-1) \cdot \frac{\pi}{2}$ $(n \in \mathbb{Z})$. In $\left]-\frac{\pi}{2}; \frac{\pi}{2}\right[$ ist $f'(x) > 0$, f also streng monoton steigend; in $\left]\frac{\pi}{2}; \frac{3\pi}{2}\right[$ ist $f'(x) < 0$, f also streng monoton fallend (Bild 24.4).

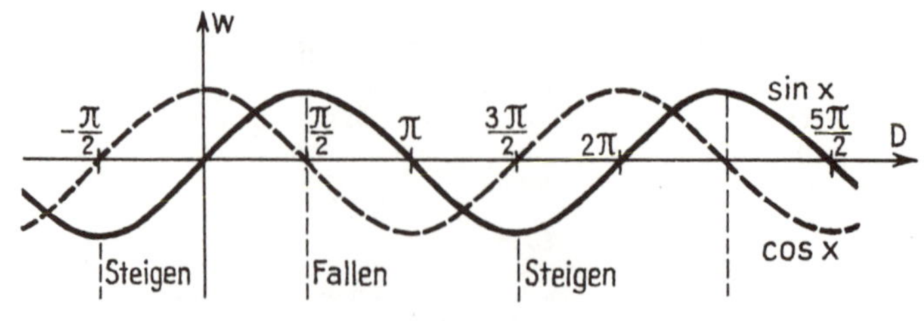

Bild 24.4

II. Ein hinreichendes Kriterium für lokale Extrema

1. Wir kommen zurück auf die zu Anfang des I. Abschnittes gestellte Frage nach Kriterien für lokale Maxima und lokale Minima. Den Funktionsgraphen der Bilder 24.1 und 24.2 haben wir entnommen, daß an einer Extremstelle ein Wechsel vom monotonen Steigen zum monotonen Fallen oder umgekehrt stattfindet. Nach den in den vorigen Abschnitten gefundenen Monotoniekriterien bedeutet dies, daß beim Durchgang durch eine lokale Extremstelle ein **Vorzeichenwechsel der 1. Ableitung,** also von $f'(x)$ stattfindet. Der Richtung des Vorzeichenwechsels kann man sogar entnehmen, ob es sich um ein Maximum oder um ein Minimum handelt.

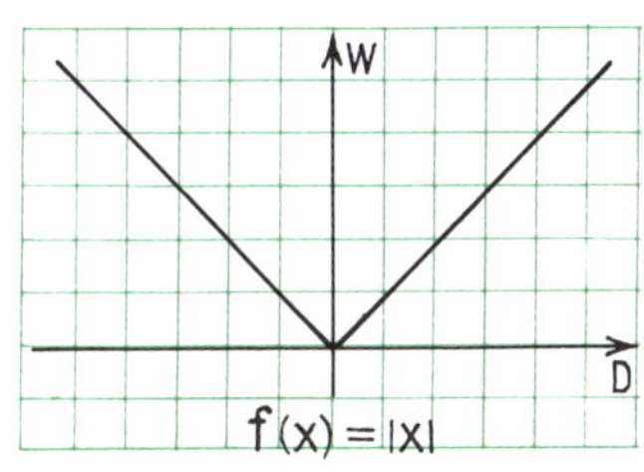

Bild 24.5

Wir wollen beweisen, daß dieser Sachverhalt für das Vorliegen eines lokalen Extremums hinreichend ist, daß also aus dem Vorzeichenwechsel der 1. Ableitung folgt, daß die Funktion an der betrachteten Stelle ein Extremum hat. Wir brauchen dabei nicht einmal vorauszusetzen, daß die Funktion an der betrachteten Stelle x_0 differenzierbar ist; wir benötigen – außer der Stetigkeit in x_0 – nur die Voraussetzung, daß es eine punktierte Umgebung $U(\dot{x}_0)$ gibt, in der f differenzierbar ist. Wir erfassen bei diesem Satz also sogar Funktionen, deren Graph an den fraglichen Stellen eine „Spitze“, einen „Knick“ aufweist.

Beispiel: $f(x) = |x|$ in $x_0 = 0$ (Bild 24.5).

2. Es gilt also der Satz:

S 24.3

Ist eine Funktion f stetig an einer Stelle x_0 und differenzierbar in einer punktierten Umgebung $U(\dot{x}_0)$, so hat sie an der Stelle x_0 ein lokales

Maximum,	**Minimum,**
wenn für $x \in U(\dot{x}_0)$ gilt:	
1) $x < x_0 \Rightarrow f'(x) > 0$ und	**1) $x < x_0 \Rightarrow f'(x) < 0$ und**
2) $x > x_0 \Rightarrow f'(x) < 0$.	**2) $x > x_0 \Rightarrow f'(x) > 0$.**

Mit Hilfe der Variablen h kann man die Bedingungen von S 24.3 auch folgendermaßen formulieren:

Ein

Maximum	**Minimum**
liegt vor, wenn für $x_0 + h \in U(\dot{x}_0)$ gilt:	
1) $h < 0 \Rightarrow f'(x_0 + h) > 0$ und	**1) $h < 0 \Rightarrow f'(x_0 + h) < 0$ und**
2) $h > 0 \Rightarrow f'(x_0 + h) < 0$.	**2) $h > 0 \Rightarrow f'(x_0 + h) > 0$.**

Man sagt: An der Stelle x_0 findet ein „Vorzeichenwechsel“ der 1. Ableitung statt.

Wir führen den **Beweis** für den Fall eines **Maximums.**

Für ein beliebiges $x \in U(\dot{x}_0)$ mit

$x < x_0$, also $x_0 - x > 0$	$x > x_0$, also $x - x_0 > 0$

gibt es nach dem Mittelwertsatz der Differentialrechnung (S 23.4) eine Stelle

$x_1 \in]x; x_0[$.	$x_2 \in]x_0; x[$,

so daß wegen der Vorzeichenbedingung in der Voraussetzung gilt:

$f'(x_1) = \dfrac{f(x_0) - f(x)}{x_0 - x} > 0.$	$f'(x_2) = \dfrac{f(x) - f(x_0)}{x - x_0} < 0.$
Wegen $x_0 - x > 0$	Wegen $x - x_0 > 0$

ergibt sich daraus

$f(x_0) > f(x).$	$f(x) < f(x_0).$

Das aber bedeutet nach D 23.1, daß die Funktion f in x_0 ein lokales Maximum hat, q. e. d.

Der Beweis für ein Minimum ist entsprechend zu führen.

3. **Beachte,** daß die Bedingung von S 24.3 für ein lokales Extremum nur hinreichend, nicht aber notwendig ist. Es gibt nämlich Funktionen, die ein lokales Extremum besitzen, ohne daß ihre Ableitung an der betrachteten Stelle einem Vorzeichenwechsel unterliegt. Schränken wir dagegen die Klasse der betrachteten Funktionen dadurch ein, daß wir zwei sehr allgemeine zusätzliche Voraussetzungen aufstellen, so können wir beweisen, daß die Bedingungen von S 24.3 für ein relatives Extremum sogar notwendig sind.

Die zusätzlichen Voraussetzungen lauten:

[1] Die Funktion f ist im Intervall [a; b] stetig differenzierbar.

[2] Die Ableitungsfunktion f′ hat in [a; b] höchstens endlich viele Nullstellen.

Beachte:

1) In [1] ist gegenüber S 24.3 die zusätzliche Bedingung enthalten, daß f in einem Intervall [a; b] **stetig** differenzierbar, nicht nur differenzierbar ist.

2) Aus Bedingung [2] folgt, daß es zu jeder Nullstelle x_0 von $f'(x)$ eine Umgebung $U(x_0)$ gibt, in der keine weitere Nullstelle von $f'(x)$ liegt; daß also für alle $x \in U(x_0)$ mit $x \neq x_0$ gilt: $f'(x) \neq 0$.

4. Es gilt also der Satz:

S 24.4 **Ist eine Funktion f stetig differenzierbar in einem Intervall A und gibt es eine Umgebung $U(x_0) \subseteq D(f)$, in der die Ableitungsfunktion f′ außer x_0 keine weiteren Nullstellen hat, so sind die Bedingungen von S 24.3 nicht nur hinreichend, sondern sogar notwendig für ein lokales Extremum, d. h., sie sind erfüllt, wenn f an der betreffenden Stelle ein lokales Extremum hat.**

Beweis: Nach Voraussetzung gibt es eine Umgebung $U(x_0) =]a; b[$, in der f′ außer x_0 keine weitere Nullstelle hat (Bild 24.6).

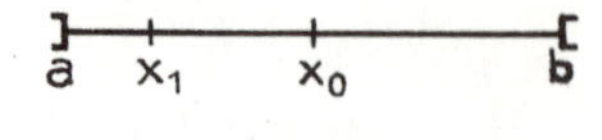

Bild 24.6

Dann muß die Funktion f′ in den Halbintervallen $]a; x_0[$ und $]x_0; b[$ vorzeichenbeständig sein, d. h., es muß für alle x aus den beiden Intervallen entweder $f'(x) > 0$ oder $f'(x) < 0$ sein. Andernfalls müßte es nämlich – da wir f′ als **stetig** vorausgesetzt haben – nach dem Zwischenwertsatz S 18.16 in dem betreffenden Halbintervall eine Stelle x_1 mit $f'(x_1) = 0$ geben, was der Voraussetzung widerspricht, daß in $U(x_0)$ außer x_0 keine weitere Nullstelle von f′ liegen soll.

Es sind nun vier Fälle zu unterscheiden:

	$]a; x_0[$	$]x_0; b[$	Bild
1)	$f'(x) > 0$	$f'(x) > 0$	24.7 c
2)	$f'(x) > 0$	$f'(x) < 0$	24.7 a
3)	$f'(x) < 0$	$f'(x) > 0$	24.7 b
4)	$f'(x) < 0$	$f'(x) < 0$	

(Bild 24.7 a, b, c)

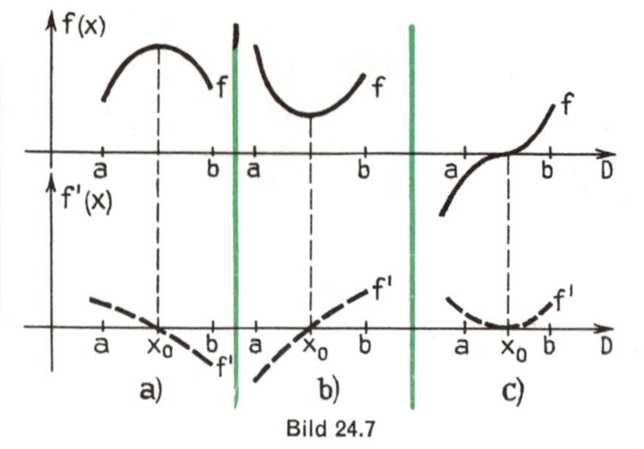

Bild 24.7

Im Fall 1) gilt $f'(x) \geq 0$, im Fall 4) $f'(x) \leq 0$ im gesamten Intervall $]a; b[$; dann ist f nach S 24.1 bzw. S 24.2 im gesamten Intervall monoton steigend oder monoton fallend, kann also in x_0 keine Extremstelle haben.

Es bleiben also nur die Fälle 2) und 3), bei denen – wie behauptet – ein Vorzeichenwechsel der 1. Ableitung vorliegt. Im Fall 2) liegt nach S 24.3 bei x_0 ein lokales Maximum, im Falle 3) bei x_0 ein lokales Minimum.

5. Abschließend erörtern wir einige

Beispiele: **1)** $f(x) = c$ mit $c \in \mathbb{R}$. Da $f'(x) = 0$ ist für alle $x \in \mathbb{R}$, ist die Voraussetzung $\boxed{2}$ nicht erfüllt. Satz S 24.3 ist also auf dieses Beispiel nicht anwendbar. Trotzdem hat f an allen Stellen $x \in \mathbb{R}$ ein Extremum im Sinne von D 23.1.

2) $f(x) = \sin x$ mit $D(f) =]0; 2\pi[$. Die Bedingungen $\boxed{1}$ und $\boxed{2}$ sind beide erfüllt; denn die Funktion f' zu $f'(x) = \cos x$ ist stetig und hat in $]0; 2\pi[$ nur die Nullstellen $x_1 = \frac{\pi}{2}$ und $x_2 = \frac{3\pi}{2}$. Es gilt:

$x \in \left]0; \frac{\pi}{2}\right[\Rightarrow f'(x) = \cos x > 0$; $\quad x \in \left]\frac{\pi}{2}; \frac{3\pi}{\pi}\right[\Rightarrow f'(x) = \cos x < 0$;

$x \in \left]\frac{3\pi}{2}; 2\pi\right[\Rightarrow f'(x) = \cos x > 0$. (vgl. Bild 24.4!)

Also hat f bei $x_1 = \frac{\pi}{2}$ ein Maximum; bei $x_2 = \frac{3\pi}{2}$ ein Minimum.

3) $f(x) = 2x^3 + 15x^2 + 36x$ mit $D(f) =]-10; 10[$.
Es ist $f'(x) = 6x^2 + 30x + 36 = 6(x+2)(x+3)$ mit den Nullstellen $x_1 = -2$ und $x_2 = -3$.
Die Voraussetzungen von S 24.4 sind also erfüllt. Es gilt
$x \in]-10; -3[\Rightarrow f'(x) > 0$; $\quad x \in]-3; -2[\Rightarrow f'(x) < 0$; $\quad x \in]-2; 10[\Rightarrow f'(x) > 0$.
Also hat f bei $x_2 = -3$ ein Maximum, bei $x_1 = -2$ ein Minimum.

Beachte: Nach den Überlegungen, die wir beim Beweis von S 24.4 angestellt haben, ist die Funktion f' in den offenen Intervallen zwischen den einzelnen Nullstellen vorzeichenbeständig. Man kann also das Vorzeichen durch Einsetzen eines **einzelnen** Wertes aus diesen Intervallen bestimmen. Wir erläutern dies an den Intervallen des letzten Beispiels.
Es ist $f'(x) = 6(x+2)(x+3)$.
Aus $]-10; -3[$ wählen wir -4: $f'(-4) = 6(-2)(-1) = 12 > 0$;
aus $]-3; -2[$ wählen wir $-\frac{5}{2}$: $f'\left(-\frac{5}{2}\right) = 6\left(-\frac{1}{2}\right)\left(\frac{1}{2}\right) = -\frac{3}{2} < 0$;
aus $]-2; 10[$ wählen wir 0: $f'(0) = 6 \cdot 2 \cdot 3 = 36 > 0$.

III. Rechts- und Linkskrümmung von Kurven

1. Außer dem im vorigen Abschnitt besprochenen Verfahren zur Ermittlung von Extremstellen gibt es zu diesem Zweck noch ein anderes Kriterium, das sich auf die Krümmungseigenschaften einer Kurve bezieht. Bild 24.8 zeigt, daß eine Kurve in der Nähe eines lokalen Maximums „nach rechts gekrümmt" ist, wenn man sie in Richtung wachsender x-Werte durchläuft. Bild 24.9 zeigt entsprechend, daß eine Kurve in der Nähe eines relativen Minimums „nach links gekrümmt" ist, wenn man sie in Richtung wachsender x-Werte durchläuft. Wenn wir von diesen Eigenschaften bei der Funktionsdiskussion Gebrauch machen wollen, müssen wir die Begriffe „Rechtskrümmung" und „Linkskrümmung" exakt definieren.

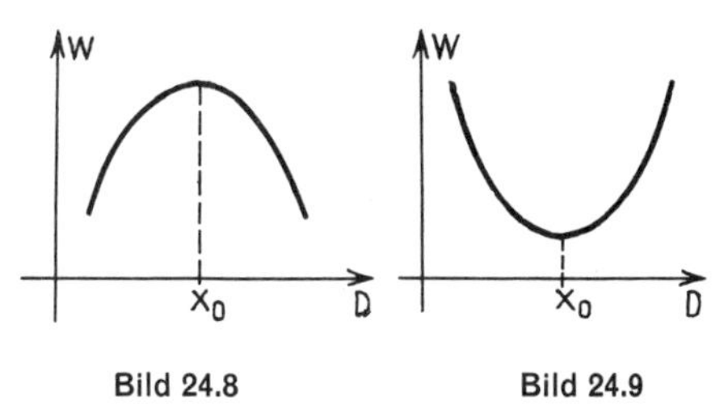

Bild 24.8 Bild 24.9

2. In Bild 24.10 sind an einigen Stellen Tangenten an eine rechtsgekrümmte Kurve eingezeichnet. Man erkennt, daß die Tangenten beim Durchlaufen des Graph in Richtung wachsender x-Werte eine Rechtsdrehung (Drehung im negativen Umlaufsinn) erfahren, daß also die Steigung der Tangenten ständig abnimmt.

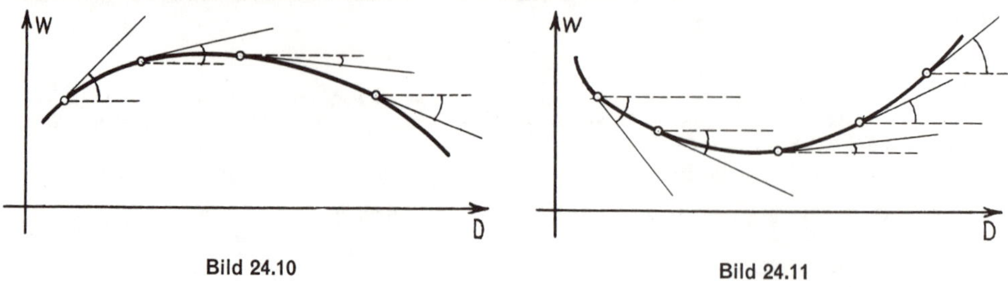

Bild 24.10

Bild 24.11

Das Umgekehrte ist bei linksgekrümmten Kurven der Fall (Bild 24.11).

3. Diesen anschaulich erfaßten Sachverhalt benutzen wir zu einer Definition der beiden Begriffe der „Rechtskrümmung" und der „Linkskrümmung".

D 24.1

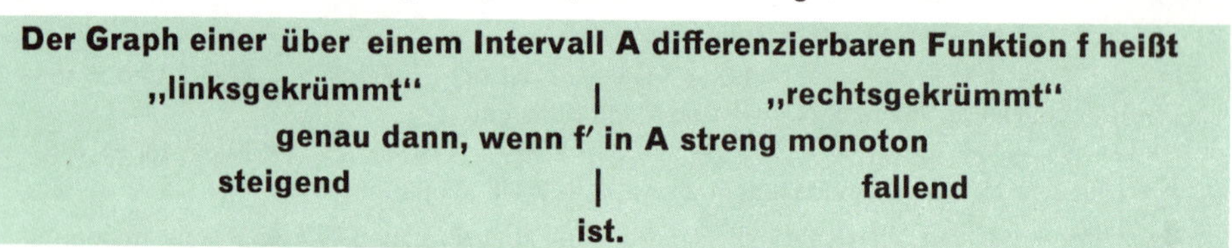

Der Graph einer über einem Intervall A differenzierbaren Funktion f heißt

„linksgekrümmt"	„rechtsgekrümmt"

genau dann, wenn f′ in A streng monoton

steigend	fallend

ist.

Bild 24.12 zeigt den Zusammenhang zwischen den Graphen von f, f′ und f″ an vier charakteristischen Beispielen.

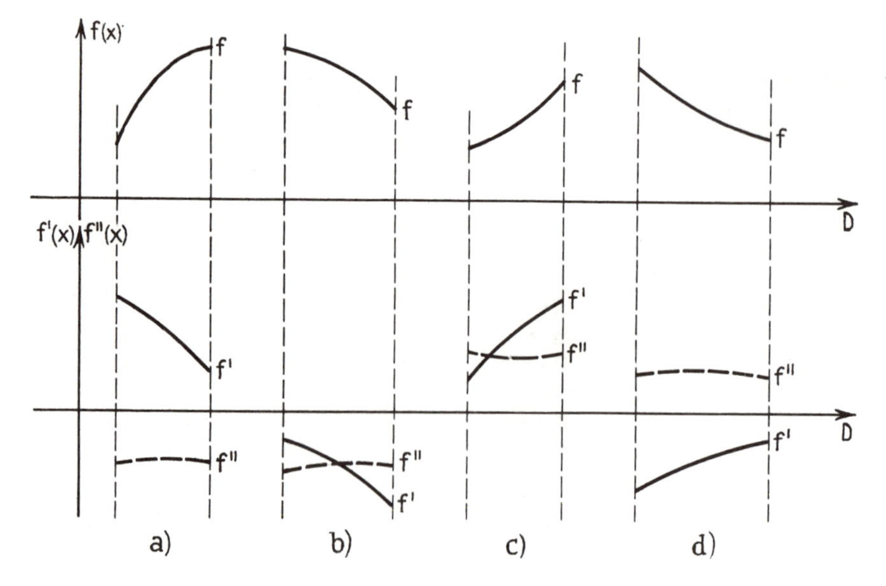

Bild 24.12

4. Ist die Funktion f sogar zweimal differenzierbar, so kann man den Satz S 24.2 auf die Funktion f′ anwenden.

Es ergibt sich:

S 24.5

Ist eine Funktion f in einem Intervall zweimal differenzierbar und gilt für alle $x \in A$

$f''(x) > 0$,	$f''(x) < 0$,
so ist der Graph von f über A	
linksgekrümmt.	**rechtsgekrümmt.**

Beweis: Ist $f''(x) > 0$ für alle $x \in A$, so ist f′ nach S 24.2 in A streng monoton steigend; nach D 24.1 ist der Graph von f dann linksgekrümmt. Für $f''(x) < 0$ ergibt sich entsprechend, daß der Graph in A rechtsgekrümmt ist.

Beispiel: $f(x) = 2x^2 + 5 \Rightarrow f'(x) = 4x \Rightarrow f''(x) = 4 > 0$

Der Graph von f ist also überall linksgekrümmt. Allgemein gilt für ganze rationale Funktionen 2. Grades:

$f(x) = ax^2 + bx + c \Rightarrow f'(x) = 2ax + b \Rightarrow f''(x) = 2a \neq 0$, da $a \neq 0$ ist.

Daher hat jede solche Funktion in der gesamten Definitionsmenge ein einheitliches Krümmungsverhalten.

Beachte: Die Bedingungen des Satzes S 24.5 sind für die Krümmung einer Kurve nur hinreichend, nicht notwendig. Ein Graph kann auch dann gekrümmt sein, wenn $f''(x) = 0$ ist.

IV. Hinreichende Kriterien für lokale Extrema

1. Anhand der Bilder 24.8 und 24.9 haben wir uns anschaulich klargemacht, daß der Graph einer Funktion in der Nähe eines Maximums rechtsgekrümmt, in der Nähe eines Minimums linksgekrümmt ist. Wir können daher vermuten, daß an einer Stelle x_0 mit $f'(x_0) = 0$ die Bedingung

$f''(x_0) < 0$	$f''(x_0) > 0$
hinreichend für ein lokales	
Maximum	Minimum

ist. Dabei muß natürlich vorausgesetzt werden, daß die Funktion an der Stelle x_0 zweimal differenzierbar ist.

2. Wir vermuten also die Gültigkeit des Satzes:

S 24.6

Ist eine Funktion f an einer Stelle x_0 zweimal differenzierbar und gilt

$f'(x_0) = 0 \wedge f''(x_0) < 0$,	$f'(x_0) = 0 \wedge f''(x_0) > 0$,
so hat die Funktion an der Stelle x_0 ein lokales	
Maximum.	**Minimum.**

Beachte: Die genannten Bedingungen sind für ein lokales Extremum **zwar hinreichend, aber nicht notwendig.** So hat z. B. die Funktion f zu $f(x) = x^4$ an der Stelle $x_0 = 0$ ein lokales Minimum. Dennoch gilt: $f'(x) = 4x^3$, also $f'(0) = 0$ und $f''(x) = 12x^2$, also $f''(0) = 0$ (Bild 24.13).

Beweis: Es gilt: $f''(x_0) = \lim\limits_{h \to 0} \dfrac{f'(x_0 + h) - f'(x_0)}{h}$.

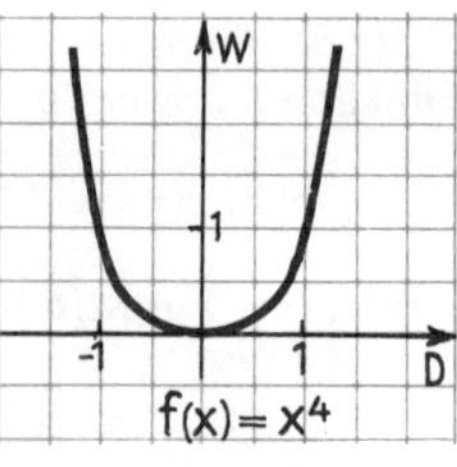

Bild 24.13

Da wir $f'(x_0) = 0$ vorausgesetzt haben, gilt sogar

$$f''(x_0) = \lim_{h \to 0} \frac{f'(x_0 + h)}{h}.$$

Nach der Grenzwertdefinition D 17.6 bedeutet dies, daß es zu jedem $\varepsilon \in \mathbb{R}^{>0}$ ein $\delta(\varepsilon) \in \mathbb{R}^{>0}$ gibt, so daß gilt

$$0 < |h| < \delta(\varepsilon) \Rightarrow \left| f''(x_0) - \frac{f'(x_0 + h)}{h} \right| < \varepsilon.$$

Wählt man ein $\varepsilon < |f''(x_0)|$, so bedeutet dies, daß für alle h mit $0 < |h| < \delta(\varepsilon)$ der Quotient $\dfrac{f'(x_0 + h)}{h}$ dasselbe Vorzeichen hat wie $f''(x_0)$:

$f''(x_0) < 0 \Rightarrow \dfrac{f'(x_0 + h)}{h} < 0.$	$f''(x_0) > 0 \Rightarrow \dfrac{f'(x_0 + h)}{h} > 0.$

Das aber bedeutet für alle h mit $|h| < \delta(\varepsilon)$:

$h < 0 \Rightarrow f'(x_0 + h) > 0$ und $h > 0 \Rightarrow f'(x_0 + h) < 0.$	$h < 0 \Rightarrow f'(x_0 + h) < 0$ und $h > 0 \Rightarrow f'(x_0 + h) > 0.$

Daher hat die Funktion f nach S 24.3 an der Stelle x_0 tatsächlich ein

lokales Maximum, q. e. d.	lokales Minimum, q. e. d.

Bemerkung: Wenn wir **zusätzlich voraussetzen,** daß die Funktion f an der Stelle x_0 sogar zweimal **stetig** differenzierbar ist, daß also die Funktion f'' an der Stelle x_0 nicht nur existiert, sondern sogar **stetig** ist, so können wir den **Beweis** noch **einfacher** führen.

Für den Fall des **Minimums** ergibt sich aus der Voraussetzung $f''(x_0) > 0$ und aus der zusätzlichen Voraussetzung der Stetigkeit von f'' an der Stelle x_0 nach S 17.6, daß es eine Umgebung $U(x_0)$ gibt, in der f'' positiv ist, daß also für alle $x \in U(x_0)$ gilt: $f''(x) > 0$.

Dies bedeutet nach S 24.2, daß die Funktion f' in $U(x_0)$ streng monoton steigend ist.

Da überdies $f'(x_0) = 0$ vorausgesetzt ist, gilt für $x \in U(x_0)$:
$x < x_0 \Rightarrow f'(x) < 0$ und $x > x_0 \Rightarrow f'(x) > 0$ (Bild 24.14).

Das aber bedeutet nach S 24.3, daß die Funktion f an der Stelle x_0 tatsächlich ein lokales Minimum hat. Der Beweis für den Fall des Maximums ist entsprechend zu führen (Aufgabe 7).

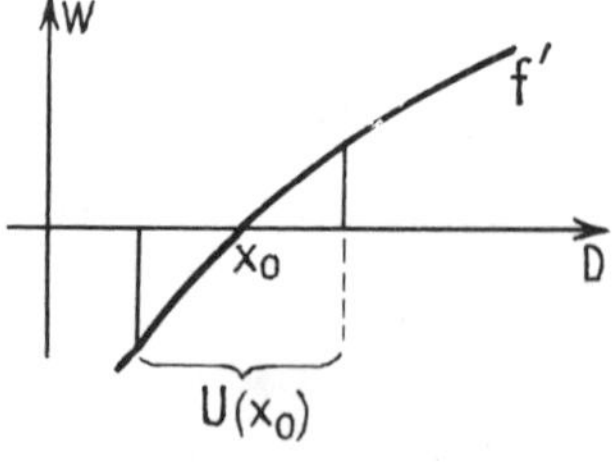

Bild 24.14

3. Wir behandeln einige

Beispiele:

1) $f(x) = 2x^3 + 15x^2 + 36x \Rightarrow f'(x) = 6x^2 + 30x + 36 = 6(x+2)(x+3) \Rightarrow f''(x) = 12x + 30$
f' hat die Nullstellen: $x_1 = -2$ und $x_2 = -3$.
Es ist $f''(-2) = 6$; also hat f ein Minimum bei $x_1 = -2$; es ist $f''(-3) = -6$; also hat f ein Maximum bei $x_2 = -3$.

2) $f(x) = |x|^3 = \begin{cases} x^3 \text{ für } x \geq 0 \\ -x^3 \text{ für } x < 0 \end{cases}$; $\quad f'(x) = \begin{cases} 3x^2 \text{ für } x \geq 0 \\ -3x^2 \text{ für } x < 0 \end{cases} = 3x|x|$ (für alle $x \in \mathbb{R}$)

$f''(x) = \begin{cases} 6x \text{ für } x \geq 0 \\ -6x \text{ für } x < 0 \end{cases} = 6|x|$ (für alle $x \in \mathbb{R}$).

Es gilt also $f'(0) = f''(0) = 0$. S 24.6 läßt sich also nicht anwenden. Wir versuchen es mit S 24.3:

Es gilt: $x > 0 \Rightarrow f'(x) > 0$ und $x < 0 \Rightarrow f'(x) < 0$; bei $x_0 = 0$ liegt also ein Minimum vor.

3) $f(x) = x|x| = \begin{cases} x^2 \text{ für } x \geq 0 \\ -x^2 \text{ für } x < 0 \end{cases}$; $f'(x) = \begin{cases} 2x \text{ für } x \geq 0 \\ -2x \text{ für } x < 0 \end{cases} = 2|x|$ (für alle $x \in \mathbb{R}$)

$f''(x) = \begin{cases} 2 \text{ für } x > 0 \\ -2 \text{ für } x < 0 \end{cases}$

Es gilt also $f'(0) = 0$; aber $f''(0)$ existiert nicht; daher kann S 24.6 nicht angewendet werden.

Wir versuchen S 24.3 anzuwenden.

Es gilt: $x > 0 \Rightarrow f'(x) > 0$ und $x < 0 \Rightarrow f'(x) > 0$. Daher kann auch S 24.3 nicht angewendet werden. Tatsächlich liegt an der Stelle 0 kein Extremum vor.

5. Die Bedingungen von S 24.6 sind für ein lokales Extremum, wie das Beispiel $f(x) = x^4$ zur Stelle $x_0 = 0$ lehrt, nur hinreichend, nicht notwendig. Der Vollständigkeit halber geben wir jetzt – ohne Beweis – ein weiteres – über S 24.6 – hinausgehendes, aber ebenfalls **nur hinreichendes** Kriterium für lokale Extrema an.[1])

S 24.7

Ist eine Funktion f an einer Stelle x_0 wenigstens n-mal differenzierbar und ist die n-te Ableitung die erste, welche an der Stelle x_0 von 0 verschieden ist:

$$f'(x_0) = f''(x_0) = \ldots = f^{(n-1)}(x_0) = 0 \wedge f^{(n)}(x_0) \neq 0,$$

so hat f an der Stelle x_0 ein lokales

Maximum,	**Minimum,**

wenn n eine gerade Zahl ist und gilt

$f^{(n)}(x_0) < 0.$	$f^{(n)}(x_0) > 0.$

Ist n eine ungerade Zahl, so hat f an der Stelle x_0 kein Extremum, sondern einen sogenannten „horizontalen Wendepunkt" oder „Sattelpunkt" (vgl. S 24.8).

Beispiele:

1) $f(x) = x^4$; $f'(x) = 4x^3$; $f''(x) = 12x^2$; $f'''(x) = 24x$; $f^{(4)}(x) = 24$.

Es ist also $f'(0) = f''(0) = f'''(0) = 0$ und $f^{(4)}(0) > 0$; also hat f an der Stelle 0 ein lokales Minimum (Bild 24.13).

2) $f(x) = x^5$; $f'(x) = 5x^4$; $f''(x) = 20x^3$; $f'''(x) = 60x^2$; $f^{(4)}(x) = 120x$; $f^{(5)}(x) = 120$.

Es ist also $f'(0) = f''(0) = f'''(0) = f^{(4)}(0) = 0$ und $f^{(5)}(0) \neq 0$; also hat f an der Stelle 0 **kein** Extremum; es liegt ein sogenannter **„horizontaler Wendepunkt"** oder **„Sattelpunkt"** vor. (Bild 24.15)

Wir kommen auf Wendepunkte im nächsten Abschnitt zu sprechen.

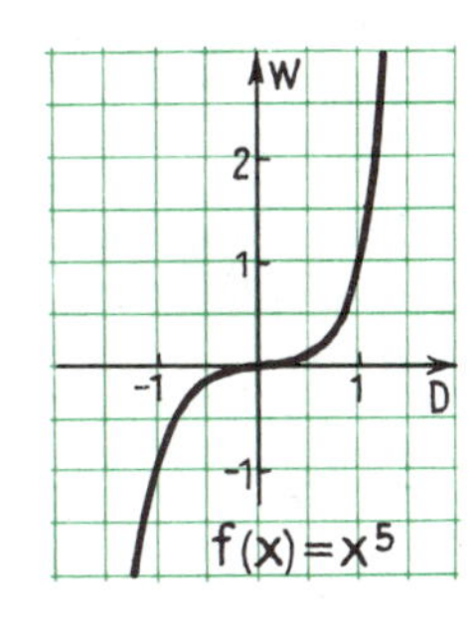

Bild 24.15

V. Wendepunkte

1. Bild 24.16 zeigt den Graph einer Funktion f, der im Punkt $P(x_0 \mid f(x_0))$ sein Krümmungsverhalten ändert. Durchläuft man die Kurve in Richtung wachsender x-Werte, so geht die Kurve in diesem Punkt von der Linkskrümmung in die Rechtskrümmung über.

[1]) Vgl. Analysis II!

Beim Graph von Bild 24.17 ist es gerade umgekehrt: hier geht die Kurve beim Durchgang durch P von der Rechtskrümmung in die Linkskrümmung über. Einen solchen Punkt nennt man einen **„Wendepunkt“**, die Stelle x_0 eine **„Wendestelle“**.

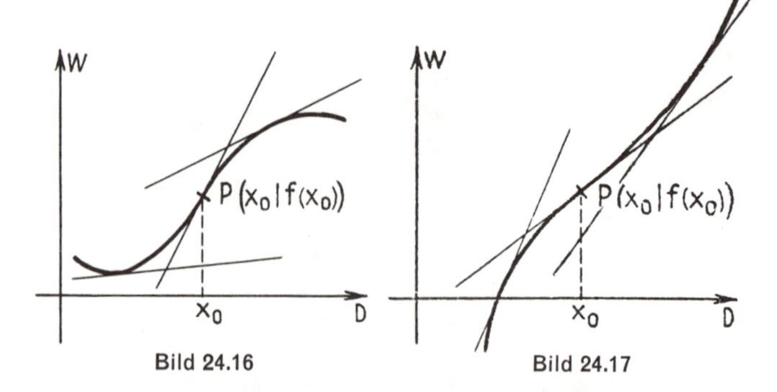

Bild 24.16 Bild 24.17

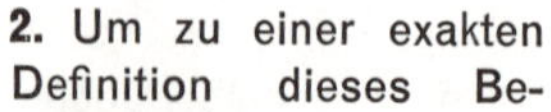

2. Um zu einer exakten Definition dieses Begriffes zu kommen, betrachten wir das Steigungsverhalten der beiden Kurven in der Umgebung ihres Wendepunktes. In Bild 24.16 nimmt die Steigung bis zum Punkt P ständig zu; hinter dem Punkt P fällt sie wieder; im Punkt P hat die **Steigung** also ein **lokales Maximum.** In Bild 24.17 ist es gerade umgekehrt: Bis zum Punkt P nimmt die Steigung ständig ab, hinter dem Punkt P steigt sie wieder an; die Steigung hat also in P ein **lokales Minimum.**

Diese – anschaulich erfaßten – Eigenschaften eines Wendepunktes nutzen wir zu einer exakten Definition des Begriffs „Wendestelle“ aus.

D 24.2 **Eine Stelle x_w einer in x_w differenzierbaren Funktion f heißt eine „Wendestelle“ genau dann, wenn die Funktion f′ an der Stelle x_w ein lokales Extremum hat. Der zugehörige Punkt $P(x_w \mid f(x_w))$ des Funktionsgraph heißt „Wendepunkt“.**

3. Aufgrund dieser Definition übertragen sich alle Sätze, die wir für Extrema bewiesen haben, auf Wendestellen; man muß lediglich die Ordnung der jeweiligen Ableitung um 1 erhöhen. Aus den Sätzen S 23.2, S 24.3, S 24.6 und S 24.7 ergibt sich daher unmittelbar die Gültigkeit des Satzes:

S 24.8

1 Hat eine an einer Stelle x_w zweimal differenzierbare Funktion f an der Stelle x_w eine Wendestelle, so gilt: $f''(x_w) = 0$.

2 Gilt bei einer an einer Stelle x_w stetig differenzierbaren und in einer punktierten Umgebung $U(\dot{x}_w)$ zweimal differenzierbaren Funktion f für alle $h \in \mathbb{R}^{>0}$ mit $x_w + h;\ x_w - h \in U(\dot{x}_w)$:

$$f''(x_w + h) > 0 \wedge f''(x_w - h) < 0 \text{ oder } f''(x_w + h) < 0 \wedge f''(x_w - h) > 0,$$

so hat f an der Stelle x_w eine Wendestelle.

3 Gilt für eine an einer Stelle x_w dreimal differenzierbare Funktion f

$$f''(x_w) = 0 \text{ und } f'''(x_w) \neq 0,$$

so hat f an der Stelle x_w eine Wendestelle.

4 Gilt für eine an einer Stelle x_w n-mal differenzierbare Funktion f:

$$f''(x_w) = f'''(x_w) = \ldots = f^{(n-1)}(x_w) = 0 \text{ und } f^{(n)}(x_w) \neq 0,$$

so hat die Funktion f an der Stelle x_w eine Wendestelle, wenn n eine ungerade Zahl ist.

Bemerkung: Gilt auch noch $f'(x_w) = 0$, so nennt man den betreffenden Punkt einen **„horizontalen Wendepunkt"** oder **„Sattelpunkt"**.

4. Wir behandeln einige

Beispiele:

1) $f(x) = 3x^3 - 5x + 2 \Rightarrow f'(x) = 9x^2 - 5 \Rightarrow f''(x) = 18x;\ f'''(x) = 18.$
$f''(x) = 0 \Rightarrow x = 0$. Da $f'''(0) \neq 0$ ist, ist der Punkt $P(0 \mid 2)$ ein Wendepunkt. Es ist der einzige Wendepunkt der zugehörigen Kurve.

2) $f(x) = \frac{2}{9}x^3 - \frac{4}{3}x^2 + \frac{8}{3}x - 5 \Rightarrow f'(x) = \frac{2}{3}x^2 - \frac{8}{3}x + \frac{8}{3};\ f''(x) = \frac{4}{3}x - \frac{8}{3};\ f'''(x) = \frac{4}{3}.$
$f''(x) = 0 \Rightarrow x = 2;\ f'''(2) \neq 0.$
Der Punkt $P\left(2 \mid -\frac{29}{9}\right)$ ist der einzige Wendepunkt der zugehörigen Kurve.

3) $f(x) = x^5 + 10;\ f'(x) = 5x^4;\ f''(x) = 20x^3;\ f'''(x) = 60x^2;\ f^{(4)}(x) = 120x;\ f^{(5)}(x) = 120.$
$f''(x) = 0 \Rightarrow x = 0.$
Es ist $f'''(0) = f^{(4)}(0) = 0$ und $f^{(5)}(0) = 120$.

Da 5 eine ungerade Zahl ist, hat die Funktion an der Stelle $x_W = 0$ die einzige Wendestelle; der Wendepunkt ist $P(0 \mid 10)$. Da bei diesem Beispiel auch $f'(0) = 0$ ist, liegt ein Sattelpunkt (horizontaler Wendepunkt) vor.

Beachte: Wir hätten die Untersuchung bei diesem Beispiel auch mit Teil [2] von S 24.8 durchführen können.
Es gilt: $x > 0 \Rightarrow f''(x) > 0$ und $x < 0 \Rightarrow f''(x) < 0$; beim Durchgang durch 0 wechselt die Funktion f'' also ihr Vorzeichen; daher ist $x_W = 0$ eine Wendestelle von f.

5. Abschließend geben wir noch eine Übersicht in Tabellenform über die grundlegenden Eigenschaften von differenzierbaren Funktionen mit den wichtigsten Bedingungen, die für die betreffenden Eigenschaften notwendig bzw. hinreichend sind.

Eigenschaft	Notw. Bedingung	Hinr. Bedingung
Monotones Steigen	$f'(x) \geq 0$	$f'(x) \geq 0$
Monotones Fallen	$f'(x) \leq 0$	$f'(x) \leq 0$
Rechtskrümmung	$f''(x) \leq 0$	$f''(x) < 0$
Linkskrümmung	$f''(x) \geq 0$	$f''(x) > 0$
Maximum	$f'(x) = 0$	$f'(x) = 0$ und $f''(x) < 0$ **oder:** Vorzeichenwechsel bei $f'(x)$: $+ \rightarrow -$
Minimum	$f'(x) = 0$	$f'(x) = 0$ und $f''(x) > 0$ **oder:** Vorzeichenwechsel bei $f'(x)$: $- \rightarrow +$
Wendestelle	$f''(x) = 0$	$f''(x) = 0$ und $f'''(x) \neq 0$ **oder:** Vorzeichenwechsel bei $f''(x)$

Übungen und Aufgaben

1. In welchen Intervallen sind die durch folgende Terme gegebenen Funktionen monoton steigend bzw. monoton fallend?

a) $f(x) = x^2$ **b)** $f(x) = x^3$ **c)** $f(x) = \frac{1}{x}$ **d)** $f(x) = \sqrt{x}$

e) $f(x) = \sin x$ **f)** $f(x) = \cos x$ **g)** $f(x) = \frac{1}{x^2}$ **h)** $f(x) = x^2 - x - 6$

i) $f(x) = x^3 - 4x$ **j)** $f(x) = x^3 + 2x^2$ **k)** $f(x) = |x|$ **l)** $f(x) = -x^3$

2. Beweise S 24.1! Für den Fall, daß die Funktion monoton fällt.

3. Welche der durch die folgenden Terme gegebenen Funktionen sind streng monoton steigend bzw. streng monoton fallend?

a) $f(x) = (x+1)^3$ **b)** $f(x) = \tan x$ **c)** $f(x) = \cot x$ **d)** $f(x) = \sqrt{x}$

e) $f(x) = \frac{1}{x^2}$ **f)** $f(x) = \frac{1}{x^3}$ **g)** $f(x) = \frac{1}{x+2}$ **h)** $f(x) = x^5$

4. Beweise: Ist f in [a; b] stetig differenzierbar und hat f in [a; b] nur endlich viele Nullstellen, so folgt aus $f'(x) < 0$ für alle $x \in]a; x_0[$ und $f'(x) > 0$ für alle $x \in]x_0; b[$, daß die Funktion an der Stelle x_0 ein relatives Minimum besitzt! (Vgl. II, 2!)

5. Prüfe mit den Bedingungen aus II., ob die durch folgende Terme gegebenen Funktionen relative Extrema haben!

a) $f(x) = x^2 - 4x$ **b)** $f(x) = 1 - x^2$ **c)** $f(x) = x^3 - 27x$ **d)** $f(x) = x^3 + 12x$

e) $f(x) = \sin x$ **f)** $f(x) = \frac{1}{1+x^2}$ **g)** $f(x) = \frac{x^2}{1+x^2}$ **h)** $f(x) = (\sin x)^2$

6. In welchen Intervallen sind die Graphen rechtsgekrümmt bzw. linksgekrümmt?

a) $f(x) = x^3$ **b)** $f(x) = \frac{1}{x}$ **c)** $f(x) = \sqrt{x}$ **d)** $f(x) = x^3 - 9x$

e) $f(x) = 3x^2 - x^3$ **f)** $f(x) = \frac{1}{x^2}$ **g)** $f(x) = \sin x$ **h)** $f(x) = |x^2 - 1|$

7. Beweise Satz 24.6 für den Fall, daß ein Maximum vorliegt!

8. Prüfe mit Hilfe der Bedingungen aus S 24.6, ob die Funktionen zu den folgenden Termen relative (lokale) Extrema haben!

a) $f(x) = x^2 - 8x - 9$ **b)** $f(x) = \frac{1}{3}x^3 - 9x$ **c)** $f(x) = 2x^3 - 3x^2 - 36x + 4$

d) $f(x) = \frac{10}{1+x^2}$ **e)** $f(x) = \cos x$ **f)** $f(x) = \frac{x}{1+x^2}$

9. Untersuche die Funktionen von Aufgabe 5 mit Hilfe der Bedingungen von S 24.6!

10. Prüfe mit Hilfe der Kriterien von S 24.8, ob die Funktionen
a) von Aufgabe 5; **b)** von Aufgabe 8 Wendestellen haben!

11. Ermittle die lokalen Extrema der Funktionen zu $y = f(x)$!

a) $f(x) = x^3 - 6x^2 + 3x$ **b)** $f(x) = x^3 - 6x^2 - 3x$ **c)** $f(x) = x^3 - 2x^2 + x$

d) $f(x) = x^3 - 2a\,x^2 + a^2x$ **e)** $f(x) = x^2(1 - x^2)$ **f)** $f(x) = x^2(x - 4)$

g) $f(x) = x^2(4 - x)^2$ **h)** $f(x) = x^2(a - x)^2$ **i)** $f(x) = x + \frac{1}{x}$

k) $f(x) = \frac{a^3}{x^2} + \frac{1}{(1-x)^2}$ mit $a > 0$ **l)** $f(x) = \frac{x^2 - 3x + 2}{x^2 + 3x + 2}$

m) $f(x) = \frac{x}{x^2 + 2x + 4}$ **n)** $f(x) = x + \sqrt{1 - x}$ **o)** $f(x) = x \cdot \sqrt{1 - x}$

p) $f(x) = 2 \sin x + \sin 2x$ **q)** $f(x) = \sin 2x + 2 \sin(\pi - x)$

12. Welche Bedingungen müssen die Formvariablen a, b, c und d erfüllen, damit die Funktion zu $y = f(x) = ax^3 + bx^2 + cx + d$ zwei lokale Extrema hat?

13. Beweise: Der Graph zu $y = f(x) = ax^3 + bx^2 + cx + d$ hat einen Wendepunkt, wenn $a \neq 0$ ist!

14. Welche Bedingungen müssen die Formvariablen in $f(x) = ax^3 + bx^2 + cx + d$ erfüllen, damit der Graph einen Sattelpunkt hat?

15. Welche Bedingungen ergeben sich für die Formvariablen in $f(x) = ax^3 + bx^2 + cx + d$, wenn der Wendepunkt auf der y-Achse (W-Achse) liegen soll?

16. Beweise mit Hilfe von S 24.3 die Existenz von lokalen Extrema an der Stelle x_0!

a) $f(x) = -|x|;\ x_0 = 0$ **b)** $f(x) = \sqrt{|x|};\ x_0 = 0$ **c)** $f(x) = |\sin x|;\ x_0 = \pi$

d) $f(x) = |1 - x|;\ x_0 = 1$ **e)** $f(x) = \sqrt{x^2};\ x_0 = 0$ **f)** $f(x) = \sin|x|;\ x_0 = 0$

17. Ermittle die Intervalle, in denen der Graph der Funktion zu $y = f(x)$:
1) nur linksgekrümmt, **2)** nur rechtsgekrümmt ist!

a) $f(x) = x^3 - x + 1$ **b)** $f(x) = 3x^4 - 4x^3 - 1$ **c)** $f(x) = x^2 - 1$

d) $f(x) = 2x^2 - x^4$ **e)** $f(x) = \sin x$ **f)** $f(x) = \frac{1}{x}$

g) $f(x) = |x^2 - 9|$ **h)** $f(x) = \frac{1}{x^2}$ **i)** $f(x) = \cos x$

§ 25 Die Diskussion der ganzen rationalen Funktionen

I. Grundlegende Eigenschaften

1. Der Begriff der „ganzen rationalen Funktion" ist bereits in § 16 definiert worden (D 16.6):

Eine Funktion f heißt eine „ganze rationale Funktion" genau dann, wenn für den Funktionsterm gilt: $f(x) = a_n x^n + a_{n-1} x^{n-1} + \ldots + a_1 x + a_0 = \sum_{k=0}^{n} a_k x^k$ **mit $n \in \mathbb{N}_0$ und $a_n \neq 0$. n heißt der „Grad der Funktion". Der Funktionsterm wird auch als „Polynom n-ten Grades" bezeichnet.**

2. Die **maximale Definitionsmenge** einer ganzen rationalen Funktion ist die Menge $\mathbb{R}$, da Polynome über der vollen Menge der reellen Zahlen definiert sind.

Beachte: Man kann natürlich die Definitionsmenge einer ganzen rationalen Funktion einschränken.

Beispiel: Der freie Fall eines Körpers im Schwerefeld der Erde wird durch das Weg-Zeit-Gesetz $s = \frac{g}{2} t^2$ beschrieben. Die Gleichung ist die Funktionsgleichung einer ganzen rationalen Funktion zweiten Grades. Die Definitionsmenge ist $D(f) = \mathbb{R}^{\geq 0}$, da die Gleichung die Vorgänge für negative Zeitwerte nicht richtig beschreibt.

3. Die Graphen der ganzen rationalen Funktionen nennt man häufig **„Parabeln"**, und zwar je nach dem Grad des Polynoms „Parabeln zweiten, dritten, vierten Grades" usw.

Beispiele: Die Bilder 25.1 und 25.2 zeigen eine Parabel zweiten und eine Parabel dritten Grades.

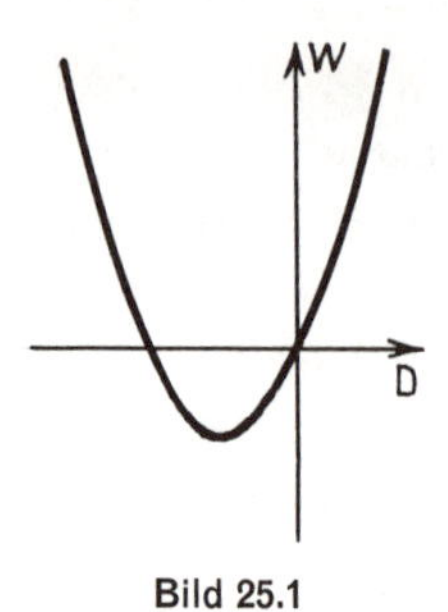

Bild 25.1

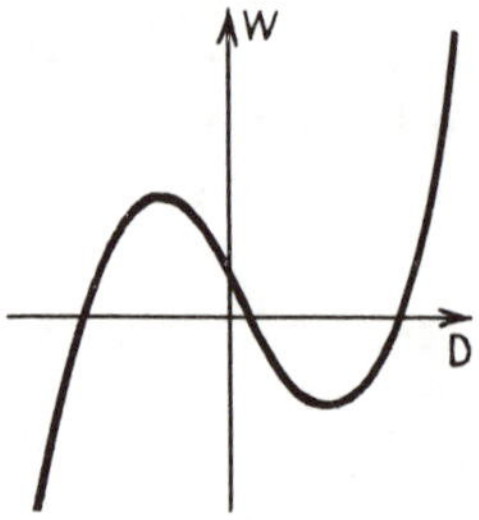

Bild 25.2

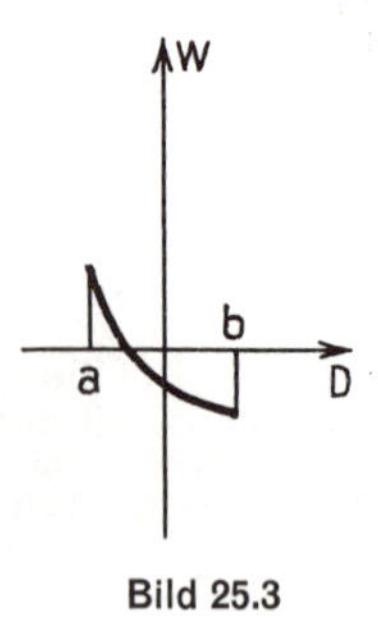

Bild 25.3

4. Die ganzen rationalen Funktionen sind **stetig** in der vollen Menge $\mathbb{R}$ (vgl. S 19.3!). Dieser Sachverhalt ist beim Zeichnen der Graphen von Bedeutung. So nehmen z. B. die ganzen rationalen Funktionen jeden **Zwischenwert** zwischen zwei Funktionswerten an (vgl. S 18.6!). Haben zwei Funktionswerte verschiedene Vorzeichen, so liegt im zugehörigen Intervall mindestens eine **Nullstelle** (vgl. S 18.7) (Bild 25.3). In abgeschlossenen Intervallen sind ganze rationale Funktionen stets **beschränkt;** sie haben dort ein absolutes **Maximum** und ein absolutes **Minimum** (vgl. S 18.8 und S 18.9!).

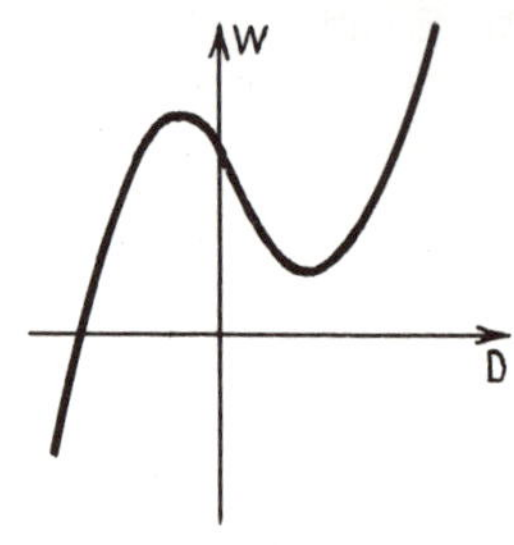

Bild 25.4

5. Es gibt bei ganzen rationalen Funktionen grundsätzliche Unterschiede zwischen Funktionen mit geradem Grad und solchen mit ungeradem Grad.

S 25.1 **Ist der Grad einer ganzen rationalen Funktion ungerade, so ist sie weder nach unten noch nach oben beschränkt.**

Bild 25.4 zeigt ein Beispiel für eine Funktion dritten Grades. Der Beweis für den Satz soll in Aufgabe 2 geführt werden.

Ist die ungerade Funktion vom Grade n und ist $a_n > 0$, so ist $\lim\limits_{x \to \infty} f(x) = \infty$ und $\lim\limits_{x \to -\infty} f(x) = -\infty$. Ist $a_n < 0$, so gilt $\lim\limits_{x \to \infty} f(x) = -\infty$ und $\lim\limits_{x \to -\infty} f(x) = \infty$.

Für gerade n gilt der Satz:

S 25.2 **Ist der Grad einer ganzen rationalen Funktion eine gerade Zahl, so ist die Funktion entweder nach unten oder nach oben beschränkt.**

Bild 25.5 zeigt ein Beispiel für eine Funktion vierten Grades.

Ist $a_n > 0$, so gilt $\lim\limits_{x \to \infty} f(x) = \lim\limits_{x \to -\infty} f(x) = \infty$. (Aufg. 4)

Ist $a_n < 0$, so gilt $\lim\limits_{x \to \infty} f(x) = \lim\limits_{x \to -\infty} f(x) = -\infty$.

6. Da die ganzen rationalen Funktionen überall stetig sind, kann man über ihre **Nullstellen** allgemeine Aussagen machen. Es gilt der Satz:

Ist der Grad einer ganzen rationalen Funktion eine ungerade Zahl, so hat sie wenigstens eine Nullstelle. **S 25.3**

Beweis: Da die Funktion weder nach oben noch nach unten beschränkt ist, hat sie wenigstens zwei Funktionswerte mit verschiedenen Vorzeichen. Folglich hat sie nach S 18.7 wenigstens eine Nullstelle.

Da die ganzen rationalen Funktionen von ungeradem Grad weder nach oben noch nach unten beschränkt sind, ist ihre Wertemenge stets die volle Menge der reellen Zahlen.

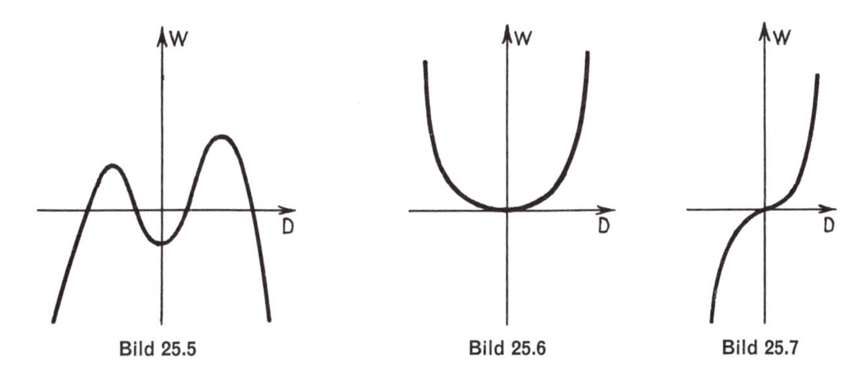

Bild 25.5 Bild 25.6 Bild 25.7

7. Aus den Definitionen D 16.4 und D 16.5 ergibt sich unmittelbar:

[1] Eine ganze rationale Funktion ist eine gerade Funktion und ihr Graph ist symmetrisch in bezug auf die W-Achse genau dann, wenn der Funktionsterm nur Potenzen von x mit geraden Exponenten enthält (Bild 25.6).

[2] Eine ganze rationale Funktion ist eine ungerade Funktion und ihr Graph ist symmetrisch in bezug auf den Nullpunkt genau dann, wenn der Funktionsterm nur Potenzen von x mit ungeraden Exponenten enthält (Bild 25.7).

Die Beweise für diese Sätze sollen in den Aufgaben 5 und 6 geführt werden.

II. Die Nullstellen von ganzen rationalen Funktionen

1. Die Nullstellen einer Funktion zur Gleichung $y = f(x)$ sind die Lösungen der Gleichung $f(x) = 0$. Bei ganzen rationalen Funktionen, deren Funktionsgleichungen von der Form

$$y = f(x) = P_n(x)$$

sind, ergibt sich für die Berechnung der Nullstellen also die Gleichung: $P_n(x) = 0$.

Ist $n \leq 2$, so ergibt sich eine lineare oder eine quadratische Gleichung; beide Gleichungstypen sind uns wohlvertraut; wir können die Lösungen berechnen. Ist $n = 3$, so ergibt sich eine sogenannte „kubische Gleichung". Für solche Gleichungen gibt es ein allgemeines Lösungsverfahren; dieses ist jedoch nicht einfach. In einem Sonderfall kann man die Lösungen einer kubischen Gleichung einfach ermitteln, und zwar dann, wenn in der Gleichung $a_3x^3 + a_2x^2 + a_1x + a_0 = 0$ der Koeffizient $a_0 = 0$ ist. Wir können dann faktorisieren und erhalten:

$$x \cdot (a_3x^2 + a_2x + a_1) = 0 \Leftrightarrow x = 0 \vee a_3x^2 + a_2x + a_1 = 0.$$

Die verbleibende Gleichung ist quadratisch, kann also gelöst werden, wenn sie überhaupt Lösungen hat.

Beispiel: $x^3 - x^2 - 6x = 0 \Leftrightarrow x(x^2 - x - 6) = 0 \Leftrightarrow x = 0 \vee x^2 - x - 6 = 0$
$\Leftrightarrow x = 0 \vee x = 3 \vee x = -2$

2. Ist in einer kubischen Gleichung $a_0 \neq 0$, oder ist die zu lösende Gleichung von höherem Grade, so kann man den Grad der Gleichung um 1 reduzieren, wenn es gelingt, eine Lösung der Gleichung zu „erraten".

Beispiel: $x^3 + x^2 - 10x + 8 = 0$

Durch Einsetzen von einigen ganzen Zahlen findet man die Lösung $x_1 = 1$. Wie wir allgemein zeigen werden, ist dann $P_3(x) = x^3 + x^2 - 10x + 8$ durch den Linearterm $x - x_1 = x - 1$ ohne Rest teilbar:

$$(x^3 + x^2 - 10x + 8) : (x - 1) = x^2 + 2x - 8.$$

Es gilt also: $x^3 + x^2 - 10x + 8 = 0 \Leftrightarrow (x^2 + 2x - 8)(x - 1) = 0$
$\Leftrightarrow x^2 + 2x - 8 = 0 \vee x - 1 = 0 \Leftrightarrow x = 2 \vee x = -4 \vee x = 1.$

3. Wir wollen nun beweisen, daß dieses Verfahren immer anwendbar ist, wenn es uns gelingt, wenigstens eine Lösung der Gleichung zu erraten, d. h. durch „Probieren" zu ermitteln. Es gilt der Satz:

S 25.4 **Hat ein Polynom n-ten Grades eine Nullstelle x_1, gilt also $P_n(x_1) = 0$, so gilt**
$$P_n(x) = (x - x_1) \cdot P_{n-1}(x).$$

Beweis: Dividieren wir das Polynom $P_n(x)$ durch den Linearterm $(x - x_1)$, so ergibt sich ein Polynom vom Grade $n - 1$: $P_{n-1}(x)$ und ein Rest R. Wir erhalten also:

$$\frac{P_n(x)}{(x - x_1)} = P_{n-1}(x) + \frac{R}{x - x_1} \text{ mit } R \in \mathbb{R} \text{ und } x \neq x_1.$$

Durch Multiplikation mit dem Term $(x - x_1)$ und anschließendes Kürzen erhält man:

$$P_n(x) = (x - x_1) \cdot P_{n-1}(x) + R.$$

Beachte, daß bei dieser neuen Gleichung die Einschränkung $x \neq x_1$ entfällt, weil der Nenner $x - x_1$ weggekürzt worden ist (Folgerungsumformung!).

Wir setzen x_1 in x ein und erhalten: $P_n(x_1) = 0 \cdot P_{n-1}(x_1) + R$.

Aus der Voraussetzung $P_n(x_1) = 0$ ergibt sich: $R = 0$. Also gilt:

$$P_n(x) = (x - x_1) \cdot P_n(x), \quad \text{q. e. d.}$$

Beispiel: $x^4 - 4x^3 - 13x^2 + 4x + 12 = 0$. Durch Einsetzen findet man: $x_1 = 1$.

Wir dividieren durch den zugehörigen Linearfaktor $(x - 1)$:

$$(x^4 - 4x^3 - 13x^2 + 4x + 12) : (x - 1) = x^3 - 3x^2 - 16x - 12.$$

Wir suchen nun wieder eine Lösung der Gleichung $x^3 - 3x^2 - 16x - 12 = 0$; wir finden: $x_2 = -1$. Wir dividieren durch den zugehörigen Linearfaktor $(x + 1)$:

$$(x^3 - 3x^2 - 16x - 12) : (x + 1) = x^2 - 4x - 12.$$

Die verbleibende quadratische Gleichung $x^2 - 4x - 12 = 0$ hat die Lösungen $x_3 = 6$ und $x_4 = -2$.

Es gilt also:. $x^4 - 4x^3 - 13x^2 + 4x + 12 = (x - 1)(x + 1)(x - 6)(x + 2)$.

Diese Zerlegung nennt man eine **„Zerlegung in Linearfaktoren"**.

4. Eine solche Zerlegung läßt sich nur dann durchführen, wenn jedes bei der Durchführung des Verfahrens auftretende Restpolynom wieder eine reelle Nullstelle hat. Daß diese Bedingung nicht immer erfüllt ist, zeigt schon das Beispiel: $P_2(x) = x^2 + 1$. Dieses quadratische Polynom läßt sich nicht weiter zerlegen, weil die Gleichung $x^2 + 1 = 0$ in der Menge $\mathbb{R}$ unerfüllbar ist. Wir werden auf dieses Problem in einem späteren Band zurückkommen und dabei die Unerfüllbarkeit der Gleichung $x^2 + 1 = 0$ in der Menge $\mathbb{R}$ zum Anlaß nehmen, den Zahlbereich noch einmal zu erweitern.

III. Beispiel für die Diskussion einer ganzen rationalen Funktion

Die Funktion f sei gegeben durch die Gleichung $y = f(x) = \frac{1}{2}x^4 - 3x^2 + 4$.

1. Die **Definitionsmenge** der Funktion ist: $D(f) = \mathbb{R}$, da der Term f (x) für alle $x \in \mathbb{R}$ definiert ist. Da die Funktion von geradem Grad und der Koeffizient der höchsten Potenz von x positiv ist, gilt: $\lim\limits_{x \to \infty} f(x) = \lim\limits_{x \to -\infty} f(x) = \infty$. Die Wertemenge ist nach unten beschränkt.

2. Symmetrie: Da die Variable x nur geradzahlige Exponenten hat, gilt für alle $x \in \mathbb{R}$: $f(x) = f(-x)$. Die Funktion ist also eine gerade Funktion; der Graph ist symmetrisch zur W-Achse.

3. Der Graph schneidet die W-Achse in P (0 | 4), da f (0) = 4 ist.

4. Nullstellen: Setzt man $x^2 = z$, so erhält man:

$$\frac{1}{2}x^4 - 3x^2 + 4 = 0 \Leftrightarrow \frac{1}{2}z^2 - 3z + 4 = 0 \Leftrightarrow z = 2 \vee z = 4 \Leftrightarrow x^2 = 2 \vee x^2 = 4$$
$$\Leftrightarrow x = \sqrt{2} \vee x = -\sqrt{2} \vee x = 2 \vee x = -2.$$

Die Funktion hat also vier Nullstellen.

5. Extrema:

a) Eine notwendige Bedingung für die Existenz lokaler Extrema lautet: $f'(x) = 0$.
Es gilt: $f'(x) = 2x^3 - 6x$.
Es ergibt sich: $2x^3 - 6x = 0 \Leftrightarrow x(2x^2 - 6) = 0 \Leftrightarrow x = 0 \vee x = \sqrt{3} \vee x = -\sqrt{3}$.
An den Stellen $x = 0$, $x = \sqrt{3}$ und $x = -\sqrt{3}$ **können** lokale Extrema vorliegen.

b) Eine hinreichende (aber nicht notwendige) Bedingung für die Existenz von lokalen Extremstellen ist: $f'(x) = 0 \wedge f''(x) \neq 0$. Es ist $f''(x) = 6x^2 - 6$, also: $f''(-\sqrt{3}) = 12 > 0$; $f''(0) = -6 < 0$; $f''(\sqrt{3}) = 12 > 0$.
An den Stellen $x = \sqrt{3}$ und $x = -\sqrt{3}$ liegen also Minima, an der Stelle $x = 0$ liegt ein Maximum vor. Die zugehörigen Funktionswerte sind:

$$f(-\sqrt{3}) = -\tfrac{1}{2};\; f(0) = 4;\; f(\sqrt{3}) = -\tfrac{1}{2}.$$

6. Wendepunkte:

a) Eine notwendige Bedingung für die Existenz eines Wendepunktes ist: $f''(x) = 0$.
Es ist: $f''(x) = 6x^2 - 6$. Also ergibt sich:

$$6x^2 - 6 = 0 \Leftrightarrow x^2 = 1 \Leftrightarrow x = 1 \vee x = -1.$$

An den Stellen $x = 1$ und $x = -1$ **können** Wendepunkte vorliegen.

b) Eine hinreichende (aber nicht notwendige) Bedingung für die Existenz von Wendepunkten ist: $f''(x) = 0 \wedge f'''(x) \neq 0$. Es ist $f'''(x) = 12x$.
Also gilt: $f'''(-1) = -12 < 0$ und $f'''(1) = 12 > 0$.
An den Stellen $x = -1$ und $x = 1$ liegen also tatsächlich Wendepunkte vor.
Die zugehörigen Funktionswerte sind:

$$f(-1) = \tfrac{3}{2} \text{ und } f(1) = \tfrac{3}{2}.$$

7. Da die relativen Minima bei dieser Funktion zugleich absolute Minima sind, erhalten wir als Wertemenge:

$$W(f) = \mathbb{R}^{\geq -\frac{1}{2}}.$$

8. Der Graph der Funktion ist in Bild 25.8 dargestellt.

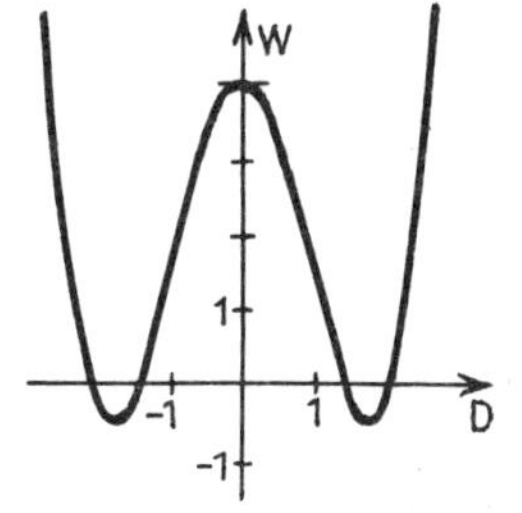

Bild 25.8

Übungen und Aufgaben

1. Beweise, daß die durch die folgenden Terme gegebenen ganzen rationalen Funktionen nicht beschränkt sind!

a) $f(x) = 5x^3 - 2x^2 + 3x - 4$ **b)** $f(x) = 2x^5 - 6x^4 + 7$ **c)** $f(x) = -2x^3 + x^2 - 6x + 10$

Anleitung: $f(x) = 4x^3 - 7x + 10 = x^3\left(4 - \frac{7}{x^2} + \frac{10}{x^3}\right)$

2. Beweise, daß jede ganze rationale Funktion ungeraden Grades nicht beschränkt ist!

3. Beweise, daß die durch die folgenden Gleichungen gegebenen ganzen rationalen Funktionen entweder nach oben oder nach unten unbeschränkt sind!

a) $f(x) = 3x^2 - 2x + 4$ **b)** $f(x) = x^4 - 3x^3 + 6x^2 - 7x + 5$ **c)** $f(x) = -2x^6 + 3x^5 - x^3 + 6x$

Anleitung: $f(x) = 2x^4 + 6x^3 + 2x = x^4\left(2 + \frac{6}{x} + \frac{2}{x^3}\right)$

4. Beweise, daß jede ganze rationale Funktion geraden Grades entweder nach oben oder nach unten beschränkt ist!

5. Beweise: Der Graph einer ganzen rationalen Funktion ist symmetrisch in bezug auf die y-Achse genau dann, wenn der Funktionsterm nur Potenzen von x mit geraden Exponenten enthält.

6. Beweise: Der Graph einer ganzen rationalen Funktion ist symmetrisch in bezug auf den Nullpunkt genau dann, wenn der Funktionsterm nur Potenzen von x mit ungeraden Exponenten enthält.

7. Ermittle die Nullstellen der Funktionen zu:

a) $f(x) = x^2 - 9$ **b)** $f(x) = 3x^2 - 6x$ **c)** $f(x) = x^2 - 2x - 8$
d) $f(x) = x^2 + 6x + 9$ **e)** $f(x) = x^3 - 3x$ **f)** $f(x) = x^3 - 3x^2$
g) $f(x) = x^3 - 8$ **h)** $f(x) = x^4 - 6x^3 - 7x^2$ **i)** $f(x) = (x + 2)(x^2 - 9)$
j) $f(x) = x^4 - 5x^2 + 4$ **k)** $f(x) = x^4 - 9x^2 + 20$ **l)** $f(x) = x^5 + x^3 - 12x$

8. Ermittle nach den unter II. erörterten Verfahren die Nullstellen!

a) $f(x) = x^4 + x^3 - 7x^2 - x + 6$ **b)** $f(x) = x^4 - 7x^3 + 8x^2 + 28x - 48$
c) $f(x) = x^5 - x^4 - 5x^3 + 3x^2 + 6x$ **d)** $f(x) = x^4 - 7x^3 + 8x^2 + 14x - 20$

9. Diskutiere die ganzen rationalen Funktionen zu (vgl. III.!):

a) $f(x) = x^3 - x$ **b)** $f(x) = x^3 - x^2 - x + 1$ **c)** $f(x) = x^4 - 3x^2 - 4$
d) $f(x) = x^3 - 2x^2$ **e)** $f(x) = x^4 - 9x^2$ **f)** $f(x) = -x^4 + 8x$
g) $f(x) = -(x + 1)^2 (x - 2)^2$ **h)** $f(x) = x^4 - 2x^3$ **i)** $f(x) = -x^3 + 3x^2 + x - 3$
j) $f(x) = 2x^3 - x^4$ **k)** $f(x) = 4x^2 - x^4$ **l)** $f(x) = 6x^4 - 16x^3 + 12x^2$
m) $f(x) = \frac{1}{3}x^4 - 8x^3 + 18x^2$ **n)** $f(x) = x^4 - x^3 - 18x^2 + 16x + 32$

10. Die durch die folgenden Terme gegebenen Funktionen setzen sich stückweise aus ganzen rationalen Funktionen zusammen. Diskutiere die Funktionen! Prüfe die Funktionen auf Stetigkeit und Differenzierbarkeit!

a) $f(x) = |x^3 - 4x|$ **b)** $f(x) = (x + 2)^2 |x - 4|$
c) $f(x) = (\operatorname{sign} x)(x^3 - 2x^2 - 15x)$ **d)** $f(x) = (\operatorname{sign} x)(x^4 + 2x^3)$
e) $f(x) = H(x) \cdot (x^4 - 3x^2 - 4)$ **f)** $f(x) = (\operatorname{sign} x)(x + 1)(x^3 + x^2)$
g) $f(x) = H(x) \cdot (3x^2 - x^3)$ **h)** $f(x) = H(-x) \cdot (2x^3 + x^4)$
i) $f(x) = H(x - 2) \cdot (x^3 - 9x)$ **j)** $f(x) = (x + 2)(x - 3)^2 \cdot \operatorname{sign} x + H(x + 2)$
k) $f(x) = \frac{x^2}{4} + [x]$ mit $D = [-4; 4]$

11. Gibt es eine ganze rationale Funktion, die symmetrisch zum Nullpunkt ist und das Zahlenpaar $(0 \mid 2)$ enthält?

12. f_1 und f_2 seien ganze rationale Funktionen, die **1)** symmetrisch zur y-Achse, **2)** symmetrisch zum Nullpunkt sind. Was kannst du über die Funktionen zu
a) $f(x) = f_1(x) + f_2(x)$ **b)** $f(x) = f_1(x) - f_2(x)$ **c)** $f(x) = f_1(x) \cdot f_2(x)$
aussagen? Beweis!

13. Es gilt der Satz: Eine ganze rationale Funktion n-ten Grades hat höchstens n Nullstellen. Beweise: Eine ganze rationale Funktion n-ten Grades (mit $n \in \mathbb{N}$) hat höchstens $n - 1$ lokale Extremwerte.

14. Eine Parabel 4. Grades sei symmetrisch zur y-Achse. Sie hat in $P_1(2 \mid 0)$ die Steigung 2 und in $P_2(-1 \mid y_2)$ einen Wendepunkt. Wie lautet die Funktionsgleichung? Ermittle die Gleichung der Wendetangente!

Anleitung: Wegen der Achsensymmetrie ergibt sich der Ansatz: $f(x) = ax^4 + bx^2 + c$; $f'(x) = 4ax^3 + 2bx$; $f''(x) = 12ax^2 + 2b$. Die aus den Angaben des Textes folgenden notwendigen Bedingungen sind: **1)** $f(2) = 0$ **2)** $f'(2) = 2$ und **3)** $f''(-1) = 0$.

15. Eine Parabel 3. Grades geht durch den Nullpunkt des Koordinatensystems. Sie hat in $P_1(1 \mid 1)$ ein Maximum und in $P_2(3 \mid y_2)$ einen Wendepunkt.

16. Eine Parabel 4. Grades ist symmetrisch zur W-Achse. Sie hat in $P_1(1 \mid 3)$ einen Wendepunkt. Die Wendetangente hat die Steigung -2.

17. Eine Parabel 4. Grades hat im Nullpunkt des Koordinatensystems die Wendetangente mit der Gleichung $y = x$ und im Punkt $P(2 \mid 4)$ die Steigung $m = 0$.

18. Eine Parabel 3. Grades ist symmetrisch zum Nullpunkt des Koordinatensystems. Sie geht durch den Punkt $P_1(1 \mid -1)$. An der Stelle $x = 2$ liegt ein Extremwert vor.

19. Eine Parabel 3. Grades schneidet den Graph der Funktion zu $g(x) = 2x^2 + 4x$ zweimal auf der D-Achse. Im Schnittpunkt mit der größeren Abszisse beträgt der Schnittwinkel zwischen den Graphen (d. h. zwischen den Tangenten im Schnittpunkt) $\frac{\pi}{2}$. Die gesuchte Parabel hat dort einen Wendepunkt.

20. Eine Parabel 3. Grades hat an der Stelle $x = -1$ eine Nullstelle. Sie schneidet die W-Achse mit der Ordinate 2 und berührt die D-Achse an der Stelle $x = 2$.

21. Eine Parabel 5. Grades ist symmetrisch zum Nullpunkt des Koordinatensystems. Sie hat in $P_1(1 \mid 1)$ die Steigung $m = 0$ und in $P_2(2 \mid y_2)$ einen Wendepunkt.

22. Eine Parabel 4. Grades ist symmetrisch zur W-Achse. Sie geht durch den Nullpunkt des Koordinatensystems und schneidet die D-Achse an der Stelle $x = 3$ mit der Steigung $m = -48$.

23. Eine zum Nullpunkt symmetrische Parabel 5. Grades hat in $P_1(0 \mid 0)$ die Steigung $m = 2$ und im Punkt $P_2(-1 \mid 0)$ einen Wendepunkt.

§ 26 Die Diskussion der gebrochenen rationalen Funktionen

I. Grundlegende Eigenschaften

1. Der Begriff der „gebrochenen rationalen Funktion“ ist bereits in § 16 definiert worden (D 16.7):

Eine Funktion f heißt eine gebrochene rationale Funktion genau dann, wenn der Funktionsterm die Form $f(x) = \frac{P_n(x)}{Q_m(x)}$
hat, wobei $P_n(x)$ und $Q_m(x)$ Polynome vom Grad n bzw. m bezeichnen.

2. Die maximale Definitionsmenge einer gebrochenen rationalen Funktion ist davon abhängig, welche Nullstellen das Nennerpolynom $Q_m(x)$ hat. Sind $x_1, x_2, \ldots, x_k$ diese Nullstellen, so hat die maximale Definitionsmenge die **Form**

$$D(f) = \mathbb{R} \setminus \{x_1, x_2, \ldots, x_k\},$$

da $\frac{P_n(x)}{Q_m(x)}$ beim Einsetzen der Zahlen $x_1, x_2, \ldots, x_k$ nicht in ein definiertes Zahlzeichen übergeht. An den Stellen $x_1, x_2, \ldots, x_k$ liegen Definitionslücken vor (vgl. § 18, III).

(**Beachte,** daß wir hier nur die **Form** der Definitionsmenge angeben können; denn $x_1, x_2 \ldots, x_k$ sind Variable für reelle Zahlen und nicht Namen für reelle Zahlen!) Ist x_k eine Definitionslücke, so ist die Funktion an der Stelle x_k stetig ergänzbar (oder „stetig fortsetzbar"), wenn $\lim\limits_{x \to x_k} f(x)$ existiert. Im anderen Fall liegen Unendlichkeitsstellen mit oder ohne Vorzeichenwechsel vor.

Es gilt der Satz

S 26.1

Gilt für den Term einer gebrochenen rationalen Funktion f

$$f(x) = \frac{(x - x_0)^r \cdot P_{n-r}(x)}{(x - x_0)^s \cdot Q_{m-s}(x)} \text{ mit } P_{n-r}(x_0) \neq 0; \quad Q_{m-s}(x_0) \neq 0 \text{ und } r, s \in \mathbb{N}_0,$$

so ist f an der Stelle x_0 stetig fortsetzbar genau dann, wenn $r \geq s$ ist.	**so besitzt f an der Stelle x_0 eine Unendlichkeitsstelle genau dann, wenn $r < s$ ist.**	
	Ist $s - r$ eine	
	gerade Zahl,	**ungerade Zahl,**
	so handelt es sich um eine Unendlichkeitsstelle	
	ohne Vorzeichenwechsel.	**mit Vorzeichenwechsel.**

Der Beweis für diesen Satz soll in Aufgabe 1 geführt werden.

3. Die gebrochenen rationalen Funktionen sind stetig in ihren Definitionsmengen (vgl. S 19.4!). Das bedeutet, daß zwischen den Definitionslücken „stetige Funktionsabschnitte" vorliegen.

Die gebrochenen rationalen Funktionen nehmen in diesen Intervallen jeden Zwischenwert zwischen zwei Funktionswerten an (S 18.6). Haben zwei Funktionswerte verschiedene Vorzeichen, so liegt in dem zugehörigen Intervall wenigstens eine Nullstelle (S 18.7).

4. Aus den Definitionen D 16.4 und D 16.5 der Symmetrie von Funktionen in bezug auf die W-Achse bzw. den Nullpunkt des Koordinatensystems können wir Sätze über die Symmetrie von gebrochenen Funktionen herleiten.

Es sei $f(x) = \frac{f_1(x)}{f_2(x)}$.

[1] Sind f_1 und f_2 gerade Funktionen, dann ist auch f eine gerade Funktion (Aufgabe 2).

[2] Sind f_1 und f_2 ungerade Funktionen, dann ist f eine gerade Funktion (Aufgabe 2).

[3] Ist von den Funktionen f_1 und f_2 die eine eine gerade und die andere eine ungerade Funktion, so ist f eine ungerade Funktion (Aufgabe 2).

[4] Ist wenigstens eine der Funktionen f_1 und f_2 weder gerade noch ungerade, dann ist auch die Funktion f weder gerade noch ungerade (Aufgabe 2).

5. Die **Nullstellen** ergeben sich aus der Bedingung $f(x) = 0$; es gilt:

$$\frac{P_n(x)}{Q_m(x)} = 0 \Rightarrow P_n(x) = 0.$$

Beachte: Es ist stets zu prüfen, ob die Nullstellen von $P_n(x)$ auch Elemente aus $D(f)$ sind! Eine Nullstelle von $P_n(x)$ ist keine Nullstelle der Funktion f, wenn sie auch Nullstelle des Nennerpolynoms $Q_m(x)$ ist, wenn sie also nicht zu $D(f)$ gehört.

II. Asymptoten

1. In § 17, I ist bereits das Verhalten von Funktionen für $x \to \infty$ bzw. $x \to -\infty$ untersucht worden. Ist $f(x) = \frac{P_n(x)}{Q_m(x)}$, so sind drei Fälle zu unterscheiden:

[1] **n < m:** Es gilt $\lim_{x \to \infty} f(x) = \lim_{x \to -\infty} f(x) = 0$. Der Graph der Funktion nähert sich so der Geraden zu $y = 0$ (also der D-Achse), daß die Differenz zwischen den Funktionswerten von f und denen der Geraden zu $y = 0$ für $x \to \infty$ und für $x \to -\infty$ den Grenzwert 0 hat.

Man sagt: Die D-Achse ist eine **„Asymptote“**[1]) der Funktion f.

[2] **n = m:** Es $\lim_{x \to \infty} f(x) = \lim_{x \to -\infty} f(x) = c$ mit $c \in \mathbb{R}^{\neq 0}$. Die Konstante c ist der Quotient aus den Koeffizienten der höchsten Potenzen von x im Zähler und im Nenner, also $c = \frac{a_n}{b_m}$. Die Gerade zu $y = c$ ist Asymptote der Funktion f.

Beispiel: $f(x) = \frac{2x^2 + 2}{3x^2 - 1}$. Die Gerade zu $y = \frac{2}{3}$ ist Asymptote.

[3] **n > m:** In diesem Fall liegt eine unecht gebrochene rationale Funktion vor. Wir können den Funktionsterm durch Ausführen der Division in einen ganzen und in einen echt gebrochenen Anteil zerlegen.

Beispiel: $f(x) = \frac{x^3 + 2}{x^2 - 9x}$; in diesem Fall ist $n = m + 1$; dies hat zur Folge, daß der ganze rationale Anteil ein Linearterm ist:

$$(x^3 + 2) : (x^2 - 9x) = x + 9 + (81x + 2) : (x^2 - 9x).$$

Somit ist: $f(x) = x + 9 + \frac{81x + 2}{x^2 - 9x}$.

Das Ergebnis der Umformung legt die Vermutung nahe, daß die Gerade zu $y = x + 9$ eine Asymptote der Funktion ist.

Um dies beweisen zu können, müssen wir zunächst den Begriff der „Asymptote“ allgemein definieren.

Eine Funktion f_1 heißt „Asymptote der Funktion f“ genau dann, wenn gilt:
$\lim_{x \to \infty} [f(x) - f_1(x)] = 0$ oder $\lim_{x \to -\infty} [f(x) - f_1(x)] = 0$. **D 26.2**

In vielen Fällen wird der Term $f_1(x)$ ein Linearterm der Form $f_1(x) = ax + b$ und der zugehörige Graph eine Gerade sein. Dann lauten die Asymptotenbedingungen:

$$\lim_{x \to \infty} [f(x) - (ax + b)] = 0 \text{ bzw. } \lim_{x \to -\infty} [f(x) - (ax + b)] = 0.$$

[1]) gr.; nicht zusammenfallen.

Die Differenz $f(x) - (ax + b)$ gibt die Differenz zwischen den Funktionenwerten von f und denen der Asymptoten an.

Bei unserem Beispiel gilt: $\lim\limits_{x \to \pm\infty} \left[\left(x + 9 + \frac{81x + 2}{x^2 - 9x}\right) - (x + 9) \right] = \lim\limits_{x \to \pm\infty} \frac{81x + 2}{x^2 - 9x} = 0$

Also ist die lineare Funktion zu $f_1(x) = x + 9$ eine Asymptote der Funktion f.

Bemerkung: Da die Grenzwerte für $x \to \infty$ und für $x \to -\infty$ bei diesem Beispiel übereinstimmen, haben wir der Kürze halber „$x \to \pm\infty$" geschrieben.
Zum allgemeinen Beweis siehe Aufgabe 3!

III. Extrempunkte und Wendepunkte

1. Aus der für Extremwerte notwendigen Bedingung $f'(x) = 0$ ergibt sich bei gebrochenen rationalen Funktionen nach der Quotientenregel:

$$f'(x) = \frac{P_n'(x) \cdot Q_m(x) - Q_m'(x) \cdot P_n(x)}{[Q_m(x)]^2} =_{Df} \frac{Z(x)}{N(x)},$$

also: $f'(x) = 0 \Rightarrow Z(x) = 0 \Leftrightarrow P_n'(x) \cdot Q_m(x) - Q_m'(x) \cdot P_n(x) = 0.$

In der letzten Gleichung steht auf der linken Seite ein Polynom, dessen Nullstellen zu bestimmen sind.

Beachte: Es ist zu prüfen, ob die Lösungen der Gleichung Elemente aus D(f) sind!

2. Um das Vorzeichen der zweiten Ableitung in den Nullstellen der ersten Ableitung zu bestimmen (falls dieser Ableitungswert von Null verschieden ist), können wir einen Kunstgriff anwenden, der die Rechnung erheblich vereinfacht. Es ist $f'(x) = \frac{Z(x)}{N(x)}$, wobei $N(x) = [Q_m(x)]^2$ und damit nicht-negativ ist. Da nur Elemente aus D (f) in Betracht kommen, wissen wir, daß N (x) sogar positiv ist. Nach der Quotientenregel ergibt sich:

$$f''(x) = \frac{Z'(x) \cdot N(x) - N'(x) \cdot Z(x)}{[N(x)]^2}.$$

Es sei x_0 eine Nullstelle der ersten Ableitung; es gelte also: $Z(x_0) = 0$. Dann ist

$$f''(x_0) = \frac{Z'(x_0) \cdot N(x_0)}{[N(x_0)]^2} = \frac{Z'(x_0)}{N(x_0)} = \frac{Z'(x_0)}{[Q_m(x_0)]^2}.$$

Da $N(x_0) > 0$ ist, stimmt also das Vorzeichen von $f''(x_0)$ mit dem Vorzeichen von $Z'(x_0)$ überein:

$$\operatorname{sign} f''(x_0) = \operatorname{sign} Z'(x_0).$$

Man braucht also die zweite Ableitung nicht vollständig zu berechnen; es genügt für diesen Zweck die Ableitung des Zählers von $f'(x)$.

Beispiel: $f(x) = \frac{x^2 - 1}{x^2 - 9}$; $f'(x) = \frac{-16x}{(x^2 - 9)^2} = \frac{Z(x)}{N(x)}$.

$f'(x) = 0 \Rightarrow -16x = 0 \Leftrightarrow x = 0$; $0 \in D(f) = \mathbb{R} \setminus \{-3; 3\}$.

$Z'(x) = -16$ für alle $x \in D$, also auch für $x = 0$. An der Stelle 0 liegt also ein Maximum vor.

3. Entsprechend kann man bei der Bestimmung der Wendepunkte verfahren. Man setzt wieder $f''(x) = \frac{Z(x)}{N(x)}$. Ist x_0 eine Lösung von $Z(x) = 0$ und Element aus D, so gilt:

$f'''(x_0) = \frac{Z'(x_0)}{N(x_0)}$. Daher gilt wegen $N(x_0) \neq 0$:

$$Z'(x_0) = 0 \Rightarrow f'''(x_0) = 0 \text{ und } Z'(x_0) \neq 0 \Rightarrow f'''(x_0) \neq 0.$$

IV. Beispiel für die Diskussion einer gebrochenen rationalen Funktion

Die Funktion f sei gegeben durch $f(x) = \frac{x}{x^3 - 4x} = \frac{Z(x)}{N(x)}$ in $V[x] = \mathbb{R}$.

1. Definitionsmenge und Nullstellen

Um die Definitionsmenge zu bestimmen, ermitteln wir die Nullstellen des Zähler- und des Nennerpolynoms. Es ist:

1) $Z = 0$ für $x = 0$,

2) $N = 0$ für $x^3 - 4x = 0 \Leftrightarrow x(x^2 - 4) = 0 \Leftrightarrow x = 0 \vee x = -2 \vee x = 2$.

An den Stellen $x = -2$, $x = 0$ und $x = 2$ liegen Definitionslücken vor. Es ist

$$D(f) = \mathbb{R} \setminus \{-2; 0; 2\}.$$

Es gilt also:
$$f(x) = \frac{x}{x(x+2)(x-2)}.$$

Von welcher Art die Definitionslücken sind, ergibt sich aus Satz S 26.1. Wir können die Definitionslücken aber auch dadurch untersuchen, daß wir jeweils den linksseitigen und den rechtsseitigen Grenzwert berechnen:

1) $l\text{-}\lim\limits_{x \to -2} f(x) = \infty$; $r\text{-}\lim\limits_{x \to -2} f(x) = -\infty$; **2)** $l\text{-}\lim\limits_{x \to 0} f(x) = -\frac{1}{4}$; $r\text{-}\lim\limits_{x \to 0} f(x) = -\frac{1}{4}$;

3) $l\text{-}\lim\limits_{x \to 2} f(x) = -\infty$; $r\text{-}\lim\limits_{x \to 2} f(x) = \infty$.

An den Stellen -2 und 2 befinden sich Unendlichkeitsstellen mit Vorzeichenwechsel. An der Stelle 0 kann die Funktion durch die Zusatzdefinition $f(0) =_{Df} -\frac{1}{4}$ stetig ergänzt (fortgesetzt) werden.

Da gilt $0 \notin D(f)$ hat die Funktion keine Nullstellen.

Für $x \neq 0$ können wir den Funktionsterm kürzen und erhalten

$$f_1(x) = \frac{1}{x^2 - 4} \text{ mit } D(f_1) = \mathbb{R} \setminus \{-2; 2\}.$$

Für alle $x \in D(f)$ gilt: $f_1(x) = f(x)$ (vgl. § 18!). Wir beschränken uns daher bei der weiteren Untersuchung auf die Funktion f_1.

2. Symmetrie: Da die Zählerfunktion und die Nennerfunktion gerade Funktionen sind, ist der Graph der Funktion f_1 symmetrisch zur W-Achse.

3. Asymptoten: Die Nennerfunktion ist von höherem Grad als die Zählerfunktion. Die Gerade zu $y = 0$ (die D-Achse) ist die Asymptote der Funktion.

4. Extremwerte: $f_1'(x) = \frac{-2x}{(x^2 - 4)^2}$; $f_1'(x) = 0 \Rightarrow -2x = 0 \Leftrightarrow x = 0$; $0 \in D(f_1)$.

Wir setzen $f_1'(x) = \frac{Z(x)}{N(x)}$; dann ist $Z'(x) = -2$ für alle $x \in D(f_1)$. An der Stelle 0 liegt also ein Maximum der Funktion f_1 vor.

Beachte, daß diese Stelle wegen $0 \notin D(f)$ keine Extremstelle von f ist!

5. Wendepunkte:

$$f_1''(x) = \frac{-2(x^2-4)^2 - 2(x^2-4) \cdot 2x \cdot (-2x)}{(x^2-4)^4} = \frac{(x^2-4)(6x^2+8)}{(x^2-4)^4} = \frac{6x^2+8}{(x^2-4)^3}.$$

$f_1''(x) = 0 \Rightarrow 6x^2 + 8 = 0$: diese Gleichung ist unerfüllbar in $\mathbb{R}$; daher hat die Funktion keine Wendestellen.

6. Um den Funktionsgraph zeichnen zu können, legen wir eine Wertetafel an:

x	1	$\frac{3}{2}$	3	4
$f_1(x)$	$-\frac{1}{3}$	$-\frac{4}{7}$	$\frac{1}{5}$	$\frac{1}{12}$

In der Zeichnung haben wir zu berücksichtigen, daß die gegebene Funktion f – abweichend von der Funktion f_1 – an der Stelle 0 eine Definitionslücke hat (Bild 26.1).

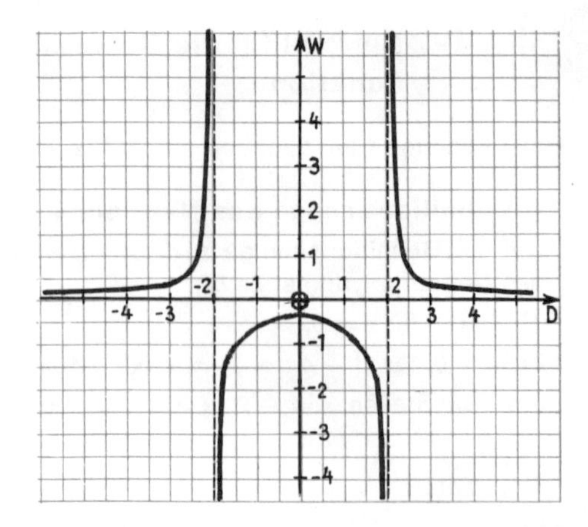

Bild 26.1

Übungen und Aufgaben

1. Beweise S 26.1!

Anleitung: Für $x \neq x_0$ kann man durch bestimmte Potenzen von $(x - x_0)$ kürzen und erhält so eine „Ersatzfunktion" f_1, die mit f in D (f) übereinstimmt. Untersuche in den drei angegebenen Fällen die „Ersatzfunktion"!

2. Beweise die Sätze [1], [2], [3] und [4] von I, 4 mit Hilfe der Definitionen D 16.4 und D 16.5!

3. Eine gebrochene rationale Funktion sei gegeben durch $f(x) = \frac{P_n(x)}{Q_m(x)}$, und es sei $n = m + 1$. Beweise:

a) f (x) läßt sich stets in einen linearen und in einen echt gebrochenen Anteil zerlegen!

b) Der lineare Anteil ist der Funktionsterm der Gleichung der Geraden, die Asymptote von f ist!

4. Im Beispiel unter IV. ist bei der Berechnung der Wendestellen der Zähler von $f''(x)$ faktorisiert worden. Der eine Faktor ist $x^2 - 4$, also der Nenner des Funktionsterms von f_1.

a) Begründe, daß man den Term $f''(x)$ einer gebrochenen rationalen Funktion stets in entsprechender Weise faktorisieren kann!

b) Warum darf man sogar durch den ausgeklammerten Faktor kürzen?

5. Gib Funktionsgleichungen an, die möglichst viele der folgenden Eigenschaften von Funktionen kennzeichnen. Dabei ist bei den Gleichungen anzugeben, welche Eigenschaften erfaßt sind.

a) Lücke bei -3.
b) Polstelle ohne Zeichenwechsel bei -2.
c) Polstelle mit Zeichenwechsel bei 3.
d) Dreifache Nullstelle bei 0.
e) Einfache Nullstelle bei 5.
f) Die Gerade zu $y = -\frac{2}{3}x + 2$ ist Asymptote.

6. Diskutiere die durch die folgenden Terme gegebenen Funktionen!

a) $f(x) = \frac{x-1}{x+1}$
b) $f(x) = \frac{1}{x^2-9}$
c) $f(x) = \frac{x}{x^2-1}$
d) $f(x) = \frac{2x}{x^2+1}$
e) $f(x) = \frac{4x^2}{1+x^2}$
f) $f(x) = \frac{x}{x^3-16x}$
g) $f(x) = \frac{x^2+2x}{x^2-x-6}$
h) $f(x) = \frac{4}{1+x^2}$
i) $f(x) = \frac{16}{x^2(x+2)^2}$
j) $f(x) = \frac{x^2}{x^3-4x^2}$
k) $f(x) = \frac{x}{x^3+2x^2}$
l) $f(x) = \frac{x^2+4x}{x^2-9}$
m) $f(x) = \frac{(x-1)^2}{x+2}$
n) $f(x) = \frac{x^2-4}{1-x^2}$
o) $f(x) = \frac{x^3}{x^2-3}$

7. Durch die folgenden Terme sind stückweise gebrochene rationale Funktionen gegeben. Diskutiere die Funktionen und untersuche sie auf Stetigkeit und Differenzierbarkeit!

a) $f(x) = \frac{|x|}{1+x^2}$ **b)** $f(x) = \frac{|x|}{1+x^2} + H(x)$ **c)** $f(x) = \frac{1}{1+x\cdot|x|}$

d) $f(x) = \frac{x^2}{1+x^2} + H(x)$ **e)** $f(x) = \frac{|x|}{(2-x)^2}$ **f)** $f(x) = \frac{x^2}{1+x\cdot|x|} + H(x)$

g) $f(x) = \frac{4\cdot|x|}{x(x-1)}$ **h)** $f(x) = \frac{|x|}{x^2-1}$ **i)** $f(x) = \frac{x\cdot \text{sign } x}{1+x^2}$

j) $f(x) = \frac{\text{sign } x}{x^2+4}$ **k)** $f(x) = \frac{x^2\cdot \text{sign } x}{(x-1)^2}$ **l)** $f(x) = \frac{x\cdot \text{sign } x}{(x+2)^2}$

m) $f(x) = \frac{2x\cdot \text{sign}(x+2)}{x(x+2)}$ **n)** $f(x) = \frac{H(x)+H(-x)}{1+x^2}$ **o)** $f(x) = \frac{x+2}{x-1} + [x]$

§ 27 Extremwerte

I. Problemstellung und Beispiele

1. Verschiedene Probleme aus der Geometrie und den Anwendungen der Mathematik führen auf die Frage nach den Extremwerten einer Funktion. In der Regel ist die Grundmenge für die Variablen von der Aufgabenstellung her eingeschränkt, so daß die Funktion oft in einem abgeschlossenen Intervall zu untersuchen ist. In jedem Fall wird das **absolute Maximum** oder **absolute Minimum** der Funktion gesucht. Häufig ist das absolute Maximum (Minimum) der Funktion zugleich ein relatives Maximum (Minimum). Hat eine stetige Funktion in einem abgeschlossenen Intervall ein relatives Maximum (Minimum), so kann ein absolutes Maximum (Minimum) allenfalls noch an einer Randstelle des Intervalls vorliegen (Bild 27.1).

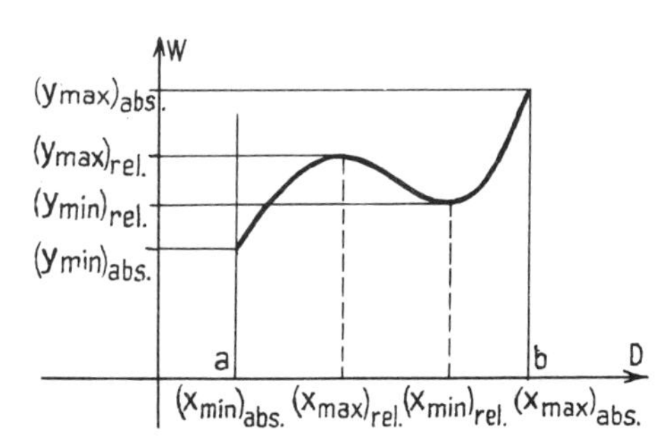

Bild 27.1 Absolute und relative Extrema in einem abgeschlossenen Intervall [a; b]

Ist die zu untersuchende Funktion in dem vorgegebenen Intervall wenigstens zweimal differenzierbar, so bietet sich folgendes Verfahren an:

[1] Man bestimmt die relativen Extremwerte der Funktion mit Hilfe der Differentialrechnung.

[2] Man vergleicht die in [1] ermittelten Funktionswerte mit den Funktionswerten an den Rändern.

2. Beispiel: Ein Wasserbehälter besteht aus einem Zylinder mit unten angesetztem Kegel (Bild 27.2). Die Höhe des Zylinders sei a, die Mantellinie des Kegels 3a, wobei $a \in \mathbb{R}^{>0}$ vorgegeben sei. Welchen Radius r muß der Zylinder und welche Höhe h der Kegel haben, damit das Volumen des Behälters ein absolutes Maximum annimmt?

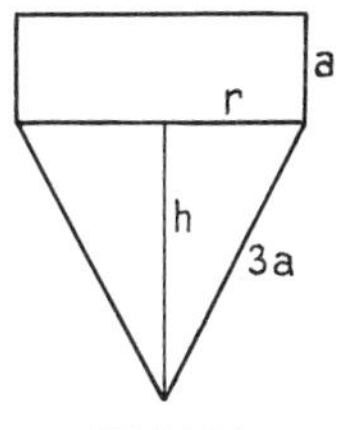

Bild 27.2

Lösung: 1) Der Rauminhalt des Behälters ist

$$V(r, h) = \tfrac{1}{3}\pi r^2 h + \pi r^2 a.$$

Für die Variablen r und h ergeben sich aus der Aufgabenstellung die Bedingungen:

$$0 \leq r \leq 3a \text{ und } 0 \leq h \leq 3a.$$

Beachte: Wir haben später zu prüfen, ob die Lösungen diesen Bedingungen genügen.

2) Zwischen den Variablen r und h besteht nach der Aufgabenstellung die Beziehung

$$r^2 + h^2 = 9a^2.$$

Die Aufgabe enthält also eine **Nebenbedingung,** die die Variablen r und h miteinander verknüpft.
Mit Hilfe der Nebenbedingung können wir eine der Variablen eliminieren. Um Wurzelfunktionen zu vermeiden, lösen wir nach r^2 auf: $r^2 = 9a^2 - h^2$.

Wir erhalten: $V(h) = \frac{1}{3}\pi h(9a^2 - h^2) + \pi a(9a^2 - h^2)$.

3) Durch V (h) ist eine ganze rationale Funktion 3. Grades gegeben, die beliebig oft differenzierbar ist.

Wir bestimmen zunächst die relativen Extremwerte mit den bekannten Mitteln der Differentialrechnung.

Eine notwendige Bedingung lautet $V'(h) = 0$.

$$V(h) = 3\pi a^2 h - \tfrac{1}{3}\pi h^3 + 9\pi a^3 - \pi a h^2 \Rightarrow V'(h) = 3\pi a^2 - \pi h^2 - 2\pi a h$$

$$V'(h) = 0 \Leftrightarrow 3\pi a^2 - \pi h^2 - 2\pi a h = 0$$
$$\Leftrightarrow h^2 + 2ah = 3a^2 \Leftrightarrow (h + a)^2 = 4a^2 \Leftrightarrow h = a \vee h = -3a$$

$h = -3a$ genügt nicht der Bedingung unter 1). Für die weitere Untersuchung ist also nur $h = a$ verwendbar.

Eine hinreichende Bedingung für ein Maximum ist $V'(h) = 0 \wedge V''(h) < 0$.

$$V''(h) = -2\pi h - 2\pi a \qquad V''(a) = -4\pi a < 0.$$

An der Stelle $h = a$ liegt ein relatives Maximum vor. Der entsprechende Wert für r ist

$$r = \sqrt{9a^2 - a^2} = \sqrt{8a^2} = 2a\sqrt{2}.$$

Es ist $2a\sqrt{2} \in V[r]$.

Für das Volumen ergibt sich an der Stelle $h = a$: $V = \frac{32}{3}\pi a^3$.

Auf den Zylinder entfällt ein Volumen von $V_z = 8\pi a^3 = \frac{24}{3}\pi a^3$, das sind genau 75% des Gesamtvolumens!

4) Es ist nun noch zu prüfen, ob an der Stelle $h = a$ nicht nur ein relatives, sondern auch ein absolutes Maximum vorliegt. Wir bestimmen die Funktionswerte an den Rändern.

$$V(0) = 9\pi a^3;\quad 9\pi a^3 < V(a) = \tfrac{32}{3}\pi a^3;\quad V(3a) = 0;\quad 0 < V(a) = \tfrac{32}{3}\pi a^3.$$

Die Funktionswerte sind an den Rändern kleiner als der Funktionswert an der Stelle $h = a$.
Das Volumen des Behälters nimmt für $h = a$ und $r = 2a \cdot \sqrt{2}$ ein absolutes Maximum an.

3. Beispiel: In einen Kegel, dessen gegebener Radius R gleich seiner Höhe H ist, soll ein Zylinder von maximaler Oberfläche einbeschrieben werden. Welche Abmessungen muß der Zylinder haben (Bild 27.3)?

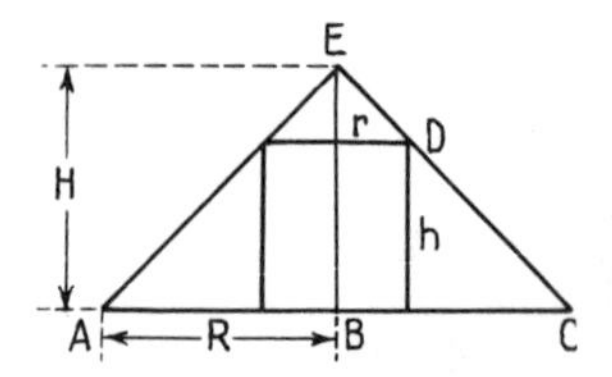

Beachte R = H

Bild 27.3

1) Die Oberfläche des Zylinders ist:

$$O(r, h) = 2\pi r^2 + 2\pi r h.$$

Die Grundmengen für die Variablen r und h sind:

$V_1[r] = \{ r \mid 0 \leq r \leq R \}$; $V_2[h] = \{ h \mid 0 \leq h \leq H \}$.

2) Die Nebenbedingung ergibt sich mit Hilfe des zweiten Strahlensatzes:

$$\frac{H-h}{r} = \frac{H}{R}, \text{ und wegen } H = R;$$

$$\frac{H-h}{r} = 1 \Leftrightarrow r = H - h \Leftrightarrow h = H - r.$$

Wir eliminieren die Variable h:

$$O(r) = 2\pi r^2 + 2\pi r(H - r) = 2\pi r^2 + 2\pi Hr - 2\pi r^2 = 2\pi Hr.$$

3) Die Funktion zu O (r) ist linear und monoton wachsend, sie hat daher keine relativen Extremwerte. Da ihre Steigung positiv ist, liegt das absolute Maximum am rechten Rand.

Für $r = R \in V_1[r]$ erhält man $O(R) = 2\pi HR = 2\pi R^2$.
Der Zylinder ist zu einer doppelten Kreisfläche entartet.

II. Zusammenfassung

Aufgaben, in denen Extremwerte mit Nebenbedingungen gesucht werden, haben häufig die gleiche Struktur. Der Lösungsweg gliedert sich wie folgt:

[1] Bestimme die Gleichung der Funktion, die den Extremwert annehmen soll, und gib die Grundmengen für die Variablen an!

[2] Treten zwei Variable auf, so ist aus den Bedingungen des Aufgabentextes die Beziehung zwischen den Variablen herzuleiten! Eliminiere eine Variable!

[3] Ermittle die relativen Extremwerte der Funktion! Prüfe, ob die Ergebnisse zur Grundmenge gehören!

[4] Bestimme die Funktionswerte an den Rändern der durch die Grundmengen bestimmten Intervalle und stelle fest, welcher Funktionswert im gesamten Intervall das absolute Maximum oder Minimum ist!

Übungen und Aufgaben

Rationale Funktionen

1. Zerlege die Zahl **a)** 60, **b)** a so in zwei Summanden, daß das Produkt der Zahlen ein Maximum annimmt!

2. Zerlege die Zahl **a)** 24, **b)** a so in zwei Summanden, daß die Summe der Quadrate der Summanden möglichst klein wird!

3. Ein Rechteck hat den gegebenen Umfang U. Welche Abmessungen müssen die Rechteckseiten haben, damit die Rechteckfläche ein Maximum annimmt?

4. Ein Rechteck hat den gegebenen Flächeninhalt A. Welche Maßzahlen müssen die Seiten haben, damit der Umfang des Rechtecks ein Minimum annimmt?

5. Einem gleichseitigen Dreieck ist ein Rechteck einbeschrieben. Welche Längen müssen die Rechteckseiten haben, damit der Flächeninhalt des Rechtecks maximal wird? Die Seitenlänge des Dreiecks sei a.

6. Gegeben ist ein gleichschenkliges Dreieck mit Grundlinie c und der Höhe h. In dieses Dreieck ist ein gleichschenkliges Dreieck so einzuzeichnen, daß dessen Spitze im Mittelpunkt der Seite c liegt. Die Fläche des Dreiecks soll ein Maximum annehmen.

7. Ein Zylinder habe das gegebene Volumen V. Für welche Maßzahlen des Radius und der Höhe nimmt die Oberfläche des Zylinders ein Minimum an?

8. Bestimme den Radius und die Höhe des Zylinders, der bei gegebener Oberfläche O einen maximalen Rauminhalt hat!
9. Bestimme den Radius und die Höhe eines Kegels, der bei gegebener Mantellinie s einen maximalen Rauminhalt hat!
10. Einem Kegel mit dem gegebenen Radius R und der gegebenen Höhe H soll ein zweiter Kegel so einbeschrieben werden, daß dessen Spitze im Mittelpunkt des Grundkreises liegt und sein Rauminhalt möglichst groß wird.
11. In einen gegebenen Kegel mit dem Radius R und der Höhe H soll der Zylinder einbeschrieben werden, der **a)** den größten Rauminhalt, **b)** die größte Oberfläche, **c)** die größte Mantelfläche hat.
12. Bestimme den einer Kugel vom gegebenen Radius R einbeschriebenen Zylinder, der den größten Rauminhalt hat!
13. In eine Halbkugel soll ein Zylinder einbeschrieben werden, der den größten Rauminhalt hat. Der gegebene Radius der Halbkugel sei R.

Wurzelfunktionen

14. Welches unter allen Rechtecken mit der gleichen Diagonalen d hat den größten Flächeninhalt?
15. Welches Rechteck besitzt bei gegebenem Umfang die kleinste Diagonale?
16. Welches Rechteck hat bei gegebenem Flächeninhalt die kleinste Diagonale?
17. Bestimme das Rechteck, das bei gegebener Diagonale den größten Umfang hat!
18. Welches gleichschenklige Dreieck von gegebenem Umfang U hat den größten Flächeninhalt?
19. Zeichne in ein Quadrat von der gegebenen Seitenlänge a ein anderes Quadrat, dessen Ecken auf den Seiten des gegebenen Quadrates liegen und dessen Flächeninhalt ein Minimum annehmen soll!
20. Bestimme das einem Kreis vom gegebenen Radius r einbeschriebene Rechteck, das **a)** den größten Flächeninhalt, **b)** den größten Umfang hat!
21. Zeichne in einen Halbkreis mit dem gegebenen Radius r ein Rechteck mit maximalem Flächeninhalt!
22. In einen Kreis mit dem gegebenen Radius r soll ein gleichschenkliges Dreieck mit maximalem Flächeninhalt eingezeichnet werden.
23. In einen Halbkreis mit dem gegebenen Radius r soll ein gleichschenkliges Trapez eingezeichnet werden, und zwar so, daß die größere der beiden parallelen Seiten mit dem Durchmesser des Halbkreises zusammenfällt. Der Flächeninhalt des Trapezes soll ein Maximum annehmen.
24. Gegeben ist ein Halbkreis mit dem Radius r. Ein rechtwinkliges Dreieck liegt so, daß der Halbkreisdurchmesser auf die Hypotenuse des Dreiecks fällt und die Katheten den Halbkreis berühren. Der Flächeninhalt des Dreiecks soll ein Minimum annehmen.

Vermischte Aufgaben

25. Eine quaderförmige Blechbüchse mit dem gegebenen Rauminhalt V habe eine quadratische Grundfläche. Welche Form muß man der Blechbüchse geben, damit der Blechverbrauch minimal wird?
26. Eine Pappfabrik stellt aus rechteckigen Pappestücken mit den Seitenlängen a und b oben offene quaderförmige Pappkästen her. Dazu wird an jeder Ecke ein Quadrat ausgeschnitten. Wie müssen die Maße gewählt werden, damit der Kasten einen maximalen Rauminhalt erhält? **a)** $a = b = 18$ cm **b)** $a = 16$ cm; $b = 10$ cm

27. Ein zylinderförmiger Blechbecher habe das gegebene Volumen V. Wie groß muß man den Radius und die Höhe wählen, damit der Blechverbrauch ein Minimum annimmt?

28. Ein Fenster hat die Form eines Rechtecks mit aufgesetztem Halbkreis. Wie sind die Abmessungen zu wählen, damit bei gegebenem Umfang U die Fläche möglichst groß wird?

29. Ein oben offener Kanal hat einen rechteckigen Querschnitt. Welche Form muß das Rechteck haben, damit die Betonierungsarbeiten möglichst geringe Kosten verursachen? Die Kosten werden proportional zu der zu betonierenden Fläche angesetzt.

30. Der Querschnitt einer Rinne ist ein Rechteck mit unten angesetztem Halbkreis. Wie sind die Abmessungen zu wählen, damit bei vorgeschriebenem Querschnitt F der Blechverbrauch pro Meter ein Minimum annimmt?

31. Ein Gefäß besteht aus einem Zylinder mit unten angesetzter Halbkugel. Der Rauminhalt soll bei vorgegebener Oberfläche O ein Maximum annehmen. Das Gefäß sei oben **a)** offen, **b)** geschlossen.

32. Von einer rechteckigen Glasplatte mit den Seiten $a = 100$ cm und $b = 60$ cm sei an einer Ecke ein Stück von der Form eines rechtwinkligen Dreiecks abgesprungen. Die Katheten dieses Dreiecks seien $c = 10$ cm und $d = 4$ cm. Es soll c auf a und d auf b fallen. Aus der verbliebenen Scheibe soll eine rechteckige Scheibe von möglichst großer Fläche geschnitten werden!

33. Ein Trichter habe die Form eines oben offenen Kegels. Welchen Radius r und welche Höhe h muß der Kegel haben, damit sein Rauminhalt bei gegebener Mantellinie $s = 10$ cm möglichst groß wird?

34. Eine Schachtel Welthölzer hat die Maße: Länge $l = 5$ cm, Breite $b = 3{,}5$ cm, Höhe $h = 1{,}2$ cm. Welche Maße müßte eine Streichholzschachtel haben, damit bei gleichem Volumen V und gleicher Streichholzlänge l der Materialverbrauch möglichst klein wird? Vergleiche die für die Herstellung dieser Schachtel benötigte Materialmenge mit dem für eine Schachtel Welthölzer verbrauchten Material! (prozentuale Angaben!)

35. Aus welcher Höhe H muß eine vollkommen elastische Kugel auf eine vollkommen elastische Fläche herabfallen, damit sie in möglichst kurzer Zeit wieder eine vorgegebene Höhe $h < H$ erreicht?

36. Das Innere einer zylindrischen Spule vom Radius r soll durch einen Eisenkern von kreuzförmigem Querschnitt möglichst ausgefüllt werden. Welche Abmessungen muß der Eisenkern haben?

37. Unter welchem Winkel α gegen die Horizontalebene muß ein Körper geworfen werden, damit er eine in der Entfernung a stehende Wand möglichst hoch trifft?

$$y = x \tan\alpha - \frac{g x^2}{2 v_0^2 \cos^2\alpha}$$ (Gleichung der Wurfparabel)

38. Über der Mitte eines kreisförmigen Tisches vom Durchmesser 2r befindet sich eine Lampe, die in der Vertikalen verschiebbar ist. In welcher Höhe über dem Tisch muß sich die Lampe befinden, damit ein Punkt am Tischrand möglichst hell beleuchtet wird?

39. Ein Ort A hat von einem geradlinig verlaufenden Kanal einen Abstand von 20 km. Es sei B der Fußpunkt des Lotes von A zum Kanal. Der Kanal führt zur Hafenstadt C, die 70 km von B entfernt ist. Die Landfracht kostet 170% der Wasserfracht bei gleicher Streckenlänge. Wo muß ein Hafen H am Kanal gebaut werden, damit die Frachtkosten von C nach A ein Minimum annehmen? Der Hafen H soll mit dem Ort A durch eine Straße geradlinig verbunden werden.

40. Von einer Kaffeesorte werden bei einem Preis von 20 DM für 1 kg im Monat 10000 kg verkauft. Eine Marktanalyse hat ergeben, daß eine Preissenkung um 0,50 DM je Kilogramm jeweils zu einer Absatzsteigerung um 1000 kg im Monat führen würde. Bei welchem Verkaufspreis nimmt der Gewinn ein Maximum an, wenn der Selbstkostenpreis für 1 kg 14 DM beträgt?

41. Aus zwei Brettern von der Breite b soll eine Rinne von maximalem Querschnitt hergestellt werden. Welchen Winkel müssen die Bretter einschließen?

42. Aus drei Brettern von der Breite b soll eine Rinne hergestellt werden, deren Querschnitt ein gleichschenkliges Trapez ist. Welchen Winkel schließen die Schenkel des Trapezes mit der Grundlinie ein, wenn der Querschnitt ein Maximum annehmen soll?

§ 28 Der Begriff des Differentials. Fehlerrechnung

I. Näherungen durch Linearisieren

1. In den Anwendungen der Mathematik ist das Problem der Rechengenauigkeit eng mit dem Problem der Meßgenauigkeit verknüpft. Es hat keinen Sinn, genauer zu rechnen, als man messen kann. Aus diesem Grunde kann man häufig Probleme vereinfachen und damit überhaupt einer geschlossenen Lösung zugänglich machen.

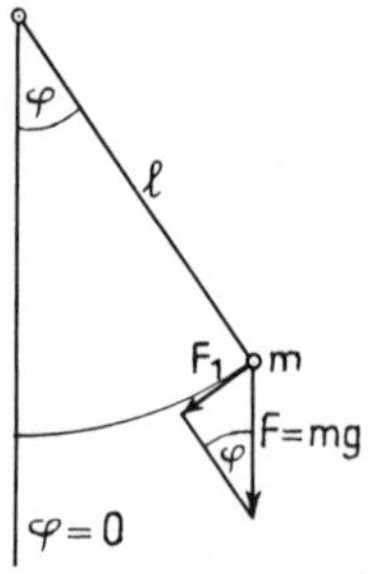

Beispiel:

Eine an einem dünnen Faden aufgehängte Masse m wird aus ihrer Ruhelage ($\varphi = 0$; Bild 28.1) ausgelenkt. Die rücktreibende Kraft ist $F_1 = m \cdot a = m \cdot \ddot{s}$[1]), wenn $s = l \cdot \varphi$ der Bogen des Kreises vom Radius l ist, auf dem sich die Masse bewegt. Mit

$$F_1 = F \cdot \sin\varphi = mg \cdot \sin\varphi$$

erhalten wir $ml\ddot{\varphi} = -mg \cdot \sin\varphi \Leftrightarrow \ddot{\varphi} = -\frac{g}{l} \cdot \sin\varphi$,

Bild 28.1

wobei $\ddot{\varphi}$ die Winkelbeschleunigung bezeichnet.

Es ist also die Funktion φ gesucht, deren zweite Ableitung nach der Zeit ihrem eigenen Sinus proportional ist. Eine solche Funktion gibt es – jedenfalls unter den uns bekannten Funktionen – nicht, und das Problem scheint daher zunächst unlösbar zu sein.
Beschränkt man sich aber auf kleine Auslenkungen aus der Ruhelage ($\varphi < 15°$), so ist $\sin\varphi \approx \varphi$, wobei φ im Bogenmaß zu messen ist. Man erhält:

$$\ddot{\varphi} = -\frac{g}{l} \cdot \varphi$$

und als Lösung z. B.: $\qquad \varphi(t) = A \sin \sqrt{\frac{g}{l}}\, t.$

Beachte: Der Term $\sin\varphi$ ist durch den **Linearterm** φ ersetzt worden!
Prüfe die Richtigkeit der Lösung, indem du die zweite Ableitung berechnest!
Das Problem wurde dadurch lösbar gemacht, daß der nichtlineare Term $\sin\varphi$ durch den linearen Term φ im Rahmen der Meßgenauigkeit ersetzt werden konnte.

2. Auch andere Terme können häufig in guter Näherung durch lineare Terme ersetzt werden.

[1]) Zum Begriff der Beschleunigung $a = \ddot{s}$: vgl. § 29, II!

Beispiele:

Gegebener Term	$f(x) = \frac{x}{x^2 + 3x - 4}$	$f(x) = \lg x$	$f(x) = 2^x$
	$f(3{,}01) \approx 0{,}2136$	$f(3{,}01) \approx 0{,}4786$	$f(3{,}01) \approx 8{,}0556$
Näherungsterm	$T(x) = \frac{3}{14} - \frac{13}{196}(x-3)$	$T(x) = 0{,}4771 + \frac{0{,}4343}{3}(x-3)$	$T(x) = 8 + 5{,}54\,(x-3)$
	$T(3{,}01) \approx 0{,}2135$	$T(3{,}01) \approx 0{,}4786$	$T(3{,}01) \approx 8{,}0554$

3. Anschaulich gesehen, bedeutet die Linearisierung eines Terms $f(x)$, daß wir den Graph zu $y = f(x)$ für ein kleines Stück durch eine einfachere Kurve ersetzen. Die einfachste Kurve, die wir wählen können, ist eine Gerade, und es ist sicher in diesem Fall sinnvoll, die Tangente zu wählen. Die Tangente im Punkt $P_0\,(x_0 \,|\, y_0)$ an den Graph der Funktion hat mit diesem immerhin den Punkt P_0 und die Steigung im Punkt P_0 gemeinsam (Bild 28.2). Die in der Tabelle in 2. angegebenen Terme $T(x)$ sind die Funktionsterme für die Tangenten im Punkt $P_0\,(3 \,|\, y_0)$ an die Graphen der betreffenden Funktionen.

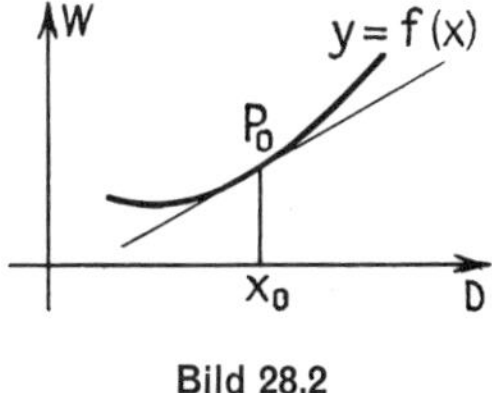

Bild 28.2

4. Die Gleichung einer Tangente im Punkt $P_0\,(x_0 \,|\, y_0)$ an den Graph zu $y = f(x)$ ergibt sich mit $m = f'(x_0)$ aus der Punkt-Steigungsform der Geradengleichung:

$$\mathbf{y - y_0 = f'(x_0) \cdot (x - x_0)} \quad \text{(Vgl. § 20.4!)}$$

Im ersten Beispiel ist $f(x) = \frac{x}{x^2 + 3x - 4}$ und $f'(x) = \frac{-x^2 - 4}{(x^2 + 3x - 4)^2}$; also: $f'(3) = -\frac{13}{196}$.

Mit $y_0 = f(3) = \frac{3}{14}$ erhält man: $y = \frac{3}{14} - \frac{13}{196}(x - 3)$.

II. Der Begriff des Differentials

1. Bei den Überlegungen in I. haben wir zur Berechnung von Näherungswerten den Funktionsgraph in der Umgebung einer Stelle x_0 durch die Tangente im Punkt $P_0\,(x_0 \,|\, f(x_0))$ ersetzt. Wir können dies auch folgendermaßen ausdrücken: Wir haben den Zuwachs der Funktion von x_0 bis $x_0 + h$ ersetzt durch den Zuwachs der Tangentenfunktion von x_0 bis $x_0 + h$.

In diesem Zusammenhang führt man die folgenden Bezeichnungen ein (Bild 28.3):

[1] Zuwachs der Funktion f zur Stelle x_0:
$\Delta y = f(x_0 + h) - f(x_0)$, gelesen: „Delta y".

[2] Zuwachs der zugehörigen Tangentenfunktion zur Stelle x_0: dy, gelesen: „d y".

Statt „dy" schreibt man gelegentlich auch „df (x)", gelesen: „d f von x".

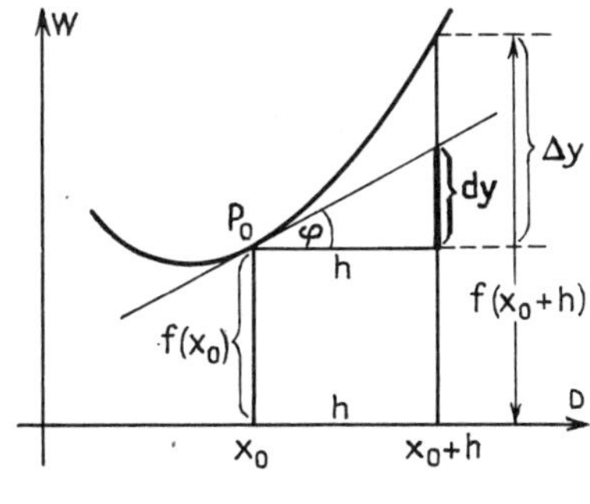

Bild 28.3

Unsere Aufgabe ist es, für dy einen rechnerischen Ausdruck zu finden. Aus Bild 28.3 ergibt sich unmittelbar für die Steigung der Tangente zur Stelle x_0:

$$m = f'(x_0) = \tan\varphi = \frac{dy}{h} \text{ (für } h \neq 0\text{), also: } \mathbf{dy = f'(x_0) \cdot h.}$$

Man nennt dy das **„Differential der Funktion f an der Stelle x_0"**.
Wählt man h klein genug, so ist dy angenähert gleich Δy: $dy \approx \Delta y$.

2. Wir definieren:

D 28.1 **Unter dem „Differential" einer an einer Stelle x differenzierbaren Funktion f versteht man den Term $dy = df(x) = f'(x) \cdot h$.**

Die Definitionsgleichung läßt unmittelbar erkennen, daß das Differential einer Funktion von zwei Größen abhängt:

1) dy ist proportional zu h (Bild 28.4).

2) dy ist proportional zu $f'(x_0)$; d. h., wählen wir bei derselben Funktion eine andere Stelle x_0, so ändert sich dy (Bild 28.5).

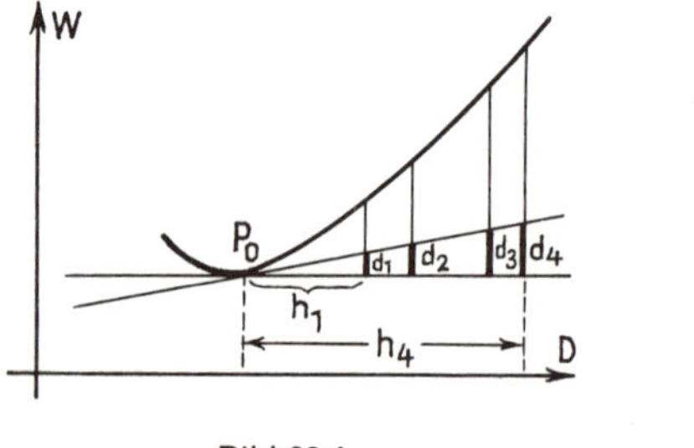

Bild 28.4

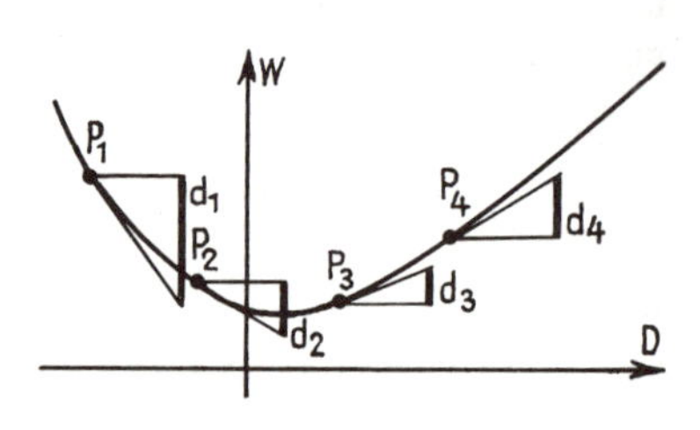

Bild 28.5

Beachte:

1) Die Definitionsgleichung für das Differential dy stimmt mit der Tangentengleichung überein, wenn man berücksichtigt, daß $x - x_0 = h$ und $y - y_0 = dy$ ist.

2) Zur Vereinfachung der Schreibweise haben wir – wie früher schon – die Variable x_0 durch die Variable x ersetzt.

3) Wir haben hier das Differential als einen **Term** definiert. Durch diesen Term wird eine Funktion festgelegt, und zwar eine sogenannte „Funktion in zwei Variablen", nämlich den Variablen x und h. Im allgemeinen versteht man unter dem Differential diese Funktion, nicht den zugehörigen Term. Da wir uns in diesem Buch mit Funktionen in mehreren Variablen nicht ausführlich beschäftigen, begnügen wir uns mit der Auffassung von dy als eines Terms in zwei Variablen.

Beispiele:

Funktionsterm f (x)	x	x^2	$x^3 - 4x + 3$	$\sin x$	$\sqrt{x}$
Ableitungsterm f′ (x)	1	$2x$	$3x^2 - 4$	$\cos x$	$\frac{1}{2\sqrt{x}}$
Differential $dy = f'(x) \cdot h$	h	$2xh$	$(3x^2 - 4) \cdot h$	$(\cos x) \cdot h$	$\frac{h}{2\sqrt{x}}$

3. Im ersten Beispiel ist $y = f(x) = x$ und daher $dy = dx$. Mit $f'(x) = 1$ ergibt sich aus $dy = f'(x) \cdot h$ also: $dy = dx = 1 \cdot h = h$ (Bild 28.6). Daher können wir das Differential dy allgemein auch in der Form

$$\mathbf{dy = f'(x) \cdot dx}$$

schreiben. dy und dx nennt man **„Differentiale“.**

Beachte: Wir haben in D 28.1 zunächst nur das Differential $dy = df(x)$ definiert; dadurch, daß wir die spezielle Funktion zu $y = x$ betrachtet haben, haben wir aus dieser Definition hergeleitet, daß $dx = h$ ist.

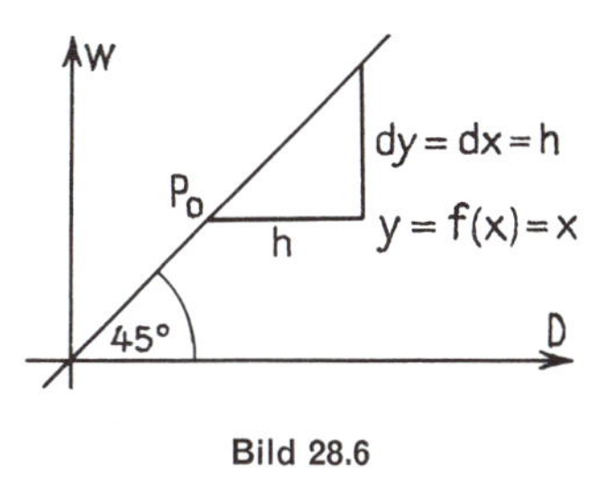

Bild 28.6

III. Der Differentialquotient und die Ableitung

1. Setzt man $h = dx \neq 0$ voraus, so erhält man aus $dy = df(x) = f'(x) \cdot dx$:

$$\frac{dy}{dx} = \frac{df(x)}{dx} = f'(x).$$

$\frac{dy}{dx} = \frac{df(x)}{dx}$ ist der Quotient zweier Differentiale, man nennt ihn daher **„Differentialquotient“** und liest „dy **durch** dx“ bzw. „d f von x **durch** d x“.

Unter dem „Differentialquotienten“ einer differenzierbaren Funktion f an der Stelle x versteht man den Quotienten der beiden Differentiale dy und dx, also: **D 28.2**

$$\frac{dy}{dx} = \frac{df(x)}{dx}.$$

Aus dieser Definition ergibt sich unmittelbar die Gültigkeit des Satzes

Der Differentialquotient einer Funktion f an der Stelle x ist gleich der Ableitung der Funktion an der Stelle x: $\frac{dy}{dx} = \frac{df(x)}{dx} = f'(x)$. **S 28.1**

Beweis: Für $dx \neq 0$ gilt: $dy = f'(x) \cdot dx \Leftrightarrow \frac{dy}{dx} = f'(x)$, q. e. d.

Beachte:

1) Die Gleichungen $dy = f'(x) \cdot dx$ und $\frac{dy}{dx} = f'(x)$ sind nur für $dx \neq 0$ äquivalent.

2) Wir haben zunächst den Ableitungsbegriff, daraus dann den Differentialbegriff und daraus schließlich dann den Begriff des Differentialquotienten definiert.

Bemerkung: In der älteren Literatur wird das Zeichen „$\frac{dy}{dx}$“ als ein zweites Zeichen für den Ableitungsterm $f'(x)$ benutzt und dann gelesen „dy **nach** dx“. Wir haben dieses Symbol bisher nicht benutzt und verstehen unter „$\frac{dy}{dx}$“ einen echten Quotienten, den Quotienten der beiden Differentiale dy und dx. Beachte jedoch die folgenden Ausführungen zum Operationszeichen „$\frac{d}{dx}$“!

2. Das Operationszeichen „$\frac{d}{dx}$“

Statt „$\frac{dy}{dx}$“ bzw. „$\frac{df(x)}{dx}$“ schreibt man häufig auch „$\frac{d}{dx} f(x)$“ und liest: „d **nach** dx von f (x)“. Dabei wird das Zeichen „$\frac{d}{dx}$“ als ein Operationszeichen angesehen; man spricht gelegentlich auch von einem „Operator". Die auf den Term f (x) anzuwendende Operation besteht darin, daß der Ableitungsterm f′ (x) gebildet werden soll. Das Zeichen „$\frac{d}{dx}$" fordert also: „Bilde den Ableitungsterm!". Es gibt zugleich die Ableitungsvariable an, nämlich x.

Beispiele:

1) $f(x) = 3x^3 - 2x$; $\frac{d}{dx} f(x) = 9x^2 - 2$ **2)** $f(z) = \sin 3z$; $\frac{d}{dz} f(z) = 3 \cos 3z$.

3) $f(p; q) = 3p^2q - 5pq^2$; $\frac{d}{dp} f(p; q) = 6pq - 5q^2$ und $\frac{d}{dq} f(p; q) = 3p^2 - 10pq$.

Beim letzten Beispiel haben wir das Zeichen $\frac{df}{dp}$ also so zu verstehen, daß nur die Variable p als Ableitungsvariable, die Variable q dagegen als Formvariable aufgefaßt wird. Da jeweils nur die Ableitung nach einer der beiden Variablen gebildet wird, spricht man in der Theorie der Funktionen von mehr als einer Variablen auch von einer „partiellen Ableitung" und bezeichnet diese partiellen Ableitungen mit „krummen" Buchstaben „d": $\frac{\partial f}{\partial p}$ und $\frac{\partial f}{\partial q}$.

IV. Das Verfahren der linearen Annäherung

1. In I, 2 haben wir bereits lineare Näherungsterme für nichtlineare Terme angegeben und anschließend (in I, 4) an einem Beispiel gezeigt, daß dieser Term der Funktionsterm der Tangentenfunktion zur Stelle x_0 ist.

Das Verfahren der linearen Annäherung in einer Umgebung U (x_0) besteht nun stets darin, daß der Funktionsterm durch den Term der Tangentenfunktion an der Stelle x_0 ersetzt wird (Bild 28.7).

Es ist $f(x_0 + h) = f(x_0) + \Delta y$

Wir setzen in erster Näherung $\Delta y \approx dy$ und erhalten:

$$\mathbf{f(x_0 + h) \approx f(x_0) + f'(x_0) \cdot h.}$$

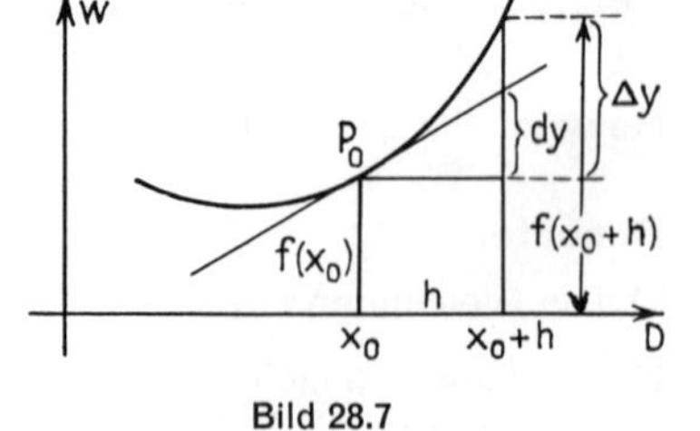

Bild 28.7

Beispiele:

1) $f(x) = \frac{x}{1+2x}$. Wir suchen eine lineare Näherung in U (2). Es ist also $x_0 = 2$ und $f(2) = \frac{2}{5} = 0{,}4$.

Mit $f'(x) = \frac{1}{(1+2x)^2}$ und $f'(2) = \frac{1}{25} = 0{,}04$ erhalten wir $f(2 + h) \approx 0{,}4 + 0{,}04 \cdot h$

oder mit $h = x - 2$: $f(x) \approx 0{,}4 + 0{,}04 \cdot (x - 2)$.

2) Es soll $\sqrt{2}$ mit Hilfe einer linearen Annäherung berechnet werden. Wir setzen $f(x) = \sqrt{x}$ mit $x_0 = 2$. Um einfach rechnen zu können, wählen wir für x_0 eine Quadratzahl in der Nähe von 2: $x_0 = 1{,}96$. Es ist dann $h = 0{,}04$.

Wir erhalten: $f(1{,}96) = 1{,}4$; $f'(x) = \frac{1}{2\sqrt{x}}$; $f'(1{,}96) = \frac{1}{2{,}8}$ und damit

$$\sqrt{2} = f(2) \approx 1{,}4 + \frac{1}{2{,}8} \cdot 0{,}04 \approx 1{,}41428.$$

Der Tafelwert für $\sqrt{2}$ in einer siebenstelligen Tafel ist 1,414213.

V. Fehlerabschätzung und Fehlerfortpflanzung

1. Muß man bei einer Rechnung einen Näherungswert benutzen, so erhält man als Resultat im allgemeinen wieder nur einen Näherungswert. Man sagt: Der Fehler „pflanzt sich fort".

Beispiel: Wie groß ist der Flächeninhalt eines Quadrates, dessen Seitenlänge mit $(5 \pm 0{,}1)$ cm angegeben ist? Man erhält:

$$24{,}01\ \text{cm}^2 \leq A \leq 26{,}01\ \text{cm}^2;$$

die mögliche Abweichung $\triangle A$ beträgt also $1{,}01\ \text{cm}^2$.

2. Wir wollen den Fehler abschätzen, ohne die Fehlergrenzen im einzelnen und exakt auszurechnen. Zwischen der Flächenmaßzahl A und der Seitenlängenmaßzahl x besteht der „funktionale Zusammenhang": $A(x) = x^2$.

Setzt man $x + h$ statt x ein, so ergibt sich: $A(x + h) = (x + h)^2$.

Wir benutzen die lineare Näherung (Tangentennäherung) und erhalten:

$$A(x + h) \approx A(x) + A'(x) \cdot h = x^2 + 2x \cdot h, \text{ also } \triangle A \approx A'(x) \cdot h.$$

Beispiel: Mit den Zahlen des obigen Beispiels ergibt sich:

$$A(5 + 0{,}1) \approx 25 + 2 \cdot 5 \cdot 0{,}1 = 26 \text{ und}$$

$$A(5 - 0{,}1) \approx 25 - 2 \cdot 5 \cdot 0{,}1 = 24.$$

Die Abweichung $\triangle A$ beträgt also ungefähr $\pm 1\ \text{cm}^2$.

Beachte: Exakt beträgt die größtmögliche Abweichung – wie oben ausgerechnet – $1{,}01\ \text{cm}^2$!

3. Wir verallgemeinern:
Hängt eine Größe y gemäß einer Gleichung $y = f(x)$ von einer Größe x ab, so wirkt sich eine Abweichung der Größe x auf das Resultat aus. Man sagt: Der Fehler „pflanzt sich fort".

Wir können die Abweichung abschätzen; es gilt

$$f(x + h) \approx f(x) + f'(x) \cdot h \text{ (lineare Näherung).}$$

Die Abweichung $\triangle f = f(x + h) - f(x)$ ist ungefähr gleich $f'(x) \cdot h$, also

$$\triangle f \approx f'(x) \cdot h \text{ bzw. } \triangle f \approx f'(x) \cdot \triangle x = \frac{df(x)}{dx} \cdot \triangle x.$$

Bemerkung: Statt „h" schreibt man häufig auch „$\triangle x$" (Abweichung, Differenz von x).

Beispiel: Die lineare Ausdehnung einer Kugel beim Erwärmen wird mit $2^0/_{00}$ gemessen. Wie groß ist etwa die Volumzunahme, wenn der Radius 10 cm beträgt?

Es gilt: $V(x) = \frac{4}{3}\pi x^3$; $V'(x) = 4\pi x^2$; $\triangle x = 0{,}02$ (cm).

Also ist $\triangle V \approx 4\pi \cdot 10^2 \cdot 0{,}02 = 8\pi \approx 25{,}1.$

Die Volumänderung beträgt etwa $25{,}1\ \text{cm}^3$ (d. h. etwa $6^0/_{00}$).

Beachte: Dieser einfache Ansatz für die Fehlerabschätzung ist nur möglich, wenn die Ungenauigkeit im Resultat nur durch **eine** ungenaue Eingangsgröße bedingt ist.

4. Ohne Beweis teilen wir für den Fall, daß die Ungenauigkeit eines Resultates durch mehrere ungenaue Eingangsgrößen (z. B. a, b, c) bedingt ist, die folgende Möglichkeit zur Fehlerabschätzung mit. Für $y = f(a, b)$ bzw. $y = f(a, b, c)$ gilt:

$$\triangle y \approx \frac{df}{da} \cdot \triangle a + \frac{df}{db} \cdot \triangle b \quad \text{bzw.} \quad \triangle y \approx \frac{df}{da} \cdot \triangle a + \frac{df}{db} \cdot \triangle b + \frac{df}{dc} \cdot \triangle c.$$

Dabei bezeichnen $\triangle a$, $\triangle b$ und $\triangle c$ die Abweichungen von a, b und c. $\frac{df}{da}$, $\frac{df}{db}$ und $\frac{df}{dc}$ bezeichnen die Ableitungsterme der Funktion f nach a, b und c. Es handelt sich um die schon unter III, 2 erwähnten sogenannten „partiellen Ableitungen", die häufig mit $\frac{\partial f}{\partial a}$, $\frac{\partial f}{\partial b}$ und $\frac{\partial f}{\partial c}$ bezeichnet werden.

Beispiel: Das Gewicht eines Eisenwürfels von 50 cm Kantenlänge soll ermittelt werden; dabei ist die Länge bis auf 1 mm genau gemessen; das spezifische Gewicht ist mit $(7{,}8 \pm 0{,}05)\,\frac{p}{cm^3}$ angegeben. Wie groß ist die mögliche Abweichung?

Es gilt: $G = \gamma \cdot a^3$, also: $G\,(7{,}8;\,50) = 7{,}8 \cdot 50^3 = 975\,000\ (p)$

$$\triangle G \approx \frac{dG}{d\gamma} \cdot \triangle\gamma + \frac{dG}{da} \cdot \triangle a;\quad \frac{dG}{d\gamma} = a^3;\quad \frac{dG}{da} = 3\gamma \cdot a^2$$

Also ist $\triangle G \approx 50^3 \cdot 0{,}05 + 3 \cdot 7{,}8 \cdot 50^2 \cdot 0{,}1 = 6250 + 5850 = 12\,100.$

Das Gewicht des Eisenwürfels kann also vom berechneten mittleren Wert von 975 kp um etwa 12,1 kp abweichen; es gilt also:

$$962{,}9\ \text{kp} \leq G \leq 987{,}1\ \text{kp}.$$

Beachte:

1) Alle Rechnungen sind mit den Maßzahlen durchgeführt worden.

2) Bei der Fehlerberechnung kann man an den einzelnen Summanden erkennen, welcher Fehleranteil besonders stark beteiligt ist; in unserem Beispiel sind beide Anteile fast gleich groß.

Übungen und Aufgaben

Differential und lineare Näherungen

1. Bilde zu den folgenden Funktionstermen das Differential df (x) an der Stelle x_0!

a) $f(x) = x^2 - 3x;\ x_0 = 1$ **b)** $f(x) = \frac{1}{x};\ x_0 = 2$ **c)** $f(x) = \sqrt{x};\ x_0 = 4$

d) $f(x) = \sin x;\ x_0 = \frac{\pi}{3}$ **e)** $f(x) = \frac{x^2}{x^2+1};\ x_0 = 1$ **f)** $f(x) = \sqrt{25 - x^2};\ x_0 = 3$

2. Wende den jeweils angegebenen Operator auf die folgenden Funktionsterme an!

a) $f(x) = x^3 - 7x^2;\ \frac{d}{dx}$ **b)** $f(z) = 3z^2 - 4az;\ \frac{d}{dz}$ **c)** $f(a) = a^2 - b^2;\ \frac{d}{da}$

d) $f(u) = \frac{1}{u^2} + \frac{1}{v^2};\ \frac{d}{du}$ **e)** $f(y) = (\sin y)^2;\ \frac{d}{dy}$ **f)** $f(v) = \cot 3v;\ \frac{d}{dv}$

3. Ermittle die Gleichungen der Tangenten an den Stellen x_0!

a) $f(x) = \frac{x^2}{2};\ x_0 = 1$ **b)** $f(x) = (x-2)^2;\ x_0 = -1$ **c)** $f(x) = \frac{1}{10}x^3;\ x_0 = -2$

d) $f(x) = x^2 - 7x;\ x_0 = 5$ **e)** $f(x) = x^3 + 3x^2;\ x_0 = -3$ **f)** $f(x) = \sqrt{3x};\ x_0 = 3$

g) $f(x) = 3\sqrt{4x+1};\ x_0 = 2$ **h)** $f(x) = \frac{x^2}{4}\sqrt{8-x};\ x_0 = -1$ **i)** $f(x) = \frac{1}{x+4};\ x_0 = 3$

j) $f(x) = \frac{x^2+4}{x-4};\ x_0 = 3$ **k)** $f(x) = \frac{1}{x}\sqrt{x-1};\ x_0 = 5$ **l)** $f(x) = \frac{x+2}{x(x-3)};\ x_0 = 2$

4. Entwickle lineare Näherungen in einer Umgebung $U(x_0)$ mit $x_0 = 0$ für

a) $f(x) = (1+x)^2$ **b)** $f(x) = (1+x)^3$ **c)** $f(x) = \frac{1}{1+x}$

d) $f(x) = \frac{1}{1-x}$ **e)** $f(x) = \sqrt{1+x}$ **f)** $f(x) = \sqrt{1-x}$

g) $f(x) = \frac{1}{\sqrt{1+x}}$ **h)** $f(x) = \frac{1}{\sqrt{1-x}}$ **i)** $f(x) = (1+x)^n$ mit $n \in \mathbb{N}$

5. Berechne mit linearen Näherungsverfahren Näherungswerte für

a) $\sqrt{26}$ **b)** $\sqrt[3]{9}$ **c)** $\sqrt{46}$ **d)** $\frac{1}{\sqrt{15}}$ **e)** $4{,}1^3$ **f)** $\frac{1}{\sqrt[3]{66}}$ **g)** $\sqrt[4]{17}$

h) $\sin 31^\circ$ **i)** $\tan 47^\circ$ **j)** $\cot 44{,}5^\circ$ **k)** $\cos 60{,}6^\circ$ **l)** $\frac{1}{1{,}03^2}$

Beachte bei **h), i), j)** und **k),** daß die Winkel ins Bogenmaß umgerechnet werden müssen!

Fehlerrechnung (eine Variable)

6. Bei einem Pendel der Länge l berechnet man die Schwingungsdauer T einer Schwingung nach der Formel $T = 2\pi\sqrt{\frac{l}{g}}$ mit $g \approx 10\ \frac{m}{sec^2}$.

a) Auf wieviel Prozent genau kann man die Schwingungsdauer T angeben, wenn man die Pendellänge auf 1% genau bestimmt?

b) Nach wieviel Sekunden geht ein „Sekundenpendel" (T = 2 Sek.) um 1 Sek. vor, wenn man die Pendellänge um 0,1% zu kurz gemacht hat?

7. Mit Hilfe eines Pendels, dessen Länge exakt ist, soll die Erdbeschleunigung g auf 5 Stellen hinter dem Komma genau errechnet werden. Wie genau muß die Angabe der Schwingungsdauer dann wenigstens sein?
Wieviel Schwingungen muß man wenigstens messen, wenn die Gesamtzeit nur auf $\frac{1}{100}$ Sek. genau ist?

8. Berechne den Flächeninhalt **a)** eines gleichseitigen Dreiecks (a = 20,0 cm), **b)** eines Kreises (r = 20,0 cm)! Der Meßfehler betrage ± 2 mm.

9. Ermittle den relativen Fehler, wenn eine Würfelkante (der Radius einer Kugel) zu 6,5 cm gemessen wurde, wobei der Meßfehler etwa ± 0,5 mm beträgt. Berechne Oberfläche und Rauminhalt!

10. Bei einer Grundstücksvermessung sind zwei Seiten eines Geländes von Dreieckform genau gemessen worden zu a = 185 m und b = 317,5 m. Der Winkel γ wurde gemessen zu $\gamma = 50^\circ 13' \pm 1'$. (Beachte: arc 1′ = 0,00029!)

11. Die Steigung einer Gebirgsstrecke beträgt auf einer 200 m langen Strecke 7,5°, bei der Messung ist ein Fehler von ± 2,6′ möglich.

12. Die Höhe der Sonne erscheint unter einem Winkel von 37°22′. Wie ändert sich die Schattenlänge eines Stabes von 1 m Länge, wenn ein Ablesefehler von ± 0,5′ gemacht wurde?

13. Eine Kugel aus Eisen $\left(\gamma = 7{,}614\ \frac{p}{cm^3}\right)$ wiegt 50,000 p. Bestimme den Radius, wenn ein Gewichtsfehler von 0,001 p angenommen wird!

14. Bei einer Wheatstoneschen Brücke sei der Vergleichswiderstand 20 Ohm, die Länge des Meßdrahtes 50 cm, der Abstand bis zur Brücke 32,4 cm, wobei der Ablesefehler ± 0,1 cm betrage. Ermittle den absoluten, den relativen und den prozentualen Fehler des Widerstandes R!

Fehlerrechnung (mehrere Variable)

15. Bei der Bestimmung der Erdbeschleunigung g mit Hilfe von Pendelschwingungen hängt die Genauigkeit von den Fehlern ab, mit denen die Angaben der Pendellänge l und der Schwingungsdauer T behaftet sind. Wie setzt sich der Gesamtfehler Δg aus den Fehlern ΔT und Δl zusammen? Muß man auch die Genauigkeit berücksichtigen, mit der die Zahl π angegeben ist?

16. Bei einem Schwingungsversuch mit einem mathematischen Pendel ergibt sich: $l = 78$ cm, $T = 1{,}77$ sec. Ferner ist: $\Delta l = \pm 0{,}1$ cm, $\Delta T = \pm 0{,}01$ sec. Berechne den prozentualen Fehler von g!

17. Zwei Widerstände R_1 und R_2 werden gemessen. Es ist: $R_1 = 435\,\Omega$, $R_2 = 218\,\Omega$. Die Fehler betragen: $\Delta R_1 = \pm 1\,\Omega$ und $\Delta R_2 = \pm 1\,\Omega$. Berechne den prozentualen Fehler des Gesamtwiderstandes R, wenn die Einzelwiderstände **a)** hintereinander-, **b)** parallel geschaltet werden!

18. Der Ohmsche Widerstand eines Leiters wird nach der Gleichung $R = \frac{U}{I}$ bestimmt. Es wird gemessen: $U = 62$ V, $\Delta U = \pm 2$ V; $I = 0{,}031$ A, $\Delta I = \pm 0{,}001$ A. Berechne den prozentualen Fehler von R!

19. Das Trägheitsmoment einer Kugel in bezug auf einen Kugeldurchmesser als Achse ist $\Theta = 0{,}4\, m r^2$. Man mißt: die Masse der Kugel $m = 100$ kg, den Kugelradius $r = 18{,}2$ cm. Die Fehler sind: $\Delta m = \pm 0{,}4$ kg und $\Delta r = \pm 0{,}5$ cm. Bestimme den prozentualen Fehler von Θ!

20. Der Druck p_t eines Gases ändert sich mit der Temperatur bei konstantem Volumen nach der Gleichung $p_t = p_0 (1 + \alpha t)$. Es ist $p_0 = 1200$ p/cm², $\Delta p_0 = 10$ p/cm², $t = 350°$ C, $\Delta t = \pm 1°$ C. Berechne den prozentualen Fehler von p_t!

21. Bei konstanter Temperatur gilt für ideale Gase: $p \cdot V = p_0 \cdot V_0$. Es ist $V = 435$ cm³, $p_0 = 1000$ p/cm², $V_0 = 940$ cm³, $\Delta V = \pm 5$ cm³, $\Delta p_0 = \pm 2$ p/cm², $\Delta V_0 = \pm 5$ cm³. Berechne den prozentualen Fehler von p!

22. Die Brennweite f einer „dünnen" Linse wird aus der gemessenen Gegenstandsweite g und der zugehörigen Bildweite b berechnet. Es ist $\frac{1}{f} = \frac{1}{g} + \frac{1}{b}$. Berechne den prozentualen Fehler der Brennweite f! $g = 42{,}5$ cm, $b = 20$ cm, $\Delta g = \pm 0{,}5$ cm, $\Delta b = \pm 1$ cm.

23. Nach dem Brechungsgesetz ist der Brechungsindex $n = \frac{\sin\alpha}{\sin\beta}$. Man mißt $\alpha = 31°$, $\beta = 24°$, $\Delta\alpha = \pm 2°$, $\Delta\beta = \pm 2°$. Berechne den prozentualen Fehler von n! Beachte, daß α und β ins Bogenmaß umgerechnet werden müssen!

24. Die Wellenlänge des Lichtes kann durch Beugung am Gitter bestimmt werden. Es ist $\lambda = b \cdot \sin\alpha$. Die Gitterkonstante b ist gleich dem Abstand zweier Striche auf dem Gitter. Berechne den prozentualen Fehler von λ, wenn 6000 ± 100 Striche auf 1 cm des Gitters entfallen und $\alpha = 36°$ gemessen wird! $\Delta\alpha = \pm 1°$.

25. Der Wechselstromwiderstand eines Leiters ist $z = \sqrt{R^2 + \left(\omega L - \frac{1}{\omega C}\right)^2}$.

$R = 520\,\Omega$, $\omega = 2\pi \cdot 50\,\text{sec}^{-1}$, $C = 0{,}05$ Farad, $L = 8{,}8$ Henri, $\Delta R = \pm 5\,\Omega$, $\Delta C = \pm 0{,}01$ Farad, $\Delta\omega = \pm 2\pi \cdot \text{sec}^{-1}$, $\Delta L = \pm 0{,}8$ Henri. Berechne den prozentualen Fehler von z!

26. Ein Körper von der Masse M dreht sich mit der Winkelgeschwindigkeit ω im Abstand r um eine Achse. Ist die Ausdehnung des Körpers klein gegen die Entfernung r von der Achse, so ist die auf den Körper wirkende Zentrifugalkraft $K = M r \omega^2$.

Es ist $M = 540$ g, $r = 65{,}5$ cm, $\omega = 2\pi \cdot 4000\,\text{sec}^{-1}$, $\Delta M = \pm 1$ g, $\Delta r = \pm 0{,}5$ cm, $\Delta\omega = \pm 2\pi \cdot 2\,\text{sec}^{-1}$. Berechne den prozentualen Fehler von K!

§ 29 Der Ableitungsbegriff in der Physik

Wir haben den Ableitungsbegriff in § 20 am Beispiel der Steigung eines Funktionsgraph eingeführt. In diesem Paragraphen soll an einigen Beispielen gezeigt werden, daß er auch bei anderen Fragestellungen eine bedeutende Rolle spielt. Wir beschränken uns auf Beispiele aus der Physik.

I. Der Begriff der Momentangeschwindigkeit

1. Die Weg-Zeit-Funktion

Bewegungen von Massenpunkten auf einer geradlinigen Bahn kann man dadurch beschreiben, daß man einen beliebigen Punkt auf der Bahn als Bezugspunkt für Entfernungsmessungen und einen beliebigen Zeitpunkt als Bezugspunkt für Zeitmessungen auswählt.
Jeder momentane Bewegungszustand wird dann durch ein Wertepaar (t | s) beschrieben, wobei s die Maßzahl der Entfernung des betreffenden Bahnpunktes vom Bezugspunkt und t die Maßzahl der Zeitangabe für den betreffenden Augenblick ist. Da jedem Zeitpunkt eindeutig eine Stelle der Bahn zugeordnet ist, ist durch die Menge aller Paare (t|s) eine Funktion f, die sogenannte **„Weg-Zeit-Funktion“** festgelegt. Die zugehörige Funktionsgleichung **s = f (t)** heißt das „Weg-Zeit-Gesetz“ der geradlinigen Bewegung.

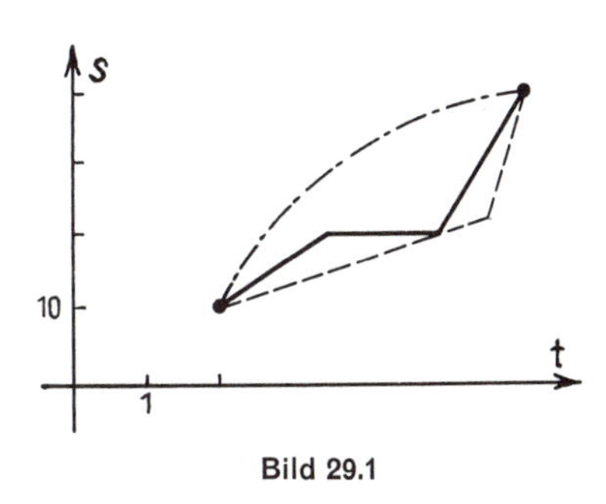

Bild 29.1

Bemerkung: In der Physik schreibt man häufig „s (t)“ statt „f (t)“ und gibt das Weg-Zeit-Gesetz allgemein dann in der Schreibweise **s = s (t)** an. Diese Schreibweise spart zwar einen Buchstaben ein, ist aber logisch nicht ganz einwandfrei, weil der Buchstabe „s“ dabei in doppelter Bedeutung verwendet wird: einerseits zur Kennzeichnung der Wegvariablen; andererseits zur Bezeichnung der Weg-Zeit-Funktion selbst und im Symbol „s (t)“ drittens sogar für den zugehörigen Funktionsterm.
Wenn keine Verwechselungen zu befürchten sind, schließen wir uns in diesem Paragraphen dieser in der Physik üblichen Schreibweise an.

2. Die mittlere Geschwindigkeit

Unter der „mittleren Geschwindigkeit“ oder „Durchschnittsgeschwindigkeit“ versteht man das Verhältnis zwischen der Maßzahl des zurückgelegten Weges und der Maßzahl der dafür benötigten Zeit. Wir definieren:

D 29.1

Sind zwei Zustände eines Bewegungsablaufs durch die Zahlenpaare $(t_1 \mid s_1)$ und $(t_2 \mid s_2)$ gekennzeichnet, so heißt der Quotient

$$\bar{v} = \frac{s_2 - s_1}{t_2 - t_1} = \frac{\Delta s}{\Delta t} = \frac{s(t + \Delta t) - s(t)}{\Delta t}$$

die „mittlere Geschwindigkeit“ zwischen den beiden Bewegungszuständen.

Beispiel: $t_1 = \frac{1}{2}$; $t_2 = 2$; $s_1 = 10$; $s_2 = 30$; wobei die Zeit z. B. in Stunden, der Weg in Kilometern gemessen wird. Dann ist:

$$\bar{v} = \frac{30 - 10}{2 - \frac{1}{2}} = \frac{20}{\frac{3}{2}} = \frac{40}{3}.$$

Bemerkung: Auf das Problem der Maßeinheiten wollen wir hier nicht eingehen. Es ist unmittelbar einsichtig, daß die mittlere Geschwindigkeit noch wenig Aufschluß über den Bewegungsablauf im einzelnen gibt. So könnte z. B. zwischen den beiden Messungen irgendwo und irgendwann eine halbstündige Pause eingelegt worden sein; die Bewegung könnte ständig schneller, sie könnte aber auch ständig langsamer geworden sein. Einige Möglichkeiten sind in Bild 29.1 eingetragen.

3. Die Momentangeschwindigkeit

Man kann das angeschnittene Problem dadurch zu lösen versuchen, daß man zu immer kleineren Zeitabständen übergeht; die Problematik bleibt dabei aber grundsätzlich bestehen. Erst die Definition der Momentangeschwindigkeit als Grenzwert löst das Problem.

D 29.2 **Unter der Momentangeschwindigkeit einer Bewegung in einem Zeitpunkt versteht man den Grenzwert**

$$v(t) = \lim_{\Delta t \to 0} \frac{s(t + \Delta t) - s(t)}{\Delta t} = \lim_{\Delta t \to 0} \frac{\Delta s}{\Delta t}.$$

Die Momentangeschwindigkeit ist also die Ableitung der Weg-Zeit-Funktion. Man bezeichnet diese Ableitung meist mit einem Punkt statt mit einem Strich, also mit „$\dot{s}(t)$“, gelesen: „s Punkt von t“. Es ist also: $v(t) = \dot{s}(t)$.

Beispiele:

1) Eine geradlinige Bewegung werde beschrieben durch das Weg-Zeit-Gesetz

$$s(t) = c \cdot t + s_0.$$

Es ist $s(0) = s_0$; s_0 bedeutet also den Anfangspunkt der Bewegung, die „Startmarkierung“.

Es ergibt sich: $v(t) = \dot{s}(t) = c$.

Die Momentangeschwindigkeit ist eine Konstante; die Bewegung ist eine „gleichförmige Bewegung“ (Bild 29.2).

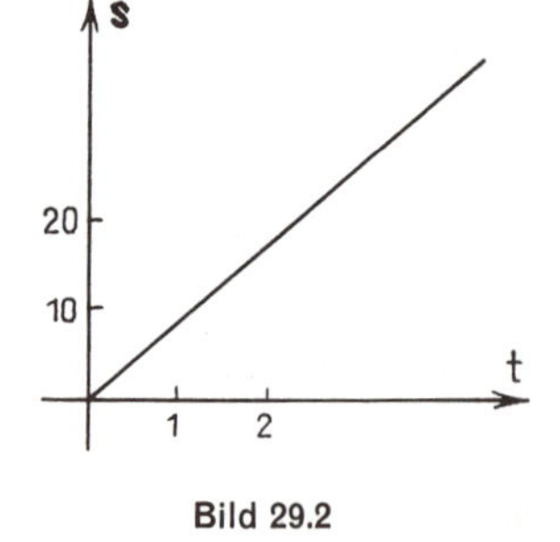

Bild 29.2

2) Das Weg-Zeit-Gesetz einer Bewegung lautet: $s(t) = kt^2$.

Dann ist: $v(t) = \dot{s}(t) = 2kt$.

Die Momentangeschwindigkeit ist proportional zur Zeit. Wir kommen auf Bewegungen dieser Art im II. Abschnitt zurück.

II. Der Begriff der Beschleunigung

1. Das letzte Beispiel zeigt, daß sich die Geschwindigkeit bei einem Bewegungsablauf ändern kann. Daher sucht man nach einem Maß für die Geschwindigkeitsänderung. Man definiert:

D 29.3 **Sind zwei Bewegungszustände durch die Zeitwerte t_1, t_2 und die Geschwindigkeitswerte v_1, v_2 gekennzeichnet, so heißt der Quotient**

$$\overline{a} = \frac{v_2 - v_1}{t_2 - t_1} = \frac{\Delta v}{\Delta t} = \frac{v(t + \Delta t) - v(t)}{\Delta t}$$

die „mittlere Beschleunigung“ zwischen den beiden Bewegungszuständen.

Beispiel: Ein Fahrzeug erhöht innerhalb von 5 Sek. seine Geschwindigkeit von 10 m/sec auf 30 m/sec. Für die mittlere Beschleunigung gilt:

$$\bar{a} = \frac{30 - 10}{5} = \frac{20}{5} = 4 \quad \text{mit der Einheit } \frac{m}{sec^2}.$$

2. Für die mittlere Beschleunigung stellen sich ähnliche Probleme wie bei der mittleren Geschwindigkeit ein. Um diese Probleme zu lösen, muß man auch hier den Begriff der „Momentanbeschleunigung" mit Hilfe des Grenzwertbegriffes definieren.

Unter der „Momentanbeschleunigung" einer Bewegung in einem Zeitpunkt t versteht man den Grenzwert — **D 29.4**

$$a(t) = \lim_{\Delta t \to 0} \frac{v(t + \Delta t) - v(t)}{\Delta t} = \lim_{\Delta t \to 0} \frac{\Delta v}{\Delta t}.$$

Die Momentanbeschleunigung ist also die Ableitung der Geschwindigkeit-Zeit-Funktion; es gibt:

$$a(t) = \dot{v}(t)$$

Wegen $v(t) = \dot{s}(t)$ ergibt sich $a(t) = \ddot{s}(t)$. Die Momentanbeschleunigung ist also die zweite Ableitung der Weg-Zeit-Funktion.

Beispiel: $s(t) = kt^2 \Rightarrow v(t) = \dot{s}(t) = 2kt \Rightarrow a(t) = \dot{v}(t) = \ddot{s}(t) = 2k.$

Die Beschleunigung ist also konstant; daher nennt man diese Bewegung **„gleichmäßig beschleunigt"**.

III. Das Temperaturgefälle längs eines Stabes

Aus der Fülle der Anwendungsmöglichkeiten, die sich in der Physik für den Ableitungsbegriff bieten, sei noch die folgende als Beispiel herausgegriffen.

Werden längs eines (z. B. an einem Ende erhitzten) Stabes Ort und Temperatur durch geeignete Bezugswerte festgelegt (Bild 29.3), so heißt der Grenzwert

$$\lim_{h \to 0} \frac{T(x + h) - T(x)}{h} = \lim_{\Delta x \to 0} \frac{\Delta T}{\Delta x},$$

falls er existiert: „lokales Temperaturgefälle".

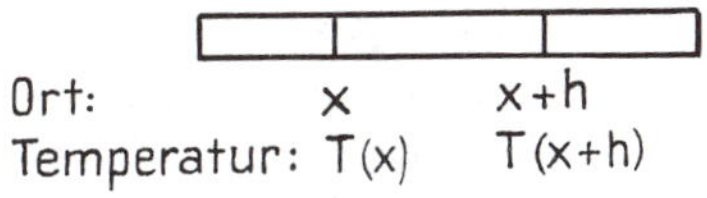

Bild 29.3

Übungen und Aufgaben

1. Die Weg-Zeit-Funktion für den senkrechten Wurf ist gegeben durch:

$$s = f(t) = v_0 t - \frac{1}{2} g t^2; \; g \approx 10 \frac{m}{sec^2}, \; v_0 = 30 \frac{m}{sec}.$$

- **a)** Welchen Weg hat der geworfene Körper zur Zeit $t = 0$ zurückgelegt?
- **b)** Bestimme die Momentangeschwindigkeit in Abhängigkeit von der Zeit! Welche Momentangeschwindigkeit hat der Körper zur Zeit $t = 0$?
- **c)** Welche Momentanbeschleunigung hat der Körper?
- **d)** Berechne die Höhe, in der sich die Bewegungsrichtung umkehrt!
- **e)** Nach welcher Zeit hat der Körper den Ausgangspunkt, in dem er sich zur Zeit $t = 0$ befunden hat, wieder erreicht?

2. Um die Weg-Zeit-Funktion von Körpern zu bestimmen, die keine geradlinige Bewegung ausführen, verwendet man in der Physik häufig das Prinzip der ungestörten Überlagerung von Bewegungen. Es besagt, daß man Bewegungen in beliebige Komponenten zerlegen kann.

Ein Körper werde mit der Geschwindigkeit v_0, die mit der Horizontalebene den Winkel α einschließe, geworfen (Bild 29.4). Wir betrachten die Bewegung in Richtung der x- und y-Achse getrennt. Der Luftwiderstand werde vernachlässigt. Befindet sich der Körper zur Zeit $t = 0$ im Nullpunkt des Koordinatensystems, so gilt, wenn wir die Beträge der Geschwindigkeiten verwenden:

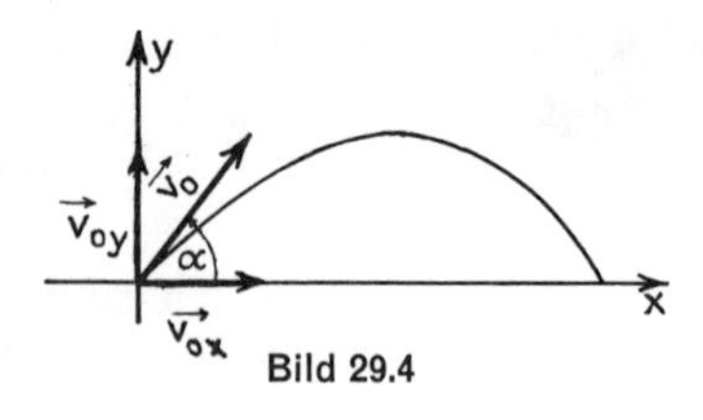

Bild 29.4

$$x = f_1(t) = v_{0x} \cdot t; \quad y = f_2(t) = v_{0y} \cdot t - \tfrac{1}{2} g t^2.$$

Mit $v_{0x} = v_0 \cdot \cos\alpha$ und $v_{0y} = v_0 \cdot \sin\alpha$ erhalten wir:

$$x = f_1(t) = v_0 \cdot \cos\alpha \cdot t; \quad y = f_2(t) = v_0 \cdot \sin\alpha \cdot t - \tfrac{1}{2} g t^2.$$

Wir können die Variable t eliminieren. Es ist $t = \frac{x}{v_0 \cos\alpha}$ und damit

$$y = f(x) = v_0 \sin\alpha \cdot \frac{x}{v_0 \cos\alpha} - \frac{1}{2} g \frac{x^2}{v_0^2 \cos^2\alpha} = x \cdot \tan\alpha - \frac{g x^2}{2 v_0^2 \cos^2\alpha}.$$

a) Diskutiere die Funktion zu $y = f(x)$ für einen festen Winkel (z. B. $\alpha = 30°$, $v_0 = 50 \frac{\text{m}}{\text{sec}}$, Nullstellen und Extremwerte)!

b) Diskutiere die Funktion in Abhängigkeit von α! Welche Sonderfälle ergeben sich? Für welchen Winkel α wird die Wurfweite am größten? Für welchen Winkel α ist die Wurfhöhe maximal?

c) In welchem Punkt der Flugbahn ist $\dot{y} = v_y = 0$?

3. Ein Skiläufer hebt mit einer Geschwindigkeit von $v_0 = 25 \frac{\text{m}}{\text{sec}}$ unter einem Winkel von $\alpha = 10°$ gegen die Horizontalebene von der Schanze ab. Die Bahn, auf die er aufsetzt, habe die Steigung -1 (Bild 29.5).

a) Welche Sprungweite wird erreicht, wenn der Luftwiderstand vernachlässigt wird? Berechne die Koordinaten des Auftreffpunktes A! (Rechenstab!)

b) Wieviel Sekunden nach dem Absprung setzt der Springer auf?

c) Welche Geschwindigkeit hat der Springer im Moment des Aufsetzens?

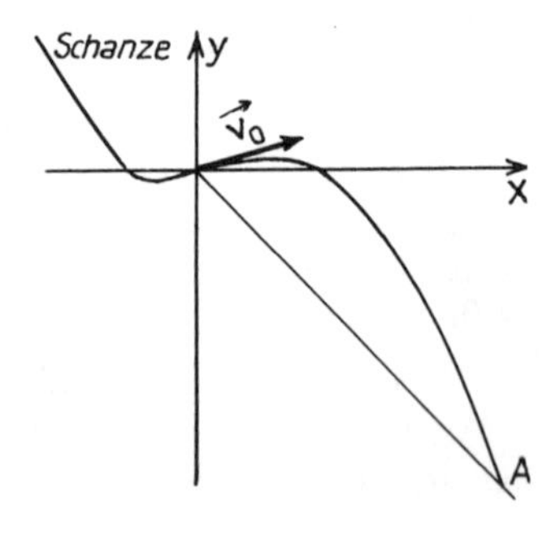

Bild 29.5

4. Unter welchem Winkel α muß der Skispringer in Aufgabe 3 von der Schanze abheben, damit die Sprungweite ein Maximum annimmt?

Beachte:

1) Die Sprungweite nimmt ein Maximum an, wenn die Abszisse von A ein Maximum annimmt.

2) Die Gleichung, die sich aus $f'(\alpha) = 0$ ergibt, vereinfacht sich, wenn man die Umformungen

$$2 \sin^2\alpha = 1 - \cos 2\alpha \text{ und } 2 \sin\alpha \cos\alpha = \sin 2\alpha$$

verwendet.

5. Ein Körper von der Masse m bewege sich mit konstanter Winkelgeschwindigkeit auf einer Kreisbahn (Bild 29.6). Seine Bewegungskomponenten sind, wenn der Kreis den Radius r hat, $x = f_1(t) = r \cdot \cos\varphi$ und $y = f_2(t) = r \cdot \sin\varphi$.

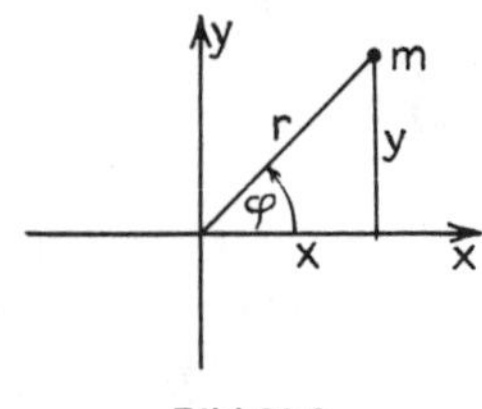

Bild 29.6

Der Winkel φ ist eine Funktion der Zeit. Bewegt sich die Masse mit der konstanten Winkelgeschwindigkeit $\dot{\varphi} = \omega$, so ist $\varphi = \omega t$

Es gilt: $x = f_1(t) = r \cdot \cos \omega t$; $y = f_2(t) = r \cdot \sin \omega t$.

a) Bestimme die Bahngeschwindigkeit v des Körpers! ($v^2 = v_x^2 + v_y^2$!)

Welche Richtung hat $\vec{v}$?

b) Welche Beschleunigung hat der Körper? Beachte: $a^2 = \ddot{x}^2 + \ddot{y}^2$!

Welche Richtung hat $\vec{a}$? Warum nennt man $\vec{a}$ die „Zentralbeschleunigung"?

6. Eine an einer Feder elastisch befestigte Masse m sei aus der Ruhelage entfernt worden und führe eine reibungsfreie Schwingung aus. Die Weg-Zeit-Funktion ist

$$x = f(t) = A \cdot \sin \sqrt{\frac{D}{m}}\, t,$$

wobei D die Direktionskonstante der Feder ist.

a) Wo befindet sich die Feder zur Zeit $t = 0$? **b)** Was bedeutet A physikalisch?

c) Berechne die Geschwindigkeit der Masse m beim Durchgang durch den Nullpunkt! ($A = 0{,}15$ m; $D = 200 \frac{N}{m}$; $m = 0{,}1$ kg)

d) In welchem Punkt der Bahn ist $v = 0$? Bestimme die Schwingungsdauer! Wie hängen die Schwingungsdauer und die maximale Geschwindigkeit von der Masse m ab? Welchen Einfluß hat D auf diese beiden Größen?

7. Ein mathematisches Pendel hat für kleine Ausschläge (Schwingungsweiten) die Bewegungsgleichung

$$\varphi = f(t) = \varphi_0 \cdot \sin \sqrt{\frac{g}{\ell}}\, t,$$

wobei g die Erdbeschleunigung ist $\left(g \approx 10 \frac{m}{sec^2}\right)$

a) Welche Lage hat die Pendelmasse zur Zeit $t = 0$? Was bedeutet φ_0?

b) Berechne die Momentangeschwindigkeit im Nulldurchgang!

Beachte $v = l\dot{\varphi}$! $\left(\varphi_0 = \frac{\pi}{20};\ l = 0{,}9 \text{ m}\right)$.

c) Zu welchem Zeitpunkt ist $v = 0$? Berechne die Schwingungsdauer! Wie hängt die Schwingungsdauer von der Pendellänge l ab?

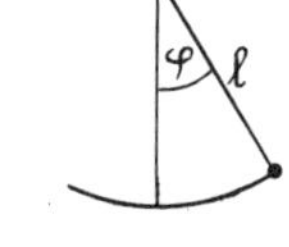

Bild 29.7

8. Ein Punkt P auf der Peripherie eines mit konstanter Geschwindigkeit rollenden Rades beschreibt eine sogenannte **Zykloide** (Bild 29.8).

Es sei $\varphi = \sphericalangle$ PMA. Dann sind die Bahnkomponenten

$$x = f_1(t) = r\varphi - r \sin \varphi$$
$$y = f_2(t) = r - r \cos \varphi,$$

wobei r der Radius des Rades ist. Da das Rad mit konstanter Geschwindigkeit rollt, ist $\varphi = \omega t$ (ω ist die Winkelgeschwindigkeit). Wir erhalten

$$x = f_1(t) = r\omega t - r \sin \omega t; \quad y = f_2(t) = r - r \cos \omega t.$$

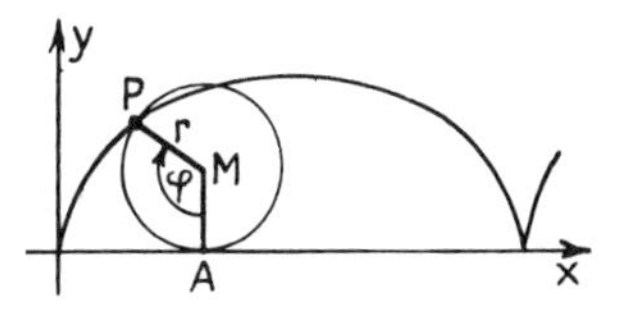

Bild 29.8

a) Wo befindet sich der Punkt P zur Zeit $t = 0$?

b) Bestimme $\dot{x}$ und $\dot{y}$! Diskutiere $\dot{x}$ und $\dot{y}$ in Abhängigkeit von t! Berücksichtige den Zusammenhang zwischen der Zeit t und der vom Rad zurückgelegten Wegstrecke

$(s = r\varphi = r\omega t)$ bzw. dem Drehwinkel φ! An welchen Stellen sind $\dot{x}$ und $\dot{y}$ gleich Null? Wo nehmen $\dot{x}$ und $\dot{y}$ maximale Werte an?

c) Bestimme $v = \sqrt{\dot{x}^2 + \dot{y}^2}$! Diese Geschwindigkeit ist die Geschwindigkeit auf die Fahrbahn bezogen. Vergleiche das Ergebnis mit der Bahngeschwindigkeit eines Punktes P auf der Peripherie des Rades, wenn das Rad sich nur um seine Achse dreht! (Vgl. Aufgabe 5!)

d) Berechne die Beschleunigung $a = \sqrt{\ddot{x}^2 + \ddot{y}^2}$! Führe den zu c) entsprechenden Vergleich durch!

9. Das Prinzip von Fermat[1]) besagt: Das Licht wählt zwischen zwei Punkten im Raum stets den Weg, den es in der kürzesten Zeit zurücklegen kann. Es soll gezeigt werden, daß die Anwendung dieses Prinzips für die Lichtreflexion und die Lichtbrechung zu richtigen Ergebnissen führt.

a) Die Reflexion an einer ebenen Fläche. Von einem Punkte A, der a Meter von einer spiegelnden Ebene entfernt ist, gelangt ein Lichtstrahl durch Reflexion nach dem um b Meter von der Ebene entfernten und auf derselben Seite wie A liegenden Punkt B. Weise nach, daß das Licht den Weg wählt, den es in kürzester Zeit zurücklegen kann!

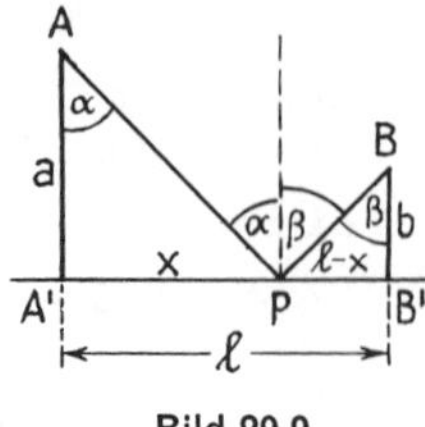

Bild 29.9

Anleitung: Wenn c die Lichtgeschwindigkeit bedeutet, so ist die Zeit T bestimmt durch (Bild 29.9):
$$T = f(x) = \frac{AP}{c} + \frac{PB}{c} = \frac{\sqrt{x^2 + a^2}}{c} + \frac{\sqrt{(l - x)^2 + b^2}}{c}$$

T = f (x) soll ein Minimum annehmen. Beachte, daß
$$\sin\alpha = \frac{x}{\sqrt{x^2 + a^2}}, \quad \sin\beta = \frac{l - x}{\sqrt{(l - x)^2 + b^2}} \text{ ist!}$$

b) Die Lichtbrechung

Die Punkte A und B liegen in zwei Medien von verschiedener Lichtgeschwindigkeit (c_1 und c_2). Der von A ausgehende Lichtstrahl gelangt durch Brechung an der Grenzfläche der beiden Medien zum Punkt B (Bild 29.10).

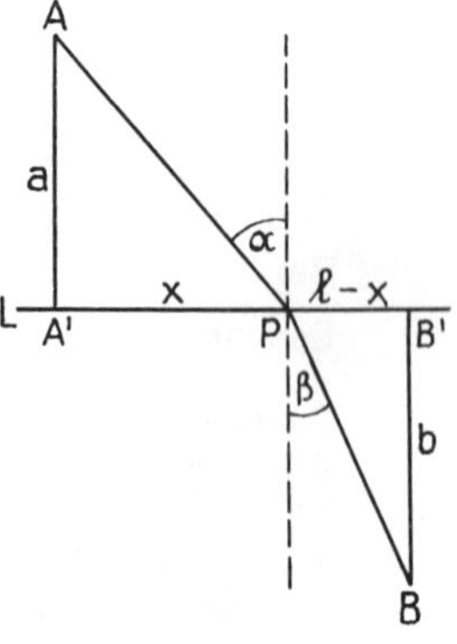

Bild 29.10

Anleitung: Für die Zeit T ergibt sich:

$$T = f(x) = \frac{AP}{c_1} + \frac{PB}{c_2} = \frac{\sqrt{x^2 + a^2}}{c_1} + \frac{\sqrt{(l - x)^2 + b^2}}{c_2}$$

T = f (x) soll ein Minimum annehmen.

Bemerkung: Der Nachweis mit Hilfe von $f''(x) > 0$ erfordert eine umfangreichere Rechnung. Bei 9b sollte man sich damit begnügen, zu zeigen, daß aus $f'(x) = 0$ das Brechungsgesetz folgt.

[1]) Pierre Fermat, französischer Mathematiker (1601–1665).

7. ABSCHNITT | Einführung in die Integralrechnung

§ 30 Hinführung zum Begriff des bestimmten Integrals

I. Einleitung

1. Bei der Einführung in die **Differentialrechnung** (§ 20) sind wir von der Frage ausgegangen, wie man in sinnvoller Weise ein Maß für die **„Änderungstendenz"** einer Funktion in der Umgebung einer Stelle x_0 definieren kann. Wir haben gesehen, daß diese „Änderungstendenz" geometrisch gedeutet werden kann, und zwar als die **Steigung** des Funktionsgraph in dem betreffenden Punkt. Daher haben wir den zentralen Begriff der Differentialrechnung – den Begriff der **Ableitung** – an dieser geometrischen Fragestellung entwickelt. Mit Hilfe des Grenzwertbegriffes haben wir den Begriff der Steigung definiert und zugleich im Begriff der Differenzierbarkeit ein Kriterium dafür gefunden, ob einem Funktionsgraph in einzelnen oder sogar in allen Punkten eine Steigung zugeschrieben werden kann. Im Zusammenhang damit konnten wir dann auch den Begriff der **Tangente** an eine Kurve in einem bestimmten Punkte definieren.

2. Es ist jedoch zu beachten, daß dieses geometrische Problem nur **ein** Beispiel für viele andere Fragestellungen in der Mathematik und in ihren Anwendungsgebieten ist, bei denen der Begriff der Ableitung auftritt. Die Geschwindigkeit und die Beschleunigung eines bewegten Körpers, die elektrische Stromstärke, die Änderung des Luftdrucks mit der Höhe, die Krümmung einer Kurve und viele andere Größen in der Physik und in der Mathematik erfordern zur begrifflich exakten Definition ebenfalls den Begriff der Ableitung.

3. Ähnlich ist die Situation auch in der sogenannten **„Integralrechnung".** Auch in diesem Teilgebiet der Mathematik geht es um eine Reihe miteinander verwandter Fragestellungen, z. B. um die Begriffe der Länge einer Kurve, des Flächeninhalts einer Fläche, des Volumens, des Schwerpunkts, des Trägheitsmoments eines Körpers, um die physikalischen Begriffe der Arbeit, des Impulses, des Potentials usw.
Mit den Problemen der Differentialrechnung haben diese Probleme gemeinsam, daß zu ihrer Lösung der **Grenzwertbegriff** herangezogen werden muß. Daher werden diese beiden Teilgebiete der Mathematik mit dem gemeinsamen Namen **„Infinitesimalrechnung"** belegt. Wir werden sehen, daß darüber hinaus ein noch viel engerer Zusammenhang zwischen diesen beiden Teilgebieten der Infinitesimalrechnung besteht.

4. Wie bei der Differentialrechnung ist es auch bei der Einführung in die Integralrechnung zweckmäßig, aus den vielen verwandten Problemen **eines** herauszugreifen, um daran die besonderen Begriffsbildungen und Methoden der Integralrechnung zu entwickeln. Als ein solches Einführungsbeispiel eignet sich – u. a. wegen seiner Anschaulichkeit – ganz besonders das Problem des Flächeninhalts eines (gerad- oder krummlinig begrenzten) ebenen Flächenstücks. Genau gesagt: Es handelt sich darum, für ebene Flächenstücke den Begriff des Flächeninhalts dadurch zu definieren, daß man diesen Flächen eine eindeutig bestimmte Zahl als Maßzahl zuordnet. Es sei aber nochmals darauf hingewiesen, daß das Problem des Flächeninhalts nur **eines** der mit dem Integralbegriff zu lösenden Probleme ist.

II. Zum Problem der Flächenmessung

1. Schon im Geometrieunterricht der Unter- und der Mittelstufe haben wir uns mit dem Problem des Flächeninhalts einfacher ebener Figuren beschäftigt. Wir haben in Band 5 und in Band 7 erörtert, wie man jeder von einem geschlossenen Streckenzug begrenzten ebenen Figur F einen **Flächeninhalt** bei vorgegebener Maßeinheit, also eine Zahl als Flächenmaßzahl zuordnen kann.
Die Maßeinheit ist dabei meist gegeben durch ein Quadrat mit der Kantenlänge 1 cm; den Flächeninhalt eines solchen Quadrates bezeichnen wir mit „1 cm^2". Bei den im folgenden anzustellenden Überlegungen wollen wir diese – oder auch eine beliebige andere Maßeinheit – als fest gegeben ansehen; zur Festlegung des Flächeninhalts einer Figur F kommt es dann nur noch auf die **Flächenmaßzahl** A_F an. Nur mit diesen Maßzahlen wollen wir uns im folgenden beschäftigen.

2. Flächenmaßzahlen haben einige grundlegende Eigenschaften, von denen wir beim Aufbau der Lehre vom Flächeninhalt (insbesondere in § 24 von Band 5) Gebrauch gemacht haben. Wir wollen diese Eigenschaften hier zusammenstellen.

[1] **Jede Flächenmaßzahl A_F ist nichtnegativ: $A_F \geq 0$.**

[2] **Das Einheitsquadrat hat die Flächenmaßzahl 1.**

[3] **Sind zwei Figuren F_1 und F_2 kongruent, so haben sie die gleiche Flächenmaßzahl:** $F_1 \cong F_2 \Rightarrow A_{F_1} = A_{F_2}$.

[4] **Ist eine Figur F in zwei Figuren F_1 und F_2 zerlegt, so gilt für die zugehörigen Flächenmaßzahlen:** $A_F = A_{F_1} + A_{F_2}$ (Bild 30.1).

Zum Begriff der „Zerlegung einer Figur" vgl. Band 5!

3. Aus diesen vier grundlegenden Eigenschaften kann man Schritt für Schritt Formeln zur Berechnung von Flächenmaßzahlen geradlinig begrenzter ebener Figuren herleiten.
Der einfachste Fall liegt vor bei einem Rechteck mit ganzzahligen Maßzahlen der Seiten. Ein solches Rechteck kann stets mit Einheitsquadraten **„parkettiert"** werden (Bild 30.2). Hat ein Rechteck positive rationale Zahlen als Maßzahlen der Seitenlängen, so muß die Einheit unterteilt werden (vgl. Band 5). Hat eine Seite sogar eine irrationale Zahl als Längenmaßzahl, so ist die Flächenmaßzahl mit Hilfe einer Intervallschachtelung zu konstruieren (vgl. Band 7, § 1).

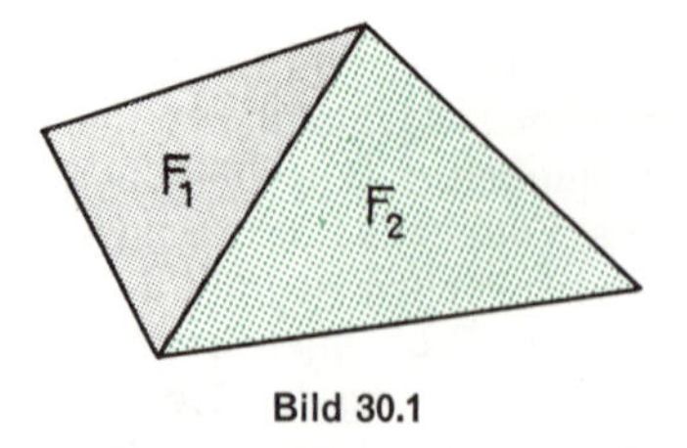

Bild 30.1

Beispiel: Für ein Rechteck mit den Seitenlängen $\sqrt{2}$ cm und 1 cm gilt (Bild 30.3):

$$1 < A_R < 2$$
$$1{,}4 < A_R < 1{,}5$$
$$1{,}41 < A_R < 1{,}42$$
$$1{,}414 < A_R < 1{,}415$$
....

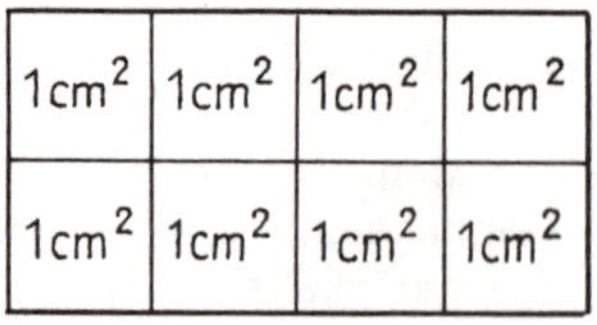

$1 cm^2$	$1 cm^2$	$1 cm^2$	$1 cm^2$
$1 cm^2$	$1 cm^2$	$1 cm^2$	$1 cm^2$

Bild 30.2

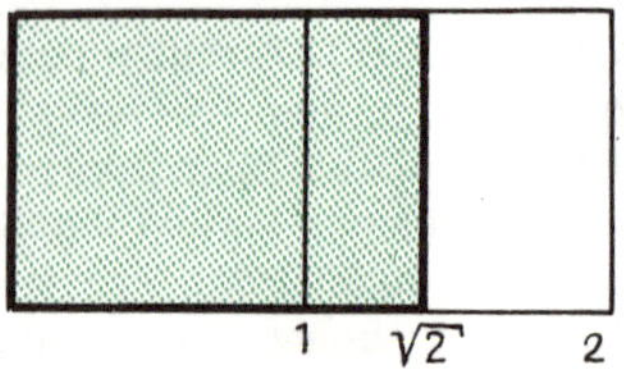

1 $\sqrt{2}$ 2

Bild 30.3

Dies ist der Anfang einer Intervallschachtelung, durch die die Zahl $A_R = \sqrt{2} \cdot 1 = \sqrt{2}$ festgelegt ist.

Aufgrund dieser Überlegungen ergibt sich, daß für **jedes** Rechteck mit den Maßzahlen a und b gilt

$$\mathbf{A_R = a \cdot b.}$$

4. Wie sich aus dieser Formel die Formeln für die Flächenmaßzahlen beliebiger anderer geradlinig begrenzter ebener Figuren ergeben, haben wir schon in Band 5 erörtert.

Beispiele:

Parallelogramm　　　　Dreieck　　　　Trapez

$A_P = g \cdot h$　　　$A_D = \frac{g \cdot h}{2}$　　　$A_{Tr} = m \cdot h = \frac{a + c}{2} \cdot h$

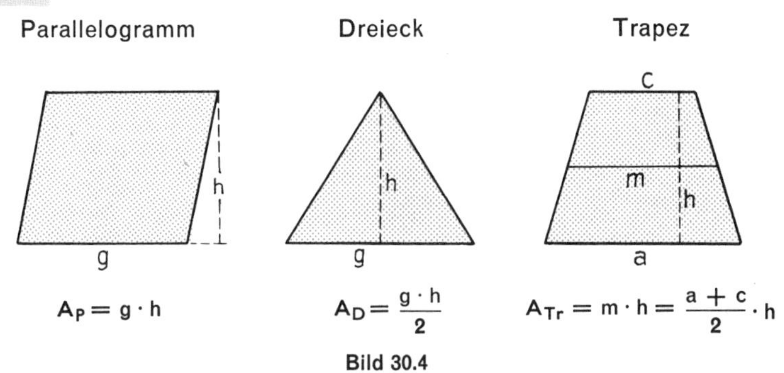

Bild 30.4

5. Auch bei der Frage, wie man einem Kreis vom Radius r in sinnvoller Weise eine Flächenmaßzahl zuordnen kann, haben wir eine Intervallschachtelung herangezogen. Wir haben mit „einbeschriebenen" und mit „umbeschriebenen" regelmäßigen Vielecken gearbeitet und die Zahl, die sich durch diese Intervallschachtelung ergab, dem Kreis als Flächenmaßzahl zugeordnet (Band 7). Auf diese Weise erhielten wir für einen Kreis K mit dem Radius r:

$$\mathbf{A_K = \pi r^2.}$$

6. Es ist zu vermuten, daß es auch beim Problem des Flächeninhalts anderer krummlinig begrenzter Figuren, dem wir uns jetzt zuwenden wollen, zweckmäßig ist, das Verfahren der Intervallschachtelung heranzuziehen. Dabei müssen wir natürlich voraussetzen, daß die Begrenzung der Flächen in irgendeiner Weise mathematisch erfaßbar ist. Flächen, die durch völlig willkürliche, regellose Begrenzungen gegeben sind, müssen wir ausschließen. Am einfachsten sind die Fälle, bei denen die Fläche über einem Intervall [a; b] durch einen Funktionsgraph berandet ist. Wir setzen dabei voraus, daß die Funktion f im Intervall [a; b] beschränkt und „vorzeichenbeständig" ist, d. h. nur nichtnegative oder nichtpositive Werte hat. Die Funktion braucht aber nicht stetig zu sein. Beispiele für solche Flächen zeigen die Bilder 30.5, 30.6 und 30.7.

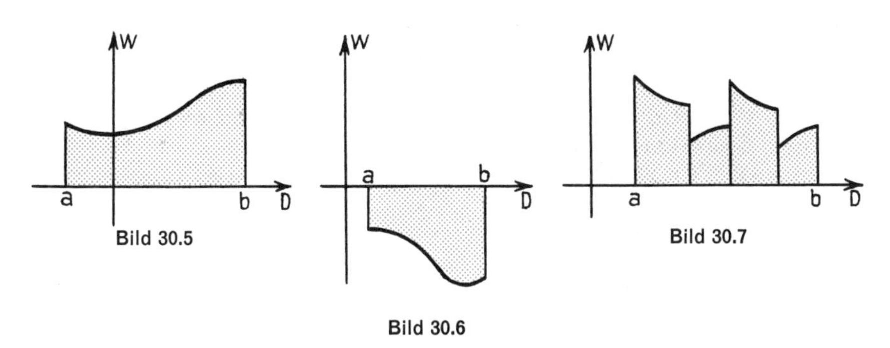

Bild 30.5

Bild 30.6

Bild 30.7

Eine Fläche dieser Art nennt man gelegentlich einen **„ebenen Normalbereich"**; darunter versteht man eine Punktmenge $\mathfrak{N}$, die durch die folgende Bedingung festgelegt ist:

a) für $f(x) \geq 0$:	**b)** für $f(x) \leq 0$:
$\{(x \mid y) \mid a \leq x \leq b \wedge 0 \leq y \leq f(x)\}$	$\{(x \mid y) \mid a \leq x \leq b \wedge f(x) \leq y \leq 0\}$
(Positiver Normalbereich)	(Negativer Normalbereich)

Mit solchen Normalbereichen werden wir uns zunächst beschäftigen.

III. Erstes Beispiel eines bestimmten Integrals

1. In einem ersten Beispiel wählen wir als Kurve den Funktionsgraph zu $f(x) = \frac{1}{2}x^2$ und betrachten die Fläche, die von der Kurve, einem Intervall [0; b] auf der D-Achse und der Randordinate zur Stelle b begrenzt wird. In Bild 30.8 ist $b = 3$ gewählt. Wenn wir dieser Fläche eine Flächenmaßzahl zuordnen wollen, so liegt es nahe, die Fläche zu ersetzen durch eine „untere Treppenfigur t" und eine „obere Treppenfigur T", wie es in Bild 30.8 eingezeichnet ist. Dort ist das Intervall [0; 3] in drei Teilintervalle A_1; A_2 und A_3 zerlegt, die sämtlich die Länge $h = 1$ haben. Bezeichnen wir die Flächenmaßzahlen der beiden Treppenfiguren mit „s_3" bzw. „S_3", so gilt:

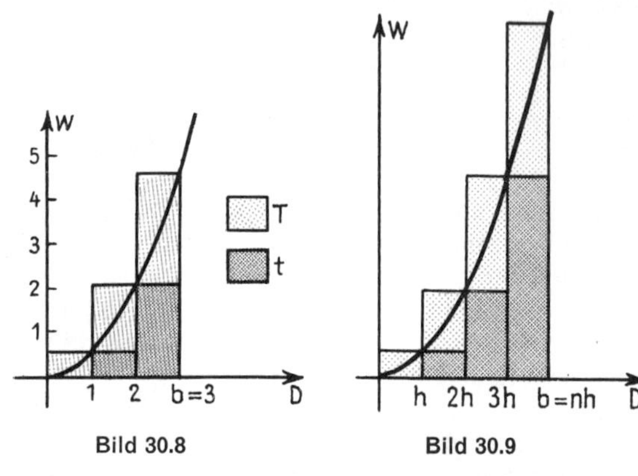

Bild 30.8

Bild 30.9

$$s_3 = f(1) \cdot 1 + f(2) \cdot 1 = \tfrac{1}{2} \cdot 1 + \tfrac{1}{2} \cdot 2^2 = \tfrac{5}{2}$$

$$\text{und} \quad S_3 = f(1) \cdot 1 + f(2) \cdot 1 + f(3) \cdot 1 = \tfrac{1}{2} \cdot 1 + \tfrac{1}{2} \cdot 2^2 + \tfrac{1}{2} \cdot 3^2 = 7.$$

Unterteilen wir allgemein das Intervall [0; b] in n gleich große Teilintervalle der Länge $h = \frac{b}{n}$ (also $b = nh$), so erhalten wir entsprechend (Bild 30.9):

$$\begin{aligned} s_n &= [f(h) + f(2h) + \ldots + f((n-1)h)]\,h \\ &= \tfrac{1}{2}[h^2 + (2h)^2 + \ldots + (n-1)^2 h^2]\,h \\ &= \tfrac{1}{2}[1^2 + 2^2 + \ldots + (n-1)^2]\,h^3 \\ &= \frac{b^3}{2}\left[\frac{1^2 + 2^2 + \ldots + (n-1)^2}{n^3}\right]. \end{aligned}$$

und

$$\begin{aligned} S_n &= [f(h) + f(2h) + \ldots + f(nh)]\,h \\ &= \tfrac{1}{2}[h^2 + (2h)^2 + \ldots + (nh)^2]\,h \\ &= \tfrac{1}{2}[1^2 + 2^2 + \ldots + n^2]\,h^3 \\ &= \frac{b^3}{2}\left[\frac{1^2 + 2^2 + \ldots + n^2}{n^3}\right]. \end{aligned}$$

2. Wir können vermuten, daß die beiden Zahlenfolgen (s_n) und (S_n) für jeden positiven Wert von b eine Intervallschachtelung bestimmen. Dies wollen wir beweisen. Wir benutzen dabei die Summenformel für Quadratzahlen (vgl. § 4, Aufgabe 2b):

$$1^2 + 2^2 + \ldots + n^2 = \sum_{k=1}^{n} k^2 = \frac{n(n+1)(2n+1)}{6} \quad (\text{für alle } n \in \mathbb{N})$$

$$\text{bzw.} \quad 1^2 + 2^2 + \ldots + (n-1)^2 = \sum_{k=1}^{n-1} k^2 = \frac{(n-1)\,n\,(2n-1)}{6} \quad (\text{für alle } n \in \mathbb{N}^{\neq 1}).$$

Damit ergibt sich: $s_n = \frac{b^3}{2}\,\frac{(n-1)\,n\,(2n-1)}{6n^3} = \frac{b^3}{12}\left(1-\frac{1}{n}\right)\left(2-\frac{1}{n}\right)$

und $S_n = \frac{b^3}{2}\,\frac{n\,(n+1)\,(2n+1)}{6n^3} = \frac{b^3}{12}\left(1+\frac{1}{n}\right)\left(2+\frac{1}{n}\right)$.

An dieser Darstellung erkennt man unmittelbar:

[1] Die Folge (s_n) ist monoton steigend (Aufgabe 9).

[2] Die Folge (S_n) ist monoton fallend (Aufgabe 9).

[3] Es gilt: $\lim\limits_{n\to\infty} s_n = \lim\limits_{n\to\infty} S_n = \frac{2b^3}{12} = \frac{b^3}{6}$.

Daher gilt auch $\lim\limits_{n\to\infty}(S_n - s_n) = 0$. Dies kann man auch unmittelbar bestätigen, indem man die Differenz $S_n - s_n$ bildet und den Grenzwert berechnet (Aufgabe 10).
Die Bedingungen für eine Intervallschachtelung sind also erfüllt; für jedes $b \in \mathbb{R}^{>0}$ wird also durch die Folge der **„Untersummen"** (s_n) und durch die Folge der **„Obersummen"** (S_n) eine reelle Zahl festgelegt, z. B. für $b = 3$ die Zahl

$$\frac{3^3}{6} = \frac{3^2}{2} = \frac{9}{2}.$$

Man nennt diesen **gemeinsamen Grenzwert** von Unter- und Obersumme das **„bestimmte Integral der Funktion f im Intervall [0; b]" und bezeichnet ihn mit**

$$\text{„}\int_0^b f(x)\,dx\text{"}, \textbf{ gelesen: „Integral von 0 bis b f von x dx."}$$

Bei unserem Beispiel ist also für jedes $b \in \mathbb{R}^{>0}$: $\int_0^b \frac{x^2}{2}\,dx = \frac{b^3}{6}$.

Man sagt außerdem: Die Funktion f ist im Intervall [0; b] **„integrierbar"** und nennt die Zahl 0 die „untere Grenze", die Zahl für b die „obere Grenze" dieses bestimmten Integrals.

Beachte:

1) Das Integralsymbol „$\int$" ist ein stilisiertes „S" und erinnert an das Wort „Summe".

2) Das Zeichen „dx" im Integralsymbol ist in der Hauptsache historisch zu erklären. Man könnte dieses Zeichen ohne weiteres weglassen und z. B. schreiben:

$$\int_0^b \frac{x^2}{2} = \frac{b^3}{6}.$$

Wir können die Zweckmäßigkeit der Integralschreibweise mit dem Differential dx erst später begründen (vgl. § 33, IV, 6).

3) Auf das Zeichen für die Integrationsvariable kommt es nicht an; es ist also z. B.

$$\int_0^b f(x)\,dx = \int_0^b f(t)\,dt = \int_0^b f(u)\,du.$$

In jedem Falle handelt es sich um eine sogenannte „gebundene Variable" (vgl. § 3, I, und Band 4).
Die Bindung der Integrationsvariablen kommt durch das Zeichen „dx" zum Ausdruck. Beachte, daß in gebundenen Variablen nicht eingesetzt werden darf!

3. Aufgrund der vorangegangenen Überlegungen liegt es auf der Hand, daß wir für jedes $b \in \mathbb{R}^{>0}$ **den Wert des bestimmten Integrals** $\int_0^b \frac{x^2}{2}\,dx = \frac{b^3}{6}$ **der „Fläche unter der**

Kurve", dem Normalbereich (Bild 30.10) **als Flächenmaßzahl zuordnen.** Es ist aber zu beachten, daß bei unserem Beispiel für alle $x \in [0; b]$ die Funktionswerte nicht negativ sind, daß also gilt:

$$f(x) = \frac{x^2}{2} \geq 0.$$

Im nächsten Abschnitt werden wir ein Beispiel betrachten, bei dem diese Bedingung nicht erfüllt ist.

4. In Bedingung [4] von II. haben wir von Flächenmaßzahlen die Eigenschaft der **Additivität** verlangt. Es ist anschaulich einleuchtend, daß diese Eigenschaft auch den durch bestimmte Integrale definierten Flächenmaßzahlen zukommt. Wir werden dies nach den allgemeinen Definitionen des bestimmten Integrals auch allgemein beweisen. Mit Hilfe dieser Eigenschaft der Additivität gelingt es auch, das bestimmte Integral für ein beliebiges Intervall $[a; b]$ mit $0 \leq a < b$ zur Funktion mit $f(x) = \frac{x^2}{2}$ anzugeben (Bild 30.11).

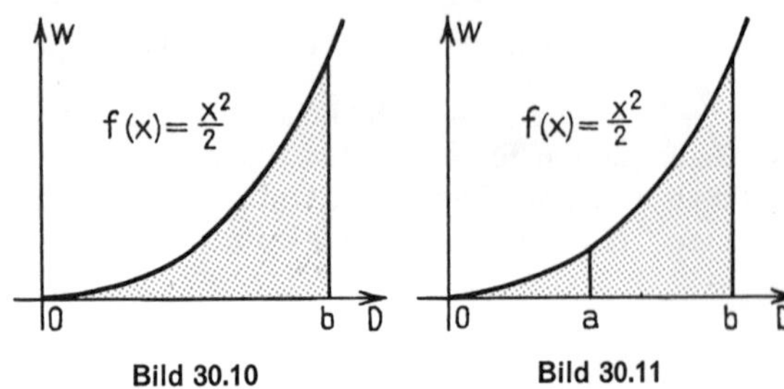

Bild 30.10

Bild 30.11

Es gilt: $\int_0^b \frac{x^2}{2} dx = \int_0^a \frac{x^2}{2} dx + \int_a^b \frac{x^2}{2} dx$, also $\int_a^b \frac{x^2}{2} dx = \int_0^b \frac{x^2}{2} dx - \int_0^a \frac{x^2}{2} dx$,

also $\int_a^b \frac{x^2}{2} dx = \frac{b^3}{6} - \frac{a^3}{6}.$

IV. Zweites Beispiel für ein bestimmtes Integral

1. Wir betrachten als zweites Beispiel die Funktion zu

$$f(x) = 2 - x.$$

Als Integrationsintervall wählen wir wieder ein Intervall $[a; b]$ mit $a = 0$. In Bild 30.12 ist $b = 5$. Wenn wir hier wie in dem ersten Beispiel genauso vorgehen, können wir nicht erwarten, daß wir das Ergebnis unmittelbar als Flächenmaßzahl deuten können. Dies hat seinen Grund darin, daß die Funktionswerte dieser Funktion im Intervall $[0; 5]$ teilweise **negativ** sind.

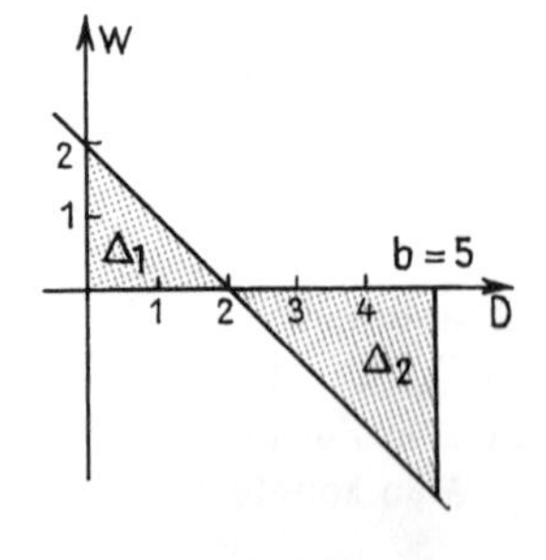

Bild 30.12

2. Wie beim vorigen Beispiel **zerlegen** wir das Intervall $[0; b]$ in n gleiche Teile der Länge $h = \frac{b}{n}$ und bestimmen eine

Untersumme s_n	Obersumme S_n

dadurch, daß wir aus jedem Teilintervall A_k den

kleinsten	größten

Funktionswert herausgreifen. Da die Funktion zu $f(x) = 2 - x$ monoton fallend ist, ist dies jeweils der Funktionswert am

rechten	linken

Rand des Intervalls A_k.

Es ist also:

$$s_n = [f(h) + f(2h) + \ldots + f(nh)] \cdot h$$
$$= [(2-h) + (2-2h) + \ldots + (2-nh)] \cdot h$$
$$= [2+2+\ldots+2] \cdot h - [1+2+\ldots+n] \cdot h^2$$
$$= 2n \cdot h - \left(\sum_{k=1}^{n} k\right) \cdot h^2.$$

$$S_n = [f(0) + f(h) + \ldots + f((n-1)h)] \cdot h$$
$$= [2 + (2-h) + \ldots + (2-(n-1)h)] \cdot h$$
$$= [2+2+\ldots+2] \cdot h - [1+2+\ldots+(n-1)] \cdot h^2$$
$$= 2nh - \left(\sum_{k=1}^{n-1} k\right) \cdot h^2.$$

Mit $b = nh$, $\sum_{k=1}^{n} k = \frac{n(n+1)}{2}$ und $\sum_{k=1}^{n-1} k = \frac{n(n-1)}{2}$ ergibt sich:

$$s_n = 2b - \frac{n(n+1)}{2} \frac{b^2}{n^2} = 2b - \frac{b^2}{2}\left(\frac{n+1}{n}\right).$$

$$S_n = 2b - \frac{n(n-1)}{2} \frac{b^2}{n^2} = 2b - \frac{b^2}{2}\left(\frac{n-1}{n}\right).$$

Also ist: $\lim_{n\to\infty} s_n = \lim_{n\to\infty} S_n = 2b - \frac{b^2}{2}.$

3. Da es uns nur darauf ankommt, nachzuweisen, daß die Grenzwerte von Untersumme und Obersumme übereinstimmen, brauchen wir die Folgen (s_n) und (S_n) nicht unbedingt auf Monotonie zu untersuchen.

Es ist also: $\int_0^b (2-x)\,dx = 2b - \frac{b^2}{2}.$

Für $b = 5$ ergibt sich: $\int_0^5 (2-x)\,dx = 10 - \frac{25}{2} = -\frac{5}{2}.$

Schon, weil das Ergebnis negativ ist, kann es nicht als Flächenmaßzahl gedeutet werden.

Bemerkung: Das bestimmte Integral gibt in diesem Fall die Differenz der Flächenmaßzahlen der beiden Dreiecke in Bild 30.12 an. Es ist:

$$A_{\Delta_1} = \tfrac{1}{2} \cdot 2 \cdot 2 = 2 \quad \text{und} \quad A_{\Delta_2} = \tfrac{1}{2} \cdot 3 \cdot 3 = \tfrac{9}{2},$$
$$\text{also} \quad A_{\Delta_1} - A_{\Delta_2} = 2 - \tfrac{9}{2} = -\tfrac{5}{2}.$$

Übungen und Aufgaben

1. Gegeben sind drei Rechtecke durch die Maßzahlen ihrer Seiten:

a) $a = 3$ und $b = 5$ **b)** $a = 3$ und $b = 4\frac{2}{3}$ **c)** $a = 3$ und $b = \sqrt{24}$

Erkläre an den drei Beispielen, welche Probleme sich bei der Flächenmessung geradlinig begrenzter Figuren der Ebene ergeben können!
Das Problem der Unterteilung gegebener Flächeneinheiten und die Kommensurabilität sollen erörtert werden. Zeige die Bedeutung der Intervallschachtelung für die Flächenmessung beliebiger Figuren auf!

2. Beschreibe das Verfahren, das zur Definition und Berechnung des Flächeninhalts eines Kreises führt, und zwar getrennt für die Annäherung (Approximation) „von oben" und „von unten"!
Welcher Zusammenhang zwischen den Ergebnissen der beiden Näherungen muß bestehen, damit man durch dieses Verfahren den Inhalt der Kreisfläche sinnvoll definieren kann?

3. Zeichne die folgenden Normalbereiche!

a) $\mathfrak{N} = \{(x|y) \mid x \in [1;5] \wedge 0 \leq y \leq \frac{1}{2}x + 3\}$ **b)** $\mathfrak{N} = \{(x|y) \mid x \in [-3;0] \wedge 0 \leq y \leq x + 1\}$

c) $\mathfrak{N} = \{(x|y) \mid x \in [-3;4] \wedge 0 \leq y \leq \frac{1}{2}x^2\}$ **d)** $\mathfrak{N} = \{(x|y) \mid x \in [-2;3] \wedge 0 \leq y \leq \frac{1}{2}x^2 + 5\}$

e) $\mathfrak{N} = \{(x|y) \mid x \in [0;4] \wedge 0 \geq y \geq -\frac{1}{2}x - 2\}$ **f)** $\mathfrak{N} = \{(x|y) \mid x \in [-2;2] \wedge 0 \geq y \geq x^2 - 4\}$

4. Die Begrenzung eines Normalbereichs braucht nicht zu einer differenzierbaren, ja nicht einmal zu einer stetigen Funktion zu gehören. Zeichne die folgenden Normalbereiche!
   a) $\mathfrak{N} = \{(x|y) \mid (-2 \leq x < 0 \wedge 0 \leq y \leq x + 3) \vee (0 \leq x \leq 2 \wedge 0 \leq y \leq x^2 + 1)\}$
   b) $\mathfrak{N} = \{(x|y) \mid (-3 \leq x < -1 \wedge 0 \leq y \leq x^2) \vee (-1 \leq x < 2 \wedge 0 \leq y \leq x + 2)$
   $\vee (2 \leq x \leq 3 \vee 0 \leq y \leq 4)\}$
   c) $\mathfrak{N} = \{(x|y) \mid (-4 \leq x \leq 0 \wedge 0 \leq y \leq -\frac{1}{2}x + 1)$
   $\vee (0 < x \leq 2 \wedge 0 \leq y \leq -\frac{1}{2}x^2 + 2) \vee (2 < x \leq 4 \wedge 0 \leq y \leq x^2 - 4)\}$
5. Gegeben ist der Graph der Funktion f zu $f(x) = x + 2$ in dem Intervall $[0; 6]$.
   a) Zerlege das Intervall $[0; 6]$ in drei Teilintervalle gleicher Länge und ermittle die „obere Treppenfunktion", die die zugehörige obere Treppenfläche kennzeichnet!
   Anleitung: Die gesuchte Treppenfunktion wird aus drei Teilfunktionen zusammengesetzt. Berechne den Flächeninhalt der oberen Treppenfläche!
   b) Verfahre in gleicher Weise mit der unteren Treppenfläche!
6. a) Ermittle zu der Geraden, die durch $y = -\frac{1}{2}x + 4$ gegeben ist, in $[-2; 4]$ die oberen Treppenfunktionen für die Einteilung des Intervalls in 2, 3, 4, 5, 6 gleich lange Teilintervalle!
   Berechne den Inhalt der zugehörigen Treppenflächen und stelle die Zahlenpaare $(n \mid S_n)$ in einem Koordinatensystem dar! (n bezeichne die Anzahl der Teilintervalle, S_n die Maßzahl des Inhalts der oberen Treppenfläche.)
   b) Verfahre ebenso mit den unteren Treppenflächen! Wähle für die graphische Darstellung dasselbe Koordinatensystem wie in Aufgabe a)!
7. Verfahre wie in Aufgabe 6 bei den Funktionen, die durch die Gleichungen gegeben sind: **a)** $f(x) = \frac{1}{2}x^2 + 2$ **b)** $f(x) = -\frac{1}{2}x^2 + 8$ **c)** $f(x) = \frac{1}{2}x^2 + \frac{1}{4}x + 3$!
8. Die Funktion f sei in $[a; b]$ stetig und positiv. Zerlegt man $[a; b]$ in n Teilintervalle (gleicher Länge h) und ist m_k das Minimum der Funktion im k-ten Teilintervall, M_k entsprechend das Maximum, so ist der Flächeninhalt jedes einzelnen Rechtecks der unteren Treppenfläche (Untersumme) gegeben durch $m_k \cdot h = m_k \cdot \frac{b-a}{n}$; entsprechend die Rechtecke der oberen Treppenfläche durch $M_k \cdot h = M_k \frac{b-a}{n}$.
   a) Zeige, daß gilt: $m_k \cdot \frac{b-a}{n} \leq M_k \cdot \frac{b-a}{n}$!
   b) Zeige, daß für jede Zerlegung die Untersumme s_n nicht größer ist als die Obersumme S_n!
9. Zeige:
   a) Die Folge (s_n) zu $s_n = \frac{b^3}{12}\left(1 - \frac{1}{n}\right)\left(2 - \frac{1}{n}\right)$ ist monoton steigend $(b > 0)$.
   b) Die Folge (S_n) zu $S_n = \frac{b^3}{12}\left(1 + \frac{1}{n}\right)\left(2 + \frac{1}{n}\right)$ ist monoton fallend $(b > 0)$. (Vgl. III, 2!)
10. Berechne den Grenzwert $\lim\limits_{n \to \infty} (S_n - s_n)$ zu den Folgen von Aufgabe 9!
11. Berechne die folgenden bestimmten Integrale mit Hilfe der Grenzwerte der Untersummen s_n und der Obersummen S_n.
   a) $\int_0^3 x\,dx$ **b)** $\int_{-4}^0 -\frac{1}{2}x\,dx$ **c)** $\int_0^2 (\frac{1}{2}x + 2)\,dx$ **d)** $\int_2^4 \frac{1}{2}x\,dx$ **e)** $\int_0^b mx\,dx$
   f) $\int_a^b mx\,dx$ **g)** $\int_a^b (mx + c)\,dx$ **h)** $\int_2^3 \frac{1}{2}x^2\,dx$ **i)** $\int_a^b Kx^2\,dx$

§ 31 Das bestimmte Integral

I. Allgemeine Definition des Begriffs des bestimmten Integrals

1. Wir wollen in diesem Paragraphen überlegen, wie wir den Begriff des bestimmten Integrals, den wir im vorigen Paragraphen an einzelnen Beispielen kennengelernt haben, allgemein definieren können. Dabei wollen wir voraussetzen, daß das betrachtete Intervall [a; b] stets Teilmenge der Definitionsmenge der fraglichen Funktion f ist:

$$[a; b] \subseteq D(f).$$

Bei den Beispielen haben wir das gegebene Intervall [a; b] in n Teilintervalle

$$A_1, A_2, A_3, \ldots, A_k, \ldots, A_n$$

zerlegt. In den Beispielen hatten diese Intervalle alle dieselbe Länge $h = \frac{b-a}{n}$; diese Einschränkung wollen wir bei der allgemeinen Definition des Integralbegriffs fallenlassen. Wir definieren:

D 31.1

Eine endliche Zahlenfolge (x_k) heißt eine „Zerlegung eines Intervalls [a;b]" genau dann, wenn gilt: $a = x_0 < x_1 < x_2 < \ldots < x_{n-1} < x_n = b$.
Wir bezeichnen eine solche Zerlegung mit „Z" und die Längen der Teilintervalle $A_k = [x_{k-1}; x_k]$ mit „h_k": $h_k = x_k - x_{k-1}$ (für k = 1, 2, 3, ..., n). (Bild 31.1)

Beachte: Um eine übersichtliche Numerierung zu erhalten, beginnt man mit $x_0 = a$. n gibt dann jeweils die Anzahl der Intervalle der Zerlegung Z an.

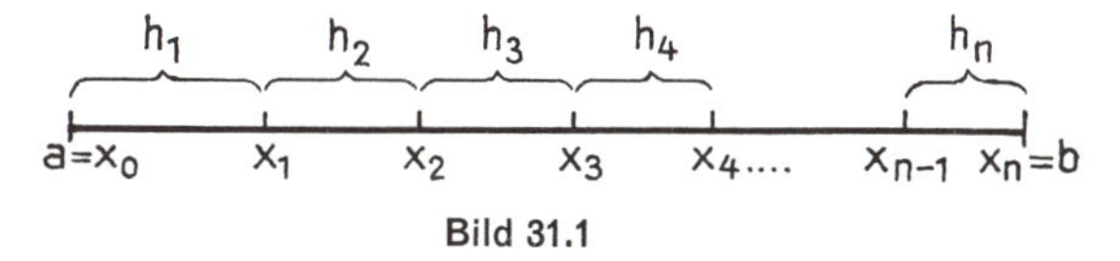

Bild 31.1

2. Bei den Beispielen in § 30, III und IV haben wir die Untersummen s_n und die Obersummen S_n dadurch gebildet, daß wir die Intervallbreite h mit dem minimalen bzw. maximalen Funktionswert in dem betreffenden Intervall multipliziert haben. Wir müssen daher voraussetzen, daß die betrachtete Funktion f im Intervall [a; b] beschränkt ist; denn dann hat f in jedem Teilintervall $A_k = [x_{k-1}; x_k]$ nach S 8.4 eine **untere Grenze** (größte untere Schranke) m_k und eine **obere Grenze** (kleinste obere Schranke) $\mathbf{M_k}$.
Ist die Funktion f sogar **stetig in [a; b],** so ist **m_k das Minimum, M_k das Maximum** der Funktionswerte von f in A_k.
Beachte, daß wir von der Funktion f nur voraussetzen müssen, daß sie in [a; b] beschränkt ist; sie braucht nicht stetig zu sein; sie kann also z. B. durchaus endliche Sprungstellen haben.

3. Mit Hilfe dieser Bezeichnungen können wir den Begriff der **Untersumme** und der **Obersumme** definieren.

D 31.2

Ist eine Funktion f in einem Intervall $[a; b] \subseteq D(f)$ beschränkt und Z eine Zerlegung des Intervalls [a; b], so heißt:

$s_n = \sum\limits_{k=1}^{n} m_k h_k$	$S_n = \sum\limits_{k=1}^{n} M_k h_k$
eine „Untersumme"	**eine „Obersumme"**

der Funktion f im Intervall [a; b].

Beachte: Wenn für alle $x \in [a; b]$ gilt $f(x) \geq 0$, so ist die

Untersumme s_n	Obersumme S_n

die Maßzahl einer

„unteren Treppenfläche t"	„oberen Treppenfläche T"

zur Funktion f (Bild 31.2).

4. Wir müssen nun die Zerlegung des Intervalls [a; b] „verfeinern", d. h., wir müssen eine **Folge** von Zerlegungen $Z_1, Z_2, Z_3, \ldots, Z_\nu, \ldots$ bilden, bei der die Anzahl der Teilintervalle von Zerlegung zu Zerlegung wächst und die Intervallbreiten immer kleiner werden.

Bezeichnen wir die Anzahl der Teilintervalle der ν-ten Zerlegung Z_ν mit „n", so gilt offensichtlich

$$n \geq \nu.$$

Ist also (Z_ν) eine **unendliche** Folge, so sind auch (s_n) und (S_n) unendliche Folgen, d. h., aus $\nu \to \infty$ folgt auch $n \to \infty$.

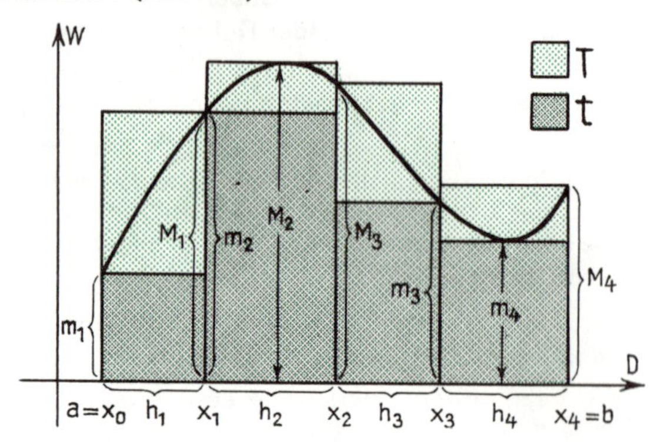

$$s_4 = m_1 h_1 + m_2 h_2 + m_3 h_3 + m_4 h_4$$
$$S_4 = M_1 h_1 + M_2 h_2 + M_3 h_3 + M_4 h_4$$

Bild 31.2

Wir müssen die Zerlegungsfolge (Z_ν) nun so wählen, daß die Intervallbreiten sämtlicher Teilintervalle gegen Null konvergieren. Andernfalls könnten (bei nichtkonstanten Funktionen) die Grenzwerte von Unter- und Obersummen nicht übereinstimmen (Aufgabe 1). Es leuchtet unmittelbar ein, daß wir nur zu verlangen brauchen, daß die Folge der jeweils größten Intervallängen der einzelnen Zerlegungen gegen Null konvergieren. Daher definieren wir:

D 31.3 **Eine Zerlegungsfolge (Z_ν) heißt „ausgezeichnet" genau dann, wenn die Folge, die aus den Längen der jeweils größten Intervalle der einzelnen Zerlegungen Z_ν gebildet ist, eine Nullfolge ist.**

Besonders einfach sind natürlich solche Zerlegungsfolgen, bei denen die Intervalle jeder einzelnen Zerlegung **dieselbe** Länge haben.

Beispiele: **1)** $h_k = \frac{b-a}{\nu}$ **2)** $h_k = \frac{b-a}{2^\nu}$ (jeweils für $k = 1, 2, \ldots, n$)

Beachte: Hier bezeichnet „h_k" die konstante Intervallbreite aller Intervalle der Zerlegung Z_ν. In Beispiel 1) ist $n = \nu$; in Beispiel 2) ist $n = 2^\nu$.

5. Mit Hilfe des in § 9 definierten Begriffs des Grenzwertes einer Zahlenfolge können wir nun auch allgemein den Begriff der **„Integrierbarkeit"** und den Begriff des **„bestimmten Integrals"** definieren.

D 31.4 **Eine Funktion f heißt „integrierbar über einem Intervall [a; b]" genau dann, wenn es eine Zahl s gibt, so daß für jede ausgezeichnete Zerlegungsfolge (Z_ν) gilt:** $\lim\limits_{n\to\infty} s_n = \lim\limits_{n\to\infty} S_n = s.$

Den gemeinsamen Grenzwert der Unter- und der Obersummenfolge nennt man das „bestimmte Integral" der Funktion f über dem Intervall [a; b] und bezeichnet diesen Grenzwert mit

$$„\int_a^b f(x)\,dx“.$$

Man nennt das so definierte bestimmte Integral nach dem deutschen Mathematiker Bernhard Riemann (1828–1866) auch das **„Riemannsche Integral"**.

6. Zu dieser allgemeinen Definition des Begriffs des bestimmten Integrals sind einige Anmerkungen zu machen.

1) Die Untersummen und die Obersummen brauchen, wenn sie überhaupt konvergieren, keineswegs immer **denselben** Grenzwert zu haben. In der Definition kommt es aber entscheidend darauf an, daß die beiden Grenzwerte übereinstimmen.

Beispiel:

$$f(x) = \begin{cases} 1 \text{ für alle } x \in \mathbb{Q} \\ 2 \text{ für alle } x \in (\mathbb{R} \setminus \mathbb{Q}) \end{cases}$$

Für das Intervall [0; 1] ist

$$\lim_{n\to\infty} s_n = 1 \text{ und } \lim_{n\to\infty} S_n = 2.$$

(Bild 31.3)

Die Funktion f ist in [0; 1] also **nicht** integrierbar.

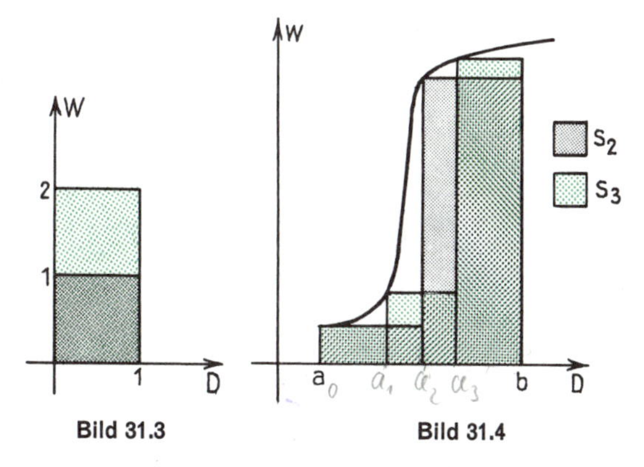

Bild 31.3 Bild 31.4

2) Anders als beim Beispiel aus § 30, III wird in D 31.4 **nicht** verlangt, daß die beiden Folgen (s_n) und (S_n) eine Intervallschachtelung bilden, sondern lediglich, daß beide Folgen denselben Grenzwert haben. Die beiden Folgen brauchen also **nicht** unbedingt monoton zu sein. Bild 31.4 zeigt ein Beispiel, bei dem gilt: $s_3 < s_2$.

3) Zu beachten ist nicht zuletzt die in D 31.4 enthaltene Bedingung, daß der Grenzwert für **jede** ausgezeichnete Zerlegungsfolge (Z_ν) der **gleiche** sein muß. Es erhebt sich die Frage, ob es überhaupt zu verschiedenen Zerlegungsfolgen verschiedene Grenzwerte geben kann. Diese Frage beantwortet der Satz:

S 31.1

Gibt es eine ausgezeichnete Zerlegungsfolge (Z_ν) mit $\lim\limits_{n\to\infty} s_n = \lim\limits_{n\to\infty} S_n = s$, so gilt für jede andere ausgezeichnete Zerlegungsfolge (Z'_ν) ebenfalls: $\lim\limits_{n\to\infty} s'_n = \lim\limits_{n\to\infty} S'_n = s$.

Auf den Beweis für diesen Satz müssen wir hier verzichten. Diese Lücke wird in einer vertiefenden Untersuchung des Integralbegriffs im Band Analysis II geschlossen.

Dieser Satz ist von weitreichender Bedeutung; er gestattet es nämlich, ein bestimmtes Integral durch Auswahl einer einzigen ausgezeichneten Zerlegungsfolge zu berechnen. Von dieser Möglichkeit haben wir bereits bei den Beispielen in § 30, III und IV Gebrauch gemacht.

4) Zum Integralsymbol vergleiche man die Bemerkungen in § 30, III. Es sei insbesondere darauf hingewiesen, daß wir erst in § 33 begründen können, daß es zweckmäßig ist, im Integralsymbol das Differential dx als Faktor zu verwenden.

7. Abschließend erwähnen wir noch einige Bezeichnungen, die im Zusammenhang mit bestimmten Integralen verwendet werden. Den Term f (x) im Zeichen „$\int_a^b f(x)\,dx$" nennt man den **„Integranden"**. Die zugehörige Funktion f nennt man die **„Integrandfunktion"**. Das Intervall [a; b] heißt das **„Integrationsintervall"**, a heißt die **„untere Grenze"**, b heißt die **„obere Grenze"** des Integrals; und die Variable x heißt die **„Integrationsvariable"**. Wir haben oben schon erwähnt, daß die Integrationsvariable eine „gebundene Variable" ist, daß sie beliebig umbenannt werden kann, daß aber nicht in sie eingesetzt werden darf.

II. Beispiele für die Berechnung bestimmter Integrale

1. Wir ergänzen in diesem Abschnitt die bereits in § 30, III, IV berechneten bestimmten Integrale durch zwei weitere **Beispiele.** Wir berechnen das bestimmte Integral zu $f(x) = x^3$ in einem Intervall [0; b] mit $b \in \mathbb{R}^{>0}$ (Bild 31.5).

Wir wählen Zerlegungen Z_n mit Intervallen der Länge $h = \frac{b}{n}$, also $b = h \cdot n$.

Dann ist:

$$\begin{aligned} s_n &= [f(h) + f(2h) + \ldots + f((n-1)h)]\,h \\ &= [h^3 + (2h)^3 + \ldots + ((n-1)h)^3] \cdot h \\ &= [1^3 + 2^3 + \ldots + (n-1)^3] \cdot h^4. \end{aligned}$$

$$\begin{aligned} S_n &= [f(h) + f(2h) + \ldots + f(nh)] \cdot h \\ &= [h^3 + (2h)^3 + \ldots + (nh)^3] \cdot h \\ &= [1^3 + 2^3 + \ldots + n^3] \cdot h^4. \end{aligned}$$

Nun gilt für alle $n \in \mathbb{N}$: $\sum_{k=1}^{n} k^3 = \left(\frac{n(n+1)}{2}\right)^2$ und $\sum_{k=1}^{n-1} k^3 = \left(\frac{n(n-1)}{2}\right)^2$ (mit $n \in \mathbb{N}^{\neq 1}$).

Daher ist:

$$s_n = \frac{n^2(n-1)^2}{4n^4} \cdot b^4 \text{ und}$$

$$S_n = \frac{n^2(n+1)^2}{4n^4} \cdot b^4 \text{ und}$$

$$\lim_{n\to\infty} S_n = \lim_{n\to\infty} s_n = \frac{b^4}{4}.$$

Also gilt für $b \in \mathbb{R}^{>0}$:

$$\int_0^b x^3 dx = \frac{b^4}{4}.$$

Setzen wir z. B. $b = 2$, so ist $\int_0^2 x^3 dx = \frac{2^4}{4} = 4$.

2. $f(x) = 1 - x^2$ im Intervall [0; b] mit $b \in \mathbb{R}^{>0}$ (Bild 31.6).

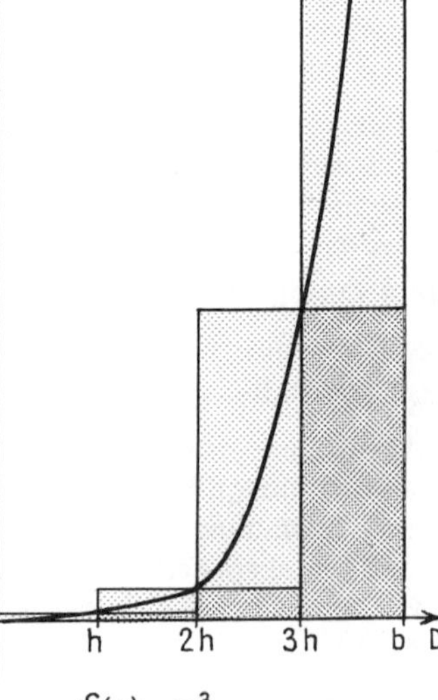
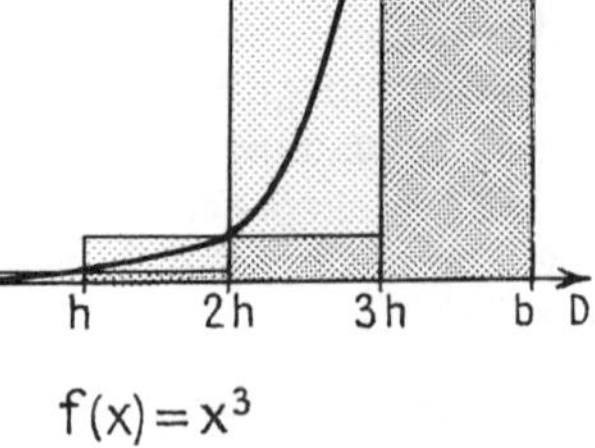
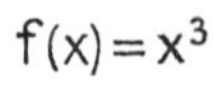

Bild 31.5

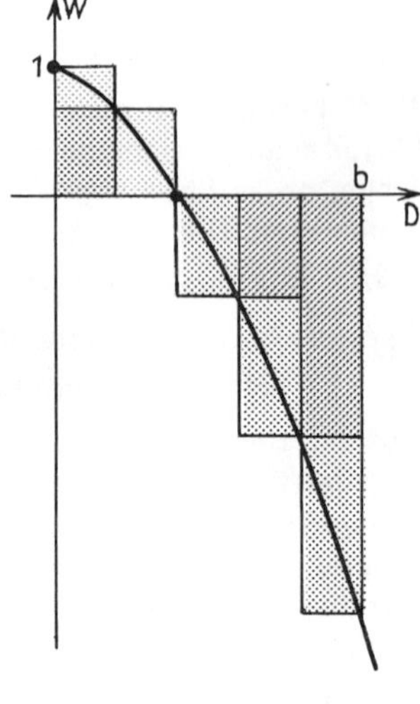

Bild 31.6

Wir wählen wiederum $h = \frac{b}{n}$. Dann ist:

$$s_n = [f(h) + f(2h) + \dots + f(nh)]\,h = [(1 - h^2) + (1 - 2^2h^2) + \dots + (1 - n^2h^2)]\,h$$
$$= nh - (1^2 + 2^2 + \dots + n^2)\,h^3 = b - \frac{n(n+1)(2n+1)}{6n^3} \cdot b^3.$$
$$S_n = [f(0) + f(h) + \dots + f((n-1)h)]\,h = [1 + (1 - h^2) + (1 - 2^2h^2) + \dots + (1 - (n-1)^2h^2)]\,h$$
$$= nh - (1^2 + 2^2 + \dots (n-1)^2)\,h^3 = b - \frac{n(n-1)(2n-1)}{6n^3}\,b^3.$$

Also ist $\lim\limits_{n\to\infty} s_n = \lim\limits_{n\to\infty} S_n = b - \frac{b^3}{3}$ und mithin für $b \in \mathbb{R}^{>0}$: $\int\limits_0^b (1 - x^2)\,dx = b - \frac{b^3}{3}$.

Setzen wir z. B. $b = 2$, so erhalten wir: $\int\limits_0^2 (1 - x^2)\,dx = 2 - \frac{2^3}{3} = \frac{6-8}{3} = -\frac{2}{3}$.

III. Die Integrierbarkeit der in einem Intervall monotonen und beschränkten Funktionen

1. Wir haben im I. Abschnitt dieses Paragraphen den Begriff des bestimmten Integrals definiert. Es erhebt sich die Frage, unter welchen Bedingungen eine Funktion f über einem Intervall integrierbar ist oder nicht, ob es vielleicht ganze Klassen integrierbarer Funktionen gibt.

Es leuchtet zunächst unmittelbar ein, daß eine Funktion f über einem Intervall [a; b] nur dann integrierbar sein kann, wenn sie über diesem Intervall **beschränkt** ist. Andernfalls existiert nämlich wenigstens in einem Teilintervall A_k entweder die untere Grenze m_k oder die obere Grenze M_k der Funktionswerte nicht und wenigstens eine der beiden Näherungsummen s_n oder S_n kann nicht gebildet werden.

2. Man könnte vermuten, daß auch die Stetigkeit der Funktion eine notwendige Bedingung für die Integrierbarkeit ist. Daß dies jedoch nicht der Fall ist, wird bereits durch den Fall von Bild 31.7 nahegelegt. Es ist anschaulich klar, daß das Integral existiert, obwohl die Funktion an einigen Stellen des Intervalls [a; b] Sprungstellen aufweist, also unstetig ist.

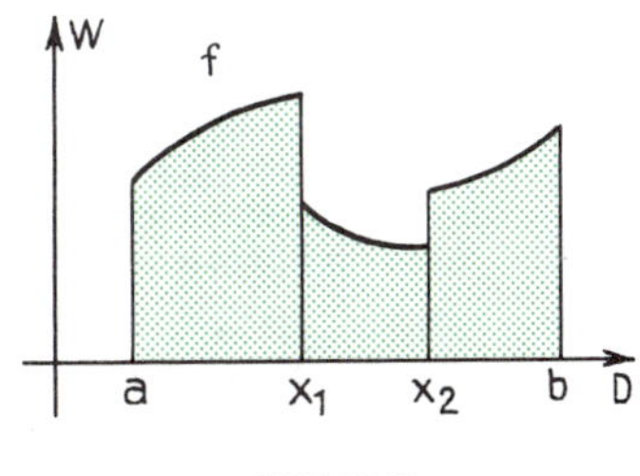

Bild 31.7

3. Die Integrierbarkeit läßt sich vielmehr schon dann beweisen, wenn wir von der betrachteten Funktion voraussetzen, daß sie in [a; b] beschränkt und „stückweise" **monoton** ist; damit ist gemeint, daß sich das betrachtete Intervall [a; b] so in eine **endliche** Zahl von Teilintervallen zerlegen läßt, daß die Funktion über **jedem Teilintervall monoton,** also monoton steigend oder monoton fallend ist.

Wir beweisen daher zunächst den Satz

S 31.2 **Ist eine Funktion f über einem Intervall [a; b] monoton (und daher auch beschränkt), so ist sie über [a; b] auch integrierbar.**

Wir führen den **Beweis** für den Fall einer **monoton steigenden** Funktion.

1) Da wir vorausgesetzt haben, daß die Funktion über dem gesamten Intervall [a; b] beschränkt ist, besitzt die Funktion nach S 8.4 in **jedem** Teilintervall $A_k \subset [a; b]$ eine untere Grenze m_k und eine obere Grenze M_k. Daraus ergibt sich, daß für **jede** Zerlegung Z_ν sowohl die Untersumme s_n wie die Obersumme S_n existiert.

2) Zur Vereinfachung der Beweisführung ziehen wir den Satz S 31.1 heran. Dieser gestattet es nämlich, eine **beliebige** ausgezeichnete Zerlegungsfolge (Z_ν) auszuwählen. Und zwar gehen wir so vor, daß wir von Schritt zu Schritt die Intervalle halbieren:

$$\text{Zerlegung } Z_1: \quad h_1 = b - a$$

$$\text{Zerlegung } Z_2: \quad h_2 = \frac{b-a}{2}$$

$$\text{Zerlegung } Z_3: \quad h_3 = \frac{b-a}{2^2}$$

$$\cdots\cdots\cdots\cdots\cdots\cdots$$

$$\text{Zerlegung } Z_\nu: \quad h_\nu = \frac{b-a}{2^{\nu-1}}$$

Diese Zerlegungsfolge hat die Eigenschaft, daß von Schritt zu Schritt eine „Weiterzerlegung" stattfindet; dies bedeutet, daß alle schon vorhandenen Teilpunkte in den folgenden Zerlegungen erhalten bleiben, daß lediglich in jedem Schritt neue Teilpunkte hinzugefügt werden.

3) Aus der Tatsache, daß es sich in jedem Schritt um eine **Weiterzerlegung** handelt, ergibt sich, daß (s_n) monoton steigend, (S_n) monoton fallend ist.

Die Bilder 31.8 und 31.9 zeigen, daß bei Halbierung eines beliebigen Teilintervalls $A = [x_1; x_2]$ jeweils das grün unterlegte Rechteck zur Untersumme hinzukommt bzw. aus der Obersumme weggenommen wird.
Dies läßt sich mit den Bezeichnungen der Bilder 31.8 und 31.9 beweisen, wenn man berücksichtigt, daß aus der vorausgesetzten Monotonie der Funktion f folgt, daß $m_2 \geq m_1$ und $M_2 \leq M_1$ ist.
Daraus ergibt sich nämlich

$$m_1 \cdot \frac{h}{2} + m_2 \cdot \frac{h}{2} = (m_1 + m_2) \cdot \frac{h}{2} \geq 2m_1 \cdot \frac{h}{2} = m_1 \cdot h \text{ und}$$

$$M_1 \cdot \frac{h}{2} + M_2 \cdot \frac{h}{2} = (M_1 + M_2) \frac{h}{2} \leq 2M_1 \cdot \frac{h}{2} = M_1 \cdot h.$$

Bei der Halbierung der Intervalle wird also

die Untersumme nicht kleiner, sondern höchstens größer.	die Obersumme nicht größer, sondern höchstens kleiner.

Das aber bedeutet, daß die Folge

(s_n) monoton steigend ist.	(S_n) monoton fallend ist.

Zeige, daß die vorstehenden Überlegungen auch für den Fall gelten, daß die Funktion im Inneren des Intervalls eine Sprungstelle hat; vgl. Bild 31.12 (Aufgabe 2)!

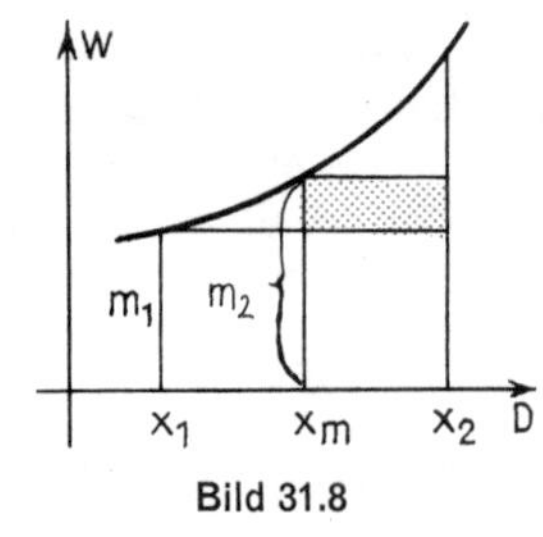

Bild 31.8

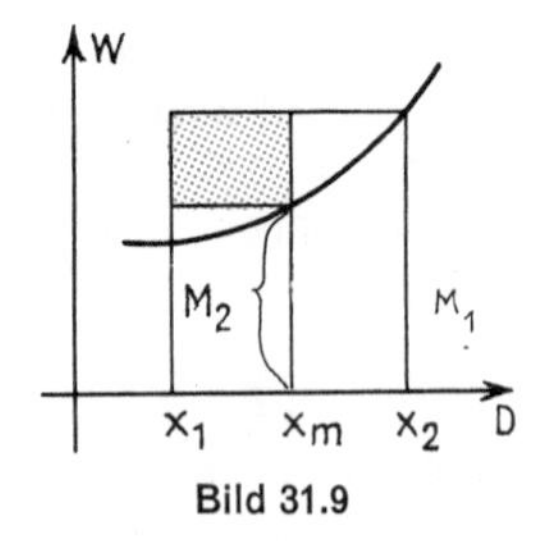

Bild 31.9

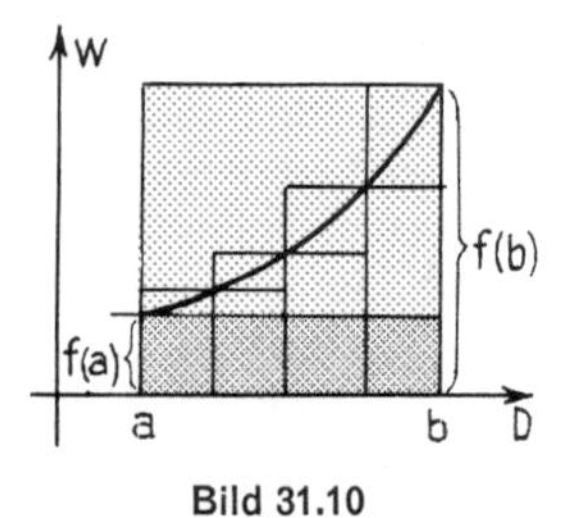

Bild 31.10

4) Außerdem sind die beiden Zahlenfolgen (s_n) und (S_n) **beschränkt;** denn es gilt für alle $n \in \mathbb{N}$:

$$f(a) \cdot (b - a) \leq s_n \leq f(b) \cdot (b - a) \quad \text{und auch} \quad f(a) \cdot (b - a) \leq S_n \leq f(b) \cdot (b - a).$$

Begründe dies anhand von Bild 31.10 (Aufgabe 3)!

5) Da also beide Zahlenfolgen monoton und beschränkt sind, haben sie nach S 9.4 einen Grenzwert:

$$\lim_{n\to\infty} s_n = s$$

und $\lim_{n\to\infty} S_n = S.$

6) Wir haben nun noch zu zeigen, daß die beiden Grenzwerte übereinstimmen, daß also gilt $s = S$.
Dazu beweisen wir, daß die Differenzenfolge $(S_n - s_n)$ eine Nullfolge ist.

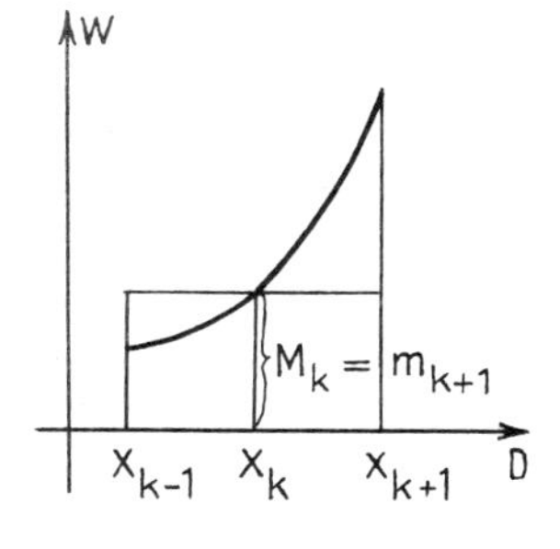

Bild 31.11

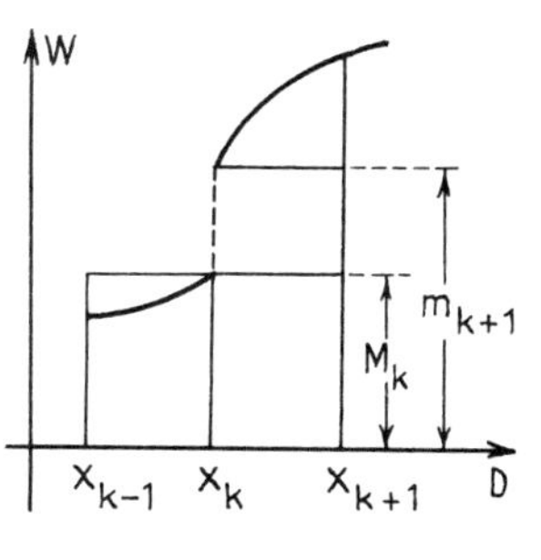

Bild 31.12

Es gilt für alle $n \in \mathbb{N}$:

$$S_n - s_n = (M_1 + M_2 + \ldots + M_n) \cdot h_\nu - (m_1 + m_2 + \ldots + m_n) \cdot h_\nu.$$

Beachte: „h_ν" bezeichnet die Länge der Intervalle der Zerlegung Z_ν; „n" bezeichnet die Anzahl der Intervalle von Z_ν!

Ist die Funktion an der Randstelle zwischen zwei Teilintervallen A_k und A_{k+1} stetig, so gilt

$$M_k = m_{k+1} \text{ (Bild 31.11);}$$

hat sie zufällig an der Stelle x_k eine Sprungstelle, so gilt wegen der Monotonie von f:

$$M_k < m_{k+1} \text{ (Bild 31.12).}$$

In jedem Fall gilt also: $M_k \leq m_{k+1}$.

Wenn man daher in obigem Term $S_n - s_n$ M_k durch m_{k+1} ersetzt, so ergibt sich:

$$\begin{aligned} S_n - s_n &= [(M_1 + M_2 + \ldots + M_{n-1} + M_n) - (m_1 + m_2 + \ldots + m_n)] \cdot h_\nu \\ &\leq [(m_2 + m_3 + \ldots + m_n \quad + M_n) - (m_1 + m_2 + \ldots + m_n)] \cdot h_\nu \\ &\leq (M_n - m_1) \cdot h_\nu = [f(b) - f(a)] \cdot h_\nu. \end{aligned}$$

Wegen $h_\nu = \frac{b-a}{2^{\nu-1}}$ gilt also: $S_n - s_n \leq [f(b) - f(a)] \cdot \frac{b-a}{2^{\nu-1}}$.

Da a, b, f (a) und f (b) in jedem Fall für bestimmte Zahlen stehen, gilt:

$$\lim_{n\to\infty} (S_n - s_n) \leq \lim_{\nu\to\infty} \left([f(b) - f(a)] \cdot \frac{b-a}{2^{\nu-1}}\right) = 0.$$

wegen $S_n \geq s_n$, also $S_n - s_n \geq 0$ kann der Grenzwert nicht negativ sein, es gilt also:

$$\lim_{n\to\infty} (S_n - s_n) = 0.$$

Daraus folgt – weil wir die Existenz der beiden Grenzwerte schon nachgewiesen haben –:

$$\lim_{n\to\infty} s_n = \lim_{n\to\infty} S_n.$$

Also existiert nach D 31.4 das bestimmte Integral $\int_a^b f(x)\,dx$, q. e. d.

Der Beweis für monoton fallende Funktionen ist entsprechend zu führen.

IV. Integrierbare Funktionen

1. Im vorigen Abschnitt haben wir bewiesen, daß alle über einem Intervall beschränkten und monotonen Funktionen über diesem Intervall integrierbar sind.

Viele der uns bekannten Funktionen sind zwar nicht in ihrer ganzen Definitionsmenge, wohl aber „stückweise", d. h. über Teilintervallen monoton. Es ist zu vermuten, daß sie dann auch über jedem Intervall $[a; b] \subseteq D(f)$ integrierbar sind.

Wir beweisen daher den Satz

S 31.3 **Gilt $a < b < c$ und ist eine Funktion f über [a; b] und über [b; c] integrierbar, so ist sie auch über [a; c] integrierbar; es gilt:**

$$\int_a^c f(x)\,dx = \int_a^b f(x)\,dx + \int_b^c f(x)\,dx.$$

Beweis: Nach Voraussetzung gibt es für [a; b] eine Zerlegungsfolge (Z'_ν) und für [b; c] eine Zerlegungsfolge (Z''_ν), so daß für die Folgen der Unter- und Obersummen gilt:

$$\lim_{n\to\infty} s'_n = \lim_{n\to\infty} S'_n = \int_a^b f(x)\,dx \quad \text{und} \quad \lim_{m\to\infty} s''_m = \lim_{m\to\infty} S''_m = \int_b^c f(x)\,dx.$$

Aus (Z'_ν) und (Z''_ν) bilden wir eine Zerlegungsfolge (Z_ν) für das Intervall [a; c] dadurch, daß wir jede Zerlegung Z_ν aus den beiden Einzelzerlegungen Z'_ν und Z''_ν zusammensetzen. In Bild 31.13 ist dies für eine Zerlegung Z_ν gezeigt.

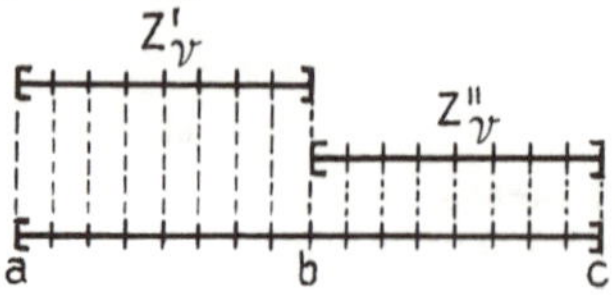

Bild 31.13

Für die zu [a; c] gehörenden Untersummen und Obersummen gilt dann: $\quad s_k = s'_n + s''_m$ und $S_k = S'_n + S''_m$ mit $k = n + m$.

Aus dem Grenzwertsatz S 10.1 ergibt sich:

$$\lim_{k\to\infty} s_k = \lim_{n,m\to\infty} (s'_n + s''_m) = \lim_{n\to\infty} s'_n + \lim_{m\to\infty} s''_m = \int_a^b f(x)\,dx + \int_b^c f(x)\,dx$$

und

$$\lim_{k\to\infty} S_k = \lim_{n,m\to\infty} (S'_n + S''_m) = \lim_{n\to\infty} S'_n + \lim_{m\to\infty} S''_m = \int_a^b f(x)\,dx + \int_b^c f(x)\,dx.$$

Da die Grenzwerte der Unter- und der Obersummen nach Voraussetzung existieren und übereinstimmen, existiert auch

$$\int_a^c f(x)\,dx \quad \text{und es gilt:} \quad \int_a^c f(x)\,dx = \int_a^b f(x)\,dx + \int_b^c f(x)\,dx, \quad \text{q. e. d.}$$

2. Ähnlich beweist man den Satz

S 31.4 **Gilt $a < b < c$ und ist eine Funktion f über [a; b] und über [a; c] integrierbar, so ist sie auch über [b; c] integrierbar; es gilt:**

$$\int_b^c f(x)\,dx = \int_a^c f(x)\,dx - \int_a^b f(x)\,dx.$$

Der Beweis soll in Aufgabe 4 geführt werden.

Beispiele:

1) $\displaystyle\int_a^b x^2\,dx = \int_0^b x^2\,dx - \int_0^a x^2\,dx = \frac{b^3}{3} - \frac{a^3}{3}$ $\quad$ 2) $\displaystyle\int_a^b x^3\,dx = \int_0^b x^3\,dx - \int_0^a x^3\,dx = \frac{b^4}{4} - \frac{a^4}{4}$

3. Aus den Sätzen S 31.2 und S 31.3 ergibt sich nun sofort, daß alle Funktionen integrierbar sind, die beschränkt und stückweise monoton sind. Es gilt der Satz:

S 31.5 **Ist eine Funktion f über einem Intervall [a; b] beschränkt und läßt sich das Intervall [a; b] so in eine endliche Zahl von Teilintervallen zerlegen, daß f über jedem Teilintervall A_k monoton ist, so ist f integrierbar über [a; b].**

Der Beweis soll in Aufgabe 6 geführt werden.

4. Nach S 31.5 sind viele der uns bekannten Funktionen integrierbar über Intervallen $[a; b] \subseteq D(f)$. Es sind dies z. B.

1) die ganzen rationalen Funktionen, **2)** die gebrochenen rationalen Funktionen,

3) die trigonometrischen Funktionen,

Alle diese Funktionen sind stetig in ihrer jeweiligen Definitionsmenge. Man kann daher vermuten, daß alle über einem Intervall [a; b] stetigen Funktionen über [a; b] auch integrierbar sind. In der Tat gilt der Satz:

Jede über einem Intervall [a; b] stetige Funktion ist über [a; b] auch integrierbar. **S 31.6**

Man könnte vermuten, daß man zum **Beweis** dieses Satzes den Satz S 31.5 heranziehen könnte. Dies würde jedoch nicht zum Ziel führen. Es gibt nämlich Funktionen, die über einem Intervall A zwar stetig, aber **nicht** stückweise monoton sind, für die es also keine Zerlegung des Intervalls A in eine endliche Anzahl von Teilintervallen gibt, so daß die betreffende Funktion f über jedem Teilintervall monoton wäre.
Da der Beweis von S 31.6 zusätzliche Hilfsmittel erfordert, wollen wir hier auf ihn verzichten. Wir verweisen auf den zweiten Analysisband.

V. Integrationsregeln

1. Bisher haben wir den Begriff des bestimmten Integrals $\int_a^b f(x)\,dx$ nur definiert für den Fall, daß $a < b$ ist. Es erweist sich als zweckmäßig, den Begriff des bestimmten Integrals so zu erweitern, daß auch $a > b$ und $a = b$ zugelassen sind.

Ist $a = b$, so liegt ein „entartetes" Intervall [a; a] mit der Länge Null vor. Auch die Fläche unter der Kurve ist zur Ordinate f (a), also zu einer Strecke, entartet. Untersummen und Obersummen im Sinne der Definitionen D 31.1 und D 31.2 lassen sich nicht bilden, weil das entartete Intervall [a; a] nicht in (eigentliche) Teilintervalle zerlegt werden kann. Man kann den Integralbegriff aber formal erweitern, indem man entartete Teilintervalle der Länge $h = 0$ benutzt. Dann haben auch alle „Untersummen" und „Obersummen" und damit auch das Integral den Wert Null. Man definiert:

Ist eine Funktion f an einer Stelle a definiert, so gilt: $\int_a^a f(x)\,dx =_{Df} 0.$ **D 31.5**

2. Gilt $a > b$, so liegt es nahe, anstelle einer Zerlegung nach D 31.1 eine Zerlegung Z' zu benutzen, die der Bedingung $a = x_0 > x_1 > x_2 > \ldots > x_{n-1} > x_n = b$ genügt. Alle Zahlen $h_k = x_k - x_{k-1}$ sind dann **negativ**: $h_k < 0$.

Die Näherungssummen s_n und S_n werden genauso wie in D 31.2 gebildet, unterscheiden sich aber von diesen wegen $h_k < 0$ sämtlich durch das Vorzeichen. Dieser Vorzeichenunterschied überträgt sich auch auf die Grenzwerte.

Es liegt also nahe, den Integralbegriff für $a > b$ folgendermaßen zu definieren:

Ist eine Funktion f über einem Intervall [b; a] integrierbar, so ist **D 31.6**

$$\int_a^b f(x)\,dx =_{Df} -\int_b^a f(x)\,dx.$$

Bemerkung: Läßt man in D 31.6 auch $a = b$ zu, so kann D 31.5 auf D 31.6 zurückgeführt werden (Aufgabe 9).

3. Enthält der „Integrand“ einen konstanten Faktor, so kann man diese Zahl als Faktor vor das Integral schreiben. Es gilt der Satz:

S 31.7 **Ist eine Funktion f integrierbar über [a; b], so gilt für alle $c \in \mathbb{R}$:**

$$\int_a^b [c \cdot f(x)]\,dx = c \cdot \int_a^b f(x)\,dx.$$

Beweis: Wir bezeichnen die Näherungssummen von D 31.2 von $\int_a^b f(x)\,dx$ mit „s_n“ bzw. „S_n“, die Näherungssummen von $\int [c \cdot f(x)]\,dx$ mit „s_n'“ bzw. „S_n'“.

Dann gilt für $c \geq 0$:

$$s_n' = \sum_{k=1}^{n} (c \cdot m_k)\,h_k = \sum_{k=1}^{n} c\,(m_k h_k) = c \cdot \sum_{k=1}^{n} m_k h_k = c \cdot s_n$$

$$\text{und } S_n' = \sum_{k=1}^{n} (c \cdot M_k)\,h_k = \sum_{k=1}^{n} c\,(M_k h_k) = c \cdot \sum_{k=1}^{n} M_k h_k = c \cdot S_n.$$

Daher gilt auch:

$$\lim_{n\to\infty} s_n' = \lim_{n\to\infty} (c \cdot s_n) = c \cdot \lim_{n\to\infty} s_n \quad \text{und} \quad \lim_{n\to\infty} S_n' = \lim_{n\to\infty} (c \cdot S_n) = c \cdot \lim_{n\to\infty} S_n.$$

Daraus folgt unmittelbar die Behauptung. Der Fall $c < 0$ soll in Aufgabe 10a) behandelt werden.

Beispiele: 1) $\int_a^b 3x^2\,dx = 3 \cdot \int_a^b x^2\,dx = 3 \cdot \left(\frac{b^3}{3} - \frac{a^3}{3}\right)$ 2) $\int_a^b 5x^3\,dx = 5 \cdot \int_a^b x^3\,dx = 5 \cdot \left(\frac{b^4}{4} - \frac{a^4}{4}\right)$

4. Besteht ein Integrand aus zwei Summanden, so kann man summandweise integrieren, falls die Einzelintegrale existieren. Es gilt der Satz

S 31.8 **Sind zwei Funktionen f_1 und f_2 integrierbar über [a; b], so ist auch die Funktion f zu $f(x) = f_1(x) + f_2(x)$ integrierbar über [a; b], und es gilt:**

$$\int_a^b f(x)\,dx = \int_a^b [f_1(x) + f_2(x)]\,dx = \int_a^b f_1(x)\,dx + \int_a^b f_2(x)\,dx.$$

Beweis: Wir bezeichnen die zu f_1 gehörenden Größen mit einem Strich, die zu f_2 gehörenden Größen mit zwei Strichen, die zu f gehörenden Größen ohne Strich. Dann gilt für die unteren (oberen) Grenzen dieser Funktionen im Intervall A_k:

$$m_k \geq m_k' + m_k'' \qquad \Big| \qquad M_k \leq M_k' + M_k'' \text{ (Aufgabe 10b).}$$

Somit gilt für eine Zerlegung Z_ν:

$$s_n' + s_n'' = \sum_{k=1}^{n} m_k' \cdot h_k + \sum_{k=1}^{n} m_k'' \cdot h_k = \sum_{k=1}^{n} (m_k' + m_k'') \cdot h_k \leq \sum_{k=1}^{n} m_k \cdot h_k = s_n$$

$$\text{und } S_n' + S_n'' = \sum_{k=1}^{n} M_k' \cdot h_k + \sum_{k=1}^{n} M_k'' \cdot h_k = \sum_{k=1}^{n} (M_k' + M_k'') \cdot h_k \geq \sum_{k=1}^{n} M_k \cdot h_k = S_n.$$

Ferner gilt nach D 31.2:

$$s_n' + s_n'' \leq S_n' + S_n'' \text{ und } s_n \leq S_n$$

und somit:

$$s_n' + s_n'' \leq s_n \leq S_n \leq S_n' + S_n''.$$

Wegen $\lim\limits_{n\to\infty}(s_n' + s_n'') = \lim\limits_{n\to\infty} s_n' + \lim\limits_{n\to\infty} s_n'' = \lim\limits_{n\to\infty} S_n' + \lim\limits_{n\to\infty} S_n'' = \int\limits_a^b f_1(x)\,dx + \int\limits_a^b f_2(x)\,dx$

müssen die Grenzwerte $\lim\limits_{n\to\infty} s_n$ und $\lim\limits_{n\to\infty} S_n$ existieren und gleich sein:

$$\lim_{n\to\infty} s_n = \lim_{n\to\infty} S_n = \int\limits_a^b [f_1(x) + f_2(x)]\,dx.$$

Daraus ergibt sich: $\int\limits_a^b [f_1(x) + f_2(x)]\,dx = \int\limits_a^b f_1(x)\,dx + \int\limits_a^b f_2(x)\,dx$, q. e. d.

Beispiele:

1) $\int\limits_0^b (x + x^2)\,dx = \int\limits_0^b x\,dx + \int\limits_0^b x^2\,dx = \frac{b^2}{2} + \frac{b^3}{3}$

2) $\int\limits_a^b (3x - 5x^2)\,dx = 3 \cdot \int\limits_a^b x\,dx - 5 \cdot \int\limits_a^b x^2\,dx = 3\left(\frac{b^2}{2} - \frac{a^2}{2}\right) - 5\left(\frac{b^3}{3} - \frac{a^3}{3}\right)$

VI. Der Mittelwertsatz der Integralrechnung

1. Dem Mittelwertsatz der Differentialrechnung entspricht ein Mittelwertsatz der Integralrechnung. Um den Beweis für diesen Satz in einfacher Weise führen zu können, beweisen wir zwei Hilfssätze.

Für jedes Intervall [a; b] ist $\int\limits_a^b 1 \cdot dx = b - a$. **S 31.9**

Beweis: Für alle $x \in [a; b]$ gilt $f(x) = 1$; daher gilt für jedes Intervall A_k: $m_k = M_k = 1$ und für jede Unter- und Obersumme:

$$s_n = \sum_{k=1}^{n} 1 \cdot h_k = b - a \quad \text{und} \quad S_n = \sum_{k=1}^{n} 1 \cdot h_k = b - a;$$

also gilt auch $\int\limits_a^b 1 \cdot dx = b - a$, q. e. d.

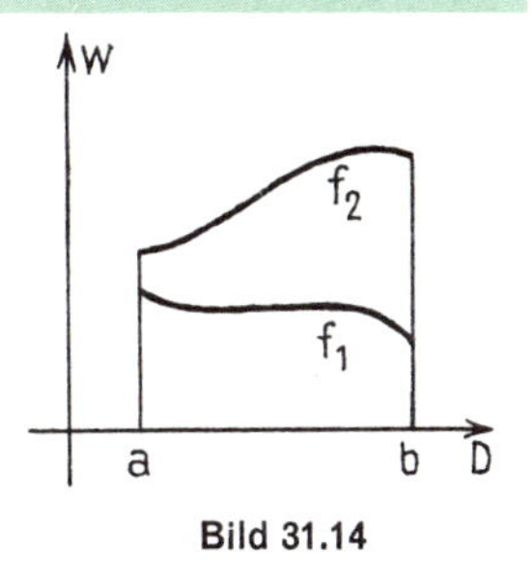

Bild 31.14

2. Sind alle Funktionswerte einer Funktion f_1 in einem Intervall [a; b] kleiner als die Funktionswerte von f_2 (Bild 31.14), so ist anschaulich klar, daß auch das Integral von f_1 kleiner ist als das Integral von f_2. Es gilt der Satz

Sind zwei Funktionen f_1 und f_2 integrierbar über einem Intervall [a; b] und gilt für alle $x \in [a; b]$ $f_1(x) \leq f_2(x)$, so gilt auch **S 31.10**

$$\int\limits_a^b f_1(x)\,dx \leq \int\limits_a^b f_2(x)\,dx.$$

Beweis: Wir bezeichnen die zu f_1 gehörenden Größen mit einem Strich, die zu f_2 gehörenden Größen mit zwei Strichen. Dann ergibt sich aus der Voraussetzung für alle k

$$m_k' \leq m_k'' \quad \text{und} \quad M_k' \leq M_k''.$$

Daraus folgt $s_n' = \sum_{k=1}^{n} m_k' h_k \leq \sum_{k=1}^{n} m_k'' h_k = s_n''$ und $S_n' = \sum_{k=1}^{n} M_k' h_k \leq \sum_{k=1}^{n} M_k'' h_k = S_n''$.

Also gilt auch $\lim\limits_{n\to\infty} s_n' = \lim\limits_{n\to\infty} S_n' \leq \lim\limits_{n\to\infty} s_n'' = \lim\limits_{n\to\infty} S_n''$;

das aber bedeutet: $\int_a^b f_1(x)\,dx \leq \int_a^b f_2(x)\,dx$, q. e. d.

3. Der sogenannte **„erste Mittelwertsatz der Integralrechnung"** besagt, daß es bei einer in einem Intervall [a; b] stetigen Funktion f stets eine Stelle $x_0 \in [a; b]$ gibt, so daß $f(x_0)$ ein **„Mittelwert"** der Funktion in diesem Intervall in dem Sinne ist, daß für das Integral gilt:

$$\int_a^b f(x)\,dx = f(x_0) \cdot (b - a).$$

Der Sachverhalt ist in Bild 31.15 für den Fall einer Funktion f, die im Intervall [a; b] nur positive Funktionswerte besitzt, dargestellt. Der Satz besagt für diesen Fall, daß der betreffende Normalbereich flächengleich ist zu dem Rechteck über dem Intervall [a; b] mit der Höhe $f(x_0)$.

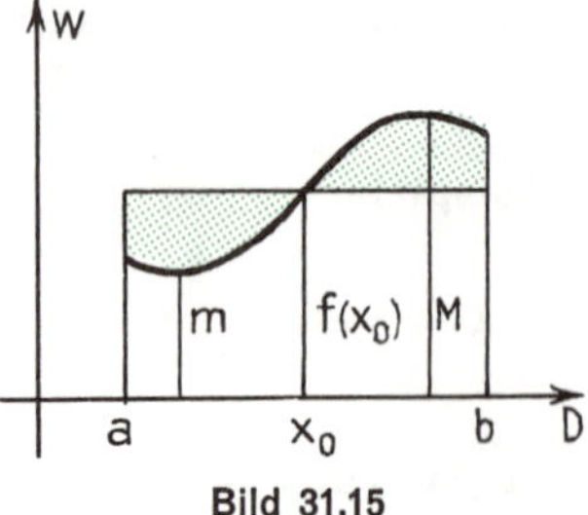

Bild 31.15

Der Satz lautet:

S 31.11 **Ist eine Funktion f stetig über einem Intervall [a; b], so gibt es stets eine Zahl $x_0 \in [a; b]$, so daß gilt:**

$$\int_a^b f(x)\,dx = f(x_0)(b - a).$$

Beweis: Jede integrierbare Funktion f besitzt im Intervall [a; b] eine untere Grenze m und eine obere Grenze M, d. h., es gibt zwei Zahlen m, $M \in \mathbb{R}$, so daß für alle $x \in [a; b]$ gilt: $m \leq f(x) \leq M$. (Ist f sogar stetig in [a; b], so ist nach S 18.9 m das Minimum, M das Maximum von f in [a; b].)

Daraus folgt nach S 31.10 und S 31.7: $m \cdot \int_a^b dx \leq \int_a^b f(x)\,dx \leq M \cdot \int_a^b dx$

und mithin nach S 31.9: $m(b - a) \leq \int_a^b f(x)\,dx \leq M(b - a)$.

Daraus folgt, daß es eine reelle Zahl μ mit $m \leq \mu \leq M$ gibt, so daß gilt:

$$\int_a^b f(x)\,dx = \mu\,(b - a).$$

Diese Aussage gilt für alle über einem Intervall [a; b] integrierbaren Funktionen.
Ist die Funktion sogar stetig über [a; b], so gibt es nach dem Zwischenwertsatz (S 18.6) eine Stelle $x_0 \in [a; b]$ mit $f(x_0) = \mu$.

Dann gilt also: $\int_a^b f(x)\,dx = f(x_0) \cdot (a - b)$, q. e. d.

Beachte:

1) Der Satz ist hier für den Fall bewiesen worden, daß $a < b$ ist. Der Beweis läßt sich leicht auch auf den Fall übertragen, daß $a \geq b$ ist (Aufgabe 13).
2) Erst bei der Anwendung des Zwischenwertsatzes haben wir von der Stetigkeit der betrachteten Funktion Gebrauch gemacht. Die Aussage

$$\int_a^b f(x)\,dx = \mu \cdot (b - a) \text{ mit } m \leq \mu \leq M$$

gilt für alle über [a; b] integrierbaren Funktionen. Es ist aber nicht gesagt, daß es bei einer über [a; b] nicht stetigen Funktion eine Stelle $x_0 \in [a; b]$ gibt mit $f(x_0) = \mu$.

Übungen und Aufgaben

1. Erläutere, warum bei der Definition des bestimmten Integrals nur „ausgezeichnete Zerlegungsfolgen" (D 31.3) benutzt werden dürfen! **Anleitung:** Zeige, daß die Untersummen s_n und die Obersummen S_n keinen gemeinsamen Grenzwert haben können, wenn man im Falle des Bildes 31.2 die Intervallbreite h_1 bei allen Zerlegungen Z_ν konstant hält und nur die Unterteilungen zwischen x_1 und x_4 im Sinne von D 31.1 verfeinert!

2. **Zeige, daß die im Beweis von S 31.2 benutzten Folgen (s_n) und (S_n) auch dann monoton sind,** wenn die Funktion f im betrachteten Intervall endliche Sprungstellen besitzt!

3. Begründe anhand von Bild 31.10, daß die im Beweis von S 31.2 benutzten Zahlenfolgen (s_n) und (S_n) beschränkt sind!

4. Beweise den Satz S 31.4!

5. **a)** Berechne $\int\limits_0^b x^4\,dx$ mit Hilfe der Grenzwerte der Näherungssummen s_n und S_n!

Anleitung: Für alle $n \in \mathbb{N}$ gilt: $\sum\limits_{k=1}^{n} k^4 = \frac{1}{30} n(n+1)(2n+1)(3n^2+3n-1)$.

b) Ermittle mit Hilfe des Ergebnisses von **a)** und von S 31.4 $\int\limits_a^b x^4\,dx$!

c) Berechne: $\int\limits_{-2}^{2} x^4\,dx$!

6. Beweise den Satz S 31.5!

7. Zeige mit Hilfe von S 31.5, daß die Funktionen zu den folgenden Termen in jedem Intervall $[a; b] \subseteq D(f)$ integrierbar sind! Ermittle die Intervalle, in denen die Funktionen monoton sind!

a) $f(x) = x^2 - 3x$ **b)** $f(x) = x^2 + 2x - 3$ **c)** $f(x) = 2x^2 + 2x - 12$
d) $f(x) = x^3 - 3x + 2$ **e)** $f(x) = 2x^3 + 3x^2 - 12x$ **f)** $f(x) = 2x^3 - 9x^2 - 24x$
g) $f(x) = \sqrt{x}$ **h)** $f(x) = \sqrt{2x-1}$ **i)** $f(x) = x + \sqrt{x+1}$
j) $f(x) = \sin x$ **k)** $f(x) = \cos x$ **l)** $f(x) = \sin(3x - 1)$
m) $f(x) = \cos\left(\pi - \frac{x}{2}\right)$ **n)** $f(x) = \sin 2x + 1$ **o)** $f(x) = \frac{1}{2}\cos 3x - 2$

8. Untersuche, in welchen Intervallen die durch die folgenden Terme gegebenen Funktionen integrierbar sind! **Anleitung:** Ermittle die Stellen, die **nicht** in einem Integrationsintervall liegen dürfen!

a) $f(x) = \frac{1}{x-1}$ **b)** $f(x) = \frac{x}{x+2}$ **c)** $f(x) = \frac{x+3}{x^2-1}$
d) $f(x) = \frac{2x-3}{x^2-3x-4}$ **e)** $f(x) = \frac{x^2-2x}{x^2+5x}$ **f)** $f(x) = \frac{2x-7}{x^3+x^2-2x}$
g) $f(x) = \tan x$ **h)** $f(x) = \cot x$ **i)** $f(x) = \frac{\cot x}{x-1}$
j) $f(x) = \frac{3x+5}{1+\sin x}$ **k)** $f(x) = \frac{1+\sin^2 x}{1-\sin^2 x}$ **l)** $f(x) = \frac{\tan 2x}{x^2+x}$

9. Zeige, daß sich die Definition D 31.5 auf die Definition D 31.6 zurückführen läßt, wenn man in D 31.6 auch $a = b$ zuläßt!

10. a) Beweise den Satz S 31.7 für den Fall $c < 0$!

b) Beweise die beim Beweis von S 31.8 benutzten Ungleichungen $m_k \geq m_k' + m_k''$ und $M_k \leq M_k' + M_k''$!

11. Berechne mit Hilfe von S 31.7 und S 31.8 die folgenden Integrale! Die Integrale $\int_a^b x dx = \frac{b^2 - a^2}{2}$ und $\int_a^b x^2 dx = \frac{b^3 - a^3}{3}$ und $\int_a^b x^3 dx = \frac{b^4 - a^4}{4}$ werden als bekannt vorausgesetzt.

a) $\int_2^3 5x\, dx$ **b)** $\int_{-1}^4 3x^2\, dx$ **c)** $\int_{-2}^2 \frac{x^2}{2} dx$

d) $\int_{-3}^{-1} 2x^3\, dx$ **e)** $\int_{-1}^1 \left(3x - \frac{x^2}{2}\right) dx$ **f)** $\int_0^2 (2x + 3x^2)\, dx$

g) $\int_{-1}^2 (x^3 - 3x^2 - 2x)\, dx$ **h)** $\int_{-2}^1 (4x^3 - x)\, dx$ **i)** $\int_{-1}^1 (2x + 3x^2 + 4x^3)\, dx$

12. Berechne: **a)** $\int_0^{-2} x^2\, dx$ **b)** $\int_1^{-1} 3x\, dx$ **c)** $\int_3^1 (4x - x^2)\, dx$ **d)** $\int_2^{-2} (3x^2 - 2x)\, dx$!

13. Zeige, daß der Mittelwertsatz der Integralrechnung auch gilt, wenn $a = b$ ist!

14. Man nennt die Zahl $\mu = \frac{\int_a^b f(x)\, dx}{b - a}$ den „Mittelwert der Funktion f im Intervall [a; b]".

Berechne mit Hilfe des Mittelwertsatzes S 31.11 die Mittelwerte der Funktionen zu den folgenden Termen in den Intervallen

1) $[0; 2]$ **2)** $[0; 4]$ **3)** $[-2; 2]$ **4)** $[-1; 3]$

a) $f(x) = x$ **b)** $f(x) = x^2$ **c)** $f(x) = 3x^2 - x$ **d)** $f(x) = x^2 - \frac{x}{2}$

e) $f(x) = x^3$ **f)** $f(x) = 2x + x^3$ **g)** $f(x) = x - x^2$ **h)** $f(x) = |x| + |x^3|$!

15. Berechne den Mittelwert der Funktion f zu $f(x) = |x^2 - 1|$ im Intervall $[0; 2]$! Berechne die Stelle(n) x_0 mit $f(x_0) = \mu$! (Vgl. Aufgabe 14!)

16. Berechne den Mittelwert der Funktionen zu den folgenden Termen im angegebenen Intervall! Berechne auch x_0 mit $f(x_0) = \mu$! (Vgl. Aufgabe 14!)

a) $f(x) = x^2 - 1$; $[1; 3]$ **b)** $f(x) = x^2 - 4x + 5$; $[1; 4]$ **c)** $f(x) = x + H(x)$; $[-1; 1]$

d) $f(x) = |x^2 - 4| + H(x - 2)$; $[1; 3]$ **e)** $f(x) = \frac{x^2 - 1}{x + 1}$; $[-2; 0]$, $f(-1) = -2$

17. Beweise: Ist f eine in einem Intervall $[a; b]$ $(a < b)$ stetige Funktion, gilt für alle $x \in [a; b]$: $f(x) \geq 0$ und gibt es ein $x_0 \in [a; b]$ mit $f(x_0) > 0$, so gilt: $\int_a^b f(x)\, dx > 0$.

18. Beweise: Ist f eine in einem Intervall $[a; b]$ $(a \leq b)$ stetige Funktion, so gilt:

$$\left| \int_a^b f(x)\, dx \right| \leq \int_a^b |f(x)|\, dx!$$

19. Beweise: Ist M die obere Grenze der Menge aller Funktionswerte einer in einem Intervall $[a; b]$ stetigen Funktion f, so gilt:

$$\int_a^b f(x)\, dx \leq M (b - a)!$$

20. Beweise:

a) Ist f eine gerade Funktion, so gilt $\int_{-a}^{a} f(x)\,dx = 2 \cdot \int_{0}^{a} f(x)\,dx$!

b) Ist f eine ungerade Funktion, so gilt $\int_{-a}^{a} f(x)\,dx = 0$!

§ 32 Der Hauptsatz der Infinitesimalrechnung

I. Das Integral als Funktion der oberen Grenze (Die Integralfunktion)

1. Wir haben in D 31.4 den Begriff des bestimmten Integrals als Grenzwert einer Summe definiert. Zur Berechnung eines bestimmten Integrals kann man zwei verschiedene Wege einschlagen:

1) Man wählt von vornherein zwei Zahlen als untere und obere Grenze; dann erhält man als bestimmtes Integral unmittelbar eine reelle Zahl.

2) Man erfaßt die beiden Integrationsgrenzen mit Hilfe von Formvariablen – z. B. a und b –; dann erhält man bei der Berechnung des Integrals zunächst einen Term in den Formvariablen a und b; setzt man in diesen Term ein Zahlenpaar ein, so ergibt sich der Integralwert für die betreffenden Grenzen.

Natürlich muß man die Grenzen so wählen, daß die Funktion f in dem fraglichen Intervall integrierbar ist.

Beispiel: $\int_{a}^{b} x^2\,dx = \frac{b^3}{3} - \frac{a^3}{3}$; $\int_{1}^{2} x^2\,dx = \frac{2^3}{3} - \frac{1^3}{3} = \frac{7}{3}$.

2. Bei vorgegebener Funktion f hängt also der Wert eines bestimmten Integrals vom Integrationsintervall [a; b], also von den beiden Integrationsgrenzen a und b ab. Die Abhängigkeit des Integralwertes von der **oberen Grenze** wollen wir jetzt näher untersuchen. Wir bezeichnen daher die obere Grenze von jetzt an mit der Variablen x. Dann müssen wir natürlich die Integrationsvariable anders bezeichnen. Da die Integrationsvariable eine **gebundene** Variable ist, kommt es auf die Bezeichnung nicht an; es ist z. B.

$$\int_{a}^{b} f(x)\,dx = \int_{a}^{b} f(t)\,dt = \int_{a}^{b} f(u)\,du = \int_{a}^{b} f(z)\,dz.$$

3. Bei variabler oberer Grenze ergibt sich als Integral ein Funktionsterm $\Phi(x)$.

Beispiele: **1)** $\int_{0}^{x} t^2\,dt = \frac{x^3}{3} = \Phi_1(x)$ **2)** $\int_{1}^{x} t^3\,dt = \frac{x^4}{4} - \frac{1}{4} = \Phi_2(x)$

Die zu dem jeweiligen Term $\Phi(x)$ gehörende Funktion Φ nennt man eine **„Integralfunktion zur Funktion f"**.

Da man zu einer Integrandfunktion f verschiedene **untere** Grenzen wählen kann, gibt es zu einer Integrandfunktion beliebig viele Integralfunktionen.

Beispiele:

1) $f(x) = x^2$: **a)** $\int_{0}^{x} t^2\,dt = \frac{x^3}{3} = \Phi_1(x)$; **b)** $\int_{2}^{x} t^2\,dt = \frac{x^3}{3} - \frac{8}{3} = \Phi_2(x)$

2) $f(x) = x^3$: **a)** $\int_0^x t^3\,dt = \frac{x^4}{4} = \Phi_1(x)$; **b)** $\int_1^x t^3\,dt = \frac{x^4}{4} - \frac{1}{4} = \Phi_2(x)$

3) $f(x) = 2x - 5x^2$: **a)** $\int_0^x (2t - 5t^2)\,dt = x^2 - \frac{5}{3}x^3 = \Phi_1(x)$

b) $\int_{-1}^x (2t - 5t^2)\,dt = x^2 - \frac{5}{3}x^3 - 1 + \frac{5}{3}(-1)^3 = x^2 - \frac{5}{3}x^3 - \frac{8}{3} = \Phi_2(x)$

4. Die Integralfunktionen obiger Beispiele haben eine bemerkenswerte gemeinsame Eigenschaft. Um dies zu zeigen, berechnen wir die Ableitungsterme der Integralfunktionen:

Zu 1): **a)** $\Phi_1(x) = \frac{x^3}{3} \Rightarrow \Phi_1'(x) = x^2 = f(x)$ **b)** $\Phi_2(x) = \frac{x^3}{3} - \frac{8}{3} \Rightarrow \Phi_2'(x) = x^2 = f(x)$

Zu 2): **a)** $\Phi_1(x) = \frac{x^4}{4} \Rightarrow \Phi_1'(x) = x^3 = f(x)$ **b)** $\Phi_2(x) = \frac{x^4}{4} - \frac{1}{4} \Rightarrow \Phi_2'(x) = x^3 = f(x)$

Zu 3): **a)** $\Phi_1(x) = x^2 - \frac{5}{3}x^3 \Rightarrow \Phi_1'(x) = 2x - 5x^2 = f(x)$

b) $\Phi_2(x) = x^2 - \frac{5}{3}x^3 - \frac{8}{3} \Rightarrow \Phi_2'(x) = 2x - 5x^2 = f(x)$

In jedem Fall ergibt sich also der **Term der Integrandfunktion,** und zwar in der Variablen der **oberen Grenze,** also in x. Stets gilt: $\Phi'(x) = f(x)$.

Es erhebt sich die Frage, ob der an diesen Beispielen entdeckte Zusammenhang zwischen der Integrandfunktion f und Integralfunktion Φ, daß nämlich $\Phi'(x) = f(x)$ ist, allgemeingültig ist bzw. unter welchen Bedingungen er gilt. Diese Frage wollen wir im nächsten Abschnitt beantworten.

II. Der erste Hauptsatz der Infinitesimalrechnung

1. Bei den Beispielen des I. Abschnittes haben wir als untere Grenze eine Zahl gewählt. Wir wollen die Überlegungen dadurch verallgemeinern, daß wir die untere Grenze durch die **Formvariable** a erfassen. Strenggenommen müßten wir dann die Abhängigkeit der Integralfunktion von dieser Formvariablen a auch im Symbol für den Term der Integralfunktion zum Ausdruck bringen; wir könnten z. B. schreiben

$$\Phi_a(x) =_{Df} \int_a^x f(t)\,dt.$$

Da keine Mißverständnisse zu befürchten sind, wollen wir darauf verzichten. Wir bezeichnen den Term der Integralfunktion daher kurz mit „$\Phi(x)$":

$$\Phi(x) =_{Df} \int_a^x f(t)\,dt.$$

Es ist aber zu beachten, daß sich für verschiedene Werte von a im allgemeinen auch verschiedene Integralfunktionen ergeben.

2. Der an den Beispielen des I. Abschnittes entdeckte Zusammenhang gilt allgemein für **stetige** Funktionen f. Es gilt der sogenannte **„erste Hauptsatz der Infinitesimalrechnung":**

Ist eine Funktion f stetig im Intervall [a; b], so ist jede zugehörige Integralfunktion Φ zu **S 32.1**

$$\Phi(x) = \int_a^x f(t)\,dt$$

in [a; b] differenzierbar, und es gilt für alle x ∈ [a; b]:

$$\Phi'(x) = f(x), \text{ also } \left(\int_a^x f(t)\,dt\right)' = f(x).$$

Beispiele: 1) $\left(\int_a^x 5t^2\,dt\right)' = 5x^2$ 2) $\left(\int_a^x \cos t\,dt\right)' = \cos x$

Beweis: Die Integralfunktion Φ zu $\Phi(x) = \int_a^x f(t)\,dt$ ist nach S 31.6 für alle $x \in [a; b]$ definiert, weil wir vorausgesetzt haben, daß die Integrandfunktion f stetig im Intervall [a; b] ist.

Wir bilden nun die Differenz benachbarter Funktionswerte $\Phi(x_0 + h) - \Phi(x_0)$ mit $x_0 + h \in [a; b]$.

In Bild 32.1 entspricht dieser Differenz – für eine Funktion f mit nur positiven Funktionswerten und für einen positiven Wert von h – die grün unterlegte Fläche.

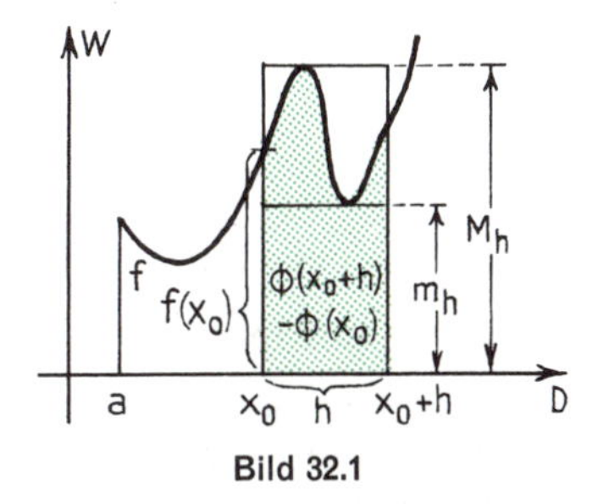

Bild 32.1

Da die Funktion f im ganzen Intervall [a; b] nach Voraussetzung stetig ist, besitzt sie im Intervall $[x_0; x_0 + h]$ ein Minimum m_h und ein Maximum M_h. Mit Hilfe von m_h und M_h können wir die Differenz $\Phi(x_0 + h) - \Phi(x_0)$ abschätzen. Es gilt

für $h > 0$:	für $h < 0$:
$m_h \cdot h \leq \Phi(x_0 + h) - \Phi(x_0) \leq M_h \cdot h.$	$m_h \cdot h \geq \Phi(x_0 + h) - \Phi(x_0) \geq M_h \cdot h.$

Der Sachverhalt ist in Bild 32.1 für $f(x) > 0$ und $h > 0$ dargestellt. Beachte, daß die Ungleichungen auch für Funktionen gelten, die im Intervall [a; b] negative Funktionswerte besitzen. Begründe dies im einzelnen (Aufgabe 8).

Dividieren wir nun die Ungleichung durch h, so ergibt sich in **beiden** Fällen:

$$m_h \leq \frac{\Phi(x_0 + h) - \Phi(x_0)}{h} \leq M_h.$$

Zum Beweis des Satzes müssen wir nun den Grenzwert für $h \to 0$ berechnen. Da wir f für alle $x \in [a; b]$ als **stetig** vorausgesetzt haben, gilt:

$$\lim_{h \to 0} m_h = \lim_{h \to 0} M_h = f(x_0)$$

Unter Berücksichtigung dieser Beziehung ergibt sich:

$$\underbrace{\lim_{h \to 0} m_h}_{f(x_0)} \leq \underbrace{\lim_{h \to 0} \frac{\Phi(x_0 + h) - \Phi(x_0)}{h}}_{\Phi'(x_0)} \leq \underbrace{\lim_{h \to 0} M_h}_{f(x_0)},$$

also $f(x_0) \leq \Phi'(x_0) \leq f(x_0)$.

Daher gilt: $\Phi'(x_0) = f(x_0)$, q. e. d.

3. Wir geben noch einen zweiten Beweis des 1. Hauptsatzes mit Hilfe des Mittelwertsatzes der Integralrechnung (S 31.11): Wir betrachten die Integralfunktion Φ im Intervall $[x_0; x_0 + h]$. Da die

Funktion f als stetig im gesamten Intervall [a; b] vorausgesetzt ist, ist sie auch stetig in $[x_0; x_0 + h]$; dann gibt es nach S 31.11 eine Stelle $x \in [x_0; x_0 + h]$ mit

$$\Phi(x_0 + h) - \Phi(x_0) = \int_{x_0}^{x_0+h} f(t)\,dt = f(x) \cdot h.$$

Daraus folgt:

$$\frac{\Phi(x_0 + h) - \Phi(x_0)}{h} = f(x)$$

und somit

$$\Phi'(x_0) = \lim_{h \to 0} \frac{\Phi(x_0 + h) - \Phi(x_0)}{h} = \lim_{x \to x_0} f(x).$$

Beachte:

1) Für jedes $h \in \mathbb{R}^{>0}$ ist x eine bestimmte Zahl aus dem Intervall $[x_0; x_0 + h]$; geht man zu einem anderen Wert von h über, so ergibt sich im allgemeinen auch ein anderer Wert für x.

2) Die Bedingung $h \to 0$ ist mit der Bedingung $x \to x_0$ äquivalent.
Da die Funktion f im ganzen Intervall [a; b] als stetig vorausgesetzt ist, gilt für jedes $x_0 \in [a; b]$:

$$\lim_{x \to x_0} f(x) = f(x_0).$$

Daher gilt:

$$\Phi'(x_0) = f(x_0), \text{ q. e. d.}$$

4. Man kann den wesentlichen Inhalt der Gleichung $\left(\int_a^x f(t)\,dt\right)' = f(x)$ in Worten kurz folgendermaßen ausdrücken:

Bildet man zu einer stetigen Funktion f zunächst die Integralfunktion Φ und differenziert anschließend diese Funktion Φ, so erhält man wieder die ursprüngliche Funktion f.

Noch kürzer kann man sagen:

Die Differentiation ist die Umkehrung der Integration.

Beachte aber, daß es sich hierbei nur um eine **Kurzformulierung** handelt! Die exakte Formulierung des Sachverhalts findet sich in S 32.1.

Es erhebt sich die Frage, ob umgekehrt auch die Integration als Umkehrung der Differentiation angesehen werden kann. Diese Frage werden wir im IV. Abschnitt beantworten.

III. Der Begriff der Stammfunktion

1. Schon unter I., 3. haben wir betont, daß es zu einer Integrandfunktion f keineswegs nur **eine** Integralfunktion gibt. Wir haben dies damit begründet, daß im allgemeinen beliebig viele Zahlen als **untere** Grenze des Integrals gewählt werden können. An den Beispielen haben wir gesehen, daß die Terme zu verschiedenen Integralfunktionen sich durch **additive Konstanten** unterscheiden.

Beispiel: $\int_0^x t^3\,dt = \frac{x^4}{4}$; $\int_1^x t^3\,dt = \frac{x^4}{4} - \frac{1}{4}$; $\int_2^x t^3\,dt = \frac{x^4}{4} - 4$; usw.

Dieses Beispiel zeigt aber schon, daß sich auf diese Weise **nicht jede beliebige reelle Zahl** als additive Konstante ergeben kann, denn es gilt: $\int_a^x t^3\,dt = \frac{x^4}{4} - \frac{a^4}{4}$ und für alle $a \in \mathbb{R}$ gilt: $\frac{a^4}{4} \geq 0$. Bei diesem Beispiel kann sich also für keinen Wert von a der Term $F(x) = \frac{x^4}{4} + 3$ ergeben. Differenzieren wir diesen Term, so erhalten wir aber auch hier:

$$F'(x) = x^3 = f(x).$$

Man erkennt: Ist Φ eine Integralfunktion zur Funktion f, so gilt für jede Funktion F mit

$$F(x) = \Phi(x) + c \text{ und } c \in \mathbb{R}: \quad F'(x) = \Phi'(x) = f(x).$$

Man nennt daher jede solche Funktion F **„Stammfunktion zur Funktion f"**.

2. Wir definieren:

Eine Funktion F heißt „Stammfunktion zu einer Funktion f" genau dann, wenn gilt: $F'(x) = f(x)$. D 32.1

Beispiele:

Funktion f	Stammfunktion F	Begründung
$f(x) = x$	$F_1(x) = \frac{x^2}{2}$ $F_2(x) = \frac{x^2}{2} + 5$ $F_3(x) = \frac{x^2}{2} - \pi$	$F_1'(x) = x = f(x)$ $F_2'(x) = x = f(x)$ $F_3'(x) = x = f(x)$
$f(x) = 6x^2 - 3$	$F_1(x) = 2x^3 - 3x$ $F_2(x) = 2x^3 - 3x + 8$ $F_3(x) = 2x^3 - 3x - 18$	$F_1'(x) = 6x^2 - 3 = f(x)$ $F_2'(x) = 6x^2 - 3 = f(x)$ $F_3'(x) = 6x^2 - 3 = f(x)$
$f(x) = \cos x$	$F_1(x) = \sin x$ $F_2(x) = \sin x - 7$ $F_3(x) = \sin x - \frac{\pi}{4}$	$F_1'(x) = \cos x = f(x)$ $F_2'(x) = \cos x = f(x)$ $F_3'(x) = \cos x = f(x)$

Beachte: Nach S 32.1 ist jede Integralfunktion einer stetigen Funktion eine Stammfunktion. Wie wir oben schon erörtert haben, braucht eine Stammfunktion aber keineswegs auch Integralfunktion zu sein.

3. Da die Ableitung F′ einer Stammfunktion F gleich der gegebenen Funktion f ist, ist es einfach, Beispiele für Stammfunktionen anzugeben. Man braucht nur eine Tabelle für die Ableitungen von Funktionen rückwärts zu lesen.

Beispiele:

$F(x)$	x^n	$\sqrt{x}$	$\sin x$	$\cos x$	$\tan x$	$\cot x$
$f(x) = F'(x)$	nx^{n-1}	$\frac{1}{2 \cdot \sqrt{x}}$	$\cos x$	$-\sin x$	$\frac{1}{\cos^2 x}$	$-\frac{1}{\sin^2 x}$

Beachte: Wir sind bei der Aufstellung dieser Tabelle von den Stammfunktionen F ausgegangen und haben daraus die Funktionen f hergeleitet. Das Problem, zu einer gegebenen Funktion f eine zugehörige Stammfunktion F zu ermitteln, ist damit keineswegs gelöst. Mit diesem Problem werden wir uns im nächsten Paragraphen beschäftigen.

4. Die Beispiele, die wir oben im Anschluß an die Definition D 32.1 gegeben haben, zeigen, daß es zu jeder stetigen Funktion f beliebig viele Stammfunktionen gibt. Bei den angegebenen Beispielen unterscheiden sich die zugehörigen Terme jeweils durch eine **additive Konstante.**

Es gilt der Satz:

S 32.2 **Ist F_1 eine Stammfunktion zur Funktion f und gilt $F_2(x) = F_1(x) + c$ mit $c \in \mathbb{R}$, so ist auch F_2 eine Stammfunktion zu f.**

Beweis: Nach Voraussetzung gilt: $F_1'(x) = f(x)$.
Also gilt auch: $F_2'(x) = F_1'(x) + 0 = f(x)$, q. e. d.

5. Es erhebt sich die Frage, ob die Terme **aller** Stammfunktionen zu einer gegebenen Funktion f sich nur durch additive Konstanten unterscheiden oder ob es zu einer Funktion f auch Stammfunktionen geben kann, deren Terme nicht in diesem Zusammenhang stehen. Diese Frage beantwortet der Satz:

S 32.3 **Sind F_1 und F_2 Stammfunktionen einer Funktion f mit $[a; b] \subseteq D(F_1)$ und $[a; b] \subseteq D(F_2)$, so gibt es eine Zahl $c \in \mathbb{R}$, so daß für alle $x \in [a; b]$ gilt: $F_2(x) = F_1(x) + c$.**

Beweis: Die Funktion G zu $G(x) = F_2(x) - F_1(x)$ ist für alle $x \in [a; b]$ definiert. Nach Voraussetzung gilt für alle $x \in [a; b]$: $F_1'(x) = f(x)$ und $F_2'(x) = f(x)$. Daraus ergibt sich für alle $x \in [a; b]$:
$$G'(x) = f(x) - f(x) = 0.$$

Nach S 23.5 folgt daraus, daß es eine Zahl $c \in \mathbb{R}$ gibt mit $G(x) = c$ für alle $x \in [a; b]$, d. h., $F_2(x) = F_1(x) + c$, q. e. d.

Beachte: Kennt man zu einer gegebenen Funktion f **eine** Stammfunktion F_1, so kennt man nach S 32.3 bereits **alle** Stammfunktionen zu f; denn für den Term F (x) jeder anderen Stammfunktion F zur Funktion f gilt: $F(x) = F_1(x) + c$ mit $c \in \mathbb{R}$.

Beispiel: $f(x) = 6x - 5$; $F_1(x) = 3x^2 - 5x$.

Für jede andere Stammfunktion F gibt es ein $c \in \mathbb{R}$, so daß gilt:
$$F(x) = F_1(x) + c = 3x^2 - 5x + c.$$

Man sagt: „Durchläuft" c die Menge aller reellen Zahlen, so „durchläuft" F die Menge aller Stammfunktionen zur Funktion f.

IV. Der zweite Hauptsatz der Infinitesimalrechnung

1. Wir haben in § 30 und in § 31 bestimmte Integrale nur für einzelne Funktionen als Summengrenzwert berechnet. Der Rechenaufwand war dabei verhältnismäßig groß. Die in diesem Paragraphen gewonnenen Ergebnisse gestatten es nun, **bestimmte Integrale auf wesentlich einfachere Weise zu berechnen.**

2. Nach S 32.1 gilt für eine Integralfunktion Φ mit $\Phi(x) = \int_a^x f(t)\,dt$, falls f stetig ist:
$$\Phi'(x) = f(x).$$

Dies bedeutet, daß Φ eine Stammfunktion ist. Kennt man also eine beliebige Stammfunktion F, so gibt es nach S 32.3 eine Zahl $c \in \mathbb{R}$ mit $\Phi(x) = F(x) + c$.
Man kann also bei gegebener unterer Grenze a die Integralfunktion Φ dadurch bestimmen, daß man

1) eine beliebige Stammfunktion F ermittelt und
2) die Zahl $c \in \mathbb{R}$ so bestimmt, daß $\Phi(x) = F(x) + c$ ist.

Mit Punkt 1) werden wir uns im nächsten Paragraphen ausführlich beschäftigen.
Punkt 2) ist überraschend einfach zu lösen. Um die Zahl c zu bestimmen, braucht man nur die untere Grenze a in x einzusetzen.

Aus $\Phi(x) = \int_a^x f(t)\,dt$ ergibt sich nach D 31.5: $\Phi(a) = \int_a^a f(t)\,dt = 0.$

Aus $\Phi(x) = F(x) + c$ ergibt sich somit: $\Phi(a) = F(a) + c = 0$, also $c = -F(a)$.

Also gilt: $$\Phi(x) = \int_a^x f(t)\,dt = F(x) - F(a).$$

Bezeichnen wir die obere Grenze mit „b" und die Integrationsvariable wieder mit „x", so gilt:

$$\int_a^b f(x)\,dx = F(b) - F(a).$$

Damit haben wir den **„zweiten Hauptsatz der Infinitesimalrechnung"** bewiesen.

S 32.4

Ist F eine in einem Intervall [a; b] definierte Stammfunktion einer über [a; b] stetigen Funktion f, so gilt:

$$\int_a^b f(x)\,dx = F(b) - F(a).$$

3. Der Satz S 32.4 ist für den Aufbau der Integralrechnung von weitreichender Bedeutung. Er besagt nämlich:

Ein bestimmtes Integral $\int_a^b f(x)\,dx$

läßt sich berechnen, wenn man eine beliebige Stammfunktion F zu f kennt; der Wert des Integrals ist dann gleich der Differenz der Funktionswerte von F an der oberen Grenze b und der unteren Grenze a.

Man schreibt dafür auch kurz:

$$\int_a^b f(x)\,dx = \left[F(x)\right]_a^b \quad \text{oder noch kürzer:} \quad \int_a^b f(x)\,dx = F(x)\Big|_a^b$$

gelesen: „F von x in den Grenzen von a bis b".

Es ist also: $$\left[F(x)\right]_a^b = F(x)\Big|_a^b =_{Df} F(b) - F(a).$$

Die Bedeutung des Satzes liegt auf der Hand:
Man kann mit seiner Hilfe bestimmte Integrale berechnen, ohne den betreffenden Summengrenzwert ausrechnen zu müssen. Die Berechnung solcher Summengrenzwerte ist häufig ein sehr schwieriges oder sogar unlösbares Problem.
Erst die Entdeckung der Sätze S 32.1 und S 32.4 im 17. Jahrhundert durch die Engländer **Barrow** (1630–1677) und **Newton** (1643–1727) und durch den Deutschen **Leibniz** (1646 bis 1716) ermöglichte den Fortschritt in der Infinitesimalrechnung und in anderen Gebieten der Mathematik. Diese Entdeckung ist aber nicht nur für den Fortschritt innerhalb der Mathematik von großer Bedeutung, sondern auch für die Wissensgebiete, in denen die Infinitesimalrechnung angewendet wird, namentlich also für Physik und Technik. Die Entdeckung der Hauptsätze der Infinitesimalrechnung muß als eine der bedeutendsten Leistungen des menschlichen Geistes angesehen werden.

4. Wir zeigen an zwei **Beispielen,** wie bestimmte Integrale mit Hilfe von S 32.4 berechnet werden können.

1) Zu berechnen ist $\int_1^2 (3x^2 - 2)\,dx$. Die Integrandfunktion f ist also gegeben durch $f(x) = 3x^2 - 2$.
Eine zugehörige Stammfunktion ist gegeben durch $F(x) = x^3 - 2x$; denn es gilt $F'(x) = 3x^2 - 2 = f(x)$.

Also gilt: $\int_1^2 (3x^2 - 2)\,dx = x^3 - 2x\Big|_1^2 = (8 - 4) - (1 - 2) = 4 - (-1) = 5.$

2) Zu berechnen ist $\int_0^{\frac{\pi}{2}} \cos x\,dx$. Die Integrandfunktion f ist also gegeben durch $f(x) = \cos x$.

Eine zugehörige Stammfunktion F ist gegeben durch $F(x) = \sin x$; denn es gilt: $F'(x) = \cos x = f(x)$.

Also gilt:
$$\int_0^{\frac{\pi}{2}} \cos x\,dx = \sin x\Big|_0^{\frac{\pi}{2}} = \sin\frac{\pi}{2} - \sin 0 = 1.$$

Beachte: Bei beiden Beispielen hätten wir statt der gewählten Stammfunktion F auch jede andere Stammfunktion heranziehen können. Bei Anwendung von S 34.4 bleibt die additive Konstante wegen der Differenzbildung ohne Einfluß.

Beispiel:
$$\int_1^2 x^2\,dx = \frac{x^3}{3} + c\Big|_1^2 = (\tfrac{8}{3} + c) - (\tfrac{1}{3} + c) = \tfrac{8}{3} - \tfrac{1}{3} = \tfrac{7}{3}$$

5. Wir können den wesentlichen Inhalt von S 32.4 noch etwas anders formulieren. Wir greifen hierzu auf die Form der Gleichung zurück, die sich bei der Herleitung des Satzes ursprünglich ergeben hat: $\int_a^x f(t)\,dt = F(x) - F(a)$ mit $F'(x) = f(x)$.

Ist also eine Funktion F differenzierbar und die Funktion $f = F'$ integrierbar, so gilt
$$\int_a^x F'(t)\,dt = F(x) - F(a).$$

Hat die Funktion F an der Stelle a sogar eine Nullstelle, gilt also $F(a) = 0$, so erhält man
$$\int_a^x F'(t)\,dt = F(x).$$

Man kann den wesentlichen Inhalt dieser Gleichung in Worten kurz folgendermaßen ausdrücken:

Bildet man zu einer Funktion F zunächst die Ableitungsfunktion F′ und zu F′ anschließend die Integralfunktion, so ergibt sich wieder die ursprüngliche Funktion F, falls F an der unteren Grenze a eine Nullstelle hat, falls also gilt: $F(a) = 0$.

Noch kürzer kann man sagen:

Die Integration ist die Umkehrung der Differentiation.

Beachte, daß es sich hier um eine **Kurzformulierung** handelt; denn wir müssen voraussetzen, daß

a) die Funktion F in [a; b] differenzierbar,

b) die Funktion $f = F'$ in [a; b] integrierbar ist und

c) die Funktion F an der Stelle a eine Nullstelle hat, daß also $F(a) = 0$ ist.

Bemerkung: Wir können hier nicht zeigen, daß die beiden Voraussetzungen **a)** und **b)** notwendig sind; wir wollen nur bemerken, daß es nichtdifferenzierbare Integralfunktionen gibt und daß eine Funktion f, die Ableitung einer Funktion F ist, die also eine Stammfunktion besitzt, nicht schon aufgrund dieser Eigenschaft integrierbar ist. Bei den Funktionen, mit denen wir es in diesem Buch zu tun haben, ist diese Bedingung aber stets erfüllt. Wir setzen deshalb im folgenden ohne besondere Erwähnung stets voraus, daß $f = F'$ integrierbar ist.

6. Fassen wir die Kurzformulierung zu den Sätzen S 34.1 und S 34.4 zusammen, so kann man – unter Beachtung der erwähnten Einschränkungen – kurz sagen:

Differenzieren und Integrieren sind entgegengesetzte Operationen.

In der Literatur werden die beiden Sätze S 32.1 und S 32.4. wegen ihres engen Zusammenhangs häufig zu **einem** Satz zusammengefaßt. Man nennt diesen Satz dann den **„Hauptsatz“** oder den **„Fundamentalsatz“** der Infinitesimalrechnung. An anderen Stellen wird dieser Name nur für einen der beiden Sätze verwendet, entweder für S 32.1 oder für S 32.4. Wegen der großen Bedeutung **beider** Sätze haben wir S 32.1 als „ersten Hauptsatz“, S 32.4 als „zweiten Hauptsatz“ bezeichnet.

Übungen und Aufgaben

1. Ermittle zu den durch die folgenden Terme angegebenen Stammfunktionen F die zugehörigen Funktionen f! Beispiel: $F(x) = x^2 \Rightarrow f(x) = F'(x) = 2x$.

a) $F(x) = 4x$ **b)** $F(x) = -2x$ **c)** $F(x) = 3x + 2$
d) $F(x) = 4x^2$ **e)** $F(x) = 2x^2 + x$ **f)** $F(x) = 2x^2 + 4x - 2$
g) $F(x) = \frac{1}{3}x^3$ **h)** $F(x) = x^3 - x$ **i)** $F(x) = 2x^3 - 3x^2 + 4$
k) $F(x) = \frac{1}{2}x^3 + 4x - 7$ **l)** $F(x) = \frac{1}{4}x^4 + \frac{1}{3}x^3 + \frac{1}{2}x^2$ **m)** $F(x) = x^4 + 2x^3 + 5x^2 - x$

2. Ermittle die Terme für drei verschiedene Stammfunktionen der gegebenen Funktion f!

a) $f(x) = \frac{1}{2}x^2 + 2$ **b)** $f(x) = \frac{1}{4}x^4 + 2x$ **c)** $f(x) = -x^2 + 2x - 4$
d) $f(x) = (x + 2)^2$ **e)** $f(x) = \frac{1}{3}(x - 1)(x + 2)$ **f)** $f(x) = x^3 + 2x^2 - 4$
g) $f(x) = \cos x$ **h)** $f(x) = \sin x$ **i)** $f(x) = 2\cos x + \frac{1}{2}\sin x$

3. Zeige, daß für die Menge der differenzierbaren Funktionen die Einteilung in Stammfunktionen eine Klasseneinteilung ist!

4. Beweise ausführlich, daß sich zwei Stammfunktionen der Funktion f höchstens durch eine additive Konstante unterscheiden!

5. Zeichne in $[-3; 3]$ die Graphen von vier Stammfunktionen der Funktion f mit der Gleichung $f(x) = 2x$! Was haben die vier Graphen gemeinsam? Welcher Sachverhalt ergibt sich daraus für die Klassen der Stammfunktionen?

6. Schreibe in der Form $\int_a^x f(u)\,du = F(x) - F(a)$!

a) $\int_1^x 3t\,dt$ **b)** $\int_2^x (\frac{1}{3}t + 2)\,dt$ **c)** $\int_{-2}^x (\frac{3}{4}t + 2)\,dt$
d) $\int_{-1}^x t^2\,dt$ **e)** $\int_{-4}^x \frac{1}{5}t^2\,dt$ **f)** $\int_2^x (\frac{1}{2}t^2 + t)\,dt$
g) $\int_{-4}^x (\frac{2}{3}t^3 + t)\,dt$ **h)** $\int_{-3}^x (2a^2 + 5a)\,da$ **i)** $\int_0^x (\frac{2}{3}r^3 + 3r^2 + r)\,dr$
k) $\int_{-2}^x \frac{1}{5}v^3\,dv$ **l)** $\int_{-1}^x \frac{4}{9}u^2\,du$ **m)** $\int_1^x \frac{1}{6}v^4\,dv$

7. Schreibe die folgenden bestimmten Integrale in der Form einer Differenz!

Beispiel: $\int_2^3 2x\,dx = 3^2 - 2^2$.

a) $\int_1^2 4x\,dx$ b) $\int_2^4 \frac{1}{3}x\,dx$ c) $\int_{-3}^2 \frac{2}{5}x\,dx$

d) $\int_2^4 3x^2\,dx$ e) $\int_{-2}^2 \frac{3}{4}x^2\,dx$ f) $\int_{-1}^3 (\frac{1}{2}x^2 + x)\,dx$

g) $\int_1^2 4x^3\,dx$ h) $\int_{-1}^2 \frac{4}{3}x^3\,dx$ i) $\int_{-2}^3 (\frac{1}{16}x^3 + \frac{1}{6}x^2)\,dx$

k) $\int_2^3 (x^4 - x^3 + x^2)\,dx$ l) $\int_1^2 5x^4\,dx$ m) $\int_{-1}^3 \frac{2}{5}(x + 2)^2\,dx$

8. Begründe die Gültigkeit der im Beweis von S 32.1 benutzten Ungleichungen
$m_h \cdot h \leq \Phi(x_0 + h) - \Phi(x_0) \leq M_h \cdot h$ (für $h > 0$) und
$m_h \cdot h \geq \Phi(x_0 + h) - \Phi(x_0) \geq M_h \cdot h$ (für $h < 0$)
für den Fall, daß die Funktion f im Intervall [a; b] negative Funktionswerte besitzt!

§ 33 Integrationsmethoden

I. Der Begriff des sogenannten „unbestimmten Integrals"

1. In § 32 haben wir gezeigt, daß jede stetige Funktion f Stammfunktionen besitzt und daß man **alle** Stammfunktionen zu einer Funktion f erfassen kann, wenn man **eine** Stammfunktion F kennt, und zwar durch einen Term der Form $F(x) + c$ mit $c \in \mathbb{R}$.

Wir haben ferner gezeigt, daß jede Integralfunktion Φ zu einer stetigen Funktion f mit

$$\Phi(x) = \int_a^x f(t) \cdot dt$$

eine Stammfunktion von f ist, daß aber umgekehrt nicht jede Stammfunktion F eine Integralfunktion Φ ist.

Diesen Sachverhalt nimmt man zum Anlaß, den Begriff des **„unbestimmten Integrals"** einzuführen. Darunter versteht man meistens die Gesamtheit (also die Menge) aller Stammfunktionen zu einer über einem Intervall [a; b] integrierbaren Funktion f. Man erfaßt diese Menge von Funktionen durch den Term F (x) **einer** Stammfunktion F und schreibt: **„$\int f(x)\,dx = F(x) + c$", gelesen „Integral f von x dx gleich F (x) + c".**

Man nennt die Variable (Formvariable) c die **„Integrationskonstante".**

2. Die angegebene Schreibweise wird in fast der gesamten mathematischen Literatur verwendet. Trotzdem ist sie aus den folgenden Gründen unkorrekt.

1) Auf der rechten Seite der Gleichung steht ein Term in den beiden **freien Variablen** x und c. (Dabei ist die „Integrationskonstante" c eine Formvariable.) In beide Variable dürfen Zahlen eingesetzt werden, wobei für x die Bedingung $x \in [a; b]$ zu beachten ist.
Das Zeichen „$\int f(x)\,dx$" auf der linken Seite der Gleichung müßte also **denselben** Term bezeichnen. Die Variable x ist in diesem Zeichen aber eindeutig eine **gebundene Variable,** in die nicht eingesetzt werden darf. Die Formvariable c kommt im Zeichen der linken Seite gar nicht vor.
Das Zeichen „$\int f(x)\,dx$" kann also nicht dasselbe bezeichnen wie das Zeichen „F (x) + c".

2) Nach der angegebenen Schreibweise ist z. B. $\int x^2\,dx = \frac{x^3}{3} + c$, aber auch $\int x^2\,dx = \frac{x^3 + 1}{3} + c$.
Das Zeichen „$\int f(x)\,dx$" ist also nicht eindeutig festgelegt. Insbesondere kann man aus

$$\int f(x)\,dx = F_1(x) + c \quad \text{und} \quad \int f(x)\,dx = F_2(x) + c.$$

nicht auf $F_1(x) = F_2(x)$ schließen. Um diesen Fehler auszuschließen, ist es in solchen Fällen üblich, die Integrationskonstanten unterschiedlich zu bezeichnen, also z. B. zu schreiben:

$$\int x^2\,dx = \frac{x^3}{3} + c_1 \quad \text{und} \quad \int x^2\,dx = \frac{x^3+1}{3} + c_2.$$

Dazu kommt noch, daß der Terminus „unbestimmtes Integral" in der Literatur nicht einheitlich verwendet wird. Häufig wird er in der gleichen Bedeutung wie der Terminus „Stammfunktion" gebraucht; dann wird meist nur geschrieben:

$$\int f(x)\,dx = F(x).$$

In diesem Fall ist die Gefahr von Fehlern besonders groß; denn aus

$$\int f(x)\,dx = F_1(x) \quad \text{und} \quad \int f(x)\,dx = F_2(x)$$

folgt dann keineswegs $F_1(x) = F_2(x)$. Die Transitivität der Gleichheitsbeziehung ist hier also nicht gegeben, eine Einschränkung, die man nicht in Kauf nehmen sollte.

3. Aus den angeführten Gründen erscheint es ratsam, auf den Begriff des „unbestimmten Integrals" und die zugehörige unkorrekte Schreibweise zu verzichten; dies um so mehr, als sowohl der Begriff wie das Zeichen überflüssig sind. Man benötigt zum weiteren Ausbau der Integralrechnung lediglich die Gleichung

$$\int_a^x f(t)\,dt = F(x) - F(a), \quad \text{kurz:} \quad \int_a^x f(t)\,dt = F(t)\Big|_a^x.$$

Wir werden im folgenden trotzdem die angegebene Schreibweise benutzen, um denjenigen, die die Integralrechnung nach dem hier dargestellten Lehrgang erlernen, das Verständnis der mathematischen Literatur nicht dadurch zu erschweren, daß sie die übliche Schreibweise nicht kennenlernen.
Wir werden aber neben der üblichen Schreibweise in vielen Fällen die korrekte Schreibweise mit Hilfe der Gleichung von S 32.4 angeben.
Außerdem wollen wir im folgenden kurz erörtern, wie man den Begriff des „unbestimmten Integrals" einwandfrei einführen kann.

4. Einen korrekten Begriff des „unbestimmten Integrals" erhält man, wenn man darunter die Klasse aller Stammfunktionen zu einer stetigen Funktion f versteht.
Jeder Klasseneinteilung liegt eine Äquivalenzrelation zugrunde, d. h. eine reflexive, symmetrische und transitive Relation R. In diesem Fall können wir diese Relation folgendermaßen definieren:

Zwei Funktionen F_1 und F_2 heißen äquivalent genau dann, wenn sie Stammfunktionen derselben Funktion f sind. **D 33.1**

Es ist leicht zu zeigen, daß die so definierte Relation reflexiv, symmetrisch und transitiv ist (Aufgabe 7).

Nun können wir definieren:

Eine Menge M von Funktionen, die über einem Intervall [a; b] differenzierbar sind, heißt „unbestimmtes Integral einer Funktion f" genau dann, wenn gilt: **D 33.2**

$$M = \{F \mid F'(x) = f(x)\}.$$

Man bezeichnet das unbestimmte Integral einer Funktion mit „$\int f(x)\,dx$", gelesen: „Integral f von x dx". Es ist also:

$$\int f(x)\,dx = \{F \mid F'(x) = f(x)\}.$$

6. Aus dieser Definition folgt unmittelbar, daß jede einzelne Stammfunktion als Repräsentant der Klasse aller Stammfunktionen, als Repräsentant des unbestimmten Integrals einer Funktion f aufgefaßt werden kann. Ist F_1 eine solche Stammfunktion zu f, so gibt es nach S 32.3 zu jeder anderen Stammfunktion F zu f eine Zahl $c \in \mathbb{R}$, so daß gilt:

$$F(x) = F_1(x) + c.$$

Gilt also $F_1' = f$, so kann man das unbestimmte Integral zur Funktion f in der folgenden Form schreiben:

$$\int f(x)\,dx = \{F \mid F(x) = F_1(x) + c \wedge c \in \mathbb{R}\}.$$

6. Beim weiteren Ausbau der Integralrechnung müßte man nun Verknüpfungen für unbestimmte Integrale definieren, insbesondere die Multiplikation eines unbestimmten Integrals mit einer Zahl und die Summe von unbestimmten Integralen. Wir wollen hierauf in diesem Buch verzichten.

7. Wie oben bereits gesagt, wollen wir uns im folgenden der – zwar nicht ganz korrekten –, aber doch häufig zweckmäßigen und üblichen Schreibweise anschließen. Wir setzen also fest:

D 33.3 **Ist eine Funktion f stetig in einem Intervall [a; b], so schreibt man**

$$\int f(x)\,dx = F(x) + c \text{ mit } c \in \mathbb{R}$$

genau dann, wenn gilt: $F'(x) = f(x)$.

Daraus ergibt sich unmittelbar die Gültigkeit der Gleichung $\left(\int f(x)\,dx\right)' = f(x)$;
denn es ist $(F(x) + c)' = F'(x) + 0 = f(x)$.

Bemerkung: In fast allen Formelsammlungen finden sich Zusammenstellungen von unbestimmten Integralen; dort wird – aus Platzgründen – häufig auf das Hinzufügen der Integrationskonstanten c verzichtet.

II. Grundintegrale

1. Es stellt sich uns nun die Aufgabe, Verfahren zur Berechnung von Stammfunktionen oder von unbestimmten Integralen zu entwickeln. Gelingt es nämlich, zu einer Funktion f eine Stammfunktion bzw. das unbestimmte Integral zu ermitteln, so kann mit Hilfe der Gleichung von S 32.4 auch jedes bestimmte Integral zu f berechnet werden.
Da für jede Stammfunktion F gilt $F'(x) = f(x)$, können wir eine Reihe von unbestimmten Integralen dadurch ermitteln, daß wir die uns bekannten Differentiationsformeln umkehren. Die unbestimmten Integrale, die sich auf diese Weise ergeben, heißen **„Grundintegrale"**. Wir wollen die wichtigsten Grundintegrale hier zusammenstellen.

2. Integration von Potenzfunktionen

Wir wissen, daß der Exponent eines Potenzterms beim Differenzieren um 1 erniedrigt wird:

$$(x^n)' = n \cdot x^{n-1}.$$

Um beim Ableitungsterm den Exponenten n (mit $n \in \mathbb{N}$) zu erhalten, gehen wir aus von der Funktion F zu $F(x) = k \cdot x^{n+1}$; dann gilt $F'(x) = k \cdot (n+1) \cdot x^n = f(x)$.

Wir setzen $k \cdot (n+1) = 1$, also $k = \frac{1}{n+1}$ und erhalten $F(x) = \frac{x^{n+1}}{n+1} \Rightarrow F'(x) = f(x) = x^n$.

Also gilt für alle $n \in \mathbb{N}$: $\int x^n\,dx = \frac{x^{n+1}}{n+1} + c$; genauer: $\int\limits_a^x t^n\,dt = \frac{x^{n+1} - a^{n+1}}{n+1}$.

3. Integration der trigonometrischen Funktionen

1) Aus $F(x) = \sin x$ und $F'(x) = f(x) = \cos x$ ergibt sich unmittelbar:

$$\int \cos x \cdot dx = \sin x + c; \quad \text{genauer:} \quad \int\limits_a^x \cos t \cdot dt = \sin x - \sin a.$$

2) Es gilt $(\cos x)' = -\sin x$; daher wählen wir $F(x) = -\cos x$; mit $F'(x) = \sin x$ erhalten

wir: $\int \sin x \cdot dx = -\cos x + c$; **genauer:** $\int\limits_a^x \sin t \cdot dt = -\cos x + \cos a$.

3) Aus $F(x) = \tan x$ und $F'(x) = f(x) = \frac{1}{\cos^2 x}$ ergibt sich:

$$\int \frac{dx}{\cos^2 x} = \tan x + c; \quad \text{genauer:} \quad \int_a^x \frac{dt}{\cos^2 t} = \tan x - \tan a \text{ für } [a; x] \subset D(f).$$

4) Es gilt $(\cot x)' = -\frac{1}{\sin^2 x}$; daher wählen wir $F(x) = -\cot x$; mit $F'(x) = f(x) = \frac{1}{\sin^2 x}$

erhalten wir: $\int \frac{dx}{\sin^2 x} = -\cot x + c$; **genauer:** $\int_a^x \frac{dt}{\sin^2 t} = -\cot x + \cot a$ **für** $[a; x] \subset D(f)$.

4. Ein weiteres Grundintegral können wir aus der Beziehung $(\sqrt{x})' = \frac{1}{2 \cdot \sqrt{x}}$ herleiten.

Wir wählen $F(x) = 2 \cdot \sqrt{x}$; mit $F'(x) = f(x) = \frac{1}{\sqrt{x}}$ erhalten wir:

$$\int \frac{dx}{\sqrt{x}} = 2 \cdot \sqrt{x} + c; \quad \text{genauer:} \quad \int_a^x \frac{dt}{\sqrt{t}} = 2\left(\sqrt{x} - \sqrt{a}\right) \text{ für } a, x \in \mathbb{R}^{>0}.$$

Bemerkung: Dieses Beispiel legt die Vermutung nahe, daß die Regel für die Integration von Potenzfunktionen auch für gebrochene Exponenten gültig sein kann. Berechnen wir nämlich dieses Integral

nach dieser Regel, so ergibt sich $\displaystyle\int \frac{dx}{\sqrt{x}} = \int x^{-\frac{1}{2}}\, dx = \frac{x^{-\frac{1}{2}+1}}{-\frac{1}{2}+1} + c = \frac{\sqrt{x}}{\frac{1}{2}} + c = 2 \cdot \sqrt{x} + c,$

also dasselbe Ergebnis wie oben. Wir werden die Differentiation und Integration von Potenzfunktionen mit gebrochenen Exponenten im zweiten Analysisband behandeln.

III. Einfache Integrationsregeln

1. Die Integrationsregeln von S 31.7 und S 31.8 gelten auch für unbestimmte Integrale.

S 33.1 **Ist f eine über einem Intervall [a; b] stetige Funktion, so gilt für alle $k \in \mathbb{R}$:**

$$\int k \cdot f(x)\, dx = k \cdot \int f(x)\, dx.$$

Beweis: Aus der vorausgesetzten Stetigkeit der Funktion f folgt, daß f im Intervall [a; b] integrierbar ist, daß also gilt: $\left(\int f(x)\, dx\right)' = f(x)$.

Daraus ergibt sich: $\left(k \cdot \int f(x)\, dx\right)' = k \cdot \left(\int f(x)\, dx\right)' = k \cdot f(x)$.

Mit f ist auch die Funktion g zu $g(x) = k \cdot f(x)$ stetig und integrierbar über [a; b]; es gilt also:

$$\left(\int k\, f(x)\, dx\right)' = k \cdot f(x).$$

Aus der Übereinstimmung der Ableitungen folgt nach S 32.3 und D 33.3 die Übereinstimmung der unbestimmten Integrale, q. e. d.

Beispiele:

1) $\int 3x^2\, dx = 3 \cdot \int x^2\, dx = 3 \cdot \frac{x^3}{3} + c = x^3 + c$

2) $\int 5 \cos x\, dx = 5 \cdot \int \cos x\, dx = 5 \sin x + c$

2. Ähnlich beweist man den Satz:

S 33.2 **Sind zwei Funktionen f_1 und f_2 stetig über einem Intervall [a; b], so gilt:**

$$\int [f_1(x) + f_2(x)]\, dx = \int f_1(x)\, dx + \int f_2(x)\, dx.$$

Beweis: Aus der vorausgesetzten Stetigkeit der Funktionen f_1 und f_2 folgt, daß beide Funktionen in [a; b] integrierbar sind, daß also gilt: $\left(\int f_1(x)\,dx\right)' = f_1(x)$ und $\left(\int f_2(x)\,dx\right)' = f_2(x)$.

Daraus ergibt sich: $\left(\int f_1(x)\,dx + \int f_2(x)\,dx\right)' = \left(\int f_1(x)\,dx\right)' + \left(\int f_2(x)\,dx\right)' = f_1(x) + f_2(x)$.

Mit f ist auch die Funktion g zu $g(x) = f_1(x) + f_2(x)$ stetig und integrierbar über [a; b]; es gilt also:

$$\left(\int [f_1(x) + f_2(x)]\,dx\right)' = f_1(x) + f_2(x).$$

Aus der Übereinstimmung der Ableitungen folgt nach S 32.3 und D 33.3 die Übereinstimmung der unbestimmten Integrale, q. e. d.

Beispiele:

1) $\int (x^3 + \sin x)\,dx = \int x^3\,dx + \int \sin x\,dx = \frac{x^4}{4} - \cos x + c$

2) $\int (4x^2 + 3x - 5)\,dx = 4 \cdot \int x^2\,dx + 3 \int x\,dx - 5 \cdot \int 1 \cdot dx = \frac{4}{3}x^3 + \frac{3}{2}x^2 - 5x + c$

Beachte, daß wir jeweils die einzelnen Integrationskonstanten zu **einer** Konstanten c zusammengefaßt haben!

IV. Die Substitutionsregel

1. Beim Beweis der Sätze S 33.1 und S 33.2 haben wir wesentlichen Gebrauch von den entsprechenden Sätzen der Differentialrechnung, nämlich den Sätzen S 21.2 und S 21.3, gemacht. Der Gedanke liegt nahe, weitere Integrationsregeln aus den Regeln der Differentialrechnung herzuleiten.

Eine wichtige Regel der Differentialrechnung ist die in S 22.8 formulierte sogenannte **„Kettenregel“**. Es stellt sich also die Frage, ob wir aus der Kettenregel eine entsprechende Regel der Integralrechnung herleiten können.

Die Kettenregel gestattet es, die Ableitung einer Funktion mit Hilfe einer sogenannten „Substitution“ durchzuführen. Die Substitutionsgleichung haben wir bei der Herleitung der Kettenregel allgemein in der Form $z = \varphi(x)$ geschrieben.

2. Zur Herleitung der entsprechenden Regel der Integralrechnung – der sogenannten **„Substitutionsregel“** – gehen wir von einer in einem Intervall [p; q] stetigen Funktion f und der zugehörigen Stammfunktion F aus, deren Terme die Variable z enthalten; es soll also für $z \in [p; q]$ gelten:

$$\int f(z)\,dz = F(z) + c, \text{ also } F'(z) = f(z).$$

Beachte, daß der Strich hier die Ableitung nach z angibt!

Führen wir nun eine Substitution nach einer Gleichung der Form $z = \varphi(x)$ durch, so müssen wir voraussetzen, daß es ein Intervall [a; b] gibt, über dem die Funktion φ differenzierbar ist, und daß dieses Intervall durch φ auf das Intervall [p; q] abgebildet wird, daß also gilt:

$$\varphi([a; b]) = [p; q].$$

Beispiel: Die Funktion φ zu $\varphi(x) = x^2 + 1$ ist im Intervall [0; 2] differenzierbar, und dieses Intervall wird durch φ auf das Intervall [1; 5] abgebildet; denn es ist $\varphi(0) = 1$; $\varphi(2) = 5$ und die Funktion φ ist im Intervall [0; 2] stetig und monoton steigend (Bild 33.1).

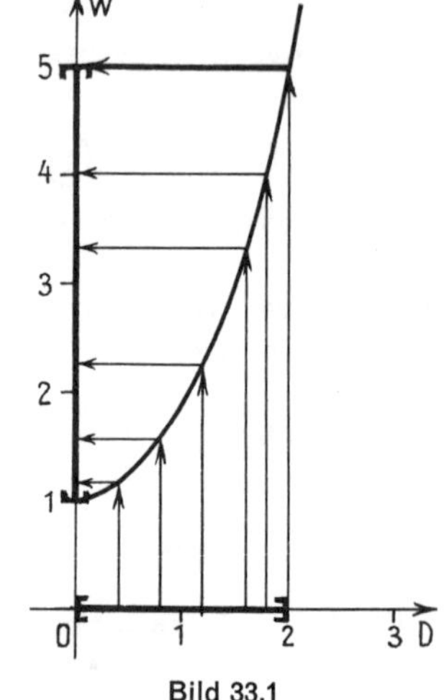

Bild 33.1

Wir setzen also voraus, daß die Funktion φ im Intervall $[a; b]$ differenzierbar und monoton ist; damit ist dann gleichzeitig gesichert, daß es eine Umkehrfunktion ψ zu φ gibt, daß also für $x \in [a; b]$ gilt:
$$z = \varphi(x) \Leftrightarrow x = \psi(z).$$

3. Durch die Substitution $z = \varphi(x)$ geht der Term der Stammfunktion $F(z)$ über in
$$F(z) = F[\varphi(x)] = G(x).$$

Beachte, daß wir zur Bezeichnung dieses Terms in der Variablen x einen anderen Buchstaben verwenden müssen. Dies erkennt man am einfachsten an einem Beispiel.

Beispiel: Es sei $F(z) = z^2$ und $z = \varphi(x) = 2x + 3$. Dann ist
$F(z) = F[\varphi(x)] = (2x + 3)^2 = G(x)$, während $F(x) = x^2$ ist.

Nun müssen wir die zur Stammfunktion G gehörige Integrandfunktion g, d. h. den zugehörigen Term $g(x)$ ermitteln. Man könnte vermuten, daß dieser Term sich aus $f(z)$ durch Einsetzen von $z = \varphi(x)$ ergäbe: $f[\varphi(x)]$. Dies ist jedoch im allgemeinen **nicht** der Fall. Es muß nämlich gelten: $g(x) = G'(x)$.

Zur Berechnung von $G'(x)$ haben wir auf $G(x) = F[\varphi(x)]$ selbstverständlich die **Kettenregel** (S 22.8) anzuwenden. Wir erhalten:
$$g(x) = G'(x) = F'[\varphi(x)] \cdot \varphi'(x) = f[\varphi(x)] \cdot \varphi'(x).$$

Dieses bedeutet nach D 33.3:
$$\int g(x)\,dx = \int f[\varphi(x)] \cdot \varphi'(x) \cdot dx = G(x) + c.$$

Da $G(x) + c = F[\varphi(x)] + c = F(z) + c = \int f(z)\,dz$ ist, ergibt sich insgesamt:
$$\int f(z)\,dz = \int f[\varphi(x)] \cdot \varphi'(x) \cdot dx = \int g(x)\,dx.$$

Es gilt also der Satz:

S 33.3

Ist eine Funktion φ monoton und differenzierbar in einem Intervall $[a; b]$, wird $[a; b]$ durch φ auf $[p; q]$ abgebildet und ist eine Funktion f stetig über $[p; q]$, so gilt:
$$\int f(z)\,dz = \int f[\varphi(x)] \cdot \varphi'(x) \cdot dx$$
(Substitutionsregel der Integralrechnung).

Beachte, daß aus der vorausgesetzten Monotonie der Funktion φ über $[a; b]$ folgt, daß φ in diesem Intervall eine Umkehrfunktion ψ besitzt!

4. Die Substitutionsregel kann man in vielen Fällen zur Berechnung von bestimmten und von unbestimmten Integralen verwenden. Der einfachste Fall liegt vor, wenn der Integrand – eventuell bis auf einen Zahlenfaktor – die Form $f[\varphi(x)] \cdot \varphi'(x)$ hat. Dann ist nämlich in vielen Fällen das Integral $\int f(z)\,dz$ ein Grundintegral oder auf ein solches zurückführbar. Im Ergebnis ersetzt man dann wieder z durch $\varphi(x)$.

Beispiele: **1)** $\int 2x \cdot \sin(x^2 + 3)\,dx$

Wir setzen $z = \varphi(x) = x^2 + 3$; dann ist $f(z) = \sin z$ und $\varphi'(x) = 2x$. Es ergibt sich:
$\int 2x \cdot \sin(x^2 + 3)\,dx = \int \sin z\,dz = -\cos z + c = -\cos(x^2 + 3) + c.$

2) $\int (4x^2 + 9)^3 \cdot 2x\,dx$

Wir setzen $z = \varphi(x) = 4x^2 + 9$; dann ist $f(z) = z^3$ und $\varphi'(x) = 8x = 4 \cdot 2x$. Also ergibt sich:
$$\int (4x^2 + 9)^3\, 2x\,dx = \frac{1}{4}\int (4x^2 + 9)^3 \cdot 8x\,dx = \frac{1}{4}\int z^3\,dz = \frac{1}{4} \cdot \frac{z^4}{4} + c = \frac{1}{16}(4x^2 + 9)^4 + c.$$

Die Substitutionsregel von S 33.3 wird bei diesen Beispielen von „rechts nach links" angewendet.

5. Wenn der Integrand nicht die Form $f[\varphi(x)] \cdot \varphi'(x)$ hat, so läßt sich die Substitutionsregel dennoch häufig in der umgekehrten Richtung, also von „rechts nach links" anwenden. Damit das gegebene Integral die gewohnte Form $\int f(x)\,dx$ hat, vertauschen wir in der Formel von S 33.3 die Variablen x und z; wir erhalten:

$$\int f(x)\,dx = \int f[\varphi(z)]\,\varphi'(z) \cdot dz \quad \text{mit } x = \varphi(z).$$

Beachte, daß der Strich bei $\varphi'(z)$ hier eine Ableitung nach z bedeutet!

Beispiel: $\int \frac{dx}{\sqrt{x-1}}$ mit $f(x) = \frac{1}{\sqrt{x-1}}$

Wir setzen $z = \sqrt{x-1}$, also $x = \varphi(z) = z^2 + 1$. Dann ist $f[\varphi(z)] = \frac{1}{z}$ und $\varphi'(z) = 2z$.

Wir erhalten: $\int \frac{dx}{\sqrt{x-1}} = \int \frac{1}{z} \cdot 2z\,dz = 2 \cdot \int dz = 2z + c = 2 \cdot \sqrt{x-1} + c.$

Beachte:

1) Wir haben hier zunächst $z = \psi(x) = \sqrt{x-1}$ substituiert und daraus $x = \varphi(z) = z^2 + 1$ berechnet. Dies setzt voraus, daß die Funktion ψ eine Umkehrfunktion besitzt. Außerdem müssen die Definitionsmengen berücksichtigt werden. In diesem Fall gilt die Rechnung nur für $x \in \mathbb{R}^{>1}$.

2) Wir werden dieses Integral unter 6. mit Hilfe der Substitutionsregel noch auf eine andere Weise berechnen.

6. Die Substitutionsregel gestattet es uns jetzt – endlich –, eine Frage zu beantworten, die wir schon in § 31 gestellt haben, die bisher aber unbeantwortet geblieben ist, die Frage nämlich, warum es zweckmäßig ist, im Symbol für das Integral das Differential dx „mitzuschleppen". Würden wir hierauf verzichten, so würde die Gleichung der Substitutionsregel lauten: $\int f(x) = \int f[\varphi(z)] \cdot \varphi'(z).$

Wir müßten also – wie wir es bei den bisher behandelten Beispielen auch getan haben – im Integranden x durch $\varphi(z)$ ersetzen und dann mit der Ableitung $\varphi'(z)$ multiplizieren. Fügen wir jedoch das Differential dx hinzu, so können wir die Substitutionsregel anders als bisher deuten; das Differential zu $x = \varphi(z)$ heißt nämlich: $dx = \varphi'(z) \cdot dz$;
also gilt:

$$f(x)\,dx = f[\varphi(z)] \cdot \varphi'(z)\,dz.$$

Aus dieser Gleichung ergibt sich **unmittelbar** die Substitutionsregel dadurch, daß man das Integralzeichen auf beiden Seiten hinzuschreibt:

$$\int f(x)\,dx = \int \underbrace{f[\varphi(z)]}_{f(x)} \cdot \underbrace{\varphi'(z)\,dz}_{dx}.$$

Fügt man also dem Term der Integrandfunktion das Differential dx hinzu, so **erübrigt sich die Substitutionsregel;** es wird sozusagen **„automatisch"** alles richtig, wenn man die Variable x in f (x) **und** in dx durch z ausdrückt.
In diesem Umstand liegt die Zweckmäßigkeit der Integralschreibweise mit dem Differential dx begründet.

Beispiele: **1)** $\int \frac{dx}{\sqrt{x-1}}$ mit $f(x) = \frac{1}{\sqrt{x-1}}$

Wir setzen $z = \sqrt{x-1}$ und erhalten $dz = \frac{dx}{2 \cdot \sqrt{x-1}}$, also $2\,dz = \frac{dx}{\sqrt{x-1}}$.

Also gilt: $$\int \frac{dx}{\sqrt{x-1}} = 2 \cdot \int dz = 2z + c = 2 \cdot \sqrt{x-1} + c.$$

Beachte: Wir haben hier die Gleichung $z = \psi(x)$ nicht nach x aufgelöst; die Substitutionsgleichung $x = \varphi(z)$ ist also gar nicht benutzt worden. Wir haben dz vielmehr unmittelbar aus der Gleichung $z = \psi(x)$ ermittelt.

2) $\int (1 - x^3)^5 \cdot x^2\,dx$

Wir setzen $z = 1 - x^3$ und erhalten $dz = -3x^2\,dx$; also ist $x^2\,dx = -\frac{dz}{3}$.

Somit ergibt sich: $\int x^2 (1 - x^3)^5\,dx = -\frac{1}{3}\int z^5\,dz = -\frac{1}{3} \cdot \frac{z^6}{6} + c = -\frac{1}{18}(1 - x^3)^6 + c.$

7. Bei der Berechnung eines **bestimmten Integrals** mit Hilfe einer Substitution hat man zwei Möglichkeiten:

1) Man setzt die Grenzen erst nach der Rücksubstitution ein.
2) Man transformiert die Grenzen mit.

Die Regel lautet für bestimmte Integrale:

$$\int_a^b f(x)\,dx = \int_{\psi(a)}^{\psi(b)} f[\varphi(z)] \cdot \varphi'(z)\,dz.$$

Hierbei ist $\psi(x)$ der Term der – meist von vornherein benutzten – Umkehrfunktion ψ zur Substitutionsfunktion φ mit der Gleichung $z = \psi(x)$.

Beispiel: $\int_0^2 (2x - 1)^3\,dx$

Wir setzen $z = \psi(x) = 2x - 1$ und erhalten $dz = 2dx$, also $dx = \frac{dz}{2}$.

Wir transformieren die Grenzen: $\psi(0) = -1$ und $\psi(2) = 3$.

Man kann die Ermittlung der transformierten Grenzen kurz folgendermaßen schreiben:

$$z\Big|_{-1}^{3} = 2x - 1\Big|_0^2.$$

Also ist: $$\int_0^2 (2x - 1)^3\,dx = \frac{1}{2} \cdot \int_{-1}^{3} z^3\,dz = \frac{1}{2} \cdot \frac{z^4}{4}\Big|_{-1}^{3} = \frac{81}{8} - \frac{1}{8} = 10.$$

V. Das Verfahren der partiellen Integration

1. Eine weitere wichtige Regel der Integralrechnung läßt sich aus der **Produktregel** der Differentialrechnung herleiten.

Nach S 22.1 gilt für zwei in einem Intervall [a; b] differenzierbare Funktionen u und v:

$$[u(x) \cdot v(x)]' = u'(x) \cdot v(x) + u(x) \cdot v'(x).$$

Durch unbestimmte Integration ergibt sich hieraus:

$$\int [u(x) \cdot v(x)]'\,dx = \int [u'(x) \cdot v(x) + u(x) \cdot v'(x)]\,dx.$$

Nach D 33.3 und S 32.1 erhält man daraus:

$$u(x) \cdot v(x) = \int u'(x) \cdot v(x)\,dx + \int u(x) \cdot v'(x)\,dx$$

und mithin: $$\boldsymbol{\int u(x) \cdot v'(x)\,dx = u(x) \cdot v(x) - \int v(x) \cdot u'(x)\,dx.}$$

2. Es gilt also der Satz

S 33.4 **Sind zwei Funktionen u und v differenzierbar in einem Intervall [a; b], so gilt**

$$\int_a^b u(x) \cdot v'(x)\,dx = u(x) \cdot v(x)\Big|_a^b - \int_a^b v(x) \cdot u'(x)\,dx.$$

Bei Anwendung dieser Regel spricht man von „**Produktintegration**" oder von „**partieller Integration**". Die zweite Bezeichnung deutet an, daß bei Anwendung der Regel ein **Restintegral** bleibt, daß die Integration also nicht vollständig, sondern nur teilweise (partiell) durchgeführt werden kann. In vielen Fällen läßt sich das Restintegral und damit auch das gegebene Integral in einem weiteren Schritt (oder in mehreren weiteren Schritten) berechnen.

3. Wir erläutern dies an einigen **Beispielen.**

1) $\int x \cdot \cos x\,dx$
$= x \cdot \sin x - \int 1 \cdot \sin x\,dx$
$= x \cdot \sin x + \cos x + c_1.$

Wir setzen $u(x) = x$ und $v'(x) = \cos x$; dann ist $u'(x) = 1$ und $v(x) = \sin x$.

2) $\int x^2 \cdot \sin x\,dx$
$= -x^2 \cos x + 2\int x \cdot \cos x\,dx.$

Wir setzen $u(x) = x^2$ und $v'(x) = \sin x$; dann ist $u'(x) = 2x$ und $v(x) = -\cos x$.

Das Restintegral $\int x \cos x\,dx$ haben wir schon unter 1) berechnet. Durch Einsetzen erhalten wir:

$\int x^2 \cdot \sin x\,dx = -x^2 \cos x + 2x \sin x + 2 \cos x + c_2 = (2 - x^2) \cos x + 2x \sin x + c_2.$

Bei solchen Beispielen wählt man als u (x) also die Potenz von x, damit diese durch die Differentiation in jedem Schritt „abgebaut" wird.

3) $\int \sin^2 x\,dx = \int \sin x \cdot \sin x\,dx$
$= -\sin x \cos x + \int \cos^2 x\,dx$

Wir setzen $u(x) = \sin x$ und $v'(x) = \sin x$; dann ist $u'(x) = \cos x$ und $v(x) = -\cos x$.

$= -\sin x \cos x + \int (1 - \sin^2 x)\,dx = -\sin x \cos x + \int dx - \int \sin^2 x\,dx$

Auf diese Weise ergibt sich als Restintegral – allerdings mit dem Minuszeichen – wieder das gegebene Integral. Wir können zusammenfassen:

$$2 \cdot \int \sin^2 x\,dx = -\sin x \cos x + x + \bar{c}, \text{ also:}$$
$$\int \sin^2 x\,dx = \tfrac{1}{2}(x - \sin x \cos x) + c \quad (\text{mit } c = \tfrac{1}{2} \cdot \bar{c}).$$

Beachte: Bei diesem Beispiel würde es nicht zum Ziel führen, wenn man beim ersten Restintegral $\int \cos^2 x\,dx$ noch einmal die Regel der partiellen Integration anwenden würde; es ergäbe sich nämlich die — gewiß richtige, aber hier nicht weiterführende — Beziehung $\int \sin^2 x\,dx = \int \sin^2 x\,dx$. Überzeuge dich durch Ausrechnung davon!

4) $\int \sin 2x \cdot \cos 3x\,dx$
$= \tfrac{1}{3} \sin 2x \sin 3x - \tfrac{2}{3} \int \cos 2x \sin 3x\,dx$

Wir setzen $u(x) = \sin 2x$ und $v'(x) = \cos 3x$; dann ist $u'(x) = 2 \cos 2x$ und $v(x) = \tfrac{1}{3} \sin 3x$.

Auf das Restintegral müssen wir die Formel der partiellen Integration erneut anwenden.

Wir setzen $u(x) = \cos 2x$ und $v'(x) = \sin 3x$;
dann ist $u'(x) = -2 \sin 2x$ und $v(x) = -\tfrac{1}{3} \cos 3x$.

Beachte, daß wir hier nicht $u(x) = \sin 3x$ und $v'(x) = \cos 2x$ setzen dürfen; wir würden sonst im zweiten Schritt den ersten wieder rückgängig machen! Für das Restintegral ergibt sich: $\int \cos 2x \sin 3x\,dx = -\tfrac{1}{3} \cos 2x \cos 3x - \tfrac{2}{3} \cdot \int \sin 2x \cos 3x\,dx.$

Durch Einsetzen erhält man:

$$\int \sin 2x \cdot \cos 3x \, dx = \tfrac{1}{3} \sin 2x \sin 3x - \tfrac{2}{3}\left[-\tfrac{1}{3} \cos 2x \cos 3x - \tfrac{2}{3} \int \sin 2x \cos 3x \, dx\right]$$
$$= \tfrac{1}{3} \sin 2x \sin 3x + \tfrac{2}{9} \cos 2x \cos 3x + \tfrac{4}{9} \cdot \int \sin 2x \cos 3x \, dx.$$

Das neue Restintegral stimmt also -- bis auf den Faktor $\frac{4}{9}$ — mit dem gegebenen Integral überein. Durch Zusammenfassung ergibt sich:

$$\tfrac{5}{9} \cdot \int \sin 2x \cos 3x \, dx = \tfrac{1}{3} \sin 2x \cdot \sin 3x + \tfrac{2}{9} \cos 2x \cdot \cos 3x + \bar{c}, \text{ also:}$$
$$\int \sin 2x \cos 3x \, dx = \tfrac{3}{5} \sin 2x \cdot \sin 3x + \tfrac{2}{5} \cos 2x \cdot \cos 3x + c \quad \left(\text{mit } c = \tfrac{9}{5}\bar{c}\right).$$

Wir machen die Probe dadurch, daß wir das Ergebnis differenzieren:

$$\left(\tfrac{3}{5} \sin 2x \sin 3x + \tfrac{2}{5} \cos 2x \cos 3x + c\right)' = \tfrac{6}{5} \cos 2x \sin 3x + \tfrac{9}{5} \sin 2x \cos 3x$$
$$- \tfrac{4}{5} \sin 2x \cos 3x - \tfrac{6}{5} \cos 2x \sin 3x$$
$$= \sin 2x \cos 3x, \quad \text{q. e. d.}$$

4. Mit Hilfe dieses Verfahrens können wir auch Integrale über Quadratwurzelfunktionen auf das Grundintegral $\int \frac{dx}{\sqrt{x}} = 2 \cdot \sqrt{x} + c$ zurückführen.

1) $\int \sqrt{x} \cdot dx = \int x \cdot \frac{1}{\sqrt{x}} \, dx$
$= 2x\sqrt{x} - 2\int \sqrt{x} \, dx$

Wir setzen $u(x) = x$ und $v'(x) = \frac{1}{\sqrt{x}}$; dann ist $u'(x) = 1$ und $v(x) = 2\sqrt{x}$.

Daraus ergibt sich:

$$3 \cdot \int \sqrt{x} \cdot dx = 2x\sqrt{x} + \bar{c}, \quad \text{also:} \quad \int \sqrt{x} \cdot dx = \tfrac{2}{3}x\sqrt{x} + c \quad \text{oder} \quad \int x^{\frac{1}{2}} \, dx = \tfrac{2}{3}x^{\frac{3}{2}} + c.$$

2) $\int x \cdot \sqrt{x} \, dx$
$= \frac{2}{3} \cdot x^2 \sqrt{x} \quad - \frac{2}{3} \int x \sqrt{x} \, dx$

Wir setzen $u(x) = x$ und $v'(x) = x^{\frac{1}{2}}$; dann ist $u'(x) = 1$ und $v(x) = \frac{2}{3}x\sqrt{x}$.

Also gilt: $\frac{5}{3} \int x\sqrt{x} \, dx = \frac{2}{3}x^2 \cdot \sqrt{x} + \bar{c}$ und $\int x\sqrt{x} \cdot dx = \frac{2}{5}x^2 \cdot \sqrt{x} + c$ oder
$\int x^{\frac{3}{2}} \, dx = \frac{2}{5}x^{\frac{5}{2}} + c.$

Beachte: Die Ergebnisse zeigen, daß man beide Integrale auch mit Hilfe des Grundintegrals $\int x^n \, dx = \frac{x^{n+1}}{n+1} + c$ mit $n \in \mathbb{Q}$ berechnen kann.

5. Abschließend behandeln wir als **Beispiel** noch ein bestimmtes Integral, $\int\limits_0^{\frac{\pi}{2}} x \, . \sin x \, dx.$

Wir setzen $u(x) = x$ und $v'(x) = \sin x$; dann ist $u'(x) = 1$ und $v(x) = -\cos x$.

$$\int\limits_0^{\frac{\pi}{2}} x \cdot \sin x \, dx = -x \cdot \cos x \Big|_0^{\frac{\pi}{2}} + \int\limits_0^{\frac{\pi}{2}} \cos x \, dx = \Big[-x \cdot \cos x + \sin x\Big]_0^{\frac{\pi}{2}}$$
$$= \left(-\frac{\pi}{2} \cdot \cos \frac{\pi}{2} + \sin \frac{\pi}{2}\right) - (0 + \sin 0) = \left(-\frac{\pi}{2} \cdot 0 + 1\right) - 0 = 1$$

Übungen und Aufgaben

Einfache Integrationsübungen

1. a) $\int x^3 \, dx$ **b)** $\int x^5 \, dx$ **c)** $\int x^7 \, dx$ **d)** $\int 3x^2 \, dx$ **e)** $\int 5x^4 \, dx$
f) $\int \frac{1}{2}x^3 \, dx$ **g)** $\int \frac{3}{4}x^4 \, dx$ **h)** $\int \frac{2}{5}x^6 \, dx$ **i)** $\int 0{,}5x^6 \, dx$

2. **a)** $\int x^{-2} dx$ **b)** $\int x^{-4} dx$ **c)** $\int x^{-7} dx$ **d)** $\int \frac{2}{x^3} dx$ **e)** $\int \frac{3}{x^2} dx$

f) $\int \frac{4}{3x^4} dx$ **g)** $\int \frac{2}{5}x^{-6} dx$ **h)** $\int \frac{3}{4}x^{-5} dx$ **i)** $\int \frac{4}{5x^3} dx$ **k)** $\int \frac{5}{7}x^{-4} dx$

3. **a)** $\int \sin x \, dx$ **b)** $\int \cos x \, dx$ **c)** $\int 3 \sin x \, dx$

d) $\int \pi \cos x \, dx$ **e)** $\int \frac{1}{\cos^2 x} dx$ **f)** $\int \frac{1}{\sin^2 x} dx$

4. **a)** $\int (x^3 + x^2) \, dx$ **b)** $\int (3x^2 - 4) \, dx$ **c)** $\int (5x^3 - 2x^2 + 3) \, dx$

d) $\int (2x^4 - 3x^2 + 6) \, dx$ **e)** $\int (4x^5 - 2x^3) \, dx$ **f)** $\int \frac{2}{3} (4x^3 - 6x) \, dx$

g) $\int (5x^7 - \frac{2}{3}x^3 + x) \, dx$ **h)** $\int 6 (\frac{1}{2}x - 4x^3 + 3x^4) \, dx$ **i)** $\int \frac{4}{5} (3x - 5x^3 + 2x^6) \, dx$

5. **a)** $\int x (3x^2 + 4x) \, dx$ **b)** $\int x^2 (x^2 + 1) \, dx$ **c)** $\int x^3 (x^2 - 2x + 3) \, dx$

d) $\int (5x^3 - 2x + 3) \, x^2 \, dx$ **e)** $\int (x - 2) (x + 4) \, dx$ **f)** $\int (x - 1) (x^2 - 4) \, dx$

g) $\int (x + 3) (x^2 - 2x + 3) \, dx$ **h)** $\int (4x - 3) (2 - 3x) \, dx$ **i)** $\int (3 - 2x^2) (x^4 - 16) \, dx$

6. **a)** $\int a x^2 \, dx$ **b)** $\int \frac{(ax)^2}{1 + a} dx$ mit $a \neq -1$ **c)** $\int \frac{(2 - a) \, (x^3 - 1)}{x^2} dx$

d) $\int \frac{x^2 - 4}{x^4} dx$ **e)** $\int 5 \, \frac{x^3 - 2}{x^5} dx$ **f)** $\int (ax^2 + bx + c) \, dx$

g) $\int \left(ax^2 + b + \frac{c}{x^2}\right) dx$ **h)** $\int \frac{\sqrt{ax}}{x} dx$ **i)** $\int \frac{a}{1 - a} (3x)^{-2} \, dx$ mit $a \neq 1$

7. Zeige, daß die in D 33.1 für Stammfunktionen definierte Relation reflexiv, symmetrisch und transitiv, daß sie also eine Äquivalenzrelation ist!

Substitutionen

8. **a)** $\int (2x + 3) \, dx$; setze $z = 2x + 3$ **b)** $\int (ax + b) \, dx$; setze $z = ax + b$

c) $\int (3x - 7) \, dx$ **d)** $\int (\frac{2}{3}x - 3) \, dx$ **e)** $\int (\frac{1}{4}x - \frac{2}{3}) \, dx$

9. Ermittle die Integrale der Aufgabe 8 nach der Summenformel und vergleiche die Ergebnisse mit denen, die man durch das Substitutionsverfahren gewonnen hat!

10. **a)** $\int 2 \sin (2x) \, dx$; setze $z = 2x$ **b)** $\int \cos (3x) \, dx$; setze $z = 3x$

c) $\int \sin (5x) \, dx$ **d)** $\int \sin (\frac{1}{2}x) \, dx$ **e)** $\int \sin (4x + 2) \, dx$

f) $\int \sin (ax) \, dx$ **g)** $\int \sin (ax + b) \, dx$ **h)** $\int \sin \frac{ax + b}{c} dx$

11. **a)** $\int \sin (\omega t) \, dt$ **b)** $\int \cos (\omega t) \, dt$ **c)** $\int A \sin (\omega t) \, dt$

d) $\int \omega \sin (\omega t + \varphi_0) \, dt$ **e)** $\int [\sin (\omega t) + \cos (\omega t)] \, dt$ **f)** $\int [t^2 + \cos (\omega t)] \, dt$

12. **a)** Forme $\cos^2 x$ in einen trigonometrischen Term um, der das Argument $2x$ enthält, und berechne $\int \cos^2 x \, dx$!

b) Ermittle entsprechend $\int \sin^2 x \, dx$!

c) Ermittle $\int (\sin^2 x + \cos^2 x) \, dx$ auf möglichst einfachem Wege und vergleiche mit den Ergebnissen aus a) und b)!

13. Bestätige die Gültigkeit der folgenden Gleichungen durch Differenzieren!

a) $\int \sin^2(ax+b)\,dx = -\frac{1}{4a}\sin[2(ax+b)] + \frac{1}{2a}(ax+b) + c \quad (a \neq 0)$

b) $\int \cos^2(ax+b)\,dx = \frac{1}{4a}\sin[2(ax+b)] + \frac{1}{2a}(ax+b) + c \quad (a \neq 0)$

14. Berechne die in Aufgabe 13 angegebenen Integrale nach dem in Aufgabe 12 angegebenen Verfahren!

15. **a)** $\int (2+3x)^2\,dx$; setze $z = 2+3x$! **b)** $\int (ax+b)^2\,dx$; setze $z = ax+b$!

c) $\int (4x-3)^3\,dx$ **d)** $\int (\frac{1}{2}x+1)^4\,dx$ **e)** $\int (2x-7)^5\,dx$

f) $\int (4-3x)^2\,dx$ **g)** $\int (2-5x)^6\,dx$ **h)** $\int (-3-2x)\,dx$

i) $\int 2(4-x)^3\,dx$ **k)** $\int \frac{3}{4}(5-2x)^4\,dx$ **l)** $\int \frac{2}{3}(2-5x)^5\,dx$

16. **a)** Ermittle $\int (ax+b)^n\,dx$ mit $n \in \mathbb{N}$!

b) Erkläre und beschreibe die Einzelschritte der Rechnung!

c) Begründe im Vergleich mit Aufgabe a), weshalb z. B. $\int (ax^2+b)^2\,dx$ nicht mit einer Substitution dieser Art lösbar ist!

17. **a)** $\int \frac{3}{(2x+9)^2}\,dx$ **b)** $\int \frac{4\,dx}{(3x-7)^3}$ **c)** $\int \frac{dx}{2(3-5x)^2}$

d) $\int \frac{4}{(5-3x)^6}\,dx$ **e)** $\int \frac{2}{3}\,\frac{dx}{(1-x)^6}$ **f)** $\int \frac{4}{5}\,\frac{dx}{(1-3x)^4}$

g) $\int \frac{2}{3}(4-3x)^{-5}\,dx$ **h)** $\int \frac{5}{6}(2x+7)^{-3}\,dx$ **i)** $\int a\cdot(bx+c)^{-n}\,dx$ mit $n \in \mathbb{N}^{\neq 1}$

18. **a)** $\int \sqrt{2x}\,dx$[1] **b)** $\int \sqrt{3+x}\,dx$ **c)** $\int \sqrt{1-x}\,dx$

d) $\int \sqrt{1+3x}\,dx$ **e)** $\int \sqrt{4-\frac{x}{2}}\,dx$ **f)** $\int \sqrt{ax+b}\,dx$

g) $\int \frac{1}{\sqrt{3x}}\,dx$ **h)** $\int \frac{1}{\sqrt{\frac{x}{5}}}\,dx$ **i)** $\int \frac{1}{\sqrt{4+2x}}\,dx$

k) $\int \frac{5}{\sqrt{2-3x}}\,dx$ **l)** $\int \frac{a}{\sqrt{bx+c}}\,dx$ **m)** $\int \frac{x}{\sqrt{x^2+1}}\,dx$

n) $\int x\sqrt{1-x^2}\,dx$ **o)** $\int x^2\sqrt{x^3+4}\,dx$ **p)** $\int \frac{x^4}{\sqrt{x^5-3}}\,dx$

q) $\int (2x+1)\sqrt{x^2+x}\,dx$ **r)** $\int \frac{3x^2-4x}{\sqrt{x^3-2x^2}}\,dx$ **s)** $\int f'(x)\cdot\sqrt{f(x)}\,dx$

19. **a)** $\int \sqrt{(5x)}\,dx$ **b)** $\int \sqrt{(2x+5)}\,dx$ **c)** $\int \sqrt{(1-4x)}\,dx$

d) $\int (3+x)\sqrt{x}\,dx$ **e)** $\int (1-x)\sqrt{x}\,dx$ **f)** $\int x\sqrt{1+x}\,dx$

g) $\int x\sqrt{2+3x}\,dx$ **h)** $\int x\sqrt{5-4x}\,dx$ **i)** $\int (x+2)\sqrt{3x+1}\,dx$

k) $\int x\sqrt{(2x^2+1)}\,dx$ **l)** $\int x\sqrt{(ax^2+b)}\,dx$ **m)** $\int (4x^3+6x^2)\sqrt{(x^4+2x^3)}\,dx$

Bestimmte Integrale

20. **a)** $\int_1^5 x\,dx$ **b)** $\int_2^3 3x\,dx$ **c)** $\int_{-3}^6 (2x-3)\,dx$

[1]) Vgl. V, 4!

d) $\int_2^4 (2{,}5\,x - 1{,}4)\,dx$ e) $\int_0^4 x^2\,dx$ f) $\int_{-1}^1 3x^2\,dx$

g) $\int_2^4 (6x^2 - 5x)\,dx$ h) $\int_{-2}^3 (x+2)^2\,dx$ i) $\int_{-3}^5 (2x^2 - 4x + 1)\,dx$

k) $\int_{-2}^2 4x^3\,dx$ l) $\int_{-4}^{-1} (\tfrac{1}{5}x^3 - 2x)\,dx$ m) $\int_{-3}^2 (6x^5 - 3x^2)\,dx$

21. a) $\int_3^5 x^3\,dx$ b) $\int_2^7 x^3\,dx$ c) $\int_3^6 \tfrac{1}{6}x^3\,dx$

d) $\int_1^5 \tfrac{5}{9}x^3\,dx$ e) $\int_2^6 (x^3 + x)\,dx$ f) $\int_1^4 (x^3 + 2)\,dx$

g) $\int_2^5 \tfrac{1}{6}(x^3 + x)\,dx$ h) $\int_1^3 (x^3 + 2x - 3)\,dx$ i) $\int_2^5 x(x^2 - 1)\,dx$

k) $\int_3^4 x^2(x - 2)\,dx$ l) $\int_2^4 (x - 1)(x^2 - 5)\,dx$ m) $\int_2^4 \tfrac{1}{2}x(x^2 - 4)\,dx$

22. a) $\int_0^4 \sqrt{x}\,dx$[1] b) $\int_0^8 \frac{1}{\sqrt{x+1}}\,dx$ c) $\int_1^9 \sqrt{x^3}\,dx$

d) $\int_0^4 \sqrt{2x+1}\,dx$ e) $\int_{-3}^0 \sqrt{(1-x)^3}\,dx$ f) $\int_1^6 \frac{1}{\sqrt{10-x}}\,dx$

g) $\int_0^{2\sqrt{2}} x\sqrt{x^2+1}\,dx$ h) $\int_0^{\sqrt{3}} \frac{2x}{\sqrt{4-x^2}}\,dx$ i) $\int_{-\frac{b}{a}}^0 x\sqrt{ax+b}\,dx \begin{pmatrix}\text{mit } a \neq 0,\\ b \geq 0.\end{pmatrix}$

Ermittle die Lösungsmengen der folgenden Gleichungen in $V[x] = \mathbb{R}$!

23. a) $\int_0^x \tfrac{1}{2}t\,dt = 4$ b) $\int_0^x dt = 7{,}5$ c) $\int_0^x t^2\,dt = 9$

d) $\int_0^x t^3\,dt = \tfrac{81}{4}$ e) $\int_0^x \tfrac{4}{5}t^2\,dt = 1$ f) $\int_0^x \tfrac{3}{7}t^3\,dt = 2$

g) $\int_0^x 2{,}4\,t^2\,dt = 10{,}4$ h) $\int_0^x 3{,}6\,t^3\,dt = 6{,}5$ i) $\int_2^x t^2\,dt = 5$

k) $\int_{-3}^x 2\,t^2\,dt = 10$ l) $\int_{1,5}^x \tfrac{4}{3}t^3\,dt = 6{,}5$ m) $\int_{-2,6}^x \tfrac{4}{5}t^3\,dt = 12{,}4$

24. a) $\int_2^3 t\,dt = \int_0^x v\,dv$ b) $\int_0^4 t\,dt = \int_0^x v^2\,dv$ c) $\int_{-2}^3 \tfrac{1}{2}t^2\,dt = \int_0^x v^2\,dv$

d) $\int_3^5 3x^2\,dx = \int_2^x t\,dt$ e) $\int_1^x \frac{3t^2}{5}\,dt = \int_{-4}^2 \frac{6}{5}v^2\,dv$ f) $\int_{1,4}^{3,2} (t^2 - 3t)\,dt = \int_2^x v\,dv$

[1]) Vgl. V, 4!

25. Formuliere die Aufgabe 24. a) und 24. b) als Aufgaben der Flächenberechnung!

26. Ermittle die Lösungsmengen der folgenden Gleichungen!

a) $\int_0^2 dx = 2\int_0^t dx$ **b)** $\int_1^3 x\,dx = 2\int_1^t x\,dx$ **c)** $\int_1^5 2x\,dx = 3\int_1^t 2x\,dx$

d) $\int_{-3}^0 (\frac{1}{2}x+2)\,dx = 5\int_{-3}^t (\frac{1}{2}x+2)\,dx$ **e)** $\int_0^2 (3x+2)\,dx = \frac{1}{2}\int_0^t (3x+2)\,dx$

f) $\int_1^2 \frac{1}{4}x^3\,dx = 3\int_1^t \frac{1}{4}x^3\,dx$ **g)** $\int_2^4 x^4\,dx = \frac{1}{2}\int_t^4 dx$

h) $\int_{-2}^2 x^2\,dx = \frac{1}{4}\int_{-2}^t dx$ **i)** $\int_1^4 2x^3\,dx = \frac{1}{5}\int_t^4 2x^3\,dx$

27. Bestimme die Nullstellen der durch den Term f (x) gegebenen Funktion und berechne das Integral, das sich ergibt, wenn man zwischen den äußeren Nullstellen integriert!

a) $f(x) = -x^3 + 2x$ **b)** $f(x) = -(x^2 - 4x)$ **c)** $f(x) = -x(x-5)$
d) $f(x) = x^3 - 4x$ **e)** $f(x) = x^3 + 3x^2 - 10x - 24$ **f)** $f(x) = x^3 + 3x^2 - 10x$
g) $f(x) = x^4 - 4x^2$ **h)** $f(x) = (x^2 + x - 6)^2$ **i)** $f(x) = x^3 - 5x^2 + 3x + 9$
k) $f(x) = x^3 - 12x - 16$ **l)** $f(x) = x^4 - 5x^2 + 4$ **m)** $f(x) = x^4 - 3x^2 - 4$

28. Berechne die Integrale (Rechenstab bzw. Rechentafel benutzen)!

a) $\int_{1,5}^{2,7} (x^2 - 2x + 4)\,dx$ **b)** $\frac{3}{4}\int_{1,3}^{3,5} (x^2+2)(x-1)\,dx$ **c)** $\int_{\sqrt{2}}^{2} x^2 (x - \frac{1}{2})\,dx$

d) $\int_{-\sqrt{2}}^{\sqrt{2}} x(x^2+2)\,dx$ **e)** $\int_{-2,4}^{1,7} (x+3)(x+4)\,dx$ **f)** $\int_{0,5}^{3,4} x(x^2+3x+2)\,dx$

29. a) $\int_0^{\pi} \sin x\,dx$ **b)** $\int_0^{2\pi} \sin x\,dx$ **c)** $\int_{-\pi}^{2\pi} \sin x\,dx$

d) $\int_0^{\pi} \cos x\,dx$ **e)** $\int_{-\pi}^{\pi} (x + \cos x)\,dx$ **f)** $\int_0^{\pi} (\sin x + \cos x)\,dx$

g) $\int_{-\frac{\pi}{2}}^{\frac{\pi}{2}} (2x + \sin x)\,dx$ **h)** $\int_0^{2\pi} \sin^2 x\,dx$ **i)** $\int_0^{2\pi} (\sin x + \cos^2 x)\,dx$

Partielle Integration

30. a) $\int x \sin x\,dx$ **b)** $\int x \cos 3x\,dx$ **c)** $\int 4x \sin 2x\,dx$
d) $\int x^2 \cos x\,dx$ **e)** $\int x^2 \sin x\,dx$ **f)** $\int \cos^2 x\,dx$

g) $\int_0^{\pi} \sin^2 x\,dx$ **h)** $\int_0^{\pi} \cos^2 x\,dx$ **i)** $\int_{-\frac{\pi}{2}}^{+\frac{\pi}{2}} x \sin x\,dx$

31. Gegeben sei $\int x\,dx = \frac{1}{2}x^2 + c$. Beweise durch vollständige Induktion

$$\int x^n\,dx = \frac{x^{n+1}}{n+1} + c \quad \text{mit } n \in \mathbb{N}\,!$$

Anleitung: Um den Schluß von n auf $n+1$ auszuführen, setze $\int x^{n+1}\,dx = \int x \cdot x^n\,dx$ mit $x = u(x)$ und $x^n = v'(x)$!

32. Es sei $I_n = \int x^n \sin x \, dx$ mit $n \in \mathbb{N}^{\geq 2}$.

a) Führe I_n durch partielle Integration auf I_{n-2} zurück! Man erhält auf diese Weise eine **Rekursionsformel** für I_n.

b) Berechne durch Einsetzen in die Rekursionsformel $\int x^3 \sin x \, dx$!

33. a) Entwickle eine Rekursionsformel für $I_n = \int x^n \cos x \, dx$ mit $n \in \mathbb{N}^{\geq 2}$

b) Berechne durch Einsetzen in die Rekursionsformel $\int x^4 \cos x \, dx$!

34. a) Entwickle eine Rekursionsformel für $I_n = \int \sin^n x \, dx$ mit $n \in \mathbb{N}^{\geq 2}$! Setze $\sin^n x = \sin x \cdot \sin^{n-1} x$ mit $\sin x = u'(x)$! Beachte Beispiel 3) in V,3! Warum kommt man von I_n direkt auf I_{n-2}?

b) Berechne durch Einsetzen in die Rekursionsformel

α) $\int \sin^4 x \, dx$, β) $\int \sin^3 x \, dx$!

35. a) Entwickle eine Rekursionsformel für $I_n = \int \cos^n x \, dx$ mit $n \in \mathbb{N}^{\geq 2}$! Verfahre wie in Aufgabe 34!

b) Berechne durch Einsetzen

α) $\int \cos^3 x \, dx$, β) $\int \cos^4 x \, dx$!

36. Berechne

a) $\int \sqrt{1 - x^2} \, dx$, setze $x = \sin z$!

b) $\int \sqrt{a^2 - x^2} \, dx$, forme um: $\sqrt{a^2 - x^2} = |a| \cdot \sqrt{1 - \frac{x^2}{a^2}}$ und setze $\frac{x}{a} = \sin z$!

c) $\int \sqrt{a^2 - b^2 x^2} \, dx$, verfahre analog zu b)!

37. a) Berechne $\int x \sqrt{x + 1} \, dx$ durch partielle Integration mit $x = u(x)$!

b) Berechne $\int x \sqrt{x + 1} \, dx$ durch Substitution mit $x + 1 = z \Leftrightarrow x = z - 1$, also $\int (z - 1) \sqrt{z} \, dz$! Vergleiche die Ergebnisse!

§ 34 Anwendungen der Integralrechnung in der Geometrie

I. Flächenberechnung mit bestimmten Integralen

1. Wir sind bei der Einführung des Integralbegriffs vom Problem des Flächeninhaltes einer ebenen Fläche ausgegangen. Schon am Beispiel in § 30, III haben wir gesehen, daß es sinnvoll ist, einem **positiven Normalbereich** den Wert des zugehörigen bestimmten Integrals als **Flächenmaßzahl** zuzuordnen.

2. Handelt es sich um einen **negativen Normalbereich,** gilt also für alle $x \in [a; b]$: $f(x) \leq 0$, so hat das Integral

$$\int_a^b f(x) \, dx$$

– falls es überhaupt existiert – einen negativen Wert. Durch Spiegelung an der D-Achse erhält man einen zum ursprünglichen kongruenten, also auch flächengleichen positiven Normalbereich (Bild 34.1). Dieser positive Normalbereich ist gegeben durch die Funktion g zu $g(x) = -f(x)$ mit $g(x) \geq 0$ für alle $x \in [a; b]$.

Falls $\int_a^b g(x)\,dx$ existiert, gilt: $\int_a^b g(x)\,dx = -\int_a^b f(x)\,dx = \left|\int_a^b f(x)\,dx\right|$.

Es liegt auf der Hand, daß man den Wert dieses Integrals den Normalbereichen von g und von f als Flächenmaßzahl zuordnen wird.

3. Wir definieren:

D 34.1

Ist eine Funktion f integrierbar in einem Intervall [a; b] und gilt entweder für alle $x \in [a; b]$ $f(x) \geq 0$ oder für alle $x \in [a; b]$ $f(x) \leq 0$, so ordnet man dem zugehörigen Normalbereich die Zahl

$$\left|\int_a^b f(x)\,dx\right|$$

als Flächenmaßzahl A_F zu.

Beispiel: $f(x) = \cos x$ im Intervall $\left[\frac{\pi}{2}; \pi\right]$ (Bild 34.2)

Es ist: $A_F = \left|\int_{\frac{\pi}{2}}^{\pi} \cos x\,dx\right| = \left|\sin x\Big|_{\frac{\pi}{2}}^{\pi}\right| = \left|\sin \pi - \sin\frac{\pi}{2}\right| = |-1| = 1.$

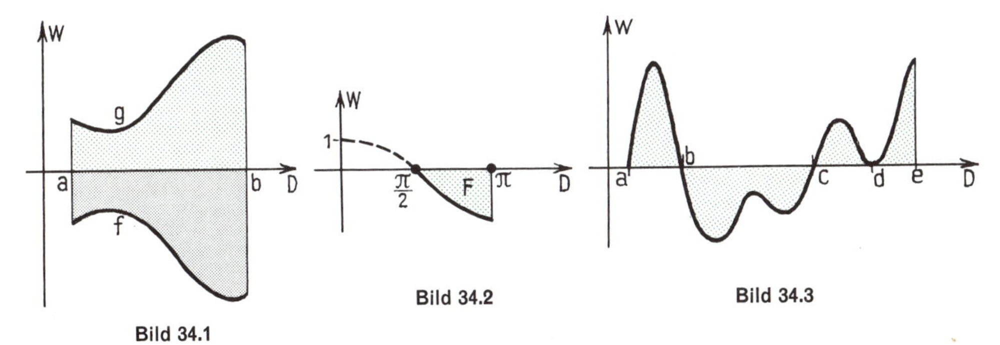

Bild 34.1

Bild 34.2

Bild 34.3

4. Hat die Funktion im Intervall [a; b] eine Nullstelle (oder mehrere Nullstellen), so muß das Intervall so in Teile zerlegt werden, daß die Funktion in jedem Teilbereich vorzeichenbeständig ist.

Beispiel: Die Flächenmaßzahl der Fläche F von Bild 34.3 ist folgendermaßen zu berechnen:

$$A_F = \left|\int_a^b f(x)\,dx\right| + \left|\int_b^c f(x)\,dx\right| + \left|\int_c^e f(x)\,dx\right|.$$

Hierbei könnten wir die Betragsstriche beim ersten und beim dritten Summanden weglassen, da die Integrale positiv sind.

Beispiel: $f(x) = x^2 - 4x + 3$ im Intervall [0; 4] (Bild 34.4). Es gilt $f(x) = (x-1)(x-3)$. Die Funktion hat die Nullstellen 1 und 3. Die Fläche ist also in drei Teile zu teilen.

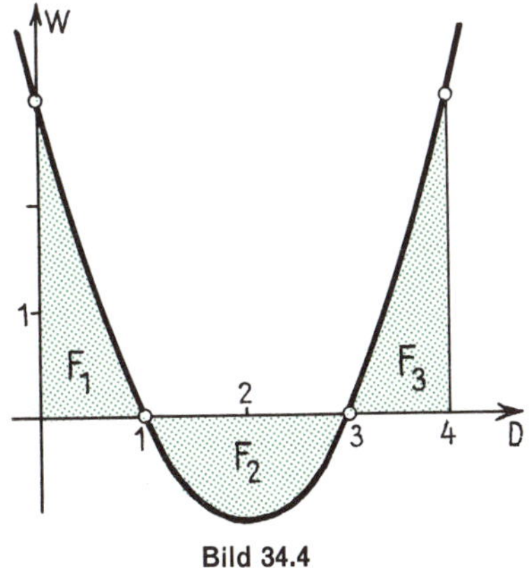

Bild 34.4

Es gilt:

$$A_F = \int_0^1 f(x)\,dx + \left|\int_1^3 f(x)\,dx\right| + \int_3^4 f(x)\,dx = (F(1) - F(0)) + |F(3) - F(1)| + (F(4) - F(3)).$$

Wir berechnen das zugehörige unbestimmte Integral:

$$\int f(x)\,dx = \int (x^2 - 4x + 3)\,dx = \frac{x^3}{3} - 2x^2 + 3x + c = F(x) + c.$$

Wir wählen: $c = 0$.

Es ist $F(0) = 0$; $F(1) = \frac{1}{3} - 2 + 3 = \frac{4}{3}$; $F(3) = 9 - 18 + 9 = 0$

und $F(4) = \frac{64}{3} - 32 + 12 = \frac{64}{3} - \frac{60}{3} = \frac{4}{3}$.

Also ist $A_F = (\frac{4}{3} - 0) + |0 - \frac{4}{3}| + \frac{4}{3} - 0 = 3 \cdot \frac{4}{3} = 4.$

5. Mit Hilfe bestimmter Integrale kann man auch Flächenmaßzahlen für Flächen berechnen, die von zwei (oder mehr) Funktionsgraphen eingeschlossen werden. Wir erläutern dies an einem Beispiel.

Beispiel: Die Fläche in Bild 34.5 wird von den Funktionsgraphen zu

$$f(x) = \frac{x}{2} + 4 \text{ und } g(x) = \frac{x^2}{2} + 1$$

begrenzt. Die Kurven schneiden sich in den Punkten $P_1(-2\,|\,3)$ und $P_2(3\,|\,\frac{11}{2})$. Rechnerisch erhält man die Koordinaten der beiden Schnittpunkte als Lösungen des Gleichungssystems

$$y = \frac{x}{2} + 4 \wedge y = \frac{x^2}{2} + 1.$$

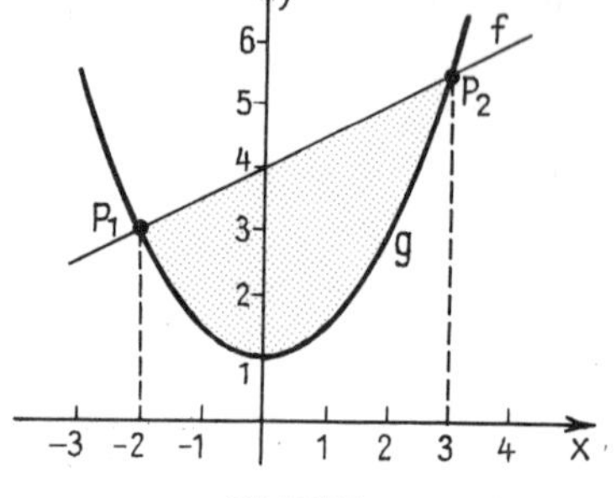

Bild 34.5

Zunächst können wir feststellen, daß der Flächeninhalt der Fläche F definiert ist, denn da die Flächenmaßzahl unter den beiden Funktionsgraphen von f und g definiert ist, ergibt sich die Flächenmaßzahl für die Fläche F durch Differenzbildung dieser beiden Flächenmaßzahlen.

Es gilt also
$$A_F = \int_{-2}^{3}\left(\frac{x}{2} + 4\right)dx - \int_{-2}^{3}\left(\frac{x^2}{2} + 1\right)dx = \int_{-2}^{3}\left(\frac{x}{2} + 4 - \frac{x^2}{2} - 1\right)dx$$
$$= \int_{-2}^{3}\left(-\frac{x^2}{2} + \frac{x}{2} + 3\right)dx = \left[-\frac{x^3}{6} + \frac{x^2}{4} + 3x\right]_{-2}^{3}$$
$$= \left(-\frac{27}{6} + \frac{9}{4} + 9\right) - \left(\frac{8}{6} + \frac{4}{4} + (-6)\right) = \frac{125}{12}.$$

6. Das bei diesem Beispiel angewandte Verfahren läßt sich allgemein formulieren:

Gegeben seien zwei Funktionen f und g, die über dem Intervall [a; b] integrierbar sind. Die Graphen der beiden Funktionen sollen sich in wenigstens zwei Punkten schneiden, d. h., die Lösungsmenge des Gleichungssystems $y = f(x) \wedge y = g(x)$ soll wenigstens zwei Zahlenpaare $(x_1\,|\,y_1)$ und $(x_2\,|\,y_2)$ enthalten. Die beiden zugehörigen Punkte P_1 und P_2 mit $x_1, x_2 \in [a; b]$ seien zwei „benachbarte" Schnittpunkte, d. h., zwischen P_1 und P_2 liege kein weiterer Schnittpunkt der beiden Graphen. Ferner setzen wir $f(x) < g(x)$ [oder $g(x) < f(x)$] für alle $x \in]x_1; x_2[$ voraus. (Für stetige Funktionen ist das als Folge des Zwischenwertsatzes bereits in der vorhergehenden Bedingung enthalten).

Unter den angegebenen Voraussetzungen hat die Fläche zwischen den Graphen von f und g über dem Intervall $[x_1; x_2]$ die Flächenmaßzahl

$$A_F = \left| \int_{x_1}^{x_2} (f(x) - g(x))\, dx \right|.$$

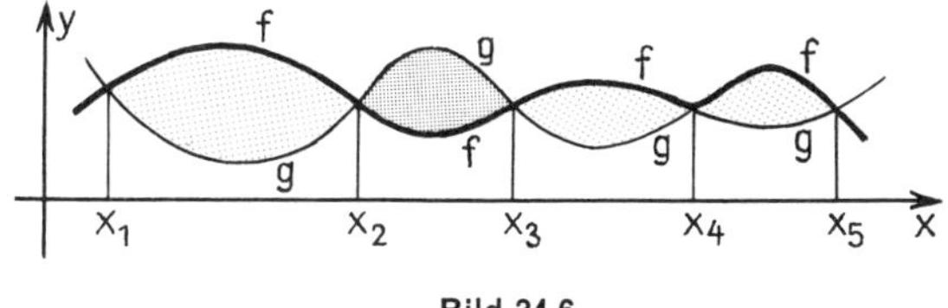

Bild 34.6

Bei mehr als zwei Schnittpunkten wird man die Fläche im allgemeinen abschnittweise berechnen müssen, da $h(x) = f(x) - g(x)$ in dem betrachteten Intervall möglicherweise das Vorzeichen wechselt. In Bild 34.6 sind zwei Funktionsgraphen dieser Art gezeigt.

Für dieses Beispiel gilt:

$$A_F = \left| \int_{x_1}^{x_2} (f(x) - g(x))\, dx \right| + \left| \int_{x_2}^{x_3} (f(x) - g(x))\, dx \right| + \left| \int_{x_3}^{x_5} (f(x) - g(x))\, dx \right|.$$

7. Bei der Berechnung der Fläche zwischen zwei Funktionsgraphen ist es gleichgültig, ob die Graphen die x-Achse schneiden oder nicht; entscheidend ist die Differenz $f(x) - g(x)$. Wir zeigen das an einem Beispiel (Bild 34.7).

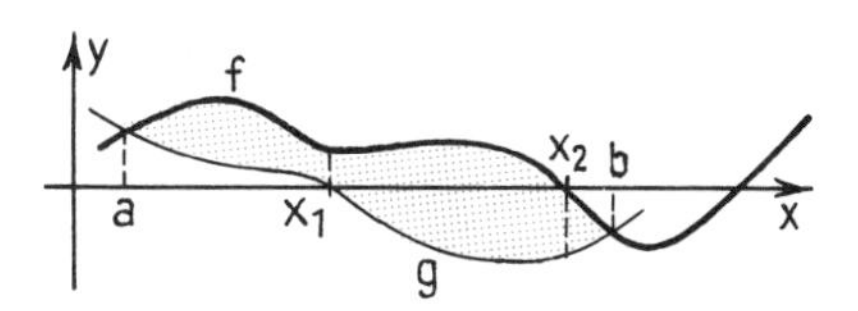

Bild 34.7

Beispiel:

Berechnung des Flächeninhaltes:

$$A_F = A_1 + A_2 + A_3$$

$$= \left| \int_a^{x_1} f(x)\, dx \right| - \left| \int_a^{x_1} g(x)\, dx \right| + \left| \int_{x_1}^{x_2} f(x)\, dx \right| + \left| \int_{x_1}^{x_2} g(x)\, dx \right| + \left| \int_{x_2}^{b} g(x)\, dx \right| - \left| \int_{x_2}^{b} f(x)\, dx \right|.$$

Unter Berücksichtigung der Vorzeichen der Funktionswerte ergibt sich:

$$A_F = \int_a^{x_1} f(x)\, dx - \int_a^{x_1} g(x)\, dx + \int_{x_1}^{x_2} f(x)\, dx - \int_{x_1}^{x_2} g(x)\, dx + \int_{x_2}^{b} f(x)\, dx - \int_{x_2}^{b} g(x)\, dx$$

$$= \int_a^{x_1} (f(x) - g(x))\, dx + \int_{x_1}^{x_2} (f(x) - g(x))\, dx + \int_{x_2}^{b} (f(x) - g(x))\, dx$$

$$= \int_a^{b} (f(x) - g(x))\, dx = \left| \int_a^{b} (f(x) - g(x))\, dx \right|.$$

Man braucht bei der Berechnung der Fläche also nicht zu berücksichtigen, ob die Funktionen f und g in dem Integrationsintervall Nullstellen haben oder nicht. Entscheidend ist aber, daß in dem gesamten Integrationsintervall gilt $f(x) \geq g(x)$ oder $g(x) \geq f(x)$.

II. Beispiel für die Berechnung eines Volumens

1. Das Problem des Flächeninhalts besteht in der Frage, welchen **Flächen** ein Flächeninhalt zugesprochen und wie dieser Inhalt gegebenenfalls berechnet werden kann. Diesem Problem entspricht die Frage, welchen **Körpern** ein Rauminhalt, ein Volumen, zugesprochen und wie dieses Volumen berechnet werden kann. Es geht also auch hier darum, für gewisse Körper den Begriff des Rauminhalts, des Volumens, dadurch zu definieren, daß man diesen Körpern – bei vorgegebener Maßeinheit – eine eindeutig bestimmte Zahl als Inhaltsmaßzahl zuordnet.

2. Als Maßeinheit benutzt man einen Würfel, dessen Kantenlänge gleich der Maßeinheit der Länge ist, etwa 1 m, 1 cm, 1 mm usw. Die zu diesen Längen gehörenden Maßeinheiten für den Rauminhalt sind:

$$1\ \text{m}^3,\ 1\ \text{cm},^3\ 1\ \text{mm}^3\ \text{usw.}$$

Bei den folgenden Überlegungen wollen wir eine dieser Maßeinheiten als fest gegeben ansehen. Zur Festlegung des Volumens eines Körpers kommt es dann nur noch auf die **Inhaltsmaßzahl** V an. Nur mit diesen Maßzahlen wollen wir uns im folgenden beschäftigen.

3. Inhaltsmaßzahlen haben einige grundlegende Eigenschaften, die denen der Flächenmaßzahlen genau entsprechen. Wir verweisen daher auf die Zusammenstellung in § 30, II; dem Einheitsquadrat entspricht hier der Einheitswürfel.

In elementarer Weise kann nun denjenigen Körpern eine Inhaltsmaßzahl zugeordnet werden, die sich – ohne Rest – mit Einheitswürfeln ausfüllen lassen; ferner auch solchen Körpern, die aus den erstgenannten durch eine Zerlegung in **kongruente** Teilkörper entstehen. Ein Beispiel hierzu zeigt Bild 34.8.

Schon bei **Pyramiden** kommt man mit diesem Verfahren allein nicht zum Ziel. Durch ebene Schnitte (Bild 34.9) entstehen nämlich keine kongruenten Teilkörper. Bei Überlegungen, die diese Unterteilungen benutzen, liegt – ausgesprochen oder stillschweigend – eine Grenzwertbetrachtung zugrunde, z.B. das „Prinzip von Cavalieri" (Band 7).

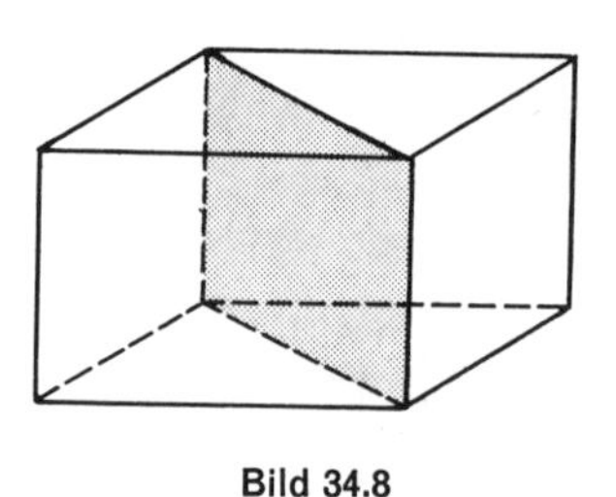

Bild 34.8

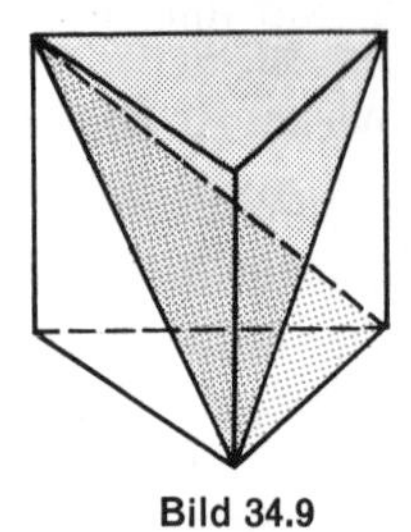

Bild 34.9

4. In solchen Fällen kann man das von der Flächenberechnung her bekannte Verfahren nahezu wörtlich auf den dreidimensionalen Fall übertragen. Bild 34.10 zeigt zweimal den Schnitt durch eine **Pyramide** mit einer quadratischen Grundfläche und der Höhe h.

In Bild 34.10a	In Bild 34.10b

sind der Pyramide eine Reihe von Quadern

einbeschrieben.	umbeschrieben.

Die Summe der Inhaltsmaßzahlen dieser Quader bildet eine

Untersumme	Obersumme
$s_n = \sum_{k=1}^{n-1} m_k \cdot h'.$	$S_n = \sum_{k=1}^{n} M_k \cdot h'.$

Dabei bezeichnet h' die Höhe jedes einzelnen Quaders; es ist also stets $h' = \frac{h}{n}$ (in Bild 34.10 ist $n = 7$).

Beachte, daß wir beim Zeichen „h'" keinen Index benötigen, weil die Quader alle dieselbe Höhe haben.

Ferner bezeichnet

m_k	M_k

die Flächenmaßzahl der quadratischen Grundfläche des jeweiligen Quaders.

(Beachte, daß der letzte Quader bei s_n eine Grundfläche mit der Maßzahl $m_n = 0$ hat, so daß die Summe s_n nur bis zur Zahl $n - 1$ erstreckt zu werden braucht!) Es ist zu vermuten, daß die Grenzwerte von Unter- und Obersumme übereinstimmen:

$$\lim_{n \to \infty} s_n = \lim_{n \to \infty} S_n.$$

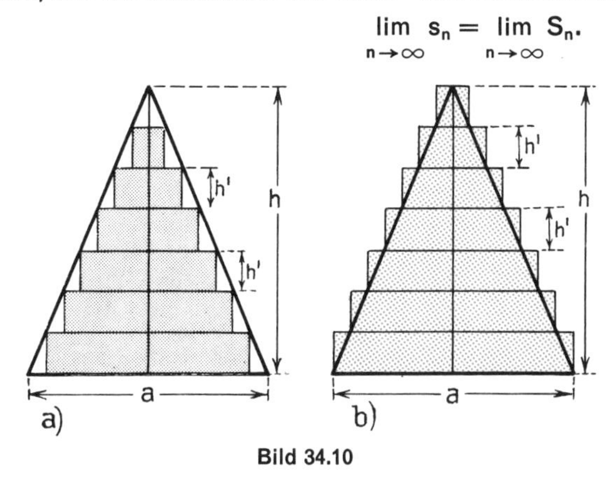

Bild 34.10

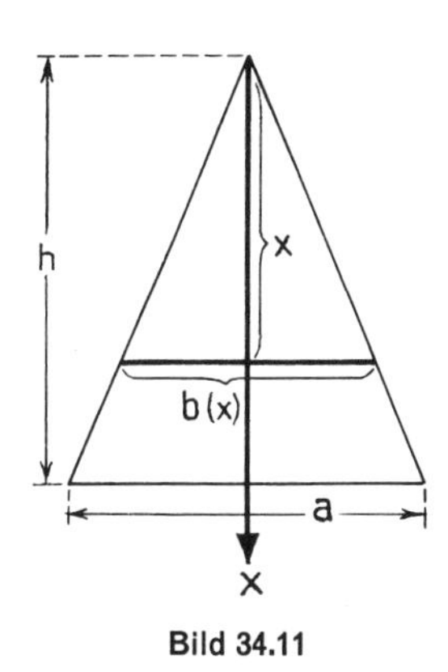

Bild 34.11

5. Auf den Beweis wollen wir hier verzichten und sofort das zugehörige bestimmte Integral $\int_a^b f(x)\,dx$ berechnen.

Denn wenn dieses Integral existiert, müssen auch die beiden Grenzwerte existieren und übereinstimmen.

Wir haben zunächst den Funktionsterm f (x) zu ermitteln. Dazu legen wir durch die Spitze der Pyramide (Bild 34.11) eine nach unten weisende x-Achse mit dem Nullpunkt in der Spitze.

Der Wert des Terms f (x) in der Höhe x entspricht den Zahlen m_k bzw. M_k in den Näherungssummen, bedeutet also die Maßzahl der Grundfläche des betreffenden Quaders:

$$f(x) = [b(x)]^2.$$

Aus dem 2. Strahlensatz (Bild 34.11) ergibt sich: $\frac{b(x)}{x} = \frac{a}{h}$, also $b(x) = \frac{a}{h}x$.

Daher ist $$f(x) = \frac{a^2}{h^2}x^2.$$

Das Integral ist von $x = 0$ bis $x = h$ zu erstrecken: $\int_0^h \frac{a^2}{h^2}x^2\,dx = \frac{a^2}{h^2} \cdot \frac{x^3}{3}\Big|_0^h = \frac{a^2}{h^2} \cdot \frac{h^3}{3} = \frac{a^2 \cdot h}{3}$.

Für jedes Zahlenpaar (a | h) wird der Wert dieses Integrals der betreffenden Pyramide als Inhaltsmaßzahl zugeordnet.

III. Das Volumen von Rotationskörpern

1. Wir denken uns einen Körper durch Drehung eines Normalbereichs um die D-Achse entstanden. Solche Körper nennt man „Rotationskörper". Beispiele für Rotationskörper zeigt Bild 34.12.

Von der zugrundegelegten Funktion setzen wir voraus, daß sie im betrachteten Intervall [a; b] stetig ist und nur nicht-negative Funktionswerte besitzt.

Beispiel: $f(x) = 2 \cdot \sqrt{x+2}$ im Intervall $[-2;\ 7]$ (Bild 34.13)
Wir wählen – der Einfachheit halber – auch hier wieder eine Zerlegung des Intervalls $[a; b]$ in n Teilintervalle **gleicher** Länge $h = x_k - x_{k-1} = \frac{b-a}{n}$.

Beachte, daß wir beim Zeichen „h" keinen Index benötigen, weil alle Teilintervalle die gleiche Länge haben!

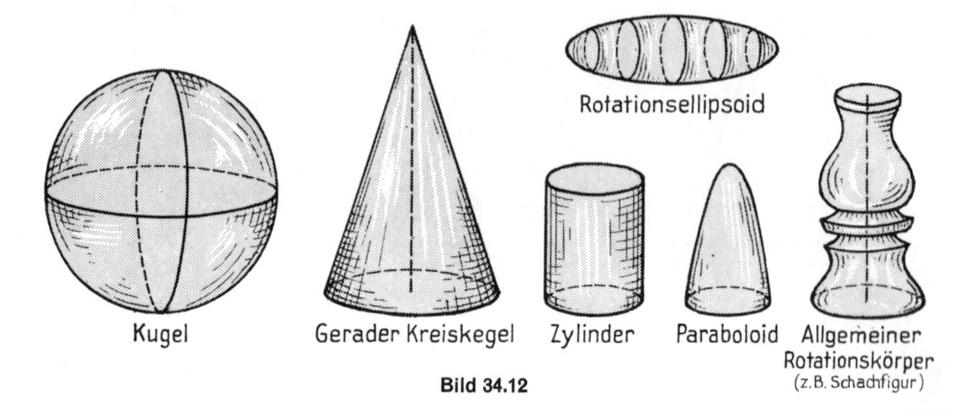

Bild 34.12

Als Näherungskörper benutzen wir in diesem Fall Zylinder der Höhe h, wie es in Bild 34.14 eingezeichnet ist. Die Radien der kreisförmigen Grundflächen der einzelnen Zylinder sind jeweils die Funktionswerte $f(x_1), f(x_2), \ldots, f(x_n)$. Die Inhaltsmaßzahl jedes Zylinders ist also gegeben durch: $V_k = \pi\,[f(x_k)]^2 \cdot h$.

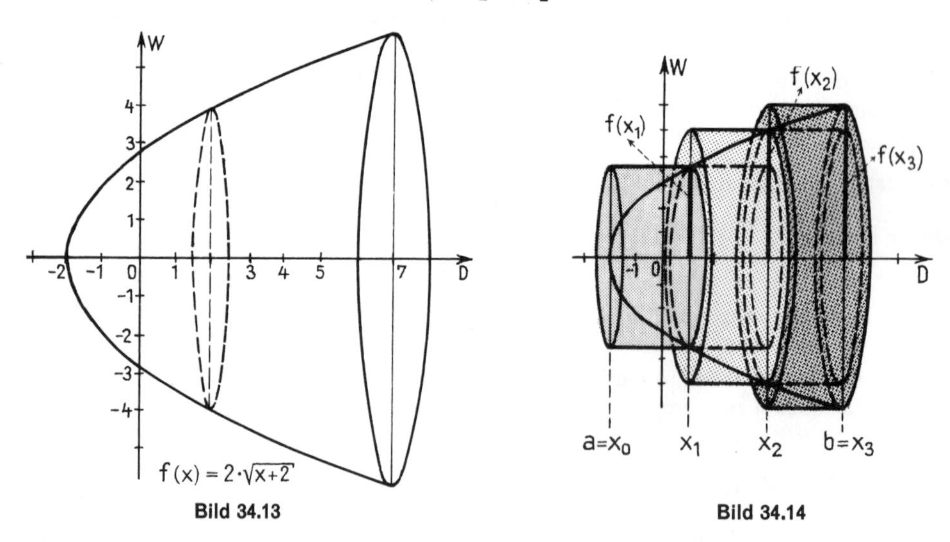

Bild 34.13

Bild 34.14

2. Bilden wir nun die Untersummen und die Obersummen, so haben wir zu beachten, daß der innere Näherungskörper nur n-1 Zylinder enthält, der äußere dagegen n Zylinder.

Es gilt also: $s_n = \sum_{k=1}^{n-1} \pi \cdot [f(x_k)]^2 \cdot h$ und $S_n = \sum_{k=1}^{n} \pi \cdot [f(x_k)]^2 \cdot h.$

Wir haben zu zeigen, daß $\lim\limits_{n\to\infty} s_n = \lim\limits_{n\to\infty} S_n$ ist, daß also das bestimmte Integral

$$\int_a^b \pi \cdot [f(x)]^2 \cdot dx$$

existiert. Dies ergibt sich nun aber unmittelbar aus der Voraussetzung, daß die Funktion f in [a; b] stetig ist. Daraus folgt nämlich, daß auch die Funktion g zu $g(x) = \pi \cdot [f(x)]^2$ in [a; b] stetig und mithin (nach S 31.6) auch integrierbar ist.

Den Wert des bestimmten Integrals ordnen wir in jedem Falle dem betreffenden Rotationskörper als Inhaltsmaßzahl zu: $\mathbf{V = \pi \cdot \int_a^b [f(x)]^2 \cdot dx.}$

3. Wir behandeln nach dieser Formel das obige

Beispiel: $f(x) = 2 \cdot \sqrt{x+2} \Rightarrow [f(x)]^2 = 4(x+2)$

Also ist:

$$V = 4\pi \cdot \int_{-2}^{7} (x+2)\,dx = 4\pi \cdot \left[\frac{x^2}{2} + 2x\right]_{-2}^{7} = 4\pi \cdot \left[\frac{49}{2} + 14 - \frac{4}{2} + 4\right] = 162 \cdot \pi.$$

4. Abschließend berechnen wir das Volumen eines **Kegelstumpfes** (Bild 34.15), der durch Rotation der Geraden zu

$$f(x) = \frac{x}{2}$$

um die D-Achse im Intervall [2; 6] entsteht.

Es ist: $[f(x)]^2 = \frac{x^2}{4}.$

Also gilt:

$$V = \pi \cdot \int_2^6 \frac{x^2}{4}\,dx = \frac{\pi}{12} x^3 \Big|_2^6 = \frac{\pi}{12} \cdot (216 - 8)$$

$$= \frac{208}{12}\pi = \frac{52}{3}\pi.$$

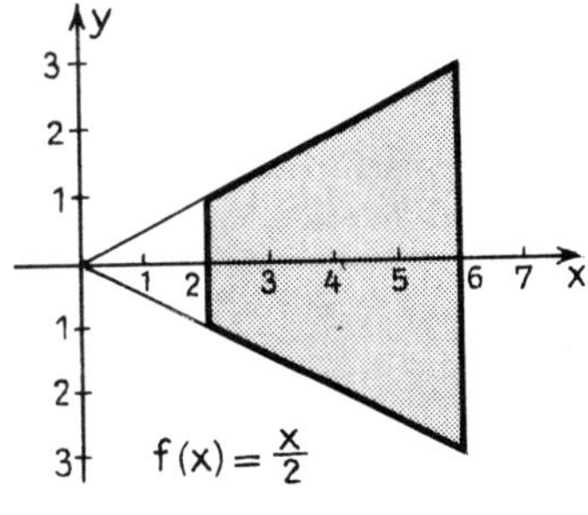

Bild 34.15

Übungen und Aufgaben

Flächenberechnungen

1. Berechne den Inhalt der Fläche, die in den angegebenen Grenzen a und b zwischen der x-Achse und dem Graph der gegebenen Funktion liegt!

	a)	b)	c)	d)	e)	f)	g)	h)	i)	k)
f (x)	$2x$	$\frac{1}{2}x$	$-x+5$	$2x$	$\frac{1}{4}x+1$	x^2	x^2-1	$\frac{1}{5}x^3$	x^3-x	$-\frac{1}{2}x^2+8$
a	2	1	0	− 3	− 4	− 3	− 3	− 2	− 1	− 2
b	5	4	5	4	3	3	3	1	1	3

2. Berechne den Inhalt der Fläche, die in den Grenzen a bis b zwischen den Graphen der Funktionen f und g liegt! Achte auf Schnittpunkte der Kurven!

	a)	b)	c)	d)	e)	f)	g)
f (x)	$\frac{1}{2}x$	$\frac{1}{2}x$	$-x$	$(x-1)^2$	$\sqrt{x}$	$\frac{1}{x^2}$	$\frac{1}{x^2}$
g (x)	x	$-x^2+9$	x	$x+1$	$\frac{1}{2}x+3$	$-\frac{1}{2}x+1$	$\frac{1}{x^3}$
a	0	0	1	1	2	1	1
b	4	2	3	3	9	5	4

3. Berechne den Inhalt der Fläche, die von dem Graph der angegebenen Funktion und der x-Achse eingeschlossen wird! Beachte, daß die Fläche aus mehreren Teilen bestehen kann!

a) $f(x) = x^2 - 4$ **b)** $f(x) = \frac{x^3 - 4x}{5}$ **c)** $f(x) = 2x^2 + 8x + 6$

d) $f(x) = \frac{1}{2}x^2 + x - 4$ **e)** $f(x) = x^2 + \frac{7}{2}x - 2$ **f)** $f(x) = 2x^2 - 2x - \frac{15}{2}$

g) $f(x) = 3x^2 + 5x - 4\frac{2}{3}$ **h)** $f(x) = 5x^2 - 4x - 4\frac{1}{5}$ **i)** $f(x) = \frac{x^4}{4} - 10$

k) $f(x) = x(x-2)(x-3)(x-5)$ **l)** $f(x) = \frac{x^3 - 3x + 2}{5}$ **m)** $f(x) = 2 - \frac{9}{x^2}$

n) $f(x) = (x-4)\sqrt{x}$ **o)** $f(x) = x\sqrt{4 - x^2}$ **p)** $f(x) = x\sqrt{x+9}$

4. Die Graphen der im folgenden angegebenen Funktionen schneiden sich. Berechne den Inhalt der Fläche zwischen den Kurven!

a) $f(x) = x^2 + 1$
$g(x) = 6$

b) $f(x) = -x^2 + 12$
$g(x) = 3$

c) $f(x) = 2x^3 - 7x$
$g(x) = x$

d) $f(x) = \frac{x^4 + 3x}{5}$
$g(x) = 3x$

e) $f(x) = 4x^3 - 14x + 1$
$g(x) = 4x - 3$

f) $f(x) = \sin x,\ x \in [0; \pi$
$g(x) = \frac{1}{2}$

5. Berechne den Inhalt der Fläche, die zwischen der x-Achse und dem Graph der gegebenen Funktion liegt!

a) $f(x) = \sin x$ in $[0; 2\pi]$ **b)** $f(x) = \cos x$ in $[0; 2\pi]$

c) $f(x) = 1 + \sin x$ in $[-\pi; \pi]$ **d)** $f(x) = 1 + \sin(2x)$ in $[-\pi; \pi]$

e) $f(x) = \sin^2 x$ in $\left[0; \frac{\pi}{2}\right]$ **f)** $f(x) = \cos^2 x$ in $\left[0; \frac{\pi}{2}\right]$

g) $f(x) = \sqrt{r^2 - x^2}$ in $[-r; r]$ (Halbkreis!)

h) $f(x) = \frac{b}{a}\sqrt{a^2 - x^2}$ in $[-a; a]$ (Halbellipse mit den Achsen a und b)

6. Berechne den Inhalt der Fläche unter der Kurve der Funktion f im Intervall [a; b]!

a) $f(x) = |x^2 - 1|$; $[-2; 2]$ **b)** $f(x) = 2x + 4 + H(x)$; $[-2; 1]$

c) $f(x) = \frac{x^2}{2}(1 - \operatorname{sign} x) + 1$; $[-1; 2]$ **d)** $f(x) = |x^2 - 2x| + H(x-2)$; $[0; 3]$

e) $f(x) = |x| + |x-1|$; $[-2; 2]$ **f)** $f(x) = |x + x^2|$; $[-2; 2]$

7. Welchen Inhalt hat die Fläche, die der Graph der Funktion f zu $f(x) = x^3 - x^2 - 4x + 4$ mit der x-Achse einschließt?

8. Der Graph der Funktion f zu $f(x) = x^3 - 3x + 2$ berührt die x-Achse. Berechne den Inhalt der Fläche, die der Graph mit der x-Achse einschließt!

9. Gegeben ist $f(x) = \frac{1}{2}x^2 - cx$ mit $c \in \mathbb{R}$. Welche Zahl muß man in c einsetzen, damit der Graph mit der x-Achse eine Fläche von 18 FE (Flächeneinheiten) einschließt?

10. **a)** Der Graph der Funktion f zu $f(x) = ax^2 + 2$ kann mit den positiven Achsen des Koordinatensystems eine bestimmte Fläche einschließen. Welches Vorzeichen muß die in a einzusetzende Zahl haben, damit das möglich ist?
b) Welche Zahl muß man in a einsetzen, damit der Flächeninhalt $\frac{16}{3}$ FE beträgt?

11. Es sei $f(x) = -x^2 + b$. Verfahre wie in Aufgabe 10! Der Flächeninhalt betrage $\frac{4}{3}$ FE.

12. Berechne den Inhalt der Fläche zwischen den Graphen der Funktionen f und g!
a) $f(x) = x^3 + x^2 - x$; $g(x) = 2x^2 + x$
b) $f(x) = x^4 + x^3 + x^2$; $g(x) = -2x^3 - x^2$
c) $f(x) = 2x^2$; $g(x) = x + 1$

13. Gegeben ist $f(x) = x^2$. Welche Gerade zu $f_1(x) = c$ mit $c \in \mathbb{R}$ schließt mit der Parabel eine Fläche von 36 FE ein?

14. Gegeben sind $f(x) = x^2$ und $g(x) = -x^2 + c$ mit $c \in \mathbb{R}$. Welche Zahl ist in c einzusetzen, damit die Graphen der beiden Funktionen eine Fläche vom Inhalt 1 FE einschließen?

15. Der Graph der Funktion f zu $f(x) = 9 - x^2$ schließt mit der x-Achse eine bestimmte Fläche ein. Welche Gerade zu $g(x) = c$ mit $c \in \mathbb{R}$ halbiert die Fläche?

16. Gegeben sind $f(x) = x^2$ und $g(x) = mx$ mit $m \in \mathbb{R}$. Welche Zahl ist in m einzusetzen, damit die Gerade mit der Parabel eine Fläche vom Inhalt $\frac{4}{3}$ FE einschließt?

17. Die Parabel zu $y = -x^2 + 8$ schneidet die x-Achse in P_1 und P_2, die y-Achse in Q. Berechne den Inhalt der Fläche zwischen der Parabel und den Sehnen P_1Q und P_2Q!

18. Die Parabel zu $y = -x^2 + 9$ schneidet die x-Achse in P_1 und P_2.
a) Wie muß man den Punkt Q auf der Parabel wählen, damit die Fläche zwischen der Parabel und der Sehne P_1Q doppelt so groß ist wie die entsprechende Fläche zu der Sehne P_2Q?
b) Wie muß man die Lage des Punktes Q auf der Parabel wählen, damit die Fläche zwischen der Parabel und der Sehne P_1Q ebenso groß ist wie die des Dreiecks P_1P_2Q?
(In beiden Aufgaben ist die Lösung in einer Näherungsrechnung zu bestimmen!)

19. Gegeben ist die Parabel mit der Gleichung $y = ax^2 + 9$; die Parabel hat die Schnittpunkte P_1 und P_2 mit der x-Achse und den Scheitelpunkt Q. Vergleiche den Inhalt des Dreiecks P_1P_2Q mit dem Inhalt der Fläche, die zwischen den Schnittpunkten mit der x-Achse von der Parabel und der x-Achse eingeschlossen wird! Was stellst du fest?

20. Eine quadratische Parabel enthält den Ursprung des Koordinatensystems und schneidet die x-Achse außerdem in P (4 | 0) mit positiver Steigung. Sie schließt zwischen den beiden Nullstellen eine Fläche von $21\frac{1}{3}$ FE ein. Bestimme die Gleichung der Parabel!

21. Eine quadratische Parabel schneidet die x-Achse in den Punkten P (– 4 | 0) und Q (3 | 0). Sie schließt zwischen diesen Nullstellen mit der x-Achse eine Fläche von $42\frac{7}{8}$ FE ein. Bestimme die Gleichung der Parabel! Ist die Lösung eindeutig?

22. Eine quadratische Parabel schneidet die y-Achse in P (0 | 12) und die x-Achse in Q (– 3 | 0). Sie schließt mit der x-Achse zwischen ihren Nullstellen eine Fläche von $57\frac{1}{6}$ FE ein. Bestimme die Parabelgleichung! Ist die Lösung eindeutig, wenn die Parabel nach unten geöffnet ist?

23. Eine quadratische Parabel geht durch die Punkte P (– 1 | 0) und Q (3 | 0). Die y-Achse teilt die Fläche, die die Parabel zwischen diesen Punkten mit der x-Achse einschließt, so daß die Fläche rechts von der y-Achse $5\frac{2}{5}$ mal so groß ist wie der linke Teil! Bestimme die Parabelgleichung! Ist die Lösung eindeutig?

24. Eine quadratische Parabel mit $y = x^2 + bx + c$ schneidet die y-Achse in P (0 | – 12). Sie schließt mit der x-Achse zwischen ihren Schnittpunkten mit dieser Achse eine Fläche ein, die von der y-Achse so geteilt wird, daß der linke Teil um $12\frac{1}{6}$ FE kleiner ist als der rechte. Bestimme die Gleichung der Parabel!

25. Beweise anhand der Normalparabel: Parabelsegmente gleicher Breite sind flächengleich!
Anleitung: Die Breite des Segments wird durch die Abszissendifferenz der Parabelpunkte bestimmt.

26. Die Parabel zu $f(x) = x^3 + 4x^2 - 3x - 18$ berührt die x-Achse im Punkt P (– 3 | 0) und schneidet sie in einem Punkt Q. Berechne den Flächeninhalt des von der x-Achse begrenzten Parabelabschnitts!

27. Eine kubische Parabel schneidet die y-Achse in P (0 | 4), berührt die x-Achse in Q (– 3 | 0) und schneidet sie in R (4 | 0). Wie groß ist die Fläche des Parabelschnitts, der von der x-Achse begrenzt wird?

28. Eine Parabel dritter Ordnung hat in P_1 (0 | 0) einen Wendepunkt und in $P_2\left(\frac{\sqrt{3}}{3} \middle| y_2\right)$ die Steigung 0. Sie schließt für $x \geq 0$ mit der x-Achse eine Fläche von $\frac{3}{4}$ FE ein.

29. Eine Parabel dritter Ordnung geht durch den Nullpunkt des Koordinatensystems, sie hat in P_1 (1 | y_1) die Steigung 0 und in P_2 (2 | y_2) einen Wendepunkt. Sie schließt mit der x-Achse eine Fläche von 9 FE ein.

30. Eine Parabel dritter Ordnung geht durch den Nullpunkt des Koordinatensystems und hat dort die Steigung 0. In P_1 (1 | y_1) hat sie einen Wendepunkt. Sie schließt mit der positiven x-Achse eine Fläche von $\frac{81}{4}$ FE ein.

31. Gegeben ist $f(x) = \frac{1}{4}x^3 - 2x^2 + \frac{1}{4}ax$. Bestimme $a \in \mathbb{R}$ so, daß der Graph der Funktion die x-Achse berührt! Welchen Inhalt hat die Fläche, die der Graph mit der x-Achse einschließt?

32. Eine Parabel dritter Ordnung hat in P_1 (0 | 0) einen Wendepunkt und in P_2 (– 2 | 2) die Steigung 0. Durch P_2 geht ferner eine Parabel mit der Gleichung $y = ax^2$. Wie groß ist die Fläche, die die beiden Kurven einschließen?

33. Eine Parabel dritter Ordnung berührt die x-Achse an der Stelle 0 und schneidet sie in P (6 | 0) unter einen Winkel von 45° (Winkel zwischen der Tangente in P an die Kurve und der x-Achse). Welchen Inhalt hat die Fläche, die die Parabel mit ihrer Tangente in Punkt P (6 | 0) einschließt?

34. Gibt es eine Parabel mit der Gleichung $f(x) = ax^n$, bei der der Parabelbogen $\overset{\frown}{OP}$ das Dreieck OPQ halbiert? Dabei ist Q der Fußpunkt des Lotes, das von dem Parabelpunkt P auf die x-Achse gefällt wird. Wie viele Lösungen gibt es?

35. Berechne den Inhalt der Fläche zwischen der Sinuskurve und der x-Achse für eine Periode! Das Integrationsintervall hat also die Länge 2π.
Zeige, daß es gleichgültig ist, an welche Stelle der x-Achse man das Integrationsintervall der Länge 2π legt!

36. Berechne den Inhalt der Fläche, die zwischen der Sinuskurve und der Kosinuskurve zwischen zwei benachbarten Schnittpunkten liegt!

Uneigentliche Integrale

37. Durch $F_n = \int_1^n \frac{1}{x^2}\,dx$ sind die Glieder einer Folge von Integralen gegeben.

a) Berechne F_1, F_2, F_3 und allgemein F_n!

b) Zeige: Die Folge (F_n) ist monoton steigend und beschränkt.

c) Berechne den Grenzwert der Folge! Statt „$\lim\limits_{n\to\infty} \int_1^n \frac{1}{x^2}\,dx$" schreibt man kurz „$\int_1^\infty \frac{1}{x^2}\,dx$".
Man nennt $\int_1^\infty \frac{1}{x^2}\,dx$ ein **„uneigentliches Integral"**.

d) Skizziere den Graph zu $f(x) = \frac{1}{x^2}$ und deute in der Zeichnung die einzelnen Glieder der Folge als Maßzahlen von Flächen! Welche Deutung ergibt sich so für $\int_1^\infty \frac{1}{x^2}\,dx$?

38. Berechne die folgenden uneigentlichen Integrale!

a) $\int_1^\infty \frac{3\,dx}{(3x-1)^3} = \lim\limits_{z\to\infty} \int_1^z \frac{3\,dx}{(3x-1)^3}$

b) $\int_1^\infty \frac{dx}{\sqrt{x^3}} = \lim\limits_{z\to\infty} \int_1^z \frac{dx}{\sqrt{x^3}}$

c) $\int_0^1 \frac{dx}{\sqrt{x}} = \text{r-}\lim\limits_{\varepsilon\to 0} \int_\varepsilon^1 \frac{dx}{\sqrt{x}}$

d) $\int_{-\frac{1}{2}}^4 \frac{dx}{\sqrt{2x+1}} = \text{r-}\lim\limits_{\varepsilon\to -\frac{1}{2}} \int_\varepsilon^4 \frac{dx}{\sqrt{2x+1}}$

Extremwertaufgaben

39. Die Parabeln zu $f(x) = ax^2 - ax$ und $g(x) = -ax^2 + \frac{1}{a}x$ mit $a \in \mathbb{R}^{>0}$ schließen eine Fläche ein. Welche Zahl ist in a einzusetzen, damit der Inhalt der Fläche ein Minimum annimmt?

40. Gegeben ist $f(x) = ax - (1-a)x^2$ mit $a \in \mathbb{R}$. Welche Zahl ist in a einzusetzen, damit die Fläche, die der Graph mit der x-Achse einschließt, einen minimalen Inhalt hat?

41. Gegeben ist $f(x) = -x^2 + 4x$.

a) Skizziere den Graph der Funktion!

b) Der Graph schließt mit der x-Achse eine Fläche ein. In diese Fläche ist ein Streifen von der Breite einer Längeneinheit parallel zur y-Achse so einzuzeichnen, daß der Flächeninhalt dieses Streifens ein Maximum annimmt.

Berechnung von Rauminhalten

42. Eine Gerade rotiert um die x-Achse. Berechne das Volumen des entstehenden Kegelstumpfes bzw. Doppelkegels in den angegebenen Grenzen a und b! Es ist zweckmäßig, in den Ergebnissen die Zahl π als Faktor zu belassen und zunächst nicht durch eine Näherung zu ersetzen.

	a)	b)	c)	d)	e)
g	$f(x) = \frac{1}{3}x$	$f(x) = \frac{2}{5}x$	$f(x) = \frac{1}{2}x + 1$	$f(x) = \frac{1}{10}x + 3$	$f(x) = 4x$
a	1	-3	-4	-4	1
b	4	3	2	6	2

43. Der zwischen den Schnittpunkten mit der x-Achse liegende Parabelbogen rotiert um die x-Achse. Berechne den Rauminhalt des Rotationskörpers!

a) $f(x) = x^2 - 1$ **b)** $f(x) = x^2 - 2$ **c)** $f(x) = x^2 - 3x$
d) $f(x) = x^2 - 4x + 3$ **e)** $f(x) = x^2 + x - 6$ **f)** $f(x) = x^2 - x - 12$

44. Das Flächenstück, das zwischen der gegebenen Parabel und der x-Achse liegt, rotiert um die x-Achse. Berechne den Rauminhalt in den angegebenen Grenzen!

a) $f(x) = x^2 + 2$ in $[-1; 1]$ **b)** $f(x) = x^2 - 2x - 4$ in $[-1; 1]$
c) $f(x) = x^2 + 4x + 6$ in $[-3; 1]$ **d)** $f(x) = x^2 - 2x - 3$ in $[-4; 3]$

45. Der Graph der angegebenen Funktion rotiert um die x-Achse. Berechne das Volumen in den angegebenen Grenzen!

a) $f(x) = \sin x$ in $[0; 2\pi]$ **b)** $f(x) = \cos x$ in $[-\pi; 3\pi]$
c) $f(x) = 1 + \sin x$ in $\left[-\frac{\pi}{2}; \frac{3\pi}{2}\right]$ **d)** $f(x) = 2 + \sin x$ in $[0; 2\pi]$
e) $f(x) = 2 + \cos x$ in $[0; 2\pi]$ **f)** $f(x) = x + \sin x$ in $\left[\frac{\pi}{2}; 2\pi\right]$

46. Berechne das Volumen der Kugel!
Anleitung: Die Kugel entsteht durch Rotation eines Halbkreises um die x-Achse. Ermittle zunächst die Gleichung für den Halbkreis!

47. Ermittle die Formel zur Berechnung des Rauminhalts einer Kugelkappe der Höhe h (Kugelradius r)!

48. Der Kreis mit der Gleichung $x^2 + (y - 2)^2 = 4$ rotiert um die x-Achse. Berechne den Rauminhalt des Rotationskörpers!

49. Der Kreis mit der Gleichung $(x - 4)^2 + (y - 3)^2 = 1$ rotiert um die x-Achse; man nennt den entstehenden Rotationskörper einen „Torus". Berechne den Rauminhalt des Torus!

50. Die Gleichung einer Ellipse ist durch $\frac{x^2}{a^2} + \frac{y^2}{b^2} = 1$ gegeben. Zeichne die Ellipse zu $a = 5$ und $b = 3$!

a) Die Ellipse rotiert um die x-Achse. Berechne den Rauminhalt des Rotationsellipsoids!

b) Wie kann man den Rauminhalt berechnen, der sich bei Rotation um die y-Achse ergibt? Übertrage die Formel zur Berechnung von Rotationskörpern für den Fall der Rotation um die y-Achse und berechne den Rauminhalt des gegebenen Rotationsellipsoids! (Vgl. Aufgabe 51!)

51. Beweise: Ist eine Funktion f stetig und monoton in einem Intervall [a; b] und besitzt sie die Umkehrfunktion f*, so gilt für die Inhaltsmaßzahl des Rotationskörpers, der durch Rotation der Kurve zu f im Intervall [a; b] um die y-Achse entsteht:

$$V = \left| \pi \cdot \int_{f(a)}^{f(b)} [f^*(y)]^2 \, dy \right| \quad \text{(Bild 34.16).}$$

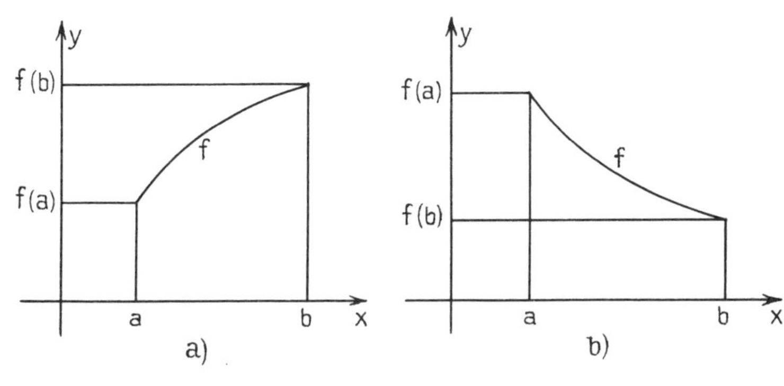

Bild 34.16

52. In Aufgabe 42. sind Strecken angegeben, die um die x-Achse rotieren. Berechne den Rauminhalt der Rotationskörper, die sich bei Rotation dieser Strecken um die y-Achse ergeben!

§ 35 Anwendungen der Integralrechnung in der Physik

I. Der physikalische Begriff der Arbeit

1. Wenn ein Körper sich unter dem Einfluß einer Kraft $\vec{F}$ in Richtung der Kraft um einen Weg der Länge s bewegt, so sagt man, daß durch die Kraft am Körper eine Arbeit verrichtet wird. Als Maß für die **Arbeit** W definiert man in diesem einfachsten Fall das Produkt:

$$\mathbf{W = F \cdot s.}$$

Ist die Wegrichtung von der Kraftrichtung verschieden, so ist der Winkel α zwischen Kraft- und Wegrichtung zu berücksichtigen (Bild 35.1). Für diesen Fall definiert man $W = F \cdot s \cdot \cos\alpha$ oder mit Hilfe des skalaren Produktes der Vektorrechnung:

$$W = \vec{F} \cdot \vec{s}.$$

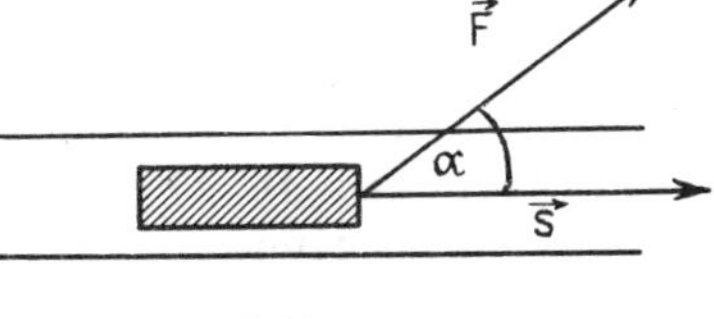

Bild 35.1

Wir werden im folgenden jedoch stets voraussetzen, daß Kraftrichtung und Wegrichtung übereinstimmen, daß also $\alpha = 0°$ und $\cos\alpha = 1$ ist.

2. Mit den

technischen Maßeinheiten	**physikalischen** Maßeinheiten
$[F] = \text{kp}$ und $[s] = \text{m}$	$[F] = \text{N}$ und $[s] = \text{m}$

erhält man als Maßeinheit für die Arbeit

$[W] = \text{kp} \cdot \text{m}.$	$[W] = \text{N} \cdot \text{m} = \text{Joule} = \text{Ws}.$

3. Bei obiger Definition für den Begriff der Arbeit ist stillschweigend vorausgesetzt worden, daß die Kraft F über die ganze Länge des Weges konstant bleibt. In diesem Fall läßt sich das Produkt $F \cdot s$ geometrisch in einem s-F-Koordinatensystem als **Rechteckfläche** veranschaulichen (Bild 35.2).
In vielen Fällen ist diese Voraussetzung jedoch nicht erfüllt.

Beispiel: Ein Personenfahrstuhl hält in jedem Stockwerk; es steigen Personen ein und aus; die Belastung ändert sich an diesen Stellen also meistens sprunghaft, bleibt dann aber bis zum nächsten Stockwerk wieder konstant.[1]) In diesem Fall ist die gesamte Arbeit natürlich gleich der Summe der Einzelarbeiten. Wir bezeichnen die einzelnen Kräfte mit $F_1, F_2, \ldots, F_n$ und die Länge der zugehörigen Wegstücke mit

$\Delta_1 s, \Delta_2 s, \ldots, \Delta_n s.$

Dann gilt:

$$W = \sum_{k=1}^{n} F_k \cdot \Delta_k s.$$

Diese Arbeit ist geometrisch als Fläche einer „Treppenfigur" zu veranschaulichen (Bild 35.3).

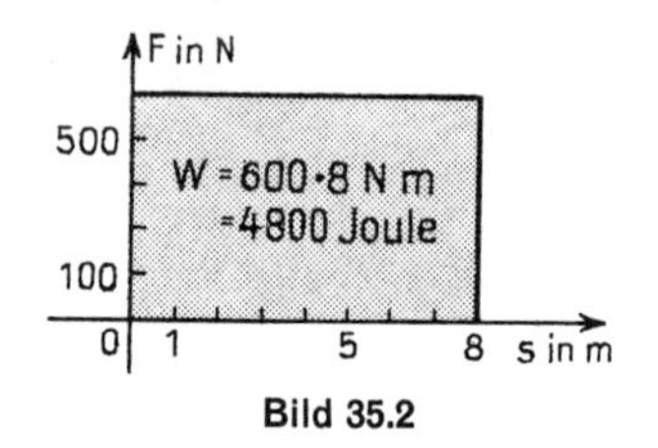

Bild 35.2

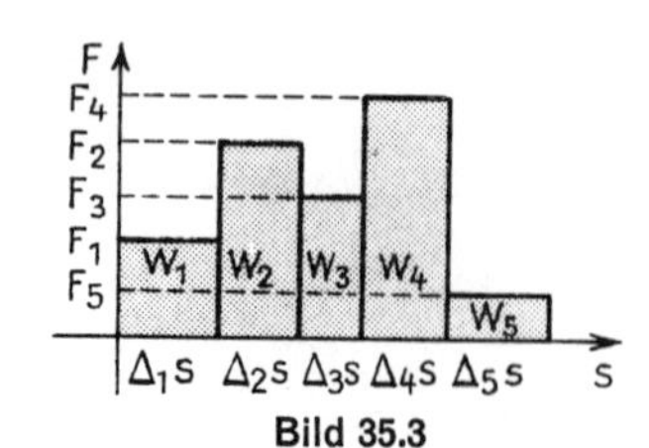

Bild 35.3

4. In vielen Fällen ist die Kraft aber nicht einmal abschnittsweise konstant, sondern ändert sich ständig.
Beispiele hierfür sind in den Bildern 35.4a bis d dargestellt:

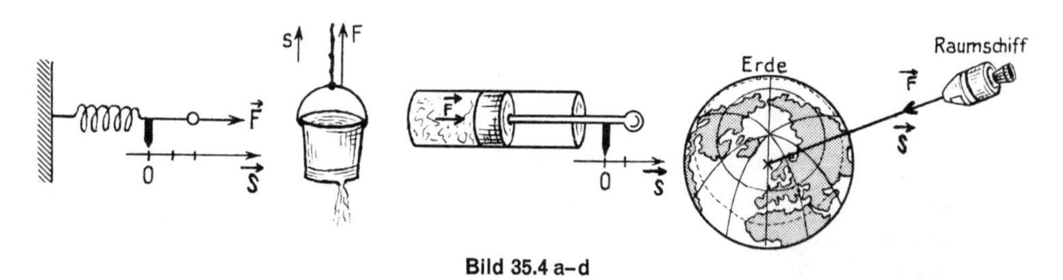

Bild 35.4 a–d

Bild 35.4a: Kraft beim Spannen einer Feder.
Bild 35.4b: Kraft beim Hochziehen eines gefüllten Wassereimers, der ein Loch hat, aus dem Wasser ausfließt.
Bild 35.4c: Kraft auf einen Kolben infolge des Druckes einer im Zylinder eingeschlossenen Gasmenge.
Bild 35.4d: Anziehungskraft der Erde auf ein Raumfahrzeug, das sich der Erde nähert.

Für solche Fälle ist der Begriff der Arbeit neu zu definieren, und zwar so, daß sich aus der neuen Definition für den Fall einer konstanten Kraft wieder die Beziehung $W = F \cdot s$ ergibt.

5. Zu jeder Stelle s des Weges gehört eine eindeutig bestimmte Kraft; die Menge der Zahlenpaare $(s \mid F)$ ist also eine Funktion f mit einer Gleichung der Form

$$F = f(s).$$

[1]) Von der beim Anfahren und Bremsen auftretenden Beschleunigungsarbeit sehen wir dabei ab.

Beispiel: Für eine elastische Feder ist die Weg-Kraft-Funktion durch das **Hookesche Gesetz** gegeben. Es gilt: $F = D \cdot s$, wobei D die Federkonstante bezeichnet.

Geometrisch ist die Arbeit in einem solchen Fall durch die Fläche unter der Kurve zu $F = f(s)$ in einem s-F-Koordinatensystem zu veranschaulichen (Bild 35.5). Wir können also bei der allgemeinen Definition des Arbeitsbegriffs genauso vorgehen wie bei der Definition des Maßbegriffs für Flächen. Man hat den Grenzwert der Näherungssummen

$$\sum_{k=1}^{n} f(s_k)\, \Delta_k s$$

mit der Bedingung $\Delta_k s \to 0$ $(n \to \infty)$ zu bilden. Falls die Funktion f im betrachteten Intervall [a; b] integrierbar ist, erhält man das bestimmte Integral

$$\int_a^b f(s)\, ds.$$

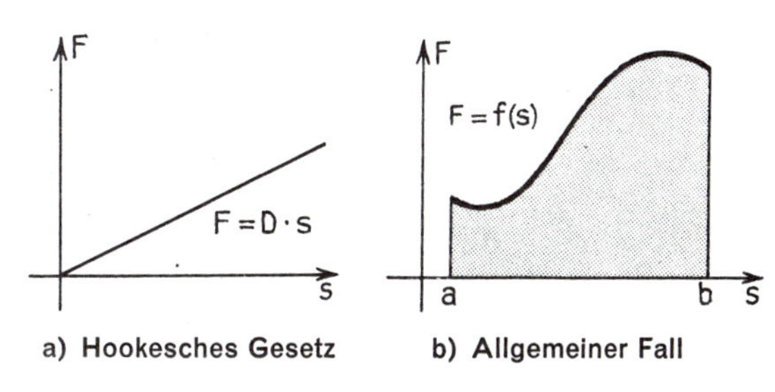

a) Hookesches Gesetz b) Allgemeiner Fall

Bild 35.5

Es gilt:

Bei veränderlicher Kraft ist der physikalische Begriff der Arbeit genau dann definiert, wenn die Kraft-Weg-Funktion f zu $F = f(s)$ integrierbar ist; man definiert:

$$W =_{Df} \int_a^b f(s)\, ds.$$

Der Sonderfall konstanter Kraft wird auch von der allgemeinen Formel

$$W = \int_a^b f(s)\, ds$$

erfaßt. Es sei etwa $F = \text{const.}$, $a = 0$; dann ergibt sich:

$$W = \int_0^s F \cdot ds = F \int_0^s 1 \cdot ds = F \cdot s.$$

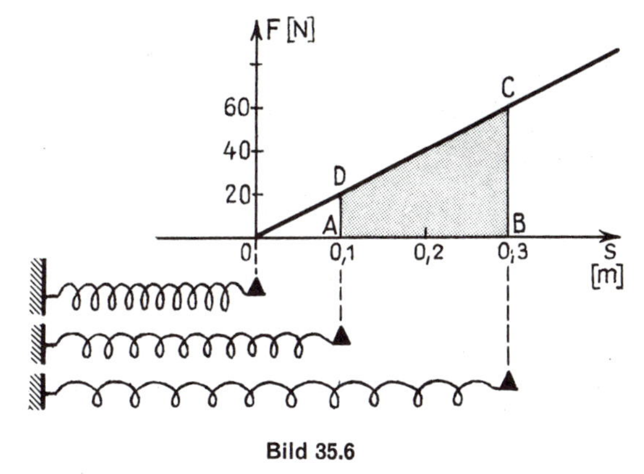

Bild 35.6

6. Abschließend behandeln wir noch ein

Beispiel:

Eine elastische Feder habe die Federkonstante $D = 200 \frac{N}{m}$. Sie ist zu Beginn bereits um 10 cm gespannt (d. h. gegenüber ihrer Länge im unbelasteten Zustand um 10 cm verlängert) und wird dann um weitere 20 cm verlängert.

Wir berechnen die Arbeit, die dazu erforderlich ist (Bild 35.6).

Es gilt:

$$W = \int_{0,1}^{0,3} Ds \cdot ds = D \cdot \int_{0,1}^{0,3} s\,ds = 200 \frac{N}{m} \cdot \frac{s^2}{2} \Bigg|_{0,1}^{0,3} m^2 = 100 \cdot [0{,}09 - 0{,}01]\ N \cdot m = 8 \text{ Joule}.$$

II. Der Schwerpunkt von Flächen

1. Greift eine Kraft $\vec{F}$ an einem starren Körper an, der um eine Achse drehbar ist, so wirkt ein Drehmoment der Größe $M = F \cdot a$.
Hierbei bezeichnet „F" den Betrag der Kraft $\vec{F}$ und „a" den Abstand der Wirkungslinie der Kraft von der Drehachse, den sogenannten „Hebelarm" (Bild 35.7).
Wir denken uns eine Fläche, die gleichmäßig mit Masse belegt ist, in „kleine" Massenelemente aufgeteilt. An jedem Massenelement Δm greift als Kraft das Gewicht an. Dadurch entsteht ein Drehmoment bezüglich einer beliebigen Drehachse (Bild 35.8). Bezeichnet man die auf die Fläche bezogene Massendichte mit „μ", die Erdbeschleunigung mit „g" und die Größe des einzelnen Flächenelements mit „ΔA", so gilt für das Massenelement Δm: $\Delta m = \mu \cdot \Delta A$ und für die auf dieses Massenelement wirkende Schwerkraft: $g \cdot \Delta m = g \cdot \mu \cdot \Delta A$.
Für den auf das Massenelement Δm entfallenden Anteil ΔM des Gesamtdrehmoments gilt also: $\Delta M = g \cdot \mu \cdot \Delta A \cdot a$.

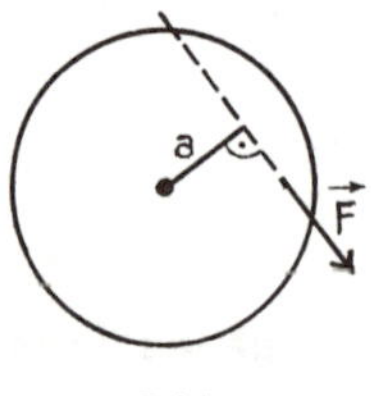

Bild 35.7

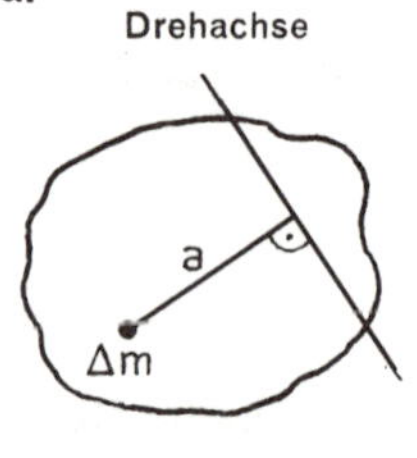

Bild 35.8

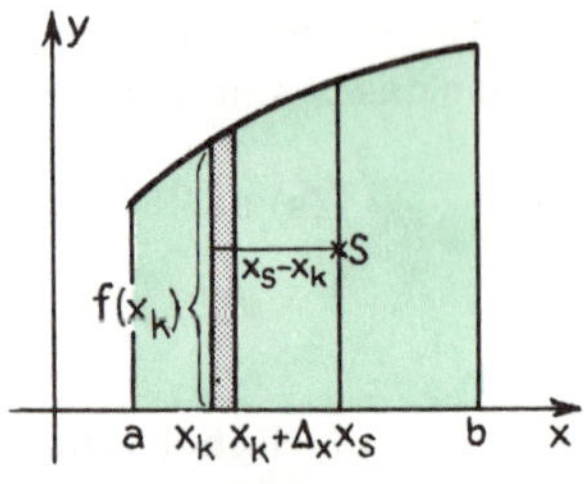

Bild 35.9

2. Zu jeder Fläche (und auch zu jedem Körper) gibt es nun einen Punkt S, den sogenannten „Schwerpunkt", der durch die folgende Eigenschaft gekennzeichnet ist: Legt man durch S eine beliebige Achse, so hat die Summe der Drehmomente aller Massenelemente der Fläche (oder des Körpers) bezüglich dieser Achse die Maßzahl Null.
Bei einer Fläche kann man den Schwerpunkt als Schnittpunkt zweier solcher Achsen, sogenannter „Schwerelinien", ermitteln.
Eine Fläche sei gegeben als Normalbereich zu einer Funktion f. Zur Ermittlung der Schwerpunktskoordinaten x_s und y_s legen wir zunächst eine zur y-Achse parallele Achse durch den Schwerpunkt. Dann haben alle Massenelemente, die auf einem schmalen zur y-Achse parallelen Streifen der Breite Δx liegen, nahezu den gleichen Hebelarm und daher nahezu auch das gleiche Drehmoment bezüglich der gewählten Schwerelinie. Der Streifen in Bild 35.9 hat die Flächenmaßzahl $f(x_k) \cdot \Delta x$. Für das Drehmoment des Streifens gilt also:

$$\Delta M_k \approx g \cdot \mu \cdot f(x_k) \cdot \Delta x \cdot (x_s - x_k).$$

Wir haben die Drehmomente aller Streifen zu addieren und dann den Grenzwert dieser Summe mit der Bedingung $\Delta x \to 0$ zu berechnen. Es ergibt sich also das folgende Integral:

$$\lim_{\substack{n \to \infty \\ (\Delta x \to 0)}} \sum_{k=1}^{n} \Delta M_k = \int_a^b g\mu \cdot f(x) \cdot (x_s - x)\, dx.$$

Da die Achse durch den Schwerpunkt gehen soll, muß dieses Integral den Wert Null haben:

$$\int_a^b g\mu\, f(x)\,(x_s - x)\, dx = 0 \Rightarrow g\mu \cdot x_s \int_a^b f(x)\, dx = g\mu \int_a^b x \cdot f(x)\, dx \Rightarrow \mathbf{x_s = \frac{\int_a^b x \cdot f(x)\, dx}{\int_a^b f(x)\, dx}}.$$

3. Wollte man auf die gleiche Weise auch die y-Koordinate des Schwerpunktes ermitteln, so müßte man eine Integration in der y-Richtung durchführen. Statt dessen teilen wir die Fläche wieder in zur y-Achse parallele Streifen der Breite Δx (Bild 35.10). Der Schwerpunkt S_k des k-ten Streifens ist dann der „Mittelpunkt" dieses Streifens; für seine y-Koordinate gilt:

$$y_{sk} \approx \tfrac{1}{2} f(x_k).$$

Die Masse des k-ten Streifens übt das gleiche Drehmoment aus wie ein Massenpunkt der gleichen Masse $(\mu \cdot f(x_k) \cdot \Delta x)$ im Punkt S_k. Der k-te Streifen trägt also bezüglich einer zu x-Achse parallelen Achse durch den Schwerpunkt S das folgende Drehmoment bei:

$$\Delta M_k \approx g \cdot \mu \cdot f(x_k)\, \Delta x \cdot (y_s - \tfrac{1}{2} f(x_k)).$$

Wir haben auch hier die Drehmomente aller Streifen zu addieren und dann den Grenzwert dieser Summe mit der Bedingung $\Delta x \to 0$ zu berechnen. Das resultierende Integral muß den Wert Null haben:

$$\lim_{\substack{n\to\infty \\ (\Delta x \to 0)}} \sum_{k=1}^{n} \Delta M_k = \int_a^b g\mu \cdot f(x) \cdot (y_s - \tfrac{1}{2} f(x))\, dx = 0.$$

Daraus ergibt sich:

$$g \cdot \mu \cdot y_s \cdot \int_a^b f(x)\, dx = g \cdot \mu \cdot \tfrac{1}{2} \cdot \int_a^b [f(x)]^2\, dx$$

$$\Rightarrow \mathbf{y_s = \frac{\tfrac{1}{2}\int_a^b [f(x)]^2\, dx}{\int_a^b f(x)\, dx}}.$$

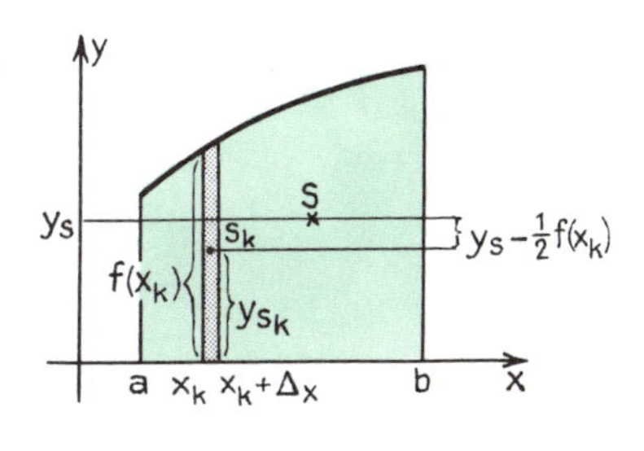

Bild 35.10

Beachte:

1) Der Nenner $\int_a^b f(x)\, dx$ gibt bei beiden Koordinaten die Flächenmaßzahl der betrachteten Fläche an.

2) In vielen Fällen sind die Flächen achsensymmetrisch; der Schwerpunkt liegt dann – bei gleichmäßiger Belegung mit Masse – auf der Symmetrieachse. Dann braucht nur eine Koordinate berechnet zu werden.

4. Wir behandeln einige **Beispiele:**

1) Wir berechnen den Schwerpunkt des Dreiecks von Bild 35.11. Es gilt $y = f(x) = -\frac{x}{2} + 1$.

a) $\int_0^2 f(x)\, dx = \int_0^2 \left(-\frac{x}{2} + 1\right) dx = -\frac{x^2}{4} + x \Big|_0^2 = -1 + 2 = 1$

b) $\int_0^2 x \cdot f(x)\, dx = \int_0^2 \left(-\frac{x^2}{2} + x\right) dx = -\frac{x^3}{6} + \frac{x^2}{2} \Big|_0^2 = -\frac{4}{3} + 2 = \frac{2}{3}$

c) $\int_0^2 [f(x)]^2\, dx = \int_0^2 \left(\frac{x^2}{4} - x + 1\right) dx = \frac{x^3}{12} - \frac{x^2}{2} + x \Big|_0^2 = \frac{2}{3} - 2 + 2 = \frac{2}{3}$

Also ist $x_s = \frac{2}{3}$ und $y_s = \frac{1}{3}$.

2) Wir berechnen den Schwerpunkt des Halbkreises von Bild 35.12. Wegen der Symmetrie zu y-Achse gilt: $x_s = 0$. Es ist $x^2 + y^2 = r^2$, also $y = \sqrt{r^2 - x^2}$.

Der Flächeninhalt des Halbkreises hat die Maßzahl $\frac{\pi r^2}{2}$; also ist $\int_{-r}^{r} f(x)\,dx = \frac{\pi r^2}{2}$.

Ferner gilt: $$\int_{-r}^{r} [f(x)]^2\,dx = 2 \cdot \int_{0}^{r} (r^2 - x^2)\,dx = 2 \cdot \left(r^2 \cdot x - \frac{x^3}{3}\right)\Big|_0^r = \frac{4r^3}{3}.$$

Also gilt: $$y_s = \frac{4r}{3\pi}.$$

Beachte, daß wir bei der ersten Umformung benutzt haben, daß durch $[f(x)]^2$ eine **gerade** Funktion gegeben ist!

3) Wir berechnen den Schwerpunkt der Parabelfläche zu $f(x) = 4 - x^2$ (Bild 35.13). Wegen der Symmetrie zur y-Achse gilt $x_s = 0$.

Es ist $$\int_{-2}^{2} (4 - x^2)\,dx = 2 \cdot \int_{0}^{2} (4 - x^2)\,dx = 2 \cdot \left(4x - \frac{x^3}{3}\right)\Big|_0^2 = 2 \cdot \left(8 - \frac{8}{3}\right) = \frac{32}{3}$$

$$\int_{-2}^{2} (4 - x^2)^2\,dx = 2 \cdot \int_{0}^{2} (16 - 8x^2 + x^4)\,dx = 2 \cdot \left(16x - \frac{8}{3}x^3 + \frac{x^5}{5}\right)\Big|_0^2$$

$$= 2 \cdot \left(32 - \frac{64}{3} + \frac{32}{5}\right) = 2 \cdot \frac{480 - 320 + 96}{15} = \frac{512}{15}.$$

Also ist $$y_s = \frac{1}{2} \cdot \frac{512 \cdot 3}{32 \cdot 15} = \frac{8}{5} = 1{,}6.$$

Beachte, daß wir bei der ersten Umformung jeweils benutzt haben, daß die Integrandfunktion **gerade** ist!

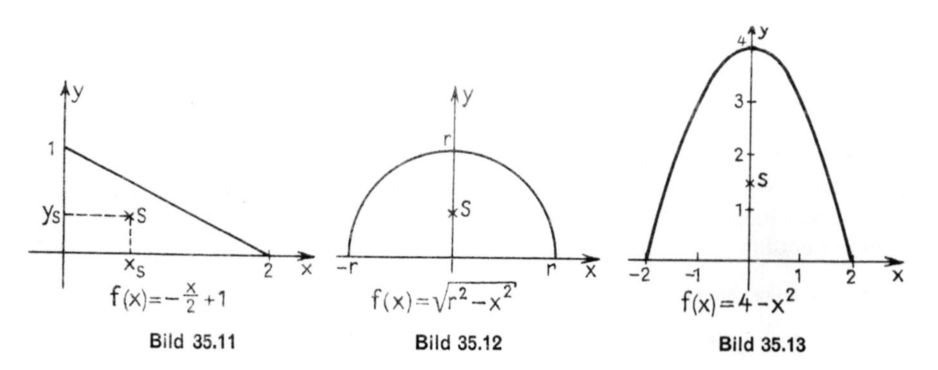

Bild 35.11 Bild 35.12 Bild 35.13

III. Die Guldinsche Regel

1. Wie wir in § 34, III gezeigt haben, berechnet sich das Volumen eines Rotationskörpers, der durch Drehung eines Normalbereiches um die x-Achse entsteht, nach der Formel

$$V = \pi \cdot \int_a^b [f(x)]^2\,dx.$$

Dieses Integral steht – bis auf einen konstanten Faktor – im Zähler des Terms für die Schwerpunktkoordinate y_s.

Mit $\int_a^b f(x)\,dx = A$ und $\frac{1}{2}\int_a^b [f(x)]^2\,dx = \frac{V}{2\pi}$ erhält man $y_s = \frac{V}{2\pi A}$ und $V = 2\pi\, y_s\, A$.

Den Inhalt dieser Gleichung bezeichnet man als **„Guldinsche Regel":**

Das Volumen eines Rotationskörpers ist gleich dem Produkt aus der Weglänge des Schwerpunktes der erzeugenden Fläche und dem Flächeninhalt der erzeugenden Fläche.

2. Sind zwei der drei Größen V, y_s und A gegeben, so kann die jeweils dritte Größe nach der Guldinschen Regel berechnet werden.

Beispiele:

1) Wir berechnen die Schwerpunktskoordinaten eines Vierteilkreises (Bild 35.14). Rotiert der Viertelkreis um die x-Achse, so entsteht eine Halbkugel.

Es gilt: $V = \frac{2}{3}\pi r^3$ und $A = \frac{\pi r^2}{4}$.

Daraus ergibt sich: $y_s = \frac{V}{2\pi A} = \frac{4r}{3\pi}$.

Da der Kreis symmetrisch zur Geraden zu $y = x$ ist, gilt auch $x_s = \frac{4r}{3\pi}$.

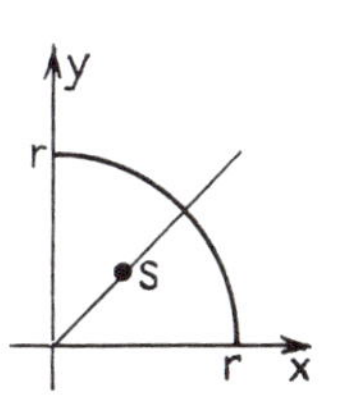

Bild 35.14

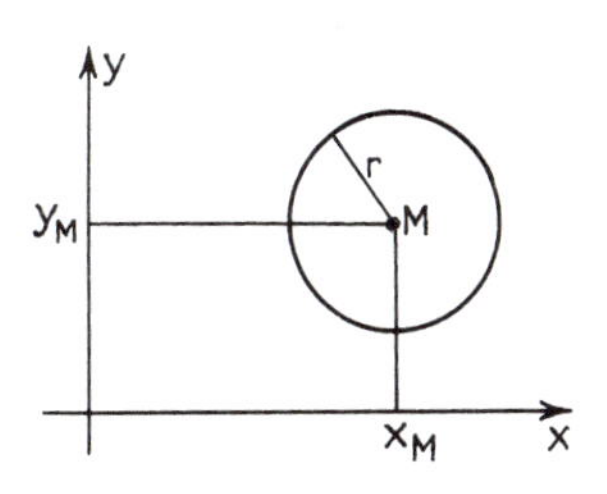

Bild 35.15

2) Wir berechnen das Volumen eines Kreistorus. Ein Kreistorus entsteht dadurch, daß ein Kreis mit der Gleichung $(x - x_M)^2 + (y - y_M)^2 = r^2$ um eine der Koordinatenachsen rotiert (Bild 35.15). Der Schwerpunkt des Kreises fällt mit dem Kreismittelpunkt $M\,(x_M \mid y_M)$ zusammen. Daher ist $y_s = y_M$. Für die Kreisfläche gilt: $A = \pi r^2$. Somit ergibt sich für das Volumen:

$$V = 2\pi \cdot \pi r^2 \cdot y_M = 2\pi^2 r^2 \cdot y_M.$$

Wie lautet das Ergebnis für den Sonderfall $y_M = r$?

IV. Der Schwerpunkt von Rotationskörpern

1. Entsteht ein Körper durch Rotation eines Normalbereichs um die x-Achse, so liegt der Schwerpunkt des Körpers aus Symmetriegründen auf der x-Achse. Es gilt also $y_s = 0$ und $z_s = 0$. Nur x_s ist zu berechnen.

Bild 35.16 zeigt einen solchen Rotationskörper, Bild 35.17 den Schnitt dieses Körpers mit der x–y-Ebene. Wir zerlegen den Rotationskörper in zylindrische Scheiben; alle Punkte einer Scheibe haben gegenüber einer horizontalen Achse durch den Schwerpunkt ungefähr den gleichen Hebelarm und somit – bei gleichmäßiger Massenverteilung – auch ungefähr das gleiche Drehmoment. Für das Volumen der Scheibe mit der Dicke Δx gilt:

$$\Delta V_k \approx \pi \cdot [f(x_k)]^2\,\Delta x.$$

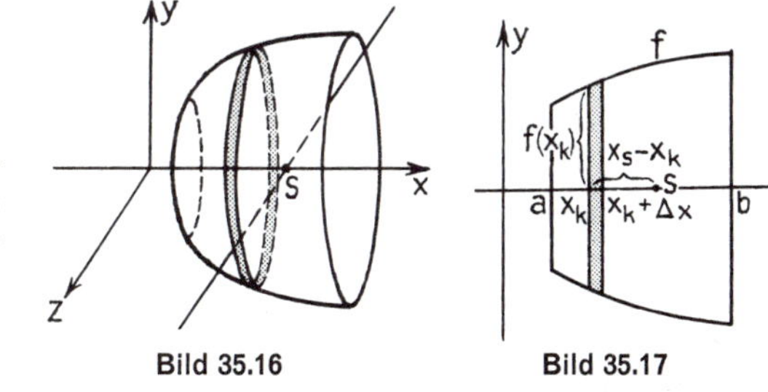

Bild 35.16

Bild 35.17

Bezeichnet ρ die Dichte des Materials und g die Erdbeschleunigung, so gilt für das Drehmoment des k-ten Zylinders:

$$\Delta M_k \approx g\rho\pi\,[f(x_k)]^2\,\Delta x\,(x_s - x_k).$$

Wir haben nun wieder die Summe der Drehmomente aller Zylinder und dann den Grenzwert mit der Bedingung $\Delta x \to 0$ zu berechnen. Da die Drehmomente auf eine Achse durch den Schwerpunkt bezogen sind, hat das gesamte Drehmoment die Maßzahl Null.

Es gilt also: $\lim\limits_{\substack{n\to\infty \\ (\Delta x\to 0)}} \sum\limits_{k=1}^{n} \Delta M_k = \int\limits_a^b g\rho\pi \cdot [f(x)]^2 (x_s - x)\, dx = 0.$

Daraus folgt: $g\rho\pi x_s \cdot \int\limits_a^b [f(x)]^2\, dx = g\rho\pi \cdot \int\limits_a^b x\,[f(x)]^2 dx$, also: $x_s = \dfrac{\int\limits_a^b x\,[f(x)]^2\, dx}{\int\limits_a^b [f(x)]^2\, dx}$.

2. Wir behandeln zwei **Beispiele:**

1) Wir berechnen den Schwerpunkt eines geraden Kreiskegels, der durch Rotation eines Normalbereiches zu $f(x) = mx$ um die x-Achse entsteht (Bild 35.18).

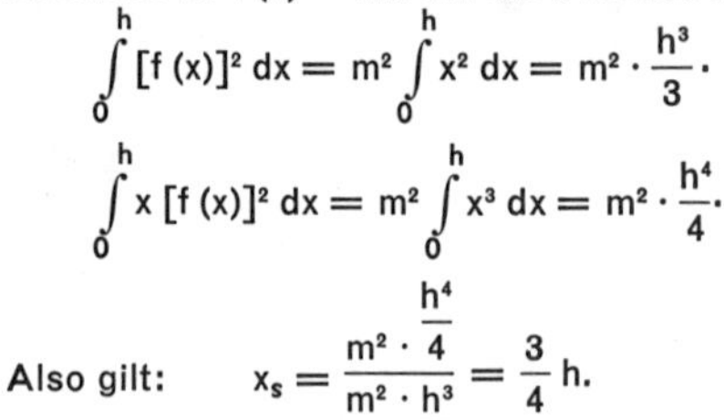

$$\int\limits_0^h [f(x)]^2\, dx = m^2 \int\limits_0^h x^2\, dx = m^2 \cdot \frac{h^3}{3}.$$

$$\int\limits_0^h x\,[f(x)]^2\, dx = m^2 \int\limits_0^h x^3\, dx = m^2 \cdot \frac{h^4}{4}.$$

Also gilt: $x_s = \dfrac{m^2 \cdot \frac{h^4}{4}}{m^2 \cdot \frac{h^3}{3}} = \dfrac{3}{4} h.$

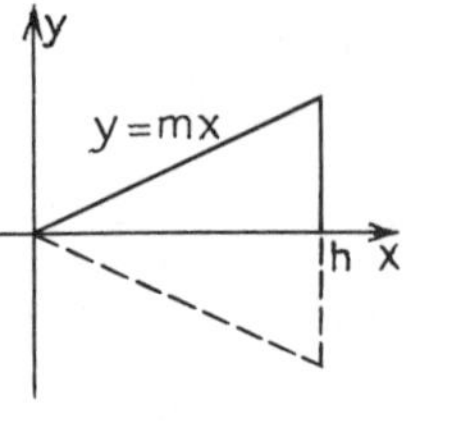

Bild 35.18

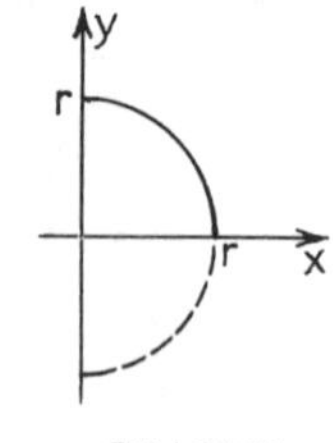

Bild 35.19

2) Wir berechnen den Schwerpunkt einer Halbkugel, die durch Rotation eines Viertelkreises um die x-Achse entsteht (Bild 35.19). Für den Kreis gilt: $y = f(x) = \sqrt{r^2 - x^2}$.

Also ist $\int\limits_0^r [f(x)]^2\, dx = \int\limits_0^r (r^2 - x^2)\, dx = r^2 x - \dfrac{x^3}{3}\Big|_0^r = r^3 - \dfrac{r^3}{3} = \dfrac{2}{3} r^3.$

$\int\limits_0^r x\,[f(x)]^2\, dx = \int\limits_0^r (r^2 x - x^3)\, dx = \dfrac{r^2 x^2}{2} - \dfrac{x^4}{4}\Big|_0^r = \dfrac{r^4}{2} - \dfrac{r^4}{4} = \dfrac{r^4}{4}.$ Also gilt: $x_s = \dfrac{\frac{r^4}{4}}{\frac{2}{3} r^3} = \dfrac{3}{8} r.$

V. Trägheitsmomente

1. Bewegt sich eine punktförmige Masse m auf einer Kreisbahn, so kann der Weg s durch den zugehörigen Mittelpunktswinkel φ (im Bogenmaß gemessen) und durch den Kreisradius r ausgedrückt werden: $s = r \cdot \varphi$. Für die Geschwindigkeit $v = \dot{s}$ und für die Beschleunigung $a = \ddot{s}$ ergibt sich: $v = \dot{s} = r\dot{\varphi} = r\omega$ und $a = \ddot{s} = r\ddot{\varphi} = r\alpha$ (Bild 35.20)
Man nennt $\omega = \dot{\varphi}$ die **„Winkelgeschwindigkeit"** und $\alpha = \ddot{\varphi}$ die **„Winkelbeschleunigung"**.

Wird die Masse durch eine Kraft $\vec{F}$ beschleunigt, so gilt für den Betrag der Kraft: $F = m \cdot a = m \cdot r \cdot \alpha$

und für den Betrag des Drehmoments:

$$M = F \cdot r = mr^2 \cdot \alpha.$$

Winkelbeschleunigung und Drehmoment sind also zueinander proportional. Den Proportionalitätsfaktor mr^2 nennt man das **„Trägheitsmoment"** des Massenpunktes m. Man bezeichnet das Trägheitsmoment mit „Θ".

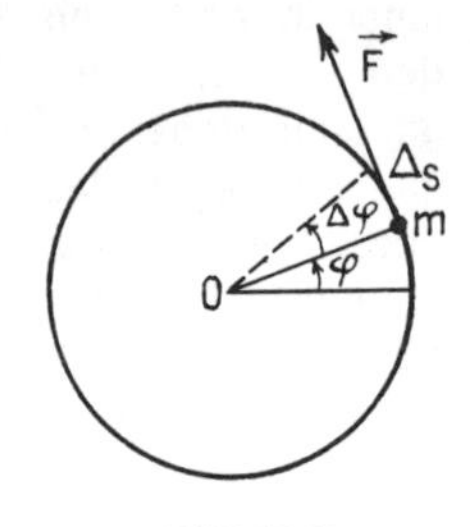

Bild 35.20

2. Rotiert ein **Körper** um eine Achse, so setzt sich sein Trägheitsmoment aus den Trägheitsmomenten der einzelnen Massenelemente zusammen. Hat das Massenelement Δm_k den Abstand r_k von der Drehachse, so ist sein Trägheitsmoment

$$\Delta\Theta_k = r_k^2 \cdot \Delta m_k.$$

Das Trägheitsmoment des ganzen Körpers erhält man, indem man die Summe aller Trägheitsmomente und anschließend den Grenzwert dieser Summe für $\Delta m \to 0$ berechnet. Man erhält:

$$\Theta = \lim_{n\to\infty} \sum_{k=1}^{n} r_k^2 \cdot \Delta m_k = \int_{r_1}^{r_2} r^2\,dm.$$

4. Wir behandeln einige **Beispiele:**

1) Wir berechnen das Trägheitsmoment einer Kreisscheibe mit dem Radius R und der Dicke h für den Fall, daß die Scheibe um eine Achse rotiert, die im Mittelpunkt der kreisförmigen Deckfläche auf dieser Fläche senkrecht steht (Bild 35.21).

Alle Massenpunkte, die sich auf zur Kreisfläche konzentrischen Zylindern befinden, haben von der Achse denselben Abstand. Die Gesamtmasse m eines solchen Zylinders ist, wenn ρ die Massendichte bezeichnet, in Abhängigkeit von r gegeben durch den Term

$$m(r) = \pi r^2 h \cdot \rho.$$

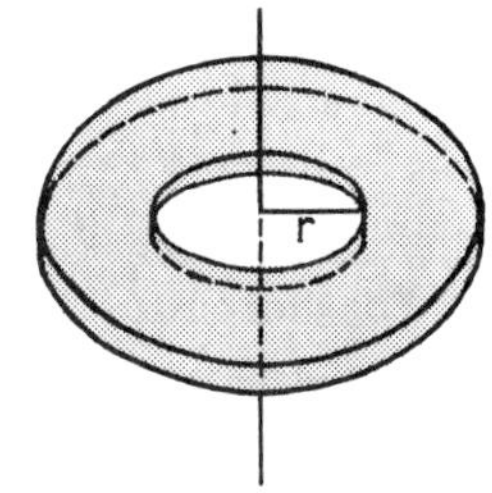

Bild 35.21

Es gilt $dm = m'(r)\,dr = 2\pi r h \rho \cdot dr$.

Also ist $\Theta = \int_0^R r^2 2\pi r h \rho\,dr = 2\pi h \rho \cdot \int_0^R r^3\,dr = 2\pi h \rho \left.\frac{r^4}{4}\right|_0^R = 2\pi h \rho \frac{R^4}{4} = \frac{\pi h \rho R^4}{2}$.

Da die Masse der Scheibe durch $m = \pi R^2 h \rho$ gegeben ist, ergibt sich insgesamt $\Theta = \frac{1}{2} m R^2$ (polares Trägheitsmoment der Kreisscheibe).

$R_\Theta = \sqrt{\frac{R^2}{2}}$ heißt **„Trägheitsradius"** der Kreisscheibe. R_Θ gibt an, in welcher Entfernung von der Achse ein Massenpunkt von der Masse m der Kreisscheibe rotieren muß, damit er dasselbe Trägheitsmoment hat wie die Kreisscheibe.

2) Wir berechnen das Trägheitsmoment einer Kugel vom Radius R, die um einen Kugeldurchmesser rotiert (Bild 35.22). Wir zerlegen die Kugel senkrecht zur Rotationsachse in zylindrische Scheiben. Hat eine solche Scheibe den Radius r, so ist ihr Trägheitsmoment nach Beispiel 1):

$$\Delta\Theta \approx \tfrac{1}{2} r^2\,\Delta m.$$

Bezeichnen wir mit Δx die Dicke der Scheibe und mit ρ die Massendichte, so ist $\Delta m = \rho \cdot \pi r^2 \cdot \Delta x.$

Es ergibt sich: $\Delta\Theta \approx \frac{1}{2}\pi\rho r^4 \cdot \Delta x.$

Aus Bild 35.22 entnimmt man: $r^2 = R^2 - x^2$.

Also ist: $\Delta\Theta \approx \frac{1}{2}\pi\rho\,(R^2 - x^2)^2\,\Delta x.$

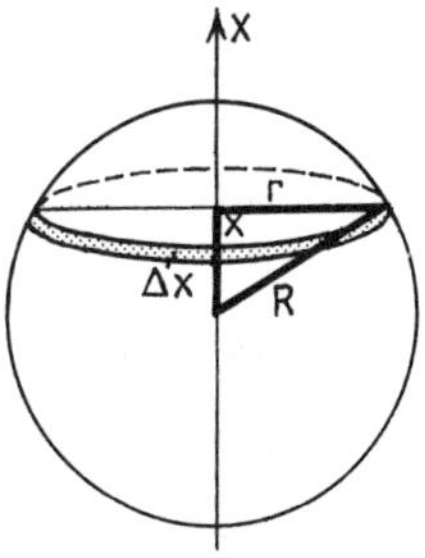

Bild 35.22

Durch Summation und Grenzwertbildung mit $\Delta x \to 0$ erhält man:

$$\Theta = \frac{1}{2}\pi\rho \cdot \int_{-R}^{R} (R^2 - x^2)^2\,dx = \pi\rho \int_0^R (R^4 - 2R^2x^2 + x^4)\,dx = \pi\rho \left[R^4 x - 2R^2 \cdot \frac{x^3}{3} + \frac{x^5}{5}\right]_0^R$$

$$= \pi\rho\left[R^5 - \frac{2}{3}R^5 + \frac{R^5}{5}\right] = \pi\rho\,\frac{15R^5 - 10R^5 + 3R^5}{15} = \frac{8}{15}\pi\rho R^5.$$

Da die Masse der Kugel gegeben ist durch $m = \frac{4}{3}\pi R^3 \rho$, erhält man schließlich $\Theta = \frac{2}{5} m R^2$.

Übungen und Aufgaben

Schwerpunkte

1. Berechne die Koordinaten des Schwerpunktes eines gleichschenkligen Dreiecks!
Anleitung: Zeichne das Dreieck symmetrisch zur x-Achse!

2. Berechne die Koordinaten des Schwerpunktes der Fläche, die von der x-Achse und dem Graph der Funktion zu $f(x) = x^2 - 4x + 3$ begrenzt wird!

3. Der Graph der Funktion zu $f(x) = x^3 - 3x^2 - 4x$ schließt für $x \geq 0$ mit x-Achse eine Fläche ein. Berechne die Koordinaten des Schwerpunktes dieser Fläche!

4. Ermittle die Koordinaten des Schwerpunktes der Fläche, die der Graph der Funktion zu $f(x) = \sin^2 x$ zwischen 0 und π mit der x-Achse einschließt!

5. Berechne die Schwerpunktkoordinaten der Fläche, die der Graph der Relation zu $y^2 = (x-4)^2 \cdot x$ einschließt!

6. Berechne die Koordinaten des Schwerpunktes der Fläche, die die Graphen der Funktionen zu $f(x) = x^2$ und $g(x) = x + 2$ einschließen!

7. Die Parabeln mit den Gleichungen $y = x^2$ und $y^2 = x^3$ schließen für $y \geq 0$ eine Fläche ein. Berechne die Koordinaten des Schwerpunktes dieser Fläche!

8. Die Parabeln zu $y = \sqrt{x^3}$ und $y^2 = 4x$ schließen ein sichelförmiges Flächenstück ein. Berechne die Schwerpunktkoordinaten!

9. Berechne die Schwerpunktkoordinaten einer Halbellipse!
$\left(f(x) = \frac{b}{a}\sqrt{a^2 - x^2} \text{ mit } a > b\right)$

10. Berechne die Schwerpunktkoordinaten eines Viertelkreises! $\left(f(x) = \sqrt{r^2 - x^2}\right)$

Anleitung: Wähle den Viertelkreis im ersten Quadranten! Beachte die Symmetrie zur Geraden $x = y$!

11. Der Graph der Funktion zu $f(x) = \frac{1}{x^2}$ schließt in den Grenzen von 1 bis $a > 1$ mit der x-Achse eine Fläche ein.

a) Berechne die Schwerpunktkoordinaten der Fläche!

b) Welchen Grenzwert erhält man für y_s, wenn $a \to \infty$ geht?

Guldinsche Regel

12. Berechne die Schwerpunktkoordinaten eines Viertelkreises!

13. Ein Kreisausschnitt habe den Mittelpunktswinkel $\alpha = \frac{\pi}{3}$. Berechne die Koordinaten des Schwerpunktes!

Anleitung: Das Volumen eines Kugelausschnitts ist $V = \frac{2\pi}{3} r^2 h$.

14. Ein Kreisabschnitt gehöre zum Mittelpunktswinkel $\alpha = \frac{\pi}{2}$. Berechne die Schwerpunktkoordinaten des Kreisabschnitts!

Anleitung: Das Volumen eines Kugelabschnitts ist $V = \frac{\pi}{3} h^2 (3r - h)$.

15. Gegeben sei ein beliebiges spitzwinkliges Dreieck, dessen eine Seite auf der x-Achse liege. Berechne die Koordinaten des Schwerpunktes!

16. Gegeben sei ein beliebiges Parallelogramm, dessen eine Seite mit der x-Achse zusammenfalle.

a) Berechne die Koordinaten des Schwerpunktes!

b) Zeige, daß der Schnittpunkt der Diagonalen der Schwerpunkt ist!

17. Berechne die Koordinaten des Schwerpunktes eines beliebigen Trapezes!

Schwerpunkte von Körpern

18. Berechne den Schwerpunkt einer Halbkugel!

19. Berechne den Schwerpunkt
a) eines Kugelabschnitts,
b) einer Kugelschicht von der Höhe h!

20. Berechne den Schwerpunkt eines Kegelstumpfes!

21. Der Graph der Funktion zu $f(x) = \sqrt{x}$ rotiere um die x-Achse. Dadurch entsteht ein Rotationsparaboloid. Berechne den Schwerpunkt des Rotationsparaboloids in den Grenzen von 0 bis 4!

22. Läßt man die Parabel zu $y = -x^2 + 16$ um die x-Achse rotieren, so entsteht in den Grenzen von -2 bis 2 ein faßförmiger Körper. Berechne die Koordinaten des Schwerpunktes!

23. Der Graph zu $f(x) = x\sqrt{4 - x^2}$ rotiert um die x-Achse. Berechne den Schwerpunkt des für $x \geq 0$ entstehenden Rotationskörpers!

24. Der Graph zu $f(x) = \frac{1}{x}$ rotiere um die x-Achse. Berechne den Schwerpunkt des entstehenden Rotationskörpers in den Grenzen von 1 bis $a > 1$! Welchen Grenzwert erhältst du für x_s, wenn $a \to \infty$ geht?

Trägheitsmomente

25. Berechne das Trägheitsmoment eines dünnen Stabes vom Querschnitt q und der Länge l in bezug auf eine zum Stab senkrechte, durch das eine Ende des Stabes gehende Achse!
Anleitung: Wenn $q \ll l$ ist, kann man Δm mit $\rho q \Delta x$ ansetzen.

26. Berechne das Trägheitsmoment einer dünnen rechteckigen Platte in bezug auf eine Achse, die Mittelparallele des Rechtecks ist! (Vgl. Aufgabe 25!)

27. Berechne das Trägheitsmoment eines geraden Kreiskegels, der um seine Höhe rotiert! Wie groß ist der Trägheitsradius?

28. Wie groß ist das Trägheitsmoment eines geraden Kreiskegelstumpfes, der um seine Symmetrieachse rotiert?

29. Berechne das Trägheitsmoment
a) einer Halbkugel,
b) eines Kugelabschnitts!
Die Körper sollen um ihre Symmetrieachse rotieren.

30. Berechne das Trägheitsmoment einer Hohlkugel (innerer Radius r, äußerer Radius R), die um einen Kugeldurchmesser rotiert!

31. Berechne das Trägheitsmoment eines Hohlzylinders (innerer Radius r, äußerer Radius R), der um die Zylinderachse rotiert!

32. Berechne das Trägheitsmoment eines Rotationsellipsoids, das entsteht, wenn die Ellipse zu $b^2 x^2 + a^2 y^2 = a^2 b^2$ um die x-Achse rotiert!

33. Ein Zylinder soll einmal eine schiefe Ebene hinunterrollen, das andere Mal gleiten. Vergleiche die Endgeschwindigkeiten!
Anleitung: a) Der Zylinder gleitet die Ebene hinunter: Die gesamte potentielle Energie wird in translatorische kinetische Energie verwandelt. b) Der Zylinder rollt die Ebene hinunter: Die potentielle Energie wird zum Teil in Rotationsenergie $\left(E = \frac{\Theta}{2}\omega^2\right)$ und zum Teil in translatorische kinetische Energie verwandelt.

8. ABSCHNITT | Beweisverfahren in der Mathematik

§ 36 Der direkte Beweis

I. Beweis durch Spezialisierung

1. Schon in § 4, II haben wir einige grundsätzliche Bemerkungen zu den in der Mathematik verwendeten Beweisverfahren gemacht. Wir wollen uns in diesem Abschnitt etwas eingehender mit diesen Verfahren beschäftigen. Ohne Vollständigkeit anzustreben, wollen wir uns einige wichtige Schlußregeln, die bei Beweisen verwendet werden, anhand einfacher Beispiele klarmachen.
Wir beginnen mit dem Verfahren des **direkten Beweises,** machen aber darauf aufmerksam, daß die hier besprochenen Schlußregeln auch bei indirekten Beweisen (vgl. § 37) angewendet werden.

2. Eine häufig verwendete Schlußregel besagt:

Was für alle (zugelassenen) Fälle gilt, gilt auch für jeden Spezialfall.

Wir erläutern diese Schlußregel zunächst an einigen einfachen **Beispielen.**

1) Der **Kosinussatz für Dreiecke** lautet:

Sind a, b und c die Seiten eines Dreiecks und ist γ der von a und b eingeschlossene Winkel, so gilt: $c^2 = a^2 + b^2 - 2ab \cos \gamma$ (Bild 36.1).

Ein Spezialfall liegt vor, wenn der Winkel γ ein rechter Winkel ist, wenn also gilt

$$\cos \gamma = \cos 90^\circ = 0.$$

Mit dieser Bedingung ergibt sich aus dem Kosinussatz unmittelbar der **Lehrsatz des Pythagoras:**

Sind a, b und c die Seiten eines Dreiecks und ist der von den Seiten a und b eingeschlossene Winkel γ ein rechter Winkel, so gilt: $c^2 = a^2 + b^2$ (Bild 36.2).

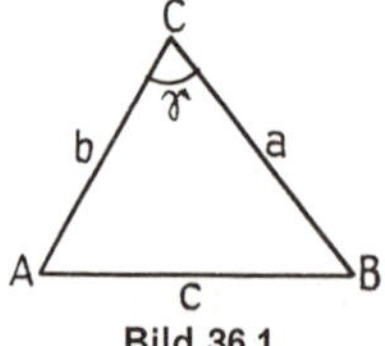

Bild 36.1

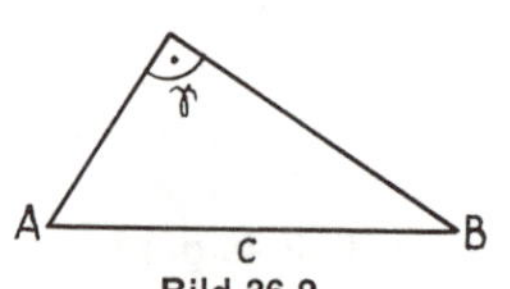

Bild 36.2

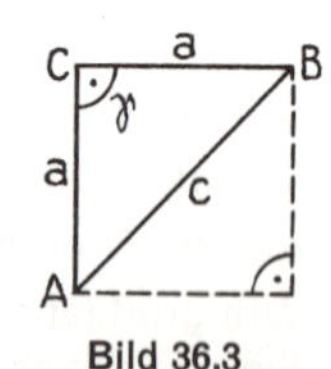

Bild 36.3

2) Auf den Lehrsatz des Pythagoras können wir wiederum obige Spezialisierungsregel anwenden, wenn wir den Sonderfall des gleichschenkligen rechtwinkligen Dreiecks betrachten. Dann ergibt sich:

Sind a, b und c die Seiten eines Dreiecks, ist der von a und b eingeschlossene Winkel γ ein rechter Winkel und gilt $a = b$, so gilt $c^2 = a^2 + a^2$, d. h. $c^2 = 2a^2$.

Daraus ergibt sich z. B., daß die Diagonale eines Quadrats mit der Seitenlänge a die Länge $c = a\sqrt{2}$ hat (Bild 36.3).

3. Wir wollen versuchen, die bei den beiden Beispielen verwendete Schlußregel mit Hilfe der im ersten Abschnitt besprochenen logischen Begriffe symbolisch zu erfassen. Die beiden benutzten Sätze sind – wie jeder mathematische Satz – von der Form

$$P \Rightarrow Q$$

In unseren Beispielen enthalten die Aussageformen P und Q eine ganze Reihe von Variablen. Um die Verhältnisse zu vereinfachen, betrachten wir einen Satz der Form $P(x) \Rightarrow Q(x)$, in dem also Voraussetzung und Behauptung aus Aussageformen in nur einer Variablen x bestehen. Wir behandeln nebeneinander ein Beispiel und den allgemeinen Fall. Als Grundmenge wählen wir $V[x] = \mathbb{Q}$.

Beispiel:	**Allgemein:**
$\frac{5}{x^2+1} = 1 \Rightarrow x^2 = 4$	$P(x) \Rightarrow Q(x)$

Wie wir in § 3 kurz besprochen haben, kann man den gleichen Sachverhalt auch mit Hilfe des Allquantors und der sogenannten „Subjunktion" ausdrücken:

$$\bigwedge_{x \in \mathbb{Q}} \left[\frac{5}{x^2+1} = 1 \rightarrow x^2 = 4\right]. \qquad \Big| \qquad \bigwedge_{x \in V} [P(x) \rightarrow Q(x)].$$

Nun wenden wir diesen Satz auf einen Sonderfall an, indem wir in die beiden Aussageformen P (x) und Q (x) ein Element der Grundmenge einsetzen:

$$2 \in \mathbb{Q} \qquad \Big| \qquad \alpha \in V$$

Es ergibt sich:

$$\frac{5}{4+1} = 1 \rightarrow 2^2 = 4 \qquad \Big| \qquad P(\alpha) \rightarrow Q(\alpha)$$

Hier ist α als Name für ein bestimmtes Element von V aufzufassen.

Nach obiger Schlußregel ergibt sich auf diese Weise stets eine wahre Aussage.
Schreiben wir für die Aussageform P (x) → Q (x) kurz A (x), so kann obige Schlußregel kurz so ausdrücken:

$$\vdash \frac{\bigwedge_x A(x)}{A(\alpha)} \quad \text{(Spezialisierungsschluß)},$$

wobei α ein Element der betreffenden Grundmenge V [x] bezeichnet. Oberhalb des waagerechten Striches steht bei dieser Symbolik der benutzte Satz, unterhalb des Striches die daraus erschlossene Aussage. Um anzudeuten, daß es sich bei diesem Strich nicht um einen einfachen Gliederungsstrich handelt, setzen wir an den Anfang dieses waagerechten Striches einen kleinen vertikalen Querstrich. Wir wollen die Schlußregel **„Spezialisierungsregel"** nennen.

4. Enthält die als allgemeingültig vorausgesetzte Aussageform A mehr als eine Variable, so brauchen beim Spezialisierungsschluß nicht unbedingt alle vorkommenden Variablen belegt zu werden.

Beispiel:		**Allgemein:**
$\bigwedge_{x \in \mathbb{Q}} \bigwedge_{y \in \mathbb{Q}} (x + y = y + x)$		$\bigwedge_x \bigwedge_y A(x \mid y)$
	Durch Belegung von y mit	
$1 \in \mathbb{Q}$		$\alpha \in V$
	kann man auf	
$\bigwedge_{x \in \mathbb{Q}} (x + 1 = 1 + x)$		$\bigwedge_x A(x \mid \alpha)$

schließen. Allgemein lautet diese Schlußregel

$$\vdash \frac{\bigwedge_x \bigwedge_y A(x \mid y)}{\bigwedge_x A(x \mid \alpha)},$$

wobei α als Name für ein bestimmtes Element aufzufassen ist.

5. Handelt es sich um eine Folgerungsaussage, so ergibt sich auf diese Weise wiederum eine Folgerungsaussage.

Beispiel:	**Allgemein:**
$\vdash \dfrac{a = b \Rightarrow a + c = b + c}{a = b \Rightarrow a + 2 = b + 2}$	$\vdash \dfrac{P(a, b, c) \Rightarrow Q(a, b, c)}{P(a, b, \alpha) \Rightarrow Q(a, b, \alpha)}$ (mit $\alpha \in V$)

Beachte, daß P (a, b, c) ⇒ Q (a, b, c) gleichwertig ist mit $\bigwedge_a \bigwedge_b \bigwedge_c [P(a, b, c) \rightarrow Q(a, b, c)]$!

Bemerkung: Statt „$\bigwedge_a \bigwedge_b \bigwedge_c$" schreibt man häufig kurz: „$\bigwedge_{a, b, c}$".

6. Von ähnlicher Art wie die soeben behandelte Spezialisierungsregel ist folgende Schlußregel: Geht eine Aussageform A (x) durch Einsetzen eines bestimmten Elements α in eine richtige Aussage über, so ist A (x) erfüllbar, d. h., es gibt ein x, das A (x) erfüllt. Dieser Sachverhalt erfaßt die Schlußregel

$$\vdash \frac{A(\alpha)}{\bigvee_x A(x)} \quad \text{(Existenzschluß)}.$$

II. Die Abtrennungsregel

1. Wir greifen das Beispiel aus I, 3 wieder auf. Dort hatte sich die Gültigkeit folgender Aussage ergeben:

Beispiel:	**Allgemein:**
$\frac{5}{4+1} = 1 \rightarrow 2^2 = 4$	$P(\alpha) \rightarrow Q(\alpha)$
Nun ist aber	Nun sei
$\frac{5}{4+1} = 1$	$P(\alpha)$

eine wahre Aussage; daraus ergibt sich, daß auch

$2^2 = 4$	$Q(\alpha)$

eine wahre Aussage ist. Den hier vollzogenen Schluß kann man folgendermaßen formulieren:

$$\begin{array}{l} P \rightarrow Q \\ P \\ \hline \vdash Q \end{array}$$

In Worten: Sind $P \rightarrow Q$ und P wahre Aussagen, so ist auch Q eine wahre Aussage. Die Begründung für diese Schlußregel ergibt sich unmittelbar aus der Wahrheitswerttafel für die Subjunktion. Der Fall, daß $P \rightarrow Q$ und auch P wahr sind, kommt nur in der ersten Zeile der Tafel vor; aus dieser Zeile ist zu ersehen, daß in diesem Fall auch Q wahr ist.

Man nennt diese Schlußregel die **„Abtrennungsregel"**, weil von $P \rightarrow Q$ bei Gültigkeit von P die Aussage Q „abgetrennt" werden kann. In der mittelalterlichen Logik wird diese Schlußregel „modus ponens" genannt. Dieser Name rührt daher, daß beim modus ponens Voraussetzung und Behauptung „gesetzt", also bejaht, und nicht etwa verneint oder aufgehoben werden.

2. Bemerkung: Aus dem Satz $\left[\bigwedge_x A(x)\right] \rightarrow A(\alpha)$ für ein $\alpha \in V$ und der Gültigkeit von $\bigwedge_x A(x)$ kann man die unter I. besprochene Spezialisierungsregel auf die Abtrennungsregel zurückführen:

$$\begin{array}{l} \left[\bigwedge_x A(x)\right] \rightarrow A(\alpha) \\ \bigwedge_x A(x) \\ \hline \vdash A(\alpha) \end{array}$$

3. Wir wollen zum Schluß einen einfachen Satz mit Hilfe der betrachteten Schlußregeln beweisen.

Behauptung: $8:2=4$

Als **Voraussetzung** für diese Behauptung haben wir vor allem die Definition der Division (z. B. in der Menge der rationalen Zahlen):

$$a \cdot b = c \wedge b \neq 0 \Leftrightarrow_{Df} c:b = a \quad (\text{für } a, b, c \in \mathbb{Q}).$$

Von dieser Äquivalenzaussage benötigen wir für die folgenden Überlegungen nur die darin enthaltene Folgerungsaussage:

$$a \cdot b = c \wedge b \neq 0 \Rightarrow c:b = a \quad (\text{für } a, b, c \in \mathbb{Q}).$$

Diesen Sachverhalt können wir auch so ausdrücken:

$$\bigwedge_a \bigwedge_b \bigwedge_c [a \cdot b = c \wedge b \neq 0 \rightarrow c:b = a].$$

Durch Spezialisierung erhalten wir $4 \cdot 2 = 8 \wedge 2 \neq 0 \rightarrow 8:2 = 4$.
Nun ist aber $4 \cdot 2 = 8 \wedge 2 \neq 0$ eine wahre Aussage. Nach der Abtrennungsregel erhalten wir also:

$$8:2 = 4, \quad \text{q. e. d.}$$

Wir fassen zusammen:

$$\begin{array}{ll} \bigwedge_a \bigwedge_b \bigwedge_c [a \cdot b = c \wedge b \neq 0 \rightarrow c:b = a] & \text{(Definition der Division)} \\ \hline \vdash 4 \cdot 2 = 8 \wedge 2 \neq 0 \rightarrow 8:2 = 4 & \text{(Spezialisierung)} \\ 4 \cdot 2 = 8 \wedge 2 \neq 0 \text{ ist wahr} & \\ \hline \vdash 8:2 = 4 \text{ ist wahr} & \text{(Abtrennungsregel)} \end{array}$$

4. Es leuchtet unmittelbar ein, daß bei komplizierten Sätzen die Beweise sehr umfangreich werden, wenn man sie immer so ausführlich schreiben wollte, wie wir es beim letzten Beispiel getan haben.

In der Praxis begnügt man sich daher meist mit einer wesentlich knapperen Beweisform, wie wir es bisher ja auch getan haben.

5. In § 37,IV werden wir eine weitere Schlußregel besprechen, die ebenfalls bei direkten Beweisen häufig verwendet wird, den sogenannten „modus tollens".

III. Die Einsetzungsregel und die Ersetzungsregel

1. Ein anderes Beispiel soll uns zeigen, daß beim logischen Schließen zwei weitere Regeln verwendet werden, die uns in Sonderfällen schon bekannt sind: die sogenannte **„Einsetzungsregel"** (vgl. Bd. 4) und die sogenannte **„Ersetzungsregel"** (vgl. Bd. 4).
Wir haben diese Regeln in Band 4 innerhalb der Lehre von den Gleichungen und Ungleichungen ausschließlich auf Terme angewendet. Sie gelten jedoch auch für andere Objekte, also z. B. für Aussagen und Aussageformen.

2. Als Beispiel betrachten wir einen Beweis für das Regularitätsgesetz in $(\mathbb{Q}; +)$.
Behauptung: $a + c = b + c \Rightarrow a = b$ (für $a, b, c \in \mathbb{Q}$)
Beweis: Unmittelbar aus dem Verknüpfungsbegriff (oder aus dem Existenzgesetz in Gruppen, vgl. Bd. 4) ergibt sich die Gültigkeit des Satzes:

$$x = y \Rightarrow x + z = y + z \quad (\text{für } x, y, z \in \mathbb{Q}).$$

Um diesen Satz beim Beweis des Regularitätsgesetzes anwenden zu können, müssen wir von einer weiteren logischen Schlußregel Gebrauch machen, der **„Einsetzungsregel".** Wir **setzen** in die Variablen x, y, z der Reihe nach die Terme $a + c$, $b + c$ und $(-c)$ **ein:**

$$a + c = b + c \Rightarrow (a + c) + (-c) = (b + c) + (-c) \quad (\text{für } a, b, c \in \mathbb{Q}).$$

Beachte, daß nach dem Gesetz I zu jedem $c \in \mathbb{Q}$ ein inverses Element $(-c) \in \mathbb{Q}$ existiert!
Nun gilt nach den Gesetzen A, I und N und wegen der Transitivität der Gleichheitsbeziehung für alle $a, b, c \in \mathbb{Q}$:

$$(a + c) + (-c) = a + [c + (-c)] = a + 0 = a$$

und

$$(b + c) + (-c) = b + [c + (-c)] = b + 0 = b.$$

Wegen der Allgemeingültigkeit dieser Beziehungen können wir in obigem Satz den Term $(a + c) + (-c)$ durch den Term a und den Term $(b + c) + (-c)$ durch den Term b **„ersetzen"**; wir erhalten:

$$a + c = b + c \Rightarrow a = b \quad (\text{für } a, b, c \in \mathbb{Q}), \text{ q. e. d.}$$

3. Dieses Beispiel hat uns gezeigt, daß man beim logischen Schließen zwei weitere Regeln benutzt: die **„Einsetzungsregel"** und die **„Ersetzungsregel".**
Die **Einsetzungsregel** besagt, daß man aus einer Aussageform A eine Aussageform B dadurch ableiten kann, daß man in die vorkommenden Variablen geeignete „Ausdrücke" einsetzt.
Die **Ersetzungsregel** besagt, daß man aus einer Aussageform A eine Aussageform B dadurch ableiten kann, daß man einen in A vorkommenden „Ausdruck" durch einen äquivalenten Ausdruck ersetzt. Dabei können die „Ausdrücke" Terme, Aussagen oder Aussageformen sein.
Ist insbesondere A eine allgemeingültige Aussageform, so geht sie nach beiden Regeln wieder in eine allgemeingültige Aussageform B über, gegebenenfalls ist die Definitionsmenge zu beachten (vgl. Bd. 4).

4. Wir schließen mit zwei einfachen Beispielen, bei denen die beiden Regeln nicht auf Terme, sondern auf Aussagen (bzw. Aussageformen) angewendet werden.
Der unter II. behandelten „Abtrennungsregel" liegt das folgende logische Gesetz (die folgende allgemeingültige Aussageform) zugrunde:

$$[(P \rightarrow Q) \wedge P] \rightarrow Q;$$

dabei stehen P und Q für Aussagen bzw. Aussageformen.
Wir stellen die Wahrheitswerttafel für diese aussagenlogische Verknüpfung auf:

P	Q	$P \rightarrow Q$	$(P \rightarrow Q) \wedge P$	$[(P \rightarrow Q) \wedge P] \rightarrow Q$
w	w	w	w	w
w	f	f	f	w
f	w	w	f	w
f	f	w	f	w

Diese aussagelogische Verknüpfung ist eine sogenannte **„Tautologie"**. Setzt man in P und Q Aussagen ein, so ist die Gesamtaussage immer wahr; setzt man in P und Q Aussageformen ein, so ist die Gesamtaussageform (in jeder Grundmenge bzw. Definitionsmenge) allgemeingültig. Man nennt eine solche aussagenlogische Verknüpfung daher auch ein **„aussagenlogisches Gesetz"**. Nach der Einsetzungsregel kann man in P und Q beliebige Aussagen (bzw. Aussageformen) einsetzen; also z. B.

P: Am Dienstag ist schönes Wetter.

Q: Am Dienstag ist Wandertag.

Dann ist $P \to Q$ das (etwa am Freitag verkündete) Vorhaben des Direktors der Schule:

Wenn Dienstag schönes Wetter ist, so ist Dienstag Wandertag. Beachte, daß damit noch nicht gesagt ist, daß am Dienstag tatsächlich schönes Wetter ist!

Am Dienstagmorgen aber stellen alle Schüler der Anstalt fest:

Am Dienstag ist (tatsächlich) schönes Wetter.

Es gilt also: $(P \to Q) \wedge P$.

Nach obigem logischen Gesetz: $[(P \to Q) \wedge P] \to Q$ ergibt sich somit, daß am Dienstag (tatsächlich) Wandertag ist.

5. Wie man mit Hilfe von Wahrheitswerttafeln zeigen kann, gilt für die konjunktive und disjunktive Verknüpfung von Aussagen (bzw. Aussageformen) das Distributivgesetz:

$$P \vee (Q \wedge R) \Leftrightarrow (P \vee Q) \wedge (P \vee R).$$

Daher kann man nach der Ersetzungsregel jede Aussage der Form $P \vee (Q \wedge R)$ ersetzen durch $(P \vee Q) \wedge (P \vee R)$.

Beispiel: Wir suchen die Lösungsmenge der Ungleichung $U(x)\colon \frac{x-2}{x-5} \leqq 0$ in $V[x] = \mathbb{R}$.

Es gilt: $$\frac{x-2}{x-5} \leqq 0 \Leftrightarrow \frac{x-2}{x-5} = 0 \vee \frac{x-2}{x-5} < 0 \Leftrightarrow \underbrace{x = 2}_{P} \vee \underbrace{(x > 2}_{Q} \wedge \underbrace{x < 5)}_{R} \vee \underbrace{(x < 2 \wedge x > 5)}_{\text{unerfüllbar}}.$$

Wenden wir nun nach der Ersetzungsregel obiges Distributivgesetz an, so erhalten wir:

$$(x = 2 \vee x > 2) \wedge (x = 2 \vee x < 5)$$
$$\Leftrightarrow x \geqq 2 \quad \wedge x < 5,$$ weil die Zahl 2 auch die Ungleichung $x < 5$ erfüllt:
$$\Leftrightarrow 2 \leqq x < 5$$

Also ist $L(U) = \{x \mid 2 \leqq x < 5\} = [2;\ 5[$.

§ 37 Der indirekte Beweis

I. Beispiel eines indirekten Beweises

1. Schon häufig haben wir Sätze „indirekt" bewiesen. Wir betrachten ein **Beispiel:**

Behauptung: Zwei verschiedene Geraden g_1 und g_2 haben höchstens einen Punkt gemeinsam.

Beweis: Wir nehmen an, die Behauptung sei falsch; die beiden Geraden hätten also mehr als einen Punkt, wenigstens also zwei verschiedene Punkte P und Q gemeinsam.

$$P \in g_1,\ Q \in g_1,$$
$$P \in g_2,\ Q \in g_2.$$

Nun gilt der Grundsatz, daß zwei verschiedene Punkte genau eine Gerade bestimmen; daher müßten auch die Punkte P und Q genau eine Gerade h bestimmen. Diese Gerade h müßte dann aber sowohl mit g_1 als auch mit g_2 übereinstimmen, die Geraden g_1 und g_2 wären also entgegen der Voraussetzung nicht verschieden, sondern identisch. Damit kommen wir zu einem „Widerspruch" zur Voraussetzung. Daher ist die Annahme, die Behauptung sei falsch, selbst falsch; mithin ist die Behauptung wahr.

2. Wir können den Beweis auch formal schreiben:

Der benutzte Grundsatz (zwei verschiedene Punkte P, Q bestimmen genau eine Gerade g) heißt in formularisierter Form:

$$P \neq Q \wedge P, Q \in g_1 \wedge P, Q \in g_2 \Rightarrow g_1 = g_2.$$

Der zu **beweisende Satz** lautet:

$$g_1 \neq g_2 \wedge P, Q \in g_1 \wedge P, Q \in g_2 \Rightarrow P = Q.$$

Beweis: Annahme: $\neg(P = Q)$, d. h. $P \neq Q$.
Dann gilt $P \neq Q \wedge P, Q \in g_1 \wedge P, Q \in g_2$.
Mit Hilfe der Abtrennungsregel schließt man nach dem angegebenen Grundsatz auf $g_1 = g_2$: Das ist ein Widerspruch zur Voraussetzung.

II. Logische Grundlagen des indirekten Beweises

1. Wie wir schon erörtert haben, ist jeder mathematische Satz von der Form $A \Rightarrow B$. Enthalten die Aussageformen A und B nur eine Variable, so kann man statt dessen auch schreiben:

$$\bigwedge_x [A(x) \rightarrow B(x)].$$

Beim Beweis ist also die Allgemeingültigkeit der Subjunktion $A \rightarrow B$ nachzuweisen.

Beim indirekten Beweis geht man – wie wir schon bei dem unter I. behandelten Beispiel gesehen haben – von der Annahme aus, die Behauptung B sei falsch, deren Negation $\neg B$ also wahr. Aus dieser Annahme sucht man dann einen „Widerspruch" herzuleiten.

Hierbei kann man verschiedene Fälle unterscheiden:

a) es ergibt sich $\neg A$, also ein Widerspruch zur Voraussetzung A;
b) es ergibt sich B, also ein Widerspruch zur Annahme $\neg B$;
c) es ergibt sich eine neue Aussage der Form $C \wedge (\neg C)$, also ebenfalls ein Widerspruch, man spricht in diesem Fall von einer „reductio ad absurdum".

Im Fall **a)** kann man noch unterscheiden, ob sich aus $\neg B$ unmittelbar $\neg A$ oder erst aus $A \wedge (\neg B)$ die Aussage $\neg A$ ergibt.

2. In jedem dieser Fälle ergibt sich eine Subjunktion, die zu $A \rightarrow B$ äquivalent ist; dies wollen wir mit Hilfe von Wahrheitswerttafeln beweisen:

[1] $\mathbf{A \rightarrow B \Leftrightarrow (\neg B) \rightarrow (\neg A)}$ (sogenannte „Kontraposition")
[2] $\mathbf{A \rightarrow B \Leftrightarrow [A \wedge (\neg B)] \rightarrow (\neg A)}$
[3] $\mathbf{A \rightarrow B \Leftrightarrow [A \wedge (\neg B)] \rightarrow B}$
[4] $\mathbf{A \rightarrow B \Leftrightarrow [A \wedge (\neg B)] \rightarrow [C \wedge (\neg C)]}$

A	B	$A \rightarrow B$	$\neg B$	$\neg A$	$(\neg B) \rightarrow (\neg A)$	$A \wedge (\neg B)$	$[A \wedge (\neg B)] \rightarrow (\neg A)$	$[A \wedge (\neg B)] \rightarrow B$	$C \wedge (\neg C)$	$[A \wedge (\neg B)] \rightarrow [C \wedge (\neg C)]$
w	w	w	f	f	w	f	w	w	f	w
w	f	f	w	f	f	w	f	f	f	f
f	w	w	f	w	w	f	w	w	f	w
f	f	w	w	w	w	f	w	w	f	w

Der Verlauf der Wahrheitswerte in den grünunterlegten Spalten stimmt überein; damit sind die vier behaupteten Äquivalenzen bewiesen.

3. Die Äquivalenz von $A \rightarrow B$ mit dem Gegenteil der Annahme $A \wedge (\neg B)$, also mit $\neg[(A \wedge (\neg B)]$ läßt sich auch mit Hilfe der schon bekannten Umformungsregeln zeigen:

$$\neg[A \wedge (\neg B)] \Leftrightarrow (\neg A) \vee [\neg(\neg B)] \Leftrightarrow (\neg A) \vee B \Leftrightarrow A \rightarrow B, \quad \text{q. e. d.}$$

III. Beispiele indirekter Beweise

In diesem Abschnitt wollen wir für jeden der im zweiten Abschnitt erörterten Fälle wenigstens ein Beispiel behandeln.

1. Satz: In jedem (nicht gleichseitigen) Dreieck liegt dem größeren Winkel die größere Seite gegenüber: $\underbrace{\alpha > \beta}_{A} \Rightarrow \underbrace{a > b}_{B}$ (Bild 37.1)

Wir benutzen zum Beweis die Zusammenfassung des Basiswinkelsatzes ($a = b \Rightarrow \alpha = \beta$) mit dem Satz, daß der größeren Seite stets der größere Winkel gegenüberliegt ($a > b \Rightarrow \alpha > \beta$), also den Satz:

$$a \geqq b \Rightarrow \alpha \geqq \beta.$$

Wir beweisen die **Kontraposition** des vorgelegten Satzes, also:

$$(\neg B) \Rightarrow (\neg A), \text{ d. h., } a \not> b \Rightarrow \alpha \not> \beta:$$

$$\begin{aligned} a \not> b &\Rightarrow a \leqq b \\ &\Rightarrow b \geqq a \end{aligned} \Big\} \text{ nach der Definition der Größer- und der Kleinerbeziehung}$$

$$\Rightarrow \beta \geqq \alpha \quad \text{(nach obigem Satz)}$$

$$\begin{aligned} &\Rightarrow \alpha \leqq \beta \\ &\Rightarrow \alpha \not> \beta \end{aligned} \Big\} \text{ nach der Definition der Größer- und der Kleinerbeziehung}$$

q. e. d.

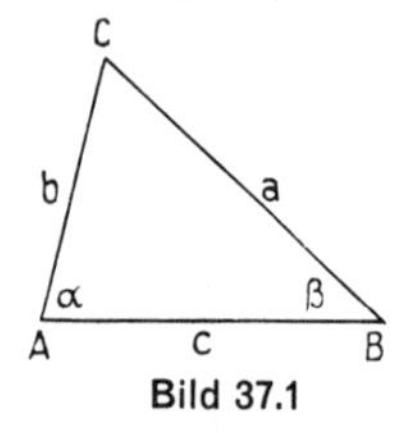

Bild 37.1

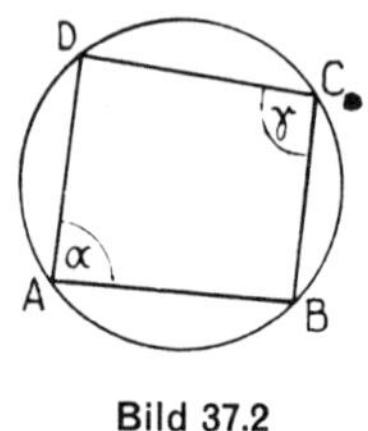

Bild 37.2

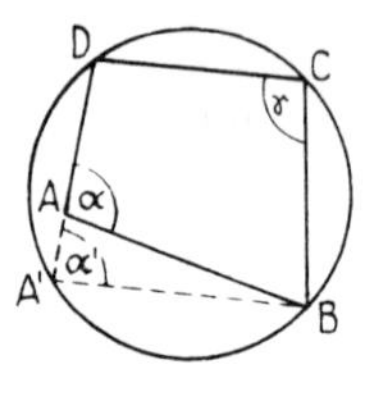

Bild 37.3

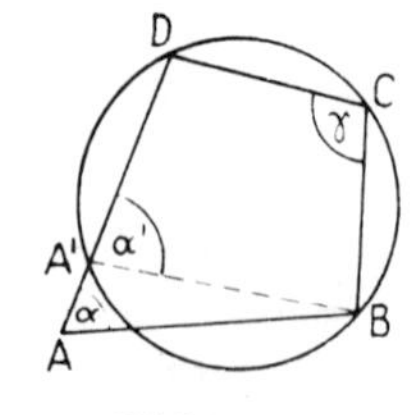

Bild 37.4

2. Satz: Ergänzen sich in einem Viereck zwei gegenüberliegende Winkel zu 180°, so ist das Viereck ein Kreisviereck (Bild 37.2). $\underbrace{\alpha + \gamma = 180^\circ}_{A} \Rightarrow \underbrace{\text{ABCD ist Kreisviereck}}_{B}$.

Zum Beweis benutzen wir insbesondere den Satz, daß in jedem Kreisviereck die Summe gegenüberliegender Winkel 180° beträgt, also die Umkehrung des zu beweisenden Satzes ($B \Rightarrow A$) und den Außenwinkelsatz für Dreiecke.

Wir beweisen statt $A \Rightarrow B$: $A \wedge (\neg B) \Rightarrow \neg A$.

Ist das Viereck **kein** Kreisviereck ($\neg B$), so liegt Punkt A nicht auf dem Kreis durch B, C und D; A kann außerhalb (Bild 37.3) oder innerhalb (Bild 37.4) des Kreises liegen. Die Gerade g (A, D) schneidet den Kreis in A′. A′BCD ist ein Kreisviereck; daher gilt: $\alpha' + \gamma = 180°$.

Nach dem Außenwinkelsatz gilt entweder $\alpha' > \alpha$ (Bild 37.4) oder $\alpha > \alpha'$ (Bild 37.3), also

$$\begin{aligned} &\alpha' > \alpha \vee \alpha > \alpha' \\ \Rightarrow\ &\alpha' + \gamma > \alpha + \gamma \vee \alpha + \gamma > \alpha' + \gamma \\ \Rightarrow\ &180^\circ > \alpha + \gamma \quad \vee \alpha + \gamma > 180^\circ \\ \Rightarrow\ &\alpha + \gamma < 180^\circ \quad \vee \alpha + \gamma > 180^\circ \\ \Rightarrow\ &\alpha + \gamma \neq 180^\circ \\ \Rightarrow\ &\neg(\alpha + \gamma = 180^\circ), \text{ d. h. } \neg A, \text{ q. e. d.} \end{aligned}$$

3. Satz: Jede Intervallschachtelung S besitzt höchstens eine innere Zahl x_1.

$$\underbrace{x_1 \text{ ist innere Zahl von S} \wedge x_2 \neq x_1}_{A} \Rightarrow \underbrace{x_2 \text{ ist nicht innere Zahl von S}}_{B}.$$

Wir beweisen $A \wedge (\neg B) \Rightarrow B$.

Es sei $|x_1 - x_2| = q$. Wäre x_2 ebenfalls innere Zahl von S, wäre also ($\neg B$) erfüllt, so müßten x_1 und x_2 allen Intervallen der Schachtelung angehören. Unter diesen Intervallen ist nach der Definition des Begriffs „Intervallschachtelung" (vgl. § 6, I) wenigstens eines, dessen Länge kleiner ist als q, also kleiner als der Abstand der beiden Zahlen. Diesem Intervall können daher nicht beide Zahlen x_1 und x_2 angehören; also kann x_2 **nicht** innere Zahl von S sein (B), q. e. d.

4. Satz: Die Gleichung $x^2 = 2$ ist in $\mathbb{Q}$ unerfüllbar: $\underbrace{x \in \mathbb{Q}}_{A} \Rightarrow \underbrace{x^2 \neq 2}_{B}$.

Wir beweisen statt dessen: $A \wedge (\neg B) \Rightarrow C \wedge (\neg C)$; $A \wedge (\neg B)$ bedeutet: $x \in \mathbb{Q} \wedge x^2 = 2$.

Als C wählen wir: Es gibt zwei teilerfremde Zahlen $p, q \in \mathbb{N}$ mit $q \neq 1$ und $x = \frac{p}{q}$.

Dann ergibt sich: $x^2 = \left(\frac{p}{q}\right)^2 = \frac{p^2}{q^2} = 2 \Rightarrow p^2 = 2q^2$. Aus dieser Gleichung ergibt sich, daß die Zahlen p und q **nicht** teilerfremd sein können, also $\neg C$. Damit ist gezeigt, daß die Annahme $A \wedge (\neg B)$ auf den Widerspruch $C \wedge (\neg C)$ führt.

5. Als weiteres Beispiel für den vierten Fall beweisen wir den **Satz:** Es gibt unendlich viele Primzahlen:

$$\underbrace{\text{Pr ist die Menge aller Primzahlen}}_{A} \Rightarrow \underbrace{\text{Pr ist nicht endlich}}_{B}.$$

Wir beweisen statt dessen: $A \wedge (\neg B) \Rightarrow C \wedge (\neg C)$.

$A \wedge (\neg B)$ bedeutet: Pr ist eine endliche Menge.

Als C wählen wir: Es gibt eine größte Primzahl p, d. h., für alle natürlichen Zahlen n mit $n > p$ gilt $n \notin \text{Pr}$:

$$C: \bigvee_{p \in \text{Pr}} \bigwedge_{n > p} [n \notin \text{Pr}].$$

Wir wollen daraus die Aussage $\neg C$ herleiten, also: $\neg \bigvee_{p \in \text{Pr}} \bigwedge_{n > p} [n \notin \text{Pr}] \Leftrightarrow \bigwedge_{p \in \text{Pr}} \bigvee_{n > p} [n \in \text{Pr}]$.

Um dies zu zeigen, konstruieren wir die folgende Zahl:

$$q = (1 \cdot 2 \cdot 3 \ldots \cdot p) + 1 = p! + 1.$$

Diese Zahl ist durch keine der Zahlen 1, 2, 3 ..., p teilbar; sie ist also entweder selbst eine Primzahl oder enthält einen Primfaktor n, der größer als p ist. Also gilt in der Tat $\neg C$:

$$\bigwedge_{p \in \text{Pr}} \bigvee_{n > p} [n \in \text{Pr}].$$

Damit führt die Annahme $A \wedge (\neg B)$ auf den Widerspruch $C \wedge (\neg C)$, q. e. d.

6. Beachte, daß bei indirekten Beweisen selbstverständlich auch die Schlußregeln verwendet werden dürfen, die wir in § 36 zum Verfahren des direkten Beweises verwendet haben, also z. B. die Abtrennungsregel!

IV. Der „modus tollens"

1. Auf dem Kontrapositionsgesetz $A \rightarrow B \Leftrightarrow (\neg B) \rightarrow (\neg A)$ beruht ein weiteres Schlußverfahren, das in der Mathematik häufig angewendet wird, der sogenannte „modus tollens".

Beispiel: Für Achsenspiegelungen gilt der Satz:
Wenn ein Punkt P auf der Achse a einer Achsenspiegelung liegt, so ist er ein Fixpunkt der Abbildung; in Zeichen:

$$\underbrace{P \in a}_{A} \rightarrow \underbrace{P' = P}_{B}.$$

Wissen wir nun von einem Punkt P, daß er kein Fixpunkt (Bild 37.5) ist, daß also $\neg B$ gilt ($P' \neq P$), so können wir daraus schließen, daß er auch nicht auf der Achse liegen kann, daß also $\neg A$ gilt: $\neg (P \in a)$, d. h. $P \notin a$. Wir können diesen Schluß indirekt begründen: Läge P doch auf der Achse, so müßte er nach obigem Satz ein Fixpunkt sein entgegen der Voraussetzung.

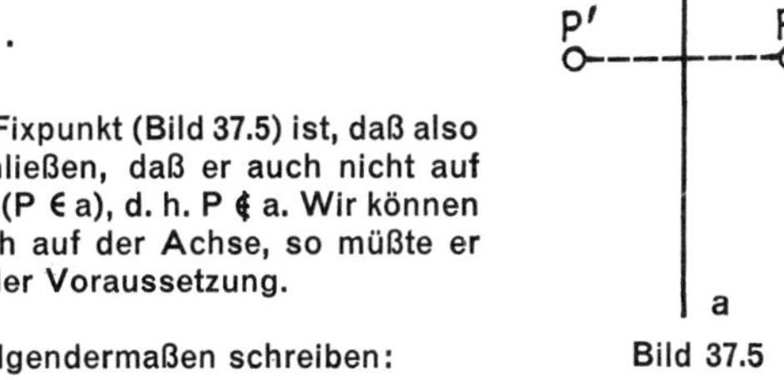

Bild 37.5

2. Wir können die hier benutzte Schlußregel folgendermaßen schreiben:

$$\begin{array}{l} \quad A \rightarrow B \\ \quad \neg B \\ \hline \vdash \neg A \end{array}$$

In Worten: Sind $A \rightarrow B$ und $\neg B$ wahre Aussagen, so ist auch $\neg A$ eine wahre Aussage. Die Begründung für diese Schlußregel ergibt sich unmittelbar aus der Wahrheitswerttafel für die Subjunktion.

A	$\neg$ A	B	$\neg$ B	A → B
w	f	w	f	w
w	f	f	w	f
f	w	w	f	w
f	(w)	f	(w)	(w)

Der Fall, daß A → B und $\neg$ B beide wahr sind, kommt nur in der letzten Zeile der Tafel vor; aus dieser Zeile ist zu ersehen, daß in diesem Fall auch $\neg$ A wahr ist.

Der Name „modus tollens" rührt daher, daß die Behauptung B und die Voraussetzung A bei diesem Schluß negiert, „aufgehoben" werden.

3. In diesem Band und in den früheren Bänden ist eine Fülle von Sätzen bewiesen worden. Es ist nützlich, einige dieser Beweise mit den in § 36 und § 37 dargestellten Mitteln zu analysieren.
Was das Verfahren des indirekten Beweises angeht, so verweisen wir auf viele Beweise in der Geometrie (Bd. 5 und Bd. 7) und u. a. auf die Sätze S 8.2, S 9.3, S 11.5, S 17.6, S 18.8 und S 18.9 dieses Buches.

ANHANG

Zusammenstellung grundlegender Definitionen und grundlegender Sätze

Im folgenden geben wir einen Überblick über die wichtigsten Definitionen und Sätze, die für den Aufbau der Analysis von Bedeutung sind. Die betreffenden Gegenstände sind vornehmlich in den Bänden 4 und 6 des Werkes ausführlich erörtert.

Diese Zusammenstellung ermöglicht einerseits eine zusammenfassende Wiederholung und andererseits eine rasche Orientierung über einzelne Begriffe oder Sachverhalte, die beim Aufbau der Analysis vorausgesetzt oder benutzt werden.

I. Grundbegriffe der Mengenlehre

1. Unter einer „Menge" versteht man (nach Cantor) „eine Zusammenfassung von wohl unterschiedenen Dingen (den ‚Elementen') zu einem Ganzen".
Ist a ein Element der Menge M, so schreibt man „$a \in M$", z. B. $2 \in \{1, 2, 3\}$.
Ist b nicht Element der Menge M, so schreibt man „$b \notin M$", z. B. $4 \notin \{1, 2, 3\}$.
Die Menge, die kein Element enthält, ist die „leere Menge", bezeichnet mit „$\emptyset$".

2. Zwei Mengen M und N sind gleich ($M = N$) genau dann, wenn jedes Element der Menge M auch Element der Menge N ist und umgekehrt (Bd. 4).

Beispiel: $\{1, 2, 3, 4\} = \{3, 1, 4, 2\}$.

3. a) Eine Menge N heißt **„echte Teilmenge"** einer Menge M ($N \subset M$) genau dann, wenn zwar $M \neq N$, aber jedes Element von N auch Element von M ist.

Beispiel: $\{1, 3\} \subset \{1, 2, 3, 4\}$.

b) Eine Menge N heißt **„echte oder unechte Teilmenge"** einer Menge M ($N \subseteq M$) genau dann, wenn jedes Element von N auch Element von M ist. $N \subseteq M$ bedeutet also: $N = M \vee N \subset M$.

Beispiel: **1)** $\{1, 2, 3\} \subseteq \{1, 2, 3\}$; **2)** $\{1, 3\} \subseteq \{1, 2, 3\}$

4. Die **„Schnittmenge"** $M \cap N$ zweier Mengen M und N ist die Menge aller Elemente, die zu M **und** zu N gehören. Wir schreiben diese Definition mit Hilfe des sogenannten „Mengenbildungsoperators":

$$M \cap N =_{Df} \{x \mid x \in M \wedge x \in N\},$$

gelesen: „M geschnitten mit N gleich Menge aller x, für die gilt: x aus M **und** x aus N."
Der Index „Df" am Gleichheitszeichen bedeutet, daß es sich um eine Definition handelt.

Beispiel: $\{1, 2, 3, 4\} \cap \{2, 4, 6, 8\} = \{2, 4\}$

5. Die **„Vereinigungsmenge"** $M \cup N$ zweier Mengen M und N ist die Menge aller Elemente, die zu M **oder** zu N gehören:

$$M \cup N =_{Df} \{x \mid x \in M \vee x \in N\},$$

gelesen: „M vereinigt mit N gleich Menge aller x, für die gilt: x aus M **oder** x aus N."

Beispiel: $\{1, 2, 3, 4\} \cup \{2, 4, 6, 8\} = \{1, 2, 3, 4, 6, 8\}$

6. Die **„Restmenge"** $M \setminus N$ zweier Mengen M und N ist die Menge aller Elemente, die zu M, aber nicht zu N gehören: $M \setminus N =_{Df} \{x \mid x \in M \wedge x \notin N\}$, gelesen: „M ohne N."

Beispiel: $\{1, 2, 3, 4\} \setminus \{2, 4, 6, 8\} = \{1, 3\}$

7. Die **„Produktmenge"** $M \times N$ zweier Mengen M und N ist die Menge aller Paare, deren erstes Element aus M und deren zweites Element aus N genommen ist:

$$M \times N =_{Df} \{(x \mid y) \mid x \in M \wedge y \in N\},$$

gelesen: „M Kreuz N".

Beispiel: $\{1, 2\} \times \{a, b\} = \{(1 \mid a), (1 \mid b), (2 \mid a), (2 \mid b)\}$

Übungen und Aufgaben

Zur Mengenlehre

1. Bilde **1)** die Vereinigungsmenge, **2)** die Schnittmenge, **3)** die Restmenge $M \setminus N$ aus den folgenden Mengen!

a) $M = \{1, 2, 3, 5, 6\}$; $N = \{1, 2, 3, 4\}$ **b)** $M = \{0, 2, 4\}$; $N = \{1, 2, 3, 4, 5\}$
c) $M = \{1, 2, 3\}$; $N = \{1, 2, 3\}$ **d)** $M = \{2, 4, 6\}$; $N = \emptyset$

2. Bilde die Produktmengen $M \times N$ aus folgenden Mengen!

a) $M = \{1, 4, 5\}$; $N = \{0; 2\}$ **b)** $M = \{-2; 0\}$; $N = \{2; 4\}$
c) $M = \{1, 2, 3\}$; $N = \{1, 2, 3\}$ **d)** $M = \{3; 5\}$; $N = \{-1; 0; 1\}$

3. Welche Aussagen über die Mengen M und N kannst du den folgenden Mengengleichungen entnehmen?

a) $M \cup N = M$ **b)** $M \cup N = \emptyset$ **c)** $M \cap N = \emptyset$ **d)** $M \cap N = N$ **e)** $M \setminus N = M$ **f)** $M \setminus N = \emptyset$
Zeichne zu den einzelnen Gleichungen Eulerdiagramme!

4. Begründe die Allgemeingültigkeit der folgenden Gleichungen mit Hilfe von Eulerdiagrammen!

a) $A \cup B = B \cup A$ **b)** $A \cap B = B \cap A$ (Kommutativgesetze)
c) $A \cup (B \cup C) = (A \cup B) \cup C$ **d)** $A \cap (B \cap C) = (A \cap B) \cap C$ (Assoziativgesetze)
e) $A \cup (B \cap C) = (A \cup B) \cap (A \cup C)$
f) $A \cap (B \cup C) = (A \cap B) \cup (A \cap C)$ (Distributivgesetze)
g) $A \cup A = A$ **h)** $A \cap A = A$ (Idempotenzgesetze)

II. Aussageformen, Folgerungs- und Äquivalenzbegriff

1. Eine **„Aussageform"** (A (x); A (x | y); ...) unterscheidet sich von einer Aussage dadurch, daß in ihr eine freie Variable vorkommt (oder mehrere Variable vorkommen). Eine Aussageform geht in eine Aussage über, wenn man in jede Variable Namen für geeignete Objekte einsetzt (oder „die Variablen mit Namen belegt") oder die freien Variablen durch Quantoren bindet.

2. Spezielle Aussageformen sind **Gleichungen** (G: $T_1 = T_2$) und **Ungleichungen** (U: $T_1 > T_2$ oder $T_1 < T_2$), in denen Variable vorkommen.

Beispiele: G (x): $x^2 + 3 = 4x$; U (x | y): $2x - 5y > 7$

Das Zeichen „T" steht für einen **Term.**

3. Die Elemente einer **Grundmenge** V, die eine Aussageform in eine wahre Aussage überführen, bilden die Lösungsmenge der Aussageform: L (A).
Ist $L(A) \neq \emptyset$, so heißt A **„erfüllbar in V"**;
ist $L(A) = \emptyset$, so heißt A **„unerfüllbar in V"**;
ist $L(A) = V$, so heißt A **„allgemeingültig in V"**.

Beachte, daß jede allgemeingültige Aussageform auch erfüllbar ist!

4. Haben zwei Aussageformen A und B in einer Grundmenge V dieselbe Lösungsmenge, so heißen sie **„äquivalent** in der Grundmenge V":

Gilt $L(A) = L(B)$, so schreibt man: „$A \Leftrightarrow B$".

Allgemein bedeutet „$A \Leftrightarrow B$": Immer, wenn A erfüllt ist, ist auch B erfüllt und immer, wenn B erfüllt ist, ist auch A erfüllt.

Beispiel: $4x = 12 \Leftrightarrow x = 3$ (für $x \in \mathbb{Q}$).

Den gleichen Sachverhalt kann man auch mit Hilfe des Allquantors und der Bijunktion ausdrücken. $A(x) \Leftrightarrow B(x)$ bedeutet, daß die Aussage $\bigwedge_x [A(x) \longleftrightarrow B(x)]$ wahr ist. Wir ziehen in diesem Buch meist die kürzere Formulierung „$A(x) \Leftrightarrow B(x)$" vor.

5. Gilt für zwei Aussageformen A und B: $L(A) \subseteq L(B)$, so schreibt man „$A \Rightarrow B$" und liest: „aus A folgt B". Allgemein bedeutet „$A \Rightarrow B$": Immer, wenn A erfüllt ist, ist auch B erfüllt (aber nicht notwendig umgekehrt!).

Beispiel: $x = 1 \Rightarrow x^2 = 1$ (für $x \in \mathbb{Q}$).

Den gleichen Sachverhalt kann man auch mit Hilfe des Allquantors und der Subjunktion ausdrücken. „$A(x) \Rightarrow B(x)$" bedeutet, daß die Aussage $\bigwedge_x [A(x) \rightarrow B(x)]$ wahr ist. Wir ziehen in diesem Buch meist die kürzere Formulierung „$A(x) \Rightarrow B(x)$" vor.

Übungen und Aufgaben

1. Klassifiziere die folgenden Aussageformen (erfüllbar, unerfüllbar, allgemeingültig) bezüglich der angegebenen Grundmengen!

a) $2x - 2 = 6$ in $V_1 = \{1, 4, 5\}$; $V_2 = \{1, 2, 3\}$

b) $x^2 - 1 = 0$ in $V_1 = \mathbb{Q}$; $V_2 = \{-1; 1)$ und $V_3 = \{0, 2, 4\}$

c) $4x^2 + 14 = 10$ in $V_1 = \mathbb{R}$; $V_2 = \{-1; 1\}$

d) $6x + 10x = 16x$ in $V_1 = \mathbb{N}$; $V_2 = \mathbb{Q}$ und $V_3 = \mathbb{R}$

e) $x^2 + 1 > 0$ in $V_1 = \{1, 2, 3\}$; $V_2 = \mathbb{N}$ und $V_3 = \mathbb{R}$

f) $x + 2 < 0$ in $V_1 = \mathbb{Q}^{>0}$; $V_2 = \mathbb{Q}$ und $V_3 = \mathbb{R}^{<0}$

g) $x - 4 \leq 6$ in $V_1 = \{1, 2, 4\}$; $V_2 = \mathbb{R}^{<0}$

2. Zwischen welchen Aussageformen besteht **1)** eine Folgerungsbeziehung, **2)** eine Äquivalenzbeziehung?

a) $A_1: x^2 - 4 = 0$; $A_2: x + 4 = 6$; $A_3: (x - 2)(x + 2) = 0$; $A_4: x + 3 > 0$;
$A_5: 2x - 1 > -11$; $V = \mathbb{Q}$.

b) $A_1: x^2 > 1$; $A_2: (x - 1)(x + 2) > 0$; $A_3: x + 2 > 5$; $A_4: x^2 > 4$; $A_5: x^2 \leq 1$; $V = \mathbb{R}$.

c) $A_1: x^2 \leq 9$; $A_2: x^2 - 1 < 0$; $A_3: (x - 1)(x + 3) = 0$; $A_4: (x - 3)(x + 3) \leq 0$;
$A_5: 3x + 4 = 13$; $V = \mathbb{R}$.

d) $A_1: x > y$; $A_2: 2x \geq 2y + 1$; $A_3: y + 2 < x + 3$; $A_4: y \leq x$; $A_5: x + y \geq 2y + 1$;
$V[x \mid y] = \{1; 2\} \times \{1; 2\}$.

e) $A_1: y + 3 < x + 4$; $A_2: x + y < y + 2$; $A_3: y \leq x$; $A_4: y < x + 1$; $A_5: y + x^2 \leq 4x - 2$
$V = \{1, 2\} \times \{1, 2\}$.

f) $A_1(x): x^2 \neq 4$; $A_2(x): x^2 = 1$; $A_3(x): x > 0$; $A_4(x): x = 2$; $A_5: x + 5 = 5$; $V = \mathbb{R}$.

3. Gib verschiedene Umformungen von **1)** Gleichungen, **2)** Ungleichungen an, die **a)** Äquivalenzumformungen, **b)** Folgerungsumformungen sind! Belege deine Aussagen mit je zwei Beispielen!

III. Das Rechnen mit reellen Zahlen

1. a) Die **Addition** und die **Multiplikation** reeller Zahlen werden mit Hilfe der Intervallgrenzen der Schachtelungsintervalle auf die entsprechenden Verknüpfungen rationaler Zahlen zurückgeführt.

b) Daraus ergibt sich, daß $(\mathbb{R}; +)$ und $(\mathbb{R}^{\neq 0}; \cdot)$ kommutative Gruppen sind und daß $(\mathbb{R}; +; \cdot)$ ein kommutativer Körper ist.

2. Für alle $a, b \in \mathbb{R}$ gilt:

a) $a - b = a + (-b)$; dabei bezeichnet $-b$ das inverse Element zu b in $(\mathbb{R}; +)$.

b) $a : b = a \cdot b^*$ (für $b \neq 0$); dabei bezeichnet b^* das inverse Element zu b in $(\mathbb{R}^{\neq 0}; \cdot)$.

c) $a \cdot 0 = 0 \cdot a = 0$.

d) $a \cdot (-b) = -(a \cdot b)$; $(-a) \cdot b = -(a \cdot b)$; $(-a) \cdot (-b) = a \cdot b$.

3. Die grundlegenden Definitionen für den **Potenzbegriff** lauten:

a) $a^n =_{Df} \underbrace{a \cdot a \cdot a \cdot \ldots \cdot a}_{n \text{ Faktoren}}$ und $a^1 =_{Df} a$ $(a \in \mathbb{R};\ n \in \mathbb{N})$

b) $a^0 =_{Df} 1$ $(a \in \mathbb{R}^{\neq 0})$ **c)** $a^{-n} =_{Df} \frac{1}{a^n}$ $(a \in \mathbb{R}^{\neq 0};\ n \in \mathbb{N})$

d) $x = a^{\frac{m}{n}} = \sqrt[n]{a^m} \Leftrightarrow_{Df} x^n = a^m \wedge x > 0$ $(a, x \in \mathbb{R}^{>0};\ n \in \mathbb{N};\ m \in \mathbb{Z})$.

4. Die wichtigsten **Gesetze für Potenzen** lauten:

[1] Für alle $a \in \mathbb{R}^{>0}$; $x, y \in \mathbb{R}$ gilt: **a)** $a^x \cdot a^y = a^{x+y}$ **b)** $a^x : a^y = a^{x-y}$

[2] Für alle $a, b \in \mathbb{R}^{>0}$; $x \in \mathbb{R}$ gilt: **a)** $a^x \cdot b^x = (a \cdot b)^x$ **b)** $a^x : b^x = (a : b)^x$

[3] Für alle $a \in \mathbb{R}^{>0}$; $x, y \in \mathbb{R}$ gilt: $(a^x)^y = a^{x \cdot y}$

5. Logarithmen

a) Definition: $y = \log_a x \Leftrightarrow_{Df} a^y = x$ $(a, x \in \mathbb{R}^{>0};\ a \neq 1;\ y \in \mathbb{R})$.

b) Gesetze:

[1] Für alle $a, x, y \in \mathbb{R}^{>0}$ gilt:
a) $\log_a (x \cdot y) = \log_a x + \log_a y$ **b)** $\log_a (x : y) = \log_a x - \log_a y$

[2] Für alle $a, x \in \mathbb{R}^{>0}$; $z \in \mathbb{R}$ gilt: $\log_a (x^z) = z \cdot \log_a x$.

IV. Die Ordnung und die Anordnung reeller Zahlen

1. Um die Größerbeziehung für reelle Zahlen definieren zu können, definieren wir zunächst, was wir unter einer „positiven" Zahl verstehen:

a) Jede natürliche Zahl ist positiv: $a \in \mathbb{N} \Rightarrow a > 0$.

b) Jeder Bruch mit positivem Zähler und positivem Nenner ist positiv: $p, q \in \mathbb{N} \Rightarrow \frac{p}{q} > 0$.

c) Eine reelle Zahl heißt positiv $(a > 0)$ genau dann, wenn es für sie eine Intervallschachtelung A gibt, die wenigstens eine positive rationale Zahl als linke (untere) Intervallgrenze besitzt.

d) Eine Zahl $a \in \mathbb{R}$ heißt „negativ" $(a < 0)$ genau dann, wenn sie ungleich Null und nicht positiv ist.

e) Für jede Zahl $a \in \mathbb{R}$ gilt daher genau eine der drei Beziehungen:
$a < 0$, $a = 0$ oder $a > 0$ (Trichotomiegesetz).

2. Definition:

a) $a > b \Leftrightarrow_{Df} a - b > 0$ (für $a, b \in \mathbb{R}$);

b) $a < b \Leftrightarrow_{Df} b > a$ (für $a, b \in \mathbb{R}$).

Daher gilt für zwei beliebige Zahlen $a, b \in \mathbb{R}$ genau eine der drei Beziehungen:
$a < b$, $a = b$ oder $a > b$ (Trichotomiegesetz).

3. Aufgrund der so definierten Größerbeziehung sind die reellen Zahlen „streng geordnet"; denn es gilt:

a) $a > b \Rightarrow b \not> a$ (für $a, b \in \mathbb{R}$) (Asymmetrie);

b) $a > b \wedge b > c \Rightarrow a > c$ (für $a, b, c \in \mathbb{R}$) (Transitivität).

4. Für die Größerbeziehung rationaler und reeller Zahlen gelten die **Monotoniegesetze** (Band 4, S. 100ff.):

a) $a > b \Rightarrow a + c > b + c$ (für $a, b, c \in \mathbb{Q}$ bzw. $\mathbb{R}$);

b) $a > b \wedge c > 0 \Rightarrow a \cdot c > b \cdot c$ (für $a, b, c \in \mathbb{Q}$ bzw. $\mathbb{R}$);

c) $a > b \wedge c < 0 \Rightarrow a \cdot c < b \cdot c$ (für $a, b, c \in \mathbb{Q}$ bzw. $\mathbb{R}$).

Man sagt: Die rationalen und die reellen Zahlen sind **„angeordnet"**.
Die Monotoniegesetze sind beim Umformen von Ungleichungen zu beachten (Band 4, S. 143ff.).

5. a) $(\mathbb{Q}; +; \cdot; >)$ ist der kleinste angeordnete Zahlkörper.

b) $(\mathbb{R}; +; \cdot; >)$ ist der größte angeordnete Zahlkörper.

6. Monotoniegesetze für Potenzen:

[1] **a)** $a > b > 0 \wedge x > 0 \Rightarrow a^x > b^x$ **b)** $a > b > 0 \wedge x < 0 \Rightarrow a^x < b^x$ $(a, b, x \in \mathbb{R})$

[2] **a)** $a > 1 \wedge x > y \Rightarrow a^x > a^y$ **b)** $0 < a < 1 \wedge x > y \Rightarrow a^x < a^y$ $(a, x, y \in \mathbb{R})$.

7. Monotoniegesetz für Logarithmen

$x > y > 0 \Leftrightarrow \log_a x > \log_a y$ (für $a \in \mathbb{R}^{>1}$, $x, y \in \mathbb{R}^{>0}$).

SACHREGISTER